居元止境 II

调控下的破局

异域风情小镇、人性化高端社区

第三册

TANGART·出版

广州市唐艺文化传播有限公司 编著
唐艺设计资讯集团有限公司 策划

華中科技大學出版社
http://www.hustp.com
中国·武汉

图书在版编目（CIP）数据

居无止境．第2辑．调控下的破局．第3册 / 广州市唐艺文化传播有限公司编著．-- 武汉 ：华中科技大学出版社，2012.6
ISBN 978-7-5609-8011-9

Ⅰ．①居… Ⅱ．①广… Ⅲ．①住宅—建筑设计 Ⅳ．①TU241

中国版本图书馆 CIP 数据核字（2012）第 097861 号

居无止境 II——调控下的破局（第三册）　　广州市唐艺文化传播有限公司 编著

出版发行：华中科技大学出版社（中国·武汉）
地　　址：武汉市武昌珞喻路 1037 号（邮编：430074）
出 版 人：阮海洪

责任编辑：王晓甲　　责任监印：秦　英
责任校对：赵慧蕊　　装帧设计：刘小川

印　刷：利丰雅高印刷（深圳）有限公司
开　本：1016 mm×1320 mm　1/16
印　张：17.25
字　数：138 千字
版　次：2012 年 6 月第 1 版 第 1 次印刷
定　价：275.00 元（ USD 55.00 ）
套装定价：1180.00 元 （ USD 230.00 ）

華中出版

投稿热线：(027)87557471　6365888@qq.com
本书若有印装质量问题，请向出版社营销中心调换
全国免费服务热线：400-6679-118　竭诚为您服务

前言

德国哲学家海德格尔说，安居是人类在大地上的存在方式，而建筑本身就是安居。“人类只是地球上的匆匆过客，唯有城市将永久存在”——生而有涯，居无止境，千百年来，人类孜孜不倦地追求安居的理想，住宅建筑的发展历程呈现出不断变革、没有终极的趋向。但不管如何发展和改变，好房子标准千百年未变：既要遮风避雨，更要舒适健康。如何做好舒适、安全、经济的住宅设计是开发商与建筑师必须妥善解决的重要问题。

回顾2011年，展望2012年，针对房地产行业的宏观调控似乎还远未结束，刚刚结束的两会上，从温家宝总理的一句“房价远没回到合理价位，调控不能放松”中，开发商们断言：2012年又将是一个“过冬”之年!

楼市的冬天正一步步到来，开发商开始使出浑身解数，备战抢攻市场，包括万科、保利、富力、金地、绿城等龙头企业纷纷启动“过冬模式”，对自身战略、管理运营体系和外部市场进行更为系统深入的研究分析，更为注重市场与产品定位的精准度，更为注重公司品牌和形象的提升，更为关注优势资源的整合，苦练“内功”谋破局。

在此基础上，产品设计上也要与时俱进。实际上，除了户型设计上的潮流趋势，楼盘的规划类型也越来越多样化，除了主要满足居住需要的住宅产品，还有酒店、商场、写字楼为代表的商业地产，以及以满足休闲度假、商务会议需要的旅游地产等多类型产品。在不少业内人士看来，调控仍将继续，房企的发展将越来越依靠自身的核心竞争力，以产品品质说话。市场瞬息万变，提供创新产品和差异化服务尤为重要。

在楼市调控政策频频来袭的背景下，如何打造优质楼盘，让不同产品从竞争中破局突围，是开发商和建筑师需要努力探求的目标。基于这样的现实背景，《居无止境Ⅱ》应势而生。本书是唐艺设计资讯集团2012年重磅首推作品，本书精选了来自国内外121个高端产品，顶级豪宅典范、度假居所、高端美学大宅、地域特色社区、现代院落空间、人性化高端社区、生态景观大宅、国际BLOCK街区、有机别墅、新亚洲住宅、异域风情小镇11大热门类别楼盘逐一品鉴。本书体系完整、结构严谨，通过近6 000张高清图片，从项目的开发背景、前期构思、规划布局、建筑、景观、核心特色、导视图、材质运用、室内等全方位多角度展示了整个项目设计构思的全过程，探讨最新住宅开发与设计趋势，对开发商和设计师更具有启发和借鉴意义。

调控下房企破局之道

限购一年，调控持续，政府一再三令五申“调控从紧”，面对可能更艰难的2012年，品牌房地产企业将会采取哪些策略调整博得先机，突破寒冬压力，实现逆市发展呢？

为此，我们搜集了万科、龙湖、金地、保利、绿城、绿地等多家房企在调控下祭出的应对新战略，探寻国内行业标杆房企在楼市严冬下的破局之道。

长跑过冬
——万科总裁郁亮：盖有人住的房子

“2012年万科的发展策略是过冬。我们现在是冬天模式。”万科总裁郁亮表示，“现金为王、积极销售、审慎买地、节流、锻炼身体”是万科的五步“过冬策”。

未来市场需要新东西

万科总裁郁亮表示，此次调控实际上是2008年调控的延续，两次调控唯一不同的就是政府把保障性住房放到一个非常重要的位置。

郁亮称，过去指望有产品就能卖掉赚钱的逻辑已经不成立了，未来的市场需求一定是以居住为主，不同政策手段会比较完整齐全，过去“一放就乱，一乱就收，一收再打”的局面不会再出现，每种政策都会有序地进行安排。“所以，原来做开的、很成功的做法都要说再见了，要做新东西了。”

“下半场到了。”郁亮表示，没有任何发展商能够在下半场稳操胜券，毕竟刚刚开始。而每个发展商赢得下半场比赛的技能及要求也不尽相同。所以，包括万科在内，大家都要锻炼好在下半场自身的本领。

盖有人住的房子

郁亮表示，上半场万科坚持“为普通人盖好房子”，而到了下半场，则是“盖有人住的房子”。

上半场可能是产品、绿化之类的竞争，但到了下半场，重心开始出现转变。“未来的房子以居住为主，没人住的房子是没人要的，有人住的房子才能要，所以要把配套服务搞得更好。”

社区提供的不只是房子，而是一种生活，是人生的一部分。目前，万科在旗下的不同产品类型中有不同的尝试，如设置解决年轻人吃饭问题的食堂，举办业主运动会和联欢会等。

极小户型也是万科目前重点尝试的方向之一。郁亮认为，由于中国人口家庭结构在变小，基本居住需求要求房子基本上应该小型化。

据透露，明年万科15平方米的极小户型将在北京落地。郁亮希望，未来小户型在某种意义上成为首次置业者的一个过渡性产品，同时也是租赁的一个代替品。

产品创新策略

毫无疑问，专业化创造核心竞争力体现在“产品创新策略”上。万科表示，将**在细分客户价值的基础上，形成住宅产品体系，通过工厂化生产，提高住宅的品质和性价比；以和谐、自然、生态的标准进行未来可能住宅的研发，**为住宅产业贡献更多的自主知识产权。

冬天已经来临
——金地总裁黄俊灿：系列化产品创新

金地总裁黄俊灿在接受采访时表示，“2012年应该是首置和首改类产品在市场上能够去化的速度快一些。因为中央政府和很多地方政府都表示不会轻易放松，调子已经确定，因此不太可能有什么大变化。大环境、大层面很难有什么好转。我们能做好的，就是积极、认真应对，做好产品定位调整、业务结构优化”。

积极调整结构

金地集团认为，2012年首要的工作是抓当期的销售，除了采取积极的营销策略，还要随行就市制定合理的价格策略；然后就是调控中期的制度，优先推出符合市场需求的中小户型产品；第三个就是调结构，根据市场情况调整开发节奏，同时做好产品定位调整，进行业务结构优化。

塑造产品竞争力

“我们住宅的竞争策略将持续聚焦在产品上，不断塑造产品竞争力。但我们未来的产品竞争力不会停留在单个产品的层面上，而是**通过产品系列化和住宅品牌的塑造，实现‘领先、经典、一致’的产品发展目标。”**

黄俊灿还指出，“人本”一直以来都是金地产品的重要理念，现在围绕“人本”这一核心，经过梳理和提炼，使之系统化并以“引领人本生活”为宗旨，通过产品系列，将“人本”贯穿到每个住宅的风格、功能和社区等环节中，让金地的每一个住宅产品都脉动着“人本”的灵魂。

产品创新

“我们在每一个项目的开发中，都努力捕捉新的居住理念。比如在户型设计中对‘灰空间’的考虑，给业主带来了居住方式的更多补充；再比如对地下室车库的设计，一开始仅仅是考虑人车分流，然后就开始考虑到地下室的舒适度，开始了对地下墙面和大堂的装饰，等等。”

“产品创新将从项目创新转变为系列化产品的创新，涵盖集团高端和中高端80%左右的项目。截至目前金地已经推出褐石、名仕、天境和世家四大产品系列，诠释我们统一的产品价值观，未来还将根据客户需求和市场变化，适时推出其他系列，**每个产品系列均有清晰、鲜明的产品特征和价值主张，**通过产品线的运用提高项目开发速度和总资产周转率。”

黄俊灿还称，“未来的居住始终还是以关怀人性为出发点并寻求生活方式的创新，比如，追求更加人性化的细节体验，身心得到更好的享受；寻求属于自己的群体，并营造独特的社区情感与文化等。我们希望金地的住宅能成为目标客户的首选，比如当客户要换房子的时候，会想到要是金地在这里有个楼盘就好了。”

随行就市
——保利高层：产品创新为突破口

保利高层表示，2012年制定“防风险、控投资、去库存、调结构”的工作总指导思想应对不确定形势出现的市场波动。公司预计新推货源在800～1 000亿，新推货量主要集中于5－9月份，而120平方米以上户型预计同比减少20%～30%。

销售策略

公司的经营一直是以市场为主，今年延续了去年的做法：

第一，加强团队建设，提升公司自身各方面的开发专业能力。

第二，在产品上要完善销售形象，提高性价比。公司对每个项目都有不同的营销策略，主要从销售形象上不断完善。

第三个，从价格方面，这可能是最关注的，始终是根据市场情况随行就市。对于不同地区、不同的项目、不同类型的产品，都是以去库存为中心，随行就市定价来实现公司的销售。

把握刚性需求产品

“作为家庭结构来讲，一般会选择三房，这样的户型比较适合一家几代人住。但是对于刚性需求的群体来讲，面积超过160平方米可能主流市场不会选择，但是低于115平方米就会觉得小了。”保利副总胡在新表示，2012年产品不会有太大的变化，保利的主流还是144平方米以下的产品，这是市场的选择。

另外，有机会公司会做一些高端产品，像“天悦”，项目本身的区域位置和自然环境决定了这个产品是高端的。在上海也有一些类似的地块，也会选择做一些高端产品。

产品创新

在淡市的市场环境下，产品创新是企业持续发展的动力。如保利叶语、保利叶上海等楼盘，**通过产品创新提高产品的附加值，在同等价格及建设面积的基础上购房者可以获得更多的使用面积，迎合市场需求，**促使楼盘热销。

比如保利东江首府，是广州东唯一一个滨江城市综合体，园林设计方面师法自然，引东江活水入园。同时更是**以户型、建筑规划等多种产品创新为突破口，**成为新的豪宅标杆。

再比如保利·石象湖，无论是保利配置的五大国际配套，还是匠心独创的140平方米的独栋精装，已经掀起了成都休闲旅游度假地产的新论。

延续去年策略
——龙湖研发设计总监杨小鹏：用产品善待你一生

龙湖集团执行董事兼首席市场官秦力洪表示，“2012年龙湖将会延续去年的发展策略保持高周转，根据细分市场提供优质、多元化产品，保持市场优势及扩大份额。”

提供更丰富的产品线

秦力洪认为，不论在怎样的市场环境下，只要存在房地产行业的消费，相信像龙湖这样秉持“多业态”产品线的企业，总有一两款适合当时市场。

据介绍，2012年，龙湖将在目前在售的46个项目的基础上，另推出9个全新项目，多元化和优质的产品组合将涵盖刚性、改善性、商业经营等不同的客户需求。

产品设计精益求精

“为了掌握客户对龙湖产品的看法，龙湖每年都会聘请第三方进行‘客户满意度’调查，**按照业内同行的标准，对龙湖产品的外立面设计、户型设计、景观设计、精装设计进行详细的打分和评比，以此为依据，发现我们工作中有待改进的地方，力争精益求精。”**龙湖研发设计总监杨小鹏强调，如何用充满人性化和美学价值的产品来善待你一生，是龙湖一直以来所追求的。

“在龙湖拿下一个项目地块之前，设计研发部门就会参与到拿地过程之中，例如这个地块周边有着怎样的区域特征、产业规划，适合打造什么样的产品，我们都会提出相关的专业意见供整体决策参考；而在地块拿下之后，进一步的细化工作会继续进行。”

杨小鹏还表示，“作为一个大的房地产企业，要保证品质就必须保证产品的延续性和可复制性，因此，龙湖的产品讲求模块化。但是，**龙湖的模块化公式不是一味的复制，而是在保持品质基础上的不断创新。**我们有一个概念性的简单公式：90%的复制加上10%的N次方创新。一个新的项目上来之后，90%是要确保我们做过，可以在我们产品库里找到的，结构模块、立面模块，包括电器设备模块，等等，有现成的东西，然后因地制宜进行一些改建和创新。比如龙湖的地中海式别墅，在北京的几个项目中运用都很普遍，从龙湖滟澜山8平方米左右的次卧，到蔚澜香醍60平方米的主卧，做得非常舒适，每个项目都会积累下对这一模块的改进和创造。”

以细节打动人

此外，坚持细节，坚持“用生活打动人”也是龙湖产品能够取得市场认同的核心因素。杨小鹏举了这样一个例子：在一些高端项目的设计中，中西厨独立分开的设计已经开始被广泛地使用了，但是许多项目的排烟道依然是中西厨共用一个。虽然从外观来说没有影响，但是实际使用中却会出现一些小问题而影响生活的品质。对于这种小细节，龙湖的产品研发部门在得到客户反馈之后立即进行设计上的调整，将排烟道改为中西厨各自独立。虽然只是细节上的改动，但对购房人居住上的体验，却有着很大提升。

做最坏的打算
——绿城总裁寿柏年：产品创新升级、多元化

“宏观调控对绿城影响最严重的时期已经过去了。”4月2日香港业绩会上，绿城总裁寿柏年表示。对于2012年，绿城做了“最坏的打算”，并将销售目标定为400亿元。

新推316万平方米房源

“宏观调控今年还会继续延续，我可以告诉你，对我们公司影响最严重的时期已经过去了。公司已经调整了销售策略、模式及价格方

案，同时又拥有足够的房源。所以，我们对今年的销售还是很有信心。”寿柏年透露，今年绿城会有63个项目推出，新推出的房源有316万平方米。

寿柏年表示，绿城今年将以去化率作为首要目标，老盘会做适当的优惠，新盘则会合理定价，使今年的销售有进一步的提升。

产品转型

“房地产经过调控之后，我们需要反思以往的高负债策略，从依靠高负债率的发展战略转为稳健的依靠资产、品牌和管理输出的轻资产模式，这可能是绿城今后发展里面的一个比较重大的转型。我们不再通过高负债率来追求规模的扩张，我们要在靠高质量的前提下依靠品牌输出来实现稳健发展。”寿柏年指出。

在产品方面，其称，绿城一直走的是高端品质路线，但现在要研究、发现及实现客户的需求，**以客户的需求为主导，逐步实现产品的多元化**。

寿柏年强调，“高品质是绿城不变的主题，但是产品可以多元化。同时，**在产品创新里面也丰富我们产品的附加值，尤其是园区服务体系，**使客户居住到我们的园区以后能够享受到更多便利服务”。

产品创新升级

绿城集团董事长宋卫平亦称，绿城产品线主要定位为中高端，这使得其客户面狭窄，绿城需要调整产品线和进行产品创新，需要补充刚需产品在产品中的份额，以此来匹配宏观市场形势。

绿城把品质追求始终放在开发的第一位，产品也是不断在持续的更新、升级，在高层公寓进行全面升级换代的同时，绿城其他系列的产品也是沿着“整体化”和“精细化”品质的提升方向，持续进行着自我不断的更新和完善。

机遇与挑战并存
——绿地董事长张玉良：坚持产品研发与技术创新

绿地集团董事长张玉良表示，在当前已明确的房地产调控主要基调与目标之下，机遇与挑战并存。“2012年，绿地将继续密切关注市场趋势，围绕区域、区位、产品、价格等要素选择优质项目，重点关注市场空间大的区域及刚需支撑力强的区位和项目。”

产品精准定位

“我们首要强调产品的精准定位，适销对路的优质产品是有效策略的基础。在当前市场形势下，应加强对市场的密切关注与深度研究，适应调控政策下市场需求的结构性变化，精确定位、加强细分、挖掘需求。”张玉良表示。

“在此基础上，采取灵活有效的营销策略，重点一是抓新盘推广，确保高去化率；二是抓存量去化，有效让利、优化产品，提升性价比。”

据介绍，绿地在上海的项目，上半年供应量预计超过100万平方米，其中商办类产品占60%左右。住宅产品中，小户型刚需类产品占比超过65%。

加强产品研发创新

绿地集团始终将产品研发与技术创新作为增强产品竞争力的内在动力，充分挖掘和创造设计价值，并及时转化为生产力。

技术创新方面，绿地集团一方面全面提升技术管理能级，充分整合国内外一流规划设计资源，在大型现代服务业综合体、超高层、高星级酒店等产品领域保持领先地位。另一方面，**深入推进绿色低碳战略，积极推行绿色节能技术应用。**

产品研发方面，全面加强前瞻性研发，**强化住宅、商业地产和旅游地产等领域的深度研发和技术储备，针对大型居住社区规划、二三线城市滨江超高层住宅、创新花园洋房产品、商办别墅化产品、豪华五星级酒店品牌技术标准等开展系列研发创新。**如研发高容量创新别墅“叠院”产品，有效增加联排的舒适度，形成对高密度联排产品的优化升级，并在成都东村住宅项目中予以应用。配合酒店自有品牌推出，在沈阳国宾馆项目中开展豪华五星级品牌技术标准和风格品质的研发。

此外，深入研究对旅游度假地产业态配置和相关技术标准，为未来产品战略需求提供新的核心竞争力。

目录

异域风情小镇

人性化高端社区

EXOTIC TOWN

异域风情小镇

精髓

所谓异域风情楼盘，是指以充满浪漫情调的外国建筑风格和生活居住理念为开发、设计主题的楼盘。异域风情楼盘按照不同风格，可以分为北美风情、北欧风情、西班牙风情、意式风情、英式风情、现代法式风情等。风情来自于“神”，是内在的东西。真正的风情，不在于营造，而在于自然地流露。开发异域风情的楼盘，不能只是一个概念，而要把西式风格的建筑和西方的生活居住理念相结合，使整个社区里的异域风格建筑和异域主题得到统一。要打造真正意义上的异域风情小镇，无论是在建筑的外观上，还是在园林及社区氛围的营造上，都要体现异域风情的精髓。

特质

打造异域风情楼盘，在引进外国建筑和园林规划设计理念时，不能只流于形式，也不能只是在项目规划设计上简单地设计建造一些罗马柱廊、圆形拱顶，引进种植少量国外树种。异域风情不仅仅是形式的表现，更不是停留在概念的炒作上，还包括对文化的营造。这需要开发商除在建筑、园林、配套等方面下功夫外，还要在艺术、审美和满足生活实用性上打造有丰富文化内涵和全新生活理念的异域风情社区，才能满足消费者生活品质的追求。

居无止境

升华 打造异域风情产品时应该多引进一些纯粹的东西，并结合本土具体情况做一些升华。在楼盘的风格上面，可以整体采用某一种异域风格，但是在一些实际的细节当中，还是应该按照楼盘所在地域的居民习惯以及气候特点进行设计，从而能够很好地与中国元素、居民习惯以及楼盘的特点紧密结合。

趋势 目前，市场上异域风情的楼盘大部分还是以别墅或小洋房为主，而与城市规划相结合，如结合未来的政策规划以及旧城改造等特质来做楼盘，很可能成为今后开发异域风情楼盘的趋势。

开发商：天津万科房地产有限公司 项目地点：天津市东丽湖路右转东丽之光大道	占地面积：约2 730 000平方米 建筑面积：约1 800 000平方米	容积率：0.7 供稿：深圳黑弧奥美	采编：刘玉娜

北欧风情小镇　创新型立面和户型
天津东丽湖·万科城（五期）

破局思路：项目从社区规划到建筑细节，从空间设计到生活意向，都洋溢着源自斯堪底纳维亚的纯正北欧风情。在建筑立面和户型上，进行创新设计，给住户提供高舒适度的居住体验。

开发背景

项目占地约2 730 000平方米，依东丽湖而建，围绕生态主题打造一个复合式的“新市镇”，采用整体规划分期实施的开发模式，将社会、经济、生态作为密不可分的整体，综合考虑社区的多样性、人口规模、公用空间、交通系统、就业机会和自然环境的整体协调开发，力图建造成具有良好城市形态和优秀社区基本要素的居住区。

前期构思：营造纯正北欧风情

北欧的建筑风格崇尚简约，而简约并不代表简单，如何简出个性、简出空间、简出气派是其建筑的精髓。结合北欧自然质朴的文化传统，项目以其简约风格绘制出了超空间独体式别墅，并充分运用和发挥木材、石材、涂料、钢、铝、玻璃、混凝土等材料的表现力，创造出与众不同的趣味空间感觉。

联排别墅的设计借用了北方传统庭院建筑空间组合形式，通过对单个传统的庭院在建筑空间、环境、建筑、流线、小品等方面进行全新的改造，使其形成一系列组合庭院空间，这种类似村落式的布局方式是对现有火柴盒风格的联排别墅的一种挑战与尝试。

核心特色：立面和户型创新设计

立面创新

镀锌钢板屋顶、大面积玻璃、文化石、铝木复合窗的有机结合，使建筑摆脱了花哨繁复的外表，达到了功能和形式的高度统一。

户型创新

颠覆性的大面宽设计：大面宽意味着更多的阳光、更好的通风、更高的生活品质，即使是最小的A户型，其面宽也超过了15米，进深却不足10米，配合大面积采光窗，保证了居家的阳光品质。

创新性的面积控制：从199平方米的A户型到272平方米的E户型，项目提供五种不同面积的别墅，适应不同人群的不同需求，通过合理的功能分区和空间分割，避免了大而不当的空间浪费，实现了面积和功能的和谐统一。

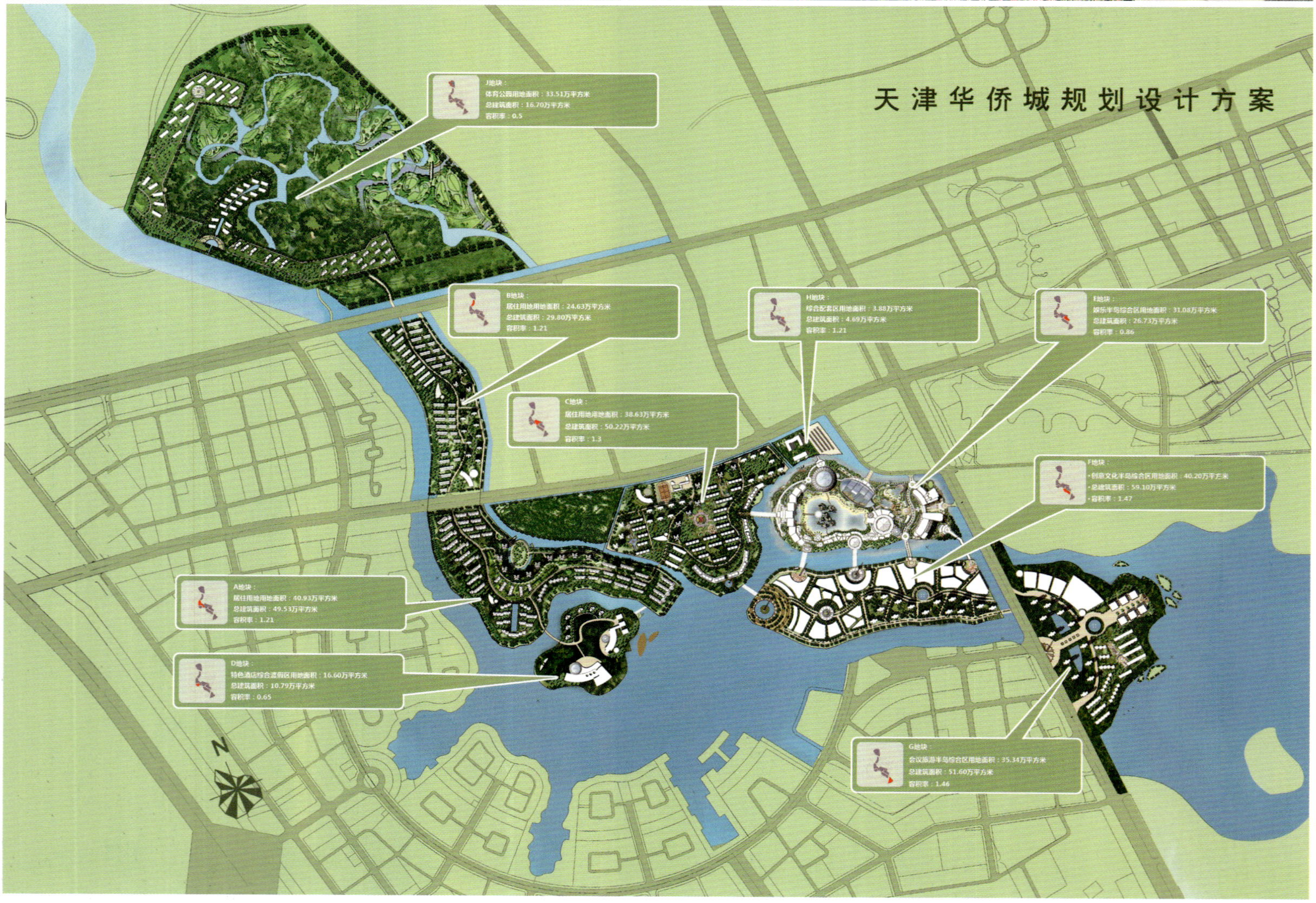
天津华侨城规划设计方案
J地块：
体育公园用地面积：33.51万平方米
总建筑面积：16.70万平方米
容积率：0.5
B地块：
居住用地用地面积：24.63万平方米
总建筑面积：29.80万平方米
容积率：1.21
C地块：
居住用地用地面积：38.63万平方米
总建筑面积：50.22万平方米
容积率：1.3
H地块：
综合配套区用地面积：3.88万平方米
总建筑面积：4.69万平方米
容积率：1.21
E地块：
娱乐半岛综合区用地面积：31.08万平方米
总建筑面积：26.73万平方米
容积率：0.86
F地块：
创意文化半岛综合区用地面积：40.20万平方米
总建筑面积：59.10万平方米
容积率：1.47
A地块：
居住用地用地面积：40.93万平方米
总建筑面积：49.53万平方米
容积率：1.21
D地块：
特色酒店综合度假区用地面积：16.60万平方米
总建筑面积：10.79万平方米
容积率：0.65
G地块：
会议旅游半岛综合区用地面积：35.34万平方米
总建筑面积：51.60万平方米
容积率：1.46
N

立面材质

建筑立面材料采用了面砖及涂料，形成了极为简洁、明快的立面效果，同时以组团为单位，用不同色系进行区分，使居住在组团内的业主拥有很强的归属感。

景观设计

项目注重保留地块内的原有湿地，并规划了贯穿南北的两条生态走廊，与整体生态主题相互呼应。项目整体设计了三大景区：

一是公园林带。情景大道以北，北靠绿色生态走廊，覆盖大量规整的乔木类植物及几何图形整齐划一的绿植。

二是生态主题花园。情景大道以南，紧邻三期湿地公园。

三是城市感街区。情景大道两侧，以商业空间与休闲空间为主，突显现代都市感。

室内设计

室内空间设计采用欧式风格。用色上采用大面积黑色和黄色，凸显装饰空间的高档和奢华。同时还采用了白色，使整体氛围增添许多时尚元素。

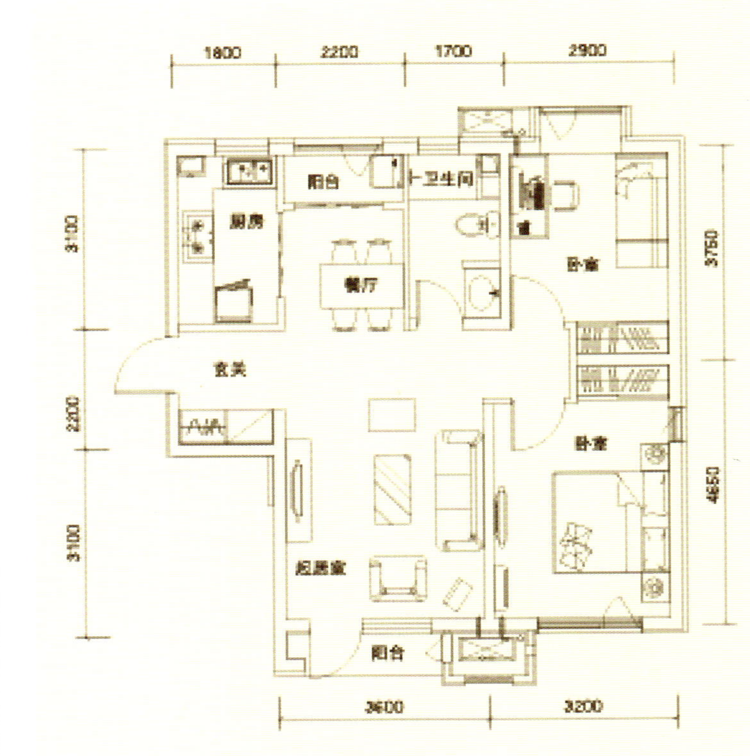

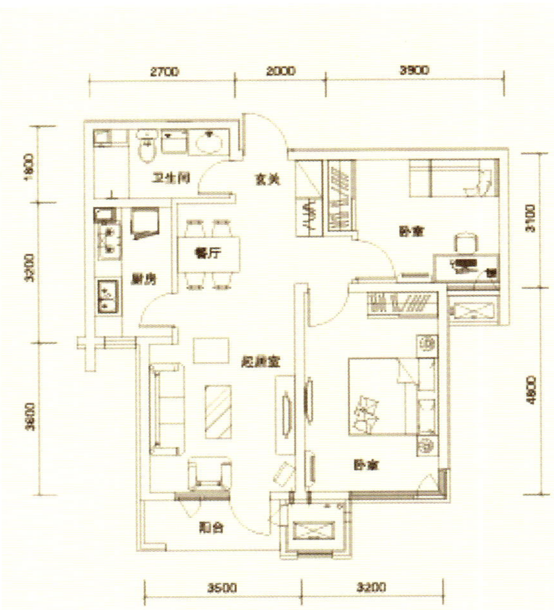

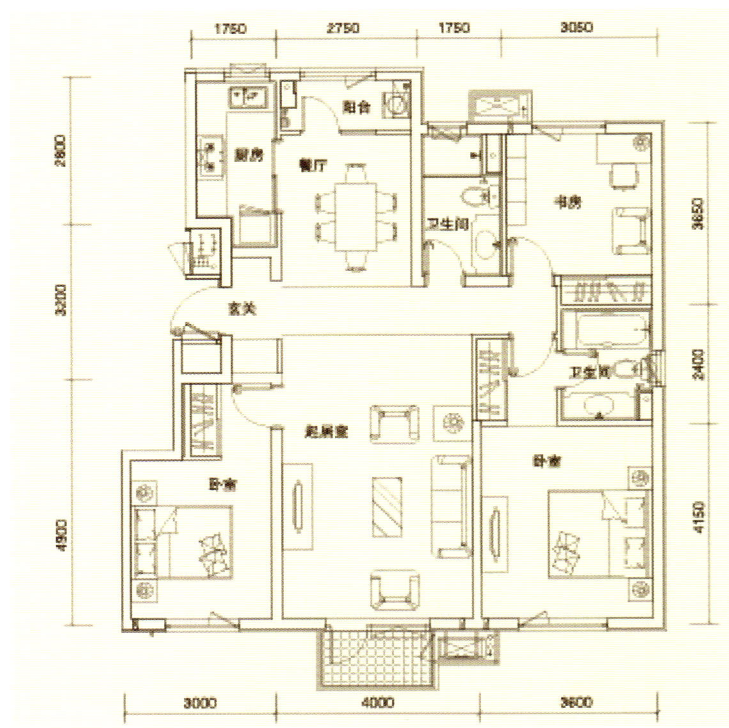

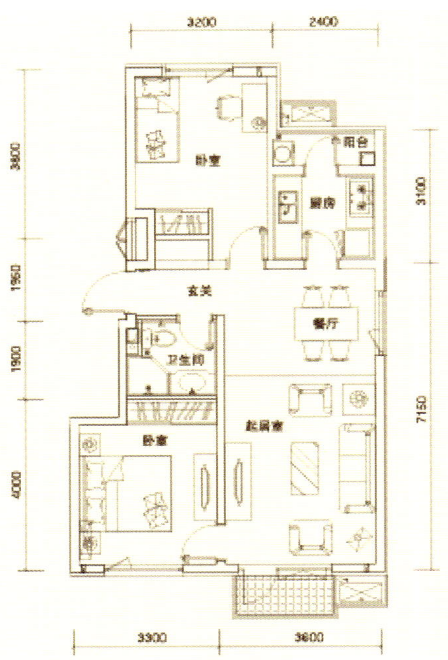

开发商：华润置地(天津)有限公司 设计单位：天津华汇工程建筑设计有限公司 项目地点：津南区微山南路与景茗道交汇处	占地面积：105 800平方米 建筑面积：152 200平方米 户型面积：251~340平方米	容积率：0.55 绿化率：45% 采编：刘玉娜

英伦风尚　公园社区

天津华润中央公园

破局思路：天津华润中央公园规划设计为层进式的花园庭院与英伦乔治亚风格建筑完美融合的低密度住宅。项目承袭华润置地在全国城市中“橡树湾”英伦产品系列的精髓，打造新一代公园社区。

开发背景

天津华润中央公园位于微山南路旁，属后梅江板块，紧邻中央学府区，位处海河教育园北侧，距天津大学仅500米，未来可尽享海河教育园成熟的配套及百年学府的浓厚人文气息。同时，项目通达性良好，通过友谊南路、解放南路、津港高速、梨双公路、微山南路等交通干道能方便到达。

前期构思：沿袭英伦风

天津华润中央公园是华润置地旗下最受欢迎的产品线——橡树湾英伦系列的第六代产品，华润中央公园将集橡树湾系列产品所长，从石材、红砖的选择到景观园林的打造，种种细节均兑现着华润置地的高品质承诺。

核心特色：英伦乔治亚风格

项目整体建筑风格属于英式风格，外立面以淡色调为主，顶部做尖顶设计处理，入口具有明显的英式城堡感觉。单单从廊柱的细小纹饰上，就足以看出这里的乔治亚风格，讲求简洁、秩序、严谨，秉承古典主义对称与和谐的原则。

纯正的英式大斜坡屋顶，完美展现别墅的高雅。优质挂瓦条，配合品牌水泥平板瓦，实践于华润第六代英伦产品的升级独到之处，风格简约而高贵。冬暖夏凉，亦可避免雨雪堆积问题。

典型英式老虎凸窗，既增加了建筑体丰富的立面效果，同时又提高了顶层空间的采光和通风效果。

项目所移植的英式乔治亚风格特有的廊柱设计，形成了空间层次感的廊道，体现贵族风范。

立面材质

外立面采用纯正天然石材和优质涂料，恢弘大气之中不乏淡雅灵动，相较人工石材则更为坚实，不易风化与褪色。浅蓝、赭石两大主色系，营造丰富的浑厚质感。

景观设计：诗意的园林美景

园区整体设计独具匠心，以5种垂直打造的手法营造出富有生活气息的生活场景：首先映入眼帘的是列阵式白桦林和粉色的花卉，再往前是两棵高大的元宝枫，向下看是云杉，再下一层是金银木和樱桃，最低层是黄杨球和草地。大小乔木、大小灌木、草坪、地被等看似原生态，实则用尽富有技巧的造园手法立体构造了既错综复杂又有诗意的自然园林景致。

置身园内，几乎看不见完整的建筑全貌，只能通过植被隐约窥见建筑的一角：红色的砖墙，人字形的坡屋顶，金黄色的边框，所有英伦乔治亚的别墅无不现身于丛林花海之中。

设计师还精心营造林间小道：S型体现了曲径通幽的意境；四起四放的景点设置带给观者一次又一次的视觉和心理震撼，景致收缩时的幽静与开阔时的明朗完美契合，形成独特的景观带。

开发商：北京京基房地产开发有限公司 建筑设计：源界建筑设计咨询（上海）有限公司 项目地址：昌平定泗路与东北路交界处	占地面积：86 700平方米 建筑面积：61 800平方米 主力户型面积：410~520平方米	容积率：0.7 绿化率：35%	供稿：北京京基房地产开发有限公司 采编：蒋四玲

纯粹都铎建筑　浪漫英伦园林

北京京基鹭府

破局思路：京基鹭府的建筑采用都铎英伦风格，浅灰色抹灰人字形双坡屋顶，随意自然处理柱式，圆顶处理的角楼，将英伦格调表露无遗。园林景观设计与英式建筑风格相呼应，大量运用水系、喷泉、英式廊柱、英式雕塑等元素，营造浪漫英伦情调。

开发背景

京基鹭府地处配套成熟的城市别墅区内，三面环绿一面环水，西侧拥有227 000平方米的私家公园，南侧紧临城市稀缺的生态资源——1 066 666平方米的海落湿地公园，东侧毗邻规划总面积约为一千万平方米的未来科技城，区位优势明显。

前期构思：营造英伦复古情调

别墅用地稀缺，同时拥有便利城市交通和自然环境的别墅产品更加稀缺。京基鹭府以深蕴历史的神秘与威严，洋溢英伦复古情调的贵族气质，以无可复制的稀缺形态，为城市高端阶层缔造原汁原味英伦都铎王朝气息，倾力奉献194席城市别墅，享受城市之中尘嚣之外的人生臻境，咫尺之内把脉城市核心资源。

核心特色

建筑设计：英伦古典风格

京基鹭府的建筑方案经过多次修正，最终采用都铎英伦风格。设计团队对材料内在性能，包括形态、纹理、色泽、力学和化学性等进行仔细研究，最大限度地还原英伦建筑的表情，建筑结构上表现出连续性和可塑性。

浅色抹灰人字形双面坡屋顶由两侧向中央逐级挑出，逐级升高；灰腰线、券脚、过梁、压顶等为白色石头打造，柱式处理随意自然，角楼为圆顶处理。红砖、方额窗口、半木结构，木构架内外墙，构架之间填以砖或灰泥，弧形的撑托和雕镂下垂精致的装饰物。

MANSION
鹭府

立面材质

在对邱吉尔庄园外墙所用材质进行色彩分析和肌理分析之后，选定六色劈开砖，每块六色砖均在深山中采集原料，用古法烧制，成品名为“六色”，实则每块砖在色泽、纹理上都有微小差别，摆脱了流水线生产的千篇一律，达到定制奢侈品的工艺理念。

园林设计：浪漫英伦情调

京基鹭府的景观设计采用英式园林风格，大量运用水系、喷泉、英式廊柱、英式雕塑、英式花架、精心布局的植物迷宫等景观小品，并结合地块的天然高差进行景区转换和植物高低层次的布局，形成浪漫的英伦情调和坡式园林景观特点。

温榆河、葫芦河两大自然水系流经项目东侧，河岸线蜿蜒流长，设计师通过对自然生态环境的考量，把自然湿地引入园林之中。设计遵循景观自然生长的轴线规划，依轴线绘制出绿地园林，主景观以湖区、水溪与微地形变化为主体依托，叠水而退、瀑布、溪流水景错落，步移景异。小区内还种植了近百种价值上万的珍贵乔木，营造出整个园区“三季有花、四季有景”的景象。

室内空间

室内材质色彩采用米色、黑色系、深色系等稳重色调，希望营造出沉静的空间广度，展现空间的平静与厚实。

开发商：惠阳新城市房地产开发有限公司 设计单位：美国SWA设计公司 清华大学建筑规划设计研究院 深圳华森建筑设计有限公司	项目地点：惠州市惠阳区淡水东华大道 占地面积：1000 000平方米 建筑面积：1000 000平方米 容积率：1.0	绿化率：27% 供稿：中原地产 采编：戴乐

多种异域风格混搭　低密度水乡小镇

惠阳半岛1号（四期）

破局思路：惠阳半岛1号（四期）纯墅区规划，撷取老子《道德经》中“上善若水”的意境为构思前提，将多种异域风格混搭并以现代手法进行演绎，打造了一座富有意大利风情的低密度水乡花园小镇。

开发背景

惠阳半岛1号坐拥近百万平方米体育公园、体育会展中心和标准27洞高尔夫球场，360°城市风景线，以“文化、健康、快乐”为主题。整体规划按现代化城市生活铺排社区配套，又以宁静、宽松、闲适的乡村生活为尺度。规划配套齐全、开发设计理念较新，其健康休闲的生活理念正引领珠三角地区居住新时代。

前期构思：营造“上善若水”意境

四期整体规划由四个岛组成，位于整个楼盘最中心位置，独享30 000平方米人工内湖，2.6千米湖岸线，纯墅区规划，是惠阳大亚湾唯一双中心纯别墅区。整个墅区的规划力求为客户营造一种“上善若水”的生活意境，这种生活意境来源于老子的《道德经》，“上善若水，水善利万物而不争”，能让客户享受一种自然、宁静、健康、安详的生活方式。

核心特色：多种异域风格混搭

建筑造型为多种异域风格的混搭，偏意大利风格，以温暖的现代主义手法演绎。小区住宅立面以简洁、时尚、流畅、韵律为取向，外墙通过覆以颜色丰富的涂料，结合少量花岗岩、砂岩装饰面材，使建筑造型简洁中富有变化，具有鲜明的个性和强烈的时代感。色彩上尽量考虑地方风俗习惯，以暖色为主。

立面材质

建筑外立面采用质感涂料，与别墅前的人工湖、门前的大小乔木、灌木和草坪融合在一起，使别墅变得优雅起来，体现出与众不同的阳光感。

景观设计

一个好的景观设计必须与建筑相辅相成，无论是形式上还是精神上都力求做到全方位的统一、和谐。点、线、面的结合创造出连续变化的视觉走廊及视觉对景。各组团景观互相渗透，营造步移景异的效果。

住宅区环境做到自然、清新，每个组团的绿地各具特色。休闲小径、健康步道、凉亭、座椅、庭院照明灯，为小区居民带来精致小巧而又舒适、宜人的居住环境。

小区入口以铺装等景观手法标志强调，凸显住宅区的城市形象，提升小区品质。

注重环境的等值观念，把环境资源分散至院落和每栋住宅前，达到每栋住宅前窗见景、出门入园，使环境更贴近宅旁、宅间，让小区居民享有更具亲和力的生态环境。

室内设计

四期别墅样板房设计采用东南亚风格，以温馨的原木色为主色调，搭配简洁大方的白色，营造温暖而浪漫的氛围。

开发商：成都锦绣岷江城市建设开发有限公司 建筑设计：美国DAHLIN 项目地点：成都市牧马山南、梨花溪畔	占地面积：约2 666 667平方米 建筑面积：约2 400 000平方米 容积率：0.37	绿化率：30% 供稿：成都锦绣岷江城市建设开发有限公司 采编：蒋四玲

"三圈层"规划　纯欧式经典建筑

成都亚特兰蒂斯·黄金时代（一期）

破局思路：项目遵循亚特兰蒂斯的造城理念，采用"三圈层"建筑规划；通过选用顶级石材、纯手工定制的装饰建材，配搭鲜明的设计特色，打造了意大利式、法式、英式、乔治亚式四种纯粹"欧洲贵族血统"的经典建筑风格。

开发背景

项目享有浓厚的文化底蕴，老君山乃道宗修身故地，历史悠久，环境清幽；而牧马山自古以来就是帝王将相青睐的"风水宝地"，天地大象，因形取势，有数千年的人居历史。两条已建成的快速通道使项目与成都市区接驳。在建的第二绕城，直接将成都城南区域纳入范围。

前期构思："三圈层"建筑规划

项目遵循亚特兰蒂斯的造城理念，构建超越时代的"三圈层"建筑规划——王宫、乐土、城邦。

伫立在核心圈层的是中国西南首座七星级标准波塞冬王宫酒店。

第二圈层是以商业消费、休闲娱乐为重点的"乐土"，全球首座以亚特兰蒂斯为主线的水世界乐园、欧洲风情环湖商业小镇、千亩业主私属登山公园跻身其中。

最外围是整体项目中最重要的"城邦"部分——岛居庄园建筑群。该地段孕育在汇集自然水资源的大面积循环内湖水系当中，零距离的亲水水岸设计，使人文宜居建筑与自然景观资源无界融合，意大利式、法式、乔治亚式、英式风情庄园穿插其中。

核心特色：欧式风格外立面

项目充分利用自然资源，依山成势、随水结筑，凸显山、水、岛、城的四大设计要素，真实还原了希腊神话中亚特兰蒂斯恢弘梦幻之境。

项目采用纯粹的“欧洲贵族血统”的经典建筑风格，通过选用顶级石材、纯手工定制的装饰建材，配合鲜明的设计特色等方式，分别打造出意大利式、法式、乔治亚式、英式四种纯欧式风格外立面。

英式建筑秉承了英国崇尚庄园生活的享乐态度，坚守古典主义对称、和谐的原则，多变的屋顶造型、充满艺术感的门廊雕饰、被分割的细小窗格，都体现出英国人优雅、尊贵、懂得享受生活的理念。

意大利式庄园建筑，秉承意大利古典主义理念，对秩序、规律、美感的追求体现在对建筑空间、建筑构建及建筑外形上的调整当中，卷拱式样、拱顶、窄窗、坚实的砖石墙壁都凸显出一种源自于欧洲中世纪的雄壮华美。

英、美混合血统的乔治亚式风格建筑则体现出一种重构的美学观念，细节上追求对称、严肃、精美的装饰风格。

法式建筑更注重自然的回归：开放式的空间结构、随处可见的绿色植被，使产品充满了田园气息。大量开模定制的雕花及轮廓被赋予了厚重的历史感与设计灵魂，而按黄金分隔制定的整体比例调配，使建筑在冷静、克制的性格中散发出冲突、跃动之美。

立面材质

项目立面材料主要选用石材。整体建筑立面从前期风格设计，到立面石材的严格挑选、裁切，再到后期的保养计划，每一步都十分严格精细。如法式外立面绝不是简单的石材加宝瓶栏杆的设计，大量开模定制的雕花及轮廓被赋予了厚重的历史感与设计灵魂。

景观设计

项目在内外部水系处理上实现了内外呼应、动静结合的至高境界，内湖与外河完美结合。就外部而言，通济古堰从项目中南面流过，源源不绝地为地块注入了天然的灵性；就内部而言，人工湖作为项目内最大水系，更注重水的观赏性、互动性。通过对水体的塑造，营造出独特的亲水别墅体系，实现了几乎户户临水而居的奢华生活。

室内设计

户型设计遵循户户不同的定制式设计理念。在设计之初，设计团队就为每个户型锁定了一个“灵魂”；围绕这个灵魂，强调每一个房间的景观效果以及各个功能空间对资源的分配。其次，在确定了每个户型的灵魂之后，注重以这一灵魂为核心的空间延展和有序推进。同时注重空间的实用性、灵活性，真正意义上赋予建筑以灵魂。

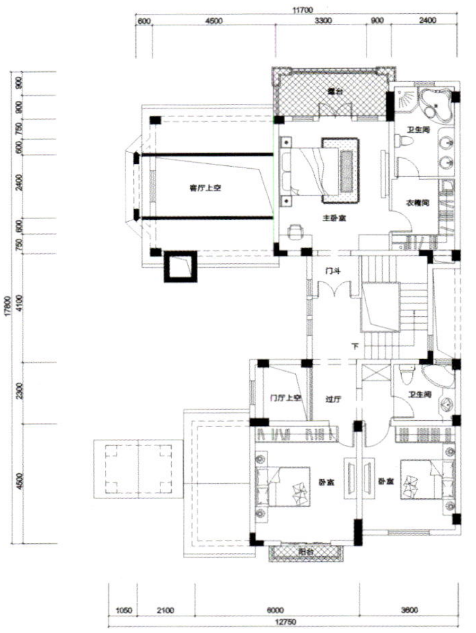

E英式户型首层平面图

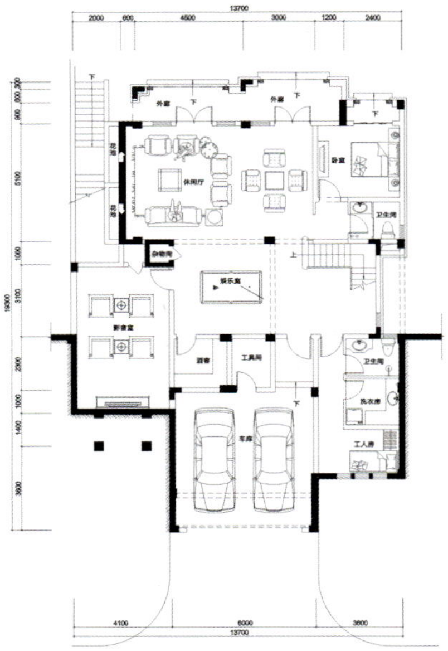

E英式户型二层平面图

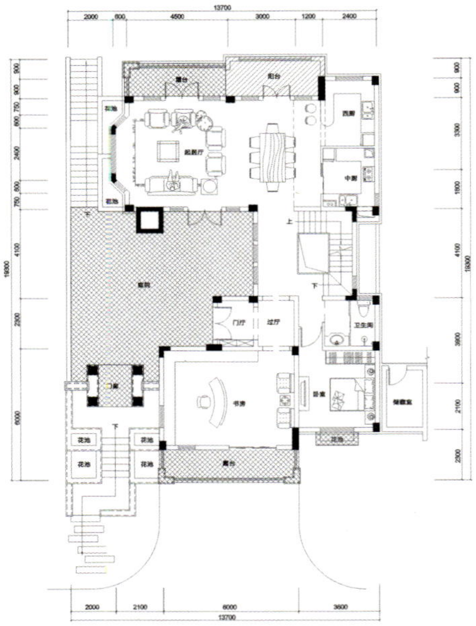

E英式户型三层平面图

开发商：上海万科房地产有限公司 设计单位：上海天华建筑设计 项目地点.： 上海宝山区抚远路538弄	占地面积： 89 400平方米 建筑面积： 150 000平方米 容积率： 1.02	绿化率： 35% 供稿：上海天华建筑设计 采编：盛随兵

新法式绿色生态小镇
上海万科琥珀臻园

破局思路：上海万科琥珀臻园将法式文化与绿色生态住宅理念完美融合。新法式风格建筑外观，纯石材外立面，将法兰西尊贵典雅的气质融入现代简约的设计理念之中，从而打造一座具有北欧风情的新法式绿色生态小镇。

开发背景

万科琥珀臻园位于宝山区罗店新镇的美兰湖居住区，本区域经过多年开发，已成为北区人文生态第一城。在6 800 000平方米的美兰湖居住区，除了拥有约3 400 000平方米的原生林湖，其中包括186 666.67平方米的美兰湖和上海最大的36洞国际高尔夫球场，还有极具人文特质的诺贝尔科技公园、上海师范大学附属罗店中学和中国福利会美兰湖幼儿园。

前期构思：打造北欧风情小镇

罗店镇总体发展目标为形成具有典型北欧城镇特色的现代化生态城镇。北欧的地貌特点是湖泊多，森林覆盖率高，城镇发展格局与生态环境结合度高。罗店与北欧的相似之处在于具有发达的水系，有相似的城镇发展空间，以及淳朴浓厚的人文环境。相似的资源条件为将罗店打造成北欧风情小镇提供了可能。

为契合罗店的规划定位，如何在项目地块上提供一种北欧小镇的生活方式，成为设计师思考的重点。通过对北欧城镇的肌理分析，可以得知其城镇风貌主要体现在以下三个方面：一是城镇结构网格化——网格化的街区(Block)组成；二是自然环境生态化——水道纵横、周边有大量草地林木；三是开放空间人性化——人车分离，广场小街亲近人的尺度。由此，设计师梳理出能够表现北欧城镇风情的要素，即街区生活（Street Life）。

通过以上分析，针对地块特有的区位、城市肌理及景观资源，设计师提出三个规划主题：组团街区、林荫大道（Avenue）及水景共享（Waterscape）。

在北欧城镇中，在城市肌理自然生长与上层规划的共同作用下，以街区形式展现的住宅组团随处可见。首先，在街区组团模式下，灵活围合的建筑体量形成丰富的城市界面。其次，围合的组团形态增加住户归属感，组团内主题各异的集中绿地景观为住户提供了良好的居住环境。最后，强化的组团感觉易于塑造亲切近人的邻里氛围。

为了形成完整的组团形态，同时也为了避免社区的城市界面只由建筑山墙面构成的单调形态，在沿抚远路及罗迎路的组团中局部设置南偏西40° 的建筑单元，以形成围合错落的城市界面。而临河的组团，为了充分利用河景资源，同样采取局部布置南偏西的建筑体量的方式，南面丰富的建筑体量组合优化了荻泾河的人文景观，形成临水而居的生态居住氛围。

总平面图

核心特色：法式文化与绿色住宅相结合

万科琥珀臻园秉承对产品细节的苛求精神，将法式文化与绿色生态住宅完美融合，打造新法式绿色人居生活。

新法式风格建筑外观，纯石材外立面，将法兰西尊贵典雅的气质融入现代简约的设计理念之中，完美融合形式主义与实用功能。

运用包括新风交换系统、种植屋面隔热技术等在内的26项核心绿色生态技术，并且全面采用环保材料的精装修，打造难以超越的绿色建筑臻品住宅。

立面设计

单体建筑立面以涂料、石材为主，配合双坡、四坡屋面，形成具有高雅北欧风格的居住小区。公共建筑以简约的平面布局为主导，立面亦主要采用平坡结合的北欧风情。

2/5 幢
6/14 幢
11/13 幢
12 幢
15-34 幢
罗迎路出入口
Luoying Road Exit & Entrance
LE CHATEAU

万科 琥珀臻园
B

LETTERS
42号
LETTERS
41号

1/3 幢
8-34 幢
2/4/7 幢
会所
Club House

万科·琥珀
为居住舒适而来
示范单位

万科
琥珀臻园
售楼处
万科
万科
琥珀臻园
售楼处
万科

万科·琥珀
力居住舒适而来
销售中心

万科·琥珀
为居住舒适而来
造房子不仅是建造一处居所，而是构建一个舒适的
只有真正热爱生活的人才能体味舒适带来的幸福
我们用心雕琢幸福真诚地为您奉上琥珀的舒适时光
Building a house is not only building a room to live in,
but also creating a comfortable home.
We deeply and carefully create the happiness.
Sincerely dedicate the comfortable moment of Amber to you.
万科
万科琥珀郡园
交付办理中心

LETTERS
64号

万科物业
物业服务中心
Vanke
Property service
center

爱护绿化，鸟语花香
Please keep off the grass

2.0M
地下车库
出入口

出 口
EXIT

室内空间

1.敞亮空间

客餐厅“连体”设计，7.5米大面宽倍显宽敞。大尺度阳台、次卧、次卫和书房的飘窗设计，带来更宽广明亮的视觉享受，极目远眺，环视美景。

2.奢享空间

创新中西双厨设计，高效利用空间，下拉式橱柜、玻璃墙等创新收纳，让烹饪变得生动有趣。而步入式衣帽间则隐藏在主卧套间中，成为业主专属私密空间。

3.收纳空间

在入户玄关、主卧套间、走廊和很多想象不到的地方都设有人性化收纳柜，创造洁净宜居的生活环境。

4.安全空间

钢木结合防盗门，密封性更好，品牌门锁具备自动上锁功能，可用密码、钥匙、门卡三种方式开锁。客厅内装有可视对讲系统，全方位守护业主安全。

5.健康空间

新风系统24小时持续送风，保证室内空气流通。Low-E玻璃、遮阳卷帘等窗系统可最大限度减低热损耗，降低噪音。

6.品质空间

万科琥珀臻园采用别墅品质的干挂石材外立面，配备国内外知名品牌家电。用LED小夜灯、踢脚线等细节提升品质。

开发商：上海豪全房地产开发有限公司
项目地点：浦东新区航鹤路78弄（闸航路口）
占地面积：240 000平方米

建筑面积：320 000平方米
容积率：1.20

绿化率：35%
采编：盛随兵

英式小镇风情　新海派别墅风格

上海长泰东郊御园

破局思路：长泰东郊御园将自然生态与英式小镇风情有机结合，为居住者创造一个充满异域风情的优雅环境。从建筑设计到园林布景，都沿袭英国皇家都铎古典建筑风格精髓，同时遵循东方人居习惯，打造新海派别墅。

开发背景

长泰东郊御园，位于陆家嘴金贸区、临港新城和浦东国际机场三点构筑的浦东航头重心枢纽板块，随着上海“两个中心”建设，城市重心向东南移动的大趋势，板块的升值潜力越发显现。随着全球第6座“迪斯尼乐园”落户浦东以及建设中的轨道交通11号线延伸段和规划中的18号线在此设站，整个地块迅速成为高端别墅群的聚居地，居住氛围日益浓厚。

前期构思：创造自然生态与异域风情相结合的氛围

长泰东郊御园是集联排别墅与高层住宅于一体的高品质居住社区，建筑风格为英式都铎风格，共分三期开发。项目致力于为居住者提供舒适宜人的环境和休闲自然的景观空间，将自然生态与英式小镇风情有机结合，为业主创造一个幽雅的生活环境。

核心特色：建筑设计沿袭英式都铎建筑精髓

长泰东郊御园社区建设秉承长甲地产“高端物业、高品质和高附加值”的“三高”标准，以当代人居理念指导建筑设计，以现代美学重塑经典。从建筑设计到园林布景，甚至是装饰线脚、铁艺栏杆、精致雕纹、缓坡屋顶、三排烟囱等细部设计，都沿袭原汁原味的英国皇家都铎建筑精髓。同时又创新地结合现代施工工艺和审美潮流，遵循东方人居习惯，打造新海派别墅。

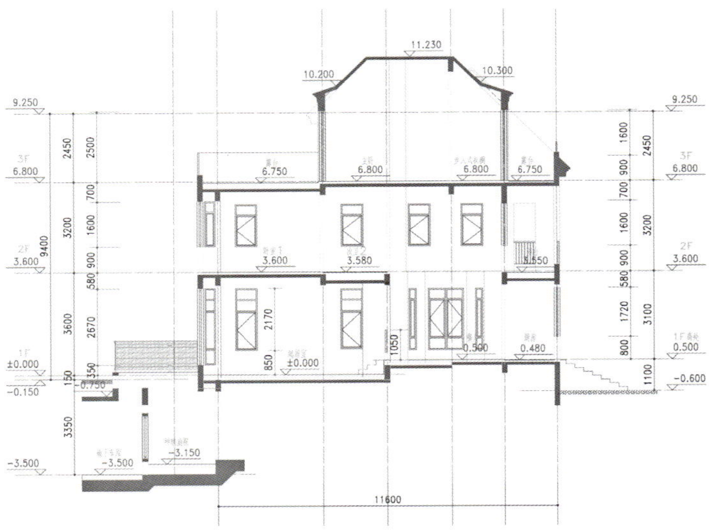

A-A剖面图 1：100

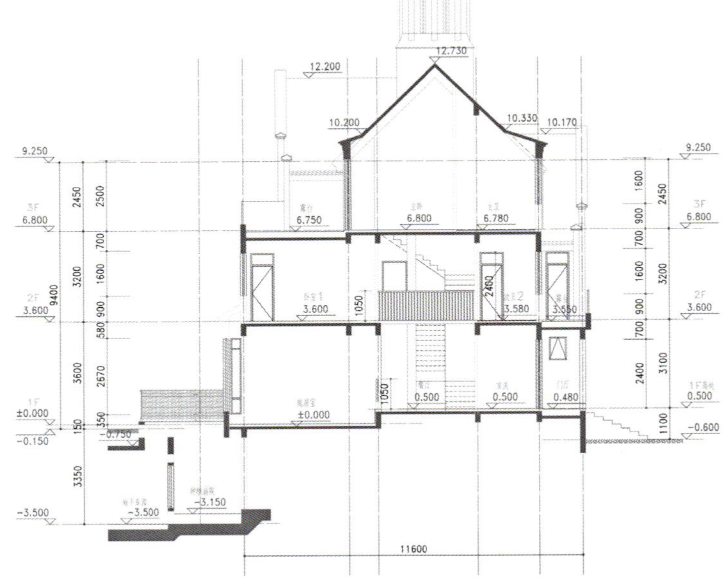

B-B剖面图 1：100

立面设计

在立面设计上，深红色砖墙、纯石材外拱门、高耸的砖石烟囱和大坡屋顶等美轮美奂的皇家建筑设计，淋漓尽致地展现了建筑华贵的气质。

景观设计

小区里随处可见的极具礼序感的景观车道、恢弘大气的私家花园以及尊贵典雅的会所，将皇家园林华贵的气质尽致表现。在社区核心位置建造了近350米超长中央景观大道，由南至北分布“一湖两园”，各景点层层递进，衍生出生活的尊贵感。社区内完美移植同纬度的高大成年乔木，多层次绿化、四季常青，营造出无敌的皇家园林景观。

P

长泰东郊御园
TUDOR DYNASTY
SHOW ROOM
示范单位
PARK
停车场

长泰东郊御园
小区总平面图

长泰东郊御园
TUDOR DYNASTY
爱护绿化
鸟语花香

停

危险
下有燃气管道

P
327-352
地下停车库
UNDERGROUND GARAGE

示范单位
SHOW ROOM
长泰东郊御园

P
205-223
地下停车库
UNDERGROUND GARAGE

长泰东郊御园
出口

出口
EXIT
2.0m
5
入口
ENTRANCE

室内空间

6.4米挑高的餐厅方正大气，极富大宅风范，业主甚至可以根据自身的喜好隔出一个书房，这样还可多一个功能空间。顺着楼梯来到地下室，长泰东郊御园的地下室有别于其他项目，特色鲜明，为全明地下室，面积大且南北通风，生活的功能性、舒适性佳。

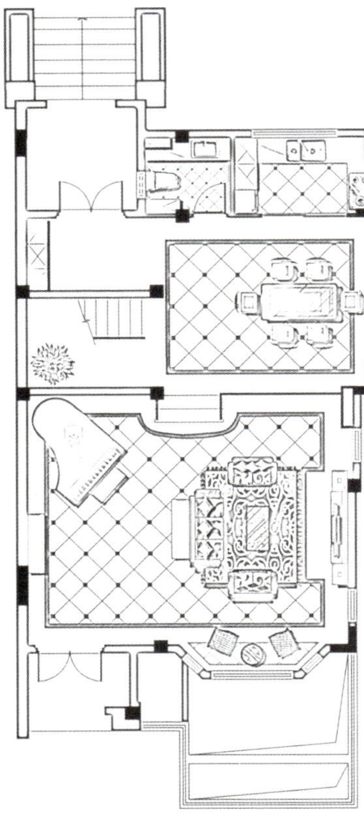

A2户型一层

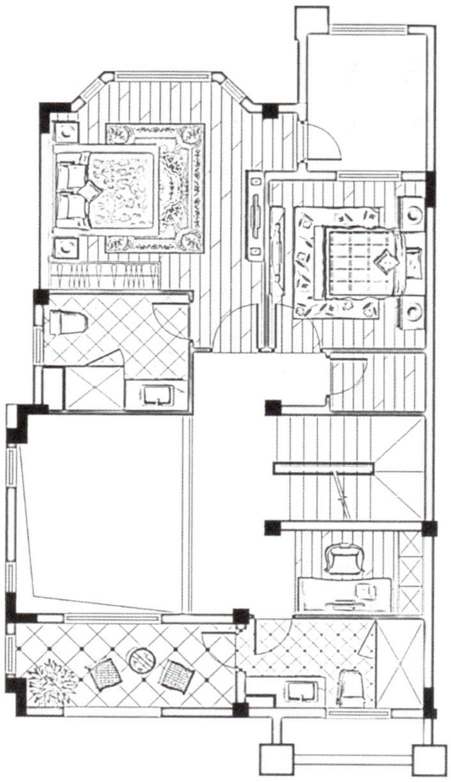

A2户型二层

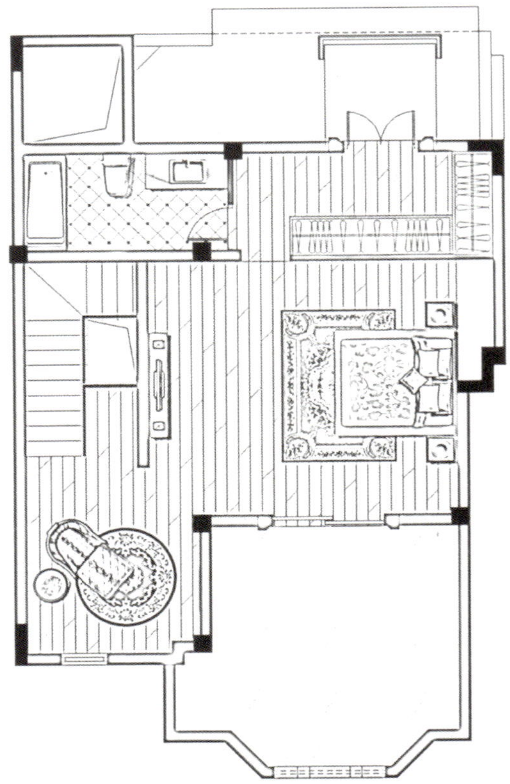

A2户型三层

开发商：万科（集团）
上海美兰华府置业有限公司（项目公司）
设计单位：上海天华建筑设计有限公司
项目地点：上海宝山区
占地面积：142 312平方米（包含一期）
建筑面积：99 009.44平方米（二、三期）
采编：盛随兵

复兴都铎建筑风格　北欧风情园林

上海万科琥珀郡园

破局思路： 琥珀郡园借鉴上海老公馆"浓荫高墙"的建筑意象，将红墙尖顶的公馆建筑掩映于花园社区之中。复兴英式都铎建筑风格，简约大方的平面布局，精致考究的石质立面，雍容典雅的园林景观，将欧式风情演绎得淋漓尽致。

开发背景

万科琥珀郡园位于美兰湖中央居住区，170 000平方米北欧风情小镇，背倚3 400 000平方米的珍罕原生林湖，拥享美兰湖高尔夫生态区高端配套，交通便利，立体交通网络接驳城市。在3 400 000平方米林湖的映衬之下，将50米城市绿化带融入内部组团，依傍两条原生河流，主题景观组团曲径相连。

前期构思：构筑英式皇家庭院空间

琥珀郡园所处的美兰湖北欧新镇，为上海"十一五"规划的"一城九镇"之一，生态环境居九镇之首，位于上海市北部。郡园约170 000平米新公馆花园住宅，社区绿地率约45%，园内清流环绕，林野簇拥，传承英式皇家园林的雍容气度。万科琥珀郡园沿社区景观中轴线，构建了四个特色独具的英式皇家庭院。

1.新月庭院

采用了一种回归自然的英式庭院风格，充满圆弧和曲线的设计打破了拘谨，创造了一个自然的花园环境。

2.迷宫花园

结合绿篱的迷宫充满寻找的乐趣。适当的绿篱高度给孩子带来了乐趣与惊奇，在其中嬉戏，散发愉悦与活力。

3.浪漫花园

在小路上架设了绚丽的花廊，盛开的蔷薇花使这里充满了浪漫气息。住户可在此享受传统欧洲花园的唯美情趣。

4.恬静森林

围绕四周的密林，让这里更具私密性和恬静气息；草坪上矗立着充满人文气息的雕塑，为思绪提供了幽静的环境。

总平面图

核心特色：借鉴上海老公馆建筑意象

琥珀郡园借鉴上海老公馆“浓荫高墙”的建筑意象，将红墙尖顶的公馆建筑掩映于花园社区之中。将英伦都铎式建筑风格元素运用于内外。红砖墙、斜屋顶、老虎窗和小露台等琥珀郡园的建筑元素，在众多上海老公馆建筑中都能看到它们的影子。

斜屋顶这种设计在散水和保持室温方面有显著的功能效用，非常适合上海的气候。

老虎窗这种窗体设计，不仅可以丰富外立面造型，还可以起到采光通风的作用。

小露台设计增加了典型的欧式户外情趣，也缩短了室内与户外接触的距离。

为了更加符合现代生活的需求与审美，设计师对都铎风格进行改良与创新，如双大堂设计，在车库增加了优雅的入户大堂空间，让乘车归家的宾主第一时间就可感受尊贵不凡，更可在此直接电梯入户，全程享受便利舒适。

立面材质

外墙基座采用干挂石材工艺，具有时代感和艺术感。

外墙上部采用英伦手工砖。自然渐变的色彩，历久弥新；精工烧制工艺，每块砖都有自己的专属符号，展现英伦风格的精髓。

外墙采用SKK涂料，防水防噪，环保节能；高附着性，能持久保持色彩不褪色、不失真。

万科 琥珀郡园

民防工程
民防工程

5
进口
万科 琥珀郡园

小区总平面图 RESIDENTIAL QUARTER CHART
万科 琥珀郡园

万科 琥珀郡园
155-170#
143-154#
171-225#
小区出入口

万科 琥珀郡园
198-200#
15-170#
207-212#
219-225#

2.0M
地下车库
出入口

万科 琥珀郡园
犬类请拴养
Please hitch the pet !

万科 琥珀郡园
水深危险
请勿戏水
Caution to drop down !

← 143-158 159-170 →

155-170 →

出口
EXIT

219-225#
小区出入口
210-212#
115-200#
201-209#
213-218#

开发商：华东中建地产有限公司 设计单位：上海天华建筑设计有限公司	项目地点：上海市新江湾城 占地面积：114 500平方米	建筑面积：233 800平方米 容积率：1.0	绿地率：35% 采编：盛随兵

英伦建筑碰撞海派风情

上海中建大公馆

破局思路：英式建筑碰撞海派风情，中建大公馆撷取19世纪维多利亚时代的峰端文化，并与上海本土环境结合，衍生出新的英伦风格，用手工技术、定制服务，再现英伦盛世的审美与品位。

开发背景

中建大公馆位于新江湾城中央，拥有珍稀的湿地资源，尽得城市繁华配套。新江湾城湿地公园将近7倍于世纪公园大小，天然湿地，自然大美。近270种植被、36种鸟类，栖生于此。随着佘山、黄浦江住宅的用地开发几尽，江湾湿地已成为上海最后的顶级景观豪宅区。新江湾城距五角场城市副中心仅3千米，到人民广场约30分钟的车程，高架桥、高速公路、隧道、地铁建构了立体交通网络，周围名校环绕。中建大公馆是新江湾城内唯一的纯别墅社区，独栋与叠加结合的产品形态，营造高低错落的建筑美感。

前期构思：秉承尊重土地的原则

在众墅云集的新江湾城，中建大公馆从设计、选材到后期的施工，都秉承着尊重土地的原则，在低容积率下，开启不一样的建筑形态。中建大公馆的别墅采用的是地上三层和地下二层的设计。尤其是其双层地下室的设计，是三面开挖的下沉式庭院。通风、采光、防水标准等都完全达到了顶级标准。

核心特色：推敲细节，精益求精

小到景观、立面、室内，大到社区的布局，中建大公馆都采取精益求精的态度。在选择建筑立面的材料时，中建大公馆的构建者特此制作了两个样板墙。为了取得最佳效果，分别在阴天、晴天、雨天的上、中、下、晚四个时段，来测试不同石材的效果，反复推敲10多次才达到最满意的效果。甚至在门、窗、柱等细节上，采用的都是纯手工打造。这些建筑细节，使中建大公馆在新江湾城众多别墅产品中脱颖而出。

总平面图

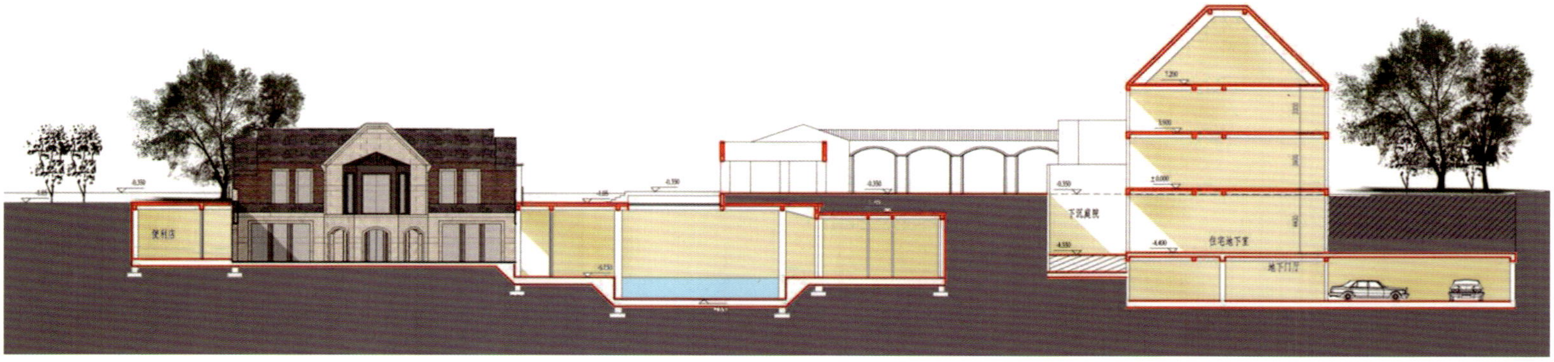

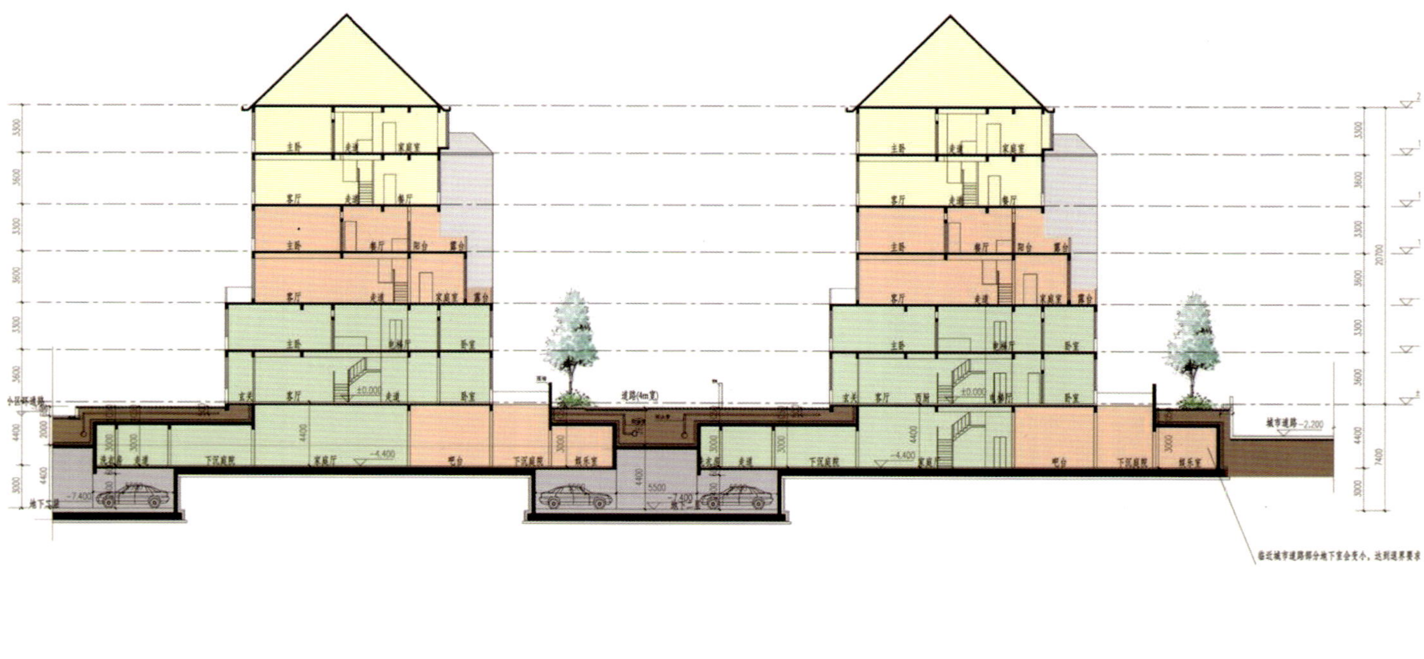

立面设计

建筑立面以英伦风格特征为宗旨，强调建筑体积感、时代感和创新性。建筑立面处理强调文化与个性，运用光与影来塑造建筑形象，充分利用材料的质感与肌理及虚实体量的变化来造型，突出端庄、高雅的风范。起伏的天际线、丰富的立面线以及景致的比例尺度与环境完美结合，形成了一系列不同尺度、类似形态的空间构成的复合空间序列。立面上颇有节奏的开窗形式及栏杆、屋顶构件等细部设计，既着重于整体又不失细腻。

开发商：上海加来房地产开发有限公司	占地面积：181 056平方米	绿化率：36%
设计单位：美国JWDA建筑设计事务所	建筑面积：126 257平方米	供稿：美国JWDA建筑设计事务所
项目地点：上海闵行区江桃路556号	容积率：0.4	采编：盛随兵

新意大利古典主义风情小镇

上海万科翡翠别墅

破局思路：翡翠别墅整体布局采用中国传统皇家九宫格的方式，结合意大利宫廷的构筑规律而展开。建筑单体设计依照意大利小镇的规划风格理念，采用新意大利古典主义风格。景观设计与建筑设计相辅相成，同样采用意大利风格。

开发背景

翡翠别墅位处上海浦江中心镇西北角，拥有独特的地段优势；基地地势平坦，周边没有高楼林立的压力和喧嚣，环境幽静，景观较好。同时借助后世博效应，周边配套已日趋成熟，精英人士“离尘不离城”的居住理想在这里得以实现。

前期构思：体现意大利式规划要求

项目结合基地尺度及间距影响，将别墅区分成若干组团，最大程度地减少地面车行交通，增大公共绿化景观和庭院景观，形成围合空间和大面积的绿地，以新意大利主义式景观为主线，联系各个组团，突出人与自然的关系。

营造良好的城市景观，形成丰富的空间层次，在满足容积率的前提下，项目并未简单地将单体一字排开，而是利用单元的退让拼接，形成各个独立的组团，使整个小区规划既活泼又体现了浦江镇总体意大利式规划要求。

总平面图

核心特色：新意大利古典主义风格

翡翠别墅以中国传统皇家九宫格的布局方式，结合意大利宫廷的构筑规律而展开。通过仪式化的组团单元、两横一纵的景观结构，配合整齐分割的道路体系，将整个社区划分为各个方正的单元，并形成错落有序的功能区域。社区整体建筑风格和整个新浦江镇的建筑风格相统一，采用意大利建筑经典元素，将天然石材与现代化的材质完美融合。

建筑单体设计依照意大利小镇的规划风格理念，采用现代意大利新古典主义风格。单体分三段式，细部采用现代材料与做法，窗、檐口、屋顶采用金属材料，既体现了意大利风格，又展现了现代精神。

空间规划上，引入中庭设计，室内外空间任意切换的同时，使每间房采光充足，以满足在居住上大面宽、短进深的高舒适度要求。私家庭院内附带的泡泡池、烧烤台、入户水景、花架等意大利景观元素，则处处流露着意大利的生活气息。

景观设计

项目整体景观设计采用意大利风格。以整个园林作统一的构图，突出轴线和整齐的格局。基本的造园要素是石作、树木和水。石作包括台阶、栏杆、挡土墙、道路，以及和水结合的池、泉、渠等，还有大量的雕像。树木以常绿树为主，经过修剪，形成绿墙、绿廊等。台地上布满由黄杨或柏树构成图案的植坛。花园里有自然形态的小树丛，与外围的树林相呼应。水以流动的为主，都与石作结合，成为建筑化的水景，如喷泉、壁泉、瀑布、叠水等。同时注意光影的对比，利用水的闪烁和水中倒影形成意大利景观的独特风格。

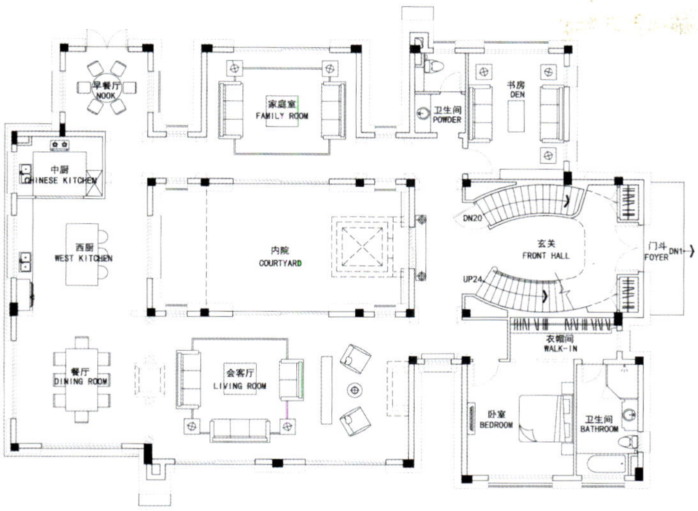

1#1F户型图一层

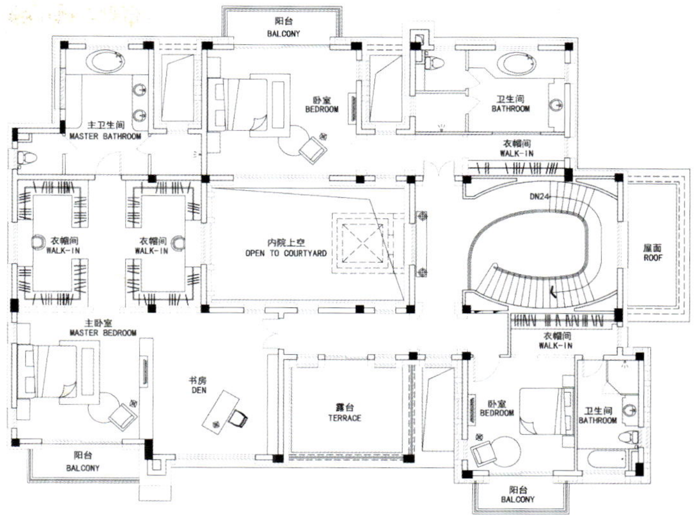

1#1F户型图二层

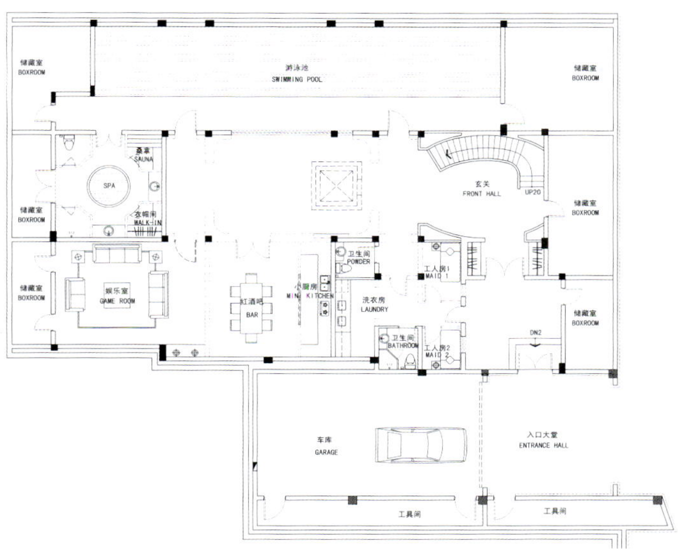

1#1F户型图负一层

开发商：北京金地融侨房地产开发有限公司 设计单位：上海天华建筑设计有限公司 项目地点：北京市大兴新城北区	占地面积：123 000平方米 建筑面积：275 000平方米 容积率：1.80	绿化率：30% 采编：刘玉娜

欧式新古典风格洋房　尊贵典雅社区

北京金地仰山

破局思路：金地仰山欧式新古典风格的纯花园洋房设计，突破传统古典风格繁琐的立面语言，而采用一种简洁、纯粹的古典语言，达到时尚与尊贵的结合。园林与建筑相辉映的新古典风格景观，营造出亲和、休闲、自然的生活体验。

开发背景

金地仰山位于北京市近几年兴起的大型居住区之一——大兴新城北区，东至兴盛街、西至西旺路、北至乐园路、南至金星路。住区周边自然环境优美，拥有12.8万平方米的滨河体育公园和3.6万平方米的翡翠公园，两大公园的大面积绿化形成了天然绿肺，为新城北区的空气净化起到关键作用。道路通行状况良好，出行便利。

前期构思：塑造尊贵、典雅社区

项目规划以两条轴线展开，南北规划路将项目分为东西两个区，沿规划路是整个社区的主要交通路线也是主要线性商业带，沿街布局4 000米商业，商业和门头运用古典元素，力求塑造社区尊贵、典雅的风范。社区中央为贯穿东西的开放式景观主轴，连通了两个社区的自然景观，中央景观带的西端辅以2 450平方米水上休闲会所和台地景观下沉式广场。会所立面采用大面积石材和通透的幕墙相结合的方式打造，会所顶部水流从四周自然流下，形成4米的叠水景观。

住宅规划以保证居所的南向采光为原则，所有住宅的主朝向为南向，几乎全部住宅都是南北通透的户型。

核心特色：新古典风格园林景观

项目园林的整体设计充分尊重原有地形地貌，依势打造与建筑相辉映的新古典风格景观，营造出亲和、安静、安全、休闲、自然而又幸福的生活体验。

项目东区洋房景观侧重规整对称性和组团性，而西区的超宽间距使设计师有条件整合大面积景观资源，使景观更能体现自然风格特点。

在景观设计中经过处理，为削弱视觉的空旷感，道路两侧采用主干树种形成空间的骨架，并配以高低不同、根据观赏季节变换的灌木，共同构成园区内的色彩基调。中间以规整宽阔的南北向林荫大道划分东西两侧，但连接东区和会所的东西向坡地主轴则将东西两区连为一体，不同的风格既相互独立又交相辉映，在不同景观区域间营造美感且各具功能性。

欧洲新古典园林景观元素在园区中随处可见，如具有古典园林风格的刺绣花坛、雕塑水景、景观树阵、花钵、线脚等。在铺地、刺绣花坛及小品设计上，多采用简洁的新古典主义风格的图案，同时采用了较多的可移动花钵及特色雕塑小品，丰富了景观的立面效果。为与新古典的建筑风格相匹配，园区内所有的小品都是纯石材打造。

立面材质

立面材料选用面砖与石材，以增强建筑的厚重感。面砖品牌为爱合陶，石材是来自新疆小产区的克拉麦里金。

金地
仰山
POETICALLY MAN DWELLS
ON THIS EARTH
MOUNTAIN YEARNING

仰山
MOUNTAIN YEARNING
POETICALLY MAN DWELLS
ON THIS EARTH

营销接待中心
仰山

户型设计：南北通透，景观阳台提升舒适度

项目5种两室两厅户型南北通透，整体感觉良好，特别是90平方米B1、91平方米B2户型。B1户型双卧方正，主卧带南向飘窗，北面的次卧设有2米宽的窗户；客厅、餐厅南北双向均带大景观阳台；厨房、餐厅和阳台设置巧妙，且是明厨明卫设计。

B2户型最大亮点是双卧朝南，卧室方正，都设衣帽间，主卧带景观飘窗；客厅景观阳台宽3.6米，比B1要宽1米多，也是明厨明卫设计。

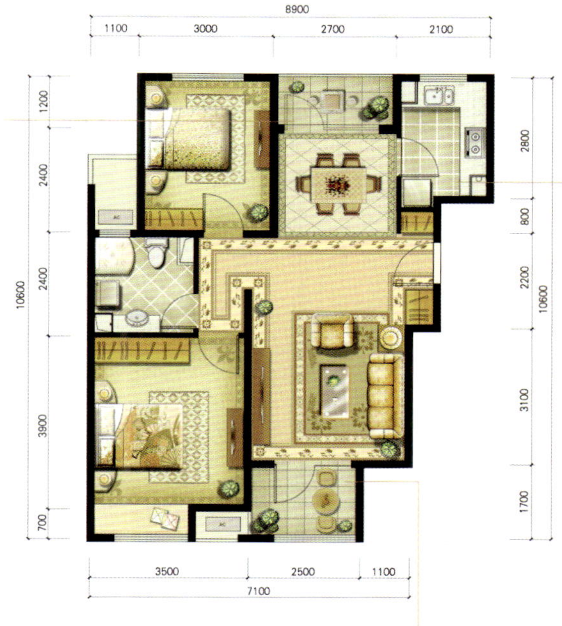

开发商：苏州旭辉兴腾置业有限公司 建筑设计：承构设计有限公司 项目地点：苏州高新区星宇街18号大白荡公园南	占地面积：60 000平方米 建筑面积：80 000平方米 容积率：1.4	绿化率：43% 供稿：苏州旭辉兴腾置业有限公司 采编：蒋四玲

层层退台式设计 托斯卡纳风情社区

苏州旭辉·朗香郡

破局思路： 旭辉·朗香郡采用层层退台设计，以原汁原味的地中海风情为理念，从里到外、从低到高、从浅草到灌木，再到大乔木，五重景观体系，打造一个以花园洋房为主的托斯卡纳风格的低密度住宅小区。

开发背景

旭辉·朗香郡位于苏州北新区核心地段，金枫路与312国道交界处，紧邻北环西延线与轻轨3号线。20分钟直达新区CBD，10分钟置身绿宝广场、何山大润发、苏州乐园等，5分钟移步大白荡公园。周边交通、商业、教育、医疗等优质城市配套齐全。

项目概述

旭辉·朗香郡位于苏州新区北环延伸、轻轨3号线旁，由20栋花园洋房组成，拥有“系列”花园——30 000平方米坡地森林、花园社区、花园院落、空中花园等，呈现一种优雅、清新、舒适的生活氛围。

核心特色：人车分流，层层退台式设计

小区一大特色在于实现了完全的人车分流。从星宇街的主入口和次入口就可直达地下停车场，再通过电梯直接回到家中。避免了苏州的多雨天气和地面道路的安全隐患，大大方便业主出行，同时省出更多空间做绿化。小区的绿化也很有特色，地中海风情的五重景观体系设计，经营用心。

旭辉·朗香郡每一层都采用退台式设计，不仅创造了新邻里关系，而且保证了每一户都有花园阳台。

建筑细节

旭辉·朗香郡每一个建筑细节都精雕细琢，尊崇的电梯入户、雅致的圆形拱门和意大利百叶窗、手工打磨的纯正文化石、暖橙色的原乡屋顶瓦等，营造出一座穿透空间的浪漫花园。

园林景观

为了营造原味的托斯卡纳森林景致，挑选出白桦、丛生香樟、蒙古栎、红梅等珍稀名贵树木，有的树木树龄甚至已超百年，根据树木叶片的大小、花色以及质感等错落种植。坡地上点缀的石马、石羊、挺秀的白桦、高贵的香樟、花丛掩映的石板路等，处处呈现出纯正的托斯卡纳风情。

在社区东侧，开发商倾力打造的30 000平方米坡地森林，仿佛一幅托斯卡纳油画，吸引您漫步至社区内部，游览从里到外、从低到高、从花草到乔木的五重景观。

下沉式私家院落设计

旭辉・朗香郡南北下沉式庭院，汲取现代建筑精髓，不仅是建筑上的创新，更是居住者身份与地位的彰显。

会所设计

旭辉・朗香郡里面设有1 000平方米的高级会所，包含了大型室外游泳池。会所里面设有咖啡厅、桌球室、家庭影视厅、健身房、棋牌室等。

室内设计

室内花园设计，是2+1户型，南北方正、通透。餐厅与厨房相连，客厅直连美景露台。设独立主卧套间，主卧带有独立的衣帽间和卫生间，彰显大家风范的同时保障了主人的私密性。主卫与客卫相分隔，满足主人洁净需求。两卧均朝南，带有空中阳台，享受无限美好风光。

开发商：保利（成都）实业有限公司 设计单位：EDSA 项目地点：成都市高新区	占地面积：273 333平方米 建筑面积：857 553平方米 容积率：3.22	绿化率：32.27% 采编：刘玉娜

法式休闲简约风情社区

成都保利心语花园

破局思路：保利心语花园，无论是古典主义风格的建筑，还是法式休闲简约风情的景观，均将法式风情演绎得淋漓尽致。法式中央公园、缩微版的“塞纳河”、法式风情街等更是将法式浪漫特质原味呈现。

开发背景

保利心语花园位于国际城南CBD核心高端住区大源板块，交通便利，紧邻伊藤洋华堂旗舰店与地铁五号线三江站入口。项目共分为四期开发，包括一期“官邸别墅”、二期“上府”、三期“观园国际”及四期“星座”四大组团。整体由100 000平方米法式中央公园、82栋官邸别墅、17栋豪景华宅以及7栋LOFT精英公寓构成。

核心特色：打造纯粹法式社区生活

100 000平方米法式公园

100 000平方米法式公园，开启城南的浪漫气质。整个公园通过欧式亭台、花式喷泉、跌水、雕塑与名贵树种、繁花的精巧搭配，完美展现精致高贵的法式浪漫风格。无论身处何处，风景总有新意。

城南的“塞纳河”

保利心语花园以惊人手笔，将法国“塞纳河”原味复刻，贯穿整个项目，无处不散发着浪漫的优雅气息。

法式风情街

依托于100 000平方米法式公园、一条微缩版塞纳河畔，统一从法国招商的法式商业街，为业主展现原汁原味的法式风情。法国电影艺术馆、法式红酒馆、法式花园西餐厅、法国咖啡馆、法国糕点房、法国艺术品店、法式画廊、法式酒吧、香颂音乐馆等等，10年商务城南，自此终于有了法式的浪漫。

保利心语
保利·心语摄影沙龙

开发商：华润置地（福州）有限公司 设计单位：天华建筑（上海） 项目地点：福州市仓山花溪南路33号	占地面积：300 000平方米 建筑面积：900 000平方米 容积率：1.7	绿化率：30% 采编：戴乐

英伦风情人文小镇

福州华润橡树湾

破局思路：华润橡树湾精美的建筑、独特的设计和创新式的建造理念使之在福州众多楼盘中脱颖而出，给人深刻的印象。项目英伦式风格的建筑透出鲜明的人文气息，红色的外立面不仅显得非常有质地，而且与周边乌龙江的环境和谐统一。

开发背景

项目位于福州市闽江中第一大岛屿南台岛，背靠飞凤山，面朝乌龙江，沿江观景线长达1 500米左右，流花溪穿行其间，景观资源丰富。项目周边交通发达，沿浦上大道和福湾路，连接南二环；通过浦上大桥和湾边大桥，贯通市区和郊区八县；江边城市三环亦已通车。区域周边已有两个高品质楼盘在建，近百万平方米的福湾新城初具规模，良好生活氛围已现雏形。

前期构思：建筑人文生态城

华润橡树湾拟引进华润置地成熟产品系列——人文产品线，致力于构建乌龙江畔现代城市建筑群，在飞凤山和乌龙江之间的视线通廊内实现百万平方米全功能华润生态城。在橡树湾周边，华润将和政府共同建设一座面向大众开放的流花溪公园，引入优质的公立中学与小学。华润将项目与流花溪公园、学校等进行统一规划，在这个大规划的中心是高档的商业区，在公园园区内拟建造网球公园和休闲会所，并沿流花溪设置亲水物业。而学校的建设，不仅照顾到区域教育资源的配套，更让学校的操场与湿地公园相结合，形成良好的教育环境和活动空间。同时，学校与社区共享开放式运动场馆，为乌龙江畔居民再添一个健身好场所。

核心特色：构建英伦生活方式"4S店"

华润橡树湾在居住、商业、教育、休闲的自平衡体系中突出居住的方便和舒适，从清新怡人的自然景观到休闲健身的运动会所，从下一代的教育传承到高品质的居住生活，从自然馆（Sight）、运动馆（Sport）、图书馆（Library）、商业管（Shop）等多个方面，为业主营造原汁原味的英伦生活氛围。

自然馆

橡树湾所在的乌龙江北岸，以闽江北岸为鉴，背靠飞凤山，视野遍及1 500米宽域江景。

运动馆

橡树湾售楼处为超过3 000平方米的博物馆式建筑，未来也将会作为社区设施保留下来。此外，还有3 000平方米的多功能休闲运动会所。会所提供全面的运动设施，有篮球、恒温游泳、健身房等场地。绿岛学区内的学校，也有周末对业主开放的运动场所，如足球场、羽毛球场等。学校与社区共享开放式运动场馆。

图书馆

在社区内部，同样有集幼儿园、小学、中学于一体的全程教育体系，中小学所处的绿岛学区将由橡树湾总体规划设计。目前正在与教育部门进行洽商，争取优质中小学教育资源进驻。

商业馆

橡树湾规划有20 000平方米的集中式商业，满足居民的消费需求，更能呼吸英伦的时尚气息。

立面设计

建筑立面融汇了新古典和Art-Deco风格的建筑语汇，为小区更添内敛含蓄的文化气息。考虑到与联庭House英伦风格的和谐相融，公寓建筑立面的色彩以赭色系列作为基本色调，整体沉稳大气；建筑的品质往往在细节处体现新意，收放有致的线脚加上适度的金属装饰和掩映在绿树丛中的拼贴石材，既经典又不失潮流感。

HUMANIZED HIGH-END COMM

人性化高端社区

认同 人的一生有三分之二的时间是在居住环境中度过的，因此居住环境直接影响着人们生活品质的高低。人性化的社区能够增加居民对居住环境的归属感和认同感，已在我国众多城市间得到推广。

概念 所谓人性化社区是指在居住区的基础上，秉承着“以人为本”的建筑理念，追求人性化、舒适化、多样化设计的居住区。人性化社区不仅应保证居住区的基本功能，满足居民生活的物质需要，更应该满足居民在精神上的追求，是实现居民与居民之间、居民与自然之间和谐相处的人性化居住场所。

UNITY 居元止境

特征 人性化社区具有三方面的特征：一是充分满足人生活方式的多重性，使建筑空间多义化；二是强调人与生态自然的和谐；三是尊重人与人的交往，增强邻里居住文化。如在室内空间设计上，人性化设计体现在立足于现代居民生活模式，设计多样化的住宅户型；依据人体工程学原理，优质化住宅室内空间设计；树立绿色生态住宅设计理念，精致化住宅生活空间；依照居住空间与建筑互动的设计理念，生态化住宅生活环境。

趋势 今后的住宅产品设计必将是自然、建筑与人和谐统一的产品。它在物质和精神两个层面上，从居住空间与居住环境的质量两个角度，有效节约资源与广泛应用科技成果，最后综合升华产品质量。现代社区的设计都应从满足人的需要、符合时代发展的要求出发，真正实现“以人为本”。

开发商：上海恒世房地产有限公司 项目地点：上海松江新城人民北路2908弄 占地面积：92 733平方米	建筑面积：148 373平方米 容积率：1.60 绿化率：37%	供稿：龙湖地产/白羊广告 采编：盛随兵

跃层设计　精巧户型
上海龙湖好望山·X叠墅

破局思路：龙湖好望山·X叠墅跃层系列，以全石材立面、精巧的户型、别墅的体验、酒店式统一管理等高品质创新设计，为大佘山的物业形态新添了品种，也是高端人群置业佘山的首选项目之一。

开发背景

项目占据后佘山板块稀缺地段，坐落于人民北路梅家浜路，与上海外国语学院隔街相对；毗邻轨道交通9号线松江大学城站；区域配套成熟，易初莲花、乐购、易买得、苏宁、中小学等一应俱全。

项目沿袭好望山豪宅血统，采用全石材外立面设计，并提供24小时酒店式物业管理服务，主力户型为69~119平方米两房、三房跃层房型，并有少量平层两房。

前期构思：引入“叠别”概念

项目采用210~400平方米的“叠别”设置，一套别墅分上叠、中叠、下叠三套户型，每套户型都有大量的赠送面积，尤其是下叠部分，超大的挑高地下层，可满足休闲、居住、娱乐的所有功能。与此同时，项目延续了龙湖香醍溪岸的打造理念，将“家”的温馨之感融入建筑本身，许孩子一个“星院”——给孩子一个回归本源的生活，给孩子一个抬头可以看到星星的院子。

核心特色：跃层设计，高得房率

X叠墅最大特点为跃层设计，户型南北通透，得房率高。与传统跃层相比，X叠墅抛弃简单上下层垂直设计而采取垂直+错层设计，使大多数叠加户型南北通透，错层设计也减少了上层走廊面积，使每户公摊面积减少，享有高得房率。

立面设计

龙湖好望山·X叠墅外墙选用干挂石材，采用Art-Deco建筑风格，承袭源自法国经典原石建筑固有的优雅气质，以线条和图形表达建筑之美，融高贵与浪漫于一体。

室内设计

项目X5户型总体性价比较高，适合单身小白领、年轻小夫妻或是一家三口居住。二层卧室空间方正宽敞，为南向设计，室内有两处窗户设计，且直通朝南阳台，落地门窗使室内采光更完全。衣帽间的空间不大，但足够平时放置衣物，比较实用。如有需要，还可将其设计成小房间。卫浴间设计较为独特，从走廊旁有门进入，而从卧室内也可进入使用，双门设计方便日常使用。

开发商：九龙仓（无锡）置业有限公司 设计单位：上海日清 项目地点：无锡市南长区清名路清宁大桥西垸	占地面积：300 000平方米 建筑面积：1 030 000平方米 容积率：3.5	绿化率：36% 供稿：九龙仓（无锡）置业有限公司 采编：蒋四玲

国际化人居社区

无锡九龙仓时代上城

破局思路：时代上城以打造国际化人居生活为理念，以人为本，充分考虑业主对舒适生活的要求，精心设计产品，将人文关怀渗透到每个设计细节。

开发背景

项目位于无锡市南长区清名路清宁大桥西垸，融多层、高层、超高层于一体，是无锡九龙仓五大项目中体量最大的一个项目。项目拥有太湖广场、京杭大运河等天然景观资源，并临近正在筹建当中的地铁一号线和地铁五号线，全面覆盖无锡核心地带，为业主提供随时到达城市各角落的便利交通条件。

前期构思：打造国际化人居生活

时代上城传承九龙仓集团多年来的豪宅建筑丰富经验，以打造21世纪国际化人居生活为理念，充分考虑主流人士对精致、舒适生活的高标准要求。所选CBD核心区位周围各项生活配套齐全，将繁华世界缩小在尊贵业主触手可及的范围内。

大社区在生活功能层面具备了足够的广度与深度，能最大程度去满足人的主观需求，带来稳定安逸的心理及归属感的实现。时代上城，中央区少有“豪钻级”大盘，繁华的都市配套簇拥左右。以国际生活蓝本制定者姿态，定义“城市国际生活新高度”。

核心特色：细节渗透人文关怀

时代上城传袭九龙仓血统，以国际社区标准倾力打造：外有约70 000平方米大型滨河景观带，内有约30 000平方米中央景观区；全龄健康游乐，提供丰富运动生活空间（儿童活动场地、青年轮滑小道、成人篮球场、老年林下对弈空间等）；双会所、室内恒温泳池，让品位成为生活的主旋律；入户双大堂、豪华套房，阳光美景随时赴约；上都物业，开发商直属物业，提供星际酒店般服务，尽享个性尊崇服务；侨谊幼儿园总部入驻，精英教育由此起步。

作为九龙仓在无锡开发的第一个大型国际化社区，时代上城在产品上

精雕细琢、力求创新，沿河9栋高达148米的超高层，不仅勾勒出华丽的天际线，更增添了国际都市感；社区内部设置的铂钻生活会所、时尚运动会所、架空层泛会所三重会所，完美演绎出国际化精致生活。

不仅如此，时代上城更将人文关怀渗透到每一处细节设计上，三重入口大堂不仅完全保障人车分流，更是主人归家礼仪必备；刷卡锁、子母门、彩色可视对讲组成的安全保障系统，为主人营造出完全私密的生活空间；立体车库双层机械停车，实现主人拥有阳光地下车库的梦想。

总平面图

室内设计

时代上城YOUNG房，以中央区稀缺的精致尺度，带来创意生活体验。

B—G1户型，建筑面积约89平方米，二房二厅。进门是厨房和餐厅，内院被改建为一个独具韵味的敞开式书房，宽敞的朝南客厅与阳台相连，1.8米宽的阳台尽享宽敞与舒适，南北朝向，采光通风俱佳。南向主卧温馨惬意，凸窗设计使居家多了一份浪漫色彩。次卧采用日式榻榻米的风格，透明的玻璃柜既开阔视野又使整个空间变得灵动。整个样板间功能布局紧凑、合理，十分适合年轻夫妻二人或小三口之家居住。

B—G2户型处于高层中间位置。进门右手边为开放式厨房与吧台，左边是一个工作室，也符合当下许多年轻人的需求。往里是客厅与阳台，朝南的设计使通风、采光、观景都达到了最佳效果。整个户型设计最有特色的就在于卧室，可以看到卧室的门都是可以移开的，与客厅可连可分，电视机可以360°旋转，节省了空间，新颖独特。这一样板间整体给人一种时尚、活力之感，多采用镜面反光，让小空间有大视野，如此独特的设计做单身公寓也十分不错。

开发商：新城地产
建筑设计：中国建筑设计研究院——上海中森
项目地点：上海嘉定宝翔路191弄2号
占地面积：45 152平方米
建筑面积：104 767.87平方米
容积率：1.6
绿化率：31.25%
供稿：中国建筑设计研究院——上海中森新城地产
采编：盛随兵

“四明”户型格局　高端生活社区

上海新城公馆

破局思路：项目采取酒店式入户设计，通过共享大堂进入住宅内部，同时引入“人车分流”的理念。绿地布局强调景观的“均好性”，同时通过住宅群体平面组合和住宅单体转向布置，使户户可享受到最大景观面，营造高品质居住空间。

开发背景

项目位于上海嘉定区南翔镇宝翔路以西、吾尚塘以南、栖林路以东，毗邻金地格林世界。所在街区东至宝翔路，南至马荣国际双语幼儿园，西至栖林路，北至吾尚塘。距离轨道交通11号线南翔站直线距离800米，距离大虹桥枢纽10公里，沪宜公路、嘉金高速（A5）、嘉闵高架等多条畅捷通道构筑立体交通版图。

总体布局

依据地形从西北角到东南角由高到低分布，将3栋面积最大的户型布局在基地西北角，近栖林路和吾尚塘，面向小区中央景观花园，使产品价值得到最大幅度的体现。将小区配套用房结合公寓式酒店布局在基地东南角，降低道路等级较高的宝翔路对基地的影响。

其余7栋18层的小高层平层大宅围绕中央大花园排列，朝向正南，开阔的视野提升产品价值。

LEGEND MANSION
新城公馆
新城公馆
XINCHENG MANSION

LEGEND MANSION
ShangHaiMade Since 1905
新城公馆

新城公馆

外立面造型

项目为新古典主义风格，建筑外立面采用经典三段式的处理手法，划分出基座、中部和顶部。底层层高4.49米，结合南北双大堂的设计，直接把景观中心和住宅核心筒连接起来，让住户体验尊贵的私家主题花园。顶部采用了退台式设计，屋顶色彩以典雅为基调，充分体现了新古典的厚重感和高贵的气质。

材质运用

建筑外墙装饰全部采用米色石材干挂，配合古铜色铝合金幕墙。建筑分为顶部、中部、基座三部分，其中基座全石材打造，以印度进口石材贵妃红奠定社区高尚基调；顶部采用瑞典高级喷砂面，并通过基座与中部、顶部的材质与色彩的对比与映衬，形成高贵典雅的氛围。

景观设计

规划绿化景观系统形成“一心、一环”的景观结构。“一心”是基地中心200米x45米超大的景观花园，“一环”是沿基地一周的环状绿化带，环境设计遵循一体化设计的原则。

在北侧景观中心以绿化和种植结合步行道为主。南侧景观中心布置大面积水面，使小区南北所有住户都能享受到水景。结合半地下车库设置的中央花园，比道路高出2米，营造出尺度宜人的绿化空间，创造静谧尊贵的居住环境。

人车分流

新城公馆采用抬高地下车库的方式，将车库入口移至社区外部，所有车辆都从小区外直接进入地下车库，同步隔离车流、噪音与排气污染，真正实现人车分流，实现生活的真正宁静、安全与舒适。

户型设计

小区的户型采用“四明”设计，每户均保证明厨、明卫、明卧、明厅的四明格局。户型设计中每户均保证两到三间居住空间朝南，每户均保证两间居住空间朝向主要景观。

套内空间布局合理，动静分区，洁污分区。精心设计公共空间和私人空间、就餐空间与起居空间的关系，在控制单套面积的同时，满足各使用空间的建筑面积要求。

卧室设置低窗台大玻璃凸窗，内加防护栏杆，通过凸窗转角玻璃以及起居室与阳台之间落地玻璃门的设置，保证了更加良好的日照采光及优美的景观视野，并与室外的绿意相连，提高了生活品位。

开发商：远洋地产有限公司
建筑设计：北京市建筑设计研究院
刘晓钟工作室

项目地点：北京市朝阳区
占地面积：67 600平方米
建筑面积：241 597平方米

容积率：2.6
绿化率：30.15%

采编：刘玉娜、张培华

户型结构差异化　高舒适度宜居住区

北京远洋·万和城

破局思路：针对项目中高端客群定位，为了满足大部分客户的要求，项目实行中小户型之间、大户型之间、中小户型与大户型之间、地块之间的差异化，增加项目吸引力，塑造全新楼盘特色。

开发背景

北京远洋·万和城是远洋地产在亚奥核心打造的“世界级生活示范区”，位于鸟巢以东2千米，周边人文、高尔夫、公园、商圈、多元交通等城市核心市政配套完善。国家奥林匹克公园、元大都垣遗址公园、太阳公园等稀贵自然资源毗邻；京城三大著名高尔夫球场：北辰高尔夫、鸿华高尔夫、北湖九号高尔夫身旁萦绕；对外经贸大学、中国现代文学馆、鲁迅文学院等知名学府和人文机构环绕。此外，亚奥、望京、燕莎等高尚商圈融合交汇，打造了一个高端的生活、社交圈层。基于优越的区位和配套，通过独特的产品设计，力求将其打造成国家形象区标杆性的项目。

前期构思：产品差异化设计

通过对项目用地周边情况的调研、规划意见书的解读、推敲高端住宅的设计策略探讨的研究，总结该项目的特点，在规划设计中将提出“差异化产品社区”的全新理念。通过产品差异化，充分挖掘居住地块容积率2.6和地块功能多样化的优势。

项目以满足城市中高等收入核心家庭置业需求为主、以高品质户型产品为主的多元化产品结构、以可持续发展为规划设计理念、以绿色生态节能的住宅技术为特色、以绝版综合性居住社区为主题，结合差异化产品社区的规划目标，打造高品质社区。

核心特色：差异化户型结构形态

根据“差异化产品社区”理念及平台理念，在户型结构形态上采用了低于100平方米户型+平层大户的户型形态，以观景豪宅的点式设计提升小区整体品质，并形成区域整体形象。

A块居住区：A地块户型以200平方米以上大户型为主，户内功能进一步细化，各功能房间的布局充分体现共享景观的思路。平面布局为住户提供方便的家居生活，又彰显主人的尊贵身份。为提高单体设计的品质，将香港点式高层豪宅的设计手法应用于单体设计中，实现一梯两户、专梯入户、主仆分流、270°景观、具有别墅式生活流线的特色大户型设计。

B块居住区：B地块以低于100平方米的中小户型为主，在有限的面积内进行合理的空间划分，各种功能空间一应俱全，为品质阶层的个性化生活需求提供了足够大的空间选择。所有户型动静分区合理，流线布置紧凑，大部分户型南北通透，辅助空间可采光。同时对小户型在成熟户型基础上结合不同景观朝向设计，使其灵活多变并同样享有尊贵感。

室内设计

样板间走的是纯法式风情路线，装修讲究奢华但不张扬。色彩上以米白色为主色调，没有金碧辉煌的炫目效果，强调清新淡雅的纯净视觉效果。其中大三居的样板间设计摒弃了炫耀性，回归功能性和人性化。

开发商：北京金隅万科房地产开发有限公司 建筑设计：北京墨臣建筑设计 美国GBBN建筑设计	项目地点：北京市昌平区 占地面积：199 877.8平方米（整个项目） 建筑面积：615 418平方米（整个项目）	容积率：2.9 绿化率：30% 采编：刘玉娜　张培华

全家居解决方案　实现“无忧生活”

北京金隅·万科城（三期）

破局思路：项目继续演绎万科“全家居解决方案”，通过八大精装体系的实施，完美升级空间的利用度、使用功能以及收纳功能，前置性地将空间实用性、日后居住的便捷性和舒适性结合起来，实现建筑与生活的无缝对接，为居住者打造性能更多元、居住更自如的悦然空间。

开发背景

北京金隅·万科城位于昌平区核心地段，由万科、金隅两大品牌房企联手打造，总体量逾600 000平方米。由于项目所在的昌平区域受大硅谷北扩战略推进利好，科技科教产业发展迅猛，区域热度极大提升，连接昌平和城区的双轨交通建设大幅提速，区域聚集了大量高端产业人群的置业需求。该项目旨在从人居体系的各环节完善性能，高规格满足京北产业人群的生活所需。

前期构思：遵循新都市主义原则

规划遵循新都市主义原则，倡导社区与自然的融合渗透，营造充满阳光和绿色的现代社区，创造丰富动人的生活场景及个性化空间。

项目用地基本与周围市政道路持平，由于地块内大部分用地为商业设施，此种均衡式设计，极大提高了用地的舒适度，有利于吸引购物人流及车流，同时也利于住宅社区内的交通组织及人流管理，减少周围环境对社区内环境的不利影响。

核心特色：采用全家居解决方案

项目采用的全家居解决方案，前置性地将空间实用性、日后居住的便捷性和舒适性结合起来，营造出无忧贴心的宜居生活体系。户型空间布局方正规整，功能分割完备，众多小细节更是体现了“全家居解决方案”的独到之处。入户玄关处设计有隐藏的衣帽间，随身脱下的外衣、帽子、鞋子可以方便整洁地归于其中。放鞋的置物板贴心地设计成灵活可调式，便于满足各种鞋款收纳。厨房的柜门加入防撞缓冲垫及阻尼拉链，洗菜盆下的底柜加入防潮膜，台面设计成符合人体工程学习惯的L型或U型。看似不起眼的细节设计，让厨房的实用性和便捷性发挥到极致。

金隅·万科城

夜未央

造型设计

建筑立面采用Art-Deco风格，突出建筑的尊贵典雅。造型处理上着重体现建筑的雕塑感，用框式构架强调建筑的立面单元。建筑物高耸、挺拔的竖向线条，削弱了建筑的冗长感，给人以拔地而起、傲然屹立的非凡气势。

立面材质

建筑自下而上采用三段式，近人尺度底部采用浅米色仿石涂料，建筑主体选用红褐色仿面砖涂料，局部点缀深灰色仿面砖涂料。顶部处理在空间上形成退台的效果，丰富了建筑的天际线。

景观设计

项目采用现代、简洁的景观设计理念，创造高品质的社区感受，营造亲和、优雅、闲适的生活氛围。住宅景观广场为核心交流空间，为邻里之间创造友好的沟通环境，充分表达出空间归属感。特色水景墙设计使空间更加活泼自然。特别设计特色景观灯柱及景观种植池。整体设计语言及其品质凸显区域整体形象。根据区域不同的空间层次，搭配不同的植物，突出不一样的景色。考虑到北京的季节特点，选择不同的季节性植物种类，变换不同的色彩。

5
P
2m
一卡一杆请勿跟随

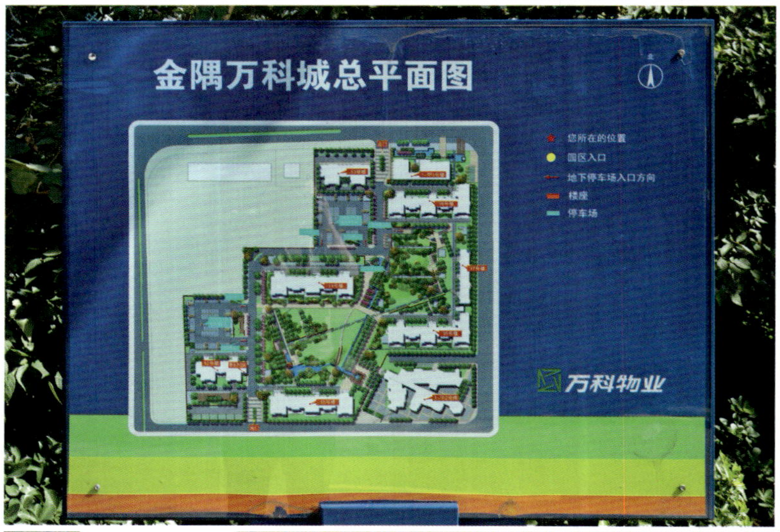
金隅万科城总平面图
您所在的位置
园区入口
地下停车场入口方向
楼座
停车场
万科物业

车场出口
禁止驶入

2

室内设计

项目室内进行了悉心设计，整体风格以现代时尚为主，并处处体现人性化设计。在玄关处配有完美收纳间；厨房采用西式开放式设计，并配有时尚吧台，增添了浪漫情趣；卧室配有3米宽超大衣柜，满足爱美人士所需。

5000
2220
3675
4200
起居室
开敞厨房
玄关
AC
卧室
卫生间
阳台
1200
2100
1700
2220

3350
1500
1650
2750
开敞厨房
玄关
卫生间
8600
起居室
卧室
5850
书房区
AC
飘窗

Arsenal

Arsenal

开发商：杭州新联置业有限公司	占地面积：50 000平方米	容积率：2.0
设计单位：安道国际	建筑面积：约100 000平方米	供稿：安道国际
项目地点：杭州市江干区	绿化率：30%	采编：盛随兵

合理空间尺度　实用功能为主

杭州联合格里

破局思路：项目在设计中体现时代需要，反映居民心理，实行以人为本的设计原则。在户型设计中，从空间尺度及实用功能出发，通过调整开间尺寸变换不同的户型，带来丰富的空间变化及不同的功能分区，把每一平方米都落在实用功能上，体现了“居住的舒适性”与“可持续发展”。

开发背景

杭州联合格里位于主城区——丁桥核心区。这个片区内有大农港、丁桥港等数条自然河流，附近还有20 000余平方米的中央公园，北面近邻原生态的田园山水、农庄休闲区。板块内没有传统农居，也没有大型厂房和工业用房，整体氛围和环境较为适宜居住。随着石大快速路的通车，秋石快速路、留石快速路等快速路的开通，公交中心的投入使用，丁桥和市区之间的距离也在不断拉近。

前期构思：光合规划，有机生活

项目秉承“光合规划，有机生活”的理念着力打造品牌居住区。采用与区域内大部分社区建筑格局不同的“短板+点式”排布手法，并以18.8%超低建筑密度建造，不仅减少了户型布局中的中间套，使室内空间的采光和通透性加强，住户有更多机会选择阳光空间，同时也降低了建筑压迫感，更容易使生活在这里的人们产生家园归属感。

核心特色：合理空间尺度与功能性的结合

项目在户型设计上，以独有的人性化理念，空间尺度科学合理，以较好的格局形成丰富的空间变化，对功能性进行提升。如有的户型功能分区合理，客厅的位置靠近露台，带来较强的活动性，而将书房的位置放在安静的区域，卧室则讲究采光性和私密性，还专门设计储藏间储存杂物。在不同的户型设计中，基本具备日常所需的各个功能区，实现人乃至家庭的舒适生活，在功能性上满足居住者的各种需求。

立面材质

建筑立面质朴而不失时尚感，低调之中又暗含玄机。材质以天然石材为主，采用暖色系的色调，在现代、挺括与精致、内敛中营造出完美的平衡，展现开放包容的时代内涵。

景观设计

项目拥有5 300平方米的大型中心花园，配植花卉、灌木及花木，形成四季常青、繁花似锦的景观享受。通过“简约主义”的设计给居住者呈现生态的、健康的、有趣的景观。在这里，人们能得到彻底放松，调节精神空间，来摆脱烦琐、复杂，真正地追求简单和自然。通过细节的处理，营造一个更具有独特设计和精致做工的景观空间，赋予设计更多生命和情趣。

户型设计

项目户型面积以90平方米为主，另外还有75平方米、120平方米、130平方米三种。90平方米的户型设计成三室两厅一卫，两个卧室朝南，主卧进深4.4米，赠送面积多。75平方米的户型呈两室一厅一卫格局，120平方米户型为三室两厅两卫设计，130平方米户型则设有三室两厅两卫，这三种户型均有赠送面积。

开发商：杭州滨江房产集团股份有限公司 建筑设计：中国美术学院风景建筑设计研究院 设计人员：李小兰、于欣、江冰兰、 刘忠卫、石慰天	景观设计：香港贝尔高林 项目地点：杭州市东新路 占地面积：9 783平方米 建筑面积：185 730平方米	容积率：3.0 绿化率：30% 供稿：中国美术学院风景建筑设计研究院 采编：杜全利

围合式布局　人性化交互空间

杭州滨江·万家星城（一期）

破局思路：设计充分利用地块边界条件，采用“一轴两翼，板点错落”的围合式布局形式。住宅由南往北依次展开，错落有序，户户朝南，视野开阔，呈现丰富的空间层次和良好的自然通风采光，带来良好社区氛围及人性关怀的邻里交互空间。

开发背景

项目地处杭州主城区，临近石祥路、东新路等城市干道，北面紧邻城市公共绿地，交通极为便利。地块南北轴长，东西轴短，场地平整，为不规则形状。项目用地周边河道纵横，水景丰富，俨然古运河河道上的一颗明珠。

前期构思：场地优势的充分利用

本设计依照规划要求，尽量利用场地优势，把地块特性转化为设计契机，提出一系列独特构思，将建设单位对项目的期望转化为一个成功的发展案例。由此创造出富有标志性、整体和谐的建筑群体，绿地充足、日照充沛的住宅小区，空间丰富、尺度宜人的居住环境，人车分流、动静有别的清晰流线。

核心特色：围合式布局形成开敞空间

建筑沿地块边界呈南北向布置，建筑围合形成多个开敞空间，营造出丰富的空间形态，贯穿南北的弧形景观道路将各个空间串联为一体，打造出低密度、宽尺度的空间。塔楼的高低错落，富有韵律感的处理提供不同方位单体均好视野，而且形成了丰富的城市建筑天际线。

滨江·万家星城
Myriad Star
5

立面设计

在建筑立面处理上，运用简约朴实而古典的建筑语言来阐述现代自然、生态生活方式的快乐与轻松。楼体大幅面的玻璃和多元化的墙面及错落的外挑露台，使建筑整体上充满成长的张力。错落有致的立面造型，配以竖向线条营造出轻快流畅及古朴典雅的视觉感受。富有韵律的造型元素、卓尔不群的顶部设计体现了楼盘的高雅品位。

立面材质

细节处理上采用大面积的落地窗、全景飘窗、过滤夏日阳光的百叶，营造一种轻盈、极具生活化的立面效果。利用建筑的分层退台，外挑的飘板，构筑了外立面上错落有致、层次分明、极富变化的立面空间。同时配以竖向空间庭院和外墙面材质分段处理，使建筑整体更具变化性。

景观设计

核心公园大片的草地与水面结合，通过坡地、水榭、浅水池等各种高档景观设施，使中心区的绿化景观元素成为全园最跳动的元素，真正起到统领全园的核心作用。

规划中央庭院结合小区游泳池，气质高贵，一条蜿蜒的水景联系南北，中轴线稳重大气，精致的景观道路铺砌得时尚而生动，郁郁葱葱的丰富植物带来纯粹的自然感受，涓涓细流、似锦繁花、精美小品与曲折空间构成纯美景象。

建筑风格

设计师用现代主义的理性方式，追寻技术美与人性化的和谐统一，以简约、洗练、纯粹的纯净主义风格，突出简洁的线条，用直线条的造型，让建筑大胆出位，使居住者情感回归宁静与自然。

[illegible]			(A812-0085)		[illegible]
[illegible]			14469.37	m²	
[illegible]			14469.37	m²	
[illegible]			43400	m²	[illegible]
其中	1	[illegible]	38400	m²	
	2	[illegible]	1800	m²	
	3	[illegible]	3200		
[illegible]			4203	m²	
其中	1	[illegible]	3003	m²	
	2	[illegible]	1200	m²	
[illegible]			14776	m²	
[illegible]			3.0		
[illegible]			4340	m²	
其中		[illegible]	3000	m²	
		[illegible]	1340	m²	[illegible]3600m²
[illegible]			30	%	
[illegible]			32.1	%	
[illegible]			3–25	[illegible]	
[illegible]			412	[illegible]	
其中		[illegible]	370	[illegible]	
		[illegible]	42	[illegible]	

贺 金地梅陇镇荣获上半年
合第一！

克丽缇娜
P
入口
ENTER
4

立面材质

住宅立面的铝通花架为住宅提供了遮阳以及私密、安全防护系统。房间外侧分户墙色彩的运用，为整个小区提供了和谐、简约的立面风格。立面门窗玻璃采用了Low-E低辐射玻璃，有效隔热保温。

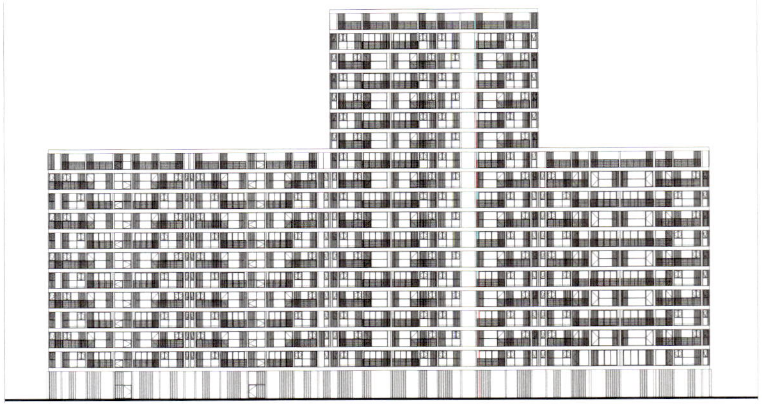

3号楼南立面图

7号楼北立面图

开发商：沿海绿色家园集团 建筑设计：澳大利亚柏涛（墨尔本）建筑设计亚洲公司 项目地点：东莞市南城区	占地面积：183 800平方米 建筑面积：269 100平方米 容积率：1.05	绿化率：46.20% 供稿：澳大利亚柏涛（墨尔本）建筑设计亚洲公司 采编：卓羽、戴乐

开放式邻里空间　亲和邻里关系

东莞沿海·丽水佳园（三期）

破局思路： 项目倡导新一代邻里关系，主张营造开放式的邻里空间。在保证住户的私密空间私有的前提下，在小环境中体现出“凹居庭院生活”，在环境中体现“融活邻里空间”的亲和邻里关系，以人为本的理念体现在人与自然最充分的和谐亲近之中。

开发背景

东莞沿海·丽水佳园是沿海入驻东莞的第一个项目，也是东莞首个国家健康住宅试点项目工程。项目采用“原生态”景观理念塑造园林，让园林与自然和谐互融，是目前沿海丽水系列中唯一定位于“江居别墅、江居生活”的别墅项目，也是珠三角罕见的大规模低密度别墅住区。

第三期作为沿海绿色家园集团入主东莞的鼎力之作，坐落于东江之畔，拥有1 000米的江岸线，小区内有东莞最大的活水内河，是东莞最大的、不可复制的活水别墅区，每一户都可以体验到东江最“美”和最自然的一面。

前期构思：总体规划以水系为纽带

项目致力于在严谨的规划结构下，与自然景观充分融合，为住户提供一个生态、有机和环保的生活环境。将东江水系引入基地的心脉，并深入到整个居住区中，将基地的各个部分连接起来。水系连接着入口广场、社区中心、内庭园和东江沿岸。从城市到公共街道到社区中心，再到渐次私密的内庭园、住宅单元，就会有一种连续的、合乎逻辑的、人性化的过渡。

核心特色：打造新一代邻里关系

项目倡导新一代邻里关系，主张营造开放式的邻里空间，为邻里交往创造“小区—组团—邻里—户内”四个层级的交往空间，各层级都有相应的景观绿地和设施，为人们的交往提供自然交往平台。并通过为住区居民提供多层级的开放式邻里空间，组织起良好的邻里关系，打破传统社区的疏离感和单一感，为居住者提供一个健康、温馨的居住环境。

LORD

联排别墅立面

独立别墅立面

立面设计

项目采用现代简约的平屋顶建筑风格，立面上采用外部构架和挂板设计，层次感丰富。

材质运用

用材上增加30%的石材、40%的面砖。60%的立窗设计，增加通风采光面积；采用三层防水外墙，自然保温隔热。

开发商：莱蒙集团
建筑设计：深圳华艺设计顾问有限公司
室内设计：深圳市好思威迩室内装饰设计有限公司

样板间设计师：潘雪玲
项目地点：深圳市宝安区
占地面积：167 000平方米

建筑面积：565 892平方米
容积率：3.44
绿化率：35%

供稿：莱蒙集团
深圳华艺设计顾问有限公司
采编：戴乐

板点围合式布局　打造景观最大化

深圳莱蒙·水榭春天

破局思路： 莱蒙·水榭春天整体建筑布局以“退建筑于居民”为理念。以板点围合式布局，营造出中央园景最大化，让大园林真正成为整个社区居民喜欢去的公共活动空间；同时在布局方面也充分利用城市绿化带，使园林与城市绿轴内外渗透，实现住户户内景观资源最大化。

开发背景

莱蒙·水榭春天位于大福田CBD中央居住区，深圳龙华人民南路旁。区域内庞大的交通资源，令中央居住区与福田CBD之间形成无缝对接：项目毗邻接驳香港的地铁4号线，6站出入福田CBD；南坪快速、新区大道、福龙路让项目15分钟畅达福田CBD，出行距离同步华侨城；区域内规划建成亚洲最大客运站，取代罗湖火车站成为深圳交通核心，更让CBD中央居住区成为深圳首席蓝筹区域。

前期构思：结合地形规划布局

通过周边利弊条件的利用与回避，项目一期以中高层沿人民路布置，减少了高容积率地块对城市的压迫感，并为小区内部创造了更为舒适安静的空间。一期中高层与随后开发的二、三期高层建筑分别形成两个尺度、形态不同的庭院，丰富了小区环境的层次感。小区空间以景观主轴、次轴互相交织，大小庭院相互渗透，整体空间形态张弛有度，层次丰富，与城市规划绿化带相呼应，突出住宅部分的环境品质。

核心特色：点板结合布局，丰富景观空间

项目共由12栋住宅塔楼和一个幼儿园组成。其中一期包含3栋板式小高层住宅、沿街商业、会所、幼儿园。塔楼以长短板连接布置成流动的线形，小区入口空间通过错位布置自然生动。二期和三期分别布置9栋100米高层住宅塔楼。板点结合的规划布局，收放有序，落落大方，既形成丰富的景观空间，又实现婉约灵动的生活气息。同时规划布局合理利用朝向和市政绿化带的优势，将城市的噪声干扰降到最低。并有效地将城市景观与小区花园景观结合，营造出三位一体的大绿地花园景观。

莱蒙·水榭春天
THE SPRING LAND
龙华人民路
2102

莱蒙·水榭春天
THE SPRING LAND

立面风格

采用现代典雅的立面风格，迎合都市白领的生活品位。以白色为基调，配合深色Low—E玻璃幕墙，虚实对比，一气呵成。

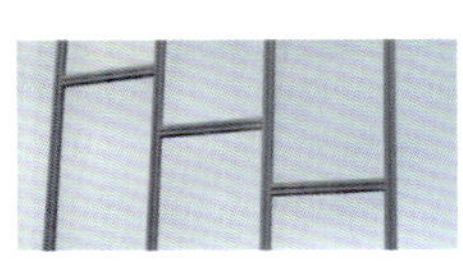

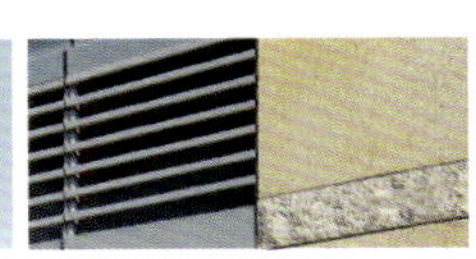

园林设计

项目园林堪比五星级酒店。不管置身阳台，还是举足园林，都能收获更宽的视野、更多的风景细节，休闲座椅、四季花池、风雨长廊、跑步健身道、观景平台等，让人感受身心被绿树红花包围的畅快。

P
15
停

P
WAL•MART
SUPERCENTER
沃尔玛购物广场

P
停车场

水榭春天花园
物业服务中心

便民服务柜

私家花园请勿擅入

龙华人民路
2056
518131

园林品鉴区
样板房

儿童游乐场须知

旱地喷泉
中心广场
11、10、9栋
儿童活动
3栋\海棠苑
5栋\芙蓉苑
游泳池 2栋

香樟

1栋
牡丹苑\玫瑰苑\紫薇苑
2A栋
水仙苑\百合苑
2B栋
荷花苑\茉莉苑\杜鹃苑
游泳池
儿童游乐场
网球场
幼儿园

爱护绿化 关心未来
Care for the green area
Care for the future

爱护绿化
关心未来
Care for the green area,
Care for the future.

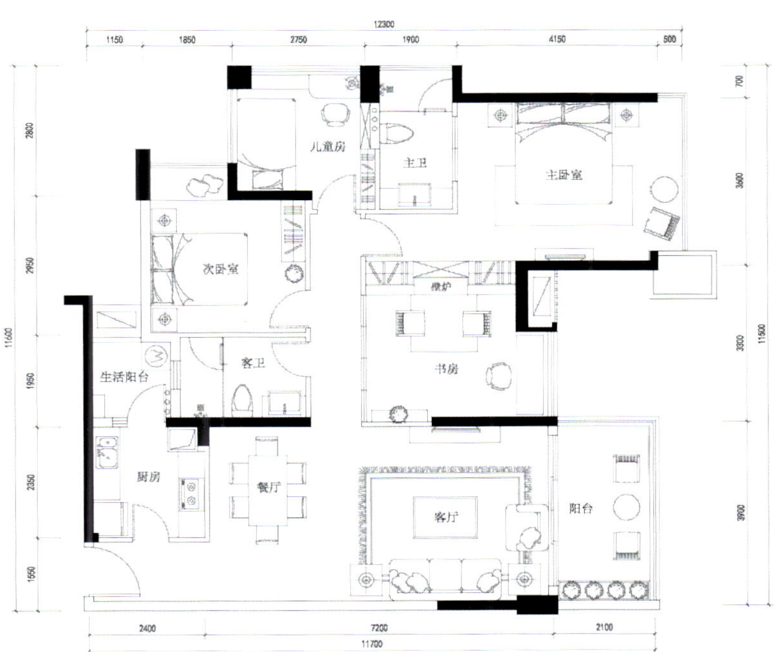

三期12栋5号样板房平面图

户型设计

120~160平方米的中心园景大户，户型阔绰，视野更加开阔，在项目中十分珍稀。堪称绝版的豪华尺度，开间达7米的宽阔客厅，面积达28平方米的超阔主卧，户内空间自然贯通，将园林景致纳入生活空间，给予阳光和清风无限的畅游。

二期样板房A5户型平面图

开发商：长甲地产
建筑设计：UA国际/上海尤安建筑设计事务所
项目地点：无锡市锡山区

占地面积：100 603平方米
建筑面积：94 926 平方米
容积率：2.0

绿化率：30%
供稿：UA国际/上海尤安建筑设计事务所
采编：盛随兵

户型平层设计　人性化居住空间

无锡长泰锡东国际城（南A地块）

破局思路：在户型设计上，项目采用大平层设计，打造人性化的居住空间感受，同时功能区分合理，私密性强。无论是内空间的通透舒适，还是外空间的景观细节，均以人为本，构建高品质生活。

开发背景

无锡长泰锡东国际城（南A地块）位于无锡锡东新城西部板块的V-Park园区核心，是无锡市政府在未来5年内继太湖新城后重点打造的又一新城板块。锡东新城是无锡"五大新城"之一。随着高铁开通、地铁项目有条不紊的建设，锡东新城已经成为无锡东部最具活力的中心。

前期构思：围绕居住者生活品质规划布局

项目一改传统居住理念，以洋房的土地建高层，将低密度空间建设花园，增加栋距，拉开视野，扩大绿化，在台地式园林上做足细节，提升居住者内在生活享受。布局采用极具美感的传统中轴对称结构，建筑间以连廊相连，达到无雨通行效果。

立面图

核心特色：大平层设计

项目采用大平层设计，空间感强烈，同时增加露台、花园、飘窗等，提升产品附加值。无论是内空间的通透舒适，还是外空间的景观细节，均以人为本，构建高品质生活。

立面设计（会所）

在会所立面设计上，整体采用Art-Deco的表现形式，中间主体部分，顶部采用深褐色铝型材的玻璃幕墙系统，顶部的铝板面有典型的Art-Deco纹理式样。底部采用的是石材的基座，体现出整体建筑的厚重感和价值感，石材柱是典型的层层退台的Art-Deco柱式表现形式，同时，柱身也有典型的Art-Deco纹理表现形式。

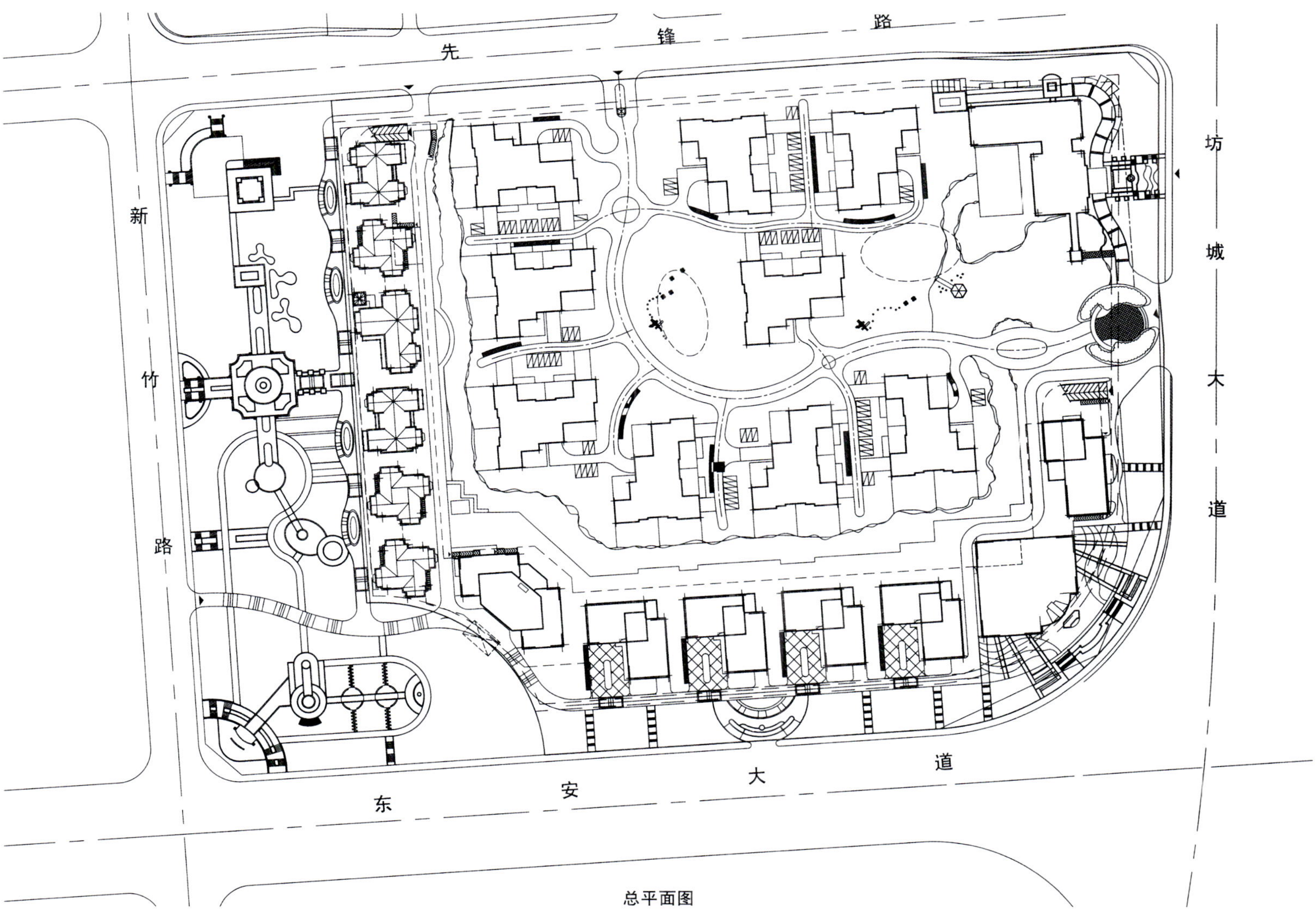

总平面图

室内设计

会所入口处是一个超大的接待区，采用铜板作为雨篷顶的处理方式，随着时间的推移，其历史价值感将得到进一步体现。步入大门，是一个超级豪华大厅。在塔楼和长廊的这个灰空间里，可以欣赏周边美景。紧贴着大厅的另一个区域是会所的一些重要的功能区，布置相当华贵。在地下一层还有室内游泳池，给整个社区带来高档的休闲享受。

样板房设计奢华，总体色调以深色为主，带来豪华而稳重的感受。复杂吊顶、华丽吊灯、红色实木家具、挂画装饰，无不体现出尊贵感，给人高档舒适的感觉。

开发商：浙江万科南都房地产有限公司 建筑设计：上海都易建筑设计有限公司 景观设计：上海普利斯（PLACE）	项目地点：杭州市西溪国家湿地公园北侧 占地面积：105 212 平方米 建筑面积：315 000 平方米	容积率：2.3 绿化率：30%	供稿：上海都易建筑设计有限公司 采编：盛随兵

古典主义布局　营造温馨氛围

杭州万科西溪蝶园（二期）

破局思路：在规划上采取古典主义布局，采用点式、板式相结合的手法，周边放置板式，中央布置点式，整体形成一条主轴线，使中央区域的景观得到很好的渗透，更增添了围合空间的趣味性。

开发背景

万科西溪蝶园（二期）地处杭州城西，西溪板块居住中心，文一西路与崇义路交界处。枕靠西溪国家湿地公园，毗邻浙大紫金港校区及国际旅游综合体“西溪天堂”，3 000米生活圈网罗沃尔玛、西城广场、银泰等城西完善配套。

前期构思：人文内涵与经典景观的融合

项目探求如何以人为尺度而精工缔造出经典的人居作品。为创造出一个兼具恢弘视觉和近人尺度的经典景观，在大西溪自然环境的优美前提下，注入人文内涵，经由对建筑风格的考量，希望实现积淀百年的经典感受。项目所追求的不仅仅是简单的功能性居住，而是一种高附加值的荣耀体验。

项目整体规划以主轴为中线呈现两翼景观的规整对仗，营造出纵深尺度宏大的庄严与气势。同时努力实现亲和人文的温馨氛围的营造，将各个景观布置根据微地形的处理，打造出独立、私密的专属活动区。

核心特色：规划上的古典主义布局

项目总体规划采用点式、板式相结合的手法，整体以一条主轴线贯穿其中。周边放置板式起到围合小区的作用，并容易形成良好的城市界面。在小区中央处布置7栋点式楼，结合南侧的两栋小户型板楼，形成了整个小区建筑及景观的主要轴线。此外，点式与板式相互交错布置，保持空间的通透性，确保尽量多的户型享受到中央景观资源，大大提升了产品的价值。通过轴线的运用强调了该区域的重要性及礼仪性，加深空间的纵深感。围绕着这条轴线，在空间上又做了“开、收、放、散”的处理。

开：开敞的城市公共空间，给人提供休闲、娱乐及购物的环境，是小区的展示空间。

收：入口广场由入口大门及两边的商业柱廊半围合而成。它既是聚散之地，也是进入小区的缓冲地带，给人以强烈的归属感。

放：入口北侧的广场是整个主轴线上最重要的节点。景观泳池、喷泉、灯柱、会所是整个小区的中央景观，同时也是小区的公共活动空间。

散：由中央广场分流，则进入了两栋板式半围合的庭院空间，它是每户的专属空间。由此构成了整个小区的多重生活。

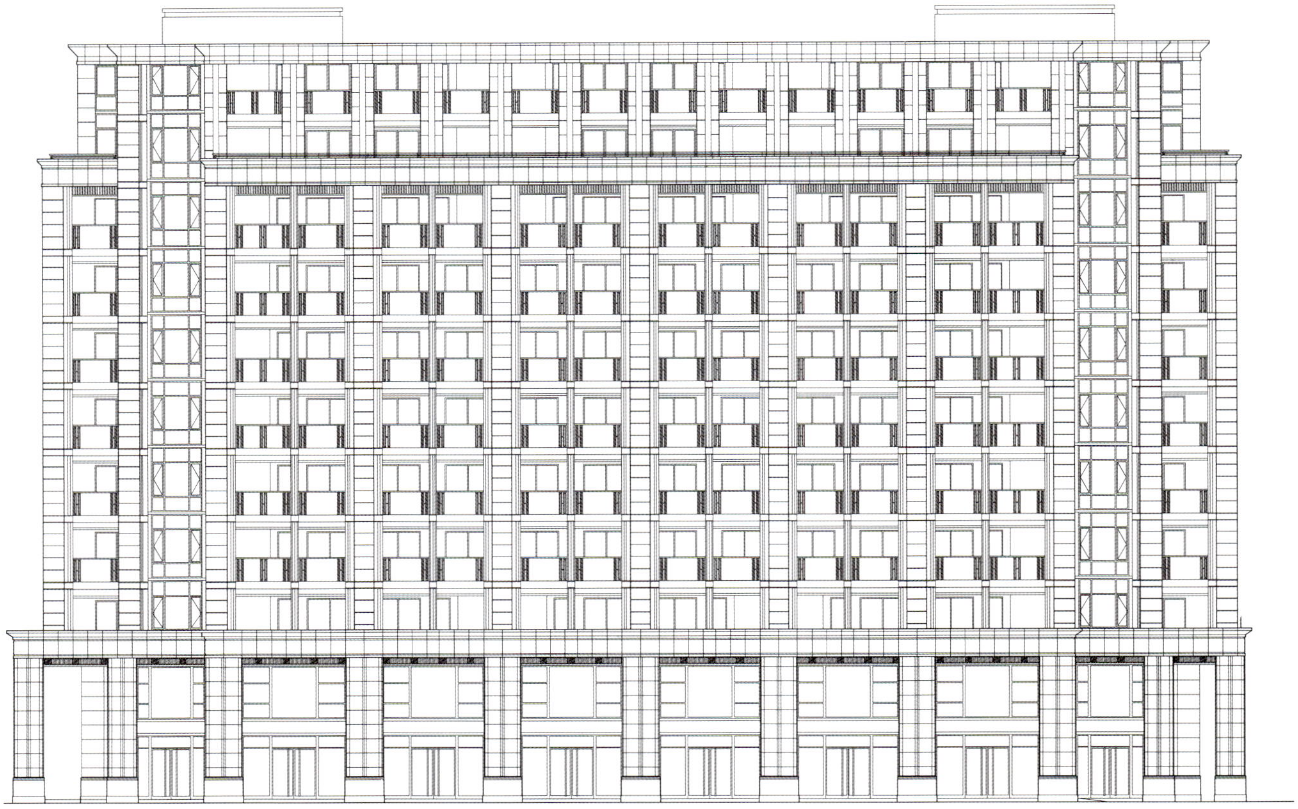

立面图

精于心 湛于形

立面材质

建筑外立面采用大幅面玻璃与稳重色调，使建筑尊崇而不失现代感。主体墙面采用仿石面真石漆，宽大的基座饰以天然石材，整体建筑体现一种强烈的向上感。同时，通过窗的不同比例、外墙的凹凸变化和楼高的跌落来强调建筑外墙的变化和丰富。

景观设计

项目整体规划以主轴中线呈现两翼规整对仗，营造出纵深尺度宏大的庄严气势。中央区域板式楼和点式楼交错布置，以保持空间的通透性，这样能确保尽量多的户型享受到中央景观资源（中央7座点式围成的空间是整个小区的公共活动空间及景观空间），大大提升了产品的价值。从中央景观向外，建筑围成了环状景观带“森林环”，人们经过森林环处的绿色过渡，再向各个组团蔓延。

开发商：北京懋源置业有限公司 设计单位：北京维拓时代建筑设计有限公司	项目地点：北京市朝阳区 占地面积：55 164平方米	建筑面积：134 834.84平方米 容积率：2.8	绿化率：35% 采编：刘玉娜、张培华

东方礼制与西方人居的合奏
北京红玺台

破局思路：项目在规划上，引入东方“依礼而建”的建筑思想，形成空间与使用者身份一一对应的功能关系，全然颠覆传统意义上的“动静分区”的单一功能设计。通过空间尺度和主人生活区，强调主人身份的尊崇感，强化家庭成员互不相扰又温情相聚的空间布局。

开发背景

红玺台位于北京市朝阳区芍药居东区，雄踞东北三环核心地段，地铁10号线、13号线双线贯通；北三环、北四环、京承高速等城市动脉交通环布四周；毗邻机场高速国际航路，直达国际机场。项目西顾绵延9 000米的元大都城垣遗址公园；东临370 000平方米太阳宫公园、300 000平方米太阳宫体育公园，对望百万平方米城市绿洲，出则繁华似锦，入则静谧舒泰。

前期构思：形式服务于功能，回归建筑功能本源

工业时代，个人的意志便开始屈从于集体的需求。居住空间服从于立面造型，建筑摆放服从于基地规划需求，基地规划服从于城市状态。直到现代主义振聋发聩地喊出“形式服务于功能”这一回归建筑功能本源的宣言，人们才意识到：建筑的首要目的在于，为人的需求服务。

在对生活的理解阅尽浮华回归家庭后，人们需要的，是真正适合于自己生活状态的空间。在红玺台的规划中，项目从室内空间规划开始，

到公共空间，再确立地块整体规划、园林设计。这样以开发理念的标准设定一个个体的生活方式，再根据方式的需要设计功能空间。

核心特色：东方礼制与西式人居的融合

为真正达成“形式服务于功能”这一现代主义空间理念的设计宗旨，在设计中将西方现代主义“舒适至上”的人居理念与东方传统“礼制”观念两大主题有机融合。以室内空间规划为先，并依次确立公共空间的规划尺度，依照地块的形貌特征进行整体规划布局。以开发理念的先决标准定制个体生活方式的具体方案，并依据需要设计功能空间。为保证空间的对外延伸效果，实现最大化的采光景观，采用“点式”建筑规划布局，突破传统“南北通透长板”的传统建筑模式，实现270° 三面采光、超大尺度开窗设计，大开间小进深，舒适程度不言而喻。

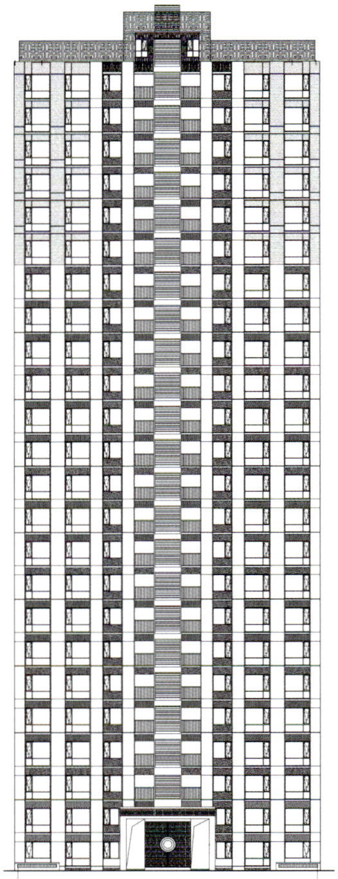

立剖面

总平面图

壹

立面材质

项目是北京首个采用红色彩釉玻璃为建筑立面核心材质的高层高端住宅。彩釉玻璃瑰丽而耐久的材质特性，是传统建筑立面材质所无法比拟的。建筑立面取元代瓷器瑰宝“釉里红”之沉静，辅以“中国红”之典致，其釉彩历经上百次调制，方得红玺台极具中国上流审美神韵的“红”。如冰似玉的华贵质感，历久弥新的表情肌理，配合现代建筑挺拔洗练的艺术造型，昭示一个阶层的优雅学养，传承一个家族的荣华岁月。

园林设计

在回归“中国上流审美”的前提下，采取王府四进制园林造园手法，结合现代主义园林景观技艺的精妙运用，创制一座充满国际氛围却又极具东方传统意蕴的当代家府园林，从而赋予居住者极致的尊崇与独到的超然品位。

63018888

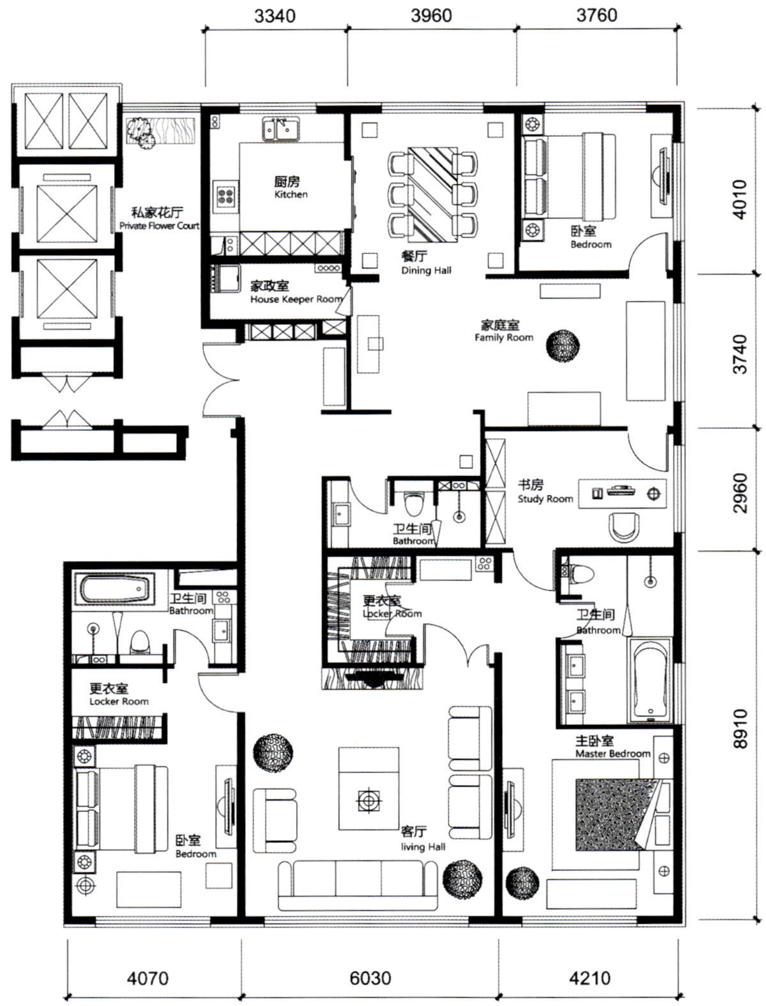

室内设计

红玺台本着“从人的切身感受出发”，区别于以往部分产品“最看中外表是不是奢华抢眼”的设计理念，“反其道而行之”，室内设计风格中西合璧，体现“当代人居新样本”，力求让居住者在居住与休闲之间，体会到这一高端项目“自内而外”的高贵气质。

开发商：无锡协信远诚房地产开发公司
建筑设计：水石国际
项目地点：无锡新区

占地面积：A 地块 78 577.4 平方米、B 地块 57 375.6 平方米
建筑面积：A 地块 110 000 平方米、
B 地块 63 100 平方米（地上）

供稿：水石国际
采编：盛随兵

多变建筑形态　打造舒适居住模式

无锡协信阿卡迪亚

破局思路：项目在规划设计上，以多变的建筑形态，涵盖高层公寓、洋房及联排住宅，融合简约海派风格与草原风格，通过简洁的装饰构件加上色彩的处理，配以多变的形体，营造丰富的空间，提供一种舒适的居住模式。

开发背景

项目占据太湖新城核心板块，位于无锡（太湖）国际科技园菱湖大道以东。基地北依具区路，西靠菱湖大道，南侧为太湖环路，东侧为规划河道，分为A、B两个地块，中间有秀景路穿过。地块周边交通等设施完善、便利，地铁1号线、4号线、沪宁城铁在辐射范围内。同时地块南侧紧邻湿地公园及太湖，距湖岸线仅500米，拥有一线太湖景观和优美的生态环境。

前期构思：因地制宜，提升景观品质

项目基地被一条市政道路划分为两块独立的用地，这条市政道路对楼盘的整体性以及楼盘的交通组织产生了一定的影响。为了提升住区的品质使两块地形成有机统一的整体，对这条市政道路进行景观改造，打造成一条银杏大道并纳入住宅区景观中，提升了小区环境。

另一方面，为了更好地利用一线太湖资源，将天际线设计成南低北高，让住户都能享受到太湖这一自然生态资源。在建筑设计中通过对立

面绿量的强化以及小区绿化景观品质的高标准要求，将小区本身融入太湖的自然景观中，形成你中有我、我中有你的境界。

核心特色：建筑形态丰富，营造舒适居住氛围

在建筑形态表现上，以简约海派风格与草原风格（低层）相结合，提供一种舒适的居住模式，倡导邻里亲情、自然和谐的生活方式。配合以15、16层高层公寓，6、7层洋房及联排住宅的组团形态，强调组团内部环境品质，营造宅前屋后丰富亲切的自然景观，主张亲和融洽的邻里关系。组团间的较开敞景观提供小区内部的公共人文、自然环境，使家中的舒适延伸至户外，营造小区整体的居住氛围。

建筑利用简洁的装饰构件加上色彩的处理，配以多变的形体，产生丰富的空间变化，单体设计利用适当比例的玻璃窗及局部变化的材质产生强烈的虚实对比。适当面积的玻璃窗及宽敞的大露台除了带进大量新鲜空气和充足的阳光外，还将室外景观引入室内，成为室内不可或缺的一部分，使室内空间与室外环境相互融合，丰富了整体的视觉效果。

总平面图 1:1000

立面设计

建筑色彩选择在统一的基础上，各建筑立面采用不同的颜色。它们可帮助改善环境形态，沉稳大气的建筑色彩可将照射于外墙的阳光反射到其他建筑群体上，使整个小区建筑群体外观鲜明光亮，清爽宜人。

景观设计

不同形式的组团中心绿化不仅满足了业主亲近自然的居住需求，同时也提升了整个小区内部景观趣味性。在低层和高层住宅中间区域设置一条贯穿南北的绿化景观主轴，平衡了不同区域的景观品质，达到小区环境的均好性。

在会所部分的屋顶设计绿化屋顶，提高屋顶的保温性能，同时也改善裸露屋顶对低层住户所造成的视觉影响及缓和热岛效应。部分绿化屋顶可以设计成为屋顶花园，提供休憩设施供住户使用，增加住户的可使用户外绿化活动面积。

在植被选择上，以无锡本地物种为主，通过种植多种类型植物，如乔木、灌木等与草坪结合构成多层次的植物群落。

室内设计

超五星级的装修标准，让居住者在每个角落都能感受到高端住宅带来的尊贵感。花纹复杂的天花板吊顶及豪华吊灯，配上风格多样的家具及墙面装饰，带来奢华的体验。室内采用的石材均是德国进口石材，为了保证整体的花纹、色泽协调，每一块石材均由设计师精心挑选。同时，在保留了石材硬朗一面的同时，也去除了全石材给人的压抑感。

开发商：佛山市石头房地产置业有限公司 建筑设计：华阳国际设计集团广州公司	项目地点：佛山市禅城区 建筑面积：67 216平方米	容积率：4.0/2.5 绿化率：35%	供稿：华阳国际设计集团广州公司 采编：张兰

最大化景观　和谐人居氛围

佛山滨海御庭

破局思路： 项目充分利用地形特点，以景观最大化为原则，在规划布局上，建筑均争取最大的景观朝向。同时结合半开放式的园林空间与不同层次绿化设置，使每栋建筑都获得良好的景观与朝向。户型设计上，在注重户型通风采光品质的同时，强调高层住宅观景的均好性。

开发背景

项目用地位于佛山市中心区南部，岭南大道与东平路交会处，西侧紧邻东平大桥引桥，东面为港口路，北面为江湄路。地块中间有一条南北走向的规划路通过，把地块划分为A、B两个地块。地块北边为工厂区，东边是东方水岸居住小区，西边是城市公园，南边为东平河，周边环境条件良好。

项目是为贯彻落实禅城区土地集约利用战略及实施“旧物业、旧城区和城中村”三大改造而策划的。项目的启动，为改善村民居住环境、提高村民居住观念、转变农村经济发展模式探索了一条新路，为农村土地集约利用、旧区改造、推动东平河北岸沿线规划建设起到示范作用。

前期构思：打造佛山人居新样板

佛山滨海御庭定位为打造一座最适合佛山人居住生活的社区，成为佛山人居的新样板。规划设计充分考虑人的需要，创造适于人工作、生活、休憩、交往的场所和使人心情愉悦、获得精神享受的城市空间环境。同时强化场所特征，满足不同层次的人的居住需求，提供多元的居住场所，注重不同场所的人性化，并强调人、建筑与自然的和谐共生原则。

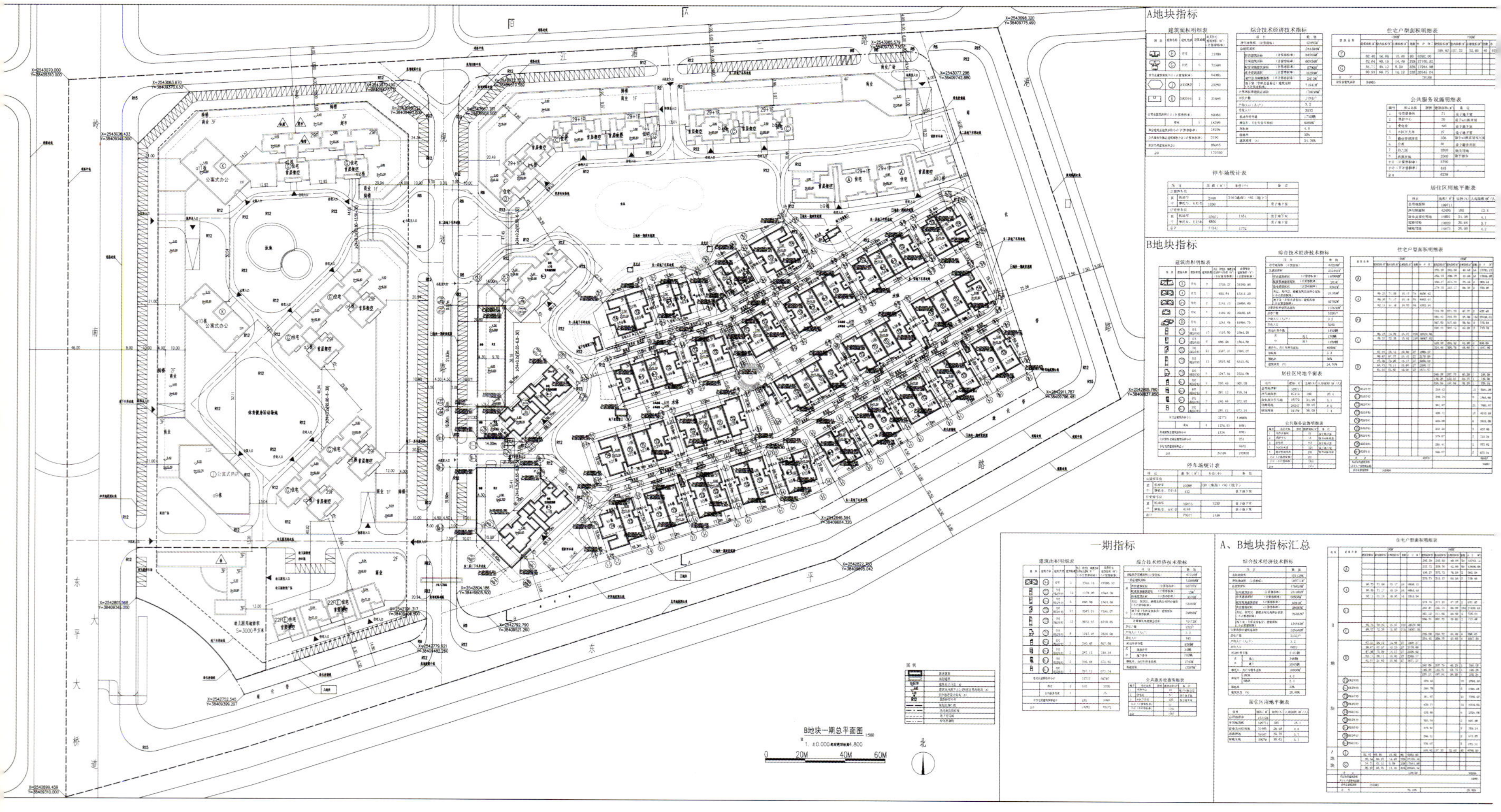
A地块指标
B地块指标
一期指标
A、B地块指标汇总
B地块一期总平面图
0 20M 40M 60M
北

核心特色：景观朝向最大化

项目采用高层住宅和联排别墅结合的规划方式。整个规划简洁明快，每栋建筑都获得良好的景观与朝向。A地块建筑规划顺应地形外部环境，建筑成45° 依次布置，争取最大的景观朝向。B地块分为联排低层住宅与高层住宅两部分，联排低层住宅位于东南侧，高层住宅位于西北侧。所有高层向东南布置，朝向最宽阔的江面，既充分利用江景资源，又强化了小区的通风环境。

在户型设计上，高层住宅将客厅、餐厅沿开间方向布置，形成横厅，增加观江面。同时，超大面宽和大层高的空间，增强室内空间感受，提高室内空间品质。强调高层住宅的户外生活品质，有效增加阳台面积，阳台进深最大部分达到4.5米，有效引入户外生活，改善高层住宅的生活品质。

联排别墅设置采光天井，令阳光充分进入地下空间，改善地下空间的采光环境。别墅首层将客厅和餐厅错层布置，增加客厅层高，利用庭院设置，让客厅和花园景色充分交流。主卧层高增加至4.2米，改善别墅主卧室的空间感受。

立面设计

建筑立面设计采用现代的黑白灰色彩搭配，结合亚热带气候特点以及立面遮阳构筑外立面，在简洁大方的总体格调下，体现CBD滨水住宅的内涵。简洁的线条、富有韵律感的阳台，充分体现CBD滨江豪宅社区的精神内涵。别墅设计融合东南亚现代别墅风格，以庭院为设计元素，强调室内外的渗透与融合，创造出一种清新宜人、奢华但不张扬的立面特质。

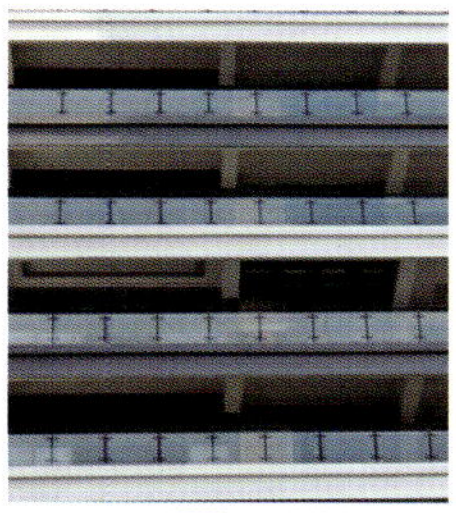

5月9日，中华全国总工会党组书记、副主席、书记处第一书记陈刚实地参观中国共产党领导工人运动的起点、中华全国总工会的前身——中国劳动组合书记部旧址，市人大常委会副主任、市总工会主席莫负春陪同参观（宋昶供稿）

9月9日，市总工会党组书记、副主席黄红到上港集团调研，并参观上海港引航站“周弘文引航创新工作室”（祝颖歆供稿）

1月7日，宝山区举行会议。会上宝山非公企业工会改革4.0版出台（庄轶凡摄）

4月1日，2021年推进"十四五"长三角高质量一体化发展工会工作联席会召开（孔孝元供稿）

7月12日，美团（上海）工会第一届第一次会员代表大会召开（孔孝元供稿）

6月16日，湖州会馆——上海总工会、上海工人第三次武装起义指挥部遗址开馆（詹东华摄）

6月26日，“赛经典名句、促党史学习、庆建党百年”上海教职工学习习近平用典大赛举办（王心愿供稿）

上港集团工会干部到“红色革命纪念地”寻访学习（张 容供稿）

12月21日，“中国梦·劳动美——永远跟党走　奋进新征程”，庆祝中国共产党成立100周年暨全国职工党史知识竞赛闭幕（陈　鸿提供）

5月29日，“百年树人跟党走，砥砺前行铸师魂”上海教工庆祝中国共产党成立100周年合唱比赛举行(王心愿供稿)

中福会合唱团参与市总工会举办的庆祝中国共产党成立100周年五一歌会录制（邢金成摄）

6月23日，“星星之火，红色吴淞”1919—1928年吴淞工人运动主题展启动（庄轶凡摄）

7月22日，“幸福都是奋斗出来的”虹口区总工会召开庆祝中国共产党成立100周年主题活动（马伟杰摄）

6月22日，上海邮政合唱团参加市建交委举行的中国共产党成立百年文艺汇演（[illegible] 彬摄）

.6月29日，“员工心向党，逐梦新征程”——中国电信上海公司举行庆祝中国共产党成立100周年员工文艺演出（殷　茵摄）

6月28日，“礼赞百年·城心向党”——城投集团举行庆祝中国共产党成立100周年文艺汇演（范　磊摄）

6月2日，“百年辉煌——中国共产党在上海百年图片展”在市工人文化宫开展（金　喆摄）

1月20日，市人大常委会副主任、市总工会主席莫负春慰问劳模杨怀远（陆莹莹摄）

4月20日，机电工会在临港重型装备机械制造基地举行李斌展示厅重新启用仪式（彭伟光摄）

1月6日，市卫生健康系统致敬劳模主题活动举行（黄 慧摄）

4月16日，上海工匠风采展上启动2021年度上海工匠培养选树活动（劳动报供稿）

6月23日，“匠心筑梦，传承精技”市经信系统首个劳模工作站揭牌（顾　捷摄）

9月23日，光明食品集团召开第十届中国花卉博览会表彰大会（闪向阳摄）

9月1日，市总工会、申能集团联合举办"我为群众办实事"实践活动，为百名退休劳模捐赠燃气用具，市总工会副主席桂晓燕代表市总工会接受捐赠（孔孝元供稿）

中外观众参观《时代奋斗者——上海工匠馆》（金 喆供稿）

上海电信全国五一劳动奖章吴文巍劳模创新工作室在西藏设立分部，研发适合高原特色的产业振兴项目（殷 茵摄）

5月28日，市总工会副主席张得志为全国优秀农民工王开学颁奖（杨　驷摄）

11月15日，闵行区总工会在七宝明强小学举办“劳模进校园”启动仪式（汪自强摄）

70岁的劳模村曹杨一村旧房成套改造完成，居民们陆续回搬（孔孝元供稿）

5月27日，市总工会等联合举办“促进消费，扩容提质”——主题立功竞赛启动，市总工会党组书记、副主席黄红为竞赛队伍授旗（姜　杰摄）

10月28日，长三角地区优化营商环境立功竞赛授旗仪式、职工技能比武决赛启动仪式在沪举办（张　振摄）

12月，中国宝武职工在首届上海市工业机器人技术应用技能大赛中获系统运维员（工业机器人技术应用）二等奖（贾崇斌摄）

10月28日，上海地铁职工劳动和技能竞赛启动（吴侃俊摄）

12月12日，松江区人工智能（工业机器人）劳动和技能竞赛（高浩振摄）

7月6日，长三角地区铁道行业职业技能竞赛暨集团公司第九届职业技能竞赛开幕式在铁路上海动车段举行（严光临摄）

4月15日，闵行区总工会选送职工创新项目参展第八届中国（上海）国际技术进出口交易会暨第四届中国（上海）国际发明创新展览会（汪自强摄）

中远海运发展股份有限公司上海寰宇职工创新工作室成员在开发集装箱模块化建筑（文心怡摄）

5月27—30日，市水务局代表队在“助推绿色发展，建设美丽长江”河湖监管无人机应用技能竞赛中取得优异成绩（吴　峰摄）

9月27日，全国厂务公开协调小组办公室在沪召开“规范召开企业职工代表大会现场经验交流会”（黄嘉慧摄）

4月14日，市总工会为“全国维护职工权益杰出律师”颁奖（杨　驹摄）

12月3日，市总工会在普陀区举办2021年上海工会“宪法宣传周”主题活动（黄嘉慧摄）

12月17日，上海工会组队参加第二届全国城市工会集体协商竞赛（金邓凯摄）

4月21日，工会学院与江三角律师事务所签署院所合作协议（刘一民摄）

12月3日，市总工会在普陀区举办2021年上海工会“宪法宣传周”主题活动（黄嘉慧摄）

8月2日，市人大常委会副主任、市总工会主席莫负春慰问一线送餐员和征收工作人员（陈　睿供稿）

2月4日，市总工会副主席周奇慰问虹口春节留沪灵活就业人员并启动“五送”关爱计划（马伟杰摄）

12月20日，全国总工会慰问团来沪送温暖（陈　睿供稿）

3月9日，上海市为民办实事项目“建立100个园区（楼宇）健康服务点”推进会召开，市人大常委会副主任、市总工会主席莫负春为首批58家健康服务点授牌（孔孝元供稿）

8月5日，市总经审会主任丁巍慰问上海航天第800研究所一线职工（王　翔供稿）

9月29日，市总工会开展助力3000名困难职工实现“微心愿”实事项目（孔孝元供稿）

3月30日，百万职工看花博”启动，公布29条“看花博”线路（陈思佳摄）

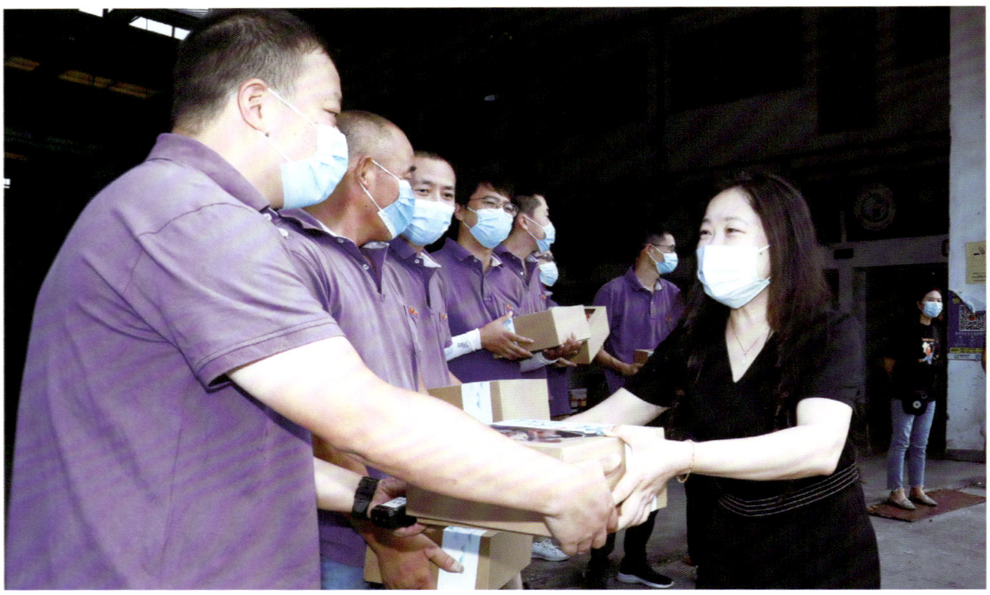

8月20日，市总工会副主席朱雪芹慰问防疫保供一线的光明集团职工（苗 靓摄）

2月1日，“劳模工匠走进校园　思政教师走进企业”深化上海产业工人队伍建设改革，首批校企合作签约仪式举行，市总工会副主席王曙群出席仪式（孔孝元供稿）

3月4日，“巾帼心向党 奋进新征程”——上海工会纪念三八国际劳动妇女节111周年主题活动（任 磊摄）

10月31日,“教苑之爱——2021上海教师玫瑰婚典”举行(曾 昕摄)

关爱女职工，城投集团开设“群瑛讲堂”并举办首场活动(毛雪莹摄)

10月14日，2021年上海市“老年节”大型为老服务活动举行（胡　磊摄）

2021年，上海电信户外职工爱心接力站升级为爱心翼站开设老年课堂（殷　茵摄）

2021年，市绿化市容行业工会助力推动中心城区环卫工人入住公租房（盖永华摄）

9月24日，市总工会副主席郭菁为在西藏亚东援建的“职工书屋”揭牌（孔孝元供稿）

3月18日，“中国梦·劳动美——人民城市奋斗有我”上海职工直播课堂“致敬！最美劳动者”开讲（孔孝元供稿）

8月12日，上海航天举行“天问书局”运营启动仪式（周　博摄）

“永远跟党走　奋进新征程——庆祝中国共产党成立100周年”第二十三届上海读书节颁奖典礼举行（陈　鸿摄）

“永远跟党走　奋进新征程”上海职工（市民）舞台式演讲活动现场（陈　鸿摄）

2021年上海职工“五一讲堂”文化系列讲座开讲（陈　鸿摄）

9月27日，“初心向党 使命在肩”——2021年迎国庆职工专场文艺演出在上海音乐学院歌剧院上演（任 磊摄）

12月17日，“翰墨书盛世·光影绘华章”2021年上海职工书画摄影展暨红色印迹实物书画艺术汇展开展（章 奇摄）

公益惠民演出赴闵行开发区演出活动（任 磊摄）

5月15日，2021上海城市业余联赛羽毛球联赛“虹宫杯”职工羽毛球团体赛开赛（马伟杰摄）

市工人文化宫开展“传统文化直通车”系列活动（王丽华摄）

5月30日，永远跟党走·上海城市徒步嘉年华暨市级机关运动会开幕（王　颖摄）

编辑说明

1.《上海工会年鉴》是系统记述上年度本市工会工作成果的资料性工具书。本年鉴编纂工作由上海市总工会主办，各区局(产业)工会及市总工会机关部室、直管单位供稿，年鉴编辑部负责编纂，至今连续出版了27卷。

2.本年鉴框架体例采用分类编排方法，设置栏目—分目—条目三级架构。共设20个栏目，92个分目，1047个条目，选辑照片214幅，图表36份，年鉴总字数为89万字。

3.本年鉴卷首设宣传彩页，用以概要记录上海工会重要信息。正文起首部分设“特载”“专文”“专记”等栏目，“特载”用以特辑党和国家领导以及全国总工会、上海市委领导的重要文章（讲话）；“专文”选辑上海市总工会领导对上海工会工作所作的总结性、综合性、指导性的署名文章(讲话)；“专记”则着重记录上年度上海工会各项特色性、开创性工作。

4.各记事栏目之首设“综述”，区局(产业)工会及市总工会直管单位栏目设“概况”，用以综合记述本地区(系统)、本部门(单位)的总体情况，便于考察比较各年度工作连续性及对比资料的完整性、系统性。除此之外，各记事分目之首设“概要”，记录专项工作取得的新进展并介绍各级工会的经验做法。

5.本年鉴所辑录的市总工会机关部室、区局(产业)工会、直管单位提供的文章、照片、图表等资料，其记录时间均为2021年1月1日至12月31日；其编排按机关部室、区局(产业)工会、直管单位的顺序排列，年鉴卷尾设“索引”以便查询。

6.“统计”栏目中所辑录的相关统计数据均由市总工会统计部门提供，在其他栏目中出现的数据，则由相关撰稿单位的作者提供。

7.本年鉴的目录索引采用主题词分析索引法，按条目主题词首字汉语拼音字母顺序排列。

8.本年鉴的正文内容制作成CD−R电子光盘，附于年鉴的封三随书赠送，便于读者使用检索。

目录

特　　载

专　　文

专　　记

要闻大事

工会概貌

基层组织建设

经济建设

劳模先进与工匠培育选树

劳动关系

经济权益

宣传教育

女职工工作

退休职工工作

党建与自身建设

理论研究

综合工作

区局(产业)工会概况

直管单位概况

表　彰

统　计

索　引

特载

在全总十七届四次执委会议上的讲话

（2021年2月5日）

王东明

这次执委会议的主要任务是，以习近平新时代中国特色社会主义思想为指导，全面贯彻党的十九大和十九届二中、三中、四中、五中全会精神，学习贯彻习近平总书记关于工人阶级和工会工作的重要论述特别是在全国劳动模范和先进工作者表彰大会上的重要讲话精神，学习贯彻中央经济工作会议精神，传达学习中央书记处重要指示精神，总结2020年工会工作，部署2021年工作任务，履行有关人事事项的民主程序。

2020年是极不平凡的一年。以习近平同志为核心的党中央带领全党全军全国各族人民砥砺奋进、攻坚克难、开拓创新，取得全面建成小康社会的决定性成就，夺取决战脱贫攻坚的决定性胜利，交出了一份人民满意、世界瞩目、可以载入史册的答卷。在这一伟大进程中，各级工会在以习近平同志为核心的党中央坚强领导下，围绕统筹推进疫情防控和经济社会发展，组织动员广大职工群众积极投入生产、保障供应，为全国抗疫斗争取得重大战略成果作出了重要贡献。各级工会扎实做好思想引领、建功立业、维权服务、基层组建、自身建设等工作，圆满完成全国劳模大会筹备任务，各项工作取得新成效、迈上新台阶。

习近平总书记始终高度重视工人阶级和工会工作，亲自出席全国劳模大会并发表重要讲话，饱含深情给郑州圆方集团全体职工回信，每到一地视察调研都同一线职工、劳动模范亲切交流，对发挥工人阶级主力军作用和做好工会工作提出了新的更高要求。2021年1月21日，中共中央政治局常委、中央书记处书记王沪宁主持召开中央书记处办公会议，听取全总等5家群团组织工作和群团改革进展情况的汇报，充分肯定了群团工作成绩和群团改革成效，对深入学习贯彻习近平总书记关于党的群团工作和群团改革的重要论述、推进群团工作和群团改革，作出重要指示、提出明确要求。我们要认真学习领会，坚决贯彻落实。

2021年是实施“十四五”规划、开启全面建设社会主义现代化国家新征程的第一年，是中国共产党成立100周年。做好今年各项工作至关重要。关于2020年工作总结和2021年工作安排，陈刚同志将作工作报告。下面，我围绕认真学习贯彻习近平总书记重要讲话和中央书记处指示精神，牢牢把握大局，坚持正确政治方向，提高政治能力，深化改革创新，进一步转变作风、抓好工作落实等讲几点意见。

一、胸怀“两个大局”，自觉把工会工作放到党和国家工作大局中去谋划推进

习近平总书记多次强调，各级领导干部要胸怀“两个大局”，一个是中华民族伟大复兴的战略全局，一个是世界百年未有之大变局，这是我们谋划工作的基本出发点。不谋全局者，不足谋一域。做好新时代工会工作，必须牢固树立大局意识和全局观念，牢牢把握中华民族伟大复兴的战略全局和世界百年未有之大变局，正确认识当前国际国内形势，做到在大局下思考、在大局下行动。

从国际看，世界百年未有之大变局正在加速演进，国际环境日趋错综复杂。一方面，和平与发展仍然是时代主题，新一轮科技革命和产业变革蓬勃兴起，全球治理体系变革深刻复杂，国际力量对比深刻调整。另一方面，百年不遇的新冠肺炎疫情全球大流行加速了大变局的演进，世界经济陷入深度衰退，全球化遭遇逆风和回头浪，国际经济、科技、文化、安全、政治等格局都在发生深刻复杂变化。我国面临的外部环境之复杂、矛盾风险之多、困难挑战之大前所未有。我们要深刻认识到，越是在严峻复杂的形势面前，越是在艰巨繁重的任务面前，越需要全党上下紧密团结、步调一致，越需要全国上下万众一心、众志成城，凝聚起无坚不摧的磅礴力量，战胜前进道路上的一切艰难险阻，奋力实现中华民族伟大复兴的中国梦。

我们要进一步提升政治站位，不断增强“四个意识”、坚定“四个自信”、坚决做到“两个维护”，始终在思想上政治上行动上同以习近平同志为核心的党中央保持高度一致。要胸怀“两个大局”，从事关党和国家前途命运的高度，从事关国家长治久安、巩固党长期执政的阶级基础和群众基础的高度，进一步增强做好工会工作的责任感、紧迫感，切实提高工作本领，积极担当作为，努力做好工作。要坚持底线思维、增强忧患意识、发扬斗争精神，做到守土有责、守土负责、守土尽责，认真履行肩负的政治责任，坚决落实意识形态责任制，不断加强对职工的思想政治引领，把亿万职工群众紧紧团结在党的周围，坚定不移听党话、矢志不渝跟党走。

从国内看，我国进入新发展阶段，改革发展稳定任务艰巨繁重。当前，我国第一个百年奋斗目标已取得决定性胜利，在此基础上，乘势而上开启了全面建设社会主义现代化国家新征程，开始向第二个百年奋斗目标进军。今年中央将在系统评估总结的基础上，正式宣布我国全面建成小康社会，实际上就标志着第一个百年奋斗目标的胜利实现。党的十九大对实现第二个百年奋斗目标作出分两个阶段推进的战略安排，党的十九届五中全会全面擘画了到2035年基本实现社会主义现代化的远景目标，提出了“十四五”时期我国经济社会发展的指导思想、基本原则、主要目标、重大举措，特别是提出了要立足新发展阶段、贯彻新发展理念、构建新发展格局，推动高质量发展。习近平总书记指出，新发展阶段是全面建设社会主义现代化国家、向第二个百年奋斗目标进军的阶段，明确了我国发展新的历史方位；新发展理念是党的十八大以来我们党对经济社会发展提出的最重要、最主要的理念，明确了我国现代化建设的指导原则；新发展格局是把握未来发展主动权的战略性决策和先手棋，明确了我国经济现代化的路径选择。这"三个新"深刻回答了事关我国发展全局的方向性、根本性、战略性重大问题，指明了我国未来的发展方向，也给工会组织和广大职工群众提供了广阔空间和舞台，对工会工作提出了新的更高要求和挑战。

我们要进一步明确发展目标、增强发展信心，找准工作的主攻方向和结合点、切入点、着力点，组织动员广大职工群众团结一心、努力奋斗，为全面建设社会主义现代化国家建功立业。要结合各地实际，认真贯彻落实"十四五"规划和二〇三五年远景目标纲要精神，大力弘扬劳模精神、劳动精神、工匠精神，唱响劳动光荣、技能宝贵、创造伟大的主旋律，在推动高质量发展过程中充分发挥工人阶级主力军作用。要牢牢把握我国工人运动时代主题，围绕"十四五"时期国家重大战略、重大工程、重大项目、重点产业，广泛深入持久开展"建功'十四五'、奋进新征程"主题劳动和技能竞赛，深化技术革新、技术协作、发明创造、合理化建议、网上练兵和"五小"等群众性创新活动，发挥劳模、工匠创新工作室作用，引导职工积极参与科技创新，把亿万职工群众中蕴藏的创新创造活力充分激发出来，以实际行动当好主人翁、建功新时代。

二、加强理论武装，始终把牢工会工作的正确政治方向

习近平新时代中国特色社会主义思想是党和国家必须长期坚持的指导思想，是推动党和国家事业不断向前发展的科学指南。各级工会要把深入学习宣传贯彻习近平新时代中国特色社会主义思想作为首要政治任务和长期政治任务，坚持以这一思想武装头脑、指导实践、推动工作，始终以理论上的清醒保持政治上的坚定，牢牢把握工会工作的正确政治方向。

一是在理论学习上要学深学透。要认真学习《习近平谈治国理政》第一、二、三卷，及时跟进学习习近平总书记最新重要讲话精神，深入学习领会习近平总书记关于党的群团工作和群团改革的重要论述、关于工人阶级和工会工作的重要论述，真正做到学深悟透、融会贯通。要完善理论学习制度，发挥领导带头作用，引导工会干部深刻领会习近平新时代中国特色社会主义思想的丰富内涵、精神实质、实践要求，做到知其然又知其所以然，不断增强对党的创新理论的政治认同、思想认同、情感认同。要结合职工队伍和工会工作实际，加大对习近平总书记关于工人阶级和工会工作的重要论述的研究阐释力度，实现学思践悟，使之转化为谋划推动新时代工会工作创新发展的思路举措。

二是在宣传普及上要入脑入心。习近平新时代中国特色社会主义思想具有强大的真理说服力、实践指导力、思想引领力、精神感召力。坚持不懈用这一思想教育职工，是工会组织责无旁贷的政治职责。隆重热烈庆祝中国共产党成立100周年，是党和国家政治生活中的大事，也是亿万职工和工会组织的大事，是加强职工宣传教育的重要契机。各级工会要把加强理论宣传同开展工会系统庆祝建党100周年系列活动结合起来，同开展党史、新中国史、改革开放史、社会主义发展史学习教育结合起来，深化"中国梦·劳动美"主题宣传教育，特别是要按照党中央统一部署，精心组织开展好党史教育。要深入宣传中国共产党的光辉历程、伟大成就、宝贵经验，宣传党的十八大以来党和国家事业取得的历史性成就、发生的历史性变革，宣传中国共产党领导和中国特色社会主义制度的显著优势和强大生命力，宣传以习近平同志为核心的党中央团结带领全党全军全国各族人民风雨兼程、砥砺前行的坚强意志和非凡领导能力，宣传习近平总书记对广大职工群众的关心关怀关爱，宣传工人阶级在我国革命、建设、改革进程中的伟大作用和巨大贡献，引导广大职工深刻认识新中国成立以来取得的世所罕见的经济快速发展、社会长期稳定的"两大奇迹"，深刻理解"中国共产党为什么能、马克思主义为什么行、中国特色社会主义为什么好"，紧跟共产党、奋进新时代。要坚持面向基层、面向职工，广泛开展对象化、分众化、互动化理论宣传普及，把讲道理和讲故事结合起来，把讲"国之大者"和讲职工群众利益关切结合起来，推动习近平新时代中国特色社会主义思想走近职工身边、走进职工心里。

三是在学以致用上要落地落实。习近平总书记多次指出，武装头脑、指导实践、推动工作，落脚点在指导实践、推动工作；学懂弄通做实，落脚点在做实。我在多个场合强调过，学习贯彻要持之以恒、不断深化，绝不能停留在口头上、表态上，绝不能一阵风、走形式、做样子，目的就是为了使大家更好地做到知行合一，找准学习和工作的结合点与切入点，做到学以致用、运用自如。要围绕党和国家工作大局，找准工会工作的方位坐标和着力重点，真抓实干、履职尽责，努力把学习成果转化为更加坚定的理想信念、更加自觉的实际行动、更加实在的工作成效。

三、增强政治意识，切实提高工会组织政治判断力、政治领悟力、政治执行力

旗帜鲜明讲政治，既是马克思主义政党的鲜明特征，也是我们党一以贯之的政治优势。习近平总书记在2020年中央政治局民主生活会上强调，要增强政治意识，善于从政治上看问题，善于把握政治大局，不断提高政治判断力、政治领悟力、政治执行力。在省部级主要领导干部专题研讨班、十九届中央纪委五次全会等场合，多次就提高政治能力提出明确要求。总书记关于提高政治能力的要求，对于全党增强政治意识、加强政治建设、坚守人民情怀，始终做到不忘初心、牢记使命，把党和人民事业长长久久推进下去，具有重大而深远的意义。各级工会组织和广大工会干部要牢记总书记嘱托，始终把讲政治作为第一位的要求，切实提高政治判断力、政治领悟力、政治执行力，不断增强"四个意识"、坚定"四个自信"、做到"两个维护"，始终在思想上政治上行动上同以习近平同志为核心的党中央保持高度一致。

提高政治判断力，就是要善于从政治上考虑问题，明辨大是大非，深刻把握工会组织既是群团组织、也是政治组织的定位，要以国家政治安全为大，以人民为重，以坚持和发展中国特色社会主义为本，深刻认识政治性是工会组织的灵魂、是第一位的，做到在重大问题和关键环节上头脑特别清醒、眼睛特别明亮，善于从苗头性、倾向性问题中发现政治端倪，坚持政治立场不移、政治方向不偏，履行好引导职工群众坚定不移听党话、跟党走的政治责任，不断巩固党长期执政的阶级基础和群众基础。

提高政治领悟力，就是要加深对党中央精神的学习理解，坚持用党的理论和路线方针政策指导推进工作。要深入学习领会习近平新时代中国特色社会主义思想特别是习近平总书记关于工人阶级和工会工作重要论述的基本内涵，准确理解掌握贯穿其中的马克思主义立场观点方法。时刻关注党中央在关心什么、强调什么，对"国之大者"了然于胸、领悟到位，自觉站在党和国家的战略全局、政治大局上想问题、办事情，坚持用党中央精神分析形势、推动工作。

提高政治执行力，就是要把自觉接受党的领导作为做好工会工作的根本政治原则和政治保证，经常同党中央精神对表对标，认真贯彻落实党中央对工会工作的一系列重要要求，健全贯彻落实习近平总书记重要指示批示、党中央重大决策部署制度和向党中央请示报告工作制度，推动党中央决策部署不折不扣在工会系统落地见效，切实做到"党有号召、工会有行动"。要按照党中央部署，认真开展党史学习教育，做到不忘初心、牢记使命，以党的政治建设为统领加强工会自身建设，把党中央要求落到实处。

提高政治判断力、政治领悟力、政治执行力不是抽象空洞的口号，而是具体实在的行动，需要体现到思想引领、建功立业、维权服务、改革创新等工会工作的方方面面。比如，在维护劳动领域政治安全方面，工会要从政治上看这个问题，把思想和行动统一到党中央决策部署上来，做到知责于心、担责于身、履责于行。近年来全总和各级工会在这方面做了大量卓有成效的工作，同时也要清醒认识这项工作的长期性、复杂性、艰巨性，从提高政治判断力、政治领悟力、政治执行力的高度，从贯彻总体国家安全观，维护政治安全、政权安全的高度，从巩固党长期执政的阶级基础、群众基础的高度，进一步增强维护劳动领域政治安全的责任感、使命感，进一步总结经验、查找不足、完善举措，在强化思想政治引领、排查化解风险隐患、落实工作责任、建立长效机制上下更大功夫，以实际行动把"五个坚决"落到实处。比如，在维权服务方面，一些职工反映的问题、遇到的困难看似小事，但只有平时真正把这些小事做好了，帮助职工群众排忧解难，做到与职工群众心连心，才能把职工群众紧紧团结凝聚在党的周围。这就要求各级工会始终坚持以职工为中心的工作导向，牢固树立职工利益无小事的理念，抓住劳动就业、收入分配、社会保障、安全卫生、技能培训等重点领域，突出城市困难职工、农民工、新经济领域劳动者等群体，切实加大维权服务工作力度，不断提升职工群众的获得感幸福感安全感，从而更好地团结引导广大职工坚定战胜各种困难的信心和决心，使之成为党执政的坚实依靠力量、深厚阶级基础。

四、勇于改革创新，努力推动新时代工会工作创新发展

改革是实现中华民族伟大复兴的关键抉择，是当代中国最鲜明的特色。改革开放40多年来，我国取得了全方位、开创性成就，发生了深层次、根本性变革，一个重要原因就是持续推进改革。进入新发展阶段，更需要以全面深化改革推进中国特色社会主义事业。党的十九届五中全会对全面深化改革作出系统部署。改革永远在路上，现在又到了一个新的关头。习近平总书记在全国劳模大会上对推进工会系统改革提出了更高要求，在听取中央书记处工作报告时对深化群团改革作出重要指示。各级工会要认真学习贯彻习近平总书记重要指示精神和党中央关于全面深化改革的决策部署，不断深化工会改革和产业工人队伍建设改革，激发工会工作的生机活力，努力取得更大突破、展现更大作为。

一要不断深化工会改革创新。要增强改革创新意识，敢于突破思想束缚，勇于破旧立新，大胆创新机构设置、管理模式、运行机制、工作方式方法等，把实践中行之有效的经验做法固定下来，加快建立适应形势发展需要的体制机制，努力使工作更加符合中央要求，更加贴近实际、贴近群众，取得更大实效。要认真谋划"十四五"时期工会改革。坚持增"三性"的正确方向，把增强政治性、先进性、群众性贯穿工会改革全过程，凡是不符合"三性"要求的都要坚决地改，凡是能增强"三性"的都要坚决地做。要坚持大抓基层、向基层延伸的价值取向，牢固树立落实到基层、落实靠基层理念，把力量和资源充实到基层一线，使基层工会真正建起来、转起来、活起来，让工会工作在基层职工群众中看得到身影、听得到声音、发挥出作用。要坚持真改实改深改的工作导向，着眼健全联系广泛、服务职工的工作体系，在建机制、强功能、增实效上持续用力。无论是改革的思路设计、原则遵循，还是具体的制度构建、政策制定，都要对着问题去、盯着问题改，以重点突破实现改革深化。比如，对于工会组织覆盖不全的问题，包括把货车司机、快递员等八大群体及新经济领域职工吸收到工会中来的问题。要进一步查短板、找不足，敢于攻坚克难、实现新的突破，同时要加大对制度性、政策性难题的研究力度，在深入调研基础上，推动从政策、制度层面解决问题。比如，对于联系服务职工群众渠道不畅的问题，要更好地履行维权服务基本职责，在做优做强送温暖、金秋助学、阳光就业、职工医疗互助、工会法律援助等传统品牌的同时，积极探索新方式，打造新品牌，要加大"劳动者港湾"、爱心驿站等工会户外劳动者服务站点建设推广力度，做实工会"互联网+"普惠性服务，加快推进"智慧工会"建设，打通联系服务职工群众"最后一公里"，让广大职工群众有更多、更直接、更实在的获得感、幸福感、安全感。

二要持续深化产业工人队伍建设改革。产业工人队伍建设改革是习近平总书记和党中央交给全总的一项重大政治任务。2017年4月党中央、国务院印发《新时期产业工人队伍建设改革方案》以来，全总认真履行牵头职责，在各方面积极配合下扎实推进，改革取得了阶段性成效，特别是2019年推进会召开后，各地明显加大工作力度，改革取得了新的积极进展。但也要清醒地看到，这项改革面临着新形势新任务，立足新发展阶段、贯彻新发展理念、构建新发展格局，推动产业转型升级、建设制造强国、实现高质量发展等，都迫切需要以更大的力度、更实的举措加快推进改革，努力建设一支宏大的知识型、技能型、创新型高素质产业工人大军。要把2021年作为“产业工人队伍建设改革提升年”，加强对产业工人队伍建设改革深层次问题的研究，发挥好已确立改革试点的示范带动作用。要聚焦改革重点任务集中发力，围绕落实产业工人思想引领、建功立业、素质提升、地位提高、队伍壮大等改革措施，加强与政府相关部门、行业协会等的沟通协调合作，加强对地方、产业、企业的督促检查指导，大力争取各方支持，积极汇聚各方力量，形成齐抓共推的整体合力，不断把改革向纵深推进、向基层延伸。

五、转变工作作风，不断提高工会工作能力和水平

习近平总书记始终高度重视作风建设，在十九届中央纪委五次全会上强调，要深入开展党的优良传统和作风教育，完善作风建设长效机制，把好传统带进新征程，将好作风弘扬在新时代。各级工会要以只争朝夕、奋发有为的干劲，切实转变工作作风，以良好精神风貌推动工会各项工作取得新成效。

一要把密切联系职工作为改进作风的重点。牢固树立宗旨意识，自觉践行群众路线，把工作重心放在基层一线，到基层和实践中去寻找解决问题的思路和办法。深入基层、深入一线、深入职工，加强调查研究，倾听职工呼声，了解职工所思所想所盼所求，与职工群众打成一片，努力做到与职工群众面对面、心贴心。要毫不松懈纠治“四风”，坚决防止形式主义、官僚主义滋生蔓延，减轻基层负担。

二要把务求工作实效作为改进作风的目标。要将改进作风的实效真正体现在行动上、落实到工作中，督促各级工会干部担当尽责、干事创业。在深入调查研究、总结基层经验基础上，把重点放在帮助解决基层工会面临的困难和职工群众的急难愁盼问题上，以实实在在的工作成效取信于基层、取信于职工。比如，在定期排查劳动关系风险隐患中，要引导职工依法理性表达利益诉求，同时要多做化解矛盾、理顺情绪的工作，做到见微知著，对发现的问题一个一个去解决，真正把风险隐患化解在基层、消除在萌芽状态。比如，对于新技术新业态新模式下出现的新就业群体，要通过多种有效的方式做好建会入会工作，把他们吸引过来、组织起来、稳固下来，帮助他们解决最关心最直接最现实的利益问题，使工会真正成为他们可以依靠的组织。比如，对于职工权益受到侵犯现象，要积极推动或会同有关方面督促企业妥善处理，并举一反三，采取有效措施维护职工合法权益。要以实际行动把总书记强调的“哪里的职工合法权益受到侵害，哪里的工会就要站出来说话”“工会要把服务职工、维护职工合法权益的大旗牢牢掌握在手中”要求落到实处。总之，就是要从一点一滴做起，从大处着眼、小处着手，把工作做在日常、功夫下在平时，春风化雨、润物无声，让职工群众真正感受到工会是职工之家，工会干部是最可信赖的知心人、贴心人、娘家人。

三要把狠抓工作落实作为改进作风的关键。一分部署、九分落实。抓落实，就是要从工会职责出发，突出抓好党和国家有关劳动关系、职工群众等方面的方针政策、决策部署、工作要求的落实，突出抓好工会重点工作的落实。目前全总正在围绕“十四五”规划建议提出的理念、战略、目标、任务、重大举措，研究制定“十四五”时期我国工运事业和工会工作发展规划。对于这项工作，要认真组织、精心谋划，动员工会上下、内外力量，集思广益制定一个好的、高质量的规划，规划出台后，要以钉钉子精神抓好落实，落实到实践中去，落实到基层中去，落实到职工群众中去。

同志们，“十四五”规划和2035年远景目标催人奋进。我们要更加紧密地团结在以习近平同志为核心的党中央周围，团结动员亿万职工，勤于创造、勇于奋斗，齐心协力、锐意进取，为全面建设社会主义现代化国家、实现中华民族伟大复兴的中国梦贡献智慧和力量，以优异成绩庆祝建党100周年！

关于本市企业基本养老金计发办法的通知

沪人社规〔2021〕32号

市政府各委、办、局,市社会保险事业管理中心,各区人力资源和社会保障局,各有关单位:

根据国家关于计发企业职工基本养老金的规定,结合实际,本市企业2022年1月1日以后申领养老金人员的基本养老金按以下办法计发:

一、参加本市企业职工基本养老保险的人员,达到法定退休年龄时累计缴费满15年,按照规定办理申领基本养老金手续后,按月发给基本养老金。

二、基本养老金由基础养老金和个人账户养老金组成。

(一) 基础养老金按照本人办理申领基本养老金手续时上年度全市城镇单位就业人员月平均工资和本人指数化月平均缴费工资的平均值为基数,缴费每满1年发给1%(详见附件1)。

指数化月平均缴费工资按照本人办理申领基本养老金手续时上年度全市城镇单位就业人员月平均工资乘以本人月平均缴费工资指数确定。其中,视同缴费年限(不含折算工龄,下同)的缴费工资指数统一按照1计算;1993年至2010年的缴费工资指数低于1的,按照1计算;2011年至2013年的缴费工资指数分别按照不低于1、0.85、0.75计算。

(二) 个人账户养老金按照本人办理申领基本养老金手续时个人账户储存额除以国家规定的计发月数(详见附件2)确定。

三、1992年底以前参加工作的参保人员,根据"合理衔接、平稳过渡"的原则,在发给基础养老金和个人账户养老金的基础上,再发给过渡性养老金。

过渡性养老金先按照本人1992年底以前视同缴费年限每满1年发给办理申领基本养老金手续时上年度全市城镇单位就业人员月平均工资的1.2%,再按照本人办理基本养老金申领手续时1993年到1997年5年内个人账户储存额对应的"虚账实记"总额除以120,两者相加计发。

四、本通知自2022年1月1日起实施,有效期至2026年12月31日。本市已有规定与本通知不一致的,按照本通知执行。

2021年12月13日

关于本市企业基本养老金计发办法有关问题的通知

沪人社规〔2021〕27号

市政府各委、办、局,市社会保险事业管理中心,各区人力资源和社会保障局,各有关单位:

结合本市现行企业基本养老金计发办法执行情况,现就有关问题通知如下:

一、按规定计发基础养老金时,累计缴费年限(含视同缴费年限)满整年后的剩余月数,以上年度本市城镇单位就业人员月平均工资和本人指数化月平均缴费工资的平均值为基数,每个月按照0.083%计发。

二、凡按照国家和本市规定实施一次性缴纳养老保险费的,对应的月缴费工资指数按照本人月缴费工资基数除以缴费时上年度本市城镇单位就业人员月平均工资确定。其中,本人在一次性缴费期间按规定继续缴纳养老保险费的,再缴费的月缴费工资指数可以和一次性缴费的月缴费工资指数合并计算。

三、个人账户储存额从记账之月起根据国家和本市公布的记账利率按自然年度计息,见分进角。个人账户储存额未存满全年的,根据实际存续的月数计息。

四、参保人员办理申领基本养老金手续时,按照其周岁年龄对应的计发月数计算个人账户养老金。不满40周岁的按照40周岁确定,超过70周岁的按照70周岁确定。

五、按规定计发的基础养老金、个人账户养老金以及过渡性养老金,分别见分进角。

六、单位或者个人按规定办理申领基本养老金手续后,社保经办机构按规定核定养老待遇,从办理申领手续的次月起按月发放基本养老金。

七、缴费年限按1992年底前的视同缴费年限与1993年以后的实际缴费年限之和确定,不含参保人员从事有毒有害、井下、高温特殊岗位折算的工作年限。

八、参保人员按规定补缴1993年1月起到1997年12月底城镇养老保险费的,其"虚账实记"记账金额根据补缴以后的情况对应确定。

九、本通知自2021年8月16日起实施,有效期至2025年12月31日。《关于实施〈上海市人民政府关于本市企业基本养老金计发办法的通知〉若干问题的处理意见》(沪人社规〔2017〕33号)同时废止。

2021年8月24日

专文

在市总工会十四届八次全委（扩大）会议结束时的讲话

（2021年1月6日）

莫负春

刚才，胡文容部长作了重要讲话，充分肯定了过去一年上海工会围绕中心、服务大局所做的各项工作，要求我们进一步提高政治站位，用饱满的热情、奋发有为的精神状态认真做好新一年的各项工作，以优异成绩迎接建党100周年，我们要认真学习领会、切实抓好贯彻落实。大家回去后，要把胡部长讲话和今天会议精神向党政作专门汇报，并做好学习传达、措施细化和任务落实等各项工作。下面，围绕学习贯彻胡部长重要讲话精神、落实好本次全委会确定的目标任务，我再强调三点意见。

一、充分认识和把握大局，确保工会工作的正确方向。今年是中国共产党成立100周年，是“十四五”开局之年，做好今年工作至关重要。面对错综复杂的形势，中央和市委提出了一系列新思想、新目标、新要求，明确了今年乃至未来一段时间的发展目标、政策取向和重点举措。我们要进一步统一思想，凝聚共识，切实把思想认识统一到中央和市委对形势的判断上来、对工作的部署要求上来，确保工会工作更好地围绕中心、服务大局。一是要增强政治意识，提高政治判断力、政治领悟力、政治执行力。工会作为党领导的职工群众组织，讲政治是第一位的要求。要认真贯彻总书记在中共中央政治局民主生活会上的讲话精神，不断提高工会组织的政治性，确保工会组织和职工群众坚定不移听党话、矢志不渝跟党走。二是要增强机遇意识，主动创新求变。要“准确识变、科学应变、主动求变”，更加敏锐把握趋势变化，更加主动抓住新的机遇，推动上海工会工作实现新发展。三是要增强忧患意识，树立底线思维。要及时研判经济形势变化，了解和掌握职工队伍和劳动关系的新情况新问题，及时预防化解重大劳动关系矛盾，切实做好困难职工托底帮扶，确保职工队伍和社会和谐稳定。

二、切实抓好开局起步和岁末年初的各项工作。当前正值岁末年初，统筹做好各项工作，确保开好局、起好步十分重要。一是要抓好各项工作的细化、启动和推进。目标任务已经明确，下一步要抓好落实。要按照总体部署，抓紧把目标任务转化为具体项目，研究制定细化的工作方案，明确时间表和路线图，并尽快启动和实施。比如，工会围绕庆祝建党百年的各项工作、围绕推动高质量发展开展劳动竞赛等各项工作都要早部署、早启动、早落实，力争新的一年实现工作开门红、见到新气象。二是要组织开展好帮困送温暖活动。要按照市里的统一部署，对困难职工、劳模先进、一线职工、农民工等广泛开展走访慰问，把党政和工会的温暖送到他们的心坎上。特别要关注和做好留沪农民工工作。根据引导务工人员减少节日外出、错峰返乡返岗等要求，预计今年留在上海过年或推迟返乡的农民工要比往年明显增加。各级工会要开展有针对性的慰问和工作，关心关爱好这一群体，尤其要为节日期间坚守岗位、为城市建设发展作出贡献的外来建设者送去关心和温暖。三是要确保职工队伍和劳动关系和谐稳定。要配合人社等相关部门，开展农民工工资支付情况专项检查，为遭遇欠薪的农民工提供及时、优质的法律援助服务；要高度关注劳动关系的新情况新问题，一旦发生劳资纠纷，第一时间响应、第一时间参与处置，确保社会和谐稳定。四是要督促落实疫情防控措施，严守安全底线。要密切关注新冠肺炎疫情形势变化，配合有关部门毫不放松抓好疫情防控，帮助督促企业和职工落实防控责任，切实维护和保障职工群众生命安全和身体健康。同时，岁末年初各项生产经营活动繁忙，低温冰冻天气增多，也是职工的思想活跃期和波动期，不安全因素增加，各类事故易发、高发。各级工会要强化“红线”意识和“底线”思维，依法开展安全生产监督，做好劳动保护宣传，坚决遏制重特大事故发生。

三、加强作风建设，保持奋发有为的精神状态。越是形势严峻，越是任务繁重，越是要精神振奋，越是要奋发努力。一是要攻坚克难。要勇于挑最重的担子、啃最硬的骨头，努力攻克工会工作中的瓶颈难题，抓弱项、补短板，推动工会工作创新发展。二是要务求实效。“一分部署，九分落实”。要发扬实干精神，出实招、鼓实劲、办实事，一项一项任务抓落实、一件一件工作抓推进，确保工作落实落地落细。三是要拜人民为师。要深入基层、深入一线、深入职工，始终与职工群众保持密切联系，从群众中汲取智慧和力量。四是要廉洁从政。严格执行中央八项规定精神，严防“四风”问题反弹回潮，持之以恒正风肃纪，以风清气正的良好生态和氛围暖人心、聚人心。

各位委员，同志们，让我们以习近平新时代中国特色社会主义思想为指引，在中央、市委和全总的领导下，坚定信心、振奋精神、奋发作为，努力开创工会工作新局面，以优异的成绩迎接建党100周年！

把更多职工群众团结凝聚在党的周围

黄 红

近年来，市总工会党组以党的政治建设为统领，围绕学习贯彻习近平新时代中国特色社会主义思想这条主线，创新学习形式，丰富教育载体，不断筑牢广大职工听党话跟党走的思想根基。

一、以“红色工运”品牌打动群众

围绕发挥红色资源功能作用，着力打造宣传教育品牌。结合上海百年红色工运资源发掘宣传工程，结合纪念中国劳动组合书记部成立100周年，结合党史学习教育，广泛开展形式多样、丰富多彩的群众性红色文化活动，传承红色基因，汲取前行力量。开展“致敬百年红色工运”系列活动，筹划“致敬！红色工运”主题图片展，筹建“机器工会”（党领导成立的第一个阶级工会）纪念雕塑和史料展，筹展沪西工人半日学校（党的早期组织创办的第一所工人学校）史料馆，推出“看望百岁劳模，聆听百年故事”活动。开展“心向党、跟党走”群众性主题宣传教育系列活动，举办“我心永向党，奋进新征程”五一歌会、百万职工红色文化寻访、振兴中华职工读书活动等各种形式的群众性庆祝活动。

二、以“三种精神”力量鼓舞群众

围绕弘扬劳模精神、劳动精神、工匠精神，不断创新宣传教育形式。以“中国梦·劳动美——人民城市 奋斗有我”为主题开设职工直播课堂，结合党史学习教育主题，邀请知名劳模、改革先锋、最美劳动者等讲述在党领导和关心下的成长经历和奋斗历程。组建“百名劳模讲党史”宣讲团，深入基层开展面对面、互动式宣讲。开展“看望百岁劳模，聆听百年故事”主题活动，对本市32位健在的百岁劳模事迹进行深入挖掘和宣传。常年开展“致敬！最美劳动者”职工摄影作品线上征集活动。设立“劳模工匠双休日学堂”，向市民职工面对面展示高超技能、讲述成长经历、传递精神品质。

三、以“网上工会”载体吸引群众

围绕网上工会建设，着力提升宣传教育实效。先后开通官方微博、微信公众号、APP、抖音号、B站号、视频号等，对市总机关报《劳动报》进行融媒体改革，推动各级工会网上宣传平台迅速发展，全市形成工会新媒体矩阵，形成网络宣传叠加效应。同时，开创“网上入会”新模式，截至2020年底，申工社APP在线入会申请3.13万人；聚焦总部经济、平台经济，利用大数据、互联网技术优势引入手机扫码入会、移动端推送灵活就业群体专享基本保障等多种形式，把20多万名灵活就业人员团结凝聚到工会中来，为做好新型就业群体的宣传教育服务工作打下了扎实的组织基础。

四、以“创新创造”舞台激励群众

广泛开展劳动技能竞赛，推动职工创新创造，围绕中央交给上海的三项新的重大任务等国家战略，开展“奋进新时代创造新奇迹——推进高质量发展上海职工劳动和技能竞赛”。连续三年开展进博会劳动竞赛，深化科创中心建设劳动竞赛，全面启动自贸区临港新片区、长三角生态绿色一体化发展示范区、虹桥商务区现代服务业、崇明世界级生态岛建设四大赛区示范引领性劳动竞赛。面向全市一线职工设立“上海职工优秀创新成果奖”，每年举办上海职工科技节、市优秀发明选拔赛，推荐一线工人、农民工优秀创新成果参加国家、上海市科技进步奖评选。从2018年至今，推荐的参评项目连续三年都摘得了国家科技进步奖（工人农民组）二等奖。实施职工晋升技师、高级技师、师徒带教等奖励计划，激励广大职工学习新知识、钻研新技术、掌握新技能、创造新成果。

服务产业工人技能提升
推进产教融合校企合作

周　奇

“十四五”时期上海要实现高质量发展，对提升劳动者素质提出了新要求，上海市委、市政府《关于推进新时期上海产业工人队伍建设改革的实施意见》明确，将进一步聚焦上海新型产业体系建设深化产教融合、校企合作，打造高素质技能人才队伍。2021 年，市总工会积极推动院校与企业深度合作，打造高素质技能人才队伍，为推动上海经济高质量发展提供强有力支撑。

一、加强顶层设计，九大举措全面推进校企合作工作

今年 2 月，市总工会会同市教卫工作党委、市发改委、市经信委、市教委、市财政局、市人社局、市国资委联合下发《关于深化上海产业工人队伍建设改革推进校企合作工作的指导意见》。《指导意见》以“依托产教融合、校企合作平台，全面建设一支宏大的知识型、技能型、创新型劳动者大军”为主要目标，推出九大措施推进校企合作工作，包括劳模工匠进校园，思政教师进企业；建立劳模工匠学院和技师学院，探索产业工人技能提升新模式；依托校企合作项目扩大高技能人才培养基地辐射面；搭好校企合作劳动和技能竞赛平台；校企合作共同深化公共实训基地建设引导相关院校和企业聚焦新经济新业态新产业开展职业技能培训和认定；融合校企优势资源，推动“双师型”队伍建设，新型学徒制，校企合作深化产业工人队伍建设改革课题研究等。

二、开展校企签约，推动校企合作范围扩大

市总工会联合市教卫工作党委、市国资委等委办局举办“首批校企合作签约仪式”。在市总工会指导推动下，东华大学、上海大学等首批 14 所院校与上海医药（集团）有限公司、上海临港经济发展（集团）有限公司等 23 家企业签署《校企合作框架协议》，将校企合作过去的经验模式进一步推广、范围进一步扩大。部分企业和院校已进行了探索，初见成效。如上海应用技术大学开展了校企合作需求调研，与华谊集团合作实行订单式培训，培养化工行业技能人才。据市教委不完全统计，今年以来签约单位间校企合作项目约有 10 个，签约学校参与校企合作并共同受益的教师 600 多人，为企业开展职业技能培训，全市受益职工 8 万人。

三、持续探索实践，建立全国首个劳模学院

近年来，市总工会依托上海开放大学成立了以本科学历教育为主的工匠学院，开设了工匠精神、智能制造、互联网技术等 39 门课程、153 门在线视频课程，建设了大飞机、无人汽车、智能楼宇等 19 个现场教学基地，形成了一套科学高效的工匠培养模式，累计培养了 500 余名各类工匠。在此基础上，今年年初，市总工会、上海第二工业大学合作共建的上海劳模学院成立，学院旨在建设成为劳动模范深造平台、劳模文化育人平台及劳模文化研究平台。劳模学院明确三大任务：一是围绕劳模培训与提升，学院将面向劳模和具有劳模潜质的产业工人，开展拓展视野、学习前沿科技、现场交流创新经验等专项培训；二是围绕推进劳模文化育人，学院将从教材、课程、师资三方面着手，把劳模文化融入思政育人全过程，同时组织劳模和工匠进校园、进课堂，开发劳模育人实践基地；三是聚焦劳模文化当代价值、育人功能及劳模工匠培育等重大问题，深入开展劳模文化研究。

四、聚焦重点产业，形成企业院校合作实践成果

校企合作，是学校和企业共同建立的协同育人、双主体合作模式，有针对性地为企业培养创新型、应用型、技能型人才。市总工会聚焦产业新需求，结合近年来的实践成果，总结提炼了三种合作模式。

一是上海电气模式。以培养高技能人才为目标，重点围绕数字化转型和智能制造，依托李斌技师学院，健全“学校+工厂、学历+技能”的培训体系，完善“3+3+3”技能工人培训模式，对有 3 年工作经历的青年技术工人，用两个 3 年时间进行技能培训、素质教育、继续教育并取得学历、技师“双证书”，形成技术工人“培训—比武—认定—应用—激励”工作链，促进产业工人的全面发展。

二是江南模式。充分依托江南技校资源，分批组织船舶钳工、管系工、电焊工、装配工、电工和起重驾驶工等工种产业工人开展虚拟仿真实训，理论和实操相结合，将生产现场标准和要求融入日常教学，定向培养人才，并逐步形成以技能培养为目标、以项目攻关为依托、以专业培训为手段的教学模式。

三是临港产业大学模式。由临港集团牵头，联合各大高校，与新片区内重点企业进行深度合作，整合各方优势资源，聚焦新片区的重点产业，共同发起成立临港集团产业大学，为产业工人终身学习、提升技术技能提供更有力的支持、更通畅的渠道。在办学目标上，把行业标准、岗位要求等作为职业教育和培训的重要依据；在运作模式上，采用虚拟学校，独立运行，线上授课；在教学内容上，开发完善与新片区重点产业、特色产业、新兴产业相关的具有国际水平的专业教学标准；在培养模式上，实行企业为主体、院校为基础、学校教育与企业培养相联系、政府推动与社会支持相结合的培养模式。

加强外卖快递人员生产作业安全保障
促进城市安全运行

张得志

近年来，以互联网平台用工为主导的新就业形态劳动者队伍快速壮大，其中将电动自行车作为主要交通工具的外卖送餐员、快递配送员群体已成为城市生活便利化服务不可或缺的重要组成部分，但同时外卖快递员的交通违法行为屡禁不止、车辆安全隐患突出、行业管理存在漏洞以及职业安全保护缺失等问题扰乱了正常的社会管理秩序，对人民的生命健康安全构成威胁，亟需引起重视，并采取有力措施。为此，聚焦外卖快递行业的安全生产问题，引导企业树立主体责任意识，明确政府职能部门的监管职责，积极发挥各级工会组织作用，加强对外卖快递人员的关心关爱和维权保障，推动外卖快递行业良性有序发展，为城市安全运行保驾护航，积极构建共建共治共创和谐的社会治理新格局。

一、强化制度设计，切实保障生产作业安全

国家和本市相关部门对新就业形态发展情况给予高度关注，对外卖快递行业有序发展和加强从业人员权益保障出台一系列政策文件。市市场监管局、市委网信办、市发改委、市公安局、市人社局、市商务委、市总工会等联合制发《关于落实网络餐饮平台责任切实维护外卖送餐员权益的行政指导书》，引导和督促网络餐饮平台企业切实保障劳动安全。市人社局、市交通委、市应急局、市市场监管局、市医保局、市高级人民法院、市总工会等共同研究制定《关于维护新就业形态劳动者劳动权益的实施意见》，市邮政局也牵头各相关部门起草《关于做好本市快递员合法权益保障工作的实施意见》。相关单位将进一步加大源头治理工作力度，指导和督促平台企业按照相关制度文件要求严格落实，推动平台企业完善绩效考核制度，优化派单机制，指导企业将安全作业指标纳入奖惩考核要素，切实保障从业人员安全规范作业，从根本上维护好外卖快递行业劳动者的合法权益，促进行业有序发展。

二、开展综合治理，严控事故发生源头

今年以来，本市发生多起电动自行车火灾和交通安全事故，造成人民生命财产的严重损失，教训惨痛，必须采取有力措施，有效遏制电动自行车相关事故频发趋势。针对外卖快递人员违规充电导致火灾频发的情况，市总工会将联合相关部门，加强整体规划和系统设计，采取疏堵结合方式，分批为全市外卖和快递集中站点建设充电桩设施，解决充电难以及充电设备设施安全不达标问题。此外，根据《上海市安全生产委员会关于印发本市集中开展电动自行车消防安全综合治理行动方案的通知》，本市公安、消防等相关部门将滚动排查摸清快递外卖网点电动自行车情况，溯源打击违法改装行为，通过加大路面执法力度，规范车辆道路行驶，加快推进外卖快递电动自行车专用号牌登记上牌工作，综合施策力争将风险纳入可控范围，将隐患消灭在萌芽状态。

三、加大宣传培训，夯实安全工作基础

健全完善全员安全生产责任制，进一步强化企业主体责任，将安全生产管理要求融入经营管理的全链条、全环节和全领域，同时加强组织动员广大外卖快递人员积极参与，从思想上牢固树立安全责任意识，在具体作业过程中履行好安全操作职责。相关部门聚焦从业人员的安全教育培训工作，做到"四个全"。一是培训内容全覆盖，提供包含交通法规、消防安全、应急抢救、食品安全、劳动争议处理等涉及日常工作的各类学习资料，嵌入平台企业管理系统；二是从业人员全参与，通过政府相关部门和工会的组织发动，动员外卖快递从业者自觉接受相关培训考核，针对新入行外卖快递人员，做到"凡上路、必培训"；三是线上线下全打通，一线从业人员以线上培训为主，同时将培训内容融入各类现场活动中；四是闭环管理全流程，通过组织培训考核，开展技能比武，完成培训内容场景化，培训结果可视化转换，更好激励从业人员尊法、守法、用法。

全年参训覆盖人数达到20万人。

四、优化从业环境，改善工作条件

市总工会将协同相关部门共同推动在商业楼宇、大型居民社区等临时驻留点，推广铺设智能取餐、取件柜，提升外卖快递送达的便利度，提高工作效能。加强对外卖快递人员的身心健康关爱，专门安排一辆“流动体检车”，提供便捷的上门体检服务，并为全市外卖快递站点配发医药箱，提供部分常用非处方药和医疗用品。推进平台企业为从业者车定期配发头盔、手套等劳动保护用品，支持和引导社会力量为电动自行车提供安全检测服务，筑起全方位、立体式安全守护网。

五、加强阵地建设，完善支持保障体系

外卖快递等新就业形态，劳动模式具有分散性、灵活性和高流动性，易造成组织覆盖难、权益保障难、缺少关心关爱等问题。为此，各级工会将协调各方，着力解决好关切外卖快递员利益的重点问题，提供精准化服务，将党和政府的关心关爱送到这部分劳动者身边。相关部门将根据国家统一安排适时推出职业伤害保险，市总工会配套出台新就业群体专项互助保障计划，互为融合，为外卖快递等职业群体做好兜底保障，解决他们受伤患病等后顾之忧。积极推进外卖快递行业建会，通过集中入会、扫码入会等方式，广泛吸纳从业人员加入工会。推进“会、家、站”一体化建设，依托企业骑手驿站、工会户外职工爱心接力站和职工健康服务站，为外卖快递人员提供健康管理、困难帮扶、送温暖、心理疏导、思想关爱等各类服务，保障外卖快递员合法权益，促进行业持续健康发展，为城市安全运行作出积极贡献。

幸福小屋·“喂”爱加油

桂晓燕

为落实产业工人队伍建设改革要求，保障职场妈妈母乳喂养权益，上海市总工会于2013年推出“爱心妈咪小屋”项目，历经八年的不懈推进，在一批又一批富有社会责任感、公益心的用人单位、爱心人士和企业、各级工会干部和女工干部的付出和奉献中，上海工会爱心妈咪小屋始终保持蓬勃发展的态势，从一个实事项目逐步形成常态化、规范化的工作机制，已成为上海工会推进职场性别平等、落实积极生育支持措施，提高女职工生活品质，深受女职工好评和社会赞誉的闪亮品牌。

伴随“三孩政策”的到来，对工会女职工组织如何保障好、发展好女职工合法权益和特殊利益，维护好女职工就业平等和职场发展平等提出了新课题。同时，孕期、哺乳期仍在职场奋斗的妈妈们对爱心小屋的需求也将进一步加大。加快建设上海工会爱心妈咪小屋的工作目标，既是顺应形势发展的要求，也是回应职场女性的需求。

一、提高认识，切实增强推进小屋建设的责任感和紧迫感

李强书记曾在市委办公厅《动态反映》就公共场所母婴设施建设工作作出批示，要求从细节入手，改进、完善公共场所母婴设施，发挥好设施设备的实效，进一步提升市民体验感和满意度。市文明办召开包括市总工会在内的相关部门会议，要求做好分类指导、宣传推广，把上海母婴设施从解决“有没有”提升到建得“好不好”。市委领导的关心重视，对工会做好用人单位内部和公共场所小屋建设提出更高要求。全总女工委从促进工作场所性别平等的角度，对加强女职工休息哺乳室建设进行工作部署，明确这是工会促进职场平等、参与社会治理必须有的担当作为。市总工会结合党史学习教育的要求，启动“我为女职工办实事”主题实践活动，各级女工委要把党史学习教育成果转化为关心关爱女职工、为女职工办实事解难事的实际举措。各级工会和工会女职工组织要认真贯彻落实市委、全总和市总的工作要求，把小屋建设作为为职工办实事、谋幸福的重要切入点和结合点，按照新修订的《上海工会爱心妈咪小屋管理及设置办法》，积极谋划，合理规划，因地制宜建新屋，持之以恒抓推进，久久为功抓落实，让这一关心关爱女职工的有效措施在基层精准落地，让更多女职工通过爱心妈咪小屋这一方小天地感受到工会组织的温暖，成为增强基层工会组织吸引力和凝聚力的有力抓手。

二、统筹资源，加快扩大小屋建设覆盖面

全市现有爱心妈咪小屋4400余家，其中2021年1—5月份新增小屋216家。全市已建工会组织的单位有女职工280多万，工会女职工组织有43000多家。现有的妈咪小屋的数量与基层女职工组织的数量和适龄女职工的需求之间还有很大的差距。同时，从现有小屋的分布情况来分析，区总工会建屋数量最多的达700多家，最少的至今不足100家，差距显而易见，从中也反映出各区局（产业）工会对这项工作的重视程度和推进力度的不平衡。市总工会在小屋管理制度设计上，针对在基层调研中产生较为集中的建屋瓶颈问题，提出"共享型"小屋这一新的建屋模式，鼓励暂无条件独立建屋的单位，以错时共享现有职工服务阵地或其他合适场所的方式，妥善解决女职工在哺乳和生理卫生等方面的实际问题。各级工会和工会女职工组织要以扎扎实实为职工做好事办实事解难事的情怀和智慧，动脑筋，想办法，争取行政支持，利用整合资源空间，努力促进"星级型"小屋数量稳步提升，"共享型"小屋加速覆盖，全力完成小屋建设的年度工作目标。

三、细节入手，切实规范长效管理制度

重视日常管理的落细落实，确保小屋使用安全可控。小屋要制定制度，切实做到专人负责，制度上墙，管理有依据，使用可追溯，清洁有记录，才能发挥小屋为妈妈和宝宝们的身心健康保驾护航的作用。各个管理团队要保持"严要求"和"热心肠"，确保制度落实和管理长效"不走样"。星级小屋的创建中，在落实硬件配置到位的同时，更要关注管理常态化，服务有温度，让星级小屋经得起时间和实践的考验。各级工会要加强互相学习、互相借鉴在规范小屋管理方面的做法和成效，保持良好作风，把实事做深做实做细，使"爱心妈咪小屋"的铭牌真正成为工会温暖人心的"金字招牌"。

四、拓展功能，切实让女职工"得实惠"

经过八年的发展，爱心妈咪小屋承担的功能早已超越了简单的物理形态，不仅仅是背奶场所，更逐渐成为女职工开展交流的空间甚至是提升能力素质的加油站。用人单位根据条件和使用需求，在小屋必备的硬件设施之外，增设了健身器材、按摩设备、休憩小床、幼童游乐空间等；使用者也从最初的孕期、哺乳期女职工逐步向生理期等"五期"女职工扩展；女职工对小屋的期待从"背奶站"向"充电站"转变，许多小屋已成为女职工交流学习、亲子教育、放松身心的场所。作为女职工的知心人、贴心人、娘家人，工会要运用好小屋这个有形阵地，利用好"互联网+"这个广阔平台，及时关注、积极回应女职工的需求变化和利益诉求，在更多的专家学者和爱心企业的参与帮助支持下，不断创新丰富小屋服务的方式和资源，组织开展更多女职工喜闻乐见的活动，为增强女职工获得感幸福感安全感作出更大努力。

深化工会经审改革 推动工会经审工作再上新台阶

丁　巍

全市工会经审组织坚持以习近平新时代中国特色社会主义思想为指导，全面贯彻落实习近平总书记关于工人阶级和工会工作的重要论述，围绕全总"十四五"发展规划和市总深化工会改革总体要求，推进"四位一体"立体经审监督体系建设，加大对上海工会系统经济活动的审查审计监督力度，完善制度建设、夯实工作基础，发挥经审工作在工会全局工作中的保障和监督作用。

一、围绕改革试点，转变经审工作理念

一是提高思想认识，坚持工会经审工作正确政治方向。学习习近平总书记在中央审计委员会上的重要指示精神，结合新修订的《审计法》予以贯彻落实，努力顺应新时代工会改革发展新形势、新要求、新任务，提高政治判断力、政治领悟力和政治执行力，依法依规履行工会经审监督和服务保障职责。

二是转变审计理念，把握工会审查审计监督重点。深化预决算审查工作，审查监督重点向支出预算和政策执行拓展，完善以审计为基础的预决算审查机制，加强工会资产管理审查，推进工会企事业单位改革发展。加强审计项目和审计组织方式"两统筹"，坚持抓重点、抓关键、抓要害，把主要精力放在加强事关工会经费资产重大问题的监督上，对重点领域、重点部门、重点资金和重大项目开展跟踪审计，堵塞漏洞、完善制度、加强管理。

三是坚持技术赋能，提高大数据运用能力。根据全总和市总信息化建设工作规划，探索建设工会智慧经审工作平台，采取大数据审计等先进技术，开展"总体分析、发现疑点、分散核实、系统研究"的数字化审计，逐步提高审计工作效率和运用信息化技术查核问题、评价判断、分析问题能力。

四是拓展审计范围，探索工会系统领导干部经济责任审计。积极与市审计局、市委组织部等相关部门进行沟通，探索区局（产业）工会主要领导纳入经济责任审计范畴,强化对权力运行的制约和监督,促进工会领导干部履职尽责、担当作为,收好、管好、用好工会经费,为工会事业健康发展保驾护航。

二、聚焦主责主业,构建深化经审工作格局

一是完善工会内部审计。加大对区局(产业)工会预算执行情况及财务收支情况的审计力度。完成届内审计全覆盖的要求,同时对近几年审计发现问题较多、整改不力的单位进行再审计;加大对市总同级、直管企事业单位预算执行情况及财务收支情况的审计力度,特别关注"三公"经费、会议费、培训费、津贴补贴等管理使用情况;加强专项审计,特别是重要政策落实情况跟踪审计,对工会资金存放管理开展专项审计,确保工会资金存放合规、公开、安全和科学;建立完善审查审计整改长效机制,做好审计整改"后半篇文章",维护审计监督的严肃性和权威性,将审计成果转化为管理效能。

二是接受国家审计指导。各级工会要主动接受并全力配合国家审计监督。市、区两级工会要以高度的政治责任主动接受审计,以求真务实的工作态度全力配合审计,以敢于担当的负责精神积极主动整改;经审组织要主动加强与国家审计机关的对接与联系。通过建立工作会商制度、委员兼任制度、审计结果共享制度、纳入政府与工会联席会议议题制度等方式,充分沟通协商,促进工会主动接受指导,增进工作协同。

三是发挥社会审计作用。对社会中介机构相关审计人员开展培训,及时了解工会最新财务制度和年度工会审计工作最新要求。审计过程中加强与社会中介机构、被审计单位的沟通协调;按照《上海市总工会经费审查委员会关于对参与工会审计业务的社会中介机构审计质量评价办法(试行)》,开展对社会中介机构年度审计报告质量考核并做好社会中介机构新一轮招标工作。

四是扩大基层工会职工会员监督。进一步加大职工会员监督经费使用的力度,促进基层工会经费使用公开常态长效、规范有序。按照《关于在推进"四位一体"立体经审监督体系中充分发挥基层工会职工会员监督作用的实施办法(试行)》,对市级基层工会职工会员监督示范点进行调研跟踪、指导服务,总结可推广、可复制的先进经验;推进区局(产业)工会建设基层工会职工会员监督示范点,努力打通服务基层工会"最后一公里"。

三、加强自身建设,夯实经审改革基础

一是推进工会经审工作规范化建设。根据新修订《上海市区局(产业)工会经审工作规范化建设办法》,夯实工会经审工作基础,开展年度考核评估,通报考核结果,表彰先进,激励后进,鼓励创新,激发活力,推动工会经审工作健康有序发展。

二是强化工会经审干部队伍能力建设。通过集中培训、以审代训、交叉互评等方式开展培训,提高站位、拓宽视野,建设一支信念坚定、业务精通、作风务实、清正廉洁的高素质专业化工会经审干部队伍。

三是深入开展调查研究。深入区局(产业)工会、基层工会调研,围绕各级经审会在审计过程中遇到的瓶颈、难点问题,对经审信息化建设、政策落实跟踪审计等开展调研,为推动工会创新发展提供决策依据。

专记

庆祝建党百年系列活动

【发掘宣传红色工运资源　深化党史学习教育】　2021年,市总工会以庆祝党的百年华诞为契机,会同市委宣传部和相关区局,共同实施"上海百年红色工运资源发掘宣传工程"。深入发掘宣传上海工人阶级和工人运动的光荣历史、奋斗历程、辉煌成就,教育引导广大职工发扬工人阶级的光荣传统,坚定不移听党话、矢志不渝跟党走,教育激励各级工会干部忠诚党的事业、竭诚服务职工。自2020年5月启动上海百年红色工运资源发掘宣传工作以来,在全市范围对红色工运的重要人物、重要遗址(旧址)、重大事件、重点纪念场馆等进行梳理发掘、修建修缮、展示展陈。在2021年"七一"前,召开中国劳动组合书记部成立100周年纪念座谈会,制作"机器工会"纪念雕塑并安放于中共"一大"纪念馆前,举办史料展,修缮开放党早期创办的第一所工人学校——沪西工人半日学校史料陈列馆,拓展顾正红纪念馆的空间布局,完善三山会馆上海工人三次武装起义纪念馆的展陈内容,修缮湖州会馆、上海总工会旧址以及沪东工人运动展示馆,筹办"致敬!红色工运"主题图片展,并编撰《红色印记寻访》《致敬!红色工运》等资料书籍,进一步拓展工会系统党史学习教育内容和阵地,切实发挥工运资源的"教科书"作用,打造新时代砥砺初心、担当使命的精神家园,让红色基因延续传承,让红色传统发扬光大。同时,注重发挥红色资源宣传教育功能,深化工运资源利用传承。一是扩大媒体宣传。在劳动报、劳动观察APP上开辟《致敬红色工运》开设专栏,针对有关发掘、整理和保护红色工运史料遗址的情况、组织职工走访红色工运遗址和纪念馆情况等进行专题报道。二是拓展宣教平台。结合上海职工直播课堂等活动载体,让劳模先进代表、工运史专家学者和职工代表走进党的初心始发地渔阳里、沪西工人半日学校史料陈列馆等红色场馆上党课、上工运课,通过讲述红色工运故事、劳模故事、百年奋斗故事,让红色工运文化进企业、进园区、进班组。三是开展群众性主题活动。积极探索接地气、聚人气的教育载体和活动方式,开展"百万职工红色文化寻访"活动,设计20条红色寻访线路、推荐38个红色文化场馆,广泛发动职工群众参与"红色打卡",在追寻先辈红色足迹的过程中进一步激发爱党之情、奋斗之志。　(张如珍)

【纪念中国劳动组合书记部成立100周年座谈会在沪召开】　5月9日,中华全国总工会、中共上海市委在上海联合召开纪念中国劳动组合书记部成立100周年座谈会,总结回顾党早期领导工人运动的经验启示,从光辉历史中汲取奋进力量,推动新时代党的工运事业创新发展。全国人大常委会副委员长、中华全国总工会主席王东明对做好纪念中国劳动组合书记部成立100周年相关工作高度重视,并提出明确要求。全总党组书记、副主席、书记处第一书记陈刚在会上讲话;上海市委常委、组织部部长胡文容代表中共上海市委讲话。陈刚指出,中国劳动组合书记部是在担负党直接领导工人运动的光荣使命中成立的,在中国革命和中国工人运动的历史转变关头充当重要角色,创造了必须始终坚持以马克思主义指导工人运动、必须始终坚持自觉接受党的领导的光荣传统、必须始终坚持以职工为中心的工作导向、必须始终坚持发展工人阶级的先进性、必须始终坚持工人阶级队伍的团结统一等宝贵经验。陈刚强调,站在"两个一百年"的历史交汇点上,要以学习贯彻"五一"国际劳动节前夕习近平总书记重要指示精神和开展党史学习教育为契机,继承发扬工人阶级和工会组织的光荣传统,牢记辉煌历史、锐意开拓创新,团结亿万职工坚定不移听党话、矢志不渝跟党走,为全面建设社会主义现代化国家、实现中华民族伟大复兴的中国梦作出新的更大贡献。要动员职工建功立业,广泛深入持久开展劳动和技能竞赛,大力弘扬劳模精神、劳动精神、工匠精神,以更大力度、更实举措推进产业工人队伍建设改革;做好维权服务工作,不断提升职工群众的获得感幸福感安全感,把"五个坚决"落到实处;谋划和推进"十四五"时期工会改革,把增强政治性、先进性、群众性贯穿工会改革全过程,突出货车司机、快递员、送餐员、网约车司机等八大群体入会工作,推动改革不断向基层延伸、取得更大成效,以优异成绩迎接中国共产党成立100周年。胡文容在会上讲话,作为中国共产党的诞生地和初心始发地,党领导中国工人阶级的发祥地,上海各级工会组织要努力奋斗,创新发展,勇当排头兵、先行者,希望上海工人阶级、广大工会干部认真贯彻落实习近平总书记对上海重要讲话精神,围绕党的中心任务,在新发展阶段继续发挥上海工人阶级主力军作用,实现上海工会工作高质量发展,奋进"十四五",建功新时代,为上海建成社会主义现代化建设引领区作出新的更大贡献。座谈会上,上海市委党校常务副校长徐建刚、上海市机电工会主席朱兆开、全国劳动模范王曙群等先后发言,回顾中国劳动组合书记部的发展历程、讲述工会组织团结工人在革命战争年代的斗争故事、分享产业工人在党的关心关怀下成长的奋斗故事。全总副主席、书记处书记阎京华主持座谈会。上海市人大常委会副主任、市总工会主席莫负春出席座谈会。上海市委有关负责人,各省(区、市)总工会、新疆生产建设兵团总工会、各全国产业工会、中央和国家机关工会联合会、全总有关部门主要负责同志,劳模工匠、职工代表,党史、工运史专家等参加座谈会。　(陈　蓓)

【举办"致敬!红色工运"主题图片展】　6月1日,由市总工会主办的"致敬!红色工运"主题图片展在市工人文化宫二楼展厅拉开序幕。市人大常委会副主任、市总工会主席莫负春,市总工会党组书记、副主席黄红与全国劳模吴尔愉、张雄伟、叶其懂等共同为本次展览揭幕。"致敬!红色工运"主题图片展以上海红色工人运动中的重要人物及其故事为主线,通过对陈独秀、李汉俊、俞秀松、陈望道、李启汉、李中等50余位工运先驱的人物故事及史料发掘,文字精辟,富有感染力地清晰阐释了上海作为中国产业工人发祥地的历史地位和精神品质。根据时间线索,展览分为"觉醒""壮大""抗争""担当"四大篇章,从五四运动后,一批先进知识分子来到中国工业最发达、工人阶级最集中的上海，举办工人夜校，让工人识字明理，促进工人团结，深入诸多工厂，与工人打成一片，启发工人觉悟说起，讲述了在党的领导下，工人阶级的阶级觉悟不断提高，工会组织化程度不断提高，在工建服务党建、党建指导工建的历史进程中的生动故事，展现了上海工人阶级大无畏的献身精神、奉献精神，高度的革命觉悟和爱国主义情怀。“致敬！红色工运”主题图片展在市委宣传部、市委党史研究室指导下，在龙华烈士纪念馆、中国劳动组合书记部旧址陈列馆、湖州会馆（上海总工会旧址）、刘长胜故居、顾正红纪念馆、上海电信博物馆等相关单位协助下，邀请专家团队研究、制订展陈大纲，共展出 261 张图片，辅以文字，采用不同的多媒体展示方式，通过实物展示、微场景、多媒体展示交互等手段，使历史故事生动还原、鲜明立体，带给观众沉浸式、交互式观展体验。　（陈　蓓）

【浦东新区总工会开展“百年奋斗路·建功新时代”主题教育活动】　主题教育活动内容为：百名劳模工匠作百场宣讲报告、百名劳模工匠寄语建党百年、百名劳模工匠引领带动百万职工参与主题立功竞赛、百家工会动员万名职工参与党史知识竞赛、百名职工创作百件优秀文艺作品、百家企业职工唱响礼赞之歌、百支职工跑团庆建党百年滴水湖环湖跑，累计参与职工 80 余万人次。其中邀请劳模先进、专家学者组建的浦东工会党的十九届五中全会精神宣讲团，深入园区、楼宇、企业开展宣讲 265 场，线上线下 116433 人参加学习教育；举办的“重温百年历程·弘扬劳动使命”浦东职工党史知识竞赛，11 万余人次参加了线上学习答题活动。83 支队伍参加了线上大赛；“百年奋斗路·建功新时代”浦东职工书法、绘画、摄影大赛，集中展示中国共产党成立 100 周年来的光辉历程、伟大成就和宝贵经验。从 3690 件参赛作品中选出 143 件作品，举办大赛优秀作品展。
（陈　维）

【徐汇区总工会举办庆祝建党百年系列活动】　2021 年，徐汇区总工会以“致敬”“红色”“百年”三大系列 9 个

“百年初心·艺术传承”徐汇区艺术系列工运课　（周　吉）

活动，庆祝建党百年。分别为“重温工运·致敬英烈”徐汇职工直播课堂、“献礼百年·致敬模范”女劳模工匠主题访谈、“欢庆建党百年·致敬劳动精神”五一先进表彰会；“心向党、跟党走”职工红色工运主题作品线上征集评选、“庆祝建党百年·点亮红色中国”第七届“Geern-MT”健步走、“学习工运历史·传承红色基因”职工党史工运史学习教育主题展播；“百年初心·艺术传承”重温党史忆初心系列艺术工运史课、“百年回眸·传承经典”庆祝建党百年传承红色经典文艺轻骑兵进基层、“百年致敬·健康传递”智能体育系列赛。与上海市龙华烈士陵园合作成立徐汇职工红色教育基地。　（朱贤樑）

【普陀区总工会举办庆祝建党百年党史学习教育主题活动】　5 月 18 日，普陀区总工会在区党群服务中心举行庆祝建党百年党史学习教育主题活动。区人大常委会副主任、区总工会主席李松海，全国劳模、市总工会兼职副主席朱雪芹等出席。会上，党史研究专家华校生作“建党百年普陀工运新篇章”主题党课，回顾党的百年历史，生动讲述沪西工人半日学校、沪西工友俱乐部、顾正红烈士与五卅运动、刘华烈士等红色故事；由 80 后水电维修“老法师”杨华峰，为群众解难事的“社区绣娘”梁慧丽，追逐科创梦的上海工匠吴雪良，使命必达的“蓝骑士”宋增光及微笑“马路天使”成慧等 5 名区劳模工匠组成的党史宣讲团成员讲述初心故事。会上表彰全国五一劳动奖章等全国先进荣誉及 2020 年“普陀工匠”。劳模工匠代表群口朗诵诗歌《金色的铁锤在党旗上闪亮》。
（陆　蕾）

【虹口区总工会举行庆祝中国共产党成立 100 周年主题活动】　7 月 22 日，虹口区总工会在区工人文化宫举行庆祝中国共产党成立 100 周年主题活动。市人大常委会副主任、市总工会主席莫负春，市总工会副主席周奇，市总工会二级巡视员张刚，虹口区委书记郭芳，副书记、区长胡广杰等区领导及有关单位负责人，各兄弟区和部分产业局总工会代表，区各部门、各界劳模、先进代表、基层工会代表、职工代表 400 余人出席活动。会上举行了五一劳动奖章、工人先锋号、虹口工匠等获得者个人和集体颁奖仪式，为虹口区第 100 个爱心接力站授牌。全国五一劳动奖章获得者——梦想成真基金会理事长何培新和上海市劳动模范、虹口区私营企业协会会长陈永法分别代表单位为曲阳街道“阳光之家”捐资，以实际行动助力关爱残疾人事业健康发展。　（马伟杰）

【虹口区总工会走访慰问老党员】　在中国共产党成立 100 周年庆祝活动期间，虹口区总工会、区工人文化宫和区职工服务中心的党员领导干部分别上门慰问党龄达到 50 周年的老党员，

为他们送去"光荣在党 50 年"纪念章。广大老党员深切感受到党中央的关怀和温暖,进一步增强了荣誉感、归属感、使命感。（马伟杰）

【杨浦区总工会举办党史学习教育专题报告会】 4 月 15 日,杨浦区总工会召开党史学习教育专题报告会。邀请市委讲师团党史学习教育专家宣讲团成员、上海开放大学副校长王伯军作专题报告。王伯军以"忠诚""奋斗""牺牲"3 个篇章,详实地讲述"英雄"夫妇缪伯英和何孟雄、革命家邓中夏、陈延年等英雄的感人事迹。此次报告内涵丰富,对全体党员深入了解党的发展史,做到学史明理、学史增信、学史崇德、学史力行,促进党史学习教育取得更好成效,具有重要意义。区总工会班子成员、机关全体干部及区总所属事业单位领导班子成员、中层以上干部参加了报告会。（张东寅）

【杨浦区总工会举办庆祝中国共产党成立 100 周年主题歌会】 5 月 20—21 日,"奋斗百年路　启航新征程"杨浦职工庆祝中国共产党成立 100 周年主题歌会在东宫职工文体中心举办。区人大常委会副主任、区总工会主席麦碧莲出席活动并致辞,区委宣传部副部长张莉,市工人文化宫主任高越,区总工会党组书记、常务副主席司徒行喆等领导出席活动。本次歌会由杨浦区总工会主办、沪东工人文化宫承办。来自全区各行业的 28 支职工代表队分别登台展演,用嘹亮的歌声唱响对伟大、光荣、正确的中国共产党的热爱,向中国共产党百年华诞献礼。根据疫情常态化防控要求,主题歌会采用"现场录制+线上投票"的形式进行,各参赛队按照抽签顺序,分两天进行比赛和录制。（张东寅）

【杨浦区总工会开展庆祝建党百年系列活动】 6 月 18 日,杨浦区总工会在杨浦滨江区域举办庆祝建党百年主题活动,以"8+2"线下线上系列活动串联起"追寻红色足迹　庆祝建党百年"的主题。内容有:"我为群众办实事·医路护航医共享"杨浦卫生健康系统劳模专家志愿服务活动,来自上海交通大学医学院附属新华医院、复旦大学附属妇产科医院、杨浦区中心医院等 9 所医疗机构的劳模专家为职工群众提供医疗咨询和健康服务;在杨浦滨江人民城市建设规划展示馆,由区总工会党组与区卫生健康工作党委共同举办"百年党史　初心不忘"党史学习教育暨党建联建活动,全国劳模、上海经纬建筑规划设计研究院股份有限公司党总支书记、副院长张榜,上海市劳模、上海工匠、上海勘察设计研究院(集团)有限公司测量总工程师郭春生分享了在平凡岗位奋力拼搏的经历和体会,沪东工人运动史宣讲团成员沈文忠讲述了王孝和烈士的事迹;在杨浦滨江各个党群服务站点,举行"红心永向党　砥砺展宏图"职工团建活动以及"百领学堂"杨浦职工红色文化精品课配送活动;区总工会举办"追寻红色足迹、镜述百年成就"庆祝中国共产党成立 100 周年主题摄影展,以"红色薪火""红色传承""红色华彩"3 个篇章,展出摄影作品 100 余幅(组),展现杨浦区 16 处红色地标与历史遗存、杨浦滨江 12 个"最佳网红打卡点",并展示了奋斗在各行各业的劳模先进和普通劳动者风采。（张东寅）

【宝山区总工会举办吴淞工人运动主题展】 6 月 23 日,"星星之火,红色吴淞"1919—1928 年吴淞工人运动主题展在宝山区工人文化活动中心开幕。宝山区委副书记张义,区人大常委会副主任,区总工会党组书记、主席王丽燕,各直属工会主席、专职副主席,工会社工,劳模工匠等先进职工代表出席活动。主题展通过梳理上海工人第三次武装起义前后吴淞工人运动的历史脉络,展示宝山革命前辈和工运先驱英勇奋斗的光辉足迹,激励广大职工群众从党的百年奋斗历程中汲取智慧和力量,在打造科创中心主阵地、奋力书写宝山"北转型"新篇章中做出新的更大贡献。（朱　艳）

【上海职工直播课堂"薪火传初心　建功新时代"宝山专场开讲】 5 月 27 日,"中国梦·劳动美——人民城市　奋斗有我"上海职工直播课堂"薪火传初心　建功新时代"宝山专场在上海解放纪念馆开讲,宝山区总工会组织劳模工匠结合党史、工运史以及个人奋斗史开展的"一堂课"宣讲系列课同步启动。市总工会党组书记、副主席黄红为直播课堂致辞,宝山区委书记陈杰与全国劳动模范、大国工匠、中国商飞上海飞机制造有限公司技能大师胡双钱,全国五一巾帼标兵、上海市先进工作者、宝山区中西结合医院急诊医学科感染科主任谭美春,共同启动"宝山劳模工匠讲党史"系列课开讲仪式。（朱　艳）

【闵行区总工会举办庆祝建党 100 周年主题活动】 7 月 6 日,闵行区总工会举办"永远跟党走,百年征程诗与歌"庆祝建党 100 周年主题活动。诗集和赞歌分为"峥嵘岁月书忠诚""奋楫笃行勇担当""复兴伟业竞风流"3 个篇章,回顾 1921 年以来百年红色故事,重温红色记忆,见证百年辉煌,表达广大劳动者对党的忠诚与祝福。来自闵行各行各业的劳模工匠代表、职工代表等 400 余人参加庆祝活动。（王　凯）

【金山区总工会举办庆祝中国共产党成立 100 周年主题交响音乐会】 6 月 25 日,金山区总工会在华东师范大学第三附属中学剧场举办金山工会庆祝中国共产党成立 100 周年主题交响音乐会。金山区人大常委会党组副书记、副主任,区总工会主席朱喜林,区总工会党组书记、副主席徐红强,各直属工会负责人以及基层职工代表近 600 人出席活动,观看音乐会的精彩演出。音乐会开场前,区总工会领导为获评全国优秀工会工作者蒋朝红、全国模范职工之家朱泾工业区园区工会联合会颁奖。（卫婷怡）

【松江区总工会举行庆祝中国共产党成立 100 周年活动】 6 月 28 日,松江区总工会在区办公中心举办"把一切献给党　劳动创造幸福"——松江工会庆祝中国共产党成立 100 周年主题活动。区委副书记肖文高,区人大常委会副主任、区总工会主席吴建良等领导出席。会议由区总工会党组书记、副主席陈军康主持。活动现场表演了歌伴舞《把一切献给党》、独唱《唱支山歌给党听》、舞蹈《建设者》、合唱《没有共产党就没有新中国》等节目,现场还进行了微互动、微直播,与会干部职工积极互动，踊跃留言，表达了广大职工知党恩、跟党走、爱党爱国的热情。区各部委办局，各镇、街道、经开区、佘山度假区松江管委会分管负责人、工会负责人、区政协委员代表，劳模、五一劳动奖章代表、工匠代表，部分离退休老干部，基层工会干部和职工代表共350人参加庆祝活动。
（杨佳玲）

【青浦区总工会举办红色诗歌朗诵大赛】 7月22日，青浦区总工会与区融媒体中心联合举办“诵读红色经典，礼赞永恒丰碑”庆祝中国共产党成立100周年红色诗歌职工朗诵大赛展演活动。区委常委、宣传部部长姜道荣出席活动，并为获奖职工颁奖。徐泾幼儿园海倩、区人民法院朱晶晶、区市场监管局冯晨获“心向党，跟党走”征文比赛一等奖，工商银行上海长三角一体化示范区支行朗诵队、区卫健委精神卫生中心朗诵队、夏锦娟获红色诗歌职工朗诵大赛一等奖。
（朱建强）

【奉贤区总工会开展庆祝建党100周年系列活动】 为庆祝建党100周年，奉贤区总工会开展“致敬百年辉煌 不忘初心使命”“七个一”系列活动，内容有：举办一场庆祝活动——召开“百年风华、初心不改、劳模精神、贤城匠心”2021年奉贤区庆祝五一国际劳动节大会；开展一轮劳模事迹巡回宣讲，广泛开展劳模工匠精神“五进”（进园区、进企业、进学校、进机关、进社区）活动；举办一场万名职工红色文化寻访活动，重温党的奋斗历程；开展一系列劳动竞赛，围绕“建功‘十四五’奋进新征程”主题，组织开展“产城融合、功能完备、职住平衡、生态宜居、交通便利、治理高效”六大系列立功竞赛活动；开展一系列职工文化活动，举办“职工文化大篷车进企业”、职工摄影大赛、红色主题征文比赛等；实施一轮和谐劳动关系“法律体检服务”，对全区30家企业开展“法律体检服务”，为企业劳动用工“把脉问诊”；推进一批关爱职工实事项目，围绕“我为职工办实事”主题实践活动，全力推进奉贤工会服务职工10项实事项目。
（钱　洁）

6月23日，东方国际集团召开“壮阔东方潮　长征再出发”庆祝建党百年大型交响合唱诗篇音乐会
（赵　捷）

【东方国际集团举办“壮阔东方潮 长征再出发”庆祝建党百年大型交响合唱诗篇音乐会】 6月23日，为庆祝中国共产党成立100周年，《壮阔东方潮　长征再出发》——东方国际集团大型交响合唱诗篇音乐会在上海儿童剧院召开，此次活动由集团工会承办，近2个小时的演出以情景剧的形式呈现，由人民救星、不朽丰碑、时代号角三大篇章共17幕节目组成。整台节目具有鲜明行业特色、强烈时代感和较高的思想艺术水准，上万名职工通过手机视频观看全场演出。
（张智伟）

【仪电工会举办庆祝中国共产党成立100周年职工文艺汇演】 7月9日，仪电工会举办“铭记奋斗路、启航新征程”庆祝中国共产党成立100周年先进表彰大会暨“星耀百年，智向未来”职工文艺汇演，庆祝伟大的中国共产党成立100周年。文艺汇演以“星火传承”“星火燎原”“星火照耀”3个篇章，通过舞台剧、情景剧、歌曲、朗诵、歌舞及现场采访等形式，展现仪电的奋斗历程，演绎几代仪电人对党的无限忠诚与热爱，抒发仪电人在创新发展的新征程中进一步坚定永远跟党走的坚定信念和恢弘气魄，系统内职工踊跃参与线上直播活动，点击人次近14万。
（周黎俊）

【上海石化公司工会开展“百年回眸共奋进”庆祝中国共产党成立100周年系列活动】 3—10月，上海石化公司工会以线上和线下相结合的方式，开展“百年回眸共奋进”庆祝中国共产党成立100周年系列活动。线下，组织员工学习党史知识，将《中国共产党简史》发到班组，同时开展“学党史、知企情”责任与担当大讨论；线上，通过微信公众平台“上海石化职工e家”中“e家云”，点击“百年回眸共奋进”建党100周年系列专题开展活动。包括知识闯关活动，通过微信公众平台推送7期“知识闯关”活动，活动参赛者达5734人次。建党百年大事记学习活动，3月23日—7月1日，围绕解锁建党百年大事记为主线，通过线下健步走，线上用微信步数解锁大事记展开学习。红色大寻访活动，以基层班组为对象，通过“职工团队建设活动”的形式，组织职工参加红色大寻访活动，让职工更全面了解党史。建党百年诗歌朗诵会活动，围绕庆祝建党100周年，以“百年回眸共奋进”为主题，通过诗歌朗诵的形式，唱响新时代主旋律，进一步激发广大职工的使命感和责任感，引导广大职工坚定不移听党话、跟党走，立足岗位建功立业。
（卜　晨）

【中远海运集团举办庆祝中国共产党成立100周年文艺展演】 7月14日，中国远洋海运集团以“扬帆百年、领航时代”为主题，在上海文化广场举行庆祝中国共产党成立100周年音舞诗画文艺展演。文艺展演的全部节目由集团所属各单位的员工自编自演。演出以中国共产党100年的历史为轴，配合背景影像的宏伟画面，以音、舞、诗、画的形式，展示中国共产党成立100年来的光辉历程，既是一次内容鲜活的党史教育，也是集艺术性与观赏性于一体的主题演出，充分展现了中远海运人积极投身海运强国建设的良好精神风貌。（许恒怡）

【上港集团以公益徒步活动庆祝建党百年】 6月5日，上港集团2021"爱就一起走"公益徒步暨"红色工运"主题教育活动启动仪式在宝山长滩举行，上港集团党委书记、董事长、"8.15"爱心基金会理事长顾金山参加活动并讲话。此次徒步活动是庆祝建党百年系列活动之一，也是上港集团连续第五年举办公益徒步活动。活动融入线上党史问答与线下红色景点的元素，分别设置"个人赛"和"团体赛"，共有1100余名职工参加。（袁旭芳）

【上海长江轮船有限公司开展庆祝建党100周年系列活动】 一是开展红色印记寻访活动。从3月开始，分别走访宋庆龄故居（上海）、黄冈烈士陵园、中央农民运动讲习所旧址（武汉）、毛泽东故居（武汉）和中共五大会址等地。公司所属工会组织也纷纷在各自区域内开展寻访活动。二是深入开展党史学习教育。为贯彻落实习近平总书记在党史学习教育动员大会上的重要讲话精神，公司工会号召全线职工开展党史学习教育活动，组织观看《悬崖之上》《扫黑》等主旋律电影，组织员工代表观看沪剧《一号机密》。三是举办建党100周年文艺汇演。成功举办公司庆祝建党100周年暨"奋斗百年路、颂歌献给党"红色经典传唱汇演活动，全线员工近200人现场参加，线上直播近20000人次观看，结合党史学习教育活动广泛宣传了公司企业文化。四是开展庆祝招商局集团2021年公司日活动。在招商局集团第十八个公司日，公司开展了"学党史悟思想伟力、践信条传血脉基因"主题活动，公司员工代表到奉贤国家海湾森林公园，开展改革开放史学习和公司日团建，进一步提升公司员工对公司文化理念的认同感和企业归属感。（龚　兰）

【中国移动上海公司举办"庆祝建党百年、工运百年"系列活动】 2021年，中国移动上海公司工会以庆祝建党百年为契机，组织职工开展系列活动，以统一思想、凝聚人心、稳定鼓劲、激发动力。一是广泛组织党史工运史学习，公司工会主席梁志强为工会干部作专题党课，系统讲述了中国共产党的发展和党领导工人运动的历程，引导工会工作者用党的奋斗历程和伟大成就鼓舞斗志、展现作为。二是围绕党和工运的百年历程，精心组织寓教于乐的职工文体活动，创新开发了"点亮红色地标、打卡红色地图"线上活动，通过线上创建、点亮、打卡、点赞红色地标，引导广大员工积极寻访红色文化基地，了解党史、工运史，超过80%的员工参与活动，累计点亮了800余个红色文化地标、打卡8.1万次。组织了"不忘初心跟党走、百年工运唱红歌"合唱比赛，500余人参赛，1000余人现场观摩，超过7400人次观看"云视频直播"。围绕党和工运的百年历程，引导员工用歌声赞颂党的伟大历程、用旋律致敬百年峥嵘岁月。开展了"心曲向党鸣"劳模咏颂、"翰墨光影颂百年"员工书画摄影征集活动，上海市劳动模范、中国移动工匠蒋丽萍作为首批劳模代表，在北京会议现场进行了劳模咏诵展示。（张竹青）

中国移动上海公司工会开展"不忘初心跟党走、百年工运唱红歌"合唱比赛（张竹青）

【上海电信举办庆祝建党100周年员工文艺汇演】 6月29日，上海电信举办"员工心向党　逐梦新征程"庆祝中国共产党成立100周年员工文艺汇演。市总工会副主席桂晓燕、市经信系统工会副主任谢书清，以及公司领导马益民、雷宇、马明、常朝晖、王海建等出席活动。本次文艺汇演通过"红色基因永传承""复兴之路中国梦""逐梦领航新时代"三大篇章，颂赞建党百年的伟大成就，抒发诚挚浓厚的爱国情怀，激励广大干部员工传承红色电信精神，勇担网络强国使命，奋力开创企业高质量发展的新局面。（殷　茵）

【市交通行业红色资源微纪录片《初心之路》面向全市展播】 3月起，市交通委员会工会在全市交通行业内开展红色资源征集活动。行业内广大职工踊跃参与，征集的内容涵盖物质资源和精神资源，涉及交通行业单位和个人，时间跨度贯穿新民主主义革命时期、社会主义革命和建设时期、改革开放以及社会主义现代化建设新时期、中国特色社会主义新时代，并策划制作成红色文化微纪录片《初心之路》，该纪录片由"出发""密码""英雄""传承"4部分组成，次年通过东方移动传媒在地面公交、地铁和部分楼宇，面向社会公众展播。（李晓妹）

【市交通行业举行庆祝中国共产党成立100周年主题活动】 6月29日,“百年奋斗路 再创新辉煌”上海市交通行业庆祝中国共产党成立100周年主题活动在世博会博物馆报告厅隆重举行。本次活动由“初心永恒”“匠心坚守”“民心所向”“丹心向阳”4个篇章组成,抒发了上海交通人对党的百年华诞的深情祝福和永远跟党走,建设新时代上海交通事业的信心和决心。市建设交通工作党委领导及市交通委、市道运局机关处室负责人,委、局所属各单位党政工领导,老同志、“交通先锋”代表、劳模代表、新党员代表、一线执法人员代表,地面公交、出租汽车、道路养护等行业职工代表等近300人参加。 (李晓姝)

【上港集团集中开展主题教育实践活动】 上港集团工会以2021年“五一”国际劳动节为契机,集中开展以“奋进‘五一节’,建功‘十四五’”为主题的教育实践活动。主题教育活动分为4个部分:一是结合集团2021年立功竞赛活动安排,在五一期间开展专项竞赛活动。按照“四个一”要求组织了劳动竞赛,即举行一次升旗仪式、开展一次党工团突击队授旗活动、重温一遍党工团突击队誓词、组织一个专项竞赛活动。二是积极创新活动方式,围绕工匠精神宣传、职工风采展示、职工技能登高、职工智慧创造、职工作品展示、职工爱心奉献、职工文体活动等内容,策划开展“我的五一劳动节”主题活动。同时,结合党史学习教育,把五一活动作为传承红色基因、凝聚奋进力量的有效载体。三是以集团属全国和省部级劳动模范、五一劳动奖章获得者为主要对象,继续深入开展劳模先进进一线、进班组活动,通过劳模先进主题宣讲和互动交流,将“身边最美海港人”的事迹与精神宣传到最广大职工群众,充分展示海港人的精神之美、劳动之美、创新之美与传承之美。四是结合党史学习教育和建党100周年系列活动,组织参观“红色革命纪念地”、开展“红色工运”知识培训等活动,深化对职工群众的红色文化熏陶。 (施文卿)

【鲁中矿业工会举办庆祝建党100周年诵读活动】 6月27日,鲁中矿业工会举办以“庆七一、迎百年、颂党恩”为主题的庆祝建党100周年诵读活动。鲁中矿业职工以配乐诵读的形式朗诵《奔跑,在风中奔跑》《赵一曼》《毛泽东拐杖情缘》《雷锋日记》《小萝卜头的故事》《永远跟党走》《开拓者永远年轻》《叶挺请求重新入党申请书》等歌颂党、讲述党的历史和革命先烈事迹的诗篇。活动现场,来自鲁中矿业选矿部的2名书法爱好者挥毫泼墨,创作了10余幅书画作品,向建党100周年献礼。 (刘炜权)

【市教育系统举办庆祝建党100周年表彰大会暨文艺汇演】 6月20日,市教育系统妇女迎接建党100周年表彰大会暨文艺汇演在上海师范大学举行。市妇联副主席、一级巡视员翁文磊,市总工会副主席桂晓燕,市教委副主任毛丽娟,市教育工会常务副主席、市教育系统妇工委主任李蔚等领导出席,并为全国三八红旗手、全国五一巾帼标兵(岗)、全国巾帼建功标兵、全国巾帼文明岗、上海市文明家庭、“海上最美家庭”、上海市及教育系统三八红旗手(集体)等获奖代表颁奖。会上宣告成立“上海市教育系统工会理论研究会”“上海市教育系统妇女研究中心”,以推动上海市教育系统群团理论研究工作迈上新台阶。文艺汇演以庆祝中国共产党建党百年为主线,紧扣“教苑巾帼心向党 铿锵绽放她力量”主题,由“求索”“风华”“难忘”“传承”“歌唱”五幕组成,表达了教苑群芳对祖国、对党的祝福,展现了巾帼之风华。 (赵晓霞)

【市教育工会举办庆祝中国共产党成立100周年合唱比赛】 5月29日,“百年树人跟党走,砥砺前行铸师魂”上海教工庆祝中国共产党成立100周年合唱比赛在上音歌剧院圆满落幕。来自上海各高校、直属单位、区教育局和中职联工会的51支合唱团报名参加预赛,参与教职工达3700余人。经专家评审,25支队伍进入决赛并参加展演,参演教职工超1800人。上海理工大学工会、松江区教育工会获得特等奖,上海交通大学工会、普陀区教育工会等4家单位获得一等奖,复旦大学工会、浦东新区教育工会等8家单位获得二等奖,上海大学工会、崇明区教育工会等11家单位获得三等奖。此次合唱比赛分预赛和决赛两个阶段,预赛采取线下视频评审+线上视频展播的形式,在线直播观看量上万人次,网络票选环节总票数超15万,覆盖面广,参与度高,宣传力度大,是一次对全市教工群众性艺术活动的大检阅。节目尾声,由各高校、区和直属单位工会主席组成的上海教工“牵梦”合唱团举行成立授旗仪式。 (王心愿)

【上海医务职工庆祝中国共产党成立100周年主题活动举行】 6月25日,“永远跟党走 奋进新征程”上海市医务职工庆祝中国共产党成立100周年主题活动在上海交通大学医学院懿德楼举行。活动由市卫生健康委、市卫生健康系统精神文明委员会、市医务工会主办。市总工会副主席桂晓燕,市卫生健康委党组副书记、副主任、市医务工会主席赵丹丹等领导出席活动。市医务工会九届委员会常委、委员,女工委委员,各市级医疗卫生单位、各区卫生健康委党政代表、工会代表、医务职工代表、退休职工代表,以及各社会办医医疗机构代表等200余人参加现场活动。此次活动通过市医务工会官方微信公众平台进行全程的视频、图片直播,线上播出同时共16000多人次观看。赵丹丹为活动致辞。主题活动分“回望·峥嵘岁月”“铭记·守护生命”“启航·铸梦前行”3个篇章。活动创新采用“情景舞台剧+沙画”的形式,回顾中国共产党走过的百年辉煌,以及上海医务工作者不忘初心,矢志奋斗的心路历程。创意沙画分别展现党的一大会议、革命先辈浴血奋战等历史画面,以及医务职工参与抗美援朝、汶川地震、抗击新冠疫情等熟悉的画面。“光荣在党50年”纪念章获得者、劳模代表、国医大师、龙华医院终身教授刘嘉湘带领大家重温入党誓词。市区两级医疗卫生单位的职工以歌曲串烧、舞蹈、合唱、小品、古文今译表演、乐队小组唱等多种形式抒发对党的深厚感情,向党的百年华诞献礼。 (李易杰)

【市监狱管理局工会开展庆祝建党百年系列活动】 一是举办“我心永向党·奋进新征程”上海监狱系统庆祝

建党100周年主题歌会。歌会以4个篇章再现建党百年历史，唱响时代赞歌，唱响对建党百年的衷心祝福，展现上海监狱人民警察对党的热爱忠诚。二是举办“奋进新征程·丹心永向党”庆祝建党100周年演讲比赛，讲述监狱人民警察身边的感人事迹，展现不忘初心、牢记使命的责任担当。同时推荐一等奖获得者宝山监狱民警张鹏远参加中国农林水利气象工会组织的“奋进新征程，丹心永向党”全国监狱系统民警演讲大赛，获得三等奖。三是录制局警官合唱团参加市总歌会和在中央电视台特别节目中的演出，展现上海监狱人民警察的精神风采，获得一致好评。（江海群）

【百联集团举行庆祝中国共产党成立100周年大会暨职工文化节文艺汇演】 6月18日，百联集团在上海大宁剧院举行庆祝中国共产党成立100周年大会暨职工文化节文艺汇演，集团党政领导班子成员，集团离退休老领导代表，集团总部部室负责人，各二级公司（中心）党政班子成员及在沪三级公司党政主要负责人，集团第一次党代会代表、劳模代表等近1000人参加。职工文艺汇演有舞蹈《百年伟业　百年辉煌》《渔光曲》、多媒体情景剧《第一面红旗》、情景诗剧《一张照片的故事》、情景歌曲《夜空中最亮的星》等多个节目，串联起《红色引擎》《初心之路》《追梦新时代》3个篇章。来自集团系统各企业的演职人员用歌唱、舞蹈、朗诵等表演形式，重温党的光辉历程，唱响奋进新征程的时代乐章，展现出百联职工爱党、爱国情怀以及昂扬向上的精神风貌。（姜　杰）

【城投集团举行庆祝中国共产党成立100周年表彰大会暨文艺汇演】 6月28日，“礼赞百年·城心向党”城投集团庆祝中国共产党成立100周年表彰大会暨文艺汇演在上海中心举行。市国资委党委副书记、直属机关党委书记程巍以及集团党政班子成员出席表彰大会。表彰大会为4名党龄达到50周年的老党员颁发了“光荣在党50年”纪念章；为获得市级和国资委系统“两优一先”的人员进行了通报表扬；对获得城投集团“两优一先”和全国、市级群团先进荣誉的代表进行了颁奖表彰。会上，观看了城投集团庆祝建党百年宣传片《誓言》。城投职工们表演了精心编排的歌舞、朗诵、情景剧、戏曲、小品等文艺节目，回忆光辉历程，重温初心使命，展现了城投人的精神与风采。（范　磊）

【世纪出版集团3家合唱队获宣传系统主题合唱大奖】 七一前夕，上海宣传系统组织庆祝中国共产党成立100周年合唱大赛，世纪出版集团下属上海人民出版社、上海音乐出版社、上海印刷集团“印刷人”3支合唱队，代表世纪出版集团参赛，并先后进入大赛复赛。6月20日，宣传系统举办“永远跟党走　颂歌献给党”主题合唱大赛（决赛），上海音乐出版社、上海印刷集团“印刷人”合唱队脱颖而出，再次唱响《洪湖赤卫队》《梦中的卓玛》，分获大赛“百年金嗓团队”奖和“百年银铃团队”奖。（江　文）

“不忘初心、缔造未来” 中国福利会举办庆祝中国共产党成立100周年文艺汇演　（刘永炜）

【世纪出版集团举办庆祝中国共产党成立100周年主题书画摄影展】 12月27日，“永远跟党走”世纪出版集团庆祝中国共产党成立100周年书画摄影作品展，在世纪出版园区D座报告厅门厅开展。活动征集到世纪出版集团各单位报送的书画作品65件，摄影作品203件，视频作品6部，经专家鉴定筛选后，择优选出部分作品，于2021年12月27至2022年1月7日展出，供园区职工观展鉴赏、投票评选出参展优秀摄影、书法、绘画作品各10幅。（江　文）

【中国福利会举办庆祝中国共产党成立100周年文艺汇演】 10月19日，由中国福利会主办，中福会直属机关党委和工会工作委员会承办的“不忘初心、缔造未来”中国福利会庆祝中国共产党成立100周年文艺汇演在上海儿童艺术剧场开演。十二届全国政协副主席、中国福利会主席王家瑞，十二届上海市政协副主席、中福会副主席姜樑，中福会副主席、党组书记、秘书长张晓敏，副秘书长宋钟蓓、张鸣，工会工作委员会主任邹勇飞等出席。文艺汇演紧紧围绕建党百年，分为“百年风华　初心如磐”“百年征程　信仰如山”“百年礼赞　未来如画”三大篇章，用演唱、舞蹈、戏剧、朗诵等多种艺术形式，表达了中福会人爱党、爱国和爱会的深厚情怀。节目体现了中福会深厚的历史积淀，传递了宋庆龄先生“永远和党在一起”的坚定信念。（朱金妹）

【上海工会学院开发“红色工运”微课程，推进党史工运史课程入课堂】 上海工会学院围绕“建党百年·红色工运”这一主题，聚焦党史、工运史上重大历史事件、重要历史人物、以及重要红色遗迹等重点开发系列微党课。先后开发形成《陈云：中国工人运动的领袖》《南陈北李共商建党大计》

《沪西工人半日学校》《五卅惨案》《全国第一次劳动大会》《中国共产党的三大法宝》等21门微课程。《苏维埃共和国〈劳动法〉的诞生与修订》《中国共产党第二次全国代表大会与工人运动》等课程先后在市人大、市总机关党委等党史教育活动中进行展示。7月22日，学院举办"建党百年·红色工运"系列微党课分享会，其中《南陈北李相约建党》等3门微党课参与学院庆祝第37个教师节暨第24届师德论坛活动。（宓海征）

【上海工会学院召开庆祝中国共产党成立100周年大会】 7月5日，上海工会管理职业学院召开庆祝建党100周年大会，学院党委书记王厚富作专题党课，回顾党史、工运史。学院党委将重温入党誓词作为大会的重要议程，向全体党员颁发"政治生日纪念卡"，摘录每位党员入党时的誓言，党员代表在会上重读入党誓词，新党员作入党宣誓。会上表彰了2020年度优秀共产党员、优秀党务工作者和先进党支部。（祁文昭）

【市工人疗养院开展庆祝建党百年系列活动】 市工人疗养院从教育学习、主责主业、职工活动等方面开展庆祝建党百年系列活动。组织慰问老党员并颁发"光荣在党50年纪念章"。组织全体党员重温入党誓词，铭记理想信念，昭示奋斗决心。组织观看中央庆祝中国共产党成立100周年庆祝大会，认真学习贯彻习近平总书记的重要讲话精神。立足工会主责主业，积极响应"我为群众办实事"的号召，以"建党百年、服务百人"为主题，为劳模群体开设多样化的特色体检服务，为社区老人以及花博会一线基层工作人员开展公益体检专场。在全体职工中开展"新长征路上的唱响"文艺联欢活动，以及"礼赞百年颂党恩"红色文艺作品征集活动。全院18个班组以及领导干部全体参与其中，共演唱文艺作品21首，征集红色文艺作品50余件。（王　珏）

【黄山休养院开展庆祝建党百年学习教育活动】 2021年，为庆祝建党百年，黄山休养院组织开展系列学习教育活动。6月8日，邀请黄山区委党校副校长为全体党员上了一堂党史课程，讲述从一大到十九大的光辉历程，彰显了亘古不变的初心使命。6月20日，召开一次组织生活会，通过找差距、补短板，促使大家认识再提高、思路再创新、工作再精细。支部为党龄15年以上的党员精心准备"政治生日"贺卡，并重温入党誓词。同时，结合市级机关要求的"寻访初心之地"活动，组织全体党员、入党积极分子在6月份分别参观了红军北上抗日先遣队纪念馆，黟县柯村红色教育基地、新明樵山革命老区、《黄山日报》旧址。6月29日，黄山休养院在海鸥集团举办的"七一"政治生日暨情景故事分享会上精心准备、积极参与，分享了红军中最年轻的军团长——寻淮洲的故事，获得第三名的良好成绩。（刘希婷）

党史学习教育

【市总工会机关系统扎实开展党史学习教育】 2021年，市总工会把开展党史学习教育作为一项重大政治任务抓紧抓实，认真贯彻市委党史学习教育3个阶段部署安排，做到认识到位、领导到位、组织到位、落实到位、宣传到位、保障到位，推动党史学习教育往深里走、往实里走、往心里走，达到"学史明理、学史增信、学史崇德、学史力行"的目的。一是提高政治站位，精心谋划"入细"，安排部署有力度。市总党组第一时间研究制订党史学习教育实施方案，及时成立党史学习教育领导小组，市总主要领导担任党史学习教育领导小组组长，下设办公室，建立"日跟进、周安排、月计划"工作机制，召开党史学习教育动员部署会。定期召开党史学习教育领导小组会议，成立巡回指导组。二是坚持多学并举、理论武装"入脑"，学深悟透有精度。领导班子成员带头制订个人自学计划，市总党组理论学习中心组开展21次学习（扩大）会，各直管单位理论学习中心组共开展136次专题学习会，基层党组织书记讲专题党课103次。先后邀请"七一勋章获得者"黄宝妹和全国劳模王曙群、谢邦鹏3位赴京出席中国共产党成立100周年庆典大会劳模代表传达"七一"重要讲话精神，邀请市委党校教授、高校专家、革命前辈等授课辅导、座谈交流，邀请劳模工匠讲党史、讲党课。充分发挥青年理论学习小组作用，开展"劳模对话青年职工""我与劳模工匠面对面"等学习交流活动。组织4支队伍参加"阅马超级赛"，市总工会"信仰之光队"获得2021年4、5、7月冠军。三是发挥工会优势，团结引领"入心"，扩大影响有广度。深入实施"致敬百年红色工运"和"心向党、跟党走"群众性主题宣传教育活动。精心筹办"纪念中国劳动组合书记部成立100周年座谈会"，举办"致敬！红色工运"主题图片展，建成"机器工会"纪念雕塑、沪西工人半日学校史料馆，完善顾正红纪念馆和三山会馆上海工人三次武装起义展陈内容和空间布局等；策划编纂《红色印迹寻访》。举办"我心永向党　奋进新征程"五一歌会、"初心向党　使命在肩"十一主题晚会、"奋斗百年路　启航新征程"上海职工文化网络大赛等各种形式的群众性庆祝活动。创新开展"劳模讲党史"活动，积极开展百万职工红色寻访，开设"中国梦·劳动美——人民城市　奋斗有我"上海职工直播课堂，用好新媒体扩大工会影响。四是注重学做相融，为民办事"入情"，解难帮困有温度。汇总形成12项上海市"我为群众办实事"重点民生项目、10项上海市"我为群众办实事"重点发展项目。对市总机关系统广大干部职工实施"五关爱五落实"具体行动，形成24项"我为群众办实事"项目清单。广泛开展"点亮微心愿，携手献爱心"活动，第一时间为新就业形态劳动者和困难职工认领心愿、奉献爱心。（马育群）

【浦东新区总工会开展劳模工匠党史学习教育暨实事项目发布会】 4月28日，浦东新区总工会联合浦东新区劳模协会共同举办"劳模工匠忆党史　凝心聚力启新程"浦东劳模工匠党史学习教育暨浦东工会"我为群众办实事"系列项目发布会。活动现场发布了百名劳模工匠宣讲百场报告、百名工匠讲述百年企业红色故事、百家企业万名职工合唱百首红歌、百名劳模工匠寄语建党百年、百名职工创作百件文艺作品、百支跑团庆建党百年滴水湖环湖跑"七个双百"活动，万家

“劳模工匠忆党史　凝心聚力启新程”红色巴士　（吴周筠）

企业百万职工参与“打造引领区　当好主力军”四大系列主题劳动和技能竞赛、万名外来建设者免费健康体检关爱行动、万名职工“应援尽援”维权专项服务、千名职工急救知识培训活动、千名困难职工“微心愿”圆梦行动、百名劳模工匠服务百家企业和校园、百名职工心理关爱师培训服务万名职工、300场次职工版家门口服务站文化配送服务、“周周恋·缘定浦东”单身职工交友项目、新建50家“爱心妈咪小屋”等十大实事项目。　（吴周筠）

【虹口区总工会召开党史学习教育动员会】　3月29日，虹口区总工会举行党史学习教育动员会，启动区工会系统党史学习教育工作。动员会上，区委党校王萌老师讲授专题党课《学习百年党史　不忘红色初心》。区总工会要求，以坚持潜心自学、开展集中学习、开展主题培训与宣讲、开展“我为群众办实事”实践活动、召开专题组织生活会和民主生活会、抓好以党史为重点的“四史”宣传教育等举措，开展党史学习教育工作。要加强对党员干部的政治引领，建设好工会大学校、大舞台、大家庭、大平台，推动虹口工会工作再上新台阶，以优异成绩庆祝建党100周年。　（马伟杰）

【闵行区总工会召开党史学习教育暨比学赶超立功竞赛活动动员会】　3月15日，闵行区总工会召开党史学习教育暨比学赶超立功竞赛活动动员会。会议传达了中央、市委和区委有关文件和会议精神，部署区总工会开展党史学习教育和比学赶超立功竞赛工作要求和主要任务。一要深入学习融入大局、提升境界，围绕区委区政府中心重点工作，建设一支与闵行新型产业体系建设要求相适应的产业工人队伍。二要对标先进、精准发力，以全力打造新时代长三角区域工会工作的示范区、特色区为总目标，建设工会建功立业大舞台、保障服务大家庭、参与社会治理大平台。三要推动工会服务提高、效能跃升，坚持精准服务、普惠要求，开展闵行工会服务职工“十大实事项目”，当好职工的“娘家人”。四要加强作风建设、聚精会神，以工会干部良好的精神面貌，竭诚服务职工群众。　（王若兰）

【宝山区总工会举办党史学习教育专题讲座】　3月31日，宝山区总工会举行党史学习教育首场专题讲座，邀请上海社会科学院历史研究所研究员马军做《上海工人阶级与上海解放》报告，马军以上海工人运动的历史轨迹为线索，从“五四”到“五卅”，从抗战胜利到迎接解放，讲述上海工人阶级在长达30年艰苦卓绝的斗争中，从小到大，由弱变强，最终以护厂斗争、坚持生产的最佳形式，迎来人民解放军到来的艰辛历程。区人大常委会副主任，区总工会党组书记、主席王丽燕出席会议并就开展“百年工运·历史荣光”——庆祝中国共产党成立100周年“五个一”主题活动进行了部署。　（朱　艳）

【闵行区总工会举行党史学习教育报告会】　4月16日，闵行区工会系统党史学习教育报告会暨工会主席大讲坛在区政府会议中心举行。闵行区经委党委委员、工会主席、闵行区党的十九届五中全会精神宣讲团讲师成员王三槐作“学习党史、学习贯彻党的十九届五中全会精神”的主题宣讲。区总工会要求全区各级工会学党史、悟思想、办实事、开新局，把红色基因、红色传统切实转化为推动工作的强大动力，推动工会工作不断上新台阶。抓好“我为群众办实事”实践活动，竭诚服务广大职工群众。做到党史学习教育与当前工会工作相融合、共促进，为促进闵行经济高质量发展贡献力量。各街、镇（工业区）总工会、委（局）工会主席、副主席、专职工会干部，以及基层工会主席、工会干部代表等150余人参加报告会。　（王　凯）

【金山区总工会深入开展党史学习教育活动】　2021年，金山区总工会以庆祝建党百年为契机，把开展党史学习教育作为一项重要的政治任务，不断推动学习教育活动走深走实。区总工会第一时间成立党史学习教育领导小组及办公室，明确职责分工，先后召开6次专题工作会议，及时研究部署工作。年内区总工会开展专题学习研讨11次；党组班子成员通过党组理论学习中心组、参加组织生活会等，开展学习研讨，交流发言共23人次；召开金山劳模工匠学习习近平总书记在庆祝中国共产党成立100周年大会上的重要讲话精神座谈会，组建由34名劳模工匠组成的宣讲团，全区开展了44场宣讲活动，累计参与人数达9185人；宣讲团成员共参与宣讲131次；定制开设30堂“公益乐学”红色元素课程，免费提供党史教育讲座、音乐微党课、手作、绘画等教学内容，有效引导职工群众学党史、感党恩、悟初心、担使命。区总工会紧密联系工作实际，列出元素课程，免费提供党史教育讲座7个。坚持学以致用，推进转变作风，竭诚服务广大职工群众。确定痛点难点堵点问题12个，年内均已落实完成。共开展“我为群众办实事”各类活动294次，“我为群众送温暖”走访慰问活动惠及职工群众 3413 余人。领导班子带领党员干部深入服务窗口、基层企业、职工和工会干部中，开展面对面交流，倾听意见建议，深入了解实际需求和困难，解决急难愁盼问题 18 个。（翁引明）

【松江区总工会召开党史学习教育动员会】 3 月 12 日，松江区总工会召开党史学习教育动员会，深入学习领会习近平总书记在党史学习教育动员大会上的重要讲话精神，认真贯彻落实中央、市委、区委部署要求，引导区总工会广大党员干部学党史、悟思想、办实事、开新局。会议就如何开展好党史学习教育做出安排部署。区总工会全体党员、机关各部室负责人、各基层党组织书记参加会议。（杨　韵）

4 月 23 日，青浦区总工会举办“红色讲堂”党史学习教育专题报告会（朱建强）

【青浦区总工会举办“红色讲堂”活动】 4 月 23 日，青浦区总工会“红色讲堂”首讲开讲，内容聚焦党史学习教育，邀请陈云纪念馆党委委员、陈列编研部主任房中做专题报告。区总工会全体工作人员，街镇总工会主席、副主席，委局、区级公司工会主席参加报告会。会后，与会人员参观“从上海之源到上海之门——青浦建城 500 年档案史料展”。“红色讲堂”系列活动围绕党史工运史、中国传统文化、思想品德和职业道德等内容，每季度组织基层工会干部开展集中培训。（朱建强）

【上海石化公司组织参加全国职工党史知识竞赛】 6 月 2 日，中华全国总工会启动全国职工党史知识竞赛，分线上竞答初赛、线上视频复赛和全国总决赛 3 个阶段进行。在为期 35 天的初赛阶段，上海石化公司各级工会组织和广大职工积极参与，4 名员工被推选代表上海市总工会参加全国职工党史知识竞赛复赛，最终获全国总决赛银奖。（裘　玮）

【上海电信工会开展党史学习教育活动】 按照中国电信上海公司党史学习教育活动的总体安排，上海电信工会把开展党史学习教育作为年度重大政治任务，制定计划、有序推进。学习教育活动以主题党日、支部联学联建等形式，组织党员参观寻访各项红色印迹，守正创新、传承红色基因。同时依托公司“两深入两服务”机制，发扬“人民邮电为人民”优良传统，与年度员工实事项目相结合，组织开展“我为员工办实事”主题实践活动，深入一线调查研究，推动解决员工最关心、最直接的问题，提升员工满意度与幸福感，做贴心的娘家人。通过扎实推进实施各项党史学习教育活动，确保学习教育见成效。（殷　茵）

上海海洋石油工会举办职工党史知识竞赛（耿卫军）

【上海海事局工会开展职工红色文化寻访活动】 按照市总工会关于深入开展党史学习教育，组织上海百万职工红色文化寻访活动的通知要求，上海海事局工会于 7 月至 12 月，组织全局职工开展红色文化寻访活动。此次寻访以“徒步旅行”为主要形式进行，组织职工分别走访了五卅广场、中国劳动组合书记部旧址、三山会馆等红色工运场馆，激励广大职工传承红色基因传统，提振和彰显上海海事职工奋进新时代、创造新奇迹的昂扬精气神。（陆智静）

【上海海洋石油工会开展党史学习教育系列活动】 在庆祝建党 100 周年期间，上海海洋石油局工会开展党史学习教育系列活动，邀请市委党校教授深入解读党的十九届六中全会精神。组织 7 名集团公司青干班学员专题分享学习心得体会。聚焦党史学习教育，组织开展“党旗在一线高高飘扬”党史学习教育系列活动，扎实推进党史学习教育在群团组织中落实落地。组织参加集团公司线上党史健步走活动。在微党课大赛中，通过预赛的10堂微党课以座谈、TED讲解、舞台表演等方式，多角度、多层次展示党的历史、海洋油气勘探开发事业发展史。在党史知识竞赛中，920人参加线上答题，9支队伍经过六轮比拼、三轮加赛，夯实了全员学党史基础。在七一“我心向党”文艺汇演中，通过歌曲联唱、舞蹈、快板、小品、沪剧等多个舞台形式，唱响主旋律，推动学党史、悟思想、办实事、开新局。（耿卫军）

【市绿化和市容管理局工会开展“行走的党课”主题教育活动】 市绿化和市容管理局工会结合行业特点，以“行走的党课”主题教育活动，推动党史学习教育活动的深入。从中国劳动组合书记部旧址为起点，实地参观了中国劳动组合书记部、中共中央军委机关旧址（彭湃烈士在沪革命活动地点），中共淞浦特委机关旧址陈列馆、中共中央组织部遗址，静安雕塑公园、智慧公厕、南京西路南石绿地、全家便利店关爱环卫工人“爱心接力站”等。整条路线从中国共产党公开领导开展工人运动的总机关，到中共中央军委的酝酿与成立地，到我党领导上海郊县工作的机构，到中共中央组织部1928至1931年办公地，最后到新时代上海绿色生态环境建设发展和体现社会环境治理的“共建、共治、共享”理念的实践区。深入了解党的百年历史，切实把践行初心使命转化为履职尽责、干事创业的强大动力，发挥好行业职工在生态环境建设和市容环境保障中的主力军作用。（盖永华）

【市教育工会举办教职工学习习近平用典大赛】 6月26日，市教育工会在上海交通大学举办“赛经典名句、促党史学习、庆建党百年”上海教职工学习习近平用典大赛。来自全市教育系统65家单位的130名选手参赛。比赛采用团队赛的形式，以2人为一组进行现场答题。上海大学和上海交通大学两支队伍获特等奖；上海市教卫机关、奉贤区教育工会等6支参赛队伍获一等奖；上海海事大学、上海市教育基建管理中心等10支队伍获二等奖；上海思博职业技术学院、上海科技大学等11支队伍获三等奖。本届大赛余4月初启动，各基层工会快速响应、积极备赛，掀起了一场学经典、学党史的热潮。（刘　珊）

【工会学院党委书记讲授党史学习教育专题党课】 在深入开展党史学习教育活动中，工会学院党委书记走上讲台，为教职工讲授专题党课。7月，学院党委书记王厚富作题为“跟着习近平总书记学习马克思主义经典”的专题党课，他结合自身在延安干部学院培训学习的感悟，讲述了在党史学习教育过程中应当秉承的学习态度、必读的马克思主义经典理论著作以及需要掌握的学习要求与方法。学院党委副书记、院长李友钟作题为“学史、知史、悟史——中国共产党领导中国工人运动百年历程与经验启示”的讲课，回顾了中国共产党领导中国工人运动的主要历程，以及党史和工运史学习中的感悟与启示。（徐振珏）

市工人疗养院全体党员重温入党誓词（王　珏）

【黄红一行调研指导上海工会管理职业学院巡视整改和党史学习教育工作】 11月25日，市总工会党组书记、副主席黄红一行到上海工会管理学院调研指导工作，市总工会副主席周奇，市总工会经审会主任、机关党委书记丁巍，市总工会机关党委专职副书记刘培顺陪同调研。黄红对学院近期开展巡视整改和党史学习教育工作予以肯定，对学院规划2022年工作提出了要求。周奇、丁巍等领导也分别对学院加强巡视整改、谋划下一年度工作进行指导。（祁文昭）

【海鸥集团扎实推进党史学习教育走深走实】 在深入开展党史学习教育活动中，海鸥集团以开展“党的书记学讲党史”作为党史学习教育活动的重要方式，将中国共产党的百年波澜壮阔历程划分成7个篇章，54个专题，集团党委书记带头“开播”，采取“接龙”方式，在每月中心组理论学习会上，每位党组织书记都当一次学党史、讲党史的“主播”，讲述一段党的发展历程。在此基础上，成立集团党史巡讲团，到各成员单位党组织、各支部联系点开展现场巡讲服务。坚持须学党史、悟思想、办实事、开新局，以开展“建功新时代，海鸥新作为”立功竞赛作为促进学习教育走深走实的有效载体，引导集团各成员单位和全体干部职工聚焦工会主责主业，立足实际，着眼集团发展全局，有效推进难点和瓶颈问题的解决。结合“为民办实事项目”，围绕服务产品、服务形式、服务内容、管理保障等方面，进行专项课题攻关，形成一批优秀服务案例，展示工会“娘家人”的情怀。（夏鹤麟）

【市工人疗养院开展党史学习主题活动】 9月24日，市工人疗养院开展党史学习教育主题活动，海鸥集团党委书记吕泰康来院讲党课。吕泰康介绍了海鸥集团党委开展的学党史、讲党史活动的初心与目的,为大家讲解了中国共产党建党初期的5个历史篇章,从"五四运动"的如火如荼,到《共产党宣言》中译本的诞生;从南陈北李的相约建党,到中共一大、二大的历史意义。同时分享了他学习党史新的体悟,要求在学习过程中做到学有所思、学有所悟、学有所得。

(王 珏)

【西山休养院寻访沙家浜革命历史纪念馆】 6月11日,西山休养院红色寻访组赴沙家浜革命历史纪念馆,开展"寻访初心之地,铭记奋进之责"红色寻访活动首站寻访寻访组成员们。怀着对革命先烈的无限崇敬,参观了沙家浜革命历史纪念馆,面对面感受新四军战士为抗战和革命做出的巨大牺牲,了解在炮火纷飞的危险情况下,沙家浜百姓为掩护新四军战士转移做出的伟大贡献。红色寻访活动让党员干部、职工群众接受了革命精神的再教育,经历了思想的洗礼。

(蔡玉蓉)

深化工会改革

【深化工会改革取得新成果】 上海是全国群团改革试点地区之一。2021年5月,全国总工会党组书记、副主席、书记处第一书记陈刚书记在上海调研时表示:支持、鼓励上海市总工会在改革创新方面先行先试。按照陈刚书记指示精神,市总领导班子成员、常委带领各部门、各地区、各条线工会干部聚焦产业园区、楼宇、商圈、创新孵化基地等新技术新业态集聚地,聚焦中小企业、民营企业、外资企业、平台企业等开展了密集调研,结合上海工会改革5年实践经验,编制形成《上海市总工会关于进一步深化工会改革的实施方案》。《方案》明确,改革总体要求是"四个坚持",即:坚持全面加强党的领导,坚持主动应变求变,坚持激发基层活力,坚持职工群众满意。目标任务是建设"四个相适应",即:建设与经济社会发展相适应的工会组织体系;建设与城市精神品格相适应的职工思想文化阵地;建设与职工美好生活向往相适应的工会维权服务机制;建设与产业迭代升级相适应的高素质职工队伍。《方案》共包含7方面17条重点措施。7月23日,市总十四届九次全委(扩大)会议审议通过《方案》,成立了由主要领导任组长的进一步深化上海工会改革工作领导小组,并制定工作清单,按照试点先行、分步推进原则,指导各区局(产业)工会根据方案,制定具体实施计划,积极稳妥有序推进落实,取得初步成效。一是职工宣传思想文化阵地进一步拓展。研究制订非公企业职工思想政治工作指导意见,推动建立职工思想动态调查机制。打造长三角红色工运版图,加强区域内工运资源整合联动。启动构建上海工会全媒体传播平台。二是以新就业形态劳动者为重点的工会组织建设和服务保障体系完善持续深化。建设和完善由街镇总工会、区域性行业性工会联合会、企事业单位工会构成的"小三级"工会组织体系。制订出台《上海推进新就业形态劳动者入会和服务保障工作的指导意见》《关于加强国有企业劳务派遣工、外包工等各类用工人员入会和服务工作的指导意见》。开展新就业形态劳动者集中入会行动,美团、拼多多上海总部建会,饿了么第三方合作公司属地建会。开展工会组织库、会员库升级和扫码入会试点。三是促进职工全面发展的维权体系进一步完善。制订《上海市企事业单位民主管理工作三年行动计划》《上海市新就业形态劳动者权益维护民主协商操作指引》《上海市企事业单位网络职工代表大会工作规程(试行)》,指导企事业单位深化完善民主管理制度建设,打造职代会线上平台。稳步推进集体协商制度建设,已建会且具备条件的企业集体协商动态建制率90%以上,工资集体协商动态建制率80%以上。全总在沪召开职代会制度规范化建设现场经验交流会,充分展示上海民主管理制度成果。四是探索建立数字化转型背景下的职工创新和技能提升体系。制定实施上海产业工人队伍建设新一轮改革行动方案,全力落实全总产业工人队伍技能形成体系建设试点。五是促进工会组织自身发展的制度机制进一步细化。初步形成常委、委员、代表履职常态化清单,深化工会系统蹲点工作,积极推进干部作风建设。

(何文庆)

【徐汇区总工会深化工会改革推动组织建设】 年内,徐汇区总工会先后发布《关于进一步加强徐汇工会组织体系建设激发基层活力的实施意见》《徐汇区"小二级"工会和非公企业工会规范化建设标准(试行)》等文件,在虹梅路街道、康健新村街道、华泾镇试点推行"小二级"工会组织全覆盖。扩大灵活就业群体工会组织覆盖,落实辖区内饿了么、美团、顺丰等平台企业的"属地建会、在地服务"工作,5519名灵活就业人员入会。组建全国首家咖啡行业联合工会。开展"工会进万家·新就业形态劳动者温暖行动"服务月活动和"六送"(送思想文化、送身心健康、送平安保障、送温暖关爱、送工作岗位、送技能提升)活动,配送文化、体育服务项目11场,惠及2000人次。

(朱贤樑)

【宝山区总工会举行非公企业工会改革评估工作大会】 1月7日,宝山区总工会在区工人文化活动中心召开深化顾村经验暨全面开展非公企业工会改革评估工作大会。市人大常委会副主任,市总工会主席莫负春,宝山区委副书记张义,市总工会党组成员、副主席周奇,区人大常委会副主任,区总工会党组书记、主席王丽燕,市总工会二级巡视员、基层工作部部长张刚等领导出席会议。会议现场,领导们为全国、市级先进代表和宝山工会十大民主管理集体协商示范案例、十大法律援助优秀案例等获奖代表颁奖。顾村镇党委、张庙街道总工会、东芝电梯(中国)有限公司工会分别在会上作了发言。

(朱 艳)

【宝山区总工会举行深化非公企业工会改革加强基层工会组织建设大会】 6月16日,宝山区深化非公企业工会改革加强基层工会组织建设大会在区工人文化活动中心举行。王丽燕、徐子平、李中政、赖拥军等区总工会领导,各街镇园区总工会主席、专职副主席,获奖职工代表,街镇园区和行业工会社工等出席会议。会上,区人大常委会副主任,区总工会党组书记、主席王丽燕讲话并宣布"工会改革路,奋斗新时代——宝山区非公企业工会改

革主题成果展”开幕。（朱　艳）

【上汽集团工会深化国企工会改革取得新成果】 上汽集团工会进一步推进新业态企业中快递员、货车司机、维修员的入会工作，以站点分布为基础组建工会小组，推进部分零部件生产企业劳务工以及生产性外包工入会及日常管理工作，做到工会全覆盖，为会员谋求普惠制工会福利。指导下属直管3家公司章程修订，工会组建、以职代会为基本形式的企业民主管理、职工董监事制度进入公司章程。乘用车工会获全国模范职工之家、南京依维柯动力总成机加工车间分工会获全国模范职工小家，上汽通用五菱工会主席李丽明获全国优秀工会工作者。

（范　融）

【黄红一行调研上海电信深化工会改革工作】 6月9日，市总工会党组书记、副主席黄红一行到上海电信参加第六届员工文化艺术节开幕仪式，同时对上海电信工会工作进行调研，听取工会工作专题汇报。调研组一行重点参观了党的第一部电台在上海建立的红色通信历史，上海第一家电信党组织和工会组织的成立以及电信职工护局护台的斗争历史。调研座谈中公司副总经理、工会主席常朝晖代表上海电信做了总体情况介绍。黄红充分肯定上海电信工会工作的成绩，希望上海电信工会进一步推动“深化组织体系覆盖、推进产业工人队伍建设和做好职工心理关爱”等方面工作。

（殷　茵）

【百联集团工会全方位推进两库升级扫码入会试点工作】 根据《上海市总工会关于进一步深化工会改革的实施方案》的文件精神，百联集团工会以上海工会组织库、会员库升级扫码入会试点工作为契机，积极探索数字化工会建设新路，并将其作为主动承担国有企业社会责任的政治任务加以落实。通过前期调研，梳理现有工会组织数据，对劳务派遣工、外包工的情况开展了分析，并对原有数据库信息进行了新建、管理、转移、注销，指导基层工会建立53个联合工会，通过分类推进法吸纳1万多名灵活就业人员入会。在12月16日市总工会举行的“上海工会组织库会员库升级暨扫码入会工作动员会”上，百联集团工会作为7家试点单位之一被授予示范单位铭牌。（姜　杰）

产业工人队伍建设改革

【上海产改工作推动技能形成体系试点工作】 2021年，市总工会联合本市产业工人队伍建设改革成员单位及市级相关部门，高起点谋划本市产业工人队伍建设改革工作。一是科学制订产业工人队伍建设改革相关规划。对标对表国家和上海“十四五”规划，共同研究出台《深化新时代上海产业工人队伍建设改革重点行动方案（2021—2025年）》，提出思想引领、技能培训、职业教育、建功立业、公共服务、地位提升和权益维护行动等“七大行动”计划，细化分解改革任务、制订年度工作计划，全面推进各项改革措施落地落实。市各有关部门按照职责分工，把产业工人队伍建设改革融入本市经济社会发展的整体工作布局。聚焦集成电路、人工智能、生物医药、民用航空、民用航天、智能制造等14个重点领域，发布《上海市重点领域（产业类）紧缺人才开发目录》，共提出175类紧缺人才，76个紧缺工种，30个重点学科专业，9项配套政策措施。各区也都将产业工人队伍建设改革纳入本区“十四五”规划，研究制订新一轮改革实施方案或专项行动方案，积极推动区域试点和典型培育工作。二是持续形成产业工人队伍建设改革工作合力。市级层面，市各相关部门尤其是产业工人队伍建设改革成员单位高度重视改革工作，健全完善日常联络、联合调研、信息通报等工作机制，落实联络员工作制度。将产业工人队伍建设改革纳入市委年度督查计划，9月，由市委办公厅、市总工会组成联合督查组，对全市相关市级部门、各区及有关企业推进落实产业工人队伍建设情况进行专项督查，并召开专题会议予以通报。9月底，市总工会举办本市产业工人队伍建设改革培训班，邀请市教委、市人社局专家解读本市职业教育发展、职业技能培养等政策措施，通过交流研讨，提高改革工作科学化水平。市总工会根据全总关于第二批产业工人队伍建设改革试点要求，依托市推进产业工人队伍建设协调小组力量成立工作专班，会同各成员单位研究制订《构建和完善产业工人技能形成体系试点项目工作方案》，基本形成由技能培训、学历教育、竞赛晋级、等级认定、激励表彰等重要环节构成的产业工人技能形成体系，整体推动产业工人技能素质水平的提升。区级层面，各区都成立了产业工人队伍建设改革领导小组，将产业工人队伍建设改革工作纳入区委、区政府年度工作重点，列为年度督查项目和考核内容，建立了完善横向到边、纵向到底的制度机制，普遍形成了

9月9日，市推进产业工人队伍建设改革实地督查组赴宝山进行督查

（庄轶凡）

党委领导、政府负责、工会推动、各方参与的工作格局。三是积极推动技能形成体系试点工作。根据全总关于第二批产业工人队伍建设改革试点要求，完善本市产业工人技能形成体系试点项目工作方案，围绕试点项目“构建和完善产业工人技能形成体系”的关键问题和重点环节，确立“地区综合试点、区域创新突破、国企示范带动、非公典型培育、校企合作共建”的试点工作思路，确定健全培训政策体系、加大产教融合力度、推进职工继续教育、创新技能提升模式、深化评价制度改革、加强高技能人才队伍建设等重点实施内容，并选择部分片区、国有企业、非公企业和高校开展试点。通过半年多的试点推进，各试点单位结合自身实际，全力打造特色亮点，推动改革工作取得新成效。（王子彧）

【长宁区总工会多渠道推进产业工人队伍建设改革】 长宁区总工会积极推进产业工人队伍建设改革，以头部企业建会为引领推进工会组建工作，成立工作专班，形成与企业双周沟通会商、建会备忘录大事记、以上带下推进等工作机制。上海寻梦信息技术有限公司（拼多多）已成功召开一届一次会员代表大会、成立工会。以劳动安全保护为抓手推进安全生产工作，开展夏季劳动保护和防暑降温工作，完善工会劳动保护监督机制，年内全区各级工会组织共走访慰问5.9万人次一线职工，投入616.2万元用于发放防暑降温用品。组织职工代表开展291次专项防暑降温检查，组织1.5万人次开展防暑降温劳动保护培训。以开展立功竞赛为依托推进素质提升工作，聚焦重大战略、重大工程、重大项目，围绕长宁区“3+3”重点产业发展，结合城市数字化转型，组织开展服务保障“进博会”立功竞赛活动、推进电梯加装立功竞赛活动、深化立功竞赛活动、养老行业优质服务立功竞赛活动等。指导春秋航空举办航空服务业劳动竞赛专场，近5000余名职工积极参与。（杨柳青）

【杨浦区召开推进产业工人队伍建设改革领导小组工作会议】 9月7日，杨浦区召开推进产业工人队伍建设领导小组工作会议，区人大常委会副主任、总工会主席、区推进产业工人队伍建设改革领导小组副组长麦碧莲主持会议并讲话，区总工会党组书记、常务副主席司徒行喆通报2019年以来推进产业工人队伍建设改革工作的相关情况。杨浦区贯彻落实中央、市委关于推进新时期产业工人队伍建设改革的工作要求，从提升产业工人政治地位、构建产业工人技能形成体系、完善产业工人评价培养和使用机制、优化资金保障机制、加强公共服务、确保队伍和谐稳定、营造社会氛围等方面入手，强化责任落实，形成工作合力，创新体制机制，落实配套措施，全区产业工人队伍建设改革工作扎实有序推进，取得一定的成效。区推进产业工人队伍建设改革领导小组成员单位分管领导参加会议。（张东寅）

【市委联合督查组赴杨浦督查产业工人队伍建设改革推进情况】 9月9日，市推进产业工人队伍建设改革情况联合督查第一工作组组长、市总工会副主席周奇，与联合督查第一工作组组长、市总工会二级巡视员张刚率督查工作组赴杨浦督查产业工人队伍建设改革推进情况。杨浦区推进产业工人队伍建设改革领导小组副组长、副区长王浩，从聚焦改革使命，党建引领、素质培养、共享目标、维权维稳、榜样示范、弘扬劳模精神等方面，汇报了自2019年5月以来，杨浦区推进产业工人队伍建设改革的做法和成效。汇报会后，工作组分别召开区相关部门座谈会和基层企业及产业工人代表座谈会，交流工作情况，听取意见建议。区推进产业工人队伍建设改革领导小组全体成员、相关委办局分管领导、基层企业负责人、产业工人代表30余人参加会议。（张东寅）

【市委联合督查组赴静安督查产业工人队伍建设改革推进情况】 9月8日，由市委第三联合督查组组长，市总工会副主席郭箐，上海工会管理职业学院院长李友钟带队赴静安开展推进产业工人队伍建设改革工作督查。区委常委、区委组织部部长顾春源等参加会议。顾春源从区职工队伍基本情况、工作推进情况及主要做法、存在的困难问题和建议等三方面作汇报。重点介绍静安区在推进产业工人队伍建设改革方面的做法。汇报会后，第三联合督查组举行区相关部门座谈会和基层企业及产业工人代表座谈会。座谈会后，督查组对静安推进产业工人队伍建设改革工作进行了反馈和建议。郭箐提出：一是希望区委继续加强顶层设计，根据静安产业结构和产业工人队伍建设的需求，制定新的工作方案并采取更有针对性的工作措施。二是希望工会继续主动发挥好牵头协调作用，按照市总的深化方案有效开展工作，进一步细化改革目标任务，建立项目清单，明确工作路径。三是希望各部门继续在区委领导下形成合力，立足自己的岗位职责，发挥自身优势资源，共同推进产业工人队伍建设改革工作。（张圣奥）

【市推进产业工人队伍建设改革实地督查组赴宝山进行督查】 9月9日，市推进产业工人队伍建设改革实地督查组赴宝山就推进产业工人队伍建设改革情况进行实地督查。市实地督查组组长、市总工会副主席桂晓燕，区人大常委会副主任、区总工会党组书记、主席王丽燕，副区长倪前龙出席督查会议。区推进产业工人队伍建设改革领导小组成员单位以及来自一线的企业和职工代表参加会议并进行座谈交流。督查组查看了相关资料。（朱　艳）

【闵行区召开区产业工人队伍建设改革重点任务对接会】 9月3日，闵行区人大常委会副主任、总工会主席倪学斌，召集区卫健委、区交通委、区人社局、区教育局、区财政局、区文旅局、区房管局等相关单位召开区产业工人队伍建设改革重点任务对接会。会议研究讨论贯彻落实《关于印发〈深化新时代上海产业工人队伍建设改革重点行动方案（2021—2025年）〉的通知》和《关于印发〈构建和完善产业工人技能形成体系试点项目工作方案〉的通知》的具体工作方案。会上，区总工会就制订《深化新时代闵行产业工人队伍建设改革重点行动方案（2021—2025年）》等配套文件听取各参会部门的意见与建议。会议提出，“十四五”期间，区将重点在产业工人思想引领、技能提升、职业教育、公共服务等7大方面，针对制度缺项和政

10月26日，奉贤区开展“早餐圆桌·对话贤商”区总工会专场（薛思涵）

策短板，形成具体工作方案，确保完成改革任务，探索实践出一套具有闵行特色、符合时代特点的工作机制。（王 凯）

【市推进产业工人队伍建设改革联合督查第三组在金山区开展实地督查】 9月9日，市推进产业工人队伍建设改革联合督查组第三组组长、上海工会管理职业学院院长李友钟一行来金山实地督查。区人大常委会党组副书记、副主任，区总工会主席朱喜林出席会议，副区长邱运理向督查组汇报金山产业工人队伍建设改革工作推进情况。区委组织部、区委宣传部、区发改委、区经委、区教育局、区人社局、区卫健委、区应急管理局、区国资委、区交通委、区总工会、二工区发展公司等部门负责人及基层企业负责人、产业工人代表共20余人参加会议。情况汇报会后，督查组分别召开区有关部门及基层企业负责人、产业工人代表座谈会，多方听取对改革工作推进情况的意见建议，并查阅了工作台账。（郁 蔚）

【松江区产业工人队伍建设改革工作推进会召开】 12月31日，松江区召开产业工人队伍建设改革工作推进会。区委副书记、区产业工人队伍建设改革领导小组组长韦明，区人大常委会副主任、区总工会主席、区产业工人队伍建设改革领导小组副组长吴建良，副区长、区产业工人队伍建设改革领导小组副组长朱明林，区政府党组成员、区产业工人队伍建设改革领导小组副组长陈容出席会议。会议由朱明林主持。韦明强调要深入贯彻习近平总书记有关重要指示，认真落实市产业工人队伍建设改革协调小组会议精神，明确改革方案，交流工作经验，凝聚思想共识。吴建良解读《深化与长三角G60科创走廊相适应的松江产业工人队伍建设改革专项行动方案（2021—2025年）》。陈容传达市推进产业工人队伍建设改革协调小组会议精神。区人社局、经开区总工会、正泰工会作为产业工人队伍建设改革推进单位代表作大会交流发言。区产业工人队伍建设改革领导小组全体成员以及部分街镇、经开区党（工）委副书记、正泰工会主席等参加会议。（朱 慧）

【市产业工人队伍建设改革督查组赴青浦工作督查】 9月17日，市总工会副主席周奇带领市推进产业工人队伍建设改革情况联合督查第一工作组来青浦开展工作督查。区委副书记张权权代表区委、区政府汇报青浦推进产业工人队伍建设改革情况。联合督查组在听取汇报后，召开基层企业负责人、产业工人代表座谈会和区有关部门座谈会。周奇代表联合督查组对青浦推进产业工人队伍建设改革工作督查情况作了反馈。区推进产业工人队伍建设改革领导小组全体成员，相关委办局分管领导，基层企业负责人、产业工人代表30余人参加督查会议。（朱建强）

【奉贤开展“早餐圆桌·对话贤商”区总工会专场】 10月26日，“早餐圆桌·对话贤商”奉贤区总工会专场邀请上海上科电器（集团）有限公司、上海双木散热器制造有限公司等5家公司的企业家共聚一堂、共进早餐，围绕“深化产业工人队伍建设改革、共同打造“五美五强”新奉贤——着力提高产业工人公共服务水平”这一主题展开讨论。区领导骆大进、陆建国、吕将出席。区人才办、区经委、区科委、区人社局、区房管局、区总工会等部门相关领导参加。对于企业提出的关于“高素质人才孵化”“产业工人技能提升”等问题，相关委办局及区总工会予以现场回应，会后作书面反馈，真正做到面对面、点对点、实打实、心连心，实实在在为企业解难题，推动营商环境持续优化。（薛思涵）

【市委联合督查组来奉贤督查产业工人队伍建设改革情况】 9月9日，市总工会副主席郭箐，上海工会管理职业学院院长李友钟带领市委联合督查组一行来奉贤督查推进产业工人队伍建设改革情况。区领导骆大进代表区委、区政府向督查组汇报了近年来奉贤推进产业工人队伍建设改革情况。郭箐充分肯定奉贤在区委高度重视和坚强领导下，产业工人队伍建设改革工作体现出的组织有力、目标明确、理念创新、举措扎实、成效显著等特点，并提出相关工作要求。期间，督查组一行查阅台账资料，并与相关职能部门和基层企业负责人、产业工人代表座谈交流，了解听取部门、企业和职工的意见建议。区领导陆建国，吕将出席。（薛思涵）

【华谊集团开展一线员工队伍建设专项调研】 为全面贯彻落实《关于推进新时期上海产业工人队伍建设改革的实施意见》，2021年，华谊集团组织开展了新时期产业工人队伍建设情况专项调研。聚焦集团所处行业在创新发展转型升级过程中面临的新情况新问题，对8家制造类二级公司市内外企业一线员工队伍现状、员工关注的热点问题、企业在一线员工队伍建设中遇到的问题、瓶颈等分析，提出针对性的对策和建议，为稳定一线员工队伍，保障一线生产运行安全稳定，激发员工投身集团改革发展的内生动力，助力集团高质量发展提供人力智力支撑。（蔡毓琳）

【市总工会调研国网上海市电力公司产业工人队伍建设改革工作】 8月27日，市总工会副主席桂晓燕，二级巡视员张刚一行赴国网上海浦东供电公司张江科学城能源服务中心，就产业工人队伍建设改革关于职工技能提升工作情况进行专项调研。公司副总经理、工会主席陈春霖介绍了公司在服务保障国家重大战略落地和上海经济社会发展等方面的工作成绩，以及在推进产业工人队伍建设改革方面的主要做法。公司坚定不移地践行“人民电业为人民”宗旨，发动广大职工勇当“逆行者”“守护者”“先行者”，切实履行央企的社会责任。桂晓燕指出，今年全国总工会将“产业工人队伍技能形成体系”项目的试点任务交给上海，市总工会会同相关委办局相继印发了行动方案和实施办法，为全国产业工人队伍建设改革提供经验。国网上海电力结合行业发展、大数据时代背景，实行“挂帅制”“揭榜制”“举手制”，鼓励职工创新创效；弘扬劳模精神、劳动精神、工匠精神，形成高技能职工队伍建设长效机制；规范技能提升渠道，发挥主体作用，带动上下游行业职工技能共同提升，成效显著。希望国网上海电力能够持续创新突破，建立健全工作机制，为全市产业工人队伍建设改革提供更多可复制、可推广的经验。（陈振兴）

【中国宝武提出深化产业工人队伍建设改革行动方案】 8—11月，中国宝武在党史学习教育中开展基层员工队伍体系能力建设大调研，制订《关于深化产业工人队伍建设改革的行动方案》，细化开展一线员工全员培训、升级技能竞赛模式、深化产教融合、深化岗位创新活动、深入开展劳动竞赛、实施班组建设行动、实施健康宝武行动、实施“三有”指数提升行动、健全基本服务保障制度等20项具体举措。出台《关于支持女性科技人才在科技创新中发挥更大作用的实施意见》等配套文件。（贾崇斌）

【中国国防邮电工会调研上海电信产业工人队伍建设改革工作】 6月1日，中国国防邮电工会副主席、分党组成员黄敬平率队到上海电信调研，上海电信公司副总经理，工会主席常朝晖陪同调研。调研组一行参观徐珺全国劳模创新工作室，听取工作室在技能传承、岗位创新和人才培养等方面的介绍，对工作室创建成效高度赞扬。调研期间，黄敬平一行慰问了上海电信全国劳模和困难员工代表，参观了上海电信博物馆，听取公司工会总体情况介绍。黄敬平充分肯定上海电信工会的工作，并希望上海电信工会不断探索新做法，总结新经验，为提升员工技能和服务企业高质量发展作出贡献。（殷茵）

【上海电力安装第二工程有限公司工会深耕“三大工程”助推产业工人队伍建设】 上海电力安装第二工程有限公司工会围绕职工队伍思想引领、素质提升、队伍稳定等重点任务扎实开展工作，深耕“三大工程”建设，不断推进产业工人队伍建设走实。一是向心工程凝心聚力：工会积极推动完善公司产业工人队伍培训机制，分专业、分层次组织多场培训，不断提升产业工人岗位知识。工会开展“每月一星”宣传活动，通过挖掘基层项目中的先进事迹和人物，进行宣传报道，以先锋模范的带头作用，鼓励职工不断学习，提升自身专业技能。二是赋能工程夯基垒台：以公司“劳模创新工作室”和“技师创新工作室”为依托，以岗位培训为切入点，组织劳模、先进、专业带头人进行专业内容的课程录制，为基层项目提供专业指导，为产业工人知识提升提供学习素材。工会积极开展“合理化建议”“五小成果”征集活动，引导职工创新实践，在小改小革中出成果。三是民心工程履责惠民：为丰富项目一线职工的业余生活，工会结合基层项目实际，开展乒乓球、羽毛球、网球、篮球、摄影等协会活动。为满足项目一线职工的文化需求，工会始终将“职工书屋”建设作为重点工作内容，不断完善“职工书屋”基本功能，不断丰富职工学习内容，运用书屋平台开展普法课堂、培训课程等活动。（张钧）

【上海建工集团领导出席深化产业工人队伍建设改革首批校企合作签约仪式】 2月1日，“深化上海产业工人队伍建设改革，首批校企合作签约仪式”在市政府会议室召开，市人大常委会副主任、市总工会主席莫负春，副市长陈群，市相关委办局领导，签约企业、院校代表出席。会上，上海建工集团党委副书记、总裁卞家骏作为签约企业代表发言，并代表集团与首批合作院校签订《加快上海市产业工人队伍建设推进校企合作框架协议》，集团工会主席殷红霞出席会议。签约仪式上，卞家骏代表上海建工集团与东华大学、上海大学、上海理工大学、上海应用技术大学、上海工程技术大学、上海城建职业学院等6所首批校企合作院校签订合作框架协议。将与合作院校在一线技能人才培养、“双师型”师资队伍、职业终身教育、弘扬劳模工匠精神和产教融合等方面加强合作，进一步推进上海产业工人队伍建设。（余轶群）

关于调整本市工伤人员伤残津贴和生活护理费标准的通知

市政府各委、办、局,各区人力资源和社会保障局,市社会保险事业管理中心,各有关单位:

为保障工伤人员的基本生活,根据《上海市工伤保险实施办法》(以下简称《实施办法》)规定,经市政府同意,自2021年1月1日起对本市致残一级至四级工伤人员的伤残津贴和生活不能自理工伤人员的生活护理费标准进行调整,具体通知如下:

一、2020年12月31日前发生工伤且致残一级至四级工伤人员的伤残津贴在2020年享受的标准基础上调整,其中致残一级增加421元/月,致残二级增加386元/月,致残三级增加365元/月,致残四级增加336元/月。

调整后的伤残津贴最低标准为:致残一级8292元/月,致残二级7737元/月,致残三级7268元/月,致残四级6804元/月。

二、2020年12月31日前发生工伤且经确认生活不能自理工伤人员的生活护理费在2020年享受的标准基础上调整,其中生活完全不能自理工伤人员增加379元/月,生活大部分不能自理工伤人员增加304元/月,生活部分不能自理工伤人员增加228元/月。

调整后的生活护理费标准为:生活完全不能自理5169元/月,生活大部分不能自理4136元/月,生活部分不能自理3102元/月。

三、2020年12月31日前已按规定办理按月领取养老金手续的致残一级至四级工伤人员,按照本通知第一条规定增加的伤残津贴低于其2021年基本养老金增加额的,按养老金增加额计发。

四、2021年1月1日至12月31日期间发生工伤且致残一级至四级的工伤人员,按《实施办法》规定计发的伤残津贴低于本通知第一条第二款规定的最低标准的,按最低标准计发。

五、由工伤保险基金按照《实施办法》规定支付伤残津贴和生活护理费的工伤人员,其按本通知规定调整后增加的费用由工伤保险基金支付。目前仍由用人单位按照《实施办法》规定支付伤残津贴和生活护理费的工伤人员,其按本通知规定调整后增加的费用由用人单位支付。

六、本通知自2021年7月1日起执行,有效期至2023年6月30日。《关于调整本市工伤人员伤残津贴和生活护理费标准的通知》(沪人社规〔2020〕11号)同时废止。

2021年6月22日

关于调整本市最低工资标准的通知

沪人社规〔2021〕18号

各区人力资源和社会保障局,各委、办、局,各有关用人单位:

经市政府同意,从2021年7月1日起,本市调整最低工资标准。现就有关事项通知如下:

一、月最低工资标准从2480元调整到2590元。下列项目不作为月最低工资的组成部分,由用人单位另行支付:

(一) 延长工作时间的工资。

(二) 中夜班津贴、夏季高温津贴及有毒有害等特殊工作环境下的岗位津贴。

(三) 伙食补贴、上下班交通费补贴、住房补贴。

(四) 个人依法缴纳的社会保险费和住房公积金。

二、小时最低工资标准从22元调整为23元。小时最低工资不包括个人和单位依法缴纳的社会保险费。

三、月最低工资标准适用于全日制就业劳动者,小时最低工资标准适用于非全日制就业劳动者。

2021年6月22日

要闻大事

【全国总工会慰问团来沪送温暖】 1月5—7日，全国总工会副主席、全国人大常委会委员、民建中央副主席张少琴专程来本市慰问。先后来到徐汇滨江建设者之家、上海工匠馆以及市总工会职工服务中心，慰问劳模、抗疫一线职工、困难职工和农民工，代表全总向他们送上慰问品和慰问金，表达工会"娘家人"的问候。（陈　睿）

【莫负春一行看望慰问全国劳模杨怀远】 1月20日，市人大常委会副主任、市总工会主席莫负春一行看望慰问了中国远洋海运集团有限公司退休职工、全国劳动模范杨怀远。中远海运集团党组副书记王海民、工会主席张善民陪同慰问。莫负春向杨怀远拜年，询问近况并送上慰问信，感谢他为祖国做出的突出贡献，叮嘱他要保重身体，并号召大家都要以杨老为榜样，学习他的服务奉献精神。王海民代表集团给杨怀远送上新春祝福与慰问，询问他的生活和健康情况，并向以杨怀远为代表的，曾经为集团发展做出突出贡献、留下宝贵精神文化财富的老同志、老劳模们表示衷心感谢。杨怀远感谢来自各级领导的关心和慰问，并带着大家来到自己的书房，一一介绍他参加劳模表彰大会等见证所获各项荣誉的照片。（陆莹莹）

【莫负春慰问上港集团退休劳模包起帆】 1月28日，市人大常委会副主任、市总工会主席莫负春在上港集团工会主席庄晓晴陪同下，看望慰问上港集团退休劳模包起帆，向他送上诚挚问候与新春祝福。莫负春关心询问了包起帆的生活与健康状况，并围绕劳模精神传承、职工岗位创新等话题进行交流。莫负春表示，希望上港集团能进一步发挥劳模精神、劳动精神和工匠精神，着力打造知识型、技术型、创新型港口产业工人队伍，在贯彻新发展理念，服务新发展格局，建设世界一流航运枢纽的征程上持续发挥好主力军作用。（施文卿）

【陈通调研疗休养工作】 1月28日，副市长陈通调研市总工会，研究推动本市职工市内疗休养工作。座谈会上，市总工会、市文旅局就贯彻落实市委市政府关于将上海打造成为国内大循环的中心节点和国内国际双循环战略链接的部署要求，充分发挥职工春秋游、疗休养更好助推本市文旅消费和经济社会发展，以及公共文化资源更好服务职工群众等议题，进行了充分沟通交流，并就促进本市职工市内文旅活动达成共识。（徐鑫悦）

【莫负春等调研静安工运遗址展陈修缮项目】 2月，市人大常委会副主任、市总工会主席莫负春，市总工会副主席桂晓燕，静安区委常委、区委宣传部部长姜鸣，市总工会宣传教育部部长陈必华等领导，先后调研湖州会馆——上海总工会遗址、上海工人第三次武装起义指挥部遗址展陈项目、五卅运动初期上海总工会遗址修缮项目，了解各项目进展和展陈设计情况。静安区总工会主席叶坚华，区总工会党组书记、副主席许俊等陪同调研。在湖州会馆——上海总工会遗址、上海工人第三次武装起义指挥部遗址展陈项目现场，莫负春仔细询问方案设计、建筑形态、立面材质以及工艺优化等情况，向节后复工奋战一线的建设者们和设计团队表示感谢。他强调：要对标打造百年精品，精心打磨、精雕细琢，修旧如旧、还原历史，确保项目经得起历史检验；要不断优化设计方案，将传统工艺和现代科技科学融合，确保项目实现新旧交融、和谐统一、相得益彰。上年，静安区总工会、宝山路街道启动了湖州会馆——上海总工会遗址、上海工人第三次武装起义指挥部遗址展陈项目。经一年多的紧张施工，展馆于2021年7月前重新开放，通过"修旧如旧"场景还原，带领广大职工重温风云激荡的历史一页。（陈迪嘉）

【阎京华参观杨浦滨江】 3月31日，在沪出席2021年推进"十四五"长三角高质量一体化发展工会工作联席会议的全国总工会副主席、书记处书记阎京华，上海市人大常委会副主任、市总工会主席莫负春，江苏省人大常委会副主任、省总工会主席魏国强、安徽省总工会主席李明等一行实地考察了杨浦滨江党群服务站人人屋站和杨浦滨江人民城市建设规划展示馆，并听取了有关情况的介绍。杨浦区领导薛侃、邓小冬、麦碧莲陪同参观。（张东寅）

【莫负春等赴静安调研红色工运遗址】 4月27日，市人大常委会副主任、市总工会主席莫负春，市总工会党组书记、副主席黄红，市总工会副主席桂晓燕，静安区人大常委会主任顾云豪，区委常委、宣传部长姜鸣等领导调研湖州会馆、中国劳动组合书记部旧址陈列馆等红色工运遗址。静安区总工会党组书记、副主席许俊等陪同调研。在湖州会馆，莫负春强调：改造升级后的湖州会馆不仅要秉承"还原历史风貌、追溯初心之地、打造'活的博物馆'"的设计理念，还要充分发挥市区街三级联动优势，成为一个集红色宣教、职工服务、群团活动、社区共治为一体的多功能综合服务体。同时，可融入短视频、浸入式情景体验和互动等，丰富场馆的展示内容，挖掘好、宣传好、利用好红色工运资源，让湖州会馆成为呈现党领导工人运动辉煌成就及彰显中国共产党百年初心力量的一张独特的历史名片。湖州会馆的重新布展本着"尊重历史、还原历史"的原则，通过多媒体展陈和12幅铜版画展示历史场景。随后，市区领导来到中国劳动组合书记部旧址陈列馆查看新创雕塑《追随与奋斗》。（陈迪嘉）

【陈刚一行参观中国劳动组合书记部】 5月9日，全国总工会党组书记、副主席、书记处第一书记陈刚，全国总工会副主席、书记处书记阎京华一行参观中国劳动组合书记部。市委秘书长诸葛宇杰，市人大常委会副主任、市总工会主席莫负春，市总工会党组书记、副主席黄红，静安区委书记于勇等陪同。陈刚指出，中国劳动组合书记部是在担负党直接领导工人运动的光荣使命中成立的，在中国革命和中国工人运动的历史转变关头充当了重要角色，创造了坚持以马克思主义指导工人运动、自觉接受党的领导的光荣传统、以职工为中心的工作导向、发展工人阶级的先进性、工人阶级队伍的团结统一等宝贵经验。各级工会要充分发挥中国劳动组合书记部旧址陈列馆等红色工运资源的教育作用，引领广大职工群众传承红色基因，发扬光荣传统，汲取奋进力量，以优异成绩迎接中国共产党成立100周年。

（王于辰）

【阎京华考察调研上海医药】 5月11日，全国总工会副主席、书记处书记阎京华，全国总工会劳动和经济工作部部长王晓峰，由市总工会党组书记、副主席黄红、市总工会副主席郭箐等陪同，赴上药信谊就上海医药集团创新发展及市医药工会工作情况等开展调研。上海上实集团党委副书记、工会主席陈欣，市医药工会主席佘群参加调研。阎京华一行听取上药研究院副院长、全国五一劳动奖章、上海市劳动模范、2021年最美职工获得者夏广新所作的上海医药创新发展情况介绍。佘群围绕促进企业发展、提高服务职工能力、强化民主管理等汇报了上海市医药工会工作情况。

（陈玮雯）

全国总工会副主席阎京华、市总工会党组书记黄红考察调研上海医药

（陈玮雯）

【阎京华一行参观湖州会馆】 6月21日，全国总工会副主席、书记处书记阎京华，全国总工会宣传教育部副部长阳万雄，国际联络部副部长郑家恒等一行参观湖州会馆——上海总工会遗址、上海工人第三次武装起义遗址。市人大常委会副主任、市总工会主席莫负春，市总工会党组书记、副主席黄红等陪同参观。阎京华详细听取湖州会馆修缮布展情况，以及相关的工人运动历史，观看《湖州会馆 · 难忘1927》情景党课。阎京华指出：湖州会馆"修旧如旧"很好地还原了当年的历史场景。在历史场景下开展沉浸式情景党课教育，通过讲述红色故事的形式生动展现了工人运动的光辉历程，让理想信念教育更加入脑、入心，真正用"活"了红色资源。希望进一步拓展湖州会馆"活的纪念馆"的内涵和延伸，用好红色资源，讲好红色故事。

（陈迪嘉）

【莫负春一行赴上海工会管理职业学院调研宝山校区规划设计】 8月26日，市人大常委会副主任、市总工会主席莫负春，市总工会副主席周奇一行来到工会学院，就宝山校区规划设计工作进行专题调研。莫负春一行听取了华建设计院的汇报，就校区规划及各栋建筑的设计进行了研究讨论，提出建设一个符合工会事业发展需要、体现上海现代化城市特点的"高质量校园、绿色校园、智慧校园"的要求。

（祁文昭）

2021年大事记

1月

6日　市总工会十四届八次全委(扩大)会议,在上海科学会堂召开。市总工会第十四届委员、经审委员等出席会议。

6日　上海市工匠选树命名大会,在上海科学会堂召开。市人大常委会副主任,市总工会主席莫负春出席并讲话,市总工会党组书记、副主席黄红主持会议。邀请郁慧、吴生忠、张冬伟、董艺等上海工匠讲述他们的成长故事,宣传工匠精神,引领青年成才。市总工会领导班子成员、机关各部室负责人,各区局(产业)工会主席、市总各部室、各直管单位主要负责人、工匠代表等出席会议。

6日　全国总工会副主席张少琴一行来沪送温暖,市总工会副主席张得志陪同相关活动。

11日　2020年度市总工会机关系统党组织书记党建工作述职评议会,在市总机关六楼礼堂举行。市总领导班子成员,机关各部室党支部书记、各直管单位党政主要负责人、派驻纪检组副组长出席。

18日　上海市深化产业工人队伍建设改革校企合作工作推进会举行,市教委、国资委、人社局、财政局、相关产业负责人出席会议,市总工会副主席周奇主持会议。

20日　市总工会党组理论学习中心组(扩大)学习会,在市总机关六楼礼堂举行。邀请《上海工会志(1978—2010)》主要编纂人员进行座谈交流,市总党组书记、副主席黄红出席并讲话。市总有关领导、机关各部室主要负责人、派驻纪检组副组长,各直管单位党政主要负责人出席。

23日　市总工会机关系统工会委员会第一届第一次会员代表大会,在市总机关六楼礼堂举行。市总党组书记、副主席黄红出席并讲话,市总有关领导,市总机关系统工代会代表,市总机关工会主席、直管单位党组织主要负责人,市总机关和直管单位工会推荐的市总机关系统工会经审委员、女工委员候选人等85人参加。

2月

1日　上海产业工人队伍建设改革首批校企合作签约仪式,在市政府第六会议室举行。市人大常委会副主任、市总工会主席莫负春,市总工会党组书记、副主席黄红,市总工会副主席周奇,及有关委办局、高校、产业负责人,各区总工会主席,职工代表等出席会议。会上发布《关于深化上海产业工人队伍建设改革推进校企合作工作的指导意见》,首批14所院校与23家企业签署校企合作框架协议,并为上海首个劳模学院揭牌。

18日　市总工会女职工工作联席会议举行。市人大常委会副主任、市总工会主席莫负春,市总工会党组书记、副主席黄红,副主席周奇、桂晓燕,经审会主任丁巍,及市总各部室,工会学院、劳动报、市工人文化宫、技协、服务中心主要负责人出席会议。

24日　市委常委、组织部部长胡文容参观中国劳动组合书记部旧址陈列馆。市人大常委会副主任、市总工会主席莫负春,市总工会党组书记、副主席黄红,副主席桂晓燕陪同。

26日　2021年上海市总工会模范机关创建工作部署暨启动仪式,在市工人疗养院花月亭举行。市人大常委会副主任、市总工会主席莫负春,市总党组书记、副主席黄红出席并讲话。市总机关全体干部,派驻纪检组成员,市总机关系统工会委员、团委委员,各直管单位班子成员、在职党支部书记参加。

3月

3日　全国总工会副主席魏地春一行来沪调研。

4日　市总工会第七届女职工委员会第三次全体会议。“巾帼心向党　奋进新征程”上海工会纪念“三八”国际劳动妇女节111周年主题活动。市人大常委会副主任、市总工会主席莫负春出席并讲话,市总党组书记、副主席黄红和市总其他领导,市总机关各部室、各直管单位党政主要负责人出席。

17日　2021年四季上海文化旅游消费信息春季发布会暨职工“爱上海、游上海”活动启动仪式,在世纪公园举行。市总工会副主席张得志出席仪式并讲话。

18日　市总工会与市司法局党组中心组联组学习会,在市总机关六楼礼堂举行。市人大常委会副主任、市总工会主席莫负春,市总党组书记、副主席黄红出席并讲话,市总其他领导,市总机关各部室、各直管单位党政主要负责人,市司法局党委班子成员、市司法局机关相关处室负责人出席。

18日　职工直播课堂暨“致敬!最美劳动者”职工摄影作品征集活动颁奖仪式,在上海电力公司小礼堂举行。市总工会党组书记、副主席黄红出席相关活动。

22日　市总机关系统党的工作暨纪检工作会议,在市总工会机关六楼礼堂举行。市人大常委会副主任、市总工会主席莫负春,市总党组书记、副主席黄红出席并讲话,市总其他领导,派驻纪检组副组长、纪检监察室主任,各区总工会党组书记,机关各部室正副部长(主任),市总直管单位领导班子成员,各直管单位在职党支部书记参加。

26日　“建功‘十四五’奋进新征程”推进高质量发展上海职工劳动和技能竞赛动员会,在市政府第六会议室召开。市委常委、常务副市长陈寅,市人大常委会副主任、市总工会主席莫负春,市总工会党组书记、副主席黄红,副主席周奇,全总相关部门领导,本市有关区局党政领导及工会主席出席。

29日　市总工会2020年度干部选拔任用工作“一报告两评议”会议在市总工会六楼礼堂召开。市总领导班子成员,市纪委监委驻市总机关纪检监察组负责人、市总机关各部室负责人、直管单位党政主要负责人、基层党员干部群众代表出席会议。市总工会党组书记、副主席黄红出席并就2020年度市总工会党组选人用人工作进行报告。

30日　上海工会一季度工会主席例会,在上海怡沁园度假村会议中心天翼报告厅举行。市人大常委会副主任、市总工会主席莫负春主持会议,市总工会党组书记、副主席黄红出席并讲话,市总工会副主席周奇、张得志、戴光明、郭箐,经审会主任丁巍出席并布置二季度重点工作。部分区局（产业）工会主席作交流发言。

30 日　百万职工看花博活动启动仪式，在上海怡沁园度假村会议中心天翼报告厅举行。市总工会领导、崇明区有关领导、各区局（产业）工会负责人，市总机关各部室、各直管单位党政主要负责人出席仪式。

4 月

1 日　2021 年推进“十四五”长三角高质量一体化发展工会工作联席会议，在上海市工人文化宫花月亭召开。全总领导、长三角区域合作办公室领导、苏浙皖三省总工会主要领导、分管领导及有关部门负责人，上海市总工会领导班子成员，市总办公室、研究室、基层工作部、劳动关系工作部、权益保障部、宣传教育部主要负责人出席。会议通过《2021 年推进“十四五”长三角高质量一体化发展工会工作意见》。

15 日　市总工会党组理论学习中心组（扩大）学习会，在市总机关六楼礼堂举行。邀请市委讲师团党史学习教育专家宣讲团成员——复旦大学公共经济研究中心主任石磊教授作专题辅导报告。市总工会党组书记、副主席黄红主持会议，并就市总机关系统党史学习教育进行动员。市总有关领导，机关各部室负责人，派驻纪检组副组长，各直管单位党政主要负责人、在职党支部书记，青年理论学习小组组长参加。

16 日　上海工匠风采展暨 2021 年上海工匠培养选树活动启动仪式，在上海世博展览馆举行。市人大常委会副主任、市总工会主席莫负春，市总工会党组书记、副主席黄红，副主席周奇，各区、部分局（产业）工会主席和相关部门负责人、上海工匠代表等出席仪式。王曙群等 6 名“上海工匠”代表与市总主要领导共同启动 2021 年上海工匠培养选树活动。风采展首次采用融合办展模式，联合闵行区总工会共同参展，展出非公企业职工创新成果百余项，彰显上海工匠的创新活力和丰硕成果，吸引近 1 万名市民进馆参观。

17 日　“四季恋歌”青年职工交友活动在虹桥进口商品展示交易中心举行。市总工会副主席张得志、桂晓燕，经审会主任丁巍出席，各行业单身青年职工 400 余人参加活动。

4 月 16 日，市总工会领导参观上海工匠风采展　（金卫星）

19 日　“匠心筑梦，学史力行”市总机关系统青年理论学习小组分享会，在思南公馆文学之家举行。市总工会党组书记、副主席黄红出席并讲话，市总工会副主席周奇、经审会主任丁巍、市总机关团委及青年干部，各直管单位党组织及青年理论学习小组负责人出席分享会。

25 日　上海职工直播课堂“追溯信仰之源，赓续劳模精神”，在“渔阳里”共青团中央机关旧址举行。市总工会党组书记、副主席黄红出席并讲话，副主席桂晓燕出席。

26 日　2021 年上海市庆祝五一国际劳动节主题歌会，在上音歌剧院举行。市人大常委会副主任、市总工会主席莫负春，市人大常委会副主任陈靖，市政协副主席、九三学社主委钱锋，市总工会党组书记、副主席黄红等市总工会领导班子成员、部分区局（产业）工会负责人，市总各部室、各直管单位主要负责人，劳模先进和职工代表等，约 800 人出席主题歌会。

28 日　市总工会举行 2021 年职工疗休养发车仪式。市人大常委会副主任、市总工会主席莫负春，市总工会党组书记、副主席黄红，副主席张得志、郭箐出席相关活动。

28 日　上海工会组织体系建设推进会及 2021 年度上海工会专项工作会议，在上海工会管理职业学院举行。会上下发《关于进一步加强上海工会组织体系建设激发基层活力的工作意见》，市人大常委会副主任、市总工会主席莫负春出席会议并讲话，市总工会党组书记、副主席黄红主持会议，市总工会领导班子成员，部分区局（产业）工会主席，市总机关各部室负责人出席会议。

5 月

18 日　上海百名劳模宣讲员培训班暨“百名劳模讲党史”工作推进会，在世博馆路 200 号举行。市总工会副主席桂晓燕出席会议并讲话。

19 日　市政协总工会界别线下读书交流活动举行。市总工会党组书记、副主席黄红出席并讲话。市政协社法委有关领导、市政协总工会界别委员出席读书交流活动。

19 日　2021 职工劳动技能等级提升专场劳动竞赛启动仪式举行。市总工会副主席周奇出席仪式并讲话。

22 日　2021 年上海职工科技节开幕式，在上药信谊药厂举行。市人大常委会副主任、市总工会主席莫负春，市总工会党组书记、副主席黄红，副主席周奇出席。

27 日　“促进消费提质扩容”暨“五五购物节”主题立功竞赛推进交流会，在市百一店举行。市总工会党组书记、副主席黄红出席并讲话，市总工会副主席周奇及市级机关工作党委、市商务委有关领导出席。

27 日　市委党史学习教育第三巡回指导组莅临市总工会指导工作，在市总机关五楼第九会议室举行。巡回指导组组长邬立群一行听取了市总工会党史学习教育领导小组组长、市总工会党组书记、副主席黄红作关于市总工会党史学习教育开展情况汇报，市总机关系统党史学习教育领导小组副组长、副主席桂晓燕，领导小组副组长、经审会主任、直属机关党委书记丁巍，以及领导小组全体成员参加会议。

28 日　上海工会管理职业学院建校70周年座谈会暨“高质量发展与工会工作”研讨会，在沪东工人文化宫分部三楼报告厅举行。市总工会领导班子成员，各省市区工会干部学校校长，部分区局（产业）工会负责人出席。

6 月

7 日　2021 年上海街镇工会专职副主席研修班第 1 期开班。市总工会副主席周奇作开班动员，本市街镇工会专职副主席 70 人参加学习。

17 日　市总工会、市水务局共同召开“建功‘十四五’奋进新时代”上海市治水管海专项立功竞赛推进会，市总工会副主席周奇出席并讲话。

21 日　上海机器工会纪念雕塑落成揭幕和沪西工人半日学校史料陈列馆开馆仪式举行。全国总工会副主席、书记处书记阎京华，市委常委、组织部部长胡文容，市委常委、宣传部部长周慧琳，市人大常委会副主任、市总工会主席莫负春出席揭幕、揭牌仪式，市总工会党组书记、副主席黄红主持仪式。市总工会领导班子成员、有关委办局、区领导，及劳模职工代表参加相关活动。

23 日　市总工会举办市总老同志庆祝建党百年座谈会暨“光荣在党50 年”纪念章颁发仪式。市总工会党组书记、副主席黄红出席并讲话，市总工会经审会主任丁巍主持仪式。市总机关系统离休干部，现任领导和老领导出席仪式。

23 日　市总工会机关系统“七一”党员过政治生日座谈会，在市总机关六楼礼堂举行。市人大常委会副主任、市总工会主席莫负春，市总工会党组书记、副主席黄红参加座谈会并讲话，市总工会党组成员、经审会主任、直属机关党委书记丁巍主持座谈会，市总机关系统入党 30 周年、入党 20 周年及新发展党员代表参加。

7 月

2 日　庆祝建党 100 周年市总机关系统“两优一先”表彰会，在市总机关六楼礼堂举行。市总领导班子成员、派驻纪检组成员、市总机关全体党员、直管单位领导班子成员、获奖党组织代表和优秀个人参加。

12 日　美团（上海）工会第一届第一次会员代表大会，在沪东工人文化宫召开。市总工会党组书记、副主席黄红，全国总工会基层工作部部长刘伟出席并讲话，全国总工会基层工作部副部长汤洪伟、全国总工会国际联络部副部长郑家恒为美团（上海）工会揭牌，市总工会副主席周奇，杨浦区委、区总工会领导出席大会。

14 日　2021 年园区（楼宇）健康服务点社区医生培训班，在工会学院开班。市总工会副主席周奇出席并作开班动员。园区（楼宇）健康服务点所属社区卫生服务中心管理人员 70 余人参加培训。

18 日　市总工会举办“我为群众办实事”——上海职工食堂面条类技能比武决赛。市总工会副主席周奇，二级巡视员张刚及市商务委、市市场监管局有关领导出席。参赛单位 300 余名职工参加决赛。

21 日　2021 年上海职工文化网络大赛启动仪式暨动员培训工作会议在邮电俱乐部举行。市总工会副主席桂晓燕出席并讲话。

23 日　市委第二巡视组巡视市总工会党组工作动员会议在市总机关六楼礼堂召开。市人大常委会副主任、市总工会主席莫负春主持会议，市总工会党组书记、副主席黄红表态发言。市委副秘书长、市纪委副书记、市委巡视办主任马乐声，市委第二巡视组组长朱甫娟出席并讲话。市委巡视办、第二巡视组有关人员，市总领导班子成员，已退休市总领导班子成员（3 年内退休市管干部），派驻纪检组成员，市总机关各部室负责人，各直管单位党政主要负责人、党委单位纪委书记，工会学院中层正职以上干部，部分机关系统一线干部代表等出席。

8 月

24 日　2021 年上海工匠评审发布会，在李斌技师学院举行。市总工会领导、市相关委办局领导、有关专家、市总各部室主要负责人、工匠及职工代表，约 250 人出现发布会。

27 日　上海工会组织建设专题会暨上海“新就业形态劳动者入会集中行动”推进会在市总工会召开。市总工会党组书记、副主席黄红出席会议并讲话，市总工会副主席周奇主持会议。各区总工会、部分产业局工会分管领导、工会负责人参加，部分街镇总工会主席通过视频形式参加。

30 日　市总工会党组理论学习中心组（扩大）学习会在市总机关六楼礼堂举行。邀请市委党校哲学教研部张春美教授作“伟大建党精神的科学内涵和时代价值”专题辅导报告。市总党组书记、副主席黄红主持会议并讲话。市委党史学习教育领导小组第三巡回指导组领导、市总领导、市总机关副处级以上（含挂职）干部、各直管单位在职党支部书记，约 100 人出席。

31 日　“赓续百年初心　昂扬强国志向”市总机关系统青年深入学习“七一”讲话精神暨青年理论学习分享会，在江宁街道社区党群服务中心7 楼礼堂举行。市总党组书记、副主席黄红出席并讲话，市委党史学习教育领导小组第三巡回指导组负责人，市市级机关党工委、团工委领导，市总直属机关党委书记、经审会主任丁巍，各直管单位党组织负责人，青年理论学习小组负责人、部分青年职工代表参加。

9 月

7—16 日　市总工会组织推进产业工人队伍建设改革情况联合督查。市总工会副主席周奇、张得志、桂晓燕、郭箐，二级巡视员张刚出席有关督查活动。

9 日　2021 年长三角大数据行业职工劳动和技能竞赛启动仪式，在市北高新园区商务中心举行。市总工会副主席周奇出席仪式并讲话。

10 日　市总工会召开推进产业工人队伍建设督查工作座谈会。市人大常委会副主任、市总工会主席莫负春，市总工会党组书记、副主席黄红出席并讲话。市委组织部、宣传部、国资党委等部委办局分管领导，市总有关部室主要负责人出席。

10 日　上海工会管理职业学院第24届师德论坛，在学院三楼报告厅举行。市总工会党组书记、副主席黄红出席并讲话，市总工会副主席周奇、经审会主任丁巍出席。

16 日　市总工会举行百名劳模讲党史阶段总结暨劳模宣讲培训会。市总工会副主席桂晓燕出席并讲话，劳模宣讲员、百名劳模讲党史宣讲团成员参加培训会。

18 日　市总工会举办扫码入会培训班。市总工会副主席周奇出席并讲话。

22 日　第四届进博会立功竞赛座谈会暨授旗仪式，在国展中心举行。市人大常委会副主任、市总工会主席莫负春，市总工会党组书记、副主席黄红，副主席周奇、二级巡视员张刚及市商务委有关领导出席。会上，与会领导为“第四届中国国际进口博览会城市服务保障职工服务队”授旗。

27 日　全国总工会在市工人疗养院花月亭举行“规范召开企业职工代表大会现场经验交流会”。市总工会党组书记、副主席黄红出席并致辞，市国资委、宝山区总工会、中建八局等单位在会上做交流发言。全国厂务公开协调小组各成员单位有关负责人出席会议，全国总工会副主席、书记处书记、全国厂务公开协调小组成员蔡振华出席会议并作讲话。市总工会副主席张得志、郭箐，各省区市总工会有关领导，上海各区局（产业）工会负责人250 人出席。

28 日　市总工会举行“促进消费扩容提质”暨“五五购物节”主题立功竞赛成果交流发布会。市总工会副主席周奇出席并讲话，二级巡视员张刚出席。66 家参赛单位发布了“五五购物节”典型案例成果，为绿地贸易港、锦江乐园、盒马网络科技等12 支职工服务队授予“促进消费扩容提质职工服务队”旗帜。

29 日　市总工会党史学习教育工作交流会，在市总机关五楼第九会议室举行。市委党史学习教育第三巡回指导组长郛立群反馈第一轮巡回指导工作情况，市总机关系统党史学习教育领导小组组长、市总工会党组书记、副主席黄红汇报市总工会党史学习教育巡回指导、党史学习教育、“我为群众办实事”项目推进落实情况，市总机关系统党史学习教育领导小组副组长、副主席桂晓燕，领导小组副组长、经审会主任、直属机关党委书记丁巍，以及领导小组全体成员等参加会议。

10 月

14 日　上海市五一劳动奖和个人先锋号表彰会暨先进事迹报告会在友谊会堂三楼宴会厅举行。市委常委、组织部部长胡文容出席并讲话，市政协副主席、党组副书记李逸平，市委副秘书长燕爽，市总工会领导班子成员、相关部室负责人，市人社局相关领导、相关处室负责人，各区总工会、部分局（产业）工会主席，2021 年全国、市五一劳动奖和工人先锋号代表约200 人出席会议。全国五一劳动奖章、拉扎斯网络科技（上海）有限公司培训专员宋增光，全国五一劳动奖章、上海医药集团股份有限公司中央研究院副院长、药物设计技术总监夏广新，上海市五一劳动奖状、上海临港控股股份有限公司，上海市五一劳动奖状、中共一大纪念馆代表，做先进事迹报告。会议由市人大常委会副主任、市总工会主席莫负春主持。

20 日　第十一批市劳模创新工作室命名暨劳模创新工作室研修班开班式在工会学院三楼报告厅举行。市总工会副主席周奇、二级巡视员张刚出席。

28 日　长三角地区优化营商环境立功竞赛开幕式暨职工技能比武决赛启动仪式在青浦举行。市人大常委会副主任、市总工会主席莫负春，市总工会党组书记、副主席黄红，副主席周奇以及苏浙皖三省总工会、市场监管局有关领导、参赛职工出席开幕式。

11 月

2 日　市总工会举行疫情防控及防疫物资生产保障主题立功竞赛成果交流发布会。市总工会党组书记、副主席黄红出席并讲话，副主席周奇以及各区总、相关产业工会分管领导、部门负责人及防疫相关单位代表100 余人出席发布会。

5 日　市委第二巡视组巡视市总工会党组情况反馈会议在市总机关六楼礼堂举行。市人大常委会副主任、市总工会主席莫负春主持会议，市总工会党组书记、副主任黄红表态发言。市委副秘书长、市纪委副书记、市委巡视办主任马乐声，市委第二巡视组组长朱甫娟出席并讲话。市委巡视办、市纪委监委、市委组织部有关人员和市委第二巡视组各位组员，市总领导班子成员，3 年内退休的市总领导班子成员，派驻纪检组有关人员，市总机关各部（室）正副部长（主任），市总各直管单位党政主要负责人、工会学院中层正职以上干部，部分机关系统一线干部代表等出席。

7 日　上海寻梦信息技术有限公司（拼多多）工会第一届第一次会员代表大会召开。市总工会副主席周奇出席并讲话，长宁区委、区总工会领导、拼多多工会会员代表共100 多人出席。

8 日　上海工会“新就业形态劳动者温暖行动”服务月启动仪式在东宫职工文体中心多功能厅举行。市总工会党组书记、副主席黄红出席并讲话，副主席张得志、二级巡视员张刚出席。

17 日　2021 年上海工会女工干部培训班，在工会学院开班。市总工会副主席桂晓燕出席并讲话，各区局（产业）工会女职工委员会主任、副主任、女职工干部等60 余人参加为期3天的培训。

26 日　市政府与市总工会联席（扩大）会议，在市政府第一会议室召开。会上审议通过“推动校企合作　加强一线技能人才队伍建设”“加强外卖快递人员生产作业安全保障　促进城市安全运行”两项议题。市人大常委会副主任、市总工会主席、市政府与市总工会联席会议协调小组组长莫负春，副市长、市政府与市总工会联席会议协调小组组长彭沉雷出席会议并讲话。市政府副秘书长、市政府与市总工会联席会议协调小组副组长赵祝平，市总工会党组书记、副主席、市政府与市总工会联席会议协调小组副组长黄红，联席会议协调小组成员单位领导，市总工会副主席、经审会主任，各区联系工会的副区长、区总工会主席及劳模代表等出席。

26日　市总工会召开奥运会和全运会优秀运动员、教练员代表座谈会。市人大常委会副主任、市总工会主席莫负春，副市长陈群，市政府副秘书长黄永平，市总工会党组书记、副主席黄红，副主席周奇以及市体育局有关领导出席。

26日　"劳模讲党史，奋斗新征程"舞台式演讲专场活动，在世纪出版园报告厅举行。市总工会副主席桂晓燕出席并讲话。各区局（产业）工会副主席、各区工人文化宫负责人、职工代表约200人出席专场活动。

29日　全国工会改革任务落实情况视频督查调研会议召开，市总工会设分会场。市总工会党组书记、副主席黄红出席并汇报上海工会改革，副主席周奇、桂晓燕，经审会主任丁巍、二级巡视员张刚出席。

12月

6日　上海工会2022年工作务虚会，在市工人疗养院花月亭举行。市总工会领导班子成员、各区局（产业）工会主席、各区总党组书记、市总机关各部室主要负责人出席。

13日　上海工会在徐汇、普陀、青浦等地开展为期5天的新就业形态劳动者巡回体检车试点活动，二级巡视员张刚出席活动。

28日　市总工会举行"推进共同富裕战略目标下的工会作为"学术研讨会。市总工会党组书记、副主席黄红出席并讲话，副主席周奇、桂晓燕出席。

30日　市总工会党史学习教育评估工作座谈会，在市总机关相关会议室举行。市委党史学习教育第三巡回指导组组长邬立群、副组长刘道平及其他组员，市总党组书记、副主席黄红，市总副主席桂晓燕，市总直属机关党委书记、经审会主任丁巍，以及相关部室、直管单位主要负责人、党员领导干部、普通党员、党外人士等参加座谈会。　（赵瑞章）

工会概貌

工会组织

【概要】 上海市总工会机关设9个内设机构，分别为办公室、研究室、组织部、基层工作部、劳动关系工作部、权益保障部、宣传教育部、财务资产管理部、经费审查委员会办公室。按有关规定设置直属机关党委、纪委和工会。市总工会机关核定人员编制82名，所辖区局（产业）工会122个。市总工会下属上海工会管理职业学院、海鸥控股（集团）有限公司等17个企事业单位。 （竺烨岚）

工会事业发展情况

【综述】 2021年，上海工会以习近平新时代中国特色社会主义思想、习近平总书记关于工人阶级和工会工作的重要论述为指引，深入学习贯彻习近平总书记在庆祝中国共产党成立100周年大会上的重要讲话精神和十九届六中全会以及市委全会、全总会议精神，按照总书记对党的群团工作和群团改革的要求，全面对标对表中央、市委和全总的精神要求和决策部署，聚焦实现“十四五”和2035年目标任务的新蓝图，进一步深化《上海市总工会关于进一步深化工会改革的实施方案》《深化新时代上海产业工人队伍建设改革重点行动方案（2021—2025年）》，各项工作取得新进展新实效。一是立足新发展，推动改革不断向基层延伸、向纵深推进。加强学习，提高站位。持续开展好书记带头讲党史专题党课活动。邀请七一勋章获得者劳模代表传达“七一”重要讲话精神。将上海劳动模范风采展示馆、上海工匠馆打造成党史教育基地。编制形成《上海市总工会关于进一步深化工会改革的实施方案》，明确7个方面17项改革任务，制订工作清单。实施《深化新时代上海产业工人队伍建设改革重点行动方案（2021—2025年）》，“构建和完善产业工人技能形成体系”成为全总试点工作项目。联合七委办出台《关于深化上海产业工人队伍建设改革推进校企合作工作的指导意见》。二是传承新思想，引导广大职工听党话、感党恩、跟党走。深入推进“上海百年红色工运资源发掘宣传工程”，全总和市委在上海共同召开中国劳动组合书记部成立100周年纪念座谈会，举办“致敬！红色工运”主题图片展，“机器工会”纪念雕塑和史料展，沪西工人半日学校史料馆等。百名上海劳模和模范集体代表组成市级“百名劳模讲党史”宣讲团。举办“百年红色工运——听党话、跟党走，吹响工人先锋号”上海职工“五一讲堂”文化系列讲座10场。打造“中国梦·劳动美——人民城市　奋斗有我”上海职工直播课堂。三是聚焦新领域，创新工会组织体系建设。制订《关于进一步加强上海工会组织体系建设激发基层活力的工作意见》，构建党建引领下上海工会工作新格局。与有关委办联合出台《上海推进新就业形态劳动者入会和服务保障工作的指导意见》。与市经信工作党委等联合出台《关于加强国有企业劳务派遣工、外包工等各类用工人员入会和服务的指导意见》。推进“一网通办”建设，累计完成16项公共服务和事项接入“一网通办”门户网站、超级应用并正式上线运行。优化市、区、街镇、“小二级”工会服务站点和户外职工爱心接力站、职工健康服务点等组成的职工服务阵地网络。四是取得新成效，动员广大职工建功新时代。建成17家劳模育人实践基地，成立劳模工匠志愿服务队，组织“五一”劳模志愿服务日活动，开设“劳模工匠双休日学堂”，打造劳模工匠宣传品牌。联合市发改委等7个委办局，开展“建功十四五　奋进新征程”推进高质量发展上海职工劳动和技能竞赛。全市16个区、70个产业（集团），400多万职工踊跃参与，形成400多案例。举办2021年上海职工科技节、第三十三届上海市优秀发明选拔赛及合理化建议、先进操作法优秀成果征集命名、第二届“上海职工优秀创新成果奖”评选。五是排摸新情况，健全完善工会维权服务体系。制订下发《上海工会构建落实“五个坚决”要求长效机制实施细则》。开展本市职工队伍稳定风险排查化解、排摸“双减”政策出台后的本市教育培训行业、灵活就业专项群体等劳动关系矛盾隐患专项排查。全面总结和推广上海工会预防化解劳动关系矛盾“六步工作法”。全市16个区、215个街道（乡镇）全部建立政府与工会联席会议制度。制订《上海市企事业单位民主管理工作三年行动计划（2021—2023）》。研发、推出职代会线上系统平台软件，制订《上海市企事业单位网络职工代表大会工作规程（试行）》。推进和谐劳动关系创建工作。六是聚焦新需求，提供更加广泛、精准、多元的关心关爱服务。开展直播送岗、线下专场招聘会、线上云招聘会共计55场，推送用工企业近4000家，服务职工5.7万人次。开展常态化送温暖活动。健全完善梯度帮扶工作机制。全面深化开展上海工会“点亮微心愿”项目。推进第三轮对口支援工作，制订三年行动计划。启动长三角地区和本市对口支援地区职工疗休养基地互认共享。完成100个园区（楼宇）健康服务点建设、全年组织10.1万余名一线职工疗休养、完成“百万职工看花博”等实事项目。制订《关于落实网络餐饮平台责任切实维护外卖送餐员权益的行政指导书》等政策文件。七是对标新要求，建设忠诚担当的模范机关。先后举办“聚奋进力量、创模范机关”劳动和技能竞赛、“寻访初心之地，铭记奋进之责”党史学习教育主题实践、颁发“光荣在党五十年”纪念章、建党100周年市总机关系统“两优一先”表彰会等多项主题活动。形成12项上海市“我为群众办实事”重点民生项目、10项上海市“我为群众办实事”重点发展项目。推进模范机关创建三年行动计划，进一步强化干部队伍建设。加强廉政教育，注重风险防控。加强工会财务资产管理。 （陈美琴）

工会界别政协委员参政议政

【概要】 2021年市政协总工会界别委员围绕上海经济社会发展大局、政协工作全局以及工会中心工作，把提高履职能力、创新界别活动与积极参政议政有机结合，充分发挥参政议政作用。一是在市政协十三届三十次常委会上以《尽快建立完善灵活就业群体服务和保障体系促进五型经济发展的建议》为题作了发言，建议从整体安全观出发，高度重视解决灵活就业权益维护，高度防范劳动关系纠纷向社会稳定、政治意识形态转化，依托行业性、区域性工会，扩大对平台型企业、小微企业、自主就业等灵活就业群体的有效覆盖；十三届四次会议期间，以《进一步加强职业技能等级认定，激励一线劳动者服务新发展的建议》为题作大会发言，呼吁通过"确权""赋能"，为劳动者和中小企业提供职业技能等级认定方面的专业化服务；完善措施，充分调动各方积极性，多方位激励一线劳动者服务新发展。二是积极提交、办理提案。大会及闭会期间，共递交2篇集体提案、11篇个人提案、数十篇联名提案和2篇社情民意。全年承办政协委员提案22件，其中8件主办件，14件会办件。三是聚焦新就业形态劳动者"急难愁盼"问题，从建会入会、思想引领、权益维护、源头参与、精准服务等方面着手，通过一系列务实举措，切实为这一群体加强保障。四是建立"五方"协调会商工作机制，保障劳动者对涉及切身利益重要事项的充分知情，加强对平台企业执行劳动法律法规的有效监督。五是组织界别委员赴东航开展后疫情时代"恢复生产及职工关爱工作"专题调研，赴商飞公司开展"国产大飞机项目发展和产业工人队伍建设情况"专题调研。通过对当前重点工作、对上海乃至全国重大产业的考察，在要点上议政，在关键处建言，较好发挥了界别作用。六是探索设立工作组制度。成立提案工作组、学习调研组、宣传信息组和组织协调组4个工作组，本着分工负责、各尽其能、协调配合的原则，充分发挥组员特长，形成工作合力，推动总工会界别工作不断取得新的成绩。（王继平）

【市总工会积极参与民生保障政策的制定调整】 市总工会积极参与各项社会保障政策的制定与修改，2021年，参与有关民生保障政策的制定调整，对《关于促进本市企业年金发展的若干意见》《做好本市快递员群体合法权益保障工作的实施意见（征求意见稿）》等20项涉及职工劳动经济权益的政策提出修改意见，反映职工的呼声和诉求。（余嘉毅）

【市总工会推动新业态从业人员权益保障】 市总工会通过政协提案形式，提出《关于推动建立新业态从业人员职业安全保障制度的建议》反映新业态从业人员职业风险高、职业安全保障缺失等问题，并提出政策建议。同时对人大代表、政协委员对新业态从业人员社会保障、职工加班加点、休息休假、健康保障、就业援助、工伤认定等方面提出的建议和议案进行答复、办理。开展《新就业形态劳动者（快递、配送）职业伤害保障调研》，调研采用问卷调查、实地走访、座谈交流等方式开展，问卷通过16个区总工会下发，共召开座谈会10场，访谈对象100多人次，回收有效问卷1188份。调研发现快递、配送行业存在职业风险较大、安全管理落实不到位、行业监管缺失、算法压缩时间、社会保险难覆盖、劳动关系不明确、现有工会工作体系不相适应等问题，并提出细化权利义务、加强行业监管、推动建立集体协商、加大工会劳动保护工作力度、尽快出台职业伤害保险、完善工会配套服务体系等政策建议。（余嘉毅）

政府与工会联席会议

【概要】 近年来，全市各区按照市政府办公厅印发的建立完善政府与工会联席会议制度的意见要求，大力推动联席会议制度落地落实，成效日益显现，已成为工会组织与政府沟通的重要渠道，成为职工将个体意愿诉求上升为政府务实决策的重要手段。它通过工会为广大职工提供了一个合理有序、权威有效的表达诉求渠道，不仅是工会充分发挥党和政府联系职工群众的桥梁纽带作用、更好参与国家治理和社会治理的有效形式之一，也有效增强了政府工作的群众基础，推进了政府决策民主化科学化，从根本上保障和维护了职工的合法权益，实现了政府发展目标和职工利益双赢，是贯彻不断发展全过程人民民主的应有之义和有力实践，政府与工会联系会议三级联动格局已经形成，在市级联席会议制度架构下，全市16个区和215个街道（乡镇）全部完成了政府与工会联席会议建制工作，全市11个具有政府职能的市级园区（工业区、开发区）中，已有宝山工业园区、闵行莘庄工业区、嘉定工业区和菊园新区、金山工业区和第二工业区、松江经开区、奉贤海湾旅游区和头桥园区9个园区建立了联席会议制度并召开了联席会议，形成了"党委领导、政府牵头、工会运作、相关部门共同参与"的工作格局。全市16个区召开政府与同级工会联席会议，提出了37项议题，涉及助力经济社会发展、产业工人队伍建设、劳动关系调处、服务职工、工会自身建设发展等方面。此外，各街镇、园区共提出283项议题，主要涉及经济发展、公共服务、职工群众切身利益等问题，内容更聚焦、形式更灵活、措施更具体。（殷崇莉）

【市总工会召开2021年度市政府与市总工会联席会议筹备工作协调会议】 2021年度市政府与市总工会联席会议筹备工作协调会议于10月25日在市总工会会议室召开。市人大常委会副主任、市总工会主席、市政府与市总工会联席会议协调小组组长莫负春出席会议并讲话，会议由市总工会党组书记、副主席、市政府与市总工会联席会议协调小组副组长黄红主持。市政府与市总工会联席会议协调小组办公室主任、市总工会副主席张得志出席会议，市总工会相关部门主要负责人参加会议。会上，市总工会相关部室就2020年度市政府与市总工会联席会议审议通过的两项议题的落实情况和2021年度联席会议筹备情况作汇报，莫负春主席和黄红书记分别对筹备工作进行部署并提出要求，明确各方要聚焦重点，全面推进街镇（园区）建立联席会议制度，切实提高联席会议议题质量，尤其是要把职工群众最关心、最突出的问题作为联席会议的重点内容，使各项决策和工作部署都能凝聚民智、体现民意、反映民情。（殷崇莉）

【上海召开2021年度市政府与市总工会联席会议】 2021年市政府与市总工会联席会议（扩大会议）于11月26日上午在市政府第一会议室召开。会上，审议通过了"推动校企合作、加强一线技能人才队伍建设""加强外卖快递人员生产作业安全保障、促进城市安全运行"两项议题。市人大常委会副主任、市总工会主席、市政府与市总工会联席会议协调小组组长莫负春，副市长、市政府与市总工会联席会议协调小组组长彭沉雷出席会议并讲话。市政府副秘书长、市政府与市总工会联席会议协调小组副组长赵祝平，市总工会党组书记、副主席、市政府与市总工会联席会议协调小组副组长黄红，联席会议协调小组成员单位和有关部门分管负责人，市总工会副主席、经审委主任，各区联系工会的副区长、区总工会主席，劳模代表等出席会议。会上，赵祝平代表市政府通报了 2020 年市政府与市总工会联席会议议题落实情况。黄红代表市总工会通报了本市各地区联席会议制度建设推进情况和上海工会服务市委、市政府工作大局的重要举措和重点工作。会议认为，四年来联席会议制度运作良好，在各方共同努力下，2020 年审议通过的两项议题均得到有效落实，取得了较为显著的工作成效。各方要不断提升联席会议制度建设的质量水平，找准议题选题的切入点和着力点，推动联席会议制度在源头维护职工合法权益方面发挥作用，抓好统筹协调，加大宣传力度，确保议题落地落实。（殷崇莉）

【上海 2020 年度市政府与市总工会联席会议审议通过的两项议题有效落实】 2020 年市政府与市总工会联席会议审议通通过的两项议题均得到有效落实，取得了较为显著的工作成效。在落实《关于聚焦职工队伍技能提升、推进企业职业技能等级认定工作的议题》方面，市人社局联合市总工会等相关委办局共同聚焦职工队伍技能提升，持续推进技能等级认定工作，不断完善技能人才评价制度，助推百万职工技能大提升，有效推动上海产业工人队伍建设。在落实《关于重点推进园区、商圈楼宇等区域职工文化体育发展　打造职工健康生活的议题》方面，市总工会联合市体育局、市文旅局建立全面合作机制，积极构建“政府支持、工会主导、企业主体、职工主角”的职工文化体育发展新格局。（殷崇莉）

【2021 年度上海市政府与市总工会联席会议审议通过两项议题】 2021 年市政府与市总工会联席会议（扩大会议）审议通过了“推动校企合作、加强一线技能人才队伍建设”“加强外卖快递人员生产作业安全保障、促进城市安全运行”两项议题。会议指出，审议通过的 2021 年两项议题指向精准，立意很高。一是技能人才培养教育事关国家未来发展，中央到地方都十分重视，我国要从“工业大国”发展成为“工业强国”，离不开一支强大的技能人才队伍。校企合作是着力解决“职业教育和产业需求如何紧密结合”问题的一个重要的切入点和突破口，要通过议题落实切实摸索出工作对策和举措。二是外卖快递人员在提升城市人民生活品质的同时，为了增加收入，抢单抢路，带来了安全隐患风险，针对此类情况既要通过制度设计加强对外卖快递人员合法权益的保障服务，也要加强管理，推动外卖快递行业的健康发展和城市安全运行水平的提高，合力营造全社会善待、宽容外卖快递人员的良好氛围。会议明确，各方在推进落实议题方面，要细化工作方案，明确推进目标，发挥各自优势，在优势中形成各自效能的叠加，并根据职工需求的变化，不断拓展工作渠道，创新机制方法，进一步加强工作中的沟通、会商以及协调，确保议题发挥更好的作用。（殷崇莉）

11 月 28 日，在市政府会议室召开上海市政府与工会联席会议（黄嘉慧）

【浦东新区召开政府与工会联席会议】 12 月 15 日，浦东新区召开 2021 年政府与工会联席会议。会上，区府办通报新区 2021 年经济社会发展情况；区总工会通报 2020 年政府与工会联席会议议题落实情况及 2021 年度区总工会主要工作。区合作交流办、区总工会就贯彻落实助力东西部协作战略，助力对口支援地区乡村振兴共同推进消费帮扶，发挥各自优势，提出有针对性的工作举措。区总工会、区审计局就进一步规范工会经费使用事项进行磋商取得共识，为推动工会经审工作高效开展，加强工会规范化建设夯实了基础。（吴周筠）

【普陀区召开政府与工会联席会议】 12 月 10 日，普陀区政府与区总工会联席会议召开。区人大常委会副主任、区总工会主席、政府与工会联席会议协调小组组长姚军，副区长、政府与工会联席会议协调小组组长王珏主持会议并讲话。区政府与工会联席会议协调小组成员单位及相关议题涉及单位及部门负责人参加会议。区总工会党组书记、副主席、政府与工会联席会议协调小组副组长徐军通报工会服务区委、区政府工作大局重点工作、深化工会改革有关情况。区府办副主任李韵皎通报普陀区 2021 年经济社会发展情况及政府工作中涉及的工会工作情况。会议审议通过区人社局提出的《关于协同推进和谐劳动关系创建活动的议题》以及区总工会、区体育局提出的《关于开展职工健身驿站建设工作的议题》。（陆　蕾）

【虹口区召开政府与工会联席会议】 11 月 30 日，虹口区召开 2021 年度政府与工会联席会议。区人大常委会副主任、总工会主席，政府与工会联席会议协调小组组长胡军出席会议并讲话，副区长、政府与工会联席会议协调小组组长陈筱洁主持会议。会上，区府办张静韵通报2020年虹口区政府与工会联席会议议题落实情况。会议审议通过《关于建立虹口区处置群体性劳动争议会商机制》的议题和《关于开展“北外滩高质量发展、高品质生活先进集体、先进个人”评比达标表彰工作》的议题。胡军对区政府及有关部门一直以来对工会工作的支持表示感谢，并就下一步工作提出相关要求。 （马伟杰）

【杨浦区召开政府与工会联席会议】

11月3日，杨浦区召开2021年度政府与工会联席会议，区人大常委会副主任、总工会主席，政府与工会联席会议协调小组组长麦碧莲出席会议并讲话，副区长、政府与工会联席会议协调小组组长王浩主持会议并讲话。区政府办公室通报2020年区政府与工会联席会议议题落实情况。会议审议通过《关于联合开展杨浦区“一网通办”“一网统管”专项立功竞赛的议题》《关于进一步加强安全生产教育培训，维护职工合法权益的议题》。区总工会、区政府办公室、区民政局、区应急局等单位分别就两项议题进行审议并提出举措。政府与工会联席会议协调小组成员单位，相关委办局、各街道办事处、各街道总工会相关负责人、部分企业和职工代表参加会议。

（张东寅）

【静安区召开政府与工会联席会议】

12月9日，2021年静安区政府与区总工会联席会议在常德路370号四楼多功能会议室召开。会议审议并通过“聚力维护劳动领域安全、协同做好我区多元化调处集体争议工作的议题”和“提升工会‘会员服务日’品质内涵、携手助推静安区域经济发展”两项议题。副区长、政府与工会联席会议协调小组组长龙婉丽，区人大常委会党组成员、区总工会主席、政府与工会联席会议协调小组组长林晓珏出席会议并讲话。区政府办公室副主任、联席会议协调小组副组长陈敏，区总工会党组书记、副主席、联席会议协调小组副组长许俊等出席。会上，区政府通报了2020年联席会议议题落实情况、区经济社会发展情况以及政府工作中涉及工会工作的情况；区总工会通报了各街镇联席会议制度推进情况以及静安工会服务区委、区政府工作大局的重要举措和重点工作。会议认为，在各方共同努力下，联席会议制度进一步巩固完善。2020年审议通过的2项议题均得到有效落实，取得比较显著的工作成效。推动全区14个街镇按照制度文件要求，建立联席会议制度，坚持定期召开联席会议，切实推动解决一批政府与工会共同关注的重点难点问题，形成区、街两级政府与工会联席会议制度体系，在推动全区经济社会发展、构建和谐劳动关系、维护保障职工权益、加强自身建设等方面都取得新成效。 （严　琪）

【宝山区召开政府与工会联席会议】

11月19日，宝山区召开2021年政府与工会联席会议。区委常委、副区长孟庆源主持会议并讲话，区人大常委会副主任、区总工会党组书记、主席王丽燕出席会议。区政府办公室副主任季婷通报区2021年经济社会发展情况，以及政府工作中涉及工会工作情况；区总工会党组副书记、副主席沈玉春通报2021年宝山工会服务区委、区政府工作大局的重要举措和重点工作、推进情况。审议并通过“进一步提升本区产业工人队伍技能素质”“进一步提升产业工人队伍体能体质”两项议题。 （朱　艳）

【闵行区召开政府与工会联席会议】

4月22日，闵行区召开2021年区政府与区总工会联席会议。区人大常委会副主任、总工会主席、政府与工会联席会议协调小组组长倪学斌出席会议并讲话。会议由副区长、政府与工会联席会议协调小组组长吴志宏主持。会上，区政府通报2020年联席会议议题落实情况和闵行经济社会发展情况。区总工会通报2020年各街镇政府与工会联席会议推进情况以及闵行工会服务区委、区政府工作大局的重要举措和重点工作。会议审议通过“关于推进园区（楼宇）健康服务点建设”和“关于为户外职工提供早餐关爱活动”两项议题，并提出具体工作举措。政府与工会联席会议各成员单位，各镇、街道和莘庄工业区分管领导、总工会主席等60余人出席会议。

（王　凯）

【金山区召开政府与工会联席会议】

12月14日，2021年金山区政府与工会联席会议在区公共服务中心东三楼大会场召开。区委常委、副区长邱运理，区人大常委会党组副书记、副主任，区总工会主席朱喜林出席会议并讲话。联席会议成员单位分管负责人，各镇、街道、工业区分管负责人和总工会主席等50余人出席。会上，区政府和区总工会分别通报区2021年经济社会发展情况，金山工会服务区委、区政府中心工作的重要举措和重点工作推进情况以及2020年联席会议议题落实情况。会议聚焦“维权服务”充分协商，对“进一步加强国有企业劳务派遣工、外包工等各类用工人员入会和服务工作”等3项议题进行充分讨论。 （钱海东）

【松江区召开政府与工会联席会议】

12月24日，松江区召开2021年区政府与区总工会联席（扩大）会议，区人大常委会副主任、区总工会主席、政府与工会联席会议协调小组组长吴建良，副区长、政府与工会联席会议协调小组组长朱明林出席会议。会议审议并通过“关于深化与长三角G60科创走廊高质量发展相适应的松江产业工人队伍建设改革的议题”与“关于推动松江区职工综合活动中心高质量运行的议题”。政府与工会联席会议协调小组成员单位的领导以及部分街镇、经开区总工会工会主席等参加会议。 （丁　璇）

【青浦区召开政府与工会联席会议】

12月14日，2021年度青浦区政府与区总工会联席会议在区政府东裙楼会议室召开。会议通报2020年区政府与区总工会联席会议议题落实情况、2021年各街镇推进政府与工会联席会议情况和工会重点工作推进情况，审议并通过“关于多元化解纠纷矛盾，深化调裁对接工作机制”和“关于完善《关于进一步做好青浦劳模关心关爱和帮扶服务保障工作的实施意见》的意见”两个议题。 （朱建强）

【奉贤区召开政府与工会联席会议】
11 月 25 日，奉贤区召开 2021 年度政府与工会联席（扩大）会议，会议通报了 2020 年区政府与工会联席会议议题落实情况，审议通过《关于进一步深化公共法律服务合作的议题》和《关于推进职工文化体育发展，打造职工健康生活的议题》。会上相关单位对这两项议题进行附议，表示将与各级工会组织更好地沟通信息、协调政策、整合资源、发挥优势，从而更广泛地联系职工群众、更高质量地服务职工群众，发挥工人阶级的主力军作用，促进区域经济社会快速发展。

（薛思涵）

【崇明区召开政府与工会联席会议】
9 月 1 日，2021 年崇明区政府与区总工会联席会议在区会议中心召开。区人大常委会副主任、区总工会主席、政府与工会联席会议协调小组组长张建英，副区长、政府与工会联席会议协调小组组长张秩通出席会议并讲话。区总工会党组书记、副主席秦文新主持会议并通报近期区总工会工作情况以及 2020 年联席会议议题落实情况，区政府办公室副主任郁涛通报今年政府工作情况。区政府与工会联席会议协调小组成员单位分管领导以及各乡镇联系工会工作的行政分管领导、总工会主席参加会议。本次会议审议通过关于“做好工人文化宫建设促进本区公共文化服务发展、加强职工（劳模）疗休养基地建设助力本区文旅消费市场、加强工会经费审计”3 个议题。

（陈思佳）

上海市总工会 2021 年重要文件选编

序号	发布日期	文件名称	发布文号	备注
1	1 月 4 日	关于印发《上海市总工会机关系统呆账处理办法》的通知	沪工总财〔2021〕1 号	
2	1 月 11 日	关于授予 2017—2019 年度“上海市十佳厂务公开民主管理工作先进单位”“上海市五一劳动奖状”的决定	沪工总基〔2021〕5 号	
3	1 月 11 日	上海市总工会关于印发《上海工会法人登记管理实施办法》并启用新版工会法人证书的通知	沪工总劳〔2021〕6 号	
4	1 月 18 日	关于实施“为 20 万名灵活就业从业人员提供‘五送’等关心关爱服务”实事项目的通知	沪工总基〔2021〕7 号	
5	1 月 18 日	关于印发《上海市总工会机关系统资金存放管理办法》《上海市总工会机关系统银行账户管理办法》的通知	沪工总财〔2021〕8 号	
6	1 月 21 日	上海市总工会关于印发《上海市总工会视频会议系统使用管理办法（试行）》的通知	沪工总办〔2021〕9 号	
7	1 月 15 日	关于调整本市支援外地建设退休（职）回沪定居人员帮困补助标准的通知	沪工总权〔2021〕10 号	与市人社局、市民政局、市财政局联合发文
8	3 月 3 日	关于创建上海市园区（楼宇）“健康服务点”的工作意见	沪工总基〔2021〕11 号	与市卫健委联合发文
9	1 月 8 日	关于开展 2020 年“尊法守法·携手筑梦”服务农民工公益法律服务行动的通知	沪工总劳〔2021〕12 号	与市司法局、市律协联合发文
10	1 月 29 日	关于深化上海产业工人队伍建设改革推进校企合作工作的指导意见	沪工总基〔2021〕13 号	与市教卫党委、市发改委、市经信委、市财政局、市人社局、市国资委、市教委联合发文

续 表

序号	发布日期	文件名称	发布文号	备注
11	1月28日	关于2020年上海工会预防和参与处置群体性劳资纠纷履职情况的通报	沪工总劳〔2021〕14号	
12	1月29日	关于印发《2021年上海市总工会服务职工实事项目实施方案》的通知	沪工总办〔2021〕21号	
13	2月1日	关于筹建“机器工会”纪念雕塑的请示	沪工总宣〔2021〕22号	
14	2月8日	关于“上海工会基层民主协商促进劳动关系稳定优秀案例”征集选树情况的通报	沪工总劳〔2021〕23号	
15	2月8日	关于印发《上海市企事业单位网络职工代表大会工作规程(试行)》的通知	沪工总劳〔2021〕24号	
16	2月23日	上海市总工会关于印发《上海工会企业资产管理办法》的通知	沪工总财〔2021〕25号	
17	2月22日	上海市总工会关于推荐评选2021年全国五一劳动奖和全国工人先锋号的通知	沪工总基〔2021〕26号	
18	2月25日	上海市总工会关于开展女职工维权行动月活动的通知	沪工总办〔2021〕27号	
19	3月12日	关于开展2020年度上海工会优秀调研报告、论文评选工作的通知	沪工总研〔2021〕38号	
20	3月15日	关于开展“建功‘十四五’奋进新征程——推进高质量发展上海职工劳动和技能竞赛”的通知	沪工总基〔2021〕42号	与市发改委、市经信委、市商务委、市教委、市人社局、市市场监管局、市国资委联合发文
21	3月17日	关于印发《上海市总工会常委会2021年工作要点》的通知	沪工办〔2021〕1号	
22	3月22日	关于进一步组织开展好2021年职工疗休养和百万职工看花博实事项目的通知	沪工总权〔2021〕49号	
23	3月26日	上海市总工会关于印发《上海工会财务资产管理工作考核办法》的通知	沪工总财〔2021〕51号	
24	3月29日	关于印发《2021年上海工会干部教育培训计划》的通知	沪工总组〔2021〕52号	
25	4月2日	关于开展2021年度本市职工队伍稳定风险排查化解专项行动的通知	沪工总劳〔2021〕55号	
26	4月6日	上海市总工会关于做好2021年调查研究工作的通知	沪工总研〔2021〕63号	

续 表

序号	发布日期	文件名称	发布文号	备注
27	4月9日	关于支持解决本市"退休职工住院医疗互助保障计划"2021年度资金补贴的函	沪工总权〔2021〕68号	
28	4月19日	关于开展"我为女职工办实事"上海工会女职工工作品牌选树工作的通知	沪工总办〔2021〕72号	
29	4月26日	关于印发《关于进一步加强上海工会组织体系建设激发基层活力的工作意见》的通知	沪工总基〔2021〕74号	
30	4月29日	关于上海工会实施消费帮扶、支持对口支援地区乡村振兴两年行动计划的通知	沪工总财〔2021〕76号	
31	4月26日	关于开展2020年度"上海市五一新闻奖"评选工作的通知	沪工总宣〔2021〕77号	与市委宣传部联合发文
32	4月29日	关于印发《上海工会构建落实"五个坚决"要求长效机制实施细则》的通知	沪工总劳〔2021〕78号	
33	4月29日	上海市总工会关于开展"工会进万家"调研走访慰问活动的通知	沪工总权〔2021〕84号	
34	4月29日	上海市总工会关于印发《上海工会爱心妈咪小屋设置及管理办法》的通知	沪工总基〔2021〕85号	
35	5月14日	关于追授丰晨敏、汤伟佳同志上海市五一劳动奖章的决定	沪工总基〔2021〕91号	
36	6月8日	关于开展"一网通办"、"一网统管"专项立功竞赛活动的通知	沪工总基〔2021〕99号	
37	6月11日	关于印发上海市总工会第三轮对口支援三年行动计划的通知	沪工总权〔2021〕101号	
38	6月16日	关于认真做好2021年本市夏季劳动保护和防暑降温工作的通知	沪工总权〔2021〕102号	
39	6月18日	关于开展2021年上海劳模疗休养活动的通知	沪工总宣〔2021〕106号	
40	6月24日	关于做好本市工会总预算编制工作的通知	沪工总财〔2021〕107号	
41	7月8日	关于印发《深化新时代上海产业工人队伍建设改革重点行动方案(2021–2025年)》的通知	沪工总发〔2021〕16号	
42	7月15日	关于开展2021年上海工会职工书屋建设工作的通知	沪工总宣〔2021〕112号	

续 表

序号	发布日期	文件名称	发布文号	备注
43	7月19日	关于组织2021年新冠疫苗接种相关工作人员疗休养工作的通知	沪工总权〔2021〕113号	
44	7月20日	关于进一步推进落实好本市小微企业工会经费支持政策的通知	沪工总财〔2021〕114号	
45	7月20日	关于学习贯彻习近平总书记在庆祝中国共产党成立100周年大会上的重要讲话精神,深入开展党史学习教育组织上海百万职工红色文化寻访活动的通知	沪工总宣〔2021〕115号	
46	7月20日	关于举办"中国梦·劳动美——奋斗百年路启航新征程"2021年上海职工(市民)文化网络大赛的通知	沪工总宣〔2021〕116号	
47	7月21日	关于推荐评选2021年上海市五一劳动奖和上海市工人先锋号的通知	沪工总基〔2021〕119号	与市人社局联合发文
48	7月21日	中智境外就业公司13.33%协议转让批复	沪工总财〔2021〕120号	
49	7月21日	关于申报2021年其他项目补助的通知	沪工总财〔2021〕121号	
50	7月21日	关于进一步做好本市工会经费财政统一划拨工作的通知	沪工总财〔2021〕122号	
51	7月26日	关于印发《上海市总工会关于进一步深化工会改革的实施方案》的通知	沪工总发〔2021〕17号	
52	7月30日	关于进一步明确《工会经费收入专用收据》开具工作要求的通知	沪工总财〔2021〕124号	
53	7月30日	关于转发《财政部关于印发〈工会会计制度〉的通知》《财政部关于印发〈工会新旧会计制度有关衔接问题的处理规定〉的通知》的通知	沪工总财〔2021〕125号	
54	8月9日	关于2021年上半年上海工会预防和参与处置群体性劳资纠纷履职情况的通报	沪工总劳〔2021〕126号	
55	8月9日	关于印发《构建和完善产业工人技能形成体系试点项目工作方案》的通知	沪工总研〔2021〕127号	
56	8月30日	关于命名第十一批"上海市劳模创新工作室"的决定	沪工总基〔2021〕132号	
57	9月6日	关于做好2021年上海劳动模范健康体育锻炼活动的通知	沪工总宣〔2021〕136号	与市体育局联合发文
58	9月8日	关于开展2021年度上海工会统计年报调查的通知	沪工总研〔2021〕137号	

续 表

序号	发布日期	文件名称	发布文号	备注
59	9 月 8 日	关于转发《中华全国总工会办公厅关于印发〈工会预算稳定调节基金管理暂行办法〉的通知》的通知	沪工总财〔2021〕138 号	
60	9 月 17 日	关于组织参加第七届全国职工职业技能大赛的通知	沪工总基〔2021〕140 号	
61	9 月 24 日	关于印发《上海推进新就业形态劳动者入会和服务保障工作的指导意见》的通知	沪工总基〔2021〕141 号	
62	9 月 24 日	关于印发《关于加强国有企业劳务派遣工、外包工等各类用工人员入会和服务工作的指导意见》的通知	沪工总基〔2021〕142 号	
63	9 月 28 日	关于开展上海工会“点亮微心愿”项目的通知	沪工总权〔2021〕143 号	
64	9 月 29 日	关于认真做好 2021 年度本市全国劳模、市劳模专项补助资金发放工作的通知	沪工总宣〔2021〕144 号	
65	10 月 12 日	上海市总工会关于印发《上海市基层工会预算管理办法实施细则》的通知	沪工总财〔2021〕150 号	
66	10 月 22 日	关于转发《财政部办公厅全国总工会办公厅关于做好〈工会会计制度〉贯彻实施准备工作的通知》的通知	沪工总财〔2021〕159 号	
67	11 月 1 日	关于命名 2021 年上海工会职工书屋示范点的通知	沪工总宣〔2021〕160 号	
68	11 月 1 日	关于青浦区总工会工人文化宫建设项目资金使用报告的批复	沪工总宣〔2021〕161 号	
69	11 月 1 日	关于表彰 2020 年度“上海五一新闻奖”的决定	沪工总宣〔2021〕162 号	
70	11 月 9 日	关于基层工会做好第三胎生育慰问有关事项的通知	沪工总财〔2021〕176 号	
71	11 月 9 日	关于命名 2021 年上海工匠的决定	沪工总基〔2021〕177 号	
72	11 月 9 日	关于在“十四五”期间举办上海市优秀发明选拔赛的的通知	沪工总基〔2021〕178 号	

续 表

序号	发布日期	文件名称	发布文号	备注
73	11月12日	上海市总工会关于对在第32届奥运会第14届全运会上作出突出贡献的集体和个人授予上海市五一劳动奖和工人先锋号的决定	沪工总基〔2021〕179号	
74	11月12日	上海市总工会关于对在第16届残奥会上作出突出贡献的集体和个人授予上海市五一劳动奖和工人先锋号的决定	沪工总基〔2021〕180号	
75	11月11日	2021尊法守法服务农民工行动通知	沪工总劳〔2021〕181号	
76	11月12日	八五普法规划	沪工总劳〔2021〕183号	
77	11月29日	2020年度上海工会优秀调研报告、论文评选工作的通知	沪工总研〔2021〕184号	
78	11月29日	关于开展2019—2021年度上海市职工职业道德建设"双十佳"选树活动的通知	沪工总宣〔2021〕185号	
79	12月2日	关于转发《中华全国总工会办公厅关于继续实施小微企业工会经费支持政策的通知》的通知	沪工总财〔2021〕192号	
80	12月23日	上海市总工会关于组织开展2022年元旦春节送温暖活动的通知	沪工总基〔2021〕194号	
81	12月27日	关于命名2021年度上海市工匠(技师、职工、巾帼)创新工作室的决定	沪工总基〔2021〕196号	
82	12月27日	关于做好2021年决算和2022年预算工作的通知	沪工总财〔2021〕197号	
83	12月29日	上海市总工会关于深入学习宣传贯彻党的十九届六中全会精神的通知	沪工总宣〔2021〕198号	
84	12月30日	关于表彰2021年上海市五一劳动奖的决定	沪工总基〔2021〕199号	

上海市总工会领导及各部室负责人名单

中共上海市总工会党组名录

党组书记 黄　红(女)

党组成员 高黎萍(女,2021.9免)　周　奇　张得志
桂晓燕(女)　胡霞菁(女,2021.9任)
戴光铭(2021.3免)
郭　箐(女,2021.10免)　丁　巍(女)

上海市总工会第十四届委员会主席、副主席、常委名录

主　席 莫负春

副主席 黄　红(女)　周　奇　张得志　桂晓燕(女)
戴光铭(挂,2021.7免)　郭　箐(女,挂)
朱雪芹(女,兼)　王曙群(兼)

常　委 (按姓氏笔画为序)
丁　巍(女)　王辛翎　王厚富　麦碧莲(女)
李友钟　张永东　陈　欣(女)　娄　为
耿道颖(女)　倪学斌　徐　文

上海市总工会经费审查委员会主任、副主任、常委名录

主　任　丁　巍（女）
副主任　倪伟琦
常　委　（按姓氏笔画为序）
韦　理　许耀武　张居正　金伟荣
祝培莉（女）

上海市总工会二级巡视员名录

二级巡视员　张　刚

上海市总工会各部室负责人名录

办公室
主　任　陈美琴（女）
副主任　邹晓鹰（女）
副主任　陈展阳
副主任　姚芸婕（女，2021.3挂）

研究室
主　任　王宗辉（2021.6任）
主　任　崔校军（2021.3免）
副主任　张　敏（女）
副主任　何文庆（女）
副主任　王子彧（2021.11任）

组织部
部　长　庄　勤（女）
副部长　范　瑜（女，2021.3任）

基层工作部
部　长　张　刚（2021.5免）
部　长　桂云林（女，2021.5任）
副部长　赵　萌（女）
副部长　张　凡（女，挂）
副部长　吴丽丽（女，2021.3挂）

劳动关系工作部
部　长　周永宝（2021.8免）
副部长　曹宏亮（2021.3任）

权益保障部
部　长　邵新宇（女）
副部长　朱莉颖（女）
副部长　史　韵（女，2021.3挂）

宣传教育部
部　长　陈必华（2021.10免）
副部长　李　明（2021.6任）
副部长　李　伟（2021.3免）
副部长　张　路（女，挂）
副部长　赵　明（挂）

财务资产管理部
部　长　黄银萍（女）
副部长　徐冬梅（女）
副部长　周　静（女）

经审办
主　任　倪伟琦
副主任　陆　娟（女）

上海市总工会直属机关党、纪、工、团负责人名录

直属机关党委
书　记　丁　巍（女，兼）
副书记　刘培顺（2021.11任）
副书记　桂云林（女，2021.5免）

直属机关纪委
书　记　刘培顺（2021.11任）
书　记　桂云林（女，2021.5免）

直属机关工会
主　席　刘培顺（2021.12任）
主　席　桂云林（女，2021.5免）

直属机关团委
书　记　管一珉（女，兼）

基层组织建设

综　述

市总工会将组织体系建设作为重点工作持续推进，按照国企、外企、非公企业、中小微企业等分类施策，积极推进基层工会组织建设。一是加强顶层设计。出台《关于进一步加强上海工会组织体系建设激发基层活力的工作意见》，与相关委办联合下发《关于上海推进新就业形态劳动者入会和服务保障工作的指导意见》《关于加强国有企业劳务派遣工、外包工等各类用工入会和服务工作的指导意见》，积极构建党建引领下上海工会工作新格局。二是加强基层工会组织建设。进一步加强"小二级"工会建设，发挥其枢纽作用，不断夯实工会基层组织基础。全市有1094家"小二级"工会，覆盖职工超过160万名。积极推动重点企业建会，成功推动美团（上海）工会、拼多多等平台企业、互联网企业建会，以及特斯拉、高通、世邦魏理仕、资生堂等著名外企建会。三是条块结合推进新就业形态劳动者入会。发挥"小二级"工会的兜底作用，推动了美团、饿了么、顺丰的530个工作站点建立工会小组。有27.5万名新就业形态劳动者和灵活就业人员享受工会"五送"服务保障。四是加强工会干部队伍建设。截至年底，全市共有社会化工会工作者978人。举办"第四届上海市社会化工会工作者技能比武交流活动"。加强工会干部能力建设，通过线上和线下相结合，举办大中型企业工会主席、街镇工会专职主席研修班、社会化工会工作者初任培训班等，开展多层面工会干部培训。五是强化数字赋能。依托大数据平台，推进工会组织库、会员库升级，并开展"扫码入会"试点工作，通过与社保、养老、人口等信息校验比对，推动职工扫码实时入会，让"数据多跑路、职工少跑腿"。虹口、杨浦、宝山、船舶、建工、中建八局、百联等7个区局（产业）工会参与试点，实名制数据库新增入库会员52万人。（吴丽丽）

灵活就业群体入会

【概要】 2021年，市总工会扎实推进新就业形态劳动者等灵活就业群体入会和服务工作。加强顶层设计。深入平台企业调研，会同市人社局、市场监管局、邮政管理局等10个委办局联合出台《上海推进新就业形态劳动者入会和服务保障工作的指导意见》和《关于加强国有企业劳务派遣工、外包工等各类用工人员入会和服务工作的指导意见》，明确相关委办局工作分工，携手推进建会入会。聚焦头部企业。积极推动平台企业、头部企业建立工会组织。推进美团上海公司、上海寻梦信息技术有限公司（拼多多）等互联网头部企业相继建会，注重发挥平台企业、头部企业的示范引领作用，推动饿了么、上海邮政等第三方合作公司开展属地建会。按照"条里牵头、块里兜底、属地建会、在地服务"原则，条块结合组建站点工会小组。梳理了美团、饿了么、顺丰等530个新就业形态劳动者所在站点，逐步推动站点以工会小组形式加入街镇"小二级"工会。推进五送服务。将"灵活就业人员提供'五送'等关心关爱服务"列为2021年市总工会服务职工实事项目，全市共为27.5万名新就业形态劳动者和灵活就业群体提供送保障、送体检、送温暖、送清凉、送安全培训等五送服务项目，增强入会获得感、归属感。（范小雨）

【浦东新区快递外卖群体工会工作指导站成立】 8月31日，浦东新区快递外卖群体党建工作推进会在张江镇党群服务中心召开，浦东新区快递外卖群体流动党员党委、浦东新区快递外卖群体工会工作指导站、浦东新区快递外卖群体青年中心和浦东新区快递外卖骑手教育基地同时揭牌成立，4月，在区委组织部牵头下，区商务委、区公安分局、区市场监管局、浦东邮政管理局、区总工会、团区委、区党建服务中心等相关职能部门共同组建快递外卖群体党建工作联席会议。区总工会立足主责主业，坚持"哪里有职工，哪里就有工会组织"的原则，积极排摸区域内快递、外卖职工情况，并筹备成立浦东新区快递外卖群体工会工作指导站。为加大对外卖群体的关心关爱，区党建服务中心联合区总工会打造85个快递外卖群体服务点"红色加油站"，免费为"小哥、骑手"提供避暑取暖、歇脚饮水、手机充电等休息场所和延时服务。此外，全区1076个职工服务站点还可为"小哥、骑手"提供困难帮扶、权益维护、就业创业、文化体育以及综合服务，户外爱心接力站还可为快递外卖职工免费提供饮水、避暑取暖、餐食加热、手机充电、应急救护等爱心服务。（吴周筠）

【宝山区成立建筑行业工会联合会】 11月26日，宝山区召开建筑行业工会会员代表大会，来自区内100家建筑单位的107名职工代表参加会议，代表全区1.3万名建筑职工会员，选举产生宝山区建筑行业工会联合会第一届委员会，区建管委副主任何飞当选为主席。（朱　艳）

【金山区非公企业线上线下相结合召开工代会】 针对一些非公企业因人员分散，加上翻班、出差、疫情期间返沪时间不一等因素，对企业召开会员大会造成影响的情况，金山区一些非公企业经与镇工会以及工会社工的讨论研究，自行开发"工代会小程序"，由会员本人实名制登录，采用手机视频连线的方式，线上参加会员大会，在外省出差、或因种种原因不能亲临现场的会员，均可同步参加会议、履行会员的职责。采用线上线下相结合的方式，使金山区张堰镇的一些非公企业，克服困难、成功召开了工代会，选出镇工代会代表和企业工会班子。（卫婷怡）

【金山区总工会开展"新就业形态劳动者温暖行动"】 11月起，金山区总全面开展"工会进万家·新就业形态劳动者温暖行动"，结合2021年上海工会"宪法宣传周"主题活动，为快递员、外卖配送员等群体送温暖，也送去法治宣传知识。从11月29日开始，金山区总工会前往区内多个快递、外卖站点，慰问新就业形态劳动者。在对区内顺丰、美团、饿了么、叮咚买菜等平台进行排摸的基础上，梳理出5个外勤人员密集的站点人员共计288人，一并为他们送上骑行手套、健康防疫包和宪法宣传资料等物品。（卫婷怡）

小三级工会建设

【概要】 2021年，市总工会按照《关于规范"小三级"工会建设的意见》和《街镇"小三级"工会经费补助的实施办法》，持续夯实街镇“小三级”工会组织规范化程度，激发基层活力。一是扩大组织覆盖面。共推进实地实体型单位组建工会 1908 家，吸纳会员 11.7 万名，累计发放补助资金 343.2 万元。二是拓展职工入会渠道。累计发放会员活动经费补助 60.84 万元，惠及 10014 名企业外入会职工。三是调动非公企业工会主席积极性。在地区考核发放履职津贴的基础上，给予获市级及以上模范职工之家、优秀工会工作者、五一劳动奖状（章）及劳动模范等称号的非公企业工会兼职主席每月给予 200 元补贴，累计为 480 名工会主席发放补贴 115.14 万元。四是提升街镇（开发区）总工会工作能力。加强各区街镇（开发区）总工会人员队伍建设，对街镇（开发区）总工会聘用的工会工作指导员按照每人每月 600 元的标准进行补贴，累计为 234 名工会工作指导员发放补贴 168 万元。五是组织开展“小二级”工会示范点服务职工项目和街镇、园区（开发区）工会非公企业工会改革案例评比。搭建基层工会相互学习和交流展示的平台，市总工会于 5 月 24、25 日分别组织“小二级”工会示范点服务职工项目发布会和街镇、园区（开发区）工会非公企业工会改革案例发布会，共有 157 家街镇、园区开发区和“小二级”工会现场发布案例和项目，推荐产生 100 个优秀案例和项目，其中，街镇总工会和园区（开发区）工会非公企业工会改革优秀案例 49 个，“小二级”工会示范点服务职工优秀项目 51 个。（何　欢）

【浦东新区绿化和市容环卫行业工会成立】 4 月 21 日，浦东新区绿化和市容环卫行业工会第一次代表大会召开，来自全区 35 家环卫作业企业的 75 名代表，选举产生浦东新区绿化和市容行业工会联合会第一届委员会委员、主席、副主席和经费审查委员会委员、主任。环境卫生管理养护工作是浦东城市管理和公共服务的重要组成部分，而面对新形势、新任务，区总工会开创新思路、新局面，积极适应新业态发展方式和职工群体就业方式的变化，着力创新基层工会组织形式和入会方式，会同区生态环境局、区建交委，通过搭建行业工会联合会这个平台，发挥已建会企业的示范引领作用，以条块结合、条条结合、二次覆盖等方式，不断推进工会组织的滚动式发展和多渠道扩容。（吴周筠）

【徐汇区成立咖啡行业联合工会】 7 月 13 日，天平街道咖啡行业联合工会成立仪式在嘉园公共客厅举行。天平路街道地处衡复历史文化风貌区，汇聚 100 余家咖啡店，是上海咖啡店密度最高的街道之一。徐汇区总工会与天平路街道耗时 3 个月，走访辖区内 60 多家咖啡店，宣传工会组建政策和服务项目，了解咖啡店员工工作状况和需求，最终将咖啡小店纳入工会组织。联合工会有会员 75 人，首次代表大会选举产生主席 1 人，委员 2 人，组成联合工会第一届委员会。仪式上，为先期举行的天平地区咖啡行业职业技能大赛获奖者颁奖，公布标有 50 多家特色咖啡店的“天平美好时光”咖啡地图。（朱贤樑）

【美团（上海）工会在杨浦属地建会】 7 月 12 日，美团（上海）工会第一届第一次会员代表大会在沪东工人文化宫召开。杨浦区总工会在区委和市总工会的关心指导下，以头部企业总部建会为引领，积极推动新就业形态劳动者建会入会。（张东寅）

【闵行区餐饮行业工会联合会成立】 9 月 28 日，闵行区餐饮行业工会联合会成立大会暨第一届委员会第一次全体会议在颛桥镇党群服务中心召开。按照联合制、代表制原则，来自全区餐饮企业的 20 名代表和 7 个街镇餐饮行业工会主席（干部）作为联合会的当然委员，同时区总工会、区经委、区市场局、区卫监所相关人员也作为委员加入。大会选举产生闵行区餐饮行业工会联合会第一届委员会主席、副主席，经费审查员和女职工委员会主任、委员。蒋学泉当选为闵行区餐饮行业工会主席。（王　凯）

【闵行区组建汽修行业工会】 11 月 11 日，闵行区汽修行业工会联合会成立大会暨第一届委员会第一次全体会议在七宝镇党群服务中心召开。按照联合制、代表制原则，来自全区汽修企业的 23 名代表和 4 个街镇汽修行业工会主席（干部）作为联合会的当然委员，同时区总工会、区交通工程建设管理中心、市汽车维修行业协会闵行办事处相关人员也作为委员加入。大会选举产生闵行区汽修行业工会联合会第一届委员会主席、副主席，经费审查员和女职工委员会主任、委员，何佩欣当选主席。区总工会副主席许向东和区交通工程建设管理中心副主任李冰共同为汽修行业工会联合会揭牌。（王　凯）

【金山区社会医疗机构行业工会联合会成立】 3 月 19 日，金山区社会医

3 月 19 日，金山区社会医疗机构行业工会联合会成立大会暨第一届第一次会员代表大会在上海东慧口腔医院有限公司召开（卫婷怡）

疗机构行业工会联合会成立大会暨第一届第一次会员代表大会在上海东慧口腔医院有限公司召开。来自全区12家社会医疗单位的59名会员代表参加会议。会议严格按照《中华人民共和国工会法》《中国工会章程》以及《工会基层组织选举工作条例》的有关规定,选举产生金山区社会医疗机构行业工会联合会第一届委员会、经费审查委员会、女职工委员会。区总工会、区卫健工作党委、区医务工会、区社会医疗机构协会的有关领导应邀出席会议。 (卫婷怡)

【金山区枫泾镇快递外卖站点成立工会小组】 11月18日、24日,顺丰速运枫泾分站点、美团恩雨枫泾站分别成立工会小组。此前,枫泾镇总工会分别走访顺丰速运枫泾分站点、美团枫泾分站点等相关企业,宣传加入工会的优势、入会流程,讲解帮困相关政策等内容,让企业与职工进一步了解工会。在枫泾镇总工会的推动下,散布在社区的快递、外卖站点分别成立工会小组,员工加入工会。(卫婷怡)

【上海中远海运重工持续推进非公企业联合工会建设】 上海中远海运重工有限公司自2019年成立非公企业联合工会以来,持续推进非公企业联合工会建设,2021年新纳入会员198人,目前该公司已有非公企业联合工会会员897人。该公司充分发挥工会组织优势和作用,通过广泛吸收国有企业各类用工人员入会,保障了劳务派遣工、外包工等群体的合法利益。为提高工会工作人员素质,年内举办了公司工会及非公企业联合工会工作人员培训班,邀请上海工会学院的老师作题为《新时代下工会干部的职责与使命》和《基层工会干部的定位与作为》的专题讲座。 (魏敬民)

工会社工队伍建设

【概要】 市总工会围绕中央关于群团改革工作要求,按照习近平总书记关于加强基层工会建设"三个着力"的重要指示精神,高度重视社会化工会工作者队伍建设,持续深入探索工会工作者的职业化、社会化道路,通过孵化培育等举措,建立一支能力过硬、素质优良、心系职工的社会化工会工作者队伍,为推进基层工会组织建设、劳动关系协调机制建设、职工经济技术创新活动开展等发挥了重要的作用。一是稳步推进社会化工会工作者队伍建设。截至年底,全市共有12个区培育孵化了职工服务类社会组织,共有活跃在街镇"小三级"的工会社工978人,较往年基本持平。二是持续完善社会化工会工作者队伍建设。市总工会在调研工会社工队伍建设现状的基础上,启动上海工会社工队伍指导文件的修订工作,为各区总推进工会社工队伍建设提供更加明确的指导与要求。三是深入推进社会化工会工作者培训比武。市总工会组织开展第四届工会社工技能比武交流活动,包括网络答题、复赛知识竞赛及决赛知识竞答环节,全市14个区共1033名社工(包括部分党群工作者)参加,全面展示广大工会社工的业务能力和工作水平。四是做好工会社工队伍建设保障。2021年按照工会社工队伍建设分级负担要求,共下拨社工队伍建设补贴3584.4万元,覆盖全市聘用的所有工会社工。 (何 欢)

【闵行区总工会与工会学院签订工会干部培养、交流合作协议】 5月24日,闵行区总工会与上海工会管理职业学院在闵行经济技术开发区党群服务中心正式签订工会干部培养、交流合作协议。标志着双方将在工会干部培训、工会现场教学基地建设、工运理论研究、人才交流和合作交流机制建立等5个方面开展深入合作交流。市总工会副主席周奇,闵行区人大常委会副主任、总工会主席倪学斌,上海工会管理职业学院党委书记、劳动报社总编辑王厚富出席签约仪式。签约仪式现场为闵行经济技术开发区工会、闵行区吴泾镇总工会、大金空调(上海)有限公司等3家上海工会干部教育培训教学点、上海工运理论与工会工作基层调研联系点、上海工会干部教育培训基地揭牌。闵行区各街镇工会主席及部分园区、企业工会主席代表参加签约仪式。 (王 凯)

【松江区工惠社会服务中心工作站成立】 3月3日,松江工惠社会服务中心举行工作站成立授牌暨站长聘任仪式。区总工会党组书记、副主席陈军康,区总工会党组成员、副主席孙禄君出席,并为松江工惠社会服务中心工作站授牌、为新聘任站长颁发聘书。孙禄君就成立松江工惠社会服务中心工作站并设立站长做了具体说明。各街镇(经开区)总工会专职副主席、工惠中心各工作站站长参加会议。 (王晓琼)

【青浦区总工会举办首届社工技能比武大赛】 1月28日,青浦区社会化、职业化工会工作者首届技能比武大赛决赛暨年终工作总结表彰会在区工人

5月24日,闵行区上海工会干部教育培训教学点、上海工运理论与工会工作基层调研联系点、上海工会干部教育培训基地揭牌 (汪自强)

文化宫召开。决赛以小视频和情景剧表演的方式展示社工团队的工作场景,反映工会社工在工会组建、疫情防控、助力复工复产和协调劳动关系方面为企业和职工做好服务的事例。7支社工团队入围决赛,赵巷镇总工会社工团队获一等奖。会议通报2020年工会社工考核情况,并对2020年度获得考核优秀的社工进行表彰。

(朱建强)

【奉贤区总工会加强社工队伍建设】 年内,奉贤区总工会新招聘10名社工,区内共有80名社工,分布在奉贤区17个街镇、开发区、集团公司工会等。奉贤区总工会新出台《奉贤区关于加强社会化工会工作者管理的实施办法》,对工会社工实行社会化运作、契约化管理、专业化培训、职业化发展。工会社工在区总工会的指导下,围绕工会主业主责,在助力工会组织建设、基层服务站建设、职工素质建设、维护职工权益等方面,延伸工会工作手臂,拓展工会服务链条,激发基层工会活力,并在第四届上海市社会化工会工作者技能比武交流活动中荣获三等奖。

(丁义江)

爱心接力站建设

【概要】 2021年,市总工会将全市1100余家"户外职工爱心接力站"列入常态化管理。一方面,精准服务,创新升级职工所需,在322家升级站点延续并创新升级以下三方面服务:为升级站点添置空气净化器、爱心医药包、电子血压计等健康服务类设备,以提升户外职工休息环境的空气质量,应对高温、严寒天气工作环境中所可能出现的紧急情况;添置共享爱心雨伞、手机充电宝,以及"中国铁塔"电瓶充电柜等日常需求类设备;通过"申工社""会聘上海""会缘"等微信公众号或小程序展示升级站点,提供线上的就业、心理、法律、婚恋、帮扶等政策咨询服务。另一方面,狠抓质量,打造站点服务品牌。6月,市总工会积极参与2021年全国总工会"最美工会户外劳动者服务站点"推树活动,推树35家"户外职工爱心接力站"入选最美站点。在常态化开展站点自查、区级暗访、市级抽查的三级考核体系基础上,为持续深化"我为群众办实事"实践活动成效,市总工会于8月在全市范围内开展了"户外职工爱心接力站"专项检查,组织志愿者团队,针对"硬件设施""服务人员""站点环境""特色服务"等方面打分。同时深化检查成果运用,严格落实"红黄牌"制度,确保服务质量。截至年底,全市共创设"户外职工爱心接力站"1140家,涉及全市16个区、16个局(产业),累计接待服务已近160万人次,受到广大户外职工的一致好评。

(左鑫荣)

【建设100家"园区(楼宇)健康服务点"】 2021年,市总工会、市卫生健康委决定在本市范围内开展园区(楼宇)"健康服务点"创建工作。3月9日,市总工会、市卫生健康委在市政府会议室召开市为民办实事项目"建立100家园区(楼宇)健康服务点"推进动员会,联合发布《关于创建上海市园区(楼宇)"健康服务点"的工作意见》,标志该项目正式启动。园区(楼宇)"健康服务点"以本市在职职工为服务对象,以适应职工提升健康生活品质新需要为基本导向,重点往产业工人集中、周边医疗资源设施缺乏的园区、楼宇、商圈等职工集聚区域倾斜,特别是推动职工"健康服务点"向"五个新城"配置,让职工就近就便享有公平可及的疾病预防、健康自检自评、健康教育、健康指导等服务,努力保障广大职工的健康权益。园区(楼宇)"健康服务点"按照"两固三定"标准进行规范创建,即:固定场所、固定社区卫生服务中心、定期咨询、定期访视、定期讲座。截至年底,全市100家"园区(楼宇)健康服务点"已覆盖16个区、2个产业,其中,辐射到园区有61个,楼宇有28个,商圈市场有11个,共涵盖近2.5万家企业、惠及超过70万名职工。

(左鑫荣)

【浦东3家户外职工爱心接力站获"全国最美工会户外劳动者服务站点"】 为切实解决户外职工工作中遇到的饮水、休息等实际问题,浦东新区总工会自2017年以来,在户外职工工作相对集聚区域的沿街路面挂牌设立服务站点,服务新就业形态劳动者。2021年下半年,在全国总工会开展"最美工会户外劳动者服务站点"推树活动中,浦东新区洋泾街道崮山路户外职工爱心接力站、华夏社区户外职工爱心接力站、金桥镇户外职工爱心接力站获评全国"最美"称号。

(吴周筠)

【黄浦区开展园区(楼宇)"健康服务点"创建工作】 黄浦区总工会联手区卫生健康委、各街道总工会,在全区开展园区(楼宇)"健康服务点"创建工作,截至年底,小东门街道久事大厦楼宇、豫园街道小商品市场、南京东路街道港泰广场、五里桥街道江南智造文化产业集聚区、淮海中路街道新天地商圈、瑞金二路街道第一片区、6个健康服务点全部通过市总工会审核并启动运行,区总工会提供健康点设备购置补贴、项目经费计23万元专项资金保障。

(曹超宇)

【金山区首批职工健康服务点建成】 5月6日,金山区鑫港湾职工健康服务点正式开始运行。这是金山区"我为职工办实事"项目首批三家职工健康服务站点之一,设立在金山工业区鑫港湾蓝领驿站内。服务点配备了听诊器、血压计、额温计、标准对数视力表、身高体重体脂称、便携医务箱等日常诊查设备。此外,每周二、周五中午11:30—13:30,有专职医生坐诊定期咨询,为广大职工服务,服务项目有全科问诊、血压测量、血糖检测、体脂监测、健康报告解读、慢性病管理、常见疾病预防知识普及、家庭医生签约等。健康服务点还推出了定期访视的服务,医护团队根据企业职工需求,每月为企业职工提供一次健康访视服务。

(卫婷怡)

【金山区总工会在健康服务点开展急救知识培训】 5月19日,金山区总工会在金山第二工业区"碳谷绿湾"健康服务点举行我为职工办实事——"职工健康服务点"急救知识首场培训。区总工会邀请具有美国心脏协会AHA急救员导师资质的老师进行授课,"碳谷绿湾"健康服务点管理人员、医务人员(团队)及部分职工约30余人参加。培训课程内容丰富、形式多样,以技能实操学习为主,采用情景化教学,通过急救技能学习、现场演

练—模拟救人比赛等，普及急救知识，掌握初步急救技能。（卫婷怡）

【金山区总工会召开“职工健康服务点”建设现场会】 6月22日，金山区总工会在金山区吕巷镇工业园区召开我为职工群众办实事—金山区园区(楼宇)职工“健康服务点”建设现场会。区总工会党组书记、副主席徐红强、区卫健工作党委委员、区卫健委副主任韩美珍，基层工作部负责人，区职工服务中心主任，各健康服务点所在直属工会主席、专职副主席、职工服务分中心负责人、“小二级”工会负责人，各健康服务点负责人以及职工代表等共50余人参加。会前，与会人员参观了吕巷镇工业园区职工健康服务点，现场体验了形式多样的健康服务项目。会上，区总工会为第二批4家健康服务点举行了授牌仪式并赠送了医药箱，全区7家健康服务点进行了服务项目发布。会后，吕巷镇工业园区职工健康服务点举办了题目为《夏季多“湿”易致病》的首场健康知识讲座，为职工详细介绍了健康的定义、“湿、热、毒”产生的原因以及调理的方法。（卫婷怡）

【普陀区举行网约送餐行业迎新春活动】 1月8日，普陀区总工会、区妇女联合会、阿里本地生活、长风新村街道总工会、区网约送餐行业工会联合举办“蓝骑士”冒风雨送餐，“娘家人”送新春温暖——2021年区网约送餐行业工会迎新春专场活动。在活动现场，为送餐小哥送上充电宝、保温杯、围巾、春联等物品。活动当天，还举行了“户外职工爱心接力站”揭牌。同时安排安全课堂、皮具小件制作、书写春联福字3项公益课程与服务项目进站点。（陆　蕾）

【宝山区总工会关心慰问春节留沪户外职工】 1月29日，宝山区人大常委会副主任、区总工会党组书记、主席王丽燕，区总工会副主席赖拥军一行走访慰问辖区内爱心接力站，向站点送上由红色围脖、新春对联、公园门票套票组成的慰问礼包。（朱　艳）

【全市关爱环卫工人“爱心接力站”逾7000家】 12月30日，中国联通上海市分公司关爱环卫工人“爱心接力站”揭牌启用仪式在长宁区的联通黄金城道营业厅里举行，77家联通营业厅加入全市关爱环卫工人“爱心接力站”的行列。自2015年底，市绿化市容行业工会向全社会发出倡议，开展创设关爱环卫工人“爱心接力站”活动以来，得到社会各界特别是沿街、沿路爱心单位、站点和商户的积极响应和广泛参与。截至12月底，全市社会单位申报创设并通过验收、挂贴统一标识的“爱心接力站”已有7000余家，切实帮助环卫工人解决了实际困难。（耿　静）

【市绿化市容行业工会开展2021年度“十佳”选树表扬工作】 10月，根据市绿化市容行业工会《关于开展2021年度“十佳城市美容师”“十佳爱心接力站”“十佳社会共建案例”选树表扬活动的通知》，经各单位选拔推荐、网络评选、专家评审、市绿化市容局党组审议通过、社会公示等环节，评选出韦玮等10人为2021年度“十佳城市美容师”；金高公交大桥四线五莲路双桥路公交站爱心接力站等10家企(事)业单位创设的爱心接力站为2021年度“十佳爱心接力站”；钟薛高食品(上海)有限公司等10家单位申报的关爱环卫工人，共建洁净家园案例为2021年度“十佳社会共建案例”。龙燕等7人荣获2021年度“十佳城市美容师”提名奖。（耿　静）

“职工之家”建设

【概要】 2021年，市总工会在工会基层组织中持续深入开展建家活动，把建会建制与建家紧密结合起来。一是打造“职工之家”建设长效机制。把建家活动作为工会的一项经常性、长期性工作，按照“会、站、家”一体化工作思路，以职工需求为导向，持续构建覆盖广泛、快捷有效的服务职工工作体系，提供更多普惠性服务，让职工群众更多更公平地分享改革成果，提升职工群众获得感。二是开展全国模范职工之家/职工小家复查工作。根据全总统一部署，市总工会开展了对1983年至2005年期间受表彰的全国模范职工之家/职工小家复查工作，通过多种渠道对385家受表彰单位仔细查找、考证相关信息后，划分至69家区局产业工会。经全面仔细复查后，143个全国模范职工之家中，保留荣誉称号共104家，因单位破产、终止或撤销拟收回奖牌和证书情况共39家；242个全国模范职工小家中，保留荣誉称号共90家；因单位破产、终止或撤销拟收回奖牌和证书情况共152家。三是开展全国模范职工之家结对共建工作。根据全总要求，组织16个区共44家基层工会参加结对共建工作，涵盖园区工会、行业工会联合会、企业工会等多种形式，通过“一对一、点对点”的双向互动、经验分享、学习交流等多种形式，实现双方的资源共享、优势互补，对全面推动基层工会建设发挥积极的作用。（何　欢）

【市化学工会开展年度“职工之家”创建评选活动】 7月，市化学工会对下属市内外基层工会组织建设和工会干部队伍现状进行梳理调查，全面了解掌握基层工会组织情况。10—12月，在基层工会和会员中开展2020—2021年度上海华谊集团公司“先进职工之家”“先进职工小家”“优秀工会工作者”“优秀工会积极分子”评选。通过资料审核和抽查验收，共评选出先进职工之家20个，先进职工小家45个，优秀工会工作者18名、优秀工会积极分子104名。（张雪莲）

【东方国际集团工会(上海市纺织工会)评选表彰“2019—2021年度模范职工之(小)家”】 2021年，东方国际集团工会、上海市纺织工会开展职工之家评选，经过各级工会自评、申报、择优推荐、公示等评审程序，决定授予上海新联纺进出口有限公司工会委员会等11个集体“2019—2021年度模范职工之家”称号，授予东方国际创业股份有限公司毛针织事业部利泰五部和孟加拉事业部联合工会小组等16个集体“2019—2021年度模范职工小家”称号。（叶艺勤）

【上海电建公司工会开展“最具活力工会”创建活动】 在工会职工之家的创建工作中，上海电建公司每年开展“最具活力工会工作”成果发布活动，推进基层工会特色工作的创建，积极挖掘工会工作亮点，展示各基层工会工作的新作为。福建公司工会的《书香为活力赋能》、建筑公司工会的《岗位技能赛，走“新”又走“心”》、一公司公司的《持续推进职工书屋建设 全面提高职工队伍整体素质》成果分别获得2021年度上海电建“最具活力工会”工作成果发布前三名。“最具活力工会”评选，打通服务职工的“最后一公里”，做到“精准服务”，职工群众的获得感明显增加，推动了基层工会“职工之家”的创建。（傅 诚）

【上海航天局工会开展“职工之家”互检互学工作】 2021年，上海航天局工会深化“建家”活动，以走进现场、分组互评、互检互学的形式，开展局先进职工之家复查工作，为各基层单位工会搭建横向交流的平台。在各组的检查中，交流、总结各单位在工会工作中的亮点和特色，以点带面推动基层工会建家工作。在此基础上，上海航天局工会评选出“优秀工会工作者”10人、“优秀工会积极分子”21人、4家单位通过“先进职工之家”复验。（周欣彬）

【铁路上海局集团公司工会开展“职工之家”建设活动】 2021年，铁路上海局集团公司工会深化开展“建家”活动，将“职工之家”创建活动作为推进基层工会工作、评判工作质量的重要抓手，持续抓好建家活动开展。指导基层工会按照新的创建办法，细化创建标准，开展创建活动；召开年度会员（代表）大会，开展会员评家活动，落实评家工作。开展2020年度“两模三优”评选，按照组织建设、民主管理、维护职能、劳动竞赛和工作创新等5项内容、标准组织推荐评选，共表彰模范职工之家28个、先进职工之家26个、模范职工小家154个、优秀工会工作者112人、优秀工会积极分子171人、优秀工会之友27人。落实铁路总工会“职工之家”重点单位建设要求，检查徐州工务段砀山线路车间虞城维修工区“职工之家”建设情况，指导加强班组工会小组、民管会、职工小家等建设。按照铁路总工会、上海市总工会要求，对上海局基层单位1983年至2005年获得全国模范职工之家、职工小家情况进行复查。（王卫东）

【中远海运船员管理有限公司“红蓝共建”稳后方】 年内，中远海运船员管理有限公司全面推进公休船员党支部“红色战斗堡垒”和海嫂（海员家属）联络站“蓝色温馨港湾”一体化建设，落实“线上线下互动、船舶岸基互通、海员海嫂互助”的共建机制，推进海嫂联络站成为船员在船安心工作的“稳定器”“大后方”。由公司下属7家分/子公司直线管理的海嫂联络站总数达265个，服务船员家庭2万余户，公休船员党支部与海嫂联络站结对共建115个。（赵坤政）

【上海邮政工会规范“职工小家”建设】 为推动“职工小家”建设工作持续创新发展，上海邮政工会结合集团工会《中国邮政职工小家规范化建设与管理指导手册》以及《中国邮政集团有限公司上海市分公司2021年实事项目方案》，积极落实上海邮政职工小家规范化建设和管理工作。根据每家基层单位职工小家总数30%的比例，下拨每家3000元经费补贴用于维护改造，以进一步提高职工小家建设标准化、规范化、系统化水平，提升员工的归属感。（王 瑛）

【市绿化市容局工会加强“职工之家、职工书屋”建设】 2021年，市绿化市容局工会结合党史教育“我为群众办实事”实践活动，设立专项经费，指导帮助具备条件的基层工会创建“职工之家”和“职工书屋”。在水管处、绿建中心、辰山植物园等9家基层单位完成创建工作，水管处的区县管理站“职工书屋”被上海市总工会评定为示范点。局系统单位有5家“职工书屋”被全国总工会评定为示范点，1家被市总工会评定为示范点。（盖永华）

【鲁中矿业工会评选表彰2019—2020年度建家活动先进】 鲁中矿业工会评选表彰2019—2020年度建家活动和工会工作先进。评选共设模范职工之家、模范职工小家、优秀工会工作者、优秀工会积极分子等4个评选项目。经过基层广泛推荐，并经相关部门进行条件审核（排除安全生产事故等否决指标），鲁中矿业工会委员会研究，授予选矿部工会等3个单位工会“模范职工之家（单位级）”、采矿部提升车间工会等7个单位工会“模范职工之家（车间级）”，授予采矿部采矿3车间钳工班等7个集体为“模范职工小家”。同时，鲁中矿业工会评选了优秀工会工作者3名，优秀工会积极分子27名。鲁中矿业工会建家活动先进评选每两年组织一次，旨在评选表彰在工会组织建设和工会工作中涌现的先进集体和个人，提高基层工会工作的有效性和基层工会工作人员的积极性，增强工会组织的凝聚力和向心力。（刘炜权）

【上海市教育系统开展“模范教工之家”评选工作】 2021年，市教育工会开展上海市教育系统2018—2020年度“模范教工之家”“模范教工小家”评选工作。本次评选通过选树先进典型，促进基层工会建设有温度、有热度的“教工之家”，优化教职工的工作与休息环境，把“我为群众办实事”落到实处，同时将“教工小家”建设与二级教代会制度落实相结合，落实二级单位“教工小家”建设，服务于多校区办学的需要，体现工会服务教职工的功能，共评选出16个“模范教工之家”，20个“模范教工小家”。（沈 瑶）

关于进一步落实受疫情影响企业职工线上职业培训补贴政策有关事项的通知

沪人社规〔2021〕4号

各区人力资源和社会保障局、财政局，各有关单位：

当前，新冠肺炎疫情防控由应急管理状态全面转入常态化管理。为持续扩大疫情防控背景下援企稳岗政策的受益面，提升企业等用人单位的获得感和满意度，现就进一步落实受疫情影响企业职工线上职业培训补贴政策的有关事项通知如下：

一、继续实施市人力资源和社会保障局、市财政局《关于做好本市受疫情影响企业职工线上职业培训补贴工作的通知》(沪人社职〔2020〕49号)。本市受疫情影响的各类企业、社会组织等用人单位对本单位实际用工的从业人员开展的与本单位主营业务相关的各类线上职业培训，均纳入培训补贴范围。

二、用人单位既可依托自主开发的线上培训平台，也可委托第三方线上培训平台开展职工线上职业培训。线上培训平台和培训课程应符合市人力资源和社会保障局、市财政局关于本市“互联网+职业技能培训计划”规定的企业开展“互联网+”职业技能培训的线上培训平台和培训课程的条件要求。

三、受疫情影响企业职工线上职业培训采取先申报备案、后组织培训、再申请补贴的方式实施。本市加快信息系统功能建设，进一步精简材料、简化流程，通过人社自助经办系统“惠企点单办”实现网上办理。有条件的区还可探索实行告知承诺等方式，对用人单位培训项目申报和补贴经费申请予以快速办理。

四、受疫情影响企业职工线上职业培训补贴标准为每人每个培训项目600元，每个项目培训课程时长不少于24课时。原则上每人每年可享受1次培训补贴，同一职工同一培训项目不得重复享受补贴。

五、各区要从稳就业的高度，充分发挥本区就业工作领导小组统筹协调作用，进一步落实受疫情影响企业职工线上职业培训补贴工作，结合当前人力资源社会保障部等七部门关于开展“迎新春送温暖、稳岗留工”专项行动的工作要求，对相关政策措施进行再动员、再部署，做好补贴资金保障，扩大政策受益面，提升服务对象满意度，并落实属地监管责任，提高资金使用效益。

六、本通知自发文之日起施行，有效期至新冠肺炎疫情结束后再顺延3个月。

七、其他文件与本通知规定不一致的，以本通知为准。

2021年2月8日

经济建设

综　述

2021年，市总工会深入学习习近平总书记“七一”重要讲话精神，认真贯彻中央和市委决策部署，动员职工群众在服务构建新发展格局中建功立业，为提升上海城市能级和核心竞争力作出贡献。一是高质量推动岗位建功。联合市发改委等七委办开展“建功‘十四五’，奋进新征程——推进高质量发展上海职工劳动和技能竞赛”，发挥全国五大引领性竞赛辐射带动作用，围绕上海“五个中心”建设、浦东社会主义现代化建设引领区、长三角一体化发展、城市数字化转型上海特色“新基建”、为民办实事“两网一线”、五个新城建设、疫情防控等七大板块，组织职工参赛，召开8场竞赛工作推进交流会、成果发布会等，各相关单位上报竞赛项目案例639个，经过评审选出优秀项目174个。二是持续推动职工岗位创新。启动第二届“上海职工优秀创新成果奖”评选，首次设“专业技术组”和“一线技能组”，聚焦集成电路、人工智能、生物医药、航空航天、新能源汽车等关键重点领域，基层申报创新成果共786项，年底完成专家评审。三是深化校企合作工作。市总工会会同市教育工作党委、市发改委等，以“依托产教融合、校企合作平台，全面建设一支宏大的知识型、技能型、创新型劳动者大军”为主要目标，推出九大措施推进校企合作工作，首批推动14所院校与23家企业签署校企合作框架协议，实施10个合作项目。（张　振）

劳动和技能竞赛

【**概要**】　年内联合市发展改革委等7部门开展“建功‘十四五’奋进新征程——推进高质量发展上海职工劳动和技能竞赛”，广泛发动企业和职工全面参与，开展全方位、多领域、多形式的劳动竞赛，全面组织动员广大职工在奋进“十四五”的新征程中发挥主力军作用。充分发挥全国五大引领性竞赛辐射带动作用，围绕浦东社会主义现代化建设、长三角高质量一体化发展、深化上海“五个中心”建设、优化营商环境、加快推进城市数字化转型等创新开展劳动和技能竞赛，同时聚焦为民办实事、疫情防控、促消费扩容提质等重点工作开展竞赛。共动员86个区局(产业)工会制订竞赛方案，组织职工参与竞赛，召开8场竞赛工作推进交流会、成果发布会等，各相关单位上报竞赛项目案例639个，经过评审选出优秀项目174个。继续开展第四届“凝心聚力进博会　建功立业创一流”立功竞赛，助推办展办会优质高效，持续放大溢出效应。（张　振）

【**上海召开“五个新城”建设主题立功竞赛推进会**】　4月22日，上海“五个新城”建设主题立功竞赛推进会在奉贤区博物馆召开。这一竞赛活动是市总工会联合市发改委等7个部门开展的“建功‘十四五’，奋进新征程——推进高质量发展上海职工劳动和技能竞赛”系列活动之一，旨在落实市委市政府关于“五个新城”建设的部署，调动和发挥广大职工参与新城建设的积极性、主动性和创造性，参与竞赛有规划设计、建设施工、综合保障等100余家单位，竞赛内容涉及高端产业、科创、基础设施、重大民生等多个领域。市总工会副主席周奇，奉贤区领导骆大进、陆建国等出席大会。会上，市住建委综合规划处副处长沈贻介绍上海“五个新城”建设规划，嘉定区总工会、松江区总工会、青浦区总工会、临港新片区管委会、市工业综合开发区有限公司、华东建筑集团、国网上海奉贤供电公司等单位做交流发言，大会为华东建筑集团、国网上海市电力公司、中建八局等12支“上海‘五个新城’建设主题立功竞赛突击队”授旗。（夏　伟、张　振）

4月22日，上海“五个新城”建设主题立功竞赛推进会在奉贤召开
（夏　伟）

【**长三角地区“优化营商环境　服务市场主体”主题立功竞赛**】　沪苏浙皖三省一市总工会联合三省一市市场监管部门以“优化营商环境　服务市场主体”为主题，精选与营商环境关联最密切、群众感受最直接的领域燃油加油机计量检定、商品包装计量检验、公平竞争审查业务能力提升3个项目，推动打造“统一开放、竞争有序、安全放心、质量领先、满意消费、示范引领”的长三角现代化市场监管体系。组织近10万名市场监管职工参与，最终24支队伍汇聚上海参加总决赛，实现了“以赛促练、以练促学、以学促能、以能促干”，达到竞赛活动与优化营商环境、服务市场主体的有机结合。（张　振）

【**上海特色“新基建”主题立功竞赛推进会召开**】　4月25日，“加快推进上海城市数字化转型——上海特色‘新基建’主题立功竞赛推进会”在上海信息大楼召开。市总工会副主席周奇出席。中国电信上海公司副总经理、工会主席常朝晖在会上作“天翼服务新基建、云改数转高质量”的交流发

言，上海市劳模、移互部品保中心陈晓芳围绕“优感知、促发展、提效能，争做5G网络建设排头兵”作交流发言，云网运营部代表中国电信上海公司接受立功竞赛突击队授旗。（殷　茵）

【举办“促进消费扩容提质”暨“五五购物节”主题立功竞赛推进交流会】 5月27日，市总工会、市级机关工作党委、市商务委在第一百货商业中心举行“促进消费扩容提质”暨“五五购物节”主题立功竞赛推进交流会，市总工会党组书记、副主席黄红出席并讲话，市总工会副主席周奇、王曙群及市级机关工作党委副书记李云龙、市商务委副主任刘敏、相关产业集团工会负责人、先进集体代表、参赛企业代表等200多人参会。百联集团党委书记、董事长叶永明致辞，市总工会党组书记、副主席黄红为“2021年上海全国五一劳动奖状”获奖单位代表颁奖，并为立功竞赛分赛区代表授旗；市总工会副主席王曙群为“2021年上海全国工人先锋号”获奖集体代表颁奖；市级机关工作党委副书记李云龙、市商务委副主任刘敏为立功竞赛办公室揭牌；市商务委副主任刘敏介绍了立功竞赛总体安排。百联集团党委副书记、工会主席秦青林作了题为《激发职工活力，释放消费潜力，在“五五购物节”中凝心聚力建新功》的交流发言，从提升竞赛活动质量、加强竞赛组织领导、营造竞赛良好氛围三个方面，介绍了集团工会组织发动广大职工开展“三比三赛”主题劳动竞赛的情况。与会人员观看了百联集团品牌焕新宣传片——《乐享美好生活》、东方国际职工表演队展示的《时尚东方》时装秀，参观了《第一百货商业中心“红·美生活”——庆祝中国共产党建党100周年特别展》。（姜　杰）

【开展疫情防控及防疫物资生产保障主题立功竞赛】 围绕疫情防控及防疫物资生产保障的主题，市总工会组织开展劳动竞赛，助力本市统筹推进常态化疫情防控和经济社会发展。团结动员广大职工在智慧检疫，核酸检测，医院、机场、街镇、社区防疫管理，防疫物资生产等方面贡献智慧和力量。各区局产业工会在竞赛推进中形成典型案例99个，为进一步推动上海

上海电信工会承办上海特色“新基建”主题立功竞赛推进会　（殷　茵）

经济发展注入新动能。（张　振）

【开展第四届“凝心聚力进博会、建功立业创一流”立功竞赛】 市总工会联合市级机关工委、市商务委、市市场监管局发动参与进博会运行、保障、建设和服务的区局产业有关单位开展立功竞赛。在安全保障、餐饮住宿、城市管理、市容环境、区域服务等各方面优化提升，助力实现第四届进博会“越办越好”，加速释放进博会溢出效应。（张　振）

【市职工技协组队参加第七届全国职工职业技能大赛】 10月14—16日，中华全国总工会在成都举行第七届全国职工职业技能大赛，市职工技术协会在市总工会领导下，对标本届全国大赛6个工种，组织开展上海地区选拔赛，联手相关产业工会对层层选拔出的选手进行封闭式集训，最终在决赛中取得团体第九名和最佳组织奖以及钳工团体总分第四、数控机床装调维修工和网络与信息安全管理员团体总分分别第五名的好成绩。其中6名选手的成绩分别进入钳工、数控机床装调维修工、网络与信息安全管理员的前二十名。（陈　青）

【组织开展2021年上海职工职业技能系列竞赛】 为充分发挥技能竞赛在构建产业工人技能形成体系和创新产业工人发展制度等方面的作用，2021年，市职工技协组织开展上海职工职业技能系列竞赛“1+2+1+N”。“1”是上海市物业管理行业职业技能竞赛，“2”是生物医药行业实验技能竞赛、智能制造行业（产线虚拟调试与仿真项目）技能竞赛，“1”是市总工会牵头举办长三角纺织行业（服装设计）职工技能竞赛。同时以市级层面竞赛为引领，各地区（系统）针对企业和职工需求开展符合实际的职工职业技能竞赛。云南省总工会、新疆喀什地区工会等上海对口支援的工会应邀组队参加了技能竞赛。（陈　青）

【举办2021年上海职工插花花艺大赛】 10月23日，市职工技协在市工人文化宫举办《美在生活中》2021上海市民职工海派插花大赛总决赛。本次大赛依托上海市职工技术协会插花花艺专业委员会，从23个赛区的1315名选手中经过选拔产生50位选手进入决赛，最终由7位专家分别对作品进行专业点评，并评出金银铜奖及优秀组织奖。组织插花花艺大赛，旨在促进和推动海派插花非遗文化的传承与发展，使这一“小众艺术逐步变为大众文化”，进入市民家庭、融入市民生活，为“上海文化”名片增添一抹亮色。（赵志灏）

【浦东新区总工会启动四大系列主题劳动和技能竞赛】 3月19日，浦东新区总工会会同区级机关党工委、发改委、科经委、商务委、教育局、财政局、人社局、规划资源局、建交委、市场

浦东新区总工会联合举办“打造引领区　当好主力军”主题立功竞赛
（吴周筠）

监管局、国资委、城管执法局、税务局、团区委、企业服务中心、大数据中心、城运中心等23个政府职能部门及各大开发区管委会，共同举办“打造引领区、当好主力军”推进新时代浦东高水平改革开放2021年四大系列主题劳动和技能竞赛项目发布和集中启动仪式。聚焦浦东六大硬核产业、城市数字化转型、金色中环发展带建设以及服务效能倍增4个方面，举办“浦东杯”人工智能创新应用大赛、“张江杯”大数据创新应用赛、“大飞机杯”航空制造业技能大赛等品牌赛，承办全国职工职业技能大赛网络安全上海选拔赛、上海职工生物医药实验技能大赛暨“张江药谷杯”生物医药实验技能大赛，突出劳模工匠示范引领，竞赛覆盖面不断扩大，形成“四大竞赛系列、30个以上竞赛品牌项目、百名劳模工匠示范带动、千场以上竞赛比武、百万职工共参与”的竞赛新格局。（陈　维）

【浦东新区举办班组长管理技能竞赛】 7月12日，浦东新区“工匠杯”班组长管理技能大赛暨第二届国家级新区经开区高新区班组长管理技能大赛浦东选拔赛落幕。经选拔，选出的特等奖和一、二、三等奖获奖选手将共同代表浦东参加第二届国家级新区经开区高新区班组长管理技能大赛决赛。本次“工匠杯”班组长管理技能大赛是浦东新区总工会联合科经委等产业主管部门和外高桥保税区、金桥开发区、张江高科技园区、康桥工业区等制造业聚集区等共同组织开展，旨在通过业务培训、竞赛选拔方式，加强企业班组长队伍交流合作，助推企业班组长队伍素质提升，为浦东改革开放再出发、实现更高质量发展提供人才支撑。这次竞赛全区共有179家企业的658名选手报名，参赛企业数是去年的4倍、参赛选手数是去年的13倍。大赛对标全国赛要求开展初赛、复赛和决赛，比赛期间，还特邀专家、上届获奖选手开展线下培训，以实现以赛促学、以赛促训、以赛育人的目标。大赛中既注重对班组长综合技能的考察，同时，注重将精神传承、榜样作用等作为重要的评价维度。（陈　维）

【徐汇区总工会开展多项技能大赛提升职工技能】 2021年，徐汇区总工会制订《关于“建功‘十四五’奋进新征程”——大力开展徐汇区职工劳动和技能竞赛的活动方案》，组织职工开展旅游行业技能大赛、咖啡行业技能大赛、养老护理职业技能竞赛等，动员区内单位参加市总工会组织的生物医药实验技能大赛等活动。技能大赛大大提升了职工职业技能和创新创造能力，有2人晋升高级技师，4人晋升技师，9人晋升职业技能等级，17名一线职工获发明专利。组建全市首家徐汇区职工创新工作室联盟，首批加盟成员单位33家。核准发放94家企业2020年度申报的560个培训项目补贴，金额2352万元。（朱贤樑）

【普陀区举办职工汽车维修技能比赛】 6月17日，由普陀区总工会、区人力资源和社会保障局指导，桃浦镇总工会、长征镇总工会主办，桃浦镇新杨工业园区汽车商贸行业工会联合会、长征镇汽车行业工会联合会承办的“弘扬工匠精神，勇攀技术高峰”2021年普陀区“新杨杯”职工汽车维修技能比赛举行。经初选，全区共15支代表队参赛，比赛包括新能源汽车故障诊断与排除和发动机维护保养及故障检测2项内容。上海西上海奥杰汽车销售服务有限公司杨辰、上海星瀚汽车维修服务有限公司陆长云获个人一等奖，上海众国宝泓汽车销售服务有限公司吴兴隆等5人获个人二等奖，上海星瀚汽车维修服务有限公司王立辉等7人获个人三等奖。现场同时颁发团队贡献奖、优秀组织奖、最佳人气奖和精英匠心奖。（陆　蕾）

【长宁区总工会坚持“五个聚焦”组织开展劳动和技能竞赛】 2021年，长宁区总工会按照市总工会部署，广泛深入组织开展形式多样、各具特色、覆盖广泛、成效显著的劳动和技能竞赛。一是聚焦体系建设。健全完善区—街镇（系统、集团、园区）—基层工会全方位参与三位一体的劳动竞赛体系，并分门别类给予经费支持。年内长宁区总工会牵头参与开展4项区级劳动竞赛，发动14家二级工会开展岗位练兵和技能竞赛，并指导区属纺织、建筑、家政行业工会分别结合行业特点组织开展竞赛，近2万名职工参与其中。二是聚焦打响品牌。不断丰富竞赛内涵，彰显长宁特色。如连续指导开展的春秋航空和养老行业已成为年度劳动竞赛的主打品牌；指导“一网通办”“一网通管”专项立功竞赛在2021—2023年内持续开展，彰显长宁营商环境和社会治理软实力；积极选送长宁“一碗面”参与市级职工食堂劳动竞赛，并获优秀组织奖。三是聚焦民生关切。区总工会携手区房管局依托“加装电梯工程立功竞赛”，加快推动民生工程提速。11家参赛单位进一步优化流程、文明施工、加强监管，全面确保2021年新开工185台，力争开工400台，竣工150台目标的完成。此外，食品安全快速检测竞赛、物业服务类竞赛、医疗卫生类竞赛等都极大提升了回应解决群众关切问题的能力和水平。四是聚焦进博保障。区总工会联合区委组织部指导开展服务进博专项劳动竞赛，其中，春秋航空九大业务部门参加的系列比武练兵竞赛以及区绿化市容行业的"凝心聚力进博会，建功立业创一流"劳动竞赛合计覆盖近万名职工。五是聚焦典型培育。充分发挥劳模、工匠等人才在劳动竞赛中的示范带头作用，注重从劳动竞赛中发现、培养、选树先进典型。（万　黎）

【杨浦区启动推进高质量发展职工劳动和技能竞赛】 4月29日，杨浦区召开"建功'十四五'奋进新征程——推进高质量发展杨浦职工劳动和技能竞赛"动员会，区委副书记邓小冬出席会议并讲话，区人大常委会副主任、区总工会主席麦碧莲部署竞赛工作。2021年度，杨浦区总工会联手区发改委、科委、人社局、建管委（重大办）、卫健委、市场监管局、国资委、绿化市容局、房管局（旧改办）、投促办等单位，聚焦滨江秀带建设、科技硬核打造、城区面貌更新、营商环境优化、民生温度提升、人文环境营造等方面工作，在六大重点领域开展劳动竞赛，并推出青年教师教学、家政服务、医养照护等专项职业技能竞赛。会议通报了2020年度杨浦职工各类劳动竞赛开展情况，为2020年度六大领域劳动竞赛先进集体和先进个人代表授奖，并向杨浦滨江渔人码头、大连路总部联盟区、湾谷科技园等3家杨浦首批上海市园区（楼宇）健康服务点授牌。杨浦滨江投资开发有限公司党委书记、董事长左卫东，杨浦区市场监管局党组书记、局长龚顺明分别代表上海市模范集体、上海职工劳动和技能竞赛集体一等奖单位作交流发言。区相关委、办、局，区属企事业单位主要负责人，有关行业、直属工会和各街道总工会主席，竞赛先进集体和个人代表，杨浦首批上海市园区（楼宇）健康服务点代表以及基层职工代表等共90余人参加会议。（张东寅）

【静安区举办"一网通办"专项立功竞赛决赛】 9月26日，由静安区总工会、区行政服务中心共同主办的静安区2021年度"一网通办"专项立功竞赛决赛在区文化馆光影车间成功举行。区委常委、副区长梅广清致辞。市府办公厅二级巡视员、政务服务处处长陈益源等出席活动。经初赛决出的区行政服务中心、区医保中心等6支政务服务中心代表队以及全区各政务服务窗口单位代表80余人参加活动。活动以视频形式回顾了区"一网通办"工作成效，展现专项立功竞赛开展过程中各政务服务中心技能业务培训、比赛等情况。决赛围绕"一网通办"工作要点、政务服务中心标准化建设、优化营商环境、窗口工作人员礼仪等方面内容，以现场竞答的方式进行比赛。根据6支队伍必答题和抢答题环节的比拼成绩，最终决出一、二、三等奖。（宋怡文）

【长三角大数据行业职工劳动和技能竞赛闭幕】 11月12日，"数聚长三角，智汇创未来"——2021年长三角大数据行业职工劳动和技能竞赛总决赛暨颁奖仪式在市北高新商务中心举行。市总工会、市委网信办、静安区委宣传部、长三角合作办公室等相关部门和单位领导，专家评审团嘉宾及来自静安区各街镇的工会主席、大数据行业工会委员、企业代表、园区各企业工会主席出席。9月9日启动的2021年长三角大数据行业职工劳动和技能竞赛，面向长三角大数据领域广大职工，围绕城市数字化转型发展中"经济、生活、治理"三方面的具体应用场景，结合数据安全解决中的痛点、难点展开。决赛的现场路演，由专家评审团和专业评审团构成。他们从商业应用价值、技术价值等方面对参赛队伍进行综合评定。最终，评选出本次竞赛的一、二、三等奖；评定20强团队，其中10家企业获得优胜奖。长三角大数据行业职工劳动和技能竞赛的举办，为大数据行业青年才俊的涌现和数字化转型优秀成果的推广，以及深度服务并融入长三角一体化高质量发展起到积极的推动作用。（宋怡文）

【宝山区举办"两网一线"专项立功竞赛】 10月21日，宝山区总工会、宝山区政府办公室和宝山区城市运行管理中心共同举办"为群众办实事——我有招"宝山区"两网一线"专项立功竞赛，市总工会副主席司奇，区委常委、副区长郑益川，区人大常委会副主任、区总工会党组书记、主席王丽燕，市政府办公厅、市热线办、市城运中心相关领导出席活动。来自"一网通办"和"一网统管"窗口单位的16名选手，通过必答题、抢答题、风险题3个环节的个人知识竞答，最终评出个人一等奖6名、二等奖10名。（朱　艳）

【宝山区举行养老护理行业职工职业技能竞赛】 9月8日，由宝山区总工会、区民政局、区人力资源和社会保障局共同主办的"百年风华茂、奋斗正当时"2021年宝山区养老护理行业职工职业技能竞赛决赛在东方职业培训学校举行。区人大常委会副主任，区总工会党组书记、主席王丽燕，区总工会副主席赖拥军，区民政局副局长金艳，区人保局就业促进中心主任陆健，友谊路街道人大工委副主任、总工会主席张谊，上海市老年基金会宝山区代表处副会长李瑞发等领导出席竞赛现场。（朱　艳）

【闵行区举办餐饮（会务）行业职工职业技能竞赛】 10月31日，由闵行区总工会、区食品药品安全委员会办公室主办，新虹街道总工会、区职工服务中心承办的"凝心聚力进博会，建功立业商务区"2021年闵行区"新虹杯"餐饮（会务）行业职工职业技能竞赛在凯悦嘉轩酒店开赛。区人大常委会副主任、总工会主席倪兰斌，新虹街道党工委书记郁小明一同启动竞赛。竞赛分餐饮组和会务组，共设点心制作、冷菜制作、宴会餐制作、刀工展示、餐饮铺台和会务铺台6个竞赛项目，同时还增设"食品安全知识理论考试"。来自全区各餐饮会务行业的12支队伍72名选手进入决赛，用灵巧的双手，呈现舌尖上的美味和视觉上的盛宴。最终，团体奖一等奖由上海宝燕海鲜餐饮管理有限公司获得。来自上海宝燕海鲜餐饮管理有限公司的选手获得点心制作、宴会菜制作、刀工展示等项目的一等奖，闵行区机关事务管理局的参赛选手获得冷菜制作、会务

闵行区“途虎养车杯”汽车维修职工职业技能竞赛举办　（汪自强）

铺台等项目的一等奖。　（王　凯）

【闵行区举办家政服务行业技能大赛】 8月1日，在市家政服务行业协会的指导下，由闵行区总工会主办，市家庭服务业行业协会闵行办事处、闵行区家政服务行业工会联合会承办的“2021年闵行区家政服务行业职工职业技能竞赛”在闵行区佳明技能培训学校开赛。市家庭服务业行业协会会长、中国家庭服务业协会副会长张丽丽为大赛致辞。区总工会副主席许向东宣布开赛。竞赛以市人社局“家政服务员（三级）”教材为标准，设立养老护理、母婴护理、家政综合3个热门竞赛项目，全区共有50多家会员单位、近百名选手积极报名参与，经过严格审核和为期1个月的集中培训，选拔出36名选手进入市级比赛。
（王　凯）

【闵行区举办绿化环卫行业职工技能大赛】 6月24日，闵行区总工会、区绿化市容管理局在闵行文化公园共同举办“2021年闵行区绿化环卫行业职工职业技能竞赛”。区人大常委会副主任、区总工会主席倪学斌，市绿化和市容管理局工会主席肖龙根等领导共同启动竞赛。此次技能竞赛共设置6个竞赛项目，分别为：百人海派插花、园艺布景、公厕保洁、高标准保洁、垃圾分类清运、两网融合。经各街镇、莘庄工业区初赛选拔，全区爱好插花艺术的职工、从事绿化环卫行业的一线职工，共51个参赛队的210名选手进入项目决赛。　（王　凯）

【闵行区举办汽车维修职工职业技能竞赛】 12月22日，闵行区总工会、区交通委员会在途虎养车上海技术中心，共同举办“2021年闵行区‘途虎养车杯’汽车维修职工职业技能竞赛”。该竞赛是年度闵行区总工会“搭竞技平台，促南北战略”职工职业技能系列竞赛之一。竞赛共吸引来自9个规模性汽车维修连锁单位参加，经过预赛选拔，20名优秀选手晋级决赛。决赛分为汽车发动机维护保养、汽车故障诊断2个项目。经过2个多小时的角逐，途虎养车职工获得个人一等奖，虎养车、车享家、求强、缘车园等单位获得团体奖。　（王　凯）

【闵行区举办物业行业技能竞赛】 10月23日，闵行区总工会、区住房保障和房屋管理局在区体育场举办“党建领航红色物业・精技传承匠心筑梦”2021年闵行区“莘庄杯”物业行业技能竞赛。区总工会党组书记朱冬梅，区房管局党组书记、局长吴敏华，莘庄镇党委书记岳崇，市物业管理行业协会常务副会长周宏伟等领导共同启动竞赛。技能竞赛吸引来自各街镇、莘庄工业区总工会及区国资委工会选拔的14支队伍，共297名选手参赛。竞赛共设队列展示、消防技能、电工、水电工、智能楼宇管理员、物业管理员六大类竞赛项目。　（王　凯）

【闵行区举办应急救护技能竞赛】 10月26日，闵行区总工会、区卫健委、区红十字会在区体育馆共同举办2021年闵行区应急救护技能竞赛暨“世界急救日”系列主题活动。区人大常委会副主任、区总工会主席倪学斌，区人民政府副区长、区红十字会会长刘艳等领导出席活动。此次竞赛根据不同参赛对象，设立“社会医疗行业”“工会干部”“企业职工”3个组别，社会医疗行业组设立心肺复苏+AED（三人）、高处坠落骨折伤病员急救（三人）竞赛项目，工会干部组和企业职工组设立心肺复苏+AED（单人）、创伤救护（两人）竞赛项目。在年内区总工会开展的“千家企业急救知识培训”项目基础上，各基层工会通过集中培训、遴选推荐，来自区社会医疗行业的15支队伍，以及工会干部组和企业职工组的27支队伍，共127名选手进入决赛。现场分别评出社会医疗行业组、工会干部组和企业职工组一、二、三等奖。　（王　凯）

【闵行区举办职业技能竞赛成果展示】 12月16日，闵行区总工会、区人社局在上海群益职业技术学校共同举办区职业技能竞赛成果展示活动。活动现场，上海市人力资源和社会保障局副局长张岚，闵行区人大常委会副主任、区总工会主席倪学斌，闵行区政府党组成员杨辛共同启动本次活动。上海市职工技协服务中心主任钱传东为2021年命名的“闵行区示范性创新工作室”和“闵行区创新工作室”代表授牌。成果展示活动共分4个区域：展示型比赛项目区、中高职院校技能联赛成果展示区、职工创新成果及技能比武展示区、互动体验项目区。
（王　凯）

【金山区职工劳动和技能竞赛启动】
4月1日，金山区总工会会同区有关部门正式启动“争当‘鑫工巧匠’建功‘两区一堡’——推进高质量发展金山职工劳动和技能竞赛”。金山区委副书记信亚东，金山区人大常委会副主任、区总工会主席朱喜林，金山区副区长邱运理等出席启动仪式。2021年金山共举办区级一类竞赛项目14个，各街镇、工业区、重点委局系统主办的区级二类项目也达38项，确保转

型发展的主战场在哪里,劳动竞赛就跟进到哪里。（卫婷怡）

【金山区总工会召开优化企业服务主题立功竞赛总结大会】 1月19日,金山区总工会、区区级机关工作党委、区经委联合开展“企业服务显身手,争当金牌‘店小二’”优化企业服务主题立功竞赛总结大会。区人大常委会副主任、区总工会主席朱喜林、区区级机关工作党委常务副书记李金龙、区总工会、区区级机关工作党委、区经委分管领导以及各直属工会负责人、相关街镇企业服务中心负责人等出席活动。大会表彰了优化企业服务主题立功竞赛的优秀集体和个人,山阳镇企发公司、应急管理局行政审批科两家标兵集体代表进行交流发言。总结大会现场进行了优化企业服务主题立功竞赛总决赛。亭林镇参赛队获得第一名,漕泾镇参赛队获得第二名,朱泾镇参赛队获得第三名。（卫婷怡）

【松江区举办人工智能(工业机器人)和工业设计(三维CAD)职工劳动和技能竞赛】 12月12日,松江区人工智能(工业机器人)和工业设计(三维CAD)职工劳动和技能竞赛在新桥职业学校举行。竞赛由区总工会、区人社局联合主办,新桥镇总工会承办。人工智能(工业机器人)赛项涵盖工业机器人系统的机械及电气装调、维护维修以及典型的涂胶、码垛、焊接、打磨等内容,重点考察选手工业机器人系统的安装、编程、调试等专业能力、质量控制、安全意识等职业素养,以及综合职业能力。工业设计(三维CAD)赛项主要考察选手读图、建模等工业产品设计的基本技能以及产品分析与改进的创新技能。（黄玮宁）

【松江区总工会举办物业行业职工劳动和技能竞赛决赛】 7月22日,由松江区总工会、区人社局联合主办,区房管局工会承办的2021年松江区物业行业职工劳动和技能竞赛决赛在上海城市科技学校田径场举行。区人大常委会副主任、总工会主席吴建良,区总工会党组书记、副主席陈军康,区房管局党组书记、局长黄宝荣,市房管局物业管理事务中心副主任彭晖,市物业管理行业协会常务副会长周宏伟,区房管局党组成员、副局长、工会主席丁浩,区房管局党组成员、副局长徐颖等领导出席。竞赛分为4个赛项,即秩序维护、物业管理员、电工、水电工维修,现场决出了竞赛的一、二、三等奖和优胜奖若干并颁奖。（陈 燕）

【松江区总工会举办数据安全劳动和技能竞赛决赛】 10月27日,2021年松江区“极客谷杯”数据安全劳动和技能竞赛决赛在广富林街道举行。区委副书记韦明,区人大常委会副主任、区总工会主席吴建良,区委宣传部副部长、区网信办主任陈新华,区总工会党组书记、副主席陈军康等领导出席。此次竞赛由区总工会、区人社局主办,广富林街道总工会承办,区委网信办参与指导。竞赛立足松江、面向上海、辐射九城,共吸引全国33个地区,93家企业的228名选手参赛。20支队伍进入决赛,56名选手围绕靶场综合渗透项目开展竞赛,最终,根据排名先后评出了比赛的一、二、三等奖和若干优胜奖。（叶子郁）

【青浦区总工会开展服务保障第四届进博会立功竞赛活动】 9月15日,青浦区总工会在国家会展中心举行“护航进博会,建功新征程”——服务保障第四届进博会立功竞赛暨倒计时50天启动仪式。会上发布“服务保障第四届进博会立功竞赛方案”,围绕城市精细化管理、优化营商环境、窗口服务保障、会展服务、疫情防控等五大板块展开竞赛活动。区商务委、区卫健委分别作题为《抓牢招商组织引领,打造国际会展品牌》和《弘扬伟大抗疫精神,全力做好进博保障》的交流发言。（朱建强）

【市仪电工会举办仪电系统职工人工智能技能竞赛】 为助力上海仪电打造人工智能高地,勇当城市数字化转型建设主力军,6月26日,市仪电工会在上海电子信息职业技术学院徐汇校区,举办仪电系统职工人工智能(图形识别和图像分类)技能竞赛,来自仪电系统基层单位的30多位职工参加竞赛。（周黎俊）

【市仪电工会举办仪电系统职工嵌入式技术应用开发技能大赛】 为进一步加强上海仪电产业工人队伍建设,激发广大仪电职工立足岗位,创新创效的工作热情,更好地服务上海仪电的高质量发展,助力企业数字化转型,10月30日,市仪电工会在上海电子信息职业技术学院徐汇校区举办仪电系统职工嵌入式技术应用开发技能大赛。来自云赛智联、飞乐音响、电动所、中央研究院等重点子公司和直属单位的共15支参赛队、近30名选手参加了角逐。大赛设置了GPIO基础驱动开发、超声波避障、红外线寻迹等3个模块,综合考验选手们在嵌入式技术方面的核心知识和操作技能。赛

7月22日,松江区总工会联合举办物业行业职工劳动和技能竞赛决赛
（高浩振）

场上，各参赛队选手全身心投入比赛，一丝不苟地进行着应用开发、固件调试，充分发挥了各自的专业技能和默契的团队合作精神。经过一整天精彩、紧张、激烈的比拼，决出了本次嵌入式技术应用开发技能大赛的一、二、三等奖。（周黎俊）

【华谊集团开展职工技能大赛】 2021 年，华谊集团组织开展两年一次的集团员工技能大赛活动。大赛以“新征程、新技能、新跨越”为主题，以数字华谊战略启动实施元年为契机，集团层面首次开展化工模拟计算技术比武大赛。9 家二级公司 11 支代表队的 47 位选手报名参赛。在 8 月 26 日举行的决赛中，研究院勇士队获一等奖；研究院巾帼队、工程公司队获二等奖；化工院队、新材料队、能化公司队、氯碱公司队荣获三等奖。二级公司层面，16 家二级公司和直管单位组织开展 95 个技能比武竞赛项目，近 9500 人次参赛。各企业竞赛项目紧贴全年重点工作，深化“培训、练兵、比武、晋级、激励”深度融合的竞赛模式，形成比学赶超的浓厚氛围，促进职工队伍素质提升。（蔡毓琳）

【华谊集团升级学考平台，开展线上安全知识竞赛】 华谊集团结合“学考平台”定位要求，将原“安全考试宝典”升级并更名“华谊学考平台”，对学考平台 APP 的内容安排、奖励规则等进行调整，题库量由 5000 题扩展至 6000 题，平台界面升级至 2.0 版，并于 6 月 1 日“安全生产月”启动之日启用。由各级工会搭建平台、依托业务条线专业支撑、技术部门后台支持，组织开展为期 4 周的安全知识线上竞赛活动，54873 人次参与，总参与率 71.43%，形成“全员学安全、全员讲安全”的学习氛围。（蔡毓琳）

【市纺织工会主办服装制版师技能大赛】 6 月 26—27 日，由市纺织工会、上海时尚之都教育培训有限公司主办的“2021 年上海纺织行业服装制版师技能大赛”在上海举办。此次竞赛分立体裁剪、服装手工平面制版、样衣制作和理论知识 4 个模块，共 35 位选手参赛比拼。经过两天的角逐，在大赛裁判组的专业评审下，上海蔓楼兰企业发展有限公司王华获一等奖，王太平、阿依仙古丽、赵叶云、刘明分获二、三等奖，顾平等 10 名选手获优胜奖。获奖选手将代表上海市参加全国纺织行业服装制版师决赛。（郑鹨峰）

【东方国际集团工会举办“买全球 卖全球”进博专场直播技能竞赛】 第四届进博会举办期间，东方国际集团工会会同有关部门，联合举办“买全球 卖全球”进博专场直播技能竞赛，连续推出 17 场直播竞赛，通过手机微信、抖音、拼多多等平台在进博会现场向观众推介进博产品。来自集团所属各级公司共 50 多位主播参加竞赛，网络点赞量达到 35 万，直播实时销售额 12 万元，顺延 5 天销售额为 152 万元。直播竞赛通过销售额、订单量、观看量、点赞量的综合评定，评出一、二、三等奖。真正做到在进博现场把“展品变商品”，扩大进博溢出效应，将进博好物带到终端消费者身边。同时通过竞赛形式，挖掘培育能直播、会销售、懂技术的全能复合型人才，为青年职工的职业生涯发展助力。（陆　益）

第四届进博会期间，东方国际集团工会举办“买全球 卖全球”进博专场直播技能竞赛（陆　益）

【国网上海市电力公司开展供电“服务之星”劳动竞赛】 9 月 3 日，国网上海电力公司在上海电科院召开 2021 年供电“服务之星”劳动竞赛总结展示会，公司总经理阮前途，副总经理、工会主席陈春霖出席展示会并讲话。会议表彰了 2021 年供电“服务之星”劳动竞赛优秀个人，通过各单位层层选拔和推荐，经过工作业绩考评和综合业务考试，电科院计量中心顾臻等人被授予公司“优秀供电服务之星”，浦东供电公司郭璟等 10 人荣获公司“十佳”供电服务之星称号。（陈　纯）

【上海电建公司工会开展 2021 年职工技能竞赛活动】 10—12 月，上海电建公司工会开展了职工技能竞赛活动。职工技能竞赛分核心工种、管理技能两大类 8 个专业项目，其中，管理技能类涵盖电气和汽机专业的技术人员综合能力竞赛，土建、机械两个专业的 CAD 软件应用竞赛以及英语口语竞赛，核心工种技能类涉及焊接（AB 组）和电气（热工）技能竞赛，经各单位初赛选拔，共有 123 位选手参加决赛。12 月 24 日，召开职工技能竞赛闭幕式，对 2021 年职工技能竞赛进行总结，为获奖选手颁奖。（傅　诚）

【中国宝武开展“全面对标找差，创建世界一流”劳动竞赛】 2021 年，中国宝武紧扣“全面对标找差，创建世界一流”竞赛主题，开展一系列综合劳动竞赛和专项劳动竞赛。竞赛共评选出 113 个优胜集体、44 位先进个人、104 个优秀案例；推进使用机器人 500 台套；职工献计 59.90 万条，被采纳 39.30 万条，实施 12.60 万条；评选出

"金点子"106个、"银点子"499个、"好点子"999个;铁精矿产量较上年增产204.10万吨,增产6.20%;炼钢工序铁钢比基本实现品种钢"破9进8"、普通钢"破8进7"的目标。 (贯崇斌)

【中国宝武建设网上练兵平台,积极参加行业赛事】 2021年,中国宝武建设宝武职业技能等级认定指导中心成立,并邀请全国机冶建材工会主席为中心揭牌。试点推进网上练兵平台建设,上线14000道竞赛题目,完成5300余人次练兵测试,为后续大规模开展网上练兵奠定基础。选派两名职工参加第九届"全国数控技能大赛",获得全国机床装调维修工职工组二等奖;组织参加全国钢铁行业技能知识网络竞赛和安全知识竞赛,马钢集团、太钢集团获得一等奖,宝钢股份获得二等奖,中南钢铁韶钢、鄂钢获得三等奖;全力备战"全国工业和信息化技术技能大赛",开展三轮集训,选拔4名职工分别代表上海市和集团公司参加工业机器人系统运维员(工业机器人技术应用)赛项决赛。 (贯崇斌)

【宝钢股份开展多层次劳动和技能竞赛】 2021年,宝钢股份结合格部门业务特点,广泛组织开展劳动竞赛,形成综合引领型、工序协同型、专项攻关型等形式多样、内容丰富的竞赛格局,全年开展各级劳动竞赛3445项;聚焦公司技术革新、流程变革、效率提升等新情况新要求,精选10个工种开展职工技能竞赛,营造练兵比武氛围。利用"宝钢之家"移动端平台开展网上题库建设和岗位练兵,针对48个工种共建题库12.2万道,累计答题6.9万人次和56.3万题次。 (朱雅芹)

【宝地资产广泛开展降本增效立功竞赛】 2021年,宝地资产深入开展"降本增效、成本削减"劳动竞赛,制订"2+4+N"劳动竞赛方案,即2项综合竞赛、4项专项竞赛、N项基层单位竞赛内容;各单位积极响应,落实竞赛项目133项,确定公司重点推进项目101项,业务单元、班组级32项,上半年推进降本增效劳动竞赛,实现降本增效3913万元,下半年根据集团要求调整为推进成本削减工作,全年合计完成成本削减11283万元,完成集团下达指标的122%。 (朱 宏)

中国宝武开展全员献计活动,建立职工自主献计和企业定向征集相结合机制 (贯崇斌)

【高桥石化主题劳动竞赛助力企业中心工作】 2021年,高桥石化结合公司生产特点先后组织开展3项主题劳动竞赛活动并收到明显成效。一是组织开展以"反三违、查隐患"为主题的劳动竞赛,共设巡检质量提升、设备故障排查和应急预案演练3个系列,其中巡检质量提升劳动竞赛在职工的积极参与下共发现问题1801条,解决问题1391条,奖励职工1380人次,金额116220元;设备隐患排查劳动竞赛共发现和排除各类设备隐患998条;应急预案演练劳动竞赛各作业部共举办活动67次,648名职工参加。二是助力炼油大检修,组织开展以"比安全"为主要内容的炼油装置检修改造"五比"劳动竞赛和"检修现场安全行为专项行动"竞赛活动。期间,共评选出"检修明星"1060人,"明星团队"108个。即时奖励在施工作业环节发现隐患和阻止违章的施工人员1292人;奖励在现场监护发现隐患和阻止违章的公司职工1191人。三是会同人力资源部组织开展公司首届"最强操作"竞赛决赛,化工部、储运部、炼油四部分别获得金、银、铜奖。 (吴 斌)

【上海石化公司工会开展"创先争优、建功立业"劳动竞赛】 2021年,上海石化公司工会开展"创先争优、建功立业"劳动竞赛,包含"奋战检修、攻坚有我""仪表自控率提升""质量在线仪表应用提升"及"工程量签证"4个专项劳动竞赛项目。"奋战检修、攻坚有我"专项竞赛围绕公司大检修开展,竞赛对象分为检修单位和辅助单位,主要从停车、检修、开车3个阶段进行评比。4月下旬,增设了"检修作业票管理"专项劳动竞赛,较好地改善了作业开票时间,提高了作业效率。通过竞赛,公司仪表自控率从2020年的98.73%上升到98.98%,在线仪应用水平投用率稳定在97%以上,取代率由89.12%提升到95.57%,"工程量签证"专项竞赛累计平均及时率96.54%,比上年平均及时率上升1.27%。 (徐 军)

【上海航天局工会承办全国职工职业技能大赛钳工技能竞赛(上海选拔赛)决赛】 8月18日,全国职工职业技能大赛钳工技能竞赛(上海选拔赛)决赛在上海航天技能实训中心举行。竞赛由市总工会、市人力资源和社会保障局、市科学技术委员会、市经济和信息化委员会、市公安局联合主办,上海市职工技术协会和上海航天局工会承办。根据前期理论选拔赛40名选手考核成绩,择优选取来自上海市经信委、建交委、航天、商飞、铁路等系统的25名选手参加实操选拔,为第七届全国职工职业技能大赛钳工技

上海职工劳动和技能竞赛航天智慧能源战略成果发布会 （丁伟辰）

能竞赛选拔优秀选手。该项竞赛活动以赛促学、以赛促训，为职工提供了展示技能、比拼技术的舞台。（周欣彬）

【上海航天举办上海职工劳动和技能竞赛航天智慧能源战略成果发布会】 9月24日，上海航天局工会在上海航天双创中心举办职工劳动和技能竞赛航天智慧能源战略成果发布会。会上发布了“职工劳动竞赛助推产业创新应用实践”主题报告，展示了职工劳动和技能竞赛引导航天民用产业发展的成果。 （周欣彬）

【上汽集团工会举办2021职业技能竞赛】 10月23日，2021年上汽集团职业技能竞赛之工业机器人联网调试竞赛、“我有好微课”竞赛、智能网联信息安全竞赛、自动驾驶算法调试竞赛4项竞赛同时在上汽集团培训中心举行。共设竞赛项目12项，包括2项全国级别竞赛、2项上海市竞赛和8项上汽集团层级竞赛项目，上汽集团各企业6.3万余人（含线上竞赛）参与竞赛。 （范 融）

【华东电网举行第五轮技术技能竞赛（变电运行专业）决赛】 10月26日，华东电网第五轮技术技能竞赛（变电运行专业）决赛在国网上海电力培训中心举行。国网公司副总工程师、华东分部主任李桂生，国网公司工会副主席、女工委员会主任樊英出席决赛并讲话。国网华东分部纪委书记、工会主席娄为主持颁奖仪式。国网上海、江苏、浙江、安徽电力工会负责人出席。国网华东分部和华东四省一市电力公司相关部门处室负责人现场观摩。此次竞赛从5月启动，经过各省市全员培训、初赛、集训等环节，来自华东四省一市公司的5支代表队共30位选手进入决赛。决赛历时2天，通过理论考试、反事故演习、现场竞答3个环节考察选手的整体知识水平和解决实际问题的能力。最终，国网上海电力获得团体一等奖；孙雪梅等6名选手获得华东个人奖前六名；上海市电力公司党校培训中心获优秀组织奖。 （史佩敏）

【长三角地区铁道行业职业技能竞赛暨集团公司第九届职业技能竞赛开幕】 7月6日，长三角地区铁道行业职业技能竞赛暨集团公司第九届职业技能竞赛开幕式在上海动车段举行。上海市总工会党组书记、副主席黄红出席并讲话，集团公司工会主席、副总经理何元庆主持开幕式，集团公司副总经理池毓敢出席。江苏省、浙江省、安徽省总工会，上海市人社局和江苏省、浙江省、安徽省人社厅负责人，集团公司相关部门单位负责人以及140名参赛代表等参加开幕式。开幕式结束后，与会代表参观了张华动车技术创新工作室和动车转向架库，观摩了动车组司机理论竞赛和动车组机械师实操竞赛。 （严光临）

【中远海运集团工会广泛开展劳动竞赛活动】 年内，中国远洋海运集团有限公司工会围绕企业中心工作，结合安康杯劳动竞赛要求，聚焦企业安全生产、客户服务、合作生态、降本增效、数字应用、网信安全等内容，广泛开展以提升职工劳动技能为重点的安全教育培训、安全知识竞赛、技能大赛、岗位练兵、合理化建议、“安全隐患随手拍”等群众性经济技术创新和劳动竞赛活动，并开展优秀竞赛项目评选。2021年全集团共开展劳动竞赛917场，计46871人次参加，组织各类技术比武262场，计10293人次参加。经层层选拔并报送市职工技协审核批准，3人获晋升技师（高级技师）奖励、4名一线职工获授权发明专利奖励，2名带教师傅、2项合理化建议、2项先进操作法获得奖励。（马瑞杰）

【中远海运集运工会组织开展服务提升劳动竞赛】 2021年，中远海运集装箱运输有限公司工会组织开展“心悦·诚服，e心·e运”服务提升劳动竞赛，有48个团队报名参赛。竞赛突出3个亮点：一是项目数量“多”、覆盖范围“广”，跨区域、跨部门、跨单位协同立项、携手攻坚，充分体现了全球高效协同的特点；二是项目质量“优”，紧扣主题“准”，运用客户思维模式，在营造服务文化、完善服务标准、创新服务模式、提升服务品质等方面彰显了客户至上的理念；三是方案立意“新”，项目成效“实”，在客户最为关心的“服务稳定可靠”“信息及时准确”“服务可视便捷”“需求快速响应”等方面，初步构建了“以客户为中心”的能力体系，真正为全球客户提供了“心悦·诚服，e心·e运”的卓越服务。12月15日，“美的定制化服务”“区块链无纸化进口换单技术”“贴身管家式服务”“冷箱 Smart PTI服务（I-BOX的应用）”“航运直通车项目”“大客户个性化、定制化全程服务”“欧洲地区外贸电商全面推广及配套服务模式创新”等8个项目举办成果展，展示了数字化、定制化、可视化、差异化、便捷化的服务特色。

（钱 华）

【上海船舶运输科学研究所工会组织开展“建功十四五 奋战新征程”主

题竞赛】 2021 年，上海船舶运输科学研究所工会组织开展“建功十四五　奋战新征程”主题竞赛，各部门结合业务重点，确立竞赛内容，组织开展了形式多样的劳动和技能竞赛。航运技术与安全部工会通过开展优化试验操作方案竞赛来提升试验结果的准确性、有效性和工作效率；智能交通部工会根据部门业务发展的需要开展“优化项目管理，增创项目效益”劳动竞赛；交通信息化部聚焦突破高速公路信息化系统卡脖子技术难题，开展收费业务应用技术创新、管理模式创新开发竞赛和项目运维技能比武；航运信息化工会围绕赋能集团数字化转型，开展“数据中台技术在统建项目中的实践应用”劳动竞赛，促进科研成果落地和产业升级转型；智能系统工会组织项目施工安全主题知识竞赛，通过竞赛进一步强化项目安全管理、促进安全生产责任的落实；深圳分公司工会围绕为集团数字化赋能积极开展商业模式、服务模式、数据价值等方面的小创新活动，增加客户粘性，有效拓展市场；中海环境工会结合公司业务发展举行“智慧环保大数据分析应用”竞赛活动，鼓励职工为公司智慧环保产业贡献技术和运营方案，促进公司环保信息化成果的推广应用。形式多样的劳动竞赛为职工搭建创新实践的平台，激发了职工群众的创造潜能和创新活力，涌现出一批技术能手和优秀团队。　（顾霞琴）

【上港集团举办第十七届职工技能竞赛】 9 月 18 日—10 月 27 日，上港集团举办 2021 年度（第十七届）职工技能竞赛活动。竞赛以全面提高一线职工岗位绩效，提升操作技能，打造一支适应集团未来发展的高素质、高技能、创新型港口产业工人队伍为目标，共设置职工与承包工两大赛区、8 个项目比赛。经各基层单位选拔、推优，来自 11 家基层单位的 93 名一线职工和 5 家业务承包公司的 29 名承包工分别参加了岸边集装箱起重机操作、装卸机械液压传动安装、装卸机械 PLC 编程、装卸机械电气故障排除、港口库场理货、桥吊远程操作、内燃叉车操作和企业内集装箱卡车操作等赛事比拼。通过坚持办赛，集团逐步形成“以赛促教、以赛促学、学以致用”的良好局面，培养选树一批立足岗位、甘于奉献、勇于创新的全国及上海市劳模先进和技术能手，在广大职工中掀起“比、学、赶、帮、超”的热潮。　（施文卿）

【上海邮政工会围绕业务重点开展劳动竞赛】 年内，上海邮政工会以“建功十四五，奋进新征程”为主题，围绕集团公司 2021 年劳动竞赛项目和上海重点业务，牵头市分公司各专业部门研究部署并落实开展“不忘百年路　起航新征程”代理金融业务劳动竞赛、农村电商能力提升劳动竞赛、渠道平台转型“争优创先树标杆”劳动竞赛、惠农合作“协同引领　躬耕沃土”劳动竞赛、“营销争先”劳动竞赛、寄递“服务质量明星”劳动竞赛、信息网“数字邮政建设助转型、科学高效运维促发展”劳动竞赛、网路运营劳动竞赛、寄递业务“牛年创牛势”高质量发展劳动竞赛等 9 项专项竞赛活动，并设置评选“对标先进最佳实践奖”。同时，根据上海特色“新基建”主题立功竞赛工作要求，研究并组织开展“建功‘十四五’奋进新征程”渠道平台转型劳动竞赛，推进上海邮政数字化转型，推动渠道平台转型步伐。　（杨　娟）

【中国移动上海公司工会组织开展多项劳动与技能竞赛】 2021 年，中国移动上海公司工会积极响应市总工会关于开展“建功‘十四五’奋进新征程——推进高质量发展上海职工劳动和技能竞赛”的要求，聚焦职工队伍能力提升，开展 21 项劳动和技能竞赛和 9 项对接集团公司、集团工会的劳动和技能竞赛，结合通信企业特点，重点围绕“新基建”“五大新城”领域组织开展了“数智赋能新未来　奋进开启新征程”系列劳动和技能竞赛。充分发挥员工在构建新发展格局、推动高质量发展中的主力军作用。公司工会承办市总工会“新基建”主题立功竞赛成果发布交流会，进一步提升了上海移动在上海新基建领域的影响力。　（张竹青）

【航道局工会开展“六比六创”主题立功竞赛，助力企业高质量发展】 3 月底，为全力团结、动员广大职工发扬劳模精神、劳动精神、工匠精神，为完成全年目标任务努力奋斗，航道局工会启动“六比六创”主题劳动竞赛活动。主题劳动竞赛内容聚焦 6 个方面，即：围绕中心比效益，创高效精品工程；科学防控比安全，创安康精品工程；提升管理比质量，创优质精品工程；立足岗位比技能，创匠心精品工程；持续学习比创新，创智能精品工程；履行责任比贡献，创和谐精品工程。竞赛活动贯穿全年，聚焦企业生产经营难点订立目标，团结带领广大职工争时间、赛质量、保安全、促发展，通过立功竞赛出精品、出效益、出人才、出经验。　（于美庆）

上港集团尚东分公司 2021 年立功竞赛比赛现场　（胡智慧）

航道局第八届职工技术比武大赛建筑专场赛现场　　（于美庆）

【航道局工会举办第八届职工技术比武大赛】 10月28—30日，航道局工会举办第八届职工技术比武大赛。大赛采用专场赛形式，由船舶、建筑、医养3项专场赛组成。其中船舶专场赛包括船舶水手、船舶机工2个工种；建筑专场赛包括钢筋工、砌筑工、脚手架工3个工种；医养专场赛包括医生、护士、康复中医、护理员4个工种。经各单位选拔推荐，共计有109名选手参加9个工种决赛阶段的比赛。近年来，上航局不断完善“培训、练兵、比武、晋升、激励”五位一体的职业技能发展机制，积极组织开展岗位练兵、技术比武活动，同时积极推荐职工参加高等级技能竞赛，在船舶水手、船舶机工、电工、测量工等多个工种不断取得新突破，多名选手获得“全国技术能手”“中央企业技术能手”称号。

（于美庆）

【三航局工会召开海上风电板块立功竞赛誓师动员大会】 8月6日，中交第三航务局工会组织召开海上风电板块“大干一百天　攻坚保目标”立功竞赛誓师动员大会。三航局党委副书记、工会主席傅瑞球，副总经理、竞赛领导小组组长尹建兵，副总工程师、工程管理部总经理李森平，风电发展部总经理王涛出席会议。会上，尹建兵作竞赛动员，李森平宣读竞赛目标，王涛代表公司竞赛领导小组与新能源公司现场签订竞赛协议，宁波分公司等2家单位和象山风电项目等4个项目分别作表态发言。三航局立功竞赛领导小组成员处室代表，上海地区各参赛单位在主会场参加会议，沪外地区参赛单位和各参赛项目部通过视频形式参加会议，共计210人参加会议。

（黄书展）

【三航局召开2021年重点工程立功竞赛誓师动员大会】 4月16日，中交第三航务局在S3公路项目部召开2021年重点工程立功竞赛暨“六比六创·三型一流杯”夺标劳动竞赛誓师动员大会。上海市住建委副主任、市立功竞赛领导小组副组长朱剑豪，中交集团工会联合会副主席姚彦敏，中交集团党委工作部执行部长、企业文化部执行总经理田菊芳，市总工会基层工作部部长张刚，上海城投公路（投资）集团工程总监王辉，上海城投公路（投资）集团第一事业部总经理冀振龙，上海市竞赛办史阳，三航局党委书记、董事长王世峰，副总经理尹建兵，党委副书记、工会主席傅瑞球等出席会议。三航局立功竞赛领导小组成员处室代表，13家参赛单位的党政领导、竞赛办主任、工会主席、团委书记和来自一线的职工、工友代表等150余人参加会议。会议现场开通网络直播，共有1100余人通过视频观看誓师动员大会。

（黄书展）

【建科集团举办数字化转型场景应用劳动竞赛】 5—10月，由上海建科集团工会主办、建科院工会承办的数字化转型场景应用职工劳动竞赛在上海建科集团开展。竞赛旨在营造数字化竞赛交流对接场景，不断提高集团建设领域相关参与方对数字化技术场景应用的认识和应用水平。参赛项目涉及各主业板块的生产效率提升、运营管理提效、智能化设备应用、数字科技服务等多个重点领域和关键环节，展示了良好的示范性和引领性。通过数字化转型场景应用各个竞赛项目之间的资讯交流分享，为职工开展“双创”活动搭建平台，激发职工对于开展数字化技术创新和数字化技术应用实践的热情。竞赛中呈现出一批具有引领性的应用场景，助力集团以重要领域的率先突破带动数字化转型的整体提升。

（钱　蓉）

【中交三航院围绕重大工程项目开展劳动竞赛】 中交三航院承担上海市重点工程3项、重大建设预备项目2项，2021年，围绕上海市重大工程和集团“六比六创·三型一流杯”劳动竞赛的总体要求，开展公司级劳动竞赛项目24项。公司再次获得“市重大工程立功竞赛优秀公司”的荣誉。年初，工会召开“劳动竞赛暨创‘双优’动员会”，布置安排全年竞赛活动；年中，公司领导、公司工会及各基层单位陆续前往南通港吕四作业区西港池项目、株洲市清水塘老工业区产业新城整体开发PPP项目、南京IC集成电路研创园项目、澳门国际机场扩建工程项目等20余个国内外施工现场，结合高温慰问，对重大工程进行劳动竞赛中途检查。获评上海市立功竞赛优秀公司先进集体2家和先进个人2名，集团劳动竞赛先进集体2家和先进个人2名。

（钱　蓉）

【上海海事局荣获多项劳动和技能竞赛荣誉】 3月4日，在市总工会召开的上海市职工劳动和技能竞赛交流会上，上海海事局在两大类目的竞赛中荣获5个奖项。局属崇明海事局获得崇明生态岛建设赛区集体一等奖、宝山海事局罗泾海巡执法大队获得集体三等奖、崇明海事局宋刚获得个人二等奖；局通航管理处指挥中心获得第三届进博会赛区集体三等奖、洋山海事局刘琛获得个人三等奖。上年，上海海事局工会根据市总工会职工劳动和技能竞赛的主题，相继开展“建功‘十三五’争当排头兵”劳动竞赛、“凝心聚力进博会 建功立业创一流”立功竞赛、“崇明世界级生态岛”立功竞赛等全局性竞赛活动，广大海事职工在国家战略、重点项目、重大工程、重点领域和重点产业的建设进程中，发挥了打造绿色交通，促进上海地方经济发展的主力军作用。 （陆智静）

【上海建工集团荣获2020年度市立功竞赛多项荣誉】 1月15日，2020年度上海市重点工程实事立功竞赛表彰大会在市政府召开。在大会表彰的2020年度上海市重点工程实事立功竞赛先进集体和先进个人中，建工集团赛区的市政总院荣获“金杯公司”称号；五建集团第三工程公司、基础集团第三工程公司和市政总院流域系统治理技术中心荣获“金杯团队”称号；集团总承包部等8家单位荣获“优秀公司”称号；机施集团第六工程公司等19个集体荣获“优秀团队”称号；四建集团龙毅华等10人荣获“建设功臣”称号；二建集团于波等31人荣获“优秀建设者”称号。2020年，集团承担了全市152项重大工程57.89%的建设任务，各参建单位坚持疫情防控和复工复产“两手抓”，利用各种竞赛手段，有序推进重大工程建设，为集团圆满完成全年目标任务发挥积极的促进作用。 （余轶群）

【上海建工集团召开市公租房项目“双百”达标立功竞赛动员会】 3月6日，上海建工集团在一建集团宝山区公租房项目部召开市公租房项目“双百(百日攻坚百日冲刺)”达标立功竞赛动员会。集团党委副书记、总裁卞家骏，副总裁蔡国强、徐建东，工会主席殷红霞等领导出席会议。集团相关部门负责人及各参建单位主要负责人、分管负责人、工会主席、工程公司负责人、项目经理、项目党支部书记约80人参加会议。上海建工承担的项目分布在宝山、金山、嘉定、奉贤、松江、闵行、青浦等7个区，春节前开工建设，9月底前完成建设任务。各参建单位以质量创优为目标，开展技术攻关，确保工程质量达到“精品工程”要求。 （余轶群）

【上海建工集团召开北外滩贯通和综合改造提升工程立功竞赛誓师会】 3月17日，上海建工集团召开北外滩贯通和综合改造提升工程“决战80天”立功竞赛誓师会。集团党委副书记、总裁卞家骏，副总裁叶卫东，工会主席殷红霞以及集团相关部门负责人、各参建单位主要领导、项目管理人员代表出席。卞家骏肯定了项目前期取得的阶段性成果，向奋战在工程一线的广大干部和职工致以亲切的慰问和崇高的敬意，并希望项目所有参建人员要对标国际最高标准、最好水平，优质、高效、安全、文明地完成项目建设任务。会上，殷红霞宣读项目立功竞赛表彰名单并为项目立功竞赛优秀集体和个人颁奖，各参建单位领导作了表态发言，项目副总指挥黄淼带领项目核心骨干进行宣誓，项目主要负责人作了相关工作汇报。 （余轶群）

【上海建工集团召开浦东机场建设工程立功竞赛大会】 5月21日，上海建工集团召开浦东机场在建项目立功竞赛大会。机场集团副总裁周浩，集团副总裁叶卫东、工会主席殷红霞，集团相关部门及总承包部、二建集团、七建集团、安装集团、基础集团、机施集团、装饰集团、园林集团和市政总院等参建单位主要领导出席。叶卫东在会上要求，统一思想，明确目标，增强使命感和紧迫感；加强精细化管理，把安全第一、质量为本、文明施工等作为立功竞赛考评体系的核心内容来打造样板工程；汇聚力量，发挥组织优势，创造立功竞赛新业绩。会上，各参建单位依次作表态性发言，表示在集团的统一指挥、统一协调下，按计划安全、优质、文明完成各项机场在建项目。参建单位代表现场签订立功竞赛责任书。参会主要领导向各参建单位授旗。浦东机场建设工程包括浦东机场三期扩建工程旅客过夜用房及配套设施、交通配套工程前期工程、浦东机场新建机坪等区域道路整修及维保工程设计施工一体化、浦东机场T1航站楼和T2航站楼(D/H区)附属配套业务用房、浦东机场新建航站区前期工程设计勘察一体化等项目。 （余轶群）

【上海建工集团召开商务管理技能比赛动员会】 5月21日，上海建工集团召开2021年商务管理技能比赛动员会暨第一期商务管理精英班开班仪式，集团副总裁、总经济师薛永申出席。集团相关部门负责人，15家单位的总经济师或商务管理分管领导、工会主席，第一期商务管理精英班全体学员等70余人参加。商务管理技能比赛主题为“工程总承包项目商务管理行与思”。通过第一期商务管理精英班的培训活动，推进“建工人才发展计划(SCG-E计划)”，推动集团商务管理团队建设，构建商务管理专业知识体系，强化商务管理核心素质，提升集团商务精英人才储备。 （余轶群）

【上海建工集团在承建项目现场召开立功竞赛动员会】 8月12日，上海建工集团在承建的世界顶尖科学家永久会议会址项目现场召开立功竞赛动员会。集团党委副书记、总裁卞家骏，副总裁徐建东，工会主席殷红霞，临港集团副总裁孙萌及集团有关部门负责人、参建单位相关负责人等参加。卞家骏提出，要通过开展各种形式的竞赛活动，有效增强广大参建职工的使命感、紧迫感，形成合力，在建设好工程的同时，传播建工文化、树立企业品牌。发挥组织优势，着力培养一批“业主赞赏、同行尊敬、业绩过硬、业务精湛”的项目管理团队。徐建东在会上作竞赛动员时指出，要秉承“高效、快速、优质”理念，打造精品工程；要以立功竞赛为载体，赛出精品、赛出精英、赛出精神。会上，各参建单位分管领导签署了重大节点立功竞赛责任状，总承包部、七建集团、安装集团、机施集团、装饰集团、园林集团六家单位作表态性发言；并举行了“建设精锐”“青年铁军”“旌机雄施”“饰不可挡”“造景达人”授旗仪式。 （余轶群）

【上海建工集团召开2021年“精品杯”立功竞赛推进会】 10月28日，上海建工集团召开2021年“精品杯”立功竞赛推进会。集团党委副书记、总裁卞家骏和叶卫东、蔡国强、薛永申、殷红霞、周军等领导出席会议。叶卫东对集团立功竞赛工作作了总结并提出了下阶段竞赛工作要求。殷红霞宣读《关于表彰上海建工集团2021年上半年度“精品杯”立功竞赛优秀集体的决定》和《关于命名上海建工集团2021年劳模创新工作室、建工工匠的决定》。大会表彰3个立功竞赛优秀组织奖、20个立功竞赛优秀集体，命名11个上海建工劳模创新工作室和15名上海建工工匠。一建集团、四建集团、装饰集团、总承包部等作了交流。集团相关部门和各单位立功竞赛领导小组成员，以及重大工程一线的建设者代表140余人参加会议。（余轶群）

【上海公交驾驶员纯电动车节能比武大赛举行】 4月8日，由市交通工会、上海交通运输行业协会公交分会主办的第六届"申沃杯"上海公交驾驶员纯电动车节能比武大赛举行。来自久事公交、浦东公交所属运营公司以及金山巴士、崇明巴士、青浦巴士、嘉定公交、闵行客运、松江公交公司的16支队伍、32名选手参赛。此次大赛包含理论知识考核、例行保养、排除故障和驾驶技能4项内容。经综合评定，共产生6名节能明星、6名节能先进、6名优秀组织者、7个优秀组织奖、4个特别贡献奖。（李晓姝）

【上海道路客运行业举行职业技能竞赛】 为进一步提高本市道路客运行业驾驶员队伍的专业技能和服务水平，提升队伍整体素质和重大活动保障能力，11月18日，第一届"强生交通杯"上海道路客运行业职业技能竞赛举行。本次竞赛由市道路运输管理局指导，市交通工会、市道路运输事业发展中心、上海强生交通（集团）有限公司主办，上海巴士汽车租赁有限公司承办，来自本市道路客运行业10余家骨干企业近40位选手参加竞赛。竞赛分为团队赛和个人赛，设贵宾车组和省际包车组。内容包括防护服穿戴、例保检查、中位倒停、红毯定位、列队行驶、斜侧倒停6个项目。各组获得前三名的8位选手获"上海交通行业技术能手"称号。（李晓姝）

【市道路养护行业职业技能竞赛公路收费与监控员技能大赛举行】 10月，由市交通工会、市道路运输事业发展中心、上海城建城市运营（集团）有限公司共同举办的"2021年上海市道路养护行业职业技能竞赛暨第十三届全国交通运输行业职业技能大赛预赛公路收费与监控员技能大赛"，在城市运营申嘉湖祝桥收费站举行。本次竞赛分为理论知识和技能操作两部分赛事，来自本市道路养护企业的27位选手参加了竞赛，大赛产生冠军一名、亚军一名、季军两名、鼓励奖三名，四位选手荣获"上海交通行业技术能手"称号。（李晓姝）

【市绿化市容行业围绕重点工作开展立功竞赛】 年内，市绿化市容行业紧紧围绕垃圾综合治理、市容环境保障、生态空间建设、城市精细化管理等市委市政府战略部署和行业重点工作、目标任务，开展"奋进新时代·创造新奇迹"劳动立功竞赛。市资源利用和垃圾分类管理事务中心等3家单位获市重点工程实事立功竞赛先进集体荣誉，普陀区绿化市容局绿化建设科等4个集体获优秀团队荣誉，并授予闵行区绿化市容局许建军等4人建设功臣称号，授予市绿化市容局钱杰等12人优秀建设者称号。（盖永华）

第一届"强生交通杯"上海道路客运行业技能竞赛举行（李晓姝）

【鲁中矿业工会举办2021年度职工技能大赛】 11—12月，鲁中矿业工会举办2021年度职工技能大赛。围绕"提升职工技能水平，为职工成长成才搭建舞台"的主题，选取电、钳、焊、井下铲运机司机等13个工种进行竞赛，吸引了鲁中矿业各工种900余名职工参赛。在实操竞赛阶段，鲁中矿业工会调动各单位场地、技术和物料资源，并协调外部支持，统筹做好电机车司机、电动铲运机司机等井下工种和电钳焊等多工种的实操考试。竞赛活动创造了鲁中矿业职工技能竞赛历史上参赛人数最多、覆盖范围最广的记录，为推动鲁中矿业产业工人队伍建设、职工技能素质提升营造浓厚氛围。（刘炜权）

【市水务局参与无人机应用技能竞赛取得优异成绩】 5月27—30日，水利部和中国农林水利气象工会在上海市金山区组织开展"助推绿色发展建设美丽长江"全国引领性劳动和技能竞赛河湖监管无人机应用技能竞赛，来自长江水利委员会、太湖流域管理局、长江经济带11省（市）的13支代表队和52名选手同场竞技，各展风采。上海市水务局执法总队陈子灵取得个人第六名的好成绩，上海市水务局获"特别贡献奖"。此次竞赛围绕查处河湖监管"四乱"问题设置竞赛科目，发挥无人机快速、准确、高效的优势，通过航空摄影、数字分析等新技术手段，提升河湖监管工作水平。竞赛分为理论考试和技能操作考核，理论考试涵盖法律法规、无人机基础知识、摄影测量和无人机应用案例分析等内容，技能操作需要选手在规定时间内操作无人机完成"8字航线"超低空穿越岸滩、对河湖问题搜索拍照、按规定的"M字航线"超低空绕飞障碍物、对违章建筑物摄像采集、图像处理、距离量测、信息分析，现场

制作成果报告。 （王佐仕）

【市总工会、市水务局召开治水管海劳动和技能竞赛推进会】 6月17日，市总工会、市水务局召开"建功'十四五'奋进新时代"治水管海劳动和技能竞赛2021年推进会，表彰"碧水保卫战"先进集体和个人，部署"建功'十四五'奋进新时代"治水管海劳动和技能竞赛工作。市总工会副主席周奇、市水务局副局长阮仁良出席会议并讲话。"碧水保卫战"劳动技能竞赛开展3年来，有300多个集体、300多名个人受到市级以上表彰，凝聚了全社会节水护水的共识。市总工会、市河长制办公室成员单位、各区总工会等相关部门负责人和各区水务局领导以及城投水务集团、相关行业协会负责人参加会议。 （王佐仕）

【第四届上海基础教育青年教师教学竞赛决赛举行】 5月14日，第四届上海基础教育青年教师教学竞赛决赛在上海师范大学徐汇校区拉开帷幕。272名40岁以下有5年以上教龄的青年教师通过各区的层层选拔进入到总决赛，56名本市教育系统的教学名师、正高级教师、特级教师、名师基地负责人和知名专家、教授应邀担任总决赛评委。本届竞赛设特等奖8名，一等奖24名，二等奖48名，三等奖80名。获等第奖的教师由上海市中小幼教师奖励基金会及上海唐君远教育基金会颁发奖金及课程资助奖励。获竞赛特等奖且符合条件的青年教师按程序向市总工会申报"上海市五一劳动奖章"；获竞赛特等奖、一等奖的青年教师由市教卫工作党委、市教委授予"上海市教学能手"称号；对在本届教学竞赛中选手成绩优秀的区教育局颁发优秀组织奖。本届赛事继续引进第三方评价机制，采用网络延时直播课堂教学视频的方式，借助互联网平台进一步公开，接受社会监督。本届竞赛传承历届青教赛"立德树人"的根本宗旨和"上好一门课"的理念，同时呈现出新特点：一是进一步拓展了竞赛学科类别，新增中小学思政课专项，鼓励基础教育和职业教育青年教师加强学科德育改革，贯彻落实习近平总书记在学校思政课教师座谈会上的重要讲话精神和对职业教育工作的重要指示精神；二是区级初赛范围广，共计1万余人参加区级比赛，约占全市基础教育青年教师的10.77%，营造了"以赛促教、以赛促学、以赛促改、以赛促建"的良好氛围。 （高 芳）

市总工会、市水务局召开"建功'十四五'奋进新时代"治水管海劳动和技能竞赛2021年推进会 （吴泽民）

【市级医疗机构护工护理员职业技能竞赛防疫知识专项赛举办】 11月，由市医务工会、市护理学会、市级医疗机构护工护理行业工会联合会主办的上海市级医疗机构护工护理员职业技能竞赛防疫知识专项赛启动。专项赛主要内容包括医院感染基本知识，消毒隔离的概念，手卫生相关知识，新冠肺炎疾病特点、传播途径、防控要点，传染病患者的生活照护、口罩的正确佩戴方法、隔离衣的正确穿脱方法等，分在线学习和网上竞赛两部分。专项赛吸引了众多市级医院护工护理员踊跃参与，不少医院、中介机构为参加竞赛的护工护理员提供全程专业指导和培训。市护理学会设计在线题库，包括理论知识题库学习和操作技能视频培训，完成在线学习全部内容后进入下一轮网上竞赛。据统计，在此次竞赛中，逾4000人次参与线上学习，近500名护工护理员参加网上竞赛。 （马艳芳）

【市卫生健康系统组织开展健康膳食技能竞赛活动】 11月20日，由市卫生健康委员会、市医务工会主办的"合理膳食 免疫基石"2021年上海市卫生健康系统健康膳食技能竞赛在麦德龙总部餐饮学院举行，共44家基层医疗卫生单位选派44支队伍参赛。大赛分营养餐搭配、职工健康膳食措施、现场厨艺展示三部分内容进行比赛。44支参赛队伍经过比拼，决出单位及个人最佳团队奖、最佳厨艺奖、健康菜谱最佳营养搭配奖、十佳服务职工健康膳食措施奖以及最佳人气奖。 （柯 婷）

【百联集团"人人惠"主题劳动竞赛取得圆满成果】 11月30日，由百联集团工会组织开展的"人人营销一起拼，社群推广一定赢"主题劳动竞赛活动落下帷幕。通过广泛、深入、持久地发动职工通过"人人惠"营销工具助推企业销售扩容、提质增效。集团工会与全渠道社群运营部联合设计活动方案，建立"走出去、请进来"的互动机制，按照实际需求组合数字化各端口技术人员走访企业上门指导，并邀请各企业"人人惠"优秀营销员定期走进全渠道开展互动交流，从技术迭代到操作升级，从商品优选到服务创新，从社群开发到文化沉浸，全方位、多维度地瞄准目标、精准发力。各级企业工会更是把企业经营与劳动竞赛紧密结合起来，借助i百联线上平台，依靠"人人惠"营销员队伍，传播营销信息，挖掘商品价值，优化社群功能。劳动竞赛期间，完成订单219万笔，同比增长24%；完成销售额37591

万元，同比增长 38%；创造分享量 71 万多条，同比增长 595%，取得了丰硕成果。根据竞赛规则和指标数据，联华股份、百联股份、全渠道、百联金服、集团总部 5 家工会被评为“优秀组织奖”，10 个竞赛班组被评为“优秀班组”，40 名职工营销员被评为“优秀个人”。 （姜　杰）

【百联集团工会举办职工社群营销策划技能大赛活动】 11 月 18 日，由百联集团工会主办，百联股份工会承办的“社群营销兜来赛”营销策划大赛决赛开赛，来自 3 个业态成员企业的“社群经理”们各展所长，为本企业社群吸粉引流。东方商厦（旗舰店）和百联滨江购物中心分别以店庆为契机，开展整合营销活动，力求打造年轻化的消费场景，满足消费者对于快乐的追求；永安百货和友谊商店则注重 IP 的塑造和运用，拉近与消费者之间的距离，营造沉浸式的购物氛围；第一百货商业中心直面社群运营的普遍痛点，推出“Social 2022”社群营销活动，赋能文化创意，激活商业活力。经过专业评委的综合评分及现场观众的互动助力，最终第一八佰伴获得大赛金奖；第一百货商业中心、百联南方购物中心、永安百货、妇女用品商店获得大赛银奖；东方商厦（旗舰店）、青浦奥特莱斯、百联又一城购物中心、百联滨江购物中心、友谊商店获得大赛铜奖。 （姜　杰）

【申通地铁集团启动新一轮劳动和技能竞赛】 10 月 28 日，申通地铁集团在地铁龙阳路基地隆重举行“建功十四五奋进新征程”——上海申通地铁集团有限公司先进职工表彰暨推进高质量发展上海地铁职工劳动和技能竞赛开幕式。市总工会党组书记、副主席黄红和集团党委书记、董事长俞光耀共同宣布大赛启动。会议表彰荣获 2021 年全国工人先锋号、上海市五一劳动奖状（奖章）、上海市工人先锋号、上海市三八红旗集体、上海市三八红旗手、地铁工匠、地铁职工创新工作室、“登峰行动”岗位竞赛总冠军的先进集体和个人。会议宣布，2021 年，上海地铁积极响应市总工会的号召，组织开展全体职工参与的“建功‘十四五’奋进新征程”促进高质量发展劳动和技能竞赛。聚焦融入和服务长三角高质量一体化发展和上海五大新城建设等方面，开展“建功‘十四五’奋进新征程”主题劳动竞赛、上海地铁“登峰行动”核心岗位劳动竞赛、“创精、创优、创新”系列专项劳动竞赛、“提技能、钻业务、强素质”技能等级认定专项竞赛、上海轨道交通建设立功竞赛等五大赛事。 （汪嘉琦）

【城投集团召开劳动和技能竞赛推进大会】 5 月 19 日，城投集团召开“建功‘十四五’奋进新征程”职工“比学赶超”劳动和技能竞赛推进大会。市总工会副主席周奇，集团党委副书记、工会主席杨茂铎出席大会并讲话。集团相关部门，直属单位相关分管领导、工会主席，部分三层次单位工会主席，参赛单位代表，部分劳模、工匠、先进代表近 100 人参会。会议部署 2021 年职工“比学赶超”劳动和技能竞赛工作，为 10 家劳动和技能竞赛参赛单位代表进行授旗，表彰一批在城投集团 2020 年度职工群众性创新创效活动中脱颖而出的创匠典范、创新团队、创新成果，并为职工满意示范食堂和首批职工兴趣社团进行授牌。城投公路、水务、资产、兴港代表参赛单位，聚焦 5 个新城建设、产业工人队伍技能提升、助力花博会保障以及新片区建设和服务管理做交流发言。 （范　磊）

城投集团召开“建功‘十四五’奋进新征程”职工“比学赶超”劳动和技能竞赛推进大会 （范　磊）

【上实集团工会全面谋划分板块推进劳动竞赛】 2021 年，上海上实集团工会发布《关于开展“建功‘十四五’奋进新征程”推进高质量发展劳动竞赛活动的通知》，围绕“融产结合、创新发展”战略主线、“两大三新”产业体系，分层分板块搭建大金融、新基建、城市更新、物业服务、绿色东滩等 5 大主题竞赛机制，要求各级工会把劳动竞赛打造成工会工作的“拳头产品”，研究不同产业类型的规律、特点，定目标、找项目，将各级企业和职工广泛地发动起来，全面参与到竞赛中，在服务构建新发展格局中建功立业。上实东滩工会持续开展“绿色农产”“生态生活”“环境安全”“健康医养”“素质提升”等 5 大立功竞赛活动，提升东滩园区生态环境质量和生态产业能力；沪宁公司工会开展“三全三创”收费竞赛，增强运营管理；申渝公司工会通过制订迎党建 100 周年的专项保障方案，提升文明服务窗口形象；路桥公司工会开展“学党史、迎进博、强技能、展风采”业务技能竞赛，提高规范化服务水平；复旦水务工会策划长三角板块劳动竞赛，培养发掘内部人才，构建梯队建设；上实财务工会开展“微积分”劳动竞赛，凝聚员工“微力量”，合力共建“聚沙成塔”计划，助力公司发展；上实投资工会围绕主动投资平台全局工作，在内控风险、财务管理、企业文化、行政服务等板块全方位开展行业研究实践活动，把竞赛活动打造成为职工成长成才的平台。集团工会荣获“奋进新时代 创造新奇迹——推进高质量发展上海职工劳动和技能竞赛”优秀组织奖，上实东滩1人获评个人二等奖、上实东滩湿地公园等3家集体获评三等奖；在市重大工程立功竞赛中1人被推荐为优秀建设者；沪杭路桥实业有限公司新桥主线站荣获“2019—2020年度上海市三八红旗集体”称号；上实农业荣获市水务局碧水保卫战——劳动和技能竞赛三等奖；G2江桥收费站被推荐为“第四届进博会最美服务窗口”。（喻晓彤）

【中福会举办保育员劳动和技能竞赛】 11月19日，中国福利会幼儿园前滩部举行以“弘扬宋庆龄精神、建功‘十四五’”为主题的岗位大练兵、业务大比武决赛。来自中福会系统学前教育单位的保育员，经过预赛选拔，进入本场总决赛。中福会副秘书长宋钟蓓，中福会工会工作委员会主任邹勇飞，中福会事业发展部部长韩先梅以及中福会机关各部门负责人、系统工会全体工作人员、基层单位党政领导、工会主席及部分保育员参与活动。竞赛共设3个项目：必答题、抢答题、操作题。操作包含3个模拟情境：午餐消毒、茶桶消毒、疑似诺如病（呕吐包）的消毒。竞赛结束，专家对整场竞赛做了点评，充分肯定本场竞赛方案与赛事流程，同时也希望中福会学前教育单位能以本次竞赛活动为契机，不断打造优化保育员队伍，提升保育工作水平，为其他幼儿园提供经验与规范。（朱金妹）

【市工人疗养院参与技能比武取得好成绩】 11月26日，上海海鸥控股（集团）有限公司举行第六届“岗位练兵、技术比武”活动。在共设有的5个比赛项目中，市工人疗养院及下属康柏苑大酒店派出4支队伍参与其中3个项目比赛。短视频&PPT制作展演比赛从市场业务推广和企业文化建设这2个主题切入，分别介绍工疗业务的市场推广之路与工疗精神的凝练过程。中式铺床比赛派出的是康柏苑大酒店客房部代表队，创意夜床作品以“高擎理想火炬、百年风华正茂”为主题，将火炬、鲜花、飘带等折花形式融入其中，消防接力比赛由市工疗和康柏苑大酒店2支队伍参与。最终，工疗代表队在短视频&PPT展演和消防接力比赛中获得2个一等奖的好成绩。康柏苑大酒店代表队则获得中式铺床和消防接力比赛的二等奖，以及中式铺床最佳人气奖。（赵 倩）

【黄山休养院坚持开展“两新”立功竞赛促进服务升级】 2021年，黄山休养院坚持开展“两新”竞赛活动，以竞赛促进业务交流，促进服务升级。本次竞赛共设立4项课题，包括：“四责协同”中强化“一岗双责”的职能效应、餐厅管理方面的助推特色餐饮、党员示范岗的模范创建以及人才储备中的梯队建设。活动开展过程中始终围绕建党百年这一红色主线，进一步发挥责任担当，充分认识“四责协同”发挥的长期效应；提升服务水平，打造特色餐饮，在强化食品安全的基础上创新菜肴，贴近大众口味，以更加扎实的厨艺功底做好接待服务工作；创建党员示范岗，引导发挥凝聚力，挖掘身边典型事例，对有突出表现的职工进行宣传，引导全体职工弘扬正能量；加强人才储备，提升管理质量，通过制定岗位规划和轮岗锻炼，激发员工潜能和活力，为休养院升级做好人才准备，并通过塑造企业文化增强职工的归属感和获得感，从而全面推动各项工作稳步开展，用心实现对休养客人的优质服务。（刘希婷）

职工创新

【概要】 2021年，市总工会进一步激发职工岗位创新动力，开展第二届“上海职工优秀创新成果奖”评选，并首次设“专业技术组”和“一线技能组”，评选共收来自全市16个区、48个产业局，以及基层单位和个人申报的共786项创新成果，申报涵盖战略性新兴产业、先进制造业和以生产性服务业为重点的现代服务业。其中，涉及集成电路、人工智能、生物医药三大先导产业的项目共有266项，占总数的33.8%，年底前完成专家评审。（张 振）

【举办第十一届上海职工科技节】 5月22日—6月3日，市总工会联合市发改委、市科委、市教委、市人社局、市知识产权局、团市委、市科协，围绕“回望百年 匠心传承 追求卓越”主题举办第十一届上海职工科技节。科技节期间，举办了上海工匠讲述百年企业红色匠心故事、科学之夜——工匠秀场专题活动、百家劳模和工匠人才创新工作室开放日、百名劳模工匠服务千家企业、科普讲师团进企业、上海工匠讲堂等一系列特色群众性科技创新活动，一大批优质职工创新资源面向社会开放，上海职工科技节参与度、覆盖面不断提升，在全社会营造了良好的职工科技创新氛围。全市各

5月22日，2021年上海职工创新大会暨上海职工科技节开幕式

（劳动报社）

级工会组织发动 1962 家基层单位开展了 5651 项形式多样的群众性科技创新活动，吸引 612939 职工参与活动，形成一大批创新成果、创新人才和创新经验，扩大了上海职工科技节的社会影响。（陈志渊）

【举办第三十三届上海市优秀发明选拔赛】 2021 年，市总工会、市知识产权局、团市委、市科协、上海发明协会等单位联合举办第三十三届上海市优秀发明选拔赛。经各区局（产业）集团和有关单位认真组织、广泛发动，共有 360 余家基层单位的 7200 多名一线职工报名参赛，参赛项目 2049 项，其中优秀发明项目 1175 项、优秀创新项目 639 项、青少年发明项目 235 项。按照《上海市优秀发明选拔赛评审办法》，市职工技协组织选拔赛专家评委会分别对参赛项目进行预审（资格审查）、复评（专业评审）和答辩终评。经评审，共有 817 个项目获奖，其中优秀发明金奖 55 项、银奖 155 项、铜奖 223 项，职工创新成果金奖 59 项、银奖 88 项、铜奖 104 项、入围奖 133 项。（谢　磊）

【优秀职工发明创新项目获国家、上海市科技进步奖】 根据国家科学技术奖和上海市科学技术奖推荐工作要求，市职工技协遴选 12 项由一线职工发明创造的优秀技术成果参加 2020 年度国家、上海市科技进步奖项目评审。由全总提名的上海隧道工程有限公司李鸿的“超大直径盾构掘进新技术及应用”获得 2020 年度国家科技进步二等奖。4 个项目获 2020 年度上海市科技进步奖，其中中国宝武集团宝山钢铁股份有限公司杨建华发明的“铸机状态智能诊断系统”等 2 个项目获得 2020 年度上海市科技进步二等奖，上海爱登堡电梯集团股份有限公司潘阿锁发明的“永磁同步曳引驱动电梯质量提升与优化技术”等 2 个项目获得 2020 年度上海市科技进步三等奖。（谢　磊）

【职工优秀发明项目参加第二十五届全国发明展】 12 月 10—12 日，第二十五届全国发明展览会在广东（潭州）国际会展中心举办，市职工技协组织推荐 30 个非公企业优秀发明成果参展。经过展会评委专家的评审，24 个参展项目获奖，其中微创神通医疗科技（上海）有限公司的“Tubridge 血管重建装置”等 10 个项目获得金奖；上海感拓智能科技有限公司的“电力隧道智能监控系统”等 11 个项目获得银奖；上海朋泰机械科技有限公司的“汽车内缸的表面改性处理方法”等 2 个项目获得铜奖，同时上海兰宝传感科技股份有限公司的“P-DA 系列高精度激光位移传感器研发和产业化”还获得“中国仪器仪表发明奖”专项奖，上海市职工技术协会获评优秀展团。（谢　磊）

【资助奖励一线职工晋升和发明创造】 4 月 15 日，市总工会启动 2021 年晋升技师高级技师职工、带教师傅和奖励授权发明专利一线职工实事项目。12 月 30 日，完成资助和奖励发放工作，共计资助和奖励职工 8633 人次，奖励资金 1349 万元。其中，资助晋升技师高级技师职工、带教师傅 6431 人次，发放资助资金 908.6 万元；奖励授权发明专利一线职工 2202 人次，奖励资金 440.4 万元。（陈志渊）

【开展上海职工科普讲师团进企业活动】 上海职工科普讲师团进企业活动每年采取菜单式服务，聘请在教学、科研、生产等领域内有建树的专家、教授、工程技术人员以及著名劳模、工匠等围绕岗位创新、节能减排、科技创新、知识产权、法制宣传、食品卫生、医疗保健等方面的内容，举办专题报告会和科普讲座，为广大职工送上知识大餐。在讲座中，讲师们因势利导，从身边的工作小事，启发大家的思维模式，调动大家岗位创新的积极性。年内累计开展科普讲座、专题报告会 3 场，其中 2 场为非公企业，参与培训 700 余人次。（黄玉香）

【创设百家“示范性上海职工学堂”】 9 月 7 日，市总工会下发创设“示范性上海职工学堂”通知，全市共有 47 个区局（产业）工会推荐 121 家申报 2021 年“示范性上海职工学堂”，其中 16 个区申报 72 家，31 个产业局工会申报 49 家。经过材料评审打分、实地走访打分等环节，产生 100 家“示范性上海职工学堂”，发放建学补贴 200 万元。（黄玉香）

【征集命名上海市职工合理化建议和先进操作法优秀成果】 2021 年，市总工会、市科委和市经信委联合组织开展上海市职工合理化建议和先进操作法优秀成果征集命名活动，共有 80 家区局（产业）工会 427 家基层单位工会参与申报 707 项职工“五小”成果。经专家评委会初审和复审等程序，上海豫园珠宝时尚集团有限公司的《关于构建“豫园好运宝 B2B 平台系统”的建议》等 20 项合理化建议为 2020 年度上海市职工合理化建议优秀成果，中芯国际集成电路制造（上海）有限公司的《14/N+1 先进集成电路工艺节点浸没式光刻机产能提升》等 20 项先进操作法为 2020 年度上海市职工先进操作法优秀成果；上海天马微电子有限公司的《关于提升 X 射线探测器光电转化效率的工艺建议》等 100 项合理化建议为 2020 年度上海市职工合理化建议项目创新奖，和元生物技术（上海）股份有限公司的《PEG 纯化病毒新方法》等 100 项先进操作法为 2020 年度上海市职工先进操作法创新奖。（姚星月）

【开展年度工匠创新工作室创建命名活动】 为进一步发挥工匠、技师等技术人才示范引领作用，激发职工岗位创新活力，10 月，市职工技协在基层企事业和区局（产业）工会开展职工创新工作室创建活动的基础上，选树命名一批上海市工匠（技师、职工、巾帼）创新工作室。全市共有 61 家区局（产业）工会推荐申报工匠创新工作室 50 家，技师、职工、巾帼创新工作室 171 家，经资格审查、初审、实地走访和终审，产生工匠创新工作室 25 家，技师创新工作室 40 家、职工创新工作室 33 家、巾帼创新工作室 27 家。市总工会对最终创建命名的 25 家市工匠创新工作室，给予 2 万元的创建资助；100 家市技师、职工、巾帼创新工作室，给予 1 万元的创建资助，并原则上要求区局（产业）工会或基层工会应给予 1∶1 配套经费，支持其开展工作。（姚星月）

**【深化校企合作助推一线职工学历技

能提升】 市总工会以促进职工技能提升为重点，会同市教卫工作党委、市发改委等联合下发《关于深化上海产业工人队伍建设改革推进校企合作工作的指导意见》，推出九大措施，推动东华大学、上海大学等首批14所院校与上海医药（集团）有限公司、上海临港经济发展（集团）有限公司等23家企业签署《校企合作框架协议》，通过校企合作，畅通职工提升学历和技术技能的成长通道，培养更多高素质技术技能人才，助推一线职工学历技能“双提升”。 （张 振）

【徐汇区职工创新工作室联盟成立】 12月6日，徐汇区职工创新工作室联盟成立成立仪式在徐汇滨江党群服务中心举行。该联盟由33个市劳模创新工作室，市工匠创新工作室，市职工（技师、巾帼）创新工作室组成，横跨医卫、教育、建筑、食品、物业、电子、社区治理、电信、艺术品、家居、市容绿化等10多个行业。33位工作室领衔人中，有全国劳模7人、市劳模11人、各级工匠11人。以“共建、共享、共赢、共进”为准则，发挥创新工作室在技术创新、管理创新、服务创新、制度创新和综合创新上的示范引领作用。仪式上，发布《徐汇区创新工作室联盟宣言》《徐汇区“跟着劳模做志愿”劳模志愿服务清单（2.0版）》，服务内容增加至七大类70项。 （朱贤樑）

【闵行区举办职工科技节系列活动】 5月28日，闵行区总工会在上海市军民融合产业基地会议中心举办“融科技于发展，育匠心于创新”2021年闵行区职工科技节系列活动，全区100余名职工科技创新优秀代表参加活动。现场表彰闵行区2021年职工科技创新成果项目、合理化建议和先进操作法优秀成果项目、2021第四届中国（上海）国际发明创新展览会获奖项目。闵行区总工会副主席许向东发布“百名劳模工匠服务千家企业和校园”实事项目，按照企业需求，组织劳模、工匠进入企业和校园，开展技术培训、技术交流、技术攻关、技术协作等“四技服务”。并选树2021年“闵行当代工匠”，命名2021年“闵行区创新工作室”。 （王 凯）

4月7日，市纺织工会赴青溪老街时尚创新工作室调研 （夏 伟）

【闵行区选送职工创新项目参加国际发明展】 4月15日，第八届中国（上海）国际技术进出口交易会暨第四届中国（上海）国际发明创新展览会在上海世博展览馆举办，闵行区总工会作为上海市唯一一家区级总工会参展，选送一批职工创新项目，涵盖智能制造、信息技术、生物医药、现代服务、新材料等领域，与其他国内外科技创新项目同台竞技。经大会组委会评选，22个项目获得金奖，28个项目获得银奖，30个项目获得铜奖。 （王 凯）

【金山区总工会举办2021年上海职工科技节专题活动】 5月23日，金山区总工会举办2021年上海职工科技节专题活动“上海工匠金山秀场”，市总工会副主席郭箐、王曙群，金山区委常委、组织部部长白锦波，金山区人大常委会党组副书记、副主任、区总工会主席朱喜林、各直属工会主席及上海工匠、金山工匠等出席活动。白锦波在致辞中肯定了近年来全区各级工会开展职工技术创新活动和打造“金山工匠”品牌等工作，郭箐为2020年度上海工匠吕名礼、罗明华颁奖，朱喜林启动金山区第七届“十佳优秀职代会提案”和“十佳金点子”征集评选活动。同时启动2021年度劳模、工匠创新工作室创建活动并发布劳模、工匠创新工作室开放名单。 （卫婷怡）

【市纺织行业工会走访青溪老街时尚创新工作室开展调研】 4月7日，上海市纺织行业工会主席黄勤一行走访调研奉贤区青村镇青溪老街。奉贤区人大常委会副主任、总工会主席陆建国介绍，为传承发扬土布非遗文化，让传统土布在新时代焕发新的活力，丰富社区教育文化内涵，奉贤区纺织行业工会将结合青溪老街建设，创建青溪老街时尚创新工作室。工作室由上海时尚工匠、服装技师、老街裁缝、公益志愿者等人员组成，通过土布收集、服饰设计制作、场景选置、现场布置等，以“耕与织的狂想”为主旨，创新土布内涵，使之成为青溪老街亮点。黄勤表示，希望奉贤区纺织行业工会在创建工作室的基础上，进一步挖掘青溪老街的传统文化，为振兴乡村，老街兴旺再助一臂之力。 （郑鸦峰）

【华谊集团职工多项合理化建议和先进操作法获奖】 按照市总工会关于开展职工合理化建议和先进操作法优秀成果征集命名活动的通知，华谊集团组织开展2020年度职工合理化建议和先进操作法优秀成果征集活动，推荐申报合理化建议12项、先进操作法1项。经评审，技术研究院朱晓亮的“高吸水性树脂产品品质提升建议”获评合理化建议优秀成果奖，能化公司邢屹的“储罐设备底板边缘板防腐合理化建议”、宜兴一品隆发云的“加入陶瓷膜浓缩液合成GT315”获得合理化建议创新奖；能化公司顾志权的“脱腐蚀金属离子装置运行操

作方案”获先进操作法创新奖。（蔡毓琳）

【上海航天局评选型号立功、创新创效创优标兵】 2021年，上海航天全体干部职工以奋斗之姿书写了新时代航天强国建设的荣耀篇章。“天和”升空开启中国空间站建设新时代，“天问”登火迈出我国行星际探测新征程，“羲和”探日实现中国空间科学新突破，全年圆满完成了25箭15星1舱4船的发射任务。为表彰在型号科研生产、技术创新、产业创效、管理创优等方面做出突出贡献的职工，上海航天局授予44人“八院2021年度型号一等功”荣誉称号、114人“八院2021年度型号二等功”荣誉称号、143人“八院2021年度型号三等功”荣誉称号、66人“八院2021年度创新创效创优标兵”荣誉称号。（周欣彬）

【国网上海市电力公司多项创新项目在上海职工科技节上获奖】 在5月22日召开的2021年上海职工创新大会暨上海职工科技节开幕式上，表彰了第三十三届上海市优秀发明选拔赛获奖项目。上海电力公司共获优秀发明金奖3项、银奖5项、铜奖10项，优秀创新金奖2项、银奖2项、铜奖4项、入围奖7项，公司选拔推荐的33个项目全部获奖。另外，大会还命名了2020年度上海市职工合理化建议和先进操作法优秀成果。公司推荐的1项操作法获上海市20项先进操作法优秀成果之一，2项合理化建议获上海市职工合理化建议创新奖，2项操作法获上海市先进操作法创新奖。（陈纯）

【上海电建公司工会开展职工五小成果征集发布活动】 2021年，上海电建公司工会继续开展职工五小成果征集评审活动，这是公司连续第十三年开展此项活动。共收到各单位上报的职工“五小成果”29项。9月2日，公司工会召开2021年“智慧能量”职工五小成果评审发布会，12项成果在会上作交流发布。发布内容覆盖了核心工种、管理等多方面，与实际施工技术管理紧密结合，充分体现了各单位对“五小成果”活动开展的重视。《宝钢电厂锅炉锅筒吊装专用门架设计与应用》，在本次评审中获奖，获奖优秀成果推荐参加市总工会职工创新成果系列奖项评审，荣获“上海市职工先进操作法创新奖”。（傅诚）

【中国宝武“献一计”活动成果丰硕】 2021年，中国宝武深入开展全员献计活动，征集并发布163个挂牌项目，引导职工聚焦重点难点建言献策。年内职工累计献计59.9万个，采纳39.3万个，实施12.6万个，评选出106个“金点子”、499个“银点子”、999个“好点子”。开展首届“优秀职工岗位创新成果奖”评选，评出特等奖3项、一等奖9项、二等奖47项、三等奖261项。2项成果分别获冶金科学技术奖一等奖、三等奖；1项成果获上海市科技进步二等奖；33项成果荣获全国机械冶金建材行业职工技术创新成果奖，其中一等奖4项，二等奖12项，三等奖17项。在第25届全国发明展上，职工岗位创新成果荣获金奖53项、银奖65项、铜奖68项，金奖获奖比例比去年提升7.4%，荣获“优秀展团奖”并首次赢得展会大奖“世界知识产权组织最佳女性发明奖”。（贯崇斌）

【中国宝武构建职工岗位创新体系和运行机制】 2021年，中国宝武发布《职工岗位创新管理办法》，建立了由职工创新活动中心、职工创新基地、职工创新工作室、职工创新小组、“献一计”活动构成的梯次衔接、覆盖全员的职工岗位创新体系，明确了平台建设、项目管理、组织保障等运行机制，完善了从“点子”到成果的职工岗位创新成果评选体系。（贯崇斌）

【宝钢股份汇聚全员智慧，职工岗位创新成果丰硕】 2021年，宝钢股份组织开展“献一计”活动，将此作为“凝聚全员共识，汇集全员智慧”的重要手段，职工全年献计超14万条；开展2021年宝钢股份“先进操作法”评审活动，命名表彰“先进操作法”和“十大先进操作法”29个，全年获得省部级、集团等职工岗位创新成果各类奖项182个。充分展示了职工爱岗敬业、勇于创新、精益求精的精神。（朱雅芹）

【宝地资产开展“献一计”专项劳动竞赛】 2021年，宝地资产制订《“我为企业‘对标找差创一流’献一计”活动实施细则》，开通运行了“献E计”工作平台，由职工“献一计”线下转为线上，引导职工聚焦重点、难点、热点等问题献计献策。以“献E计”平台全覆盖、员工献计参与率100%为竞赛目标，促进各单位“献E计”平台推广使用。全年共献计献策5443条；获评集团级金点子3个、银点子12个、好点子25个，智多星3人，评选公司级金点子37个、银点子69个、好点子103个、智多星30人。（朱宏）

【高桥石化职工创新工作室建设取得新成果】 2021年，高桥石化共新增职工创新工作室5个，公司职工创新工作室增至20个，其中市级3个、公司级8个、部门（单位）级9个。各基层单位通过组织召开工作室创建推进会、课题研讨会、现场攻关、实地培训等，进一步拓展工作室创建的形式和内涵。扎实推进职工创新工作室联盟建设，举办高桥石化——捷派克职工创新工作室联盟推进会，双方共同成立了高桥石化——捷派克职工创新工作室联盟技师服务队，确立服务检修装置顺利开车5项课题，为炼油装置检修开车一次成功打下扎实的基础。（吴斌）

【上海石化公司工会推进“职工创新工作室”建设】 4月30日，上海石化公司工会组织召开上海石化党史专题党课暨庆“五一”职工创新工作室推进会，会上，以视频形式回顾了公司职工创新工作室的建设历程，对烯烃部徐建伟劳模创新工作室、化工部周铭劳模创新工作室、塑料部钱红军技师创新工作室、热电部徐俊技师创新工作室等4家公司级创新工作室进行命名并揭牌，4家单位的创新工作室进行了创建经验的交流分享。12月，周国明炼油技术创新工作室获评中石化示范性职工创新工作室，钱红军和徐俊2个职工创新工作室获评上海市技师创新工作室，进一步发挥了劳模工匠和高技能人才的示范引领作用。（徐军）

【上海石化公司实施职工晋升、师傅

带教奖励计划】 2021 年上海石化公司继续实施"职工晋升技师、高级技师奖励""职工晋升高级工、技师、高级技师带教师傅奖励"计划，共 50 名技师、高级技师获奖励（其中技师 37 名、高级技师 13 名），技师奖励 2000 元/人，高级技师奖励 4000 元/人，共奖励 126000 万元（其中上海市总工会奖励 6.3 万元、公司工会配套奖励 6.9 万元）。奖励带教师傅 54 人次（其中徒弟晋升高级工 25 人，晋升技师 22 人，晋升高级技师 7 人）。带出高级工奖励师傅 2000 元/人，带出技师奖励师傅 4000 元/人，带出高级技师奖励师傅 6000 元/人，共奖励 18.0 万元（其中上海市总工会奖励 9.0 万元、公司工会配套奖励 9.0 万元）。（徐 军）

【上海航天第三届职工科技创新节开幕】 5 月 21 日，上海航天第三届职工科技创新节开幕，本届科技节分层分类发布了包括职工创新创意基金、创新工作室建设等 4 大核心品牌活动。以职工创新创意大赛为载体，创新创意基金共征集到 60 个职工创新项目，经两轮评选，最终选出 14 个优秀项目给予资助并孵化，总计金额 70 万元。以创新工作室建设为基础，命名 13 个局级职工创新工作室，新资助 12 个创新工作室进行创建；2 个劳模创新工作室荣获市总工会命名，新增 2 个上海工匠创新工作室、4 个上海职工创新工作室；王曙群劳模创新工作室作为第三批全国示范性劳模和工匠人才创新工作室，以 99 分的高分顺利通过全国总工会检查验收，获得创建资助金 10 万元和课题资助 10 万元。以组织参与各类上级创新竞赛为抓手，54 个项目获得上海市第 33 届优秀发明选拔赛金银铜奖，8 个项目获得上海市职工合理化建议优秀成果和创新奖，6 个项目获得上海市职工先进操作法优秀成果和创新奖，局工会荣获"上海职工科技节优秀组织单位"称号。（周欣彬）

【上海航天局工会召开工会工作创新案例发布会】 上海航天局工会召开了 2021 年工会工作创新案例发布会，八院工会主席李昕、各单位工会主席、副主席等 50 余人参加了会议。会上，18 家单位工会发布创新案例，分别就工匠培育、劳动竞赛、职工关爱、民主管理、协会活动等多方面内容进行汇报和交流，分享各单位工会工作的亮点和特色，最终 805 所、509 所、149 厂、812 所、804 所、811 所、航天机电、801 所等 8 家单位的工作案例以形式新颖、成效明显，获"2021 年度工会工作创新案例奖"。（周欣彬）

【市烟草工会开展工匠创新工作室互评互访活动】 6 月 16 日，市烟草工会召开工匠创新工作室互评互访工作启动会暨首次互访活动。会议对近两年来集团职工创新工作室创建情况作了简要回顾，对新制订的工作室互评互访工作制度作了解读，并就设置评审组织机构、年度互评互访工作计划以及工作室创建评价要素进行意见建议征询。会上，上海卷烟厂李湛制丝技术劳模创新工作室，烟机公司王凌数控智造、浦东区局关昊卷烟营销工匠创新工作室分享工作室创建经验。公司机关、上海卷烟厂、烟机公司、普陀区局等 4 个参评工作室围绕本单位"创建问题清单""创新任务清单"及对工会组织的需求，进行交流。与会代表会后走访了上海卷烟厂杨志成物流技术工匠创新工作室。（俞 帆）

【铁路上海局集团公司工会广泛开展技术改进和合理化建议活动】 2021 年，铁路上海局集团公司工会组织开展"建设命运共同体、奋力作出新贡献"主题劳动竞赛活动。并把劳动竞赛考评结果纳入专业综合考评中，提升竞赛实效，并被铁总工会以通报的形式在全路推广。开展"安全隐患大家找"活动，广泛发动职工，全年发现和整治各类安全隐患 1.4 万条。2021 年，征集职工合理化建议和技术改进项目 1.5 万余项，金点子 8000 余项，表彰奖励优秀合理化建议技改成果和金点子 230 项，产生增收节支效益超亿元。36 项成果获得省部级成果奖。获上海市优秀发明选拔赛金银铜奖 19 项、合理化建议和先进操作法优秀成果 16 项。加大创新项目资助力度，资助职工创新项目 23 个，下拨经费 21.15 万元。（严光临）

【中远海运能源运输股份工会广泛开展职工创新活动】 年内，中远海运能源运输股份有限公司共征集船岸职工合理化建议 972 条，内容涉及企业管理、船舶安全、设备保养、员工关爱、节能减排、提质增效、降本节支等方面，其中 120 条合理化建议获奖，20 条合理化建议被采纳和推广，《WINGD 6X62 主机喷油器管理》荣获上海市职工先进操作法创新奖；组织开展安全创新主题活动和系列网上答题活动，职工参赛率超过 95%；"安全隐患随手拍"收集船岸作品 510 幅，经评审有 50 幅作品参加公司第二届"安全隐患随手拍"展览。举办 2021 年船舶可视化培训教材制作大赛，参赛选手从自身岗位出发，提交了涉及安全航行、安全检查、消防演练、操作指南等可视化教材 101 项，有效提升职工能力素质和管理水平。（薛建华）

【中远海运集团工会召开劳模创新工作室推进会】 5 月 11 日，中国远洋海运集团工会召开劳模创新工作室推进会、职工创新工作室启动会暨经验交流会，该集团工会主席张善民出席会议并讲话，各直属单位及部分基层单位工会负责人、各单位劳模代表以及劳模创新工作室负责人代表参加。会议总结一年来各单位创建劳模创新工作室的经验，部署劳模创新工作室推进及职工创新工作室启动工作。会议号召，弘扬劳模精神、劳动精神、工匠精神，发挥劳模先进和优秀人才在集团高质量发展中的示范引领作用。与会代表实地参观了扬州中远海运重工马上录技能大师工作室和扬州市全国劳模创新工作室。（许恒怡）

【中远海运上海寰宇工会推进职工创新工作室建设】 2021 年，中远海运上海寰宇物流装备有限公司工会依托职工创新工作室，成功开发集装箱模块化建筑、干散货集装箱、污水处理集装箱等差异化产品，申请了多项国家专利；实施集装箱智能制造车间建设项目，引进机器人加工技术、可视化跟踪技术、一体化冲压成型技术等，逐步实现零件的自动化加工、部件装配的自动化焊接向总装的自动化生产过渡，使集装箱制造技术向数字化、自动化、智能化、绿色化方向发展。职工创新工作室成员组建"卓越班组建设讲师团”，定期开展班组长素质提升培训课程，提升其业务知识及管理水平。培训结束后，采用理论考试、实践考核和述职答辩形式，使一线班组长综合素质得到全面提升。（刘心怡）

【上港宜东分公司“李惠卿劳模创新工作室”入选“上海市劳模创新工作室”】 10月，上港集团宜东分公司“李惠卿劳模创新工作室”入选市总工会第十一批“上海市劳模创新工作室”。该工作室于2019年11月创建，以上海市劳动模范、上海市“杰出技术能手”、国务院特殊津贴获得者李惠卿命名，现有成员20人，其中工程师及高级技师13人。工作室成立以来，团队成员凭借自身维修技能过硬的优势和勇于担当、任劳任怨的工作作风，积极投身前方装卸机械的维护保障工作，使公司大型机械故障率从1.52%下降到0.47%。同时，做好码头机械设备更新换代工作，先后完成8台桥吊、20台轮胎吊的更新任务。在强有力的技术保障下，公司年集装箱吞吐量年平均增长率高达9.1%。工作室团队攻克的“基于锁钮称重技术和图像识别技术的集装箱智能称重系统”“水冷式锂电池组混合动力RTG关键技术开发与应用”“基于机器视觉的轮胎吊行走自动纠偏及防撞技术系统”“大型机械二维码信息履历册”“桥吊防突发大风控制改造方式”等一批科技创新成果先后获得第三届中国（上海）国际发明创新展览会金奖、集团科技创新奖。两年来工作室共完成科技创新项目26项，获得国家授权专利3项，创造经济效益500余万元。编写《安川VS590直流驱动器维修操作手册》《桥吊自动灭火装置使用操作手册》等20余篇培训教材对职工开展培训。近两年有8名职工获得工程师职称、10名职工获得技能等级提升。（徐晓怡）

【上港集团10个项目在国际发明展会摘金夺银】 4月，上港集团选送的10个项目在第四届中国（上海）国际发明创新展览会上获奖。沪东公司《一种八绳独立悬挂的集装箱堆箱系统》和《远程操作轮胎吊自动监测集成技术研究及应用》、浦东公司《轮胎吊基于激光技术箱区箱高检测作业优化系统》、冠东公司《港口集装箱岸桥工艺智能化改造技术》、长江公司《内支线集装箱船坠箱预警系统》、海通公司《一种升降式滚装清障车》、上港物流兴宝仓储《叉车智能防撞预警系统》和上港物流联东船代《集装箱危险品贝位自动隔离程序优化》8个项目获得发明成果金奖；浦东公司《轮胎吊顶升油缸防下坠装置》和上港物流兴宝仓储《一种可提升过磅效率的多联电子称重系统》获得银奖。上港集团获评“优秀组织奖”。（王秋晨）

【上港集团复兴船务公司年度首期“职工学堂”结业】 4月，上港集团复兴船务公司2021年首期“职工学堂”培训班结束。培训历时5天，对象为部分轮机长和二、三管轮，由复兴公司资深轮机长及职能部门负责人授课，并与学员进行座谈。此次培训优化和完善了《全回拖轮主机遥控系统原理》《船舶电气基础培训》《全回转拖轮主要动力设备故障案例分析》等课程，增设《法律、法规、节能降耗》和《设备管理与维护》两门课程，知识覆盖面广，授课老师专业性强，学员们参与互动，现场气氛活跃，培训效果显著。上港集团复兴船务公司“职工学堂”自2020年开办以来，充分依托轮机实训基地、科技创新工作室班底，打造培养了优秀的师资队伍，开发满足职工发展需求、可复制可推广的精品课程，累计培训1152人次，培训内容涵盖安全、驾驶、轮机基础理论和操作、管理、专业技能提升等方面，是上港集团唯一一家示范性上海职工学堂。（施凯华）

【上海邮政工会开展“资助晋升技师高级技师职工、带教师傅”项目】 上海邮政工会积极参与市总工会的“资助晋升技师高级技师职工、带教师傅”的实事项目，为2017年1月1日以后获得职业资格证书的技能晋升职工和带教师傅申报奖励项目。共计2人次申请技能晋升奖励，晋升等级为技师2名，奖励4000元；8人次申请“带教师傅”奖励，带教徒弟晋升技能等级为技师2名、高级工8名，奖励师傅共计24000元。（杨 娟）

【国核自仪公司以职工创新工作室为平台推进职工创新实践活动】 国核自仪公司工会积极引导职工以“职工创新工作室”为平台，深入开展创新实践活动。各工作室于年初制定项目计划，全年按计划研究推进及实施，并于年终由工作室根据工作成果情况提出验收申请，工会组织相关部门和人员共同参与创新成果评选，并对取得成效突出的创新工作室进行奖励。2021年公司4个“职工创新工作室”均在重大工程仪控系统设备供货和重大专项研发中承担着重要的工作任务，同时将自身创新工作计划融合公司主线工作同步推进，注重创新成果在公司生产经营中的实践性和效益性体现。年内，2个工作室被评选为“上海市职工创新工作室”，3个工作室被评选为“集团公司职工创新工作室”，其中1个还被评为集团公司“示范性职工创新工作室”。（钱 蓉）

【上海建工集团一批职工创新项目斩获市级奖项】 5月22日，上海职工创新大会暨第十届上海职工科技节召开，上海建工集团推荐申报的一批职工创新项目荣获市级奖项。基础集团钱美刚等人参与的《地下非开挖隧道工程自动测量及无损探测关键技术研发及其应用》项目荣获2020年度上海市科技进步（工人农民技术创新组）三等奖，这也是集团首次在该组别获奖。在第33届上海市优秀发明选拔赛上，集团10个基层单位推荐申报31个参赛项目，其中装饰集团申报的《大型公共建筑的异型复杂饰面装配化绿色建造关键技术》项目获优秀发明金奖；5个项目获优秀发明银奖，9个项目获优秀发明铜奖；13个项目分获优秀发明创新金、银、铜奖和入围奖。在会上命名的2020年度上海市职工合理化建议优秀成果、上海市职工先进操作法优秀成果奖2榜单上，七建集团的《欧罗仓结构与装置施工工法》获上海市职工先进操作法优秀成果；园林集团和建工总院申报的2项操作法获上海市职工先进操作法成果创新奖；一建集团、七建集团、机施集团申报的3项合理化建议获上海市职工合理化建议成果创新奖。（余轶群）

**【上海建工集团工会举办“我为十四

五献一计”成果发布评审会】 12月21日,建工集团工会举行“我为十四五献一计”成果发布评审会,集团工会主席殷红霞宣读表彰决定并讲话。集团“我为十四五献一计”活动开展以来,参与人数15744人,征集成果502项,集团收到上报成果95项,遴选出优秀成果38项,从中选出23项成果入围本次发布评审。经过评审,10项获金点子成果奖,13项获银点子成果奖和15项获优秀成果奖,二建集团、机施集团、市政总院等三家工会获优秀组织奖。 (余轶群)

【上海海事局聚焦进博会服务保障开展合理化建议和创新活动】 8月,上海海事局入驻第四届进博会城市服务保障现场指挥部,10余名抽调自机关和基层的优秀职工组成船舶通关便利突击队,参与指挥部值班工作。自4月份起,上海海事局工会号召广大职工献计献策,集智创新,尤其是针对如何在做好疫情防护情况下提升服务质量问题上,探索出系列新举措:通过设立通关便利化政策咨询服务专窗,为进博会展品载运船舶开辟“绿色通道”,对外宣传相关便利通关政策,靠前服务为相关船舶提供通关和船员换班便利服务;通过微信公众号、抖音号、现场普及和电话解答等方式对相关政策文件进行解读宣贯;加大督促力度,要求航运公司及船舶代理密切跟踪船员身体状况,仔细核实国际航行船舶换班船员信息和隔离计划,守好进博“水上防疫大门”。各基层单位工会通过搭建合理化建议输出平台,激发员工参与单位发展的热情和主人翁意识,部分“金点子”项目荣获“上海市职工先进操作法”。在合理化建议和先进操作法推进过程中,工会组织还注重引导各部门认真贯彻落实实施方案,立足部门岗位,面向服务进博会水上安保,引导广大职工积极参与。 (陆智静)

【市绿化市容行业积极创建劳模创新工作室】 6月29日,长宁区绿化市容局局属西联环卫公司“崔中周环卫作业劳模创新工作室”和高洁环卫公司“高洁小屋”揭牌。崔中周环卫作业劳模创新工作室是一支由市劳动模范崔中周领衔,以行业先进、一线骨干及优秀农民工为成员的工作团队。“高洁小屋”前身是一个简易环卫压缩站,后改建成环卫道班房,在“我为群众办实事”实践活动中又进行了标准化改建,拓展了便民服务项目。为充分发挥行业劳模、技师的骨干、示范、引领作用,绿化市容行业先后创建命名了30家“行业劳模创新工作室”和“行业技师创新工作室”,其中有8家被评为“上海市劳模创新工作室”。 (盖永华)

【市卫生健康系统获评1家上海市工匠创新工作室和15家上海市职工创新工作室】 年内,上海市卫生健康系统新添1家上海市工匠创新工作室和15家上海市职工(技师、巾帼)创新工作室。其中虞先濬胰腺肿瘤外科创新工作室(复旦大学附属肿瘤医院)荣获上海市工匠创新工作室;食源性水源性寄生虫病监测与风险评估工作室(中国疾病预防控制中心寄生虫病预防控制所)等5家荣获上海市职工创新工作室;石向东创新工作室(长宁区华阳街道卫生服务中心)等2家荣获上海市技术创新工作室;王育璠“糖妈妈”关爱巾帼创新工作室(上海市第一人民医院)等8家荣获上海市巾帼创新工作室。 (马建发)

【市医务工会开展职工科技创新“星光计划”优秀项目和个人评选】 为推进职工科技创新,推动医务职工科技人才发展,市医务工会组织开展第十一期上海市医务职工科技创新“星光计划”项目评选。经基层推荐申报,由医学会、护理学会组织专家评审,上海交通大学医学院附属仁济医院的张斌渊“按需分配专家号的精准预约模式建立及应用”等10个项目荣获一等奖,市眼病防治中心朱剑锋“阿托品防控近视随访小程序”等19个项目获二等奖,复旦大学附属中山医院孔秀芳“FABP-3大动脉炎血管纤维化的动态监测新指标与精准阻断进展的新靶点”等30个项目获三等奖,上海交通大学医学院附属第九人民医院劳峥“3D打印个体化皮肤补偿胶在头颈部肿瘤放疗中的研发及应用”等51个项目获入围奖。此外,授予同济医院王欣等12人为“创新之星”。 (李易杰)

【光明食品集团两家劳模创新工作室获评“上海市劳模创新工作室”】 1月15日,市总工会命名了77家劳模创新工作室为第十批“上海市劳模创新工作室”,光明食品集团下属赵田芬劳模创新工作室和姚竹青劳模创新工作室获“上海市劳模创新工作室”称号。赵田芬劳模创新工作室隶属上海良友(集团)有限公司,2018年1月创立,工作室团队共有成员28名,其中80、90后占团队人数的71%。工作室开发的稻麦油新型种植模式,推广约550万亩次,累计增效约1.8亿元。近年来,工作室实施了上海市科技项目9个,累计争取科创资金近2600万元。工作室围绕稻麦机具研发改进、种植技术完善等方向,自主投资600余万元,实施了12个自主立项项目。姚竹青劳模创新工作室隶属光明食品集团上海海丰大丰禽业有限公司,成立于2017年,工作室成员全来自于养殖生产一线,是一支年轻的“80、90后”队伍。工作室成立的主要目的是以创新科技解决生产中遇到的问题,在技术改革、节能降耗、解放人力、增强安全、促进生产等方面做到新的突破。2015年度,工作室牵头研发鸡舍巡棚车,荣获“上海市职工先进操作法创新奖”并获得国家发明专利和实用新型发明专利;2020年5月,工作室获评“光明食品集团工会职工创新工作室”。 (周碧青)

【上实集团工会开展职工技能提升岗位创新活动】 上海上实集团各级工会因企施策,把培训、练兵、比武、晋级、激励融为一体,引导广大职工学习新知识、钻研新技术、掌握新技能,创建“员工大讲堂”“午餐论坛”等品牌项目,做到年初有计划、年内有实施、年末有总结。上实服务持续多年开展“我的岗位我创新”金点子优秀成果评选,逐年提高广泛性、参与率,充分发挥职工在企业创新驱动、转型发展的示范、引领和骨干带头作用;上实东滩湿地公园工会开展“寻找东滩最美主播”技能评比,为青年员工提供展示自我风采、提升综合素质的平台。2021年推荐12个创新成果项目参与第二届“上海职工优秀创新成果奖”评选。 (喻晓彤)

【**工人疗养院课题荣获海鸥集团两新课题竞赛一等奖**】 4月29日，上海海鸥控股（集团）有限公司“建功新时代，海鸥新作为”——2020年度两新课题竞赛颁奖仪式在市工人疗养院多功能厅举行。市工人疗养院体检业务部的《借“时空”之力，助业务提质增效》课题，针对疫情期间业务展的种种难点给出有创新力和实践性的解决方案：一是借助“下午经济”项目的“时间之力”来有效提升体检接待能级，盘活院内人员效能，联动酒店客房开展住宿体检特色项目增加营收，转为危机拓展新客户。二是借助互联网营销和网络投标的“空间阵地”，开辟新营销模式、打通新业务渠道，助力市工疗业务整体“减亏增盈”目标的实现。该课题获得海鸥集团颁发的特等奖荣誉。市工人疗养院体检中心的《以体检中心试剂耗材科学管理为路径，实现降本增效的实践》课题，通过试剂耗材的综合管理与科学规划，成功实现降本的目标，获得海鸥集团颁发的一等奖。同时，鉴于疫情期间支援抗疫与恢复生产的突出表现，体检中心获得海鸥集团颁发的“先进集体”称号。 （赵　倩）

技术协作

【**召开市职工技术协会七届四次会长会议**】 8月13日，上海市职工技术协会七届四次会长会议召开，审议《上海市职工技术协会2020年度工作总结及2021年工作计划（征求意见稿）》、财务工作报告、《关于对法国饭店等3个投资项目账务核销处理的情况报告》《关于召开上海市职工技术协会七届四次理事会议的方案》及《上海市职工技术协会制度汇编》，市总工会副主席周奇到会并讲话。

（康佳琦）

【**召开上海市职工技术协会七届四次理事会议**】 10月27日召开上海市职工技术协会七届四次理事会议，审议《关于对法国饭店等3个投资项目账务核销处理的情况报告（草案）》、财务工作报告、《上海市职工技术协会2020年工作总结及2021年工作思路（草案）》《上海市职工技术协会2021年上半年工作总结及下半年工作思路（草案）》《关于上海市职工技术协会延期换届的报告（草案）》及《上海市职工技术协会七届四次理事会议决议（草案）》，市总工会副主席周奇到会并讲话。 （康佳琦）

【**百名劳模工匠服务千家企业和校园**】 为进一步发挥劳模工匠的示范引领作用，2021年市总工会部署并开展“百名劳模工匠服务千家企业和校园”实事项目，遴选123名劳模工匠，组建市级层面劳模工匠服务队，并结合不同职业工种，建立22个专业服务小分队，涉及50余家区局（产业）工会。根据本市各行业、企业、校园的需求，分期分批分专业组织服务队深入街镇、园区、楼宇及校园等，为1084家企业和学校开展技术交流、技术服务和公益咨询讲座专题系列活动，累计为企业解决难题1200余个，其中工艺和材料问题占比近六成。 （朱洪程）

【**举办云南省来沪高技能人才培训班**】 按照《上海—云南工会对口支援工作框架协议》（2021—2023年），11月21—28日，市职工技协委托航天智能装备有限公司举办云南省来沪高技能人才培训班，对来自云南的46名高技能人才进行为期一周的培训。培训班特邀请“抓斗大王”包起帆、“当代夸父”翁伟樑等6位来自不同领域的创新技能人才、大国工匠进行授课，通过参观学习、现场教学、分组讨论等方式讲授数字化、智能化、自动化生产的最新理论成果，同时也分享交流他们学习、工作的经历。培训期间，组织学员们观摩中国航天工人制造组装火箭和飞行器，走访全国钢铁热轧技能专家——王军的工作室，热轧厂制造钢铁的全自动生产链，参观上海电气集团展示馆和李斌展示馆。

（黄玉香）

班组建设

【**概要**】 市总工会以“工人先锋号”创建活动为载体，以班组成员素质提升为重点，进一步推动“学习型、技能型、创新型、管理型、效益型、和谐型”六型班组建设，动员广大职工立足岗位、争创一流。一是加强班组间交流学习，指导各区局（产业）工会开展班组论坛、班组长沙龙等丰富多彩的班组建设交流活动，总结推广班组建设经验，引导职工立足岗位、创先争优。同时加强职业能力培训，提高班组成员素质。二是从班组工作实际出发，加强班组文化建设和民主管理，不断提高班组成员思想道德、科学文化和专业技能水平；积极引导班组成员学习新知识、钻研新技术，不断提高学习能力、实践能力和创新能力。

（张　振）

【**市仪电工会举办仪电系统班组长培训班**】 12月10—11日，市仪电工会在仪电培训中心举办了为期两天的仪电系统“推进新时期产业工人队伍建设”第三期班组长培训班，近90位来自仪电系统基层企业的班组长参加培训。此次培训班课程内容涵盖了提升班组长业务水平、形成统一思想、凝聚共识以及改善身心健康等方面的课程，同时结合“学党史”、学习“十九届六中全会”精神教育，开展沉浸式《峥嵘-党史情景沙盘》活动。通过培训，增进了仪电系统企业班组长之间的交流互动，为班组长增强能力、拓宽视野、进一步提高工作水平提供帮助。

（周黎俊）

【**中国宝武实施班组建设行动计划**】 2021年，中国宝武发布《中国宝武班组建设行动计划方案》，召开班组建设现场推进会，确立了“家家都落实、班班有成果、人人都参与”的“三个100%”工作目标，推出了“科学设置班组、开展班组创优”活动、加强班组长队伍建设、促进全员能力提升、开展班组联谊活动、班组建设竞赛等6项具体举措，与有关兄弟单位交流班组建设经验，凝聚“为什么抓班组建设”“谁来抓班组建设”“怎么抓班组建设”的共识。组织各单位选派59名优秀班组长参加中钢协班组长培训班，提升班组长履职能力，2个班组荣获“机冶建材系统创新百强班组”。

（贾崇斌）

【**上海航天局工会持续推进班组建设**】 上海航天局工会以质量为主线、以效益为目标、以创新为动力，深化“质量效益”创建主题，不断夯实班组建设的基础。优化班组考评制度，通过细化评分标准、优化检查考核流程、相关职能部门全过程参与、适当放权基层单位等措施，使班组创建目标更明确、要求更具体、班组考评机制更合理。深化班组交流培训，举办唐建平、汤卫平班组论坛，引领全局班组推进精益生产、持续创新创效；组织优秀班组长与杭州人工智能小镇、阿里巴巴达摩研究院、小派科技公司等开展创新交流。推广优秀班组典型做法，汇编卓越、示范、金牌班组典型案例集，发放全院1068个班组深入学习，并定期将优秀班组的管理办法通过上海航天官微进行传播推广。投入班组建设经费，2021年局工会投入110万元支持卓越、示范班组建设，依托行政投入482万元支持金、银、铜牌班组建设，激励一大批班组争先创优，新增3个集团公司航天金牌班组和5个"六好"班组。 （周欣彬）

【市医药工会举办"第四届卓越班组长"培训】 7月24—31日，市医药集团工会和SPU联合举办第四届卓越班组长培训班。来自集团直属18家工业企业的67位优秀班组长参加为期一周的培训。通过融合拓展、赋能领导力、卓越运营管理素养提升等一系列课程，开拓班组建设的思路，加深对班组管理的认识和理解，提升自身的素质和能力。 （宋晓波）

【上海卷烟厂工会聚焦中心与"双基"推进"品质班组"再升级】 2021年，上海卷烟厂工会通过对"品质班组"赋予新的内涵，围绕"五要素"，激发班组创新活力，提升班组自主管理能力，让有特色的班组发挥示范引领作用，夯实基层建设基础。一是服务大局抓"双基"。上海卷烟厂各一线班组结合自身工作内容和实际，积极补齐基础管理瓶颈短板，持续提升班组自主管理水平。二是数字转型抓"创新"。随着经济社会发展的更新迭代，上海卷烟厂正在加快向数字化智能化转型，积极拥抱新技术、新模式。一些先进班组激发创新思维，努力在"数字化转型"上积极探索。三是先锋引领抓"传承"。上海卷烟厂推进劳模（工匠）创新工作室建设，拥有着一支技术过硬、带教有力的"两高"人才队伍。技术类班组充分利用优质资源，发挥劳模工匠的先锋引领作用，扎实推进班组建设再上台阶。 （李梦莎）

【华东电力工会举办班组建设论坛】 3月25日，华东电力工会班组建设论坛在浙江杭州举办。通过华东各省市电力系统班组建设经验的交流，展现华东区域不同地域、不同专业、不同维度各具特色的班组建设成果，营造互学互鉴的积极氛围。让班组长通过论坛得到锻炼，助力长三角区域一体化发展，推动国网公司战略落地。 （史佩敏）

【鲁中矿业工会开展"五星六型"班组验收】 为促进班组建设工作健康发展，夯实企业管理基础，提高班组管理水平，12月9—13日，鲁中矿业"五星六型"班组创建办公室对申报公司四星以上的54个班组进行考核验收。按照《鲁中矿业有限公司关于开展"五星六型"班组创建工作的实施意见》进行检查，对管理制度、主题班会、班组学习、班组安全、生产管理、成本管理、质量管理、设备设施、班组和谐、阵地建设共10个项目进行综合考核评分。按照最终综合评分，有8个班组被评为"五星班组"，18个班组被评为"四星班组"。 （邹 波）

【市工人疗养院开展双争五比交流竞赛】 2021年度，市工人疗养院继续深入开展"双争五比"职工劳动竞赛活动。按照习近平总书记对新时代党的建设总要求，围绕市总工会"双争"和海鸥集团"两新"立功竞赛活动要求，聚焦主责主业，以解决经营、管理和服务中存在的突出矛盾和短板问题为切入点，重点突出"比服务、比技能、比业绩、比协作、比质量"的"五比"内涵。同时将开展"双争五比"活动与学习党史教育主题活动、庆祝建党100周年活动以及疫情防控常态化下的复工复产、复位复能等中心工作有机结合，激励全体职工在平凡岗位上建功立业，助力谱写市工人疗养院高质量发展新篇章。在全院18个班组中通过擂台交流，民主投票的形式，产生文明班组、星级班组，同时产生17名优秀个人，其中4名个人标兵。获得荣誉的班组和个人在年度职工大会上进行表彰。 （王 珏）

关于失业人员参加上海市职工基本医保有关事项的通知

（〔2021〕24 号）

各区人力资源和社会保障局、医疗保障局，市就业促进中心，市社会保险事业管理中心，市医疗保险事业管理中心：

根据《社会保险法》等有关规定，现就本市失业人员（以下简称失业人员）参加职工基本医疗保险有关事项通知如下：

一、失业人员在领取失业保险金期间参加本市职工基本医疗保险。

领取失业补助金的本市农村原农民合同制工人参照执行。

二、失业人员参加本市职工基本医疗保险的缴费基数为缴费当月职工社会保险缴费基数的下限，缴费费率为 11.5%（其中 2% 视为个人缴费），所需费用由失业保险基金统一支付，失业人员个人不缴费。

失业人员参加职工基本医疗保险期间，医疗保险缴费年限累计计算。

三、失业人员自办理失业保险金申领手续当日起，按照本市职工基本医疗保险相关规定享受相应的医疗保险待遇。

一次性领取失业补助金的本市农村原农民合同制工人，自办理失业保险待遇申领手续当日起参加职工基本医疗保险并享受相应待遇，参保月份数按照领取失业补助金的月份数确定。

失业人员在参加职工基本医疗保险期间发生的医疗费用，若医疗保险网上结算功能尚未开通，由本人先行垫付，次月凭有关资料到区医疗保险事务中心报销符合基本医疗保险规定的医疗费用。

四、失业人员参加职工基本医疗保险期间，不再享受《上海市劳动和社会保障局关于印发〈上海市失业保险实施细则〉的通知》（沪劳保就发〔1999〕17 号）规定的相关医疗补助金等待遇。

五、失业保险基金为失业人员参保后，由于用人单位补缴社会保险费等原因导致失业人员重复参保的，重复参保期间失业保险基金缴费部分退还失业保险基金。

六、市失业保险经办机构负责统一为失业人员办理参保手续。失业人员停止领取失业保险待遇的，由市失业保险经办机构统一办理停止缴费手续。

市失业保险经办机构统筹安排失业保险基金的各项支出，将需要为失业人员缴纳的职工基本医疗保险费纳入失业保险基金预算。

七、市社会保险经办机构设立“上海市失业人员缴纳医疗保险费结算专户”，做好失业人员缴纳职工基本医疗保险费的结算工作。

八、医疗保险经办机构要落实好参加职工基本医疗保险失业人员的待遇享受工作。

九、本通知自 2021 年 7 月 1 日起实施，有效期至 2026 年 6 月 30 日。

2021 年 6 月 23 日

劳模先进与工匠培育选树

综　述

2021 年是“十四五”规划的开局之年，也是中国共产党成立 100 周年，为贯彻落实习近平总书记在全国劳模和先进工作者大会上的重要讲话精神，在全社会大力弘扬劳模精神、劳动精神、工匠精神，市总工会积极开展五一先进评选工作，发挥先进集体和职工的示范引领作用，凝心聚力、攻坚克难，为统筹推进疫情防控和经济社会发展，推动上海“十四五”开好局，大力提升城市能级和核心竞争力发挥了重要作用。一是做好全国和上海市五一劳动奖评选工作。聚焦服务上海强化“四大功能”、深化“五个中心”建设以及推进三项新的重大任务，聚焦全国及本市引领性劳动和技能竞赛，聚焦重点产业、重点区域、重点人群，高标准严要求，规范有序开展评选工作。按照全总工作要求，共推荐评选 93 个全国五一劳动奖和全国工人先锋号；会同市人社局全年分别开展常规类、竞赛类上海市五一劳动奖评选工作，共评选出 1165 个先进集体和个人。同时，对第 32 届东京奥运会、第 16 届残奥会和第 14 届全运会的优秀运动员和教练员及团队进行表彰，共授予上海市五一劳动奖状 4 个、上海市五一劳动奖章 72 个、上海市工人先锋号 2 个。通过先进评选，营造劳动光荣、人才宝贵、创造伟大的社会风尚，激励职工立足新时代、担当新使命、彰显新作为、展现新风采。二是做好“上海工匠”选树命名工作。持续以“上海工匠”培养选树为抓手，增强“工匠品牌”效应，全面提升职工知晓度和社会影响力，构建相关部门协同，行业、企业和社会力量共同参与的工匠人才培育选树格局，完善多级选树机制、建立工匠人才逐级培养选树制度，形成市、区（产业）、街镇（园区）等多级多层推荐体系。2021 年全年经单位推荐、社团推荐和个人自荐 3 种方式，共选树“上海工匠”103 名，平均年龄 45 岁，平均工作年限 22.9 年，具有学历高、技能技术水平高、行业覆盖面广、一线职工比例高、岗位创新能力强等特点。截至 2021 年，本市共选树了六批共计 583 名“上海工匠”。

（曾恕程）

全国、市级五一先进评选

【概要】 2021 年，市总工会认真贯彻全总和市委要求，做好全国和上海市五一劳动奖和工人先锋号评选工作。评选工作坚持面向基层一线，面向普通劳动者，围绕中央交给上海的重大任务，围绕上海的重大战略、重大工程、重大项目和重点产业选树先进，围绕庆祝建党百年，传承红色基因推荐先进，并注重从新经济新业态中发掘先进。共推荐评选了 10 个上海市全国五一劳动奖状，42 个上海市全国五一劳动奖章，41 个上海市全国工人先锋号。全年开展了上海市五一劳动奖和工人先锋号（常规类和竞赛类）评选工作，共评选产生 1165 个先进集体和个人。其中，上海市五一劳动奖状 271 个、市五一劳动奖章 419 个、上海市工人先锋号 475 个，并于 10 月召开表彰会暨先进事迹报告会，宣传弘扬劳模精神、劳动精神和工匠精神。同时，对获得第 32 届东京奥运会、第 16 届残奥会和第 14 届全运会的优秀运动员和教练员授予上海市五一劳动奖状 4 个、上海市五一劳动奖章 72 个、上海市工人先锋号 2 个。（曾恕程）

12 月 8 日，宝山区 2021 年全国、市五一劳动奖和工人先锋号表彰会暨先进代表座谈会　（庄秩凡）

【宝山区召开先进表彰会暨先进代表座谈会】 12 月 8 日，宝山区召开“百年风华茂，奋斗正当时”2021 年全国、上海市五一劳动奖和工人先锋号表彰会暨先进代表座谈会。区委书记陈杰，区委副书记、区长高奕奕，区人大常委会主任李萍，区政协党组书记凌惠康，区委常委、副区长孟庆源，区人大常委会副主任，区总工会党组书记、主席王丽燕，区政协副主席张晓静等领导和获得表彰的先进集体代表和个人出席会议。会议由区委常委、副区长孟庆源主持。会上，领导们为获得全国工人先锋号、上海市五一劳动奖状、上海市五一劳动奖章、上海市工人先锋号的先进集体代表和个人颁奖。宝山区政府重大工程建设项目管理中心工程管理科、宝山区疾病预防控制中心、上海宝山美兰金苑养老院院长滕玉凤、费勉仪器科技（上海）有限公司研发团队作为获奖代表分别作交流发言。领导们会见了全国、市五一劳动奖和工人先锋号的获奖代表并共同合影留念。（朱　艳）

【金山区总工会召开庆祝“五一”暨先进表彰大会】 4 月 30 日，金山区庆祝五一国际劳动节暨先进表彰大会在区行政服务中心三楼大会场举行。区委副书记信亚东，区人大常委会党组副书记、副主任、区总工会主席朱喜林等领导出席大会，并向荣获全国“五一”劳动奖章、全国工人先锋号、金山工匠、金山工匠提名奖等各级各类荣誉的先进集体和个人颁奖。会上，金山区总工会启动 2021 年“寻找身边的工匠”活动，拉开“工匠精神大宣传、

工匠精神大讨论、工匠典型大寻访”活动的序幕。（卫婷怡）

【松江区召开“五一”先进表彰会】 11月19日，松江区总工会在区委党校召开松江区“五一”先进表彰会。区委副书记韦明，区人大常委会副主任、区总工会主席吴建良，区政府副区长朱明林，区政协副主席肖镛等区领导以及区总工会党组书记、副主席陈军康出席会议。会议由吴建良主持。与会领导共同为获奖代表颁奖。陈军康通报2021年荣获市五一劳动奖、市工人先锋号的名单，宣读2020年度松江区岗位建功先进个人、先进集体表彰决定。3名获奖代表作交流发言。区总工会班子领导，各镇、街道、经开区总工会主席，相关委局及直属公司工会主席，2021年市、区级获奖代表等90余人参加会议。（杨佳玲）

【崇明区致敬劳模特别节目暨首场劳模精神宣讲会举行】 1月8日，“生态崇明、奋斗有我”致敬劳模特别节目暨首场劳模精神宣讲会在崇明风瀛洲剧场举行，区委副书记李峻，区人大常委会副主任、区总工会主席张建英，副区长黄晓霞，区政协副主席袁刚，区政协副主席、区国资委主任丁汉明出席。区评模委员会成员单位、团区委、区妇联、崇明电信有关领导，各乡镇、园区党委分管领导、总工会主席，委局及区属企事业单位工会主席，新一届劳模、劳模集体及历届劳模、各类先进代表等也出席了会议。在五年一届的劳模表彰中，崇明区产生全国劳动模范1名，市劳动模范、市先进工作者12名，市模范集体4个。（陈思佳）

【华谊集团开展先进评选、一批个人和集体受表彰】 在全国和上海五一劳动奖评选中，华谊集团新材料丙烯酸催化剂研发项目组获评“2021年全国工人先锋号”；氯碱公司获得“上海市五一劳动奖状”，能化公司钦州项目建设一线的公司总机械师邢屹和三爱富公司发展部经理助理胡方振获得“上海市五一劳动奖章”，华谊树脂特种环氧胶粘剂班组获得“上海市工人先锋号”；另有59个班组获得2020—2021年度华谊集团“工人先锋号”称号。（蔡毓琳）

【上汽集团工会大力弘扬劳模精神】 2021年，上汽集团工会开展劳模精神宣传学习活动，上汽职工之家微信平台第一时间推出“劳模的力量——上汽劳模事迹演讲赛”“学习您——我们的劳模”“我努力，我也要当劳模”系列宣传，在集团内大力营造劳动伟大、劳动光荣、劳动神圣的浓郁氛围。2021年上汽集团3人荣获全国五一劳动奖章称号，3个集体荣获全国工人先锋号称号，5人荣获江苏省劳动模范，3个集体荣获省级（直辖市）五一劳动奖状，7名职工荣获省级（直辖市）五一劳动奖章，10个集体荣获省级（直辖市）工人先锋号。（范　融）

【铁路上海局集团公司工会开展劳模先进选树】 2021年，铁路上海局集团公司工会加大铁路劳模先进选树力度，积极为劳模工匠发挥作用搭建平台、提供舞台。徐州工务段乔成被授予全国五一劳动奖章，上海机辆段动车运用车间、上海站虹桥车间、合肥电务段墩义堂综合维修工区3个集体被授予全国工人先锋号。24个集体、47名个人获得省部级荣誉称号。开展2021年集团公司先进集体、先进个人评选表彰，共评选出先进集体130个、先进生产工作者451名。开展基层单位劳模创新工作室考评，评出优秀劳模创新工作室11个，合格率达76%。举办庆祝“五一”国际劳动节暨“创新上铁”成果展，现场推介发布和组织学习4名新评选的全国劳动模范先进事迹，组织现场观摩125项职工创新成果。重新修订集团公司劳模先进荣誉疗休养管理办法，组织3批231名集团公司级劳模先进赴贵州疗休养。组织《花之细语》劳模先进访谈，女职工劳模先进慰问，开展女职工先进集体、先进个人评选表彰。（严光临）

【上海建工集团一批集体和个人获全国和上海市先进荣誉】 年内，上海建工集团有10个集体和11位个人获得全国和市级表彰。他们是：一建集团花力获全国五一劳动奖章。基础集团、建工医院获上海市五一劳动奖状。一建集团机械工程公司、五建集团上海援青保障基地项目部、装饰集团第七工程公司、园林集团经营中心、市政总院北横通道工程设计组、海外事业部援马尔代夫外交部办公楼维修改造项目部获上海市工人先锋号。市政总院杨树浦水厂深度处理改造工程设计组、建材科技第五分公司浦升试验室获上海市三八红旗集体。二建集团朱伟敏、四建集团李晓青、七建集团褚宏强、安装集团邓国华、机施集团余伟、建材科技姚绍武获上海市五一劳动奖章。天住集团刁晓翔获天津市五一劳动奖章。四建集团任宇奇、装饰集团连珍、园林集团卫丽亚获上海市三八红旗手。（余轶群）

【世纪出版集团选树年度五一劳动奖和工人先锋号】 世纪出版集团工会于5月开展上海市五一劳动奖（章）和工人先锋号推选工作。经各直属单位推荐，世纪出版集团工会主席办公会推选，集团党委审议和市总工会审核通过，上海辞书出版社荣获2021年上海市五一劳动奖，上海世图物流有限公司余涛荣获2021年上海市五一劳动奖章，上海中华印刷有限公司罗兰八色商业轮转机组荣获2021年上海市工人先锋号。（江　文）

工匠培育选树

【开展年度“上海工匠”培养选树活动】 根据《关于在本市开展“上海工匠”培养选树千人计划的实施意见》的文件要求，4月16日，市总工会在“上交会——上海工匠风采展”上启动“上海工匠”培养选树活动，各区局（产业）工会和相关社会团体重视并积极响应。经单位推荐、社团推荐和个人自荐三种申报渠道，全市共有1356人申报角逐2021年上海工匠，经资格认定、专场面试、专家初评、集中复审、评审发布、社会公示等环节，最终选树命名103名2021年度“上海工匠”。（陆卫超）

【举办第五期上海工匠研修班】 根据市政府发布的《关于推进新时期上海产业工人队伍建设改革的实施意见》，为建设一支宏大的知识型、技能型、创新型劳动者大军，为上海创新驱动发展、经济转型升级提供动力源泉和支撑保障。4月26—28日，市职工技协与上海开放大学共同举办“第五期上海工匠研修班”，65名工匠参加培训。培训班采用专题讲座、现场教学、大师带教、互助学习等培训模式，重点围绕“人工智能”“工匠传承”和“人际沟通”等内容开展培训。在学习过程中，工匠们带着问题有针对性向专家请教，相互沟通，达到现场教学直观、体验、互动的培训初衷。（黄玉香）

【举办第三期区局（产业）工会工匠研修班】 6月9—11日，市职工技协与上海开放大学共同举办区局（产业）工会工匠研修班，共57人参加培训。培训邀请包起帆、刘广明、顾卫东、王军等劳模工匠，为学员传授专业知识。培训安排现场教学和分组讨论，如参观包起帆创新之路展示馆，王军劳模创新工作室，上海工匠馆、宝钢生产线等。（黄玉香）

【举办工匠创新工作室领衔人研修班】 市职工技协与上海开放大学合作先后于10月20—22日、11月3—5日举办两期市、区局产业工匠创新工作室领衔人培训班，共有99人参加。培训班邀请包起帆、徐小平等知名专家学者、劳模、工匠，从多领域、多角度为学员们授课。参观洋山深水港四期自动化码头和智慧农业养殖科创基地，让学员们感受现代科技在传统领域的运用。学员们通过培训了解创新工作室在人才培养、品牌建设、创新成果等方面的作用和职责，为创新工作室的运作提供可借鉴的经验。（黄玉香）

【开设“上海工匠讲堂”线上直播】 5月起，依托“技能强国——产业工人技能学习平台”开设“上海工匠大讲堂”每月一讲线上直播。聘请10位具有丰富授课经验的上海工匠采用线上直播的方式为职工在线授课，课程内容涉及通讯行业、智能制造、生物医药以及日常衣食住行等相关行业。5月24日至6月3日上海职工科技节期间，5位上海工匠以网络直播方式为职工在线授课，助力产业工人队伍技能素质提升。全年62.6万名职工观看直播，累计点赞数超过52.5万个。（黄玉香）

【举行第四届上海工匠俱乐部活动】 12月27日，市职工技协在浦东新区紫杉路158号临港新片区经济发展有限公司举行“弘扬新时代工匠精神，助力临港新片区建设”暨第四届上海工匠俱乐部活动。活动邀请3名“上海工匠”代表及2名“临港工匠”代表围绕数字化转型下的智能制造和临港新片区经济发展，讲述自己感悟和愿景，分享自己的匠心历程。并参观临港交大智邦无人工厂、临港实训基地。（姚星月）

【浦东新区总工会开展职工技能提升“830”计划】 聚焦浦东主导产业、重点区域、高技能创新型人才培育，浦东新区总工会联合区科经委、人社局等部门，持续开展职工技能提升“830”计划，年内累计评选工人发明家、职工科技创新英才各30名，浦东职工科技创新成果、先进操作法、合理化建议各30项，浦东职工实训中心、职工创新基地各30家，成功创建示范性上海职工学堂12家，浦东新区推选的32个职工科技创新项目在2021年度市职工科技节中获奖。（陈　维）

【杨浦区命名第四届“最美劳动者”和“杨浦工匠”】 7月8日，杨浦区举办第四届“最美劳动者”和“杨浦工匠”命名表彰大会，市总工会副主席周奇出席，为新一届杨浦区“最美劳动者”代表颁奖，区委副书记邓小冬为新一届“杨浦工匠”颁奖。第四届杨浦区“最美劳动者”和“杨浦工匠”选树活动共命名30名“最美劳动者”，其中10名技术攻关型“最美劳动者”同时授予“杨浦工匠”称号。会上，区委常委、宣传部部长刘东昌和区人大常委会副主任、总工会主席麦碧莲共同启动“人民城市　奋斗有我”——杨浦区“劳模精神、劳动教育、工匠课堂”进校园主题活动。由区总工会、区教育工作党委联合出品，区教育工会、沪东工人文化宫共同承演的情景式品读课《点亮生命灯火——走近人民教育家于漪》于当天活动中首演。该情景式品读课以人民教育家、全国先进工作者于漪老师从教70周年先进事迹为主要内容，以生命成长周期为线索，以励志、简洁、庄重、写意、共情为基调，设有家国情怀、如水于漪、如歌于漪、如旗于漪和日月光华5个篇章，从而读懂人民教育家、改革先锋、最美奋斗者、全国先进工作者、全国三八红旗手、全国教书育人楷模的平凡与非凡。区相关委办局、各街道、群众团体负责人，新一届杨浦区“最美劳动者”和“杨浦工匠”，历届劳模先进代表，各级工会干部、基层职工代表等参加活动。（张东寅）

【松江区总工会开展“松江工匠”选树申报培训工作】 1月13日，松江区总工会组织开展2021年度“松江工匠”选树申报工作培训，邀请首届上海工匠、两次国家科技进步二等奖获得者、上海工匠评审专家、宝山钢铁股份公司热轧厂技能专家王军进行授课。王军从工匠选树方向、评选要求、申报材料组织、评审标准、现场发布要求等作详细的介绍。来自各街镇、经开区总工会，相关委局、佘山度假区及直属公司工会干部近50人参与培训。（包玲灵）

【青浦区总工会举办长三角一体化示范区三地工匠论坛】 6月29日，长三角一体化示范区三地工匠论坛在青浦区工匠学院举行。会上，三地总工会签署《示范区三地工会选树培育工匠合作协议》，成立示范区三地工匠联盟。江苏亨通光电股份有限公司韦冬、国网浙江嘉善县供电有限公司李飞伟、上海金发科技有限公司工程师张永作交流发言。青浦、吴江、嘉善三地工会相关部门负责人、劳模工匠和职工代表参加活动。（朱建强）

【中国宝武选树一批先进集体和个人】 4月29日，中国宝武召开迎“五一”劳模先进交流会，评选表彰和宣传劳模先进集体和个人，共有61个集体和个人获国家及省部级荣誉称号，其中11个集体获全国及省部级五一劳动奖状、16个集体获评全国及省部级工人先锋号、2人获评省部级劳动模范、19人获全国及省部级五一劳动奖章、6人获评省部级工匠、1人获中华技能大奖、4人获评全国技术能手、2人获省部级技能大奖。3名全国劳动模范受邀赴北京参加庆祝中国共产党成立100周年大会，1名全国劳动模范入选“全国工会劳模工匠宣讲团”，1名职工获全国“2021年最美职

工”称号，1名职工参加中国机械冶金建材工会“讲工匠故事，展劳模风彩”活动。（贾崇斌）

【上港集团吴庆飞被授予2020年度“上海工匠”】 1月6日，在2020年“上海工匠”选树命名大会上，上港集团工程建设指挥部高级工程师吴庆飞被授予2020年度“上海工匠”荣誉称号。至此，包括张彦、刘树、黄华、许力、吴庆飞，集团已拥有5名“上海工匠”。吴庆飞积极投身到上海国际航运中心的建设中，先后参与1500万标准箱能级的外高桥港区集装箱码头群、罗泾现代物流示范散杂货枢纽港、国内最大汽车滚装码头等重大工程项目建设，是一名拥有20年港口建设经验的技术领军人物。在洋山四期自动化集装箱码头建设中，吴庆飞带领团队克服困难，创新应用U型槽轨枕道砟基础及轨道安装技术，圆满完成码头道路堆场建设。他坚持以科技创新为先导，组织实施《外高桥集装箱码头集成创新技术研究》《深厚软土地基条件下自动化集装箱码头道路堆场设计新技术》等多项重点攻关项目，获得国家优质工程金质奖、国家科技进步二等奖、中国港口协会科技进步奖一等奖等奖项，取得各类专利10多项。（沈逸琛）

【上海建工集团一批工作室荣获全国、市级荣誉】 3月4日，在2020年全国、上海市劳模创新工作室命名交流会上，基础集团“陆凯忠劳模创新工作室”通过“全国示范性劳模创新工作室”复审，继续保持“全国示范性劳模创新工作室”称号；建材科技“王明牛劳模创新工作室”荣获第十批“上海市劳模创新工作室”称号。2020年上海市工匠（技师、职工、巾帼）创新工作室命名活动中，园林集团“顾军古建筑工匠工作室”荣获“市工匠创新工作室”称号，建材科技“周建诚预制高精度清水混凝土箱梁创新工作室”荣获“市职工创新工作室”称号。目前集团市级工匠（技师、职工、巾帼）创新工作室增至11家。（余轶群）

【上海海事局工会选树“海事工匠”“上海工匠”】 上海海事局连续3年开展“海事工匠”评选活动，在各级党政组织领导下，工会以增强服务上海国际航运建设能力和职工创新能力为目标，对竞赛评选活动内容进行细化和完善。经基层工会推荐、局工会审核批准，14人获评“海事工匠”。继2018年上海海事局下属浦东海事局顾智勇被评为“上海工匠”后，洋山港海事局孙玉杰被评为2020年“上海工匠”。（陆智静）

【市交通委员会工会开展首届“交通服务先锋”选树活动】 11月，市交通工会、市交通委员会工会会同相关业务主管部门联合发起首届“交通服务先锋”选树活动。面向交通行业各领域建设者，重点聚焦基层一线岗位和安全生产重点岗位，选拔一批扎根在工作岗位上，追求卓越、勇于创新、艰苦拼搏、甘于奉献的先进典型，在行业内树立爱岗敬业、崇尚模范的良好风尚。经基层推荐和综合评审，50人被评定为首届“交通服务先锋”，入选交通行业先进典型后备人才库，作为优先培养的重点对象。（李晓姝）

【市绿化市容行业积极开展工匠选树工作】 2021年，市绿化市容行业积极开展“上海工匠”培养选树活动，来自上海植物园的张春英和青浦林业站的吴利荣被评为“上海工匠”。近5年来，市绿化市容行业已先后有7人当选“上海工匠”。同时，市绿化市容行业工会组织开展“行业工匠”评选工作，行业内已有“上海市绿化市容行业工匠”10人。工会积极宣传劳模精神、工匠精神，发挥“上海工匠”和“行业工匠”的先进示范作用，将他们作为带领行业职工队伍不断进步的重要力量。（盖永华）

【市教育工会开展第四批教育系统劳模工作室培育创建工作】 为大力弘扬劳模精神、劳动精神、工匠精神，促进劳模在教书育人、服务社会上发挥更大作用，2021年，市教育工会开展了第四批上海市教育系统劳模工作室的培育创建和命名工作。在各基层单位劳模创新工作室培育创建工作基础上，择优命名第四批上海市教育系统劳模创新工作室53个，授牌颁证，并分别给予壹万元建设经费资助。市教育工会从2013年启动劳模工作室的培育创建工作至今，共有107位劳模领衔创建劳模创新工作室。（沈　瑶）

【市医务工会开展“上海医务工匠”培养选树活动】 根据市总工会下发的《关于在本市开展“上海工匠”培养选树千人计划的实施意见》和《关于开展2021年度“上海工匠”培养选树工作的通知》有关文件精神，市医务工会组织开展了2021年度“上海医务工匠”培养选树活动，在行业内培养选树一批具有精益求精、严谨细致的高超医技，大医精诚、德艺双馨的职业精神，攻坚克难、创新超越的优秀品质的“上海医务工匠”。经单位推荐、资格审查、专家评审、社会公示等环节，郑洁皎等25人被命名为2021年“上海医务工匠”。（马建发）

【市经信系统工会首个校企合作劳模工作站揭牌】 6月23日，市经济和信息化工作系统工会举行了“匠心筑梦，传承精技”劳模工匠进校园主题活动，首个系统劳模工作站在工商外国语学校揭牌。上海机床厂、发那科机器人等5家智能制造企业在主题活动中与学校签订校企合作协议。双方将立足自身优势，整合优质资源，开展深度合作，围绕国家和上海市战略需求，培养行业紧缺人才、推动产业工人素质和技术技能水平提升，助力学校建立“双师型”师资队伍，共同开发打造产教融合、校企一体品牌培训项目。（黄　俭、顾　捷）

【上海城市数字化转型“智慧工匠”选树“领军先锋”评选活动举行】 8—12月，由市总工会、市经济信息化工作党委、市经济信息化委主办的2021年上海城市数字化转型“智慧工匠”选树、“领军先锋”评选活动举行。选树、评比活动紧扣重大项目研发，聚焦前沿科技、关键核心技术、“卡脖子”难题、产业共性技术等方面，选树一批在上海城市数字化转型发展中有匠心匠艺、有上海实力的“能工巧匠”和“领军先锋”。竞赛设置由信创应用测试竞赛、智能算法竞赛、城市数字化转型实践方案竞赛3个单元组成，在实践性和创新性上有了进一步探索尝

2021上海城市数字化转型"智慧工匠"选树、"领军先锋"评选总决赛
（黄　俭、顾　捷）

试。自8月启动以来，共有700多名选手报名参赛，最终选拔20名在智慧城市建设行业各个领域水平最高的"智慧工匠"和"领军先锋"。
（黄　俭、顾　捷）

【光明食品集团举行第十届中国花卉博览会总结表彰大会】 9月23日，光明食品集团花博会总结表彰大会在花博酒店隆重举行，集团党委书记、董事长是明芳出席会议。会议由党委副书记朱晨红主持。集团党委委员、副总裁许如庆从建设、运营和党建3方面，做花博会全面总结回顾。集团工会主席潘建军宣读表彰决定，共有10人获得"花博功臣"称号，55人获得"花博工匠"称号，10家单位获得"花博先进单位"称号，10个团队获得"花博优秀团队"称号。花博会先进个人和先进集体代表做大会交流发言。集团党政班子成员、集团监事会主席、专职监事，各子公司班子成员，集团总部部门正副职，花博会指挥部"一室五组一中心"代表，集团花博会先进代表等出席大会。（张　蓉）

【市监狱管理局工会选树宣传劳模先进】 市监狱管理局工会积极开展推荐和选树工作，先后有宝山监狱被授予全国五一劳动奖状、监狱总医院内科被授予全国工人先锋号、女子监狱被授予全国五一巾帼标兵岗和上海市五一劳动奖状，五角场监狱民警张槐礼获得上海市五一劳动奖章，四岔河监狱三监区被授予上海市工人先锋号；五角场监狱"东冬工作室"获评上海市工匠创新工作室，提篮桥监狱"正心工作室"获评上海市技师创新工作室。同时，做好先进事迹的宣传工作，分别在《劳动报》等媒体、网站和工会宣传阵地上刊登专栏进行宣传报道。（江海群）

【百联集团工会新一批劳模创新工作室揭牌】 12月2日，百联集团工会在永安百货举行"2021年百联集团劳模创新工作室授牌仪式暨劳模先进队伍建设工作交流推进会"，集团工会委员会委员，各二级公司、中心工会负责人，集团新一批劳模创新工作室负责人及所在企业工会负责人等出席。会上宣读了授予朱雯瑾、杨杰、夏新、陆莺花、何敏洁、陆蕙、叶菁7位劳模领衔创新团队为"百联集团劳模先进创新工作室"的决定，下发《百联集团有限公司劳模先进队伍建设集萃》宣传册。会后，与会者参观学习了三联公司叶菁劳模创新工作室，体验劳模技术团队的创新成果。（姜　杰）

【世纪联华杨杰团队荣获"上海市职工创新工作室"称号】 12月30日，在市总工会举办的上海市职工创新工作室评选发布会上，世纪联华仙霞店杨杰团队荣获"2021年度上海市职工创新工作室"称号，这是全市零售行业中唯一获选集体。经资格审查、专家评审、实地走访等环节，世纪联华仙霞店杨杰团队以"四效五有"的特色脱颖而出。该团队在创新创效之路上体现出品牌效应、集聚效应、示范效应、群体效应，做到了有先进领衔——应用杨杰的"听、学、练、推、评"五步工作法；有创新团队——通过技能比赛选拔优秀成员；有攻关项目——对研究项目采取"技术→应用→改进→验证→技术"的循环提升；有创新成果——微信社群会员从5万多人增加到14万多人，复购率超过60%；有场所制度——专门建立配备信息化设备的场所，并制订学习研究制度、工作考核制度、志愿服务制度。（姜　杰）

宣传服务

【概要】 上海工会立足实际、注重实效，扎实开展劳模宣传、服务管理工作。年内结合建党百年主题，做好劳模宣传相关工作。完成"建立健全万名劳模服务信息库"实事项目，实现劳模精细、精准的信息管理，全面掌握本市劳模基础数据。推进劳模学院建设，筹备开设劳模实验班、劳模学历提升班等。加强对劳模精神的学术研究，召开"劳模精神薪火相传"研讨会。进一步加强对劳模身心关心关爱。疫情防控期间，细化落实在沪全国劳模的体检工作。2021年起，在16个区35个体育场馆为本市劳模办理"劳模VIP"健身卡。规范做好劳模专项补助金发放工作。深入开展走访慰问劳模工作。结合机关干部下基层蹲点任务，高质量完成"弘扬劳模精神、关心关爱劳模工作机制"课题调研报告。通过课题调研，进一步推动劳模服务管理工作从事务型向政务型转变，不断提升劳模服务管理工作的精确化和精细化。加大对劳模价值文化、劳模精神文化、劳模制度文化、劳模品牌文化的研究力度，进一步深化劳模宣传和劳模精神的丰富内涵和当代价值。（师荣欣）

【完成"建立健全万名劳模服务信息库"实事项目】 为进一步做好劳模精准化服务，更好发挥劳动模范和先进工作者的重要作用，2021年开展"建立健全万名劳模服务信息库"工作，针对目前在册劳模基础资料进行完善收集整理。通过前期工作小组筹备、组织劳模和劳模工作负责人座谈、完善工作方案，与基层工会加强协调、共同合力，完成了"2021年建立健全万名劳模服务信息库"项目。截至10月，完成在册劳模近16000人的基础资料；针对已收集的劳模视频进行汇编整理。结合《劳模精神弘扬和关心关爱劳模动态工作机制》调研课题，市总宣教部组织调研小组赴基层开展关于劳模精神弘扬、关心关爱等方面的调研工作，并形成专题调研报告，为创造条件提供便利优质的服务，健全劳模动态服务管理长效机制提供有效策略。（师荣欣）

【完成"弘扬劳模精神，关心关爱劳模工作机制"专题调研工作】 为更好地解决劳模的生产生活问题，改进关爱劳模、宣传劳模的工作方式，做好劳模管理，发挥劳模的模范带头作用，市总工会宣教部联合上海社科院社会学研究所于8—10月在全市开展了"弘扬劳模精神，关心关爱劳模工作机制"专题调研，聚焦劳模群体的生活与工作状况、对劳模服务政策的评价、参与志愿服务情况、劳模宣传的效果评估等议题，采用质性与量化相结合的研究方法，召开若干场由劳模群体、普通职工、基层工会干部参加的座谈会，同时通过在线调查的形式，完成2026份劳模调查问卷和31801份普通职工调查问卷。（师荣欣）

【开展劳模走访慰问工作，落实党和国家对劳模的关心关爱】 根据全总办公厅《关于开展"工会进万家"调研走访慰问活动的通知》以及市总工会领导要求，上海工会开展重要节日的劳模走访慰问工作。对70周岁及以上劳模在5月1日前进行慰问并发放慰问金。据悉，全国劳模70周岁及以上共430人，上海市劳模70周岁及以上共6815人。市总工会要求各区局（产业）工会立足自身实际，开展庄重简朴并富有实效的慰问活动。（师荣欣）

【推出"劳模健身卡"项目】 为进一步贯彻落实习近平总书记在全国劳模和先进工作者表彰大会上的讲话精神，尊重劳模、关爱劳模、服务劳模，落实市总工会领导关于"进一步加强劳模健身服务工作，做到普惠制"的具体要求，市总工会联合市体育局在9月10日推出"劳模健身卡"项目，旨在为本市65周岁及以下劳模提供更多离家近、设施新、服务佳的运动场馆。在16个区开设35个体育场馆为本市劳模办理"劳模VIP"健身卡。（师荣欣）

【唱响"劳动光荣　创造伟大"时代主旋律】 五一和十一期间，围绕"劳动光荣　创造伟大"时代主旋律，协调市委宣传部，市绿化局等单位通过全市公益广告载体，在全市重要地标建筑、主要商圈等城乡户外大屏幕和楼宇小屏幕等传播平台，集中发布庆祝标语、播放宣传视频、电子海报，营造节日气氛。同时，协调本市公交、地铁、机场、车站、码头、电信网点和东方明珠移动电视，7000多辆出租车，近1500块公交站点调度屏于节日期间统一播放五一宣传标语和视频宣传片。全市各级工会也着力拓展新阵地、尝试新载体，增加时代元素，广泛开展庆祝宣传，让更多劳动者感受节日氛围，感受劳动光荣。（师荣欣）

【推进劳模学院建设】 为贯彻落实习近平总书记在全国劳动模范和先进工作者表彰大会上的讲话精神，深化工会改革、推动产业工人队伍建设，市总工会与上海第二工业大学合作共建上海市劳模学院。学院立足上海、服务全国，旨在更好地弘扬和传承劳模精神，建立劳模学习与提升平台、劳模精神进校园和企业平台、劳模群体交流平台和劳模文化研究平台。2021年召开"劳模精神薪火相传"研讨会，加强对劳模精神的学术研究。启动上海劳模学历教育、劳模实验班、上海电气劳模工匠研修班、上飞公司劳模进修班等准备工作，计划2022年招生。（师荣欣）

【做好劳模专项补助金发放工作】 10月初，市总工会启动劳模专项补助金发放工作。按照中央财政和市财政资金使用管理要求及《中华全国总工会办公厅关于印发〈全国劳模专项补助资金管理办法〉的通知》和《关于印发〈关于认真做好关心上海市劳动模范工作的意见〉的通知》，市总工会细化最新工作要求，规范优化劳模专项补助金发放制度和流程，组织全市相关劳模工作负责人做好发放政策办法和平台使用培训，提高具体操作人员对劳模先进管理系统平台使用能力。遵循"决策正确、程序规范、依据明确、发放到人、劳模满意"的方针，对各单位发放工作进行跟踪，并通报相关情况，总结推广劳模管理服务工作的新方法、新经验，不断提高全市劳模管理服务工作水平。（师荣欣）

【组织开展各类劳模疗休养活动】 根据《中华全国总工会办公厅关于做好2021年劳模休养工作的通知》要求，在严格落实疫情防控有关要求前提下，市总工会自6月起先后安排数百名劳模先进参加疗休养活动。组织90名全国劳模、全国五一劳动奖章获得者赴北京、三亚南田、广西桂林和江西庐山，参加全国总工会组织的主题为"永远跟党走，奋进新征程"、为期一周的长途疗休养活动。安排180名劳模参加福建三明、新疆喀什、贵州兴义、贵州遵义的市总工会组织的长途疗休养。除长途疗休养活动外，还安排360多名劳模参加为期3天的上海崇明、江苏宜兴、浙江台州、江苏常州、浙江杭州、浙江宁波的短途疗休养。结合中国共产党百年华诞，劳模疗休养主要以学习参观党史为主要内容，并开展劳模大讲堂、参观爱国主义教育基地等活动。（师荣欣）

【市工人文化宫承办运营上海劳动模范风采展馆、上海工匠馆】 市工人文化宫继续承办运营《时代领跑者——上海劳动模范风采主题展》和《时代奋斗者——上海工匠馆》，以阵地服务宣传弘扬劳模工匠精神，全年服务人数超10万。2021年，上海劳动模范风采展馆、上海工匠馆获评上海市党史教育基地、上海市科普基地、黄浦区首批学生劳动教育实践基地、上海中医药大学"大学生劳动育人实践基地"等荣誉。截至12月31日，两馆自开馆以来累计接待2469批预约团队、30.7万余名来自全国各省市、各行各业的职工群众；两馆数字展馆访问量超18万人次。（王家辉）

【市工人文化宫开展劳模工匠志愿者大学堂活动】 年内，市工人文化宫开展劳模工匠志愿者大学堂活动共34期，邀请各行各业劳模工匠担任志愿者，通过故事宣讲、工匠技艺展示等形式，与广大市民群众进行零距离互动、面对面分享，为市民群众提供了一个良好的集爱国主义教育、志愿服务、知识与技能于一体的学习平台，线上与线下累计参与观众5万余名。
（王家辉）

【市工人文化宫开展劳模精神进基层党群服务中心系列活动】 市工人文化宫与市党建服务中心共同合作，首次开展“劳动托举梦想·奋斗书写华章”劳模精神进基层党群服务中心系列活动。活动以2020年全国劳动模范和先进工作者事迹系列微展、新型音乐党课——“不忘初心·学习党史”音乐朗诵音乐党课、听劳模讲微党课为主要内容，先后4场走进普陀区、豫园街道社区、闵行区江川路街道社区以及徐汇区滨江党群服务中心。通过讲好劳模故事、劳动故事，发挥劳动模范示范引领作用，推动全社会形成尊重劳动、劳动光荣的良好风尚。
（王家辉）

【第七季《上海工匠》纪录片在东方卫视播出】 由市总工会、东方卫视和SMG纪录片中心联合拍摄制作的大型系列纪录片《“新征程”——上海工匠》第七季，于10月3—7日期间，每天两集，在东方卫视强档首播，全国有近705万的收视率。该片聚焦上海在先进制造业、现代服务业、战略性新兴产业（集成电路、人工智能、生物医药）等领域的10位上海工匠，多角度、多方位地反映了上海工匠立足本职、脚踏实地、刻苦专研、精益求精的精神，所具有的卓越技艺、和在各行各业取得的杰出成绩。
（姚星月）

【《质量与标准化》杂志开设“上海工匠”人物宣传专栏】 2021年，继续与上海市质量和标准化研究院主办的《质量与标准化》杂志社合作，开设“上海工匠”人物宣传专栏，重点宣传报道各行各业的12名上海工匠，进一步树立先进标杆人物，大力弘扬“爱岗敬业、勇于创新、精益求精、争创一流”的工匠精神。
（赵志灏）

【上海交通广播电台播出上海工匠系列节目】 2021年市总工会与上海交通广播电台合作《朗朗动听》——上海工匠系列节目，共宣传采访10位上海工匠：华域视觉科技（上海）有限公司（电子维修）高级主任工程师夏盛，申宴餐饮有限公司行政总厨刘根标，上海杂技团演员王怀甫，上海梨膏糖食品厂厂长吴生忠，市绿化管理指导站首席技师王伟伟，中国建材国际工程集团有限公司副总工程师吴雪良，上海外高桥隧道机械有限公司总装车间主任张智勇，市政工程设计研究总院（集团）有限公司白龙港污水厂技术负责人张欣，上海锦江饭店行政总厨黄国平，城市排水监测站有限公司检验室副主任姚祺，他们的故事在电台先后播出，树立了大国工匠的先进典型。
（姚星月）

第二季劳模工匠电台：“劳模来了” （金　喆）

【开展百名上海工匠疗休养活动】 市职工技协与市总工会保障部合作，于12月22、23日和12月30、31日分别组织两批近90名历年上海工匠，赴崇明进行为期2天的疗休养活动，进一步增强上海工匠的荣誉感、幸福感、归属感和价值感。
（陆卫超）

【举办上海工匠秀场活动】 在2021年上海职工科技节期间，邀请干文华、李建钢、吴生忠等6名上海工匠赴金山，顾惠明、郁慧、李要朋、王雪峰等5名上海工匠赴宝山，开展上海工匠秀场活动，以工匠讲授、技艺展示、实践体验、培训互动等多种形式，为市民提供各类生活服务及成果展示，搭建工匠技艺展示平台，打造市民与工匠近距离交流的匠心盛宴，进一步擦亮“上海工匠”金字招牌。
（马依昕）

【市工人疗养院积极开展劳模健康体检服务】 作为上海市全国劳模健康体检定点机构、健康管理示范基地，市工人疗养院将关爱劳模群体的健康作为自身职责，不断探索优化劳模健康服务的工作机制。从2009年起，市工人疗养院就提出专车、专人、专场为劳模提供体检服务，2013年起，实行“四个一”的健康管理模式（即一次健康体检，一份健康档案，一次健康教育，一次健康回访），推动劳模的健康管理逐步走向科学化、专业化。并逐步形成一套“健康档案网络化，健康评估层次化，健康管理常态化，健康结果指标化”的具有工会特色的团队健康管理模式。在不断提升自身专业素质与服务质量的同时，工疗还寻求和上海的优质医疗资源对接，拓展服务劳模的平台，在体检中发现的异常情况，可以实现专业医院专科门诊的专线对接，在院内体检的基础上还可以实现特色项目的叠加，2020年与上海市眼病防治中心联合开展“体检+专场眼科就医服务”，2021年邀请3位上海名老中医现场坐堂为劳模提供“中西合璧”的全方位健康服务，受到劳模

们的好评。（赵　倩）

【虹口区总工会举办五一表彰会暨先进事迹报告会】 11月11日，虹口区总工会在区青少年活动中心组织召开"虹口区2021年上海市五一劳动奖和工人先锋号表彰会暨先进事迹报告会"。区委副书记杜松全，区人大常委会副主任、区总工会主席胡军，区总工会党组书记袁忠民等领导出席会议，并为新当选的上海市五一劳动奖、工人先锋号先进集体和个人颁奖。全国和上海市劳动模范代表，受表彰的市五一劳动奖、工人先锋号先进集体、个人及其所在单位领导，各街道总工会、行业、直属工会代表等80余人参加会议。会上，报告团成员区疾病预防控制中心主任陈道湧，区青少年活动中心教务主任施虹飞，上海三吉电子工程有限公司进博大型保障团队负责人、公司总经理周健，区住房保障和房屋管理局住房保障科科长钱炜4人作先进事迹宣讲。（马伟杰）

【杨浦区举行五一劳动奖和工人先锋号获奖代表座谈会】 11月4日，"人民城市　奋斗有我"杨浦区2021年五一劳动奖和工人先锋号获奖代表座谈会在东宫职工文体中心举行。区委副书记周海鹰，区人大常委会副主任、区总工会主席麦碧莲出席会议并讲话。区总工会党组书记、常务副主席司徒行喆主持会议。周海鹰为全国五一劳动奖和上海市五一劳动奖章获得者颁奖。麦碧莲为上海市五一劳动奖状和上海市工人先锋号获奖代表颁奖。上海市五一劳动奖状获奖代表、杨浦区教育工会主席石松，上海市五一劳动奖状获奖代表、上海仁宇社会事务服务中心主任汪路加，全国五一劳动奖章获得者、上海复旦微电子集团股份有限公司安全实验室主任王立辉，结合自身实际，交流分享奋斗经历和工作感悟。杨浦区2021年全国、上海市五一劳动奖和上海市工人先锋号获奖代表，区总工会班子成员，各街道总工会及相关行业、直属工会负责人参加会议。（张东寅）

【杨浦区总工会举行"我与劳模面对面"系列直播】 五一劳动节来临之际，杨浦区总工会开展"我与劳模面对面"系列直播活动。邀请劳模先进以线上直播的形式，讲述党史、分享感悟，传承红色信仰。4月27日，首场直播开讲，市劳动模范杨春霞与职工线上面对面，讲述《传扬国歌精神　激发奋进力量》，带领职工群众走进国歌、认识国歌、在国歌故事中重温革命历史，感受劳模精神。（张东寅）

【静安区总工会举办五一国际劳动节庆祝活动】 4月27日，静安区总工会在区青少年活动中心举办五一国际劳动节庆祝活动，市总工会党组书记、副主席黄红，静安区委书记于勇，区人大常委会副主任宋震，副区长龙婉丽，区政协副主席陈静薇等出席，并向荣获全国"五一"劳动奖章、全国模范职工之家、全国模范职工小家、全国优秀工会工作者、上海市劳模创新工作室、上海工匠、静安工匠等先进集体和先进个人颁奖。市、区领导和全体人员300余人共同观摩一台精彩纷呈的文艺演出。节目分"同忆百年奋斗路""共建卓越新静安"和"坚定不移跟党走"3个篇章展开，穿插情景党课，带领大家穿越时空，回顾当年劳动组合书记部、湖州会馆、刘长胜故居等工人运动风起云涌的场景，见证百年工运史；节目中还有根据真人真事改编、体现静安各行各业职工奋战一线积极抗击疫情的原创小品，以及展现静安建设者爱岗敬业、勇于奉献的实景秀、歌舞秀表演，在展现静安职工风采、营造浓厚节日氛围的同时，唱响劳动最光荣的主旋律。（姚　磬）

【宝山区总工会开展劳模职工红色文化寻访活动】 9月17日起，宝山区总工会开展2021年宝山劳模职工红色文化寻访活动。此次寻访以"奋斗百年路"为主线，近百名劳模职工们先后寻访上海三山会馆、中共一大会址、上海工匠馆、"致敬！红色工运"主题图片展等红色文化地标，在学、思、悟中赓续百年初心，寻访红色足迹，致敬工运精神。（朱　艳）

【闵行区总工会多举措宣传弘扬劳模工匠精神】 2021年，闵行区总工会整合宣传阵地，开展贯穿全年的各种活动，把劳模、工匠"推送"到公众面前。一是以典型宣传点燃劳动激情。在全区各大宣传平台发布33个《致敬领跑者》微视频，生动展现劳模先进人物爱岗敬业、艰苦奋斗、勇于创新、甘于奉献的先进事迹。在全区100个公交车站点和300辆公交车移动电视播放劳模工匠宣传片，以群众喜闻乐见的方式讲好劳模故事、劳动故事、工匠故事。二是以主题活动激励奋斗精神。举办"奋进新征程"闵行区庆祝五一劳动节主题活动，通过情景讲述、短视频、文艺节目等方式，弘扬劳模工匠精神，讴歌全区广大职工积极投身经济社会发展做出的突出贡献，以优异成绩迎接中国共产党成立100周年。三是以文艺展演展现时代风貌。五月，在浦江郊野公园展出"最美奋斗者"劳模事迹展，陆续开展"墨守初心，工绘华章"职工书画作品展、"向劳动者致敬"慰问职工演出、"永远跟党走"庆祝建党百年华诞诗歌颂等系列职工文化活动，全方位展现广大劳动者在建设闵行现代化主城区进程中的主力军作用，在全社会营造劳动光荣、学习劳模的浓厚氛围。（王　凯）

【金山区总工会举行第二届"鑫工智汇"专家顾问团聘任仪式】 8月20日，金山区总工会举行第二届"鑫工智汇"专家顾问团聘任仪式，36位来自全区各行各业的专家、学者和劳模先进受聘成为推动金山工运事业发展的专家顾问。区人大常委会党组副书记、副主任、区总工会主席朱喜林，区总工会党组书记、副主席徐红强，区总工会副主席曹冠出席仪式。各直属工会主席参加会议。会议听取专家团秘书长曹冠就第一届专家顾问团的工作报告。会上工会领导班子向各位专家颁发了聘书。（卫婷怡）

【青浦区总工会举办劳动模范（先进工作者）事迹报告会】 4月28日，"学党史、续荣光、建新功"——青浦区劳动模范（先进工作者）事迹报告会在区会议中心召开。报告会宣讲孙刚、杨丽芳、关立平、王菊莉、徐峰、邵红光等6名全国、上海市劳模的先进事迹，绿色青浦APP平台进行全程直播，全区近3万名职工在线观看直播。会上，区人大常委会副主任、区总工会主席赵宏林为宣讲团成员颁发聘书。区总工会党组书记、常务副主席陈阳

2020—2021 年度"上海仪电工人先锋号、上海仪电工匠、上海仪电劳模（工匠）创新工作室表彰命名大会 （周黎俊）

为劳模代表赠送"青浦区劳动模范（先进工作者）事迹汇编"和劳动模范服务保障证。全区各级工会干部代表、劳模先进代表、职工代表近 200 人参加现场报告会。 （朱建强）

【青浦区总工会召开先进典型表彰大会暨党史学习主题音乐党课】 10 月 27 日，"守护初心，担当使命"青浦区工青妇先进典型表彰大会暨党史学习教育主题音乐党课在东方绿舟剧场举行。区委副书记张权权出席活动。活动中，区领导为荣获 2021 年全国五一劳动奖章、2019—2020 年度全国巾帼文明岗、2021 年上海市五一劳动奖章、2021 年上海市五一劳动奖状、2021 年上海市工人先锋号、2020 年度上海市青年五四奖章个人、2020 年度上海市青年五四奖章集体、2019—2020 年度上海市三八红旗手、2019—2020 年度上海市三八红旗集体的代表颁奖。市工人文化宫茉莉花交响乐团为观众演绎党史学习教育主题音乐党课。 （朱建强）

【奉贤区总工会举办新一届劳模先进事迹宣讲会】 5 月 28 日，奉贤区总工会在奉城镇林内有限公司举办奉贤区劳模先进事迹宣讲会，进一步弘扬劳模精神、劳动精神、工匠精神，引导激励全区广大职工群众以劳模为榜样，做新时代的奋斗者。年内，区总工会共举办 32 场劳模工匠先进事迹巡回宣讲会，参与人数达 3360 人次。 （钱　洁）

【奉贤区总工会召开庆祝五一国际劳动节大会】 4 月 27 日，"百年风华　初心不改　劳模精神　贤城匠心"2021 年奉贤区庆祝五一国际劳动节大会在九棵树（上海）未来艺术中心大剧场召开。会上区领导转授了全国五一劳动奖章、工人先锋号，全国优秀工会工作者，全国模范职工之家，全国"安康杯"竞赛优胜单位、优胜班组，"奉贤工匠"的奖牌和荣誉证书；为市厂务公开民主管理工作先进单位、市推动厂务公开民主管理工作先进单位、劳模创新工作室授牌。会上，区总工会举行新一届劳模工匠巡回宣讲出征仪式，为各位劳模和工匠发放宣讲团证件，并为宣讲团授旗。劳模工匠宣讲团向全区广大职工发出集体倡议，为建设"五美五强、一切美好"的新奉贤凝心聚力，以优异的成绩向中国共产党成立 100 周年献礼。 （钱　洁）

【奉贤区总工会关爱劳模群体】 奉贤全区有全国劳模 14 人、上海市劳模 377 人。2021 年春节、敬老节前夕，区总工会分别对获得过 3 次以上劳模荣誉称号的退休困难劳模和 90 岁以上劳模群体开展走访慰问，帮扶困难劳模 26 人次。组织全区 215 名退休困难市劳模参加体检，为劳模举办健康讲座。组织退休劳模一日游活动，参观中共一大会址纪念馆、徐汇滨江大道等，100 余名退休劳模参加。 （徐　伟）

【上海仪电召开劳模先进表彰大会】 5 月 21 日，上海仪电召开"职工心向党，建功新发展"2020—2021 年度先进表彰大会。全国劳动模范、市总工会兼职副主席、上海航天设备制造总厂有限公司对接机构组班组长王曙群，仪电集团党委副书记、副总裁陈靖，仪表电子工会主席顾文，集团有关部门负责人，各重点子公司和直属单位党组织、工会负责人参加会议。会上，与会人员聆听王曙群作的《从"黄牛到大牛"——我们的航天梦》劳模微党课。会上表彰、命名了 2020—2021 年度"上海仪电工人先锋号""上海仪电工匠"，命名 7 家"上海仪电劳模（工匠）创新工作室"，并进行"师徒结对"签约仪式。 （邵秀根）

【华谊集团建立健全劳模管理服务工作机制】 年内，华谊集团组织 8 名集团在职和退休全国劳模参加体检服务，7 名新晋劳模参加劳模疗休养，6 名退休劳模参加短期疗休养。按照"一人一档、先易后难、分类整理、集中填报"的原则，分步做好 243 名在职和退休劳模基础信息资料收集整理校对和劳模数据管理系统信息完善工作，进一步加强劳模信息系统的管理。 （蔡毓琳）

【上海医药集团庆祝五一暨劳模事迹报告会】 4 月 28 日，上海医药集团召开庆祝五一暨劳模事迹报告会。集团党政领导班子成员、在沪直属企业党政工团负责人及在职的全国劳模、上海市劳模、全国及上海市五一奖章获得者以及集团先进代表等 200 余人聆听了劳模宣讲。沪外企业党政工团负责人和先进代表通过网络直播形式观看。 （陈玮雯）

【国网上海市电力公司工会组织召开庆"五一"劳模工匠座谈会】 4 月 28 日，国网上海电力公司工会召开庆"五一"劳模工匠座谈会。公司副总经理、工会主席陈春霖，公司相关部门、部分基层单位负责人及历年全国

致敬最美劳动者——上海医药集团庆祝五一暨劳模事迹报告会

（陈玮雯）

劳模、省部级劳模、国网劳模、上海工匠、电力工匠近 50 名代表参加座谈会，会上，陈春霖代表公司党委向劳模工匠及广大职工致以节日问候，座谈会上，工匠和劳模代表先后分享了践行企业宗旨、扎根一线、创新创效、优质服务等方面的成长经历和感悟。

（陈　纯）

【上海烟草包装印刷公司工会成立劳模工匠故事宣讲团】 2021 年，烟印公司工会成立劳模工匠宣讲团，宣传劳模精神、劳动精神、工匠精神，将公司劳模工匠等高技能人才在“中华”品牌创建和 70 年发展过程中的奋斗和贡献凝练成劳模工匠故事，在企业各个平台进行广泛宣贯。一是以技术比武为契机，开展服务“中华”品牌专题宣讲。公司以“献礼‘中华’70 载奋进发展高质量”为主题召开致敬劳模工匠工作会暨技术比武动员会，劳模工匠宣讲团成员通过精益生产有你、技术引领有你、创新发展有你和配套生产有你 4 个小故事，讲述劳模工匠在“中华”品牌创建发展中勇挑重担、锐意进取、甘愿奉献的感人故事，反映了劳模工匠的创造精神、奋斗精神、团结精神和梦想精神。二是利用班组活动平台，进行奋进“中华”品牌巡回宣讲。劳模工匠宣讲团借助班组活动平台，做到“以身边人讲身边事，用身边事感染身边人”，引导企业职工认识劳模工匠、学习劳模工匠、争当劳模工匠。三是发挥多媒体平台优势，借助企业微信公众号平台，将企业 4 名劳模、4 名上烟工匠以及 11 位企业工匠的小故事进行集中展示，让企业职工了解感知劳模工匠在“中华”品牌创牌 70 年过程中的杰出贡献，让劳模工匠精神更加深入人心。

（邹　庆）

【中远海运“远大湖”轮荣获“全国工人先锋号”】 年内，中远海运能源运输股份有限公司“远大湖”轮荣获“全国工人先锋号”称号。作为中国自行建造的第一艘超大型油轮（VLCC），它的成功建造和投入营运，填补了我国航运史上 VLCC 的空白，展示中国在原油运输领域实现战略性发展的雄心大志。运营 19 年来，“远大湖”轮挂靠 40 多个国家和地区，完成 118 个航次任务，安全航行 260 多万海里，运载原油 3460 多万吨；43 次通过大石油公司检查，通过率 100%；在 25 次 PSC 检查中，20 次零缺陷通过；连续 19 年保持“三零”安全事故目标和客户零投诉优质服务目标。曾荣获“中央企业第二批基层示范党支部”、中远海运集团“模范职工小家”“优秀基层党支部”，连续多次获该公司“能效管理最佳船舶奖”。

（薛建华）

【上海电信工会组织劳模沙龙活动】 4 月 2 日，上海电信工会组织劳模沙龙活动，31 名劳模参加。公司副总经理、工会主席常朝晖与全国劳模邱莉娜、中央企业劳模华静、上海市劳模胡晓宇、上海公司劳模王莉艳等四位劳模代表共同启动沙龙活动，常朝晖主席为劳模代表赠送“赋能舒心包”。

（殷　茵）

【上海建工集团召开 2020 年度先进表彰大会】 1 月 11 日，上海建工集团召开 2020 年度先进表彰大会。集团党政领导徐征、卞家骏、何士林、叶卫东、蔡国强、薛永申、徐建东、龚剑、尹克定、殷红霞等出席。集团各部门负责人、各单位相关领导、先进代表、职工代表等 270 余人参加。会上，集团副总裁、立功竞赛领导小组组长叶卫东总结 2020 年度竞赛工作，部署 2021 年立功竞赛工作。集团工会主席、立功竞赛领导小组副组长殷红霞宣读《关于表彰 2019—2020 年度集团文明单位，2020 年度集团突出贡献奖、先进集体、先进个人及 2020 年上海工匠，上海市劳动模范、模范集体和全国劳动模范表彰名单》的表彰决定。集团领导为先进代表颁奖。徐征和全国劳模陈晓明为上海建工人故事集——《传承 · 使命》揭幕。陈晓明宣读《倡议书》。参会人员一同观看了先进事迹短片《脊梁》。

（余轶群）

【市绿化和市容管理局举办行业劳模事迹报告会】 4 月 23 日，由中共上海市绿化和市容管理局党组主办，市绿化市容局工会、市绿化市容行业工会承办的“人民城市 · 奋斗有我”市绿化市容行业劳模事迹报告会在市绿化市容局报告厅成功举办。中国农林水利气象工会副主席孙涛、市总工会经审委主任丁巍、市建设交通工作党委副书记周志军等领导出席会议，市绿化市容局党组书记、局长邓建平到会并讲话。来自本市绿化市容行业的劳模（集体）、先进工作者代表，一线职工和企业代表及局直属单位、行业单位代表等共 150 余人参加会议。

（耿　静）

【鲁中矿业工会举办劳模事迹报告会】 4 月 30 日，鲁中矿业工会举办劳模事迹报告会。报告会上，上海市劳动模范姜秀林讲述了他扎根矿山、学习成长，用青春服务矿山建设的动人事迹。荣获2020年度中国五矿集团公司先进集体的代表，讲述了采矿部职工舍小家顾大家，战胜高温、高湿、高危的采矿环境，以“勇于担当、无私奉献、爱矿如家”的高尚情怀撑起矿山脊梁的团队佳话。2020年度中国五矿集团公司劳动模范张明帅勇挑重担，秉持“没有安全，就没有生产；没有安全，就没有发展；没有安全，就没有职工群众的‘饭碗’”的安全管理理念，誓做矿山安全环保守护者的事迹，让现场观众为之动容。荣获2020年度中国五矿集团公司先进集体的物流运输分公司铁路运输车间代表在报告会现场接受采访。他们团队战疫情、保生产、促改革的事迹，让广大观众看到了鲁矿人直面困难、砥砺奋进的崇高品格。来自鲁中矿业各单位的140余名职工和部分先进代表出席报告会。报告会通过网络全程直播，近800人在线观看。（刘炜权）

【市劳模工匠服务徐汇区水务企业】 10月21日，市职工技协服务中心会同上海市水务局（上海市海洋局）工会邀请上海市工匠黄卫国、金德华、曹利名等3名专家赴上海汇胜水利工程有限公司开展专题座谈，并在蒲汇塘河道进行现场指导。座谈会上，劳模工匠服务队三位专家分别就河道挺水植物、绿化养护、河道设施用电安全等养护企业关心的难点疑点问题，在现场实地踏勘的基础上，进行深度探讨和答疑解惑，对企业在水环境治理过程中技术和管理难题提出进一步的解决方案。市水务局工会、水利事务中心，徐汇区水务局、汇成集团相关负责人参加活动。（王佐仕）

【市教育系统劳模精神进校园启动仪式举行】 5月18日，上海市教育系统劳模精神进校园活动启动仪式暨《致敬，闵行教育的引领者》劳模故事文集出版发行仪式在闵行区实验小学举行。闵行区教育党工委书记朱雪平介绍了闵行区教育系统劳模精神进校园工作情况和《致敬，闵行教育引领者》出版情况。市教育工会副主席陶文捷等领导、嘉宾为上海市教育系统劳模精神进校园宣讲团成员颁发聘书，劳模代表向青年教师代表赠书。全国劳模、华东政法大学刘宪权教授作了《读书 教学 科研 做人》首场宣讲报告。启动仪式后近40位劳模宣讲团成员赴各基层单位开展宣讲活动，全年开展宣讲约200场。（沈 瑶）

【市卫生健康系统致敬劳模主题活动举行】 1月6日，人民至上·生命至上——2020年上海市卫生健康系统致敬劳模主题活动在艺海剧院举行。本次活动由市卫健委、市医务工会主办，市文联艺术促进中心、上海教育电视台协办。市总工会党组书记、副主席黄红，市卫生健康委员会党组书记章雄等领导出席活动。新当选的上海市卫生健康系统全国、市级先进工作者和劳动模范，模范集体代表，各区卫健委、市区两级医疗卫生机构、企业职工医院党政工领导、职工代表和青年代表、退休职工代表参加活动。在五年一届的劳模表彰中，上海卫生健康系统共产生10名全国先进工作者，64名上海市先进工作者、2名市劳动模范以及19个上海市模范集体，荣誉总数为历届之最。主题活动分生命之光、奋斗之光、使命之光3个篇章。以卫生健康系统全国劳模周新、袁政安、葛均波、郑民华、赵志芳、市模范集体市公卫中心新冠肺炎救治医护组为原型，讲述劳模先进的生动事迹，展示新时代上海卫生健康系统劳模先进的风采。（李易杰）

【光明食品集团打造“光明劳模林”】 3月12日，“盛世花开 光明逐梦”植树活动在第十届中国花卉博览会园区世纪馆举行。光明食品集团党委书记、董事长、花博会指挥部总指挥是明芳带领集团党政班子成员、子公司负责人、劳模代表、党员代表、职工代表、老干部代表等130余人开展义务植树活动，种下100棵以榉树、朴树等为代表的精品苗木，打造一片“光明劳模林”。集团工会主席潘建军为活动致辞。全国劳动模范郁非、上海市劳动模范诸伟琦为“光明劳模林”揭牌。（陆峰毅）

【市级机关举办纪念五一国际劳动节主题活动】 5月8日，市级机关举办“奋进新时代创造新奇迹”纪念五一国际劳动节主题活动，启动市级机关建功“十四五”劳动技能竞赛活动和市级机关劳模工匠宣讲团成立仪式。市市级机关工作党委常务副书记杨峥出席并讲话，市总工会经审会主任丁巍出席活动，市市级机关工作党委副书记李云龙主持。会上，市先进工作者、市国资委创新发展处处长丁宇飞宣读了市级机关开展建功“十四五”劳动技能竞赛活动倡议书；市规划和自然资源局、市市场监督局、市商务委3家单位就开展劳动技能竞赛情况进行交流发言；市委党校、马克思主义学院执行院长、教授王公龙作题为《深入学习习近平总书记关于中共党史的重要论述》专题报告。市级机关劳模工匠讲师团成员，市级机关建功“十四五”劳动技能竞赛单位代表，市级机关各单位工会主席、妇女干部约280人参加活动。（王 颖）

【世纪出版集团召开庆“五一”劳模先进代表座谈会】 4月28日，世纪出版集团召开庆祝“五一”劳模先进代表座谈会，表彰2019—2020年度集团先进工会组织、优秀工会干部、优秀工会积极分子，以及五一巾帼文明岗、五一巾帼建功标兵。集团党委书记、董事长黄强代表集团党委，向集团各级劳模先进和广大职工群众致以节日的祝贺和诚挚的问候，并向他们为集团事业发展作出的贡献表示衷心感谢。劳模先进作交流发言，畅谈学党史、悟初心、担使命、创业绩的体会，表示要持续学习、勇于创新，不断提高能力素质，展现干事创业新风貌，共同推进集团新发展。（江 文）

劳动关系

综 述

2021年，市总工会在市委和全总的领导下，坚持以职工为中心的工作导向，从上海劳动关系领域面临的实际出发，健全完善工会维权服务的工作体制，加强工会维权维稳工作，全力推进劳动关系和谐稳定，各项工作取得积极进展。一是全力维护劳动关系领域政治安全。市总工会先后召开区局（产业）工会主席例会和专题工作会议，制订下发《上海工会构建落实“五个坚决”要求长效机制实施细则》；全面落实排查报告和调处化解制度，从4月底起建立特殊时期、敏感节点“有事即时平台报”和“无事每天零报告”的7天24小时排查报告制度；针对重点领域全面排查化解矛盾，开展本市职工队伍稳定风险排查化解专项行动，对改革调整企业，实施一对一的工作指导；总结和推广上海工会预防化解劳动关系矛盾“六步工作法”，形成《上海工会预防化解劳动关系矛盾“六步工作法”操作指南》，推动“六步工作法”进企业、进商圈、进园区。二是深化完善协商民主制度建设。扎实推进政府与工会联席会议工作；指导企事业单位深化完善民主管理制度建设，制订《上海市企事业单位民主管理工作三年行动计划（2021—2023）》，创新完善线上职代会制度，制订实施《上海市企事业单位网络职工代表大会工作规程（试行）》，推进“互联网+”民主管理；稳步推进集体协商制度建设，加大对新就业形态劳动者权益维护的顶层设计工作，结合本市工作实际，制订《上海市新就业形态劳动者权益维护民主协商操作指引》。三是推动三方协商和四方合作机制落地见效，深入推进和谐劳动关系建设。市劳动关系三方共同研究制订《上海市劳动关系“和谐同行”能力提升三年行动计划实施方案（2020—2023年）》，建立“法院+工会”线上诉调对接工作机制，深化与市司法局的合作力度。四是切实做好工会法律服务工作。坚持做好工会法律援助工作，开展定向劳动法律监督，推进“法律体检”实事项目落地落实，制定《关于在上海工会工作者和职工中开展法治宣传教育的第八个五年规划（2021—2025年）》，做好普法宣传工作。 （曹宏亮）

集体协商

【概要】 2021年是“上海市劳动关系‘和谐同行’能力提升三年行动计划”的关键之年，也是本市集体协商“稳就业促发展构和谐”行动计划收官之年。市总工会进一步加强源头参与、夯实协商基础、规范协商程序、提高协商质量、强化协商能力，持续推进本市集体协商工作稳步发展。一是继续巩固集体协商建制率。继续坚持做好每年全市集体协商建制完成数和年度建制率基数的统计工作。明确建制目标，即已建会且具备条件的企业集体协商动态建制率不低于90%，工资集体协商动态建制率不低于80%。据统计，2021年全市签订集体合同21877份，覆盖企业100642家，覆盖职工近430万人；工资专项集体合同签订21074份，覆盖企业99839家，覆盖职工392万余人。二是完成民主协商优秀案例选树工作。根据安排，开展了“上海工会基层民主协商促进劳动关系稳定优秀案例”征集选树活动，收到上报案例40个。经评审，选树10个案例为“上海工会基层民主协商促进劳动关系稳定‘十佳’优秀案例”，24个案例为“上海工会基层民主协商促进劳动关系稳定优秀案例”，并通过申工社、《劳动报》等每天加大传播力度，提升影响力，进一步营造构建和谐劳动关系的良好社会氛围，凝聚更多社会共识。三是带队参加集体协商技能竞赛活动。组织宝山、闵行、青浦、建工四支队伍参加“长三角工会首届集体协商竞赛活动”，做好赛前组织和培训工作。按照全总安排，组建队伍参加“第二届全国城市工会集体协商竞赛决赛”，经过激烈角逐，上海工会代表队以优异成绩晋级全国十二强，最终荣获大赛优胜奖。四是起草集体协商立法相关情况报告。根据全总通知要求，及时对表梳理本市集体协商制度建设和立法相关工作情况，起草完成《关于本市集体协商制度建设和集体合同立法情况的调研报告》，报送全总保障部。 （金邓凯）

【开展“上海工会基层民主协商促进劳动关系稳定优秀案例”征集选树活动】 按照市协调劳动关系三方《关于做好新冠肺炎疫情防控期间劳动关系矛盾预防和化解工作的指导意见》（沪人社关〔2020〕118号）精神，市总工会在全市各地区征集选树一批疫情防控期间和企业重大改革调整过程中，通过民主协商促进劳动关系稳定的优秀案例，进一步宣传引导本市企业和职工在当前特殊时期同舟共济、共克时艰，营造构建和谐劳动关系的良好社会氛围，凝聚更多社会共识。此次选树，共收到各区总工会上报案例40个。经初步筛选，保留符合条件的案例34个。市总工会先后进行了两次评审，分别由各区分管主席或部门负责同志，以及市协调劳动关系三方成员单位对口业务部门负责人进行了现场评审，最终从中选出10个“十佳”优秀案例、24个入围优秀案例。 （金邓凯）

【举办上海工会集体协商、职代会民主管理培训班】 6月2—4日，市总工会在东方绿舟会议中心举办上海工会集体协商、职代会民主管理培训班。培训课程包括上海工会预防化解劳动关系矛盾“六步工作法”解读、职工董监事制度推进、职代会概述以及组织制度工作制度和职工代表、工资收入分配政策与工资集体协商、企业集体协商工作、厂务公开及非公企业民主管理制度的推进、职工代表大会职权及两个操作指引、线上职代会实务操作等内容。来自本市各区总工会和相关局（产业）工会基层工会干部共计156人参加了培训。 （杨 驹）

【上海工会组队参加第二届全国城市工会集体协商线上竞赛】 12月17—18日，全国总工会举办“第二届全国城市工会集体协商线上竞赛”，全国32个城市组队参赛。在相关地区工会选拔的基础上，由闵行区、嘉定区、青浦区的4位工会干部组成上海工会代表队参赛。此次竞赛案例以产业工人、新就业形态劳动者等群体为重点，聚焦职工群众“急难愁盼”问题，紧密围绕创新要素、技能水平参与收入分配，提升职工生活品质，女职工保护等与职工权益联系紧密的议题开展协商。经过激烈角逐，上海市总工会代

表队发挥出色，成功晋级全国十二强，并最终荣获大赛优胜奖。（金邓凯）

【徐汇区推进集体协商民主管理取得新成果】 全年新签订集体合同262份，涵盖企业2550家，职工71590人；新签订工资专项集体合同704份，涵盖企业7366家，职工167819人。召开厂务公开民主管理领导小组会议，形成《区总劳动关系法律体检中厂务公开民主管理工作专题分析报告》，编辑《构建和谐劳动关系企业风险防范指引》。（朱贤樑）

【宝山区总工会举办集体协商实务培训】 为进一步发挥集体协商制度在构建和谐劳动关系中的基础作用，提升工会劳动关系工作人员业务能力，6月22日，宝山区总工会举办劳动关系月月讲堂——集体协商实务培训。华东师范大学邱婕老师以典型案件为背景，通过情景模拟的形式，指导大家分别从企业和职工的角度出发，多方位分析案件本因、抓取争议焦点和协商要点。在现场，工会劳动关系工作人员模拟企业方、职工方进行分组讨论，通过3轮角色模拟和指导练习，对现场协商策略、谈判技巧、沟通方式有了进一步的认识，提高工会干部参加集体协商的谈判能力。（朱　艳）

6月22日，宝山区总工会举行集体协商实务培训（庄轶凡）

【闵行区全面开展集体协商要约行动】 7月，闵行区总工会发布了《关于开展2021年集体协商要约行动的通知》，推动全区14个街镇总工会深入开展集体协商工作，并参与首届长三角地区三省一市工会集体协商技能竞赛等活动。各街镇总工会重点针对独立建会企业发起集体要约行动，共发出2000余份提示函，第二次要约行动于9月1日开启。全区14个街镇总工会以"集体协商要约行动"为契机，广泛开展职代会制度建设实务、集体协商操作实务培训、集体协商知识竞赛、"法律体检"等活动，点对点向企业发放《关于开展集体协商签订集体合同的提示函》，进一步提升集体协商工作质效。（王　凯）

【闵行区组队参加首届长三角地区"三省一市"工会集体协商技能竞赛】 7月12—14日，"学党史、办实事、助发展、保平安"首届长三角地区三省一市工会集体协商技能竞赛在浙江杭州举行。闵行区总工会积极选拔优秀选手组队参赛。参赛选手们在参加市总组织的实训活动的同时，通过案例讨论、模拟演练、实训对抗等多种形式，结合工作实际揣摩角色语言，经过反复训练、推演，完善协商配合。最终，闵行区总工会荣获"首届长三角地区三省一市工会集体协商技能竞赛优秀组织单位"，选手朱家青被评为"首届长三角地区三省一市工会集体协商技能竞赛协商能手"。（王　凯）

【青浦区总工会参加首届长三角地区工会集体协商技能竞赛】 7月12日，首届长三角地区三省一市工会集体协商技能竞赛在浙江杭州举行，来自上海市、浙江省、江苏省、安徽省18支代表队参赛，青浦区总工会选派香花桥街道总工会周佳、金泽镇总工会陆军燕、顺丰同城工会叶淑敏、金发科技工会王大年4名选手组队参赛，荣获"优秀组织单位"，周佳被评为"协商能手"。（朱建强）

【市机电工会检查调研基层企业集体协商工作】 9—10月，市机电工会与上海电气集团人力资源部组成工资集体协商检查调研组，分3批对集团下属19家基层企业2021年度工资集体协商工作进行检查调研。检查调研组认真听取企业行政、工会对企业经营状况、集体协商情况、职代会运行情况及工资专项集体合同执行情况等汇报，肯定企业开展工资集体协商好的做法，指出存在的问题。检查调研组指出，要通过集体协商，让职工认识到只有企业好，职工才能好。希望企业深入推进集体协商和厂务公开，不断提高协商质量，从源头上维护好职工的合法权益和正当利益，不断提升职工的获得感、幸福感、安全感，激发职工的主人翁精神，充分调动职工积极性、主动性、创造性，构建企业和谐劳动关系，促进职工与企业"利益共同体、事业共同体、命运共同体"建设。（彭伟光）

【上海电建公司召开集体协商会议】 1月，上海电建公司召开集体合同协商会议，行政方和工会方代表共15人出席会议。会前，公司工会通过各基层单位工会向职工代表征集集体合同履行意见和协商议题，经汇总整理后，确定本次协商会议的议题共3条，主要涉及关于推进公司总部职能部门绩效考核的议题、关于进一步推进在建项目高质量履约的议题、关于进一步强化公司各项目全面风险管控的议题。会上，公司工会对上年度公司集体合同履行情况进行通报，行政和工会双方对3个方面的议题进行协商，双方代表在有利于维护企业和职工共同利益的前提下达成共识。会议双方还对《上海电建公司集体合同（2021—2023年）》（征求意见稿）进行协商，修订其中部分条款，形成《上

三航局工会召开 2021 年度首次集体协商会议 （黄书展）

海电建公司集体合同（2021—2023 年）》（草案），会后提交公司四届二次职工代表大会审议通过。 （傅 诚）

【三航局工会组织召开集体协商会议】 1 月 15 日，中交第三航务局工会组织召开 2021 年度首次集体协商会议。三航局总经理、党委副书记季振祥，党委副书记、工会主席傅瑞球分别作为行政方首席代表和职工方首席代表出席会议，双方协商代表参加会议。会议对《中交三航局有限公司 2021—2022 年度集体合同》《中交三航局有限公司 2021—2022 年度劳动安全卫生专项集体合同》《中交三航局有限公司 2021—2022 年度女职工权益保护专项集体合同》的主要内容和修订情况进行介绍说明。双方代表就集体合同中各项条款进行讨论、协商，并达成一致意见。 （黄书展）

【市环卫行业第十一次工资集体协商会议】 8 月 5 日，在市绿化市容管理局的见证下，市绿化市容行业工会与市市容环境卫生行业协会召开了 2021 年环卫行业工资集体协商会议，围绕以下议题展开磋商：一是关于行业月最低工资标准。2021 年环卫行业月最低工资标准从 3080 元调整到 3360 元；如果执行非全日制用工，2021 年环卫行业小时最低工资标准从 27 元调整到 30 元。执行时间与本市调整月最低工资标准时间同步（2021 年 7 月 1 日）。二是提高一线岗位技能等级津贴标准。一线岗位技能等级津贴标准在原来基础上每档提高 50 元，调整后的技能等级津贴为初级工 100 元/月、中级工 150 元/月、高级工 200 元/月、技师 250 元/月、高级技师 300 元/月。执行时间与本市调整月最低工资标准时间同步（2021 年 7 月 1 日）。三是着力加强职工职业技能培训。充分发挥各级行业主管部门、公司企业和市环境卫生行业协会、市高技能人才培养基地的作用，鼓励职工参加技能培训，提升技能等级，不断扩大技能人才队伍，提高城市环境卫生保障水平。经过协商，达成一致意见，签订了《2021 年上海市环卫行业工资集体协商协议书》。 （鲍 斌）

【市绿化养护行业第六次工资集体协商会议】 8 月 20 日，在市绿化市容管理局的见证下，市绿化市容行业工会与市园林绿化行业协会召开了 2021 年绿化养护行业工资集体协商会议，围绕以下议题展开磋商：一是关于行业月最低工资标准。2021 年绿化养护行业月最低工资标准从 3080 元调整到 3360 元；如果执行非全日制用工，2021 年绿化养护行业小时最低工资标准从 27 元调整到 30 元。执行时间与本市调整月最低工资标准时间同步（2021 年 7 月 1 日）。二是提高一线岗位技能等级津贴标准。一线岗位技能等级津贴标准在原来基础上每档提高 50 元，调整后的技能等级津贴为初级工 100 元/月、中级工 150 元/月、高级工 200 元/月、技师 250 元/月、高级技师 300 元/月。执行时间与本市调整月最低工资标准时间同步（2021 年 7 月 1 日）。三是着力加强职工职业技能培训。充分发挥各级行业主管部门、公司企业和市园林绿化行业协会、市高技能人才培养基地的作用，鼓励职工参加技能培训，开展技能竞赛，提升技能等级，不断扩大技能人才队伍，提高城市生态环境建设水平。经过协商，达成一致意见，签订了《2021 年上海市绿化养护行业工资集体协商协议书》。 （鲍 斌）

职代会和厂务公开

【概要】 2021 年，全市各级工会按照中央和市委推进全过程人民民主的要求，依照法律规定通过职工代表大会或者其他形式，组织职工参与本单位的民主选举、民主协商、民主决策、民主管理和民主监督。一方面，通过推动《上海市职工代表大会条例》的落实，不断强化全过程参与、全要素落实、全领域覆盖，督促企事业单位健全完善以职代会为基本形式的民主管理制度，推动企业民主管理工作在建制扩面、规范运行、创新深化上取得积极成效。另一方面，通过推动职代会、集体协商、职工董事监事等内容写入公司章程，融入企业治理结构，纳入企业管理体系、生产过程、工作流程，有效推动职工的全面发展和企业和谐发展，使得越来越多的企业将民主管理纳入企业管理制度，成为法人治理结构的重要组成部分，从而在维护职工民主权利与劳动经济权益、构建和谐劳动关系、参与基层治理和社会治理等各方面发挥着积极作用。尽管受新冠疫情和经济下行压力双重影响，本市企事业单位的职代会与厂务公开建制数保持相对稳定，但总体呈小幅下降趋势。据上海工会年报统计，截止 2021 年 9 月底，全市基层工会所在单位建立职代会制度 37417 个，涵盖单位 112480 个，涵盖职工 5686475 人。其中：建立职代会的基层工会 11731 个，涵盖单位 62302 个，涵盖职工 4324273 人，职工代表 515972 人（其中女性 199199 人）；建立职工大会制度的基层工会 25686 个，涵盖单位 50178 个，涵盖职工 1362202 人。全市

实行厂务公开的基层工会38226个，涵盖单位118624个，涵盖职工6056980人。（王珍宝）

【制订《上海市企事业单位民主管理工作三年行动计划（2021—2023）》】 市厂务公开工作领导小组制订了《上海市企事业单位民主管理工作三年行动计划（2021—2023）》。《行动计划》明确了下一阶段企事业单位民主管理工作的四大目标任务，即：全面加强党的领导、完善全过程民主管理、推动实现人人参与格局、民主管理效应充分发挥。《行动计划》强调了下一阶段“七个进一步”的工作重点，即进一步加强职工代表大会制度，进一步提升集体协商实效性，进一步规范企事业单位民主管理程序，进一步规范董事会、监事会和职工董事、职工监事行权行为，进一步推进非公企业民主管理制度建设，进一步规范区域性、行业性民主管理制度，进一步培育企事业单位民主管理工作品牌，并将这七大块内容细化为17项具体工作，还明确了每一项具体工作的责任主体，即将有关工作任务分解到各成员单位、各地区党委和工会、各街镇党政工组织以及各集团公司和基层企事业单位的党政工组织。《行动计划》要求各级厂务公开工作领导小组成员单位要切实加强“四项保障措施”，即强化组织领导，落实工作责任；加强工作评估，完善约束机制；加强队伍建设，提升能力水平；加强典型引领，注重问题研究，以有效推进企事业单位民主管理制度建设。（王珍宝）

【召开“上海市企事业单位民主管理制度建设推进会”】 3月5日，市厂务公开工作领导小组在市总工会六楼礼堂召开了“上海市企事业单位民主管理制度建设推进会”。市厂务公开工作领导小组各成员单位领导，各地区和部分产业（系统）工会领导，部分荣获全国以及上海市厂务公开民主管理工作先进单位代表，共计百余人参加了会议。会议由市人大常委会副主任、市总工会主席、市厂务公开工作领导小组副组长莫负春同志主持。市委常委、组织部部长、市厂务公开工作领导小组组长胡文容出席会议并讲话。会议强调，要聚焦重点任务，紧盯重点领域，加强分类指导，强化制度供给与执行，引导职工群众有序参与企事业单位改革发展。会上，中共闵行区委、东方国际（集团）有限公司、市第一妇婴保健院、上海三菱电梯有限公司、上海通工汽车零部件有限公司等5个单位分别交流经验。会议表彰了4家全国推动厂务公开民主管理工作先进单位、4家全国厂务公开民主管理示范单位、15家全国厂务公开民主管理工作先进单位，以及29家“2017—2019年度上海市推动厂务公开民主管理工作先进单位”、10家“2017—2019年度上海市十佳厂务公开民主管理工作先进单位”、173家“2017-2019年度上海市厂务公开民主管理工作先进单位”。市总工会党组书记、副主席黄红宣读表彰决定。会议还印发了《上海市企事业单位民主管理工作三年行动计划（2021—2023）》。（王珍宝）

【探索推进线上职代会工作】 市总工会组织人员专题研发了线上职代会系统软件，制订实施《上海市企事业单位网络职工代表大会工作规程（试行）》，全面推进“互联网+”民主管理。该文件一是明确网络职代会是现场职代会的补充。企事业单位依法规范召开的网络职代会与现场职代会具有同等效力。企事业单位应当每年至少召开一次现场职代会，对因客观情况，或遇突发性、临时性、紧急性事项无法召开现场职代会的，可以通过召开网络职代会履行相应民主程序。二是通过系统支持确保网络职代会运行安全。将网络职代会系统分为前台、中台和后台。前台提供给企事业单位职工代表使用，通过移动互联网设备，实现各项参会议事有效操作；中台提供给企事业单位工会使用，通过移动互联网设备或电脑设备，实现各项管理会务操作；后台给市总工会管理部门使用，通过管理服务器，实现全市网络职代会系统运维管理。三是规范网络职代会的法定程序。严格按照职代会法定议事要求设置网络职代会的基本规则，确保网络职代会的各项议事内容和程序合法有效。6月8日，市企事业单位线上职工代表大会系统正式上线。年内，中建八局、三航局、上海电力建设、光明等单位运用该系统召开了职代会，实现便捷、高效的“互联网+”民主管理。（王珍宝）

【加强教材建设提高职工代表培训工作实效】 市总工会将法律法规政策文件作为工会干部和职工代表培训重点，以制度规范丰富培训内容，以培训推动制度落实落地。市人大常委会修订《上海市职工代表大会条例》《上海市集体合同条例》，分别编写出版两个条例的释义，为做好工会干部和职工代表履职培训工作提供权威培训教材。联合有关方面制订《关于促进本市企业重大改革调整中劳动关系稳定

3月5日市总工会召开上海企事业单位民主管理制度建设推进会

（黄嘉慧）

的操作指引》《关于本市企业制定、修改劳动规章制度的操作指引》《关于在疫情防控期间做好企业集体协商工作的相关提示》等规范性文件，一方面为企业在重大改革调整、制订修改劳动规章制度中履行职代会法定民主程序提供制度保障，另一方面也作为培训社会律师、企业人力资源干部和基层工会干部的核心教材，从而引导职工代表依法履职，代表广大职工群众做好上情下达。市总工会在总结梳理和借鉴吸收相关单位工作经验的基础上，制订或修订了《上海市企事业单位职工代表大会工作规范》《上海市企业集体协商工作规范》《上海市区域性、行业性集体协商和职工代表大会工作规范》等工作指导类手册，将其纳入培训书目，引导企事业单位规范运作职代会和集体协商工作。

（杨　驷）

【全面总结本市企事业单位民主管理工作经验】 市总工会全面总结近年来本市企事业单位民主管理工作经验，组织力量拍摄本市企事业单位民主管理制度规范化建设巡礼片、制作线上职代会动画视频、编印《上海市企事业单位民主管理工作制度文件汇编》、组织20家民主管理先进单位制作现场展板（易拉宝），全力配合全国厂务公开协调小组办公室在沪召开职代会制度规范化建设现场经验交流会，展示了上海各层级民主管理制度建设的积极成效。（王珍宝）

【全国企业民主管理工作调研检查组来沪调研检查】 根据全国厂务公开协调小组办公室《关于开展第十一次全国企业民主管理工作调研检查的通知》的部署要求，由上海、广东、陕西、甘肃四省厂务公开领导小组成员单位相关人员组成全国厂务公开第三互检组（上海为第三组牵头单位）。9月26—28日，第三互检组来沪开展调研检查，互检组听取了上海市厂务公开工作领导小组办公室的工作汇报，并赴中国宝武集团和松江区进行调研检查，召开了部分基层企业工会主席和职工的座谈会。互检组在沪调研检查期间，还抽取了宝山区、闵行区、静安区芷江西路街道的部分企业以及中国宝武集团、东方国际集团、上海建工集团、市第一妇婴保健院、上海硅酸盐研究所、上海高桥捷派克公司、上海三菱电梯公司、上海建桥学院等单位的职工通过扫二维码的方式开展问卷调查。

（王珍宝）

【全国总工会基层工作部来沪调研"职代会规范化建设"工作】 6月15—17日，由全国总工会基层工作部副部长、一级巡视员李忠运带队的调研组来沪开展"职代会规范化建设"工作专题调研。调研组先后赴东方国际集团、上海高桥捷派克有限公司、中交三航局、中建八局东孚公司等单位调研，市总工会、闵行区总工会、东方国际集团、芷江西路街道总工会、上海高桥捷派克公司、上海建桥学院等单位参加了汇报，调研组还听取市总工会、中交三航局和中建八局东孚公司的线上职代会工作专题汇报。

（王珍宝）

【上海承办"规范召开企业职工代表大会现场经验交流会"】 应全国厂务公开协调小组办公室的要求，9月27日，市厂务公开工作领导小组办公室承办规范召开企业职工代表大会现场经验交流会，市总工会参与会议筹备和会务接待工作。会议全面总结了近年来企业职代会规范化工作取得的成绩和经验，并聚焦企业职代会规范化建设中存在的主要问题，研究讨论解决办法和思路。会上播放了上海市企事业单位民主管理制度规范化建设巡礼片，市总工会党组书记、副主席黄红，受市人大常委会副主任、市总工会主席、市厂务公开工作领导小组副组长莫负春委托，向大会致辞并介绍了上海民主管理工作经验。会上，上海市国资委、上海市宝山区总工会、中国建筑第八工程局有限公司三家单位代表上海的先进典型作了经验交流。与会人员还实地考察了中国宝武钢铁集团有限公司民主管理工作。全国厂务公开协调小组有关负责人出席会议。全国厂务公开协调小组办公室成员单位有关人员，各省（区、市）总工会分管民主管理工作的副主席和业务部门的负责人、各全国产业工会、部分中央企业工会负责人和典型经验发言单位代表参加会议。（王珍宝）

【上海国资系统在深化国资国企改革发展中推进国有企业民主管理】 上海国资系统坚持全心全意依靠工人阶级根本方针，全面深化国有企业民主管理。一是坚持党的领导，夯实改革发展基石。市国资系统坚持"党建引领工建、工建服务党建"，加强党对工会工作特别是企业民主管理工作的领导，将工会工作考核内容纳入党建责任制考核标准，通过建立目标引领、目标分解和目标落实等机制，引导系统企业明确方向、控制过程、保障结果。充分发挥市厂务公开领导小组成员单位的主体作用，通过共同发文、共同开展调研检查等方式，协同推进厂务公开民主管理工作在全市国有企业全面铺开。二是完善治理结构，实现全过程民主管理。推进以职代会为基本形式的企业民主管理制度，不断完善企业法人治理结构，打造全方位、多层次、制度化的企业民主管理工作格局。推动系统内企业建立和完善多级职代会制度体系，把握各级职代会的职权重点，规范各层级职代会民主程序，在职权划分上做到合理界定，在运作机制上做到联动有序。修订出台《上海市国有独资公司章程指引》《上海市国有控股公司章程指引》，推动国有企业把维护职工权益相关制度和工作要求有效融入法人治理结构和企业管理制度。三是依法履行民主程序，保障国企改革顺利进行。加强对国有企业改革中的工会源头参与、集体协商、职代会民主程序的工作指导，督促企业做到事前、事中、事后充分履行法定民主程序。（王珍宝）

【宝山区总工会积极推行非公有制企业民主管理】 宝山区总工会持续全面深化非公有制企业工会改革，推动民主管理在非公有制经济领域形成良好工作态势，并探索实践了一些较为成功的做法和经验。根据区内非公有制企业规模大小、管理模式、企业文化、用工形式及工作基础等存在差异的实际，将推进职代会工作分为起步、基本达标、达标、示范4个阶段。一是起步阶段重引导。针对人数少规模小，暂时难以建立职代会制度的小微企业，主要依托村区、园区，以及建筑、餐饮等区域性、行业性工会联合会，建立区域（行业）职代会制度，协商解决企业和职工劳动关系共性问题，督促企业依法规范用工。二是基本达标阶段重建制。针对刚建立职代会的企业，要求企业协商确定本单位职代会届期和基本运作规则，依法选举职工代表，坚持每年至少召开一次会议，职代会审议建议、审议通过、审查监督三项职权基本落实，集体合同草案和专项集体协议通过职代会审议通过后实施。三是达标阶段重规范。针对制度已运行一定时期的企业，要求职代会制度与企业管理制度基本对接，职工代表管理基本到位、职代会五项职权全面落实，集体合同履约情况接受职代会巡视检查，职代会提案等工作制度得到有效实施。四是示范阶段重引领。针对部分长期运行职代会制度的企业，则全面总结推广此类企业在推进民主管理融入企业管理制度体系，以及职工参与企业管理、推动技术技能提高、职业生涯发展等方面的做法和经验，以此引领带动越来越多的企业践行民主管理。经过几年努力，全区非公有制企业职代会建制率动态保持在 90% 以上，其中示范类企业占 5%，达标类企业占 40%。（王珍宝）

【闵行区深化厂务公开民主管理　促进劳动关系和谐稳定】 闵行区面对转型发展过程中劳动关系的热点难点问题，不断深化厂务公开民主管理工作，努力构建和谐稳定的劳动关系。一是创新理念，加强顶层设计，构建工作格局。将厂务公开民主管理纳入区域经济和社会发展规划中，纳入到基层社会治理和党风廉政建设反腐败工作指标体系中，纳入到依法治区重要工作内容中。建立政府与工会联席会议制度，将厂务公开领导小组、劳动关系联席会议和创建和谐劳动关系工作领导小组"三合为一"，以劳动关系和谐企业、园区/村居/楼宇创建工作为抓手，以街镇、工业区为主体网格化推进，形成"党委领导、政府支持、工会运作、社会配合、企业参与"的工作格局。二是聚焦重点环节，探索创新模式，加强协调劳动关系体系建设。疫情期间，发出倡议书并推行《关于疫情防控及复工复产期间企业与职工开展集体协商操作指引》，加大集体协商政策解读，引导广大职工与企业同舟共济、共克时艰。针对小微企业推进难问题，制订《区域性/行业性集体协商和职工代表大会制度实施办法》，加快培育民主管理示范企业。结合区域经济特点，探索"云系列"服务。加大"云宣传"，汇编发布疫情期间的各类防疫政策、劳动保护安全措施、集体协商工作提示等内容，拍摄制作了系列心理防"疫"和劳动关系防"疫"微课堂；提供"云指导"，对重点行业、企业提供集体协商等方面的在线沟通指导，及时了解掌握职工思想动态并开设维权咨询热线；指导"云协商"，建立区、镇总工会和企业工会集体协商工作指导服务群，搭建协商平台，规范民主程序。（王珍宝）

【中建八局以多级职代会推动企业民主管理有效落实】 中建八局将民主管理制度与企业管理制度相衔接，与企业管控模式相匹配，探索多级职代会制度，促进劳动关系和谐稳定和企业高质量发展。一是加强顶层设计，建立完善四级职代会组织架构。针对集团区域占位广、项目分散度高、管理跨度大、流动性强等特点，探索形成了以局(集团)职代会为统领，以公司职代会为主体，以分公司职代会为支撑，以项目部职工大会为基础的多级职代会运行机制。二是注重分级管理，健全规范四级职代会运行体系。根据企业管理层级，分层分级规范职代会民主程序，不同层级职代会之间相互联系、各有侧重，切实做到权责一致。局和公司两级职代会更加注重审议涉及企业改革发展的全局性、根本性问题以及涉及职工切身利益的普遍性倾向性的重大问题；分公司和项目部职代会侧重项目生产管理和职工具体利益的重大事项，保证各级职代会从不同侧面、不同角度反映职工的合理诉求和管理建议。三是分层实施，合力推进。充分发挥党政工职能作用，推进企业党委履行领导主体职责，行政履行建制主体职责，工会履行运作主体职责，合力推进多级职代会制度落地见效。此外，加强闭会期间民主管理工作，明确党政工及相关部门的职责，通过目标管理、评选考核等手段，不断提升多级职代会运行质量。如制定《关于建立企务公开工作责任制落实责任追究的实施办法》，把职代会制度的要求纳入年度党建综合检查、领导班子述职、工会主席岗位目标管理，考核结果与领导人员的年薪收入、先进单位评选挂钩。（王珍宝）

【东方国际集团完善国企法人治理结构　有效维护职工权益】 东方国际集团积极完善企业法人治理结构、扎实推进以职代会为主要形式的厂务公开民主管理工作。集团在联合重组后，及时召开集团职代会，成立集团厂务公开工作领导小组及监督小组。集团工会正副主席分别列入集团职工董监事人选，同时职工董事进入董事会薪酬委员会和提名委员会。集团党委要求各二级企业工会主席按同级副职配备并进入党委班子；股份制企业、上市公司按规定将工会正副主席列入职工董监事人选，并将建设工会组织、职代会制度、集体协商机制、职工董监事等协调劳动关系制度纳入公司章程、嵌入工作流程、融入管理体系。规范的法人治理结构，促进企业和职工共同发展。随着集团改革步伐的加快，企业关停并转在所难免。集团成立了由党委副书记担任组长，纪委、人事、工会、资产管理等部门参与的改革稳定小组，专项研究关于工伤、集体宿舍、夫妻双职工、大病特困等特殊群体问题，要求企业重大决策和经营管理事项必须向职代会报告，涉及职工切身利益的重大事项和转改制中的职工安置方案必须提交职代会表决，法律规定和经集体协商确定的事项必须及时向职工公开，接受职工监督，以充分保障广大职工合法权益。在分流安置中，利用职工学堂举办外贸员工转岗进口业务培训，力争做到在疫情时期企业不关门、不减员。2019 年以来，共有 7 家企业涉及转型调整，在集团各部门的共同努力下，未发生一起集访或个访案件。（王珍宝）

【上海三菱公司完善劳动关系协调机制　促进企业和谐发展】 上海三菱电梯有限公司坚持推进协调劳动关系制度建设，促进企业劳动关系和谐稳定。一是扎实推进职代会制度建设，加强职工民主参与力度。公司坚持每年召开两次职代会，建立健全了企业经营管理和深化企业改革等重大决策的预告制、涉及职工切身利益重大方案表决制和职代会民主评议干部制，确立了职工代表享有对企业重大发展事项的知情参与权、涉及职工切身利益事项的协商共决权以及评议监督权等。近几年,公司领导成员在职代会上民主评议得分均在98分以上,得到了职工们的广泛认可。二是扎实推进集体协商制度建设,加强职工权益保障力度。公司行政方和职工方代表每年至少举行一次集体协商,至今已开展集体协商55次,已修订、签约了第九轮《集体合同》。《集体合同》的履约率年年达100%,职代会对履约情况满意度达97.2%,合资至今,公司没有发生一起劳资纠纷事件。三是扎实推进多种形式的厂务公开民主管理制度建设,加强职工民主监督力度。公司充分利用各种宣传渠道,坚持每年开展多层次的全员形势任务教育,公司领导亲自宣传国际国内行业形势,宣讲公司经营方针目标以及"三重一大"开展情况;坚持干群对话机制,坚持干部下班组以及到职工家中家访等活动,接受职工的民主监督。

(王珍宝)

【上海一妇院扎实推进院务公开民主管理 促进医院高质量发展】 上海市第一妇婴保健院坚持以病人为中心的服务理念和全心全意依靠职工办院方针,将院务公开民主管理与建立现代医院管理制度、提升医院管理水平相结合,加强规范化建设,切实发挥职代会民主管理主渠道作用。一是注重党委对职代会制度的领导和统筹。院党委高度重视职代会制度建设,坚持会前定主题、会中找问题、会后强落实。每次召开之前,院党委都要事先召开会议听取和审议上会的筹备工作、议事内容和所要履行的相应民主程序,为职代会把关定向,并督促各相关职能部门各负其责、协同配合、各行其事。二是注重职代会知情审议和监督检查权的落实。院党委注重将职代会制度与医院的权力运行监控平台有机挂钩。凡是涉及医院"三重一大"的决策事项、重要的管理制度、财务预决算、科研攻关项目、大型医疗仪器设备购置等事项都要向职代会报告,接受职工代表的审议,并通过院务公开和职代会制度,将集体决策过程向中层干部、一线职工公开。三是注重职代会的审议通过和民主评议权的落地见效。坚持将涉及职工切身利益的奖惩条例、绩效考核方案、职工福利制度等事项通过职代会无记名表决。同时坚持职代会对领导干部的民主评议制度,将评议结果纳入上级和医院党委对医院班子和领导干部考核的重要内容,确保评议工作不走样、评议结果能运用、评议目标能实现。 (王珍宝)

【上海通工公司坚持民主协商实现劳资共赢】 上海通工汽车零部件有限公司坚持民主协商,抓实职工参与管理,实现和谐共赢。一是多用日常民主协商,做到应公开尽公开。公司先后制订《公司职代会实施细则》《公司厂务公开民主管理实施细则》等文件,规范了厂务公开的程序和工作流程。公司将各类规章制度、劳动合同和集体合同签订和履行情况、职工奖惩情况、职工福利发放情况等涉及职工切身利益事项,统一履行职代会民主程序后,在厂务公开栏进行公示。二是善用特殊时期民主协商,做到保企与稳岗同步。受到疫情影响,企业生产开工不足,面临资金链断裂风险。企业及时把当前困难讲透、把生产任务交清、把措施办法说明,此举赢得了职工理解和支持。同时向全体职工立下了"企业再困难,绝不让一名职工失去岗位"的承诺。本着"合法合理、利益兼顾、灵活实效"的原则,企业方与职工方就疫情防控期间的工资发放进行协商,出台了《疫情期间公司工资专项集体协商实施意见》。广大职工自愿临时降低薪酬,与企业共度时艰。三是巧用专门事项民主协商,做到企业与职工双向赋能。充分运用民主协商手段,制订《公司技能人才成长计划》并付诸实施。围绕"安全、降本、提质"三大重点工作,连续六年在生产一线职工中开展合理化建议活动,职工反响良好。 (王珍宝)

【闵行区召开和谐劳动关系建设工作会议】 4月22日,闵行区2021年和谐劳动关系建设工作会议在区政府机关会议中心召开。区委副书记、组织部部长王观宝出席会议并讲话,会议由区人大常委会副主任、总工会主席倪学斌主持。副区长吴志宏出席会议。会议通报闵行区2020年协调劳动关系工作情况和创建劳动关系和谐企业(厂务公开)工作情况,并对2021年工作进行部署。会议审议通过2020年度闵行区劳动关系和谐园区、职工信赖的企业经营管理者名单和资金奖励方案,表彰"2017—2019年度上海市推动厂务公开民主管理工作先进单位""2017—2019年度上海市厂务公开民主管理工作先进单位"称号等8家单位。区创建劳动关系和谐企业(厂务公开)领导小组成员、区四方联动成员单位相关领导,各镇、街道、莘庄工业区劳动保障工作分管领导、工会主席以及社区事务受理服务中心副主任,闵行经济技术开发区、紫竹高新园区工会主席等参加会议。

(王 凯)

【金山区总工会推进职代会提案制度建设】 金山区总工会连续六年开展以基层工会主席为对象的职代会提案、合理化建议工作专项培训,以推进职代会提案制度建设,切实提高职工代表的履职能力和广大职工群众的参与水平。金山区总工会还沉入企业一线,通过访谈、问卷等方式,聚焦职工的共性需求问题,指导企业开好职代会,增强职工、企业双方的民主管理意识。自2014年起,为贯彻落实《上海市职工代表大会条例》,开展了职代会提案制度建设主题活动,开展年度最佳提案评选,要求基层工会以提案的决策参考性、实践应用性和可推广性,围绕企事业单位改革调整、推动技术进步、改善经营管理、实现节能减排、促进服务创新等方面,引导职工自主发掘能为企事业单位带来经济效益或社会效益的提案。根据评选标准逐级筛选后,报送区总参加"十佳优秀职代会提案"及"十佳金点子"评选。在最终的现场评审会上,让提案职工现场演示,介绍提案设想、实施过程和所获成效,通过专家评审打分,媒体评审和职工网络投票的方式综合评分,现场评选出年度十佳提案和"金点子",提升职工提案的"含金量"。

(钱海东)

【金山区总工会举办优秀职代会提案现场评审会】 3月10日,"2020年度金山区十佳优秀职代会提案"现场评审会举行。金山区总工会党组书记、副主席徐红强出席并讲话,入围提案人及所在单位工会主席等50人参加会议。评审会上，入围提案人介绍提案设想、实施过程和所获成效。提案内容涉及节能降耗、优化管理、安全生产、阵地建设、劳动卫生等内容。评审团对入围提案从规范、效益、价值、表现等方面进行综合评定，现场评分确定排名评出“十佳优秀职代会提案”并颁奖。（钱海东）

【青浦区表彰一批厂务公开民主管理先进单位】 5月12日，青浦区召开企事业单位民主管理制度建设推进会。会上通报表扬一批先进单位。上海金发科技发展有限公司荣获全国厂务公开民主管理工作先进，青浦区厂务公开工作领导小组、青浦区练塘镇人民政府、青浦区人民政府香花桥街道办事处等3家单位获上海市推动厂务公开民主管理先进单位，上海金发科技发展有限公司、圆通速递有限公司、上海天弩食品有限公司等3家企业荣获上海市厂务公开民主管理工作先进单位。（朱建强）

【上海电气集团召开三届一次职代会】 3月16日，上海电气集团三届一次职工代表大会在上海电气培训基地报告厅召开。212名正式代表、11名列席代表出席会议。大会表决通过《上海电气集团2021年工资专项集体合同（草案）》《上海电气集团集体协商工作实施细则（草案）》《上海电气集团职工代表大会实施办法（草案）》《上海电气集团职工代表大会提案征集和处理办法（草案）》《上海电气集团第三届职工代表大会专门委员会设置及组成人员名单（草案）》《上海电气集团集体协商职工方代表名单（草案）》《上海电气集团三届一次职工代表大会决议（草案）》7个文件。在正式会议前召开预备会议，代表们听取和通过了集团三届一次职代会筹备情况报告、代表资格审查报告、代表提案情况报告、大会表决办法、主席团成员名单、正式会议议程。（彭伟光）

【上海仪电召开二届一次职工代表大会】 4月20日，上海仪电（集团）有限公司召开第二届职工代表大会第一次全体会议，大会审议《上海仪电（集团）有限公司经营工作情况报告》《推进民主协商 促进企业发展——上海仪电（集团）有限公司第一届职工代表大会工作报告》《上海仪电（集团）有限公司“十四五”发展规划》《上海仪电（集团）有限公司2020年职工代表提案落实情况报告》，审议通过《仪电系统企业职工代表大会工作制度》《仪电系统企业集体协商工作制度》，选举产生21名上海仪电（集团）有限公司第二届职工代表大会民主管理委员会委员。（邵秀根）

【仪电集团召开职代会民主管理委员会全体（扩大）会议】 12月8日，仪电集团召开第二届职代会民主管理委员会第二次全体（扩大）会议。集团民主管理委员会成员、各重点子公司和直属单位工会主席及有关人员出席了会议。会议通报了2021年仪电集团民主管理工作开展的有关情况。2021年仪电集团民主管理工作在仪电集团党委的领导和行政的支持下，不断推进以职代会为基本形式的仪电集团民主管理制度，进一步完善集体协商、职工董监事等机制，依法依规履行职代会的审议建议、审议通过、审查监督、民主选举、民主评议等职权，夯实基础、拓展内容、提升质量，充分调动广大职工的积极性、主动性和创造性，为促进仪电集团的改革、发展、稳定营造了良好的氛围。会议审议并部署了开展2021年度仪电集团职工代表巡视检查工作和2021年度仪电集团职工代表提案工作。（邵秀根）

【上海电建公司召开四届二次职工代表大会】 1月20日，上海电建公司召开四届二次职工代表大会，共有161名职工代表出席和列席本次会议。会议审议了题为《战疫复工赢佳绩，真抓实干开新局》的行政工作报告。报告全面回顾总结2020年公司10个方面工作和取得的成绩，明确2021年主要目标，部署9项重点工作。职工代表围绕行政工作报告、2020年度厂务公开工作情况报告、集体合同履行情况报告、《2021—2023年度集体合同（草案）》）等大会文件进行审议和讨论，提出意见和建议。公司领导班子成员在职代会上进行年度述职，接受全体代表无记名测评。会议以无记名投票表决的方式审议通过《上海电建公司集体合同（2021—2023年度）》，公司行政方首席代表和工会方首席代表在新一轮集体合同文本上签约。会上还对公司2020年度先进工作者和先进集体进行表彰。（傅 诚）

【中国宝武召开一届四次职代会】 1月21日，中国宝武一届四次职工代表大会在中国宝武钢铁会博中心举行。大会听取并审议中国宝武总经理胡望明所作的《筑梦新起点、奋进新时代，创建世界一流示范企业、谱写高质量发展新篇章》的工作报告，听取并审议《集团公司2020年安全生产管理情况及2021年工作计划报告》《集团公司2020年能源环保工作情况及2021

仪电集团召开第二届职工代表大会第一次全体会议 （金卫星）

年工作计划报告》，书面审议《集团公司2020年企业年金运作和管理情况报告》《集团公司2020年职工教育经费使用情况及2021年培训计划报告》《集团公司2020年职工需求与关注点信息管理情况报告》《集团公司2020年厂务公开民主管理工作综合报告》等专项报告，审议通过《集团公司一届四次职代会决议》。 （赵思杰）

【中国宝武举行2021年厂务公开专题报告会】 9月16日，中国宝武举行2021年厂务公开专题报告会，报告会通报了中国宝武上半年经营绩效、节能环保、安全生产、领导人员履职待遇和业务支出管理、厂务公开民主管理、职工代表意见建议处理等情况，碳中和办公室就中国宝武"碳达峰、碳中和"工作开展情况作专题报告，组织与会代表学习新颁布的《安全生产法》，凝聚广大职工对绿色发展、安全发展的共识。中国宝武有关职能部门负责人，中国宝武职代会综合民主管理委员会委员、沪内外职工代表等242人参加。测评结果显示：代表对通报情况"满意"比例为94.62%，"较满意"比例为5.38%；其中"满意"比例较上年上升3.21个百分点。 （赵思杰）

【中国宝武组织开展2020年度领导人员民主评议】 2021年第一季度，集团公司党委组织部、工会等有关部门组织开展2020年度领导人员民主评议，对188名直管领导人员进行民主评议，3736名职工代表参与。评议结果显示，集团公司直管领导民主评议"称职度""能力素质"得分和子公司领导班子"满意度"均连续3年上升。 （赵思杰）

【中国宝武组织开展2021年《宝武管理者问卷》调查】 11月，中国宝武组织开展2021年《宝武管理者问卷》调查，了解干部职工对经营管理等工作的知晓率、满意度和意见建议等。一线职工随机抽样，覆盖集团公司所有二级单位，职工卷回收10542份，领导卷回收1903份。职工和各级管理者对战略与文化、人才队伍建设、党的建设、党风廉政建设等情况进行客观评价，并积极建言献策。 （赵思杰）

【宝地资产加强职工民主管理】 2021年，宝地资产召开2021年厂务公开报告会，通报公司1—3季度经营绩效、节能环保、安全管理、党风廉政建设、领导人员履职待遇和业务支出以及"我为群众办实事"实践活动推进情况，并针对职工普遍关心关注的问题反馈了有关意见建议。指导基层单位规范履行民主程序召开职代会（职工大会），积极参与下属单位划转相关事项；组织开展2020年度职代会民主评议领导人员以及2021年《宝武管理者问卷》调查活动。会后参会代表根据相关部门通报的情况进行满意度测评，平均满意率85.01%。 （朱　宏）

【上海石化公司加强职工诉求表达机制建设】 2021年，上海石化公司完善职工利益诉求表达和利益协调机制，实施信息上传提醒制和信息处理通报制，全年各类推文99篇、阅读点击量达10万人次。公司七届四次职代会共收到提案86件，其中受理提案29件，内容涉及安全生产、环境保护、企业管理、生产经营、职工教育、生活福利等，所有受理提案均已按流程办理，并通过提案巡视、提案答复会等方式，加强落实部门与提案人的沟通，提升职工代表对提案工作的满意度。 （裘　玮）

【上海石化公司开展职代会提案落实巡视评估】 2021年，上海石化公司围绕29件职代会提案跟踪落实，开展巡视评估。根据提案征集、预审和巡视评估工作流程，形成专门委员会、巡视评估员及职能部室对口提案落实表。巡视评估员以实地考察和个人督办形式巡视评估，形成提案落实情况表29份。截至年底，职代会专门委员会组织7名巡视评估员和29名提案人，对6个提案落实部门（单位）进行满意度测评。 （裘　玮）

【上海航天局工会持续深化民主管理】 上海航天局工会深化民主管理，保障职工知情权、参与权、表达权和监督权。一是坚持职代会制度，召开四届三次职工代表大会，不断推进职代会规范运行。二是推行职代会提案制，根据企业发展方向给出重点，提高建言"靶向性"，增强提案"含金量"，征集到提案34项，立案10项，上一年度立案的10项提案全部完成，职工代表满意度100%，彰显企业与职工共谋发展、共建共享的和谐氛围。三是推行职工代表巡视制，组织职工代表对航天工程装备（苏州）有限公司进行巡视，充分发挥职工在民主管理、民主参与、民主监督中的作用。四是推行领导干部民主评议制，对11位院领导班子成员进行无记名民主测评，235名职工代表参与，称职率100%。1家单位获全国厂务公开民主管理工作先进单位，2家单位获上海市厂务公开民主管理工作先进单位。 （周欣彬）

【上海烟草集团公司召开八届三次职代会】 3月30日，上海烟草集团公司召开第八届职工代表大会第三次全体会议。参会职工代表认真审议局、集团公司党组书记、局长、董事长、总经理陆捷作的题为《坚定不移贯彻新发展理念持续推动上海烟草高质量发展》的工作报告。大会通报了2020年度集团职代会制度建设、民主评议干部和规范管理工作、职代会提案、合理化建议、先进职工疗休养等开展情况。根据疫情常态化防控管理要求，此次会议采取视频会议形式，主席团成员与机关代表团在主会场参会，上海卷烟厂、储运公司和海烟烟草糖酒公司代表团在分会场参会。 （廖丹青）

【铁路上海局集团公司工会推进民主管理与厂务公开】 2021年，铁路上海局集团公司工会完善民主管理制度，制订实施新的《上海局集团公司民主管理实施办法》，根据疫情防控形势，指导99家基层单位按照要求筹备召开职代会，指导非运输企业、合资公司开展职工董事、职工监事述职评议工作。推进厂务公开工作，做好厂务公开网页的日常维护工作，检查指导基层单位做好厂务公开网页的建设与维护工作，组织职工代表中期视察，深入36家单位、30个车间班组，了解掌握三项重点工作的进展情况，形成视察报告。组织召开2021年集团公司领导与职工代表民主恳谈会，20名基层职工代表参加会议，报告3个视察组活动开展情况，就相关热点问题

建言献策。（王卫东）

【中远海运发展股份有限公司工会深化厂务公开民主管理】 2021年，中远海运发展股份有限公司工会加强厂务公开民主管理工作，推进企业民主管理与公司经营的融合，连续举办三届“发展面对面”——中远海运发展价值论坛，该公司高管同基层职工面对面，宣贯战略、释疑解惑，引导职工充分认识企业发展面临的机遇和挑战，理解企业转型发展的意义、目标和具体措施，推进十四五战略规划落地落实，提升企业价值创造力。公司所属中远海运租赁工会每年组织员工满意度调查，掌握职工对企业管理的关切点；上海寰宇各集装箱制造厂工会组建职工民主管理团队，加强对餐厅、宿舍等事务管理，充分激发职工参与民主管理、民主监督的积极性，构建和谐稳定的劳动关系。（王哲怡）

【中远海运集团召开集团一届五次职代会】 1月18日，中国远洋海运集团有限公司第一届职工代表大会第五次会议在上海召开。会议审议了总经理工作报告和党组工作报告，通报了2020年度企业负责人履职待遇和业务支出情况以及集团一届四次职代会职工代表提案的征集处理情况；在广泛征求各直属单位工会意见并与人力资源部协商一致的基础上，对2018版《集体合同》进行修订并提交职代会审议通过；集团职工董事向大会做述职报告。（陈珺）

【上海邮政召开二届七次职代会】 1月18—19日，中国邮政集团有限公司上海市分公司召开第二届职工代表大会第七次会议。会议总结2020年上海邮政改革发展主要成果和经验，提出2021年各项工作目标。会议听取并审议中国邮政集团有限公司上海市分公司工作报告。审查2020年业务招待费使用情况的报告、2020年为员工办理社会保险金等情况的报告、2020年教育培训经费使用情况的报告，二届职工代表大会集体协商及薪酬福利、劳动用工、劳动安全卫生、提案工作、民主评议和维权工作等6个专门委员会2020年履职报告。市分公司领导班子成员作书面述职述廉，并进行民主评议。会议听取二届五次职代会提案处理情况的报告。会议听取、审议并表决通过《中国邮政集团有限公司上海市分公司工资专项集体合同》和《中国邮政集团有限公司上海市分公司2021年实事项目方案》。会议表彰了获评全国交通运输系统抗击新冠肺炎疫情先进集体、先进个人荣誉称号的单位（个人）以及2020年度市分公司级各类先进。（陶晔）

【上海邮政工会举办职工代表培训班】 4月，上海邮政工会在中邮网院举办网上职工代表培训，共有来自30家基层单位435名职工代表参加。本次培训邀请了市总工会劳动关系部和工会管理学院教师授课，对职工代表进行专题辅导，内容主要是国家治理视域下的企事业单位民主协商制度建设、如何写好职代会提案和邮政企业典型劳动争议案例等。通过学习培训，提升职工代表的履职能力、自身的综合素养和实践能力，更好地发挥职工代表的作用。（王瑛）

【上海建工集团召开五届一次职工代表大会】 1月11日，上海建工集团召开五届一次职工代表大会。大会听取并审议通过了集团党委副书记、总裁卞家骏所作的《行政工作报告》，听取了《关于〈上海建工“十四五”发展战略规划〉的编制说明》，审议通过集团第五届职工代表大会《集体协商职工方代表建议名单》《民主管理专门委员会成员建议名单》《劳动争议调解委员会职工方代表建议名单》。集团党委书记、董事长徐征出席并讲话。集团工会主席殷红霞主持。集团第五届职工代表大会227名正式代表参加。（余轶群）

【海洋石油工会推进民主管理与厂务公开】 年初，上海海洋石油局工会召开局四届七次职代会，与会代表审议局2020年度工作报告、财务预决算报告，领导班子进行述职和民主测评，通报2020年度职代会联席会召开情况，保证广大职工群众的参与权、表达权和监督权。组织召开第四届职代会第十次联席会议，修订完善《上海海洋石油局职工代表大会实施细则》《上海海洋石油局职工代表大会提案管理工作规则》《上海海洋石油局民主管理工作规定》等民主管理制度，审议通过《福利费管理办法》《工资总额调控方案》等涉及职工切身利益的制度文件。年中，通过文件形式向广大职工进行公开，通报半年局生产经营各方面工作。11月，依法完成职代会换届工作，保证民主管理程序的规范有效。（耿卫军）

【市医务工会开展“优秀职代表”和“优秀职代表提案”推荐征集活动】 6月，市医务工会开展“优秀职代表”和“优秀职代表提案”的推荐征集活动。各基层工会精心组织，认真审核和评估，共推荐职代表96人，职代表提案70件。推荐征集的提案涉及单位运营决策、职工创新、生活后勤、福利待遇等内容，对调动发挥职工的积极性创造性、提升职代会质量、提高基层民主管理水平、促进卫生健康事业发展等起到积极作用。（池朝霞）

【上海卫生健康系统获得多项厂务公开民主管理奖项】 在3月5日召开的上海市企事业单位民主管理制度建设推进会上，上海卫生健康系统获得多项厂务公开民主管理先进荣誉受到表彰。市卫生健康委员会荣获全国推动厂务公开民主管理工作先进单位。上海市第一妇婴保健院荣获全国厂务公开民主管理工作先进单位。此外，上海卫生健康系统共2个单位获得2017—2019年度上海市十佳厂务公开民主管理工作先进单位，10个单位获2017—2019年度上海市厂务公开民主管理工作先进单位。会上，上海市第一妇婴保健院党委书记杨新潮作题为《深化院务公开民主管理、推进医院高质量发展》的交流发言。（池朝霞）

【百联集团召开二届十一次职工代表大会】 3月22日，百联集团召开二届十一次职工代表大会。集团党委书记、董事长叶永明讲话。党委副书记、总裁徐子瑛作工作报告，党委副书记、工会主席秦青林主持，集团党政领导班子成员，集团职工代表等200多人出席。大会通过了《关于百联集团有限公司各级企业开展集体合同协商工作的指导意见（草案）》、《关于百联集团有限公司各级企业开展女职工专项集体合同协商工作的指导意见(草案)》,听取了《关于百联集团2020年度业务活动费使用情况和"六金"缴纳情况的报告》,审议通过了《百联集团有限公司二届十一次职工代表大会决议》。 (姜 杰)

【城投集团召开2021年工作会议暨一届二次职工代表大会】 2月5日,城投集团召开2021年工作会议暨一届二次职工代表大会,集团党委书记、董事长蒋曙杰出席会议并讲话,党委副书记、总裁陈庆江做《上海城投集团2021年工作报告》,党委副书记、工会主席杨茂铎主持会议。集团党政领导、职能部门负责人、各直属单位班子成员、核心企业党政主要负责人、职代会正式和列席代表等,共计322人参加会议。集团本部及各直属单位设置了分会场,进行视频会议直播。大会审议了《上海城投集团2021年工作报告(草案)》《上海城投集团2021年工资总额预算方案(草案)》,表彰了上海城投集团2020年度综合考核优秀集体,颁发董事长、总裁特别奖、骐骥人才特别奖。 (范 磊)

【世纪出版集团召开二届四次职代会】 5月14日,世纪出版集团二届四次职工代表大会在朵云轩艺术中心召开,大会审议《上海世纪出版(集团)有限公司2020年主要工作和2021年工作要点》《世纪出版园情况介绍》《集团二届三次职代会以来提案工作情况》报告,表决通过《关于〈上海世纪出版(集团)有限公司2020年主要工作和2021年工作要点〉报告的决议》。职工代表分组审议报告,建言献策。集团党委书记黄强到会,要求2021年牢牢把握迁入世纪出版园这一转型发展新契机,提振精神、奋勇争先,形成比学赶超浓厚氛围,扎实开展"我为群众办实事"活动,把党和企业对于职工群众的关心关怀送至每一位职工。 (江 文)

【市工人疗养院召开2021年度职工代表大会】 7月14日,市工人疗养院召开职工大会暨年中工作会议。会上,院党委书记、副院长陈燕作工作报告,回顾2020年工作和部署2021年工作。2020年面对突如其来的新冠疫情,工疗在市总和海鸥集团的坚强领导下,全院干部职工坚定信心,迎难而上,按照"两手抓、两手硬、两手赢"的工作纲领,统筹推进疫情防控和精准施策助力复工复产,以减亏争赢为任务目标,扎实推进各项工作顺利开展,兑现了生产经营稍停摆,服务职工不止步的承诺,彰显工疗人的担当。会议指出,立足当前,要按照市总工会、和海鸥集团的总体要求,进一步谋划和推进当前工作,以"保安全、精主业、强文化"为工作主线,以能力建设为着眼点,不断提升经营管理水平和服务职工能力。以强化党建引领、提高经营效能、稳定医疗服务质量、加强企业文化建设为重点工作,助推工疗发展迈上新台阶。会议宣布了2020年度的表彰决定,文明班组与标兵员工代表在现场交流发言。会议最后进行干部民主测评工作。 (赵 倩)

上海世纪出版(集团)有限公司召开二届四次职代会 (周文强)

职工董监事

【概要】 市总工会坚持推进职工董事监事制度建设,借助国务院国资委、财政部制定印发《国有企业公司章程制定管理办法》和市国资委制定实施《上海市国有独资公司章程指引(2020版)》《上海市国有控股公司章程指引(2020版)》的有利时机,推动企业修订公司章程,把完善公司法人治理结构作为重点工作要求,并加强对基层企业的指导督促,扎实推进职工董事监事制度建设,尤其是规范职工董事监事候选人的预报预审以及职工董事监事由职代会选举并向职代会述职评议等工作,推动了东方国际集团、电气集团、久事集团、东浩兰生集团、光明集团、申能集团等一大批企业,民主管理注入企业法人治理结构,职工参与机制有效融入现代企业制度之中,收到了良好的成效。据上海工会年报统计,截至2021年9月底,全市基层工会所在单位建立董事会涵盖单位4417个,共有董事15970人(女性2800人),其中职工董事1521人(女性501人)。工会主席或副主席进入董事会的有837人。全市基层工会所在单位建立监事会涵盖单位2994个,监事5706人(女性1911人),其中职工监事1687人(女性748人)。工会主席或副主席进入监事会的有682人。 (王珍宝)

【久事集团工会引导督促职工董事监事积极履职】 久事集团公司工会紧扣集团"深化改革、降本增效、稳中求进、进中提质"工作主线,要求职工董监事严格履行工作职责,积极反映职工合理诉求、维护职工和公司的合法权益,对涉及职工切身利益的事项做好监督工作。为此,举办专题业务培训,引导职工董事监事加强业务学习,切实提高履行职责的能力,同时要求职工董监事认真执行董事会、监事会议事规则,积极参加董监事会议,代表职工行使权利,反映职工的合理要求,履行工作职责；要求积极参加董事会及各专门委员会会议，对各项议案认真研究，充分发表意见，积极维护企业利益与职工权益。对公司重大劳动关系问题和重要规章制度等内容参与审议并提出意见；要求对公司发展规划、重大投资、大额资金使用等重大问题提出意见和建议。要求职工董事监事主动承担起维护集团和谐稳定的职责，协同工会、法务等部门，加强对重组企业的工作指导，关注各关键节点工作的推进情况，确保各项工作的顺利进行。在集团公司的引导下，职工董事监事积极履职，职工董事参与讨论多项公司发展相关的重大事项，参与制定久事集团职代会工作制度，对维护职工合法权益、提升企业民主管理水平发挥了积极的作用。职工监事列席集团董事会、总裁办公会等公司重要会议，关注集团经营方针、大额资金支付、重大项目建设、重大投资等重要经营活动，参与讨论集团“十四五”规划等工作计划方案。

（郭俊杰）

【光明食品集团职工代表大会选举产生新一届职工董事监事】 根据有关法律政策规定以及《光明食品集团职工董事、职工监事管理工作实施意见》的要求，12月8日，光明食品集团召开四届一次职工代表大会，民主选举产生新一届职工董事、职工监事。光明食品工会主席潘建军当选为职工董事，孙磊、潘俭当选为职工监事。职工董事监事代表职工行使参与企业决策权利、发挥监督作用、决策企业生产经营重大问题、参与制定重要规章制度和研究决定涉及职工切身利益的问题，代表职工充分表达和反映职工的意愿要求，切实维护职工的合法权益。

（朱菊英）

法律监督

【概要】 市总工会坚持主动融入社会治理，进一步发挥工会劳动法律监督在“四位一体”协调劳动关系体系建设中承上启下、相互促进的功能，明确将发生群体性劳资纠纷结案企业，职工法律援助个案中发现严重侵犯职工合法权益企业以及具备组建工会、建立职代会和集体协商制度条件但未依法执行或不规范运行且情节严重的企业作为主要对象，持续开展劳动法律监督工作，并将其作为上海工会预防化解劳动关系矛盾“六步工作法”的关键环节予以推进。全市各级工会共对1000多家企业实施了定向监督，对200多家企业开具“两书一函”，推动包括世界500强企业在内的90%以上企业及时整改。2021年度市总工会组织各区、街镇工会开展劳动法律监督，并结合超时加班、女职工权益专项排查工作，共对336家企业实施工会定向劳动法律监督，其中，发生群体性劳资纠纷企业72家；个案中发现严重侵犯职工合法权益的企业73家；工会组建、职代会和集体协商“工会三项基础工作”推进困难的企业113家。在防控疫情，保岗稳企的的大背景下，各级工会联动人社、司法等相关机构，为促进本市劳动关系和谐稳定作出积极贡献。

（殷崇莉）

光明食品(集团)有限公司召开四届一次职代会 （胡艳青）

【上海工会深化工会定向劳动法律监督工作】 一是全流程法制规范，推动工会劳动法律监督制度化。逐步健全和完善工会劳动法律监督的法规和制度。推动市人大常委会在工会相关法律法规立法修法过程中，强化“两书一函”的作用。二是全层级上下联动，推动工会劳动法律监督网格化。进一步构建市总工会、各区局（产业）工会和街镇工会三级工作网络。三是全方位整合协同，推动工会劳动法律监督多元化。推动工会劳动法律监督纳入市总工会与市高院、人社局和司法局“四方合作”多元预防化解劳动关系矛盾机制之中。并加强与社会保险、住房公积金、信访、综治、安监等政府各个相关部门执法工作相互衔接与协同配合。四是全维度信息赋能，推动工会劳动法律监督智慧化。推动“4+1”维权机制建设融入上海智慧工会整体构架，建立健全工会群体性劳资纠纷履职、法律援助、劳动法律监督信息平台、舆情监测以及职代会线上系统平台等信息化平台。五是全覆盖队伍管理，推动工会劳动法律监督专业化。推动全市各级工会逐步建立起一支由工会劳动法律监督员和劳动保障法律监督员组成的专业监督员队伍。并推动各级工会聘用社会律师，为各级工会实施劳动法律监督等提供人力保障。坚持开展劳动法律监督业务培训，推动提升监督员队伍的能力和水平。

（殷崇莉）

【上海工会实施和谐劳动关系“法律体检”服务】 市总工会积极推进“我为群众办实事”重点发展项目和上海市总工会服务职工实事项目和谐劳动关系“法律体检”服务在各地区落地落实。截至11月底，‘法律体检”实事项目已经超额完成对525家企业的服务。其中非公企业406家，占77%，覆盖职工13余万人。期间，共上门指导企业714次，出具专业劳动关系总体评估报告523份，排查劳动关系问题隐患1668个 提出相关整改建议1790条，相关企业已经完成整改633条。已推动6家未建会企业建立工会组织，帮助65家企业完善职代会等民主管理制度，推进60家企业开展集体协商工作，指导36家企业重大改革调整工作。通过谐劳动关系“法律体检”服务，进一步加强劳动关系风险监测和研判，充分发挥劳动关系状况评估对企业劳动关系处理的指导优势，从源头上预防和化解劳动关系矛盾。（殷崇莉）

【举办上海工会和谐劳动关系法律体检服务培训班】 3月9日，市总工会在上海工会管理职业学院举办上海工会和谐劳动关系法律体检服务培训班。培训课程包括本市工会协调劳动关系总体工作（含“六步工作法”）、2021年本市开展和谐劳动关系法律体检服务的工作流程和相关要求等内容。在培训班上，嘉定区总工会介绍了嘉定区试点推进劳动法律体检工作的情况，嘉定区参与实施劳动法律体检的社会律师也与广大学员一起分享了相关的工作经验和心得体会。来自本市各区总工会劳动关系工作部部长、相关负责人、参与法律体检工作的律师共计97人参加了培训。（杨　驹）

【静安区总工会开展和谐劳动关系“法律体检”服务】 3—10月，静安区总工会组织第三方专业服务机构，对辖区内的30家企业开展和谐劳动关系法律体检活动，就企业的劳动用工、民主管理等方面工作给出法律建议，出具体检报告，进而提高企业的规范管理意识，减少可能遇到的法律风险。具体做法：第一阶段确定重点服务对象，第二阶段试点先行完善流程，第三阶段全面铺开总结经验。最后，由第三方服务团队出具企业劳动关系评估初步报告，同时提供后续跟踪指导，确保和谐劳动关系“法律体检”工作实事做实，取得实效。（严　琪）

【闵行区开展和谐劳动关系“法律体检”】 8—10月，闵行区总工会会同区人社局、街镇总工会、区职工维权律师志愿团律师、第三方评估公司对53家企业开展和谐劳动关系“法律体检”服务活动。通过实地走访，了解企业基本情况，查阅企业规章制度、劳动合同文本、劳动用工管理方面等相关资料，与企业人事、工会相关人员进行座谈交流，重点就企业在劳动合同签订、集体合同签订、劳动报酬发放、社会保险缴纳、休息休假及加班、入离职管理、劳动争议等方面进行了全方位多角度的检查。在“法律体检”中发现，规模较大的企业在劳动用工与工会组建方面相对健全，部分民营企业在劳动制度方面有所欠缺，存在劳动合同部分条款不合理、职工手册及规章制度不完善、资料提供不完善等共性问题，区总工会对这些企业作出反馈并出具评估报告，督促企业及时整改。（王　凯）

【闵行区开展“双随机一公开”联合检查】 8月30—31日，闵行区总工会联合区人社局、区建管委在全区范围内组织开展开学前用工管理、劳动合同订立与劳动保障规章制度制订“双随机一公开”联合检查活动。此次检查聚焦全区各类用人单位，重点对工程建筑、餐饮服务、仓储物流、物业管理（保安、保洁）等人员流动性较大的百余家用人单位实施执法监督检查。集中力量对涉嫌存在违反劳动法、劳动合同法等法律法规的用人单位、项目工地进行“双随机一公开”检查，并对涉嫌违法违规的用人单位逐一实施检查，对发现的问题，及时开展调查，对执法检查中查实的违法行为，及时作出处理、处罚。检查中，区总工会除了对用人单位的规章制度制定情况、民主程序的履行情况以及高温天气期间劳动保护措施等方面开展重点检查之外，还要引导职工理性维权，确保职工的各项合法权益不受侵害。（王　凯）

【青浦区总工会开展法律体检服务】 7月，青浦区总工会组织开展和谐劳动关系法律体检服务，重点帮助企业排查用工法律风险，指导依法组建工会，建立和规范运用集体协商、职代会制度，规范有序实施重大改革调整。完成30家企业法律体检服务，提供专场咨询服务35场，召开各类座谈会42场，走访职工485人次，完成调查问卷1240份，审查企业规章制度及文件186份，排查各类劳动关系隐患46件，覆盖职工8250人。（朱建强）

矛盾预防和调处

【概要】 2021年本市劳动关系领域总体平稳可控。市总工会切实按照全总、市委关于劳动关系工作有关指示批示精神，有效参与群体性劳资纠纷预防化解工作，为维护职工队伍和社会和谐稳定发挥了积极的作用。市总工会推广完善上海工会预防化解劳动关系矛盾“六步工作法”，进一步打造从隐患发现、风险防控到多元化解的闭环模式，并指导各级工会运用《上海工会预防化解劳动关系矛盾“六步工作法”操作指南》，依托工会劳动关系三方平台和工会、人社、司法、法院，联手劳动监察等相关部门，加强协调联动，共同调处矛盾。2021年，各级工会上报群体性劳资纠纷同比下降26.3%，上报劳动关系矛盾预警169起，同比下降9.6%，上报涉及工程款及其他类纠纷105起，同比增长1.9%；各级工会调查处置劳动关系网络舆情146件，查实70起案件，对10起进行了预警预防、4起通报为群体纠纷予以调处、6起开展了工会法律援助。针对群体性劳资纠纷企业、未建会建制企业和法律援助案件中严重侵权企业实施工会定向法律监督336件。（殷崇莉）

【上海工会针对重点领域全面排查化解矛盾】 2021年，市总工会先后组织开展货车司机、教育“双减”背景下校外培训机构裁员减员、疫情影响下劳动密集型企业、商场信息员、互联网平台企业劳动关系风险隐患等情况的专项排查。并指导全市16个区和相关局（产业）工会进一步把排查触角向园区、楼宇延伸，向货车司机、网约送餐员、快递员、网约车司机等重点人群延伸，切实做到“底数清、情况明”。据不完全统计，全市各级工会共调研排查各类企事业单位近6万家，年内具有改革调整任务的企业近500家，其中涉及百人以上企业近150家。（殷崇莉）

【上海工会积极融入平安上海建设工作格局】 市总工会制订《2021年上海工会平安上海建设工作要点》，总结推广预防化解劳动关系矛盾"六步工作法"，部署推进职工队伍稳定风险排查化解专项行动，切实将工会排查化解工作融入全市社会稳定、社会治理大局，融入平安上海建设工作格局，有效形成工作合力，实现信息互通有无、资源共享，积极融入平安上海建设工作格局。（殷崇莉）

【上海工会建立实施"有事即时平台报"和"无事每天零报告"机制】 市总工会建立特殊时期、敏感节点"有事即时平台报"和"无事每天零报告"的7天24小时排查报告制度，对涉及非本地区、局（产业）工会的事件，第一时间请示市总工会协调处置。同时，对于社会影响较大的劳动领域政治安全事件和其它重要紧急事件，以及群体性劳资纠纷的事件，也规定了相应的报送时限和路径，切实履行工会"第一知情人、第一责任人、第一报告人"职责。（殷崇莉）

【市总工会等联合举办企业调整改革稳定劳动关系培训班】 4月14日，市总工会、市企业联合会/市企业家协会、市工商业联合会、市司法局、市律师协会在港务大厦联合举办企业调整改革稳定劳动关系培训班。市总工会党组成员、副主席张得志代表市总工会、市企联、市工商联、市司法局和市律协作了培训动员讲话，提出"提高站位、勇于担当、探索创新"三方面要求。培训班旨在进一步优化本市营商环境，指导企业在重大改革调整和日常劳动规章制度制订修改过程中劳动关系的和谐稳定。培训内容包括，促进本市企业重大改革调整中维护劳动关系稳定的操作指引、本市企业制定修改劳动规章制度的操作指引、企业重大改革调整及劳动规章制度制订修改中劳动关系稳定的实务操作及注意事项等。来自各区企联干部和兼职仲裁员调解员、各区工商联干部和企业人力资源、法务工作人员、各区工会干部、工会签约律师以及执业律师共计142人参加培训。（杨 驹）

【静安区启动2021年和谐劳动关系创建活动】 8月27日，2021年度静安区协同推进和谐劳动关系创建活动工作会议召开。会议对劳动关系"和谐同行"能力提升三年行动计划进行推介。2020年度该区共有上海美术电影制片厂有限公司等111家企业荣膺"上海市和谐劳动关系达标企业"称号。2021年，根据市三方文件精神，区三方会议决定，将已建工会或承诺在年内完成工会组建列为评选和谐劳动关系达标企业的必要条件。疫情常态化形势下，2021年静安区和谐劳动关系创建活动将与"和谐同行"三年行动计划同步推进，围绕静安区改革发展中心工作，调动和谐劳动关系达标企业、金牌劳动关系协调员的示范引领作用，加强协调劳动关系社会组织、劳动争议调解组织的建设，切实发挥其在维护劳动关系和谐稳定、服务经济社会发展、保障和改善民生中的积极作用。（严 琪）

【青浦区劳动争议诉调对接暨劳动争议巡回法庭揭牌】 1月28日，青浦区劳动争议诉调对接暨劳动争议巡回法庭揭牌仪式在青浦区徐泾镇举行，区法院、区总工会、区人社局、区司法局联合发布《关于进一步加强青浦区劳动争议调裁审对接工作的方案》，设在徐泾镇的劳动争议巡回法庭、巡回仲裁庭、职工法律援助分中心、人民调解工作室揭牌成立。（朱建强）

【青浦区总工会开展仲裁庭审旁听活动】 6月22日，青浦区香花桥街道总工会组织辖区20名企业人事及工会干部赴青浦区劳动争议仲裁院旁听仲裁庭审。庭审案件重点审查劳资双方解除劳动关系后的相关补偿情况，包括劳动者是否接受用人单位的用工管理、是否存在从事工作以外有报酬的劳动行为等。庭审后，参加人员开展座谈交流，仲裁员对案件进行简要分析，大家对旁听庭审过程中的疑惑提出问题，并就企业管理过程中碰到的难点问题开展交流探讨。

（朱建强）

【市机电工会与大成律所联合举办法律服务沙龙】 8月26日，上海市机电工会与北京大成（上海）律师事务所在上海电气风电集团联合举办法律服务沙龙活动，基层企业近40名工会干部及相关人员参加。会上，上海电机厂有限公司工会、上海电控研究所工会、上海发那科机器人有限公司工会分别介绍了企业厂务公开、民主管理工作的做法和经验。上海电气风电集团股份有限公司工会、上海电气上重碾磨特装设备有限公司工会通过案例分享，分别交流了企业在改革调整过程中职工分流安置的做法和工作启示。北京大成（上海）律师事务所徐郭飞律师团队从法律的角度，讲解"企业关停并转迁"相关处理要点、企业在实践中所需关注的劳动关系热点问题及人员安置中需要注意的关键步骤，交流和讲解为与会者提供了有益的启示。（沈剑宏）

【市监狱局工会建立健全预警报告制度】 市监狱局工会建立劳动关系矛盾预警报告制度，要求各基层工会及时收集反馈会员群众对有关时事热点的舆情反映、对涉及会员群众急、难、愁、盼的热点问题以及对工作情况的反映，每月通过预警报告机制向局工会书面报告。局工会认真梳理基层的反馈信息，汇集整理成每月一期全年共计12期的《热点反映》，向局党委汇报。通过预警报告制度，向局党委汇报会员群众思想动态和关注的热点问题，同时，第一时间解决会员群众遇到的现实困难，对有负面舆情倾向的问题及时介入，做好政策解释和引导工作，稳妥化解各类问题。（江海群）

法律援助

【概要】 上海工会紧紧围绕完善促进职工全面发展的维权体系的要求，坚持开展"应援尽管""零门槛"法律援助工作，努力创建工会为职工提供更高层次、更加专业维权服务的品牌项目。在持续深化完善市区街镇工会与法院、人社、司法行政等有关部门在劳动关系矛盾调处、职工法律援助等工作的合作机制的基础上，建立上海"法院+工会"在线诉调对接工作机制，推动上海"法院+工会"诉调对接工作不断取得新突破。指导各地区工会全面贯彻市总与市司法局深化四方合作机制的合作纪要，共同推动职工法律援助、劳动纠纷调处、工会律师队伍建设，以及普法宣传和培训等工作，依托各区劳动争议人民调解委员会，打造工会品牌劳动争议人民调解工作室。会同市劳动关系三方共同实施《关于贯彻实施"三年行动计划"深入推进构建和谐劳动关系的实施方案》，联合市劳动关系三方共同开展选树金牌劳动人事争议调解组织与金牌劳动关系协调员活动，鼓励各级工会培育、总结并申报有关组织和个人参加选树活动。继续联手法院、人社等部门举办劳动法律专题培训班，加强对工会干部、劳动关系指导员和签约律师业务培训，不断提升基层工会法律人才调处化解劳动关系矛盾、构建和谐劳动关系的能力水平。按照两个"应援尽援"要求，2021年，全市各级工会积极开展职工法律援助服务，主动深入基层参与劳动争议调解。截至年底，各级工会通过上海工会法律援助服务平台为职工提供代写法律文书、协商调解、仲裁诉讼代理等法律援助服务34995件，为职工挽回经济损失7.5亿余元。（秦利佳）

【全市各级职工法律援助中心积极维护职工群众的合法权益】 市总工会紧紧围绕完善促进职工全面发展的维权体系，加大夯实基层工会法律援助阵地实体化建设，有效发挥工会签约律师力量，坚持"零门槛""应援尽援"工作机制，努力形成工会为职工提供更高层次、更加专业维权服务的品牌项目。继续深化完善市区街镇工会、法院、人社、司法行政联动机制，推进与高级人民法院在线诉调对接工作，畅通线上线下调解与诉讼对接渠道，推动完善劳动争议多元化解机制，有效维护职工合法权益。2021年，各级工会通过上海工会法律援助服务平台为职工提供代写法律文书、协商调解、仲裁诉讼代理等法律援助服务34995件，同比下降19.4%，挽回经济损失7.5亿余元。其中代写法律文书1470件、协商调解25271件、代理仲裁诉讼8254件。办结调解类案件25335件，调解成功21582件，调解失败3753件，调解成功率为85%；办结仲裁诉讼类案件8080件，其中职工胜诉案件1362件，3755件当庭达成调解，撤诉案件730件，部分胜诉案件1612件，败诉及其他案件621件，完全胜诉及调撤案件占全部仲裁诉讼案件的72%。（秦利佳）

【市劳动关系三方联合召开劳动人事争议调解仲裁专题工作会议】 根据国家三方《劳动关系"和谐同行"能力提升三年行动计划》和国家八部门《关于维护新就业形态劳动者劳动保障权益的指导意见》等文件要求，市劳动关系三方成员单位共同召开2021年劳动人事争议调解仲裁专题工作会议。市总工会在会上通报了全市各级工会预防化解劳动关系矛盾创建和谐劳动关系的工作情况，其他成员单位各自通报各方工作成果。会中，三方成员单位共同商议在国家三方《劳动关系"和谐同行"能力提升三年行动计划》框架下，本市劳动关系三方及相关职能部门进一步加强协作，聚焦健全畅通有序广泛参与的民主管理制度、开展更宽领域更有实效的集体协商制度以及实施更高层次更加专业的维权服务，进一步会同劳动关系三方共同做好和谐劳动关系创建工作，共同研究探索灵活就业群体诉求表达机制和权益保障，努力破解灵活用工群体权益维护与经济发展难题。（秦利佳）

8月30日，上海市劳动关系三方会议召开（秦利佳）

【开展《工会法》修法调研工作】 市总工会根据全国人大常委会法工委和全国总工会要求，按照《工会法》修法的总体思路和主要内容，通过召开专题会、座谈会等形式，广泛听取本市工会组织、职工群众以及市总工会法律顾问、法学专家对《工会法》实施情况及修改完善的意见和建议，就落实中央对产业工人队伍建设改革要求、发挥劳模工匠精神引领作用、完善工会经费来源及收缴、增加工会民主管理在安全生产领域的作用发挥等方面提出上海工会主张，为推动《工会法》修改完善发挥作用。（秦利佳）

【全市各级工会、法院建立劳动争议在线诉调对接工作机制】 根据最高人民法院与中华全国总工会《关于在部分地区开展劳动争议多元化解试点工作的意见》《关于加快推进劳动争议纠纷在线诉调对接工作的通知》等文件要求，市总工会会同市高级人民法院积极推动全市各级工会—法院系统加强劳动争议多元化解试点工作，探索建立上海"法院+工会"在线诉调对接工作机制建设，在上海法院"一站式多元解纷平台"为市总工会职工法律援助中心和16个地区工会开设办案账户，由各地区工会安排调解组织和调解员入驻工作平台，实现线上委派、委托调解案件流转和在线司法确认。各地区工会主动对接同级人民法院，深入劳动争议集聚前沿参与调处化解劳动争议，进一步扩大了工会法律援助维权服务阵地。（秦利佳）

【举办上海工会劳动法律业务培训班】 为进一步加强基层工会干部援助维权能力，市总工会经与市高院、市人社局、市总法律顾问团沟通，邀请法院、人社等系统等多名具有丰富理论知识与实践经验的老师和顾问团专家教授，分别在5月12—14日和11月10—12日就《劳动争议调解实务》、《劳动争议案例解析》以及《民法典对劳动关系的影响》等内容为基层工会的法律援助维权人员、劳动争议调解员和工会维权律师进行授课，联合市高院就开展法院—工会在线诉调对接作专项培训，累计受训300余人次，有效提高基层工会法律人才队伍素养。（秦利佳）

【“工会法律维权”接入市政府“随申办”】 4月，根据市府办公厅、市总工会关于“一网通办”工作的要求，进一步深化工会“互联网+”服务职工体系建设，市总工会“工会法律维权”正式上线“随申办”，致力打造职工“指尖”维权服务平台，为职工提供更高效、更便捷、更优质的法律服务。职工可以在线申请法律维权，包括“法律咨询”“代写法律文书”“参与协商、调解”“代理仲裁、诉讼“等工会维权服务。职工可随时随地，不受时间、空间限制反映维权问题，寻求维权帮助。法律咨询由平台直接答复，其他维权申请经线上初步审核，符合法律援助条件的，经线下审核相应材料后做出最终受理决定，减少职工跑动次数，切实便利职工群众，提升服务效率，从而不断增强广大职工群众的获得感、幸福感、安全感。（秦利佳）

【市总工会等联合举办“全国维护职工权益杰出律师”颁奖仪式】 4月14日，市总工会、市企业联合会/市企业家协会、市工商业联合会、市司法局、市律师协会在港务大厦联合举办“全国维护职工权益杰出律师”颁奖仪式。市总工会党组成员、副主席张得志，市律协副会长杨波，市企联副会长兼秘书长蒋苏平出席会议并向获奖者颁奖。会议由市总工会党组成员、副主席郭箐主持。会议宣读了《中华全国总工会、司法部、中华全国律师协会关于授予张蕾等10名律师“全国维护职工权益杰出律师”称号的决定》；张得志为张蕾颁发“全国维护职工权益杰出律师”奖牌和证书；杨波、蒋苏平为姚海嵩、李华平颁发“全国维护职工权益杰出律师”入围证书；张蕾、姚海嵩、李华平分别发表了获奖感言。（杨　驷）

【徐汇区总工会多渠道多形式开展法律援助】 2021年，徐汇区总工会与律师事务所合作，对40家企业开展法律体检，排查企业劳动关系问题隐患150个，提出整改建议187条。联合区劳动监察大队、区妇联等部门对22家单位开展上门检查。成立区工会劳动领域维护政治安全工作领导小组和工作专班。开展直通式法律援助服务，全年工会法律服务窗口接待咨询7069人次，提供法律援助358件，现场参与调处群体性纠纷18起。（朱贤樑）

【“朱雪芹职工法律援助工作室”成立5周年系列活动】 4月13日，普陀区总工会“朱雪芹职工法律援助工作室”成立5周年系列活动启动仪式在桃浦镇未来岛党群服务中心举行。区总工会领导、基层工会干部、“朱雪芹职工法援工作室”律师、基层职工法律援助站点工作人员、区法院—工会劳动争议诉调对接工作室工作人员及部分企事业单位代表等参加会议。工作室成立5年来共接待来电来访法律咨询4894件、10747人次，其中外来务工人员3738件、9402人次，提供代书、参与调解协商、代理仲裁诉讼3435件，挽回经济损失7100万余元，做到“零投诉”“零争议”。区总工会领导为获“上海工会维护职工权益十佳案例”“上海工会维护职工权益优秀案例”的先进代表颁奖。区人民法院立案庭庭长周文梅为工会方“特邀调解员”颁发聘书。活动期间，开展劳动普法讲座4场。（陆　蕾）

【闵行区召开职工维权律师志愿团年会】 6月9日，闵行区总工会召开2021年闵行区职工维权律师志愿团年会。区总工会副主席于璐，区司法局党委副书记、律师行业党委书记周行君出席会议。区职工维权律师志愿团团长姚海嵩通报2019—2020年区职工维权律师志愿团工作。于璐和周行君2位领导为新一轮聘请的律师代表颁发聘书。全体律师进行宣誓仪式。仪式后，市劳动人事争议仲裁院副院长张淑华作劳动人事争议案件仲裁口径解读。市总工会劳动关系部庄若冰解读《关于促进本市企业重大调整中劳动关系稳定的操作指引》和《关于本市企业制订修改劳动规章制度的操作指引》。各街镇、莘庄工业区总工会负责人以及区职工维权律师志愿团的律师等共140余人参加活动。（王　凯）

【松江区总工会开展和谐劳动关系“法律体检”服务】 4月下旬起，松江区总工会签约的上海保诚律师事务所、上海蓝白律师事务所、上海诚志信律师事务所、上海市志致远律师事务所4家律师事务所陆续开始为本区30家企业开展和谐劳动关系“法律体检”服务。四大律师事务所就企业的用工现状，职工招聘、录用管理等劳动关系情况进行实地考察、沟通了解，并对企业提出的工伤待遇、职工离职、入职审查等情况进行详细解答。后续，四大律师事务所将进一步审查企业相关资料，进行综合分析评价，并出具《〈劳动关系法律体检服务〉评估报告》，帮助企业持续改进劳动用工，发展和谐劳动关系。（丁　璇）

普法宣传

【概要】 2021年是本市法制宣传教育第八个五年规划的起始之年，市总工会以习近平法治思想新理念新思想新战略为引领，坚持将普法宣传作为履行群团组织职能和构建职工维权服务体系的重要内容，认真规划和实施服务职工的法律学习宣传活动。一是认真组织习近平法治思想专题学习。年初，市总工会党组、市司法局党委联合举行了“深入学习贯彻习近平法治思想和中央全面依法治国工作会议精神”专题学习会。全年，市总工会通过党组中心组（扩大）会议学习等方式，共组织开展习近平总书记关于工人阶级和工会工作的重要论述专题辅导、《民法典》专题辅导以及学习贯彻“七一”重要讲话精神专题交流等18次专题学习。二是制订下发工会系统“八五”普法规划。市总工会制定下发《关于在上海工会工作者和职工中开展法治宣传教育的第八个五年规划（2021—2025年）》，明确提出推动上海工会法治宣传教育工作的五个目标任务和九项工作举措。市总工会成立“八五”法治宣传教育领导小组，负责本市工会系统“八五”普法工作。要求各区局(产业)工会认真制订本系统“八五”普法规划和实施方案,进一步落实工会系统“八五”普法规划。三是持续开展法律法规宣传教育活动。全年,市总工会组织开展以“美好生活·民法典相伴”为主题的《民法典》学习宣传活动,组织开展2021年上海工会“宪法宣传周”主题活动,于12月3日在普陀区近铁城市广场近铁e站职工法援站点,举办上海工会“宪法宣传周”主题活动暨“尊法守法·携手筑梦”服务农民工公益法律服务行动启动仪式,全市各级工会同步开展相关法宣工作。年内结合农民工工资支付专项检查行动、宪法宣传月、禁毒宣传月、女职工维权周、国家安全教育普法日、民营企业“法治体检”、春风行动等重大时间节点,做到普法宣传与社会治理同谋划、同部署、同推进,引导农民工以理性方式维护自身合法权益。四是深入推进“尊法守法·携手筑梦”法治宣传品牌活动。会同市司法局、市律师协会,制定下发《关于开展2021年“尊法守法·携手筑梦”服务农民工公益法律服务行动的通知》,重点面向以农民工为主体的新就业形态劳动者,通过广泛开展法律政策宣讲和劳动用工“法治体检”等活动,深入推进法律援助集中行动。组织发动全市各级工会组织和广大职工参加全总组织的“尊法守法·携手筑梦”职工法律知识线上答题竞赛活动,共有11.75万名职工踊跃参与。市总工会选拔竞赛优胜者组队,参加全国范围的线上决赛。

(蒋慧勤)

【制订上海工会“八五”普法规划】 市总工会制订下发《关于在上海工会工作者和职工中开展法治宣传教育的第八个五年规划(2021—2025年)》,明确五大目标任务:法治宣传工作机制得到进一步完善;劳模工匠引领作用得到进一步发挥;职工法律法治素养得到进一步提升;工会干部普法能力得到进一步加强;运用新媒体普法得到进一步发展。力争到2025年末,组织好“百名劳模工匠讲法治故事”“宪法宣传周”“美好生活·民法典相伴”和“尊法守法·携手筑梦”等系列主题活动,全市各级工会开展各类普法宣传活动累计超过1000场,服务职工、农民工超过50万人次。全市持有劳动关系协调员证书的工会工作者数量超过3000人,在市、区局(产业)工会网站和“三微一端”平台普遍建立工会法治宣传和职工法律服务专栏或频道。

(蒋慧勤)

【举办上海工会“宪法宣传周”主题活动】 市总工会积极参与第八个“国家宪法日”和市第33届“宪法宣传周”活动,制订下发《关于组织开展2021年上海工会“宪法宣传周”主题活动的通知》。12月3日,市总工会在普陀区近铁城市广场近铁e站职工法援站点,举办上海工会“宪法宣传周”主题活动暨“尊法守法·携手筑梦”服务农民工公益法律服务行动启动仪式,现场为工会普法讲师团颁发聘书,为“饿了么”外卖送餐员代表赠送法治礼包,并开设法治讲坛。“宪法宣传周”期间,全市各级工会系统共开设法治讲座500多场,发放宣传资料超过12万册,通过现场宣讲和新媒体宣传覆盖包括新就业形态劳动者、农民工在内的职工群体20多万人次。

(蒋慧勤)

【开展上海工会女职工维权法治宣传活动】 市总工会重整组建有20名成员的女律师志愿服务团,分为案例组、法宣组、咨询组和调研组,全年,组织志愿团律师为女职工开展线下讲座、网上课堂、抖音直播、线上案例分析等共计45场,对“三孩”政策下女职工劳动保护等3个课题开展专题调研。“三八”节期间,市总工会与市人力资源和社会保障局、市妇女联合会在全市范围内开展女职工劳动权益专项检查,重点对于教育培训行业、餐饮服务等女职工相对集中的企业加大检查力度,共检查580家单位,涉及女职工16229人,对查出的33家问题企业责令整改,行政处罚1家。10月,市总工会与市人力资源和社会保障局、市卫生健康委员会、市医疗保障局联合开展女职工产假等权益专项执法行动,将女职工较多的纺织业、服装制造业、化工、箱包、制鞋业、商业服务业等行业企业,尤其是近年来发生过侵害女职工权益的企业列为检查重点。

(蒋慧勤)

【市区联手开展服务农民工公益法律服务行动】 12月3日,由市总工会、普陀区总工会联合举办的上海工会“宪法宣传周”主题活动暨“尊法守法·携手筑梦”服务农民工公益法律服务行动启动仪式在近铁e站职工法援站点举行。市总工会副主席张得志,全国劳模、市总工会兼职副主席、普陀区总工会“朱雪芹职工法援工作室”团队领头人朱雪芹,普陀区人大常委会副主任、区总工会主席姚军,区总工会、长风新村街道、法律志愿团、调解员及阿里本地生活(“饿了么”)外卖送餐员代表等参加活动。活动中,区总工会向“八五”普法讲师团成员颁发聘书。“饿了么”外卖送餐员代表获得市、区总工会送上的法治礼包、宪法宣传册等,并开展法治讲座和法治宣传活动。

(陆蕾)

【静安区总工会举办职工法律知识竞赛】 5月27日,静安区总工会举办“为民办事悟初心、与法同行迎百年”职工法律知识竞赛。参赛队由15个街镇(园区)总工会组成。知识竞赛结合四史教育,民法典,劳动保障法律法规,工会法,职代会条例等工会相关的法律业务。竞赛题型分为必答题、抢答题,经比拼产生6支队伍进入决赛,最终决出一、二、三等奖。通过法律知识竞赛这一形式,以赛促学,提高广大工会干部和职工的法律知识水平和维权意识,营造学法、知法、懂法、守法的良好氛围。

(严琪)

【闵行区举办职工线上法律知识竞赛】 5月24日,闵行区总工会联合区文明办、区劳动保障监察大队、区应急管理局组织开展2021年“知法于心·守法于行”闵行职工线上法律知识竞赛活动。竞赛主要以党史、工会法、劳动安全生产保护、保障农民工工资支付条例、劳动合同法、民法典等相关知识为竞赛主要内容。通过竞赛进一步加强职工法治意识,营造学法、守法、依法维权的法治氛围,构建和谐稳定的劳动关系。

(王凯)

【松江区总工会开展“626”国际禁毒日线上知识竞赛活动】 6月26—28日,松江区总工会以“626”国际禁毒日为契机,在“松江工会”微信公众号开展为期3天的线上禁毒知识竞赛活动，参与答题火爆，人数高达4268人，中奖人数近800人。通过活动，积极发动广大职工，参与禁毒活动，主动学习禁毒方针政策、法律法规，自觉接受拒毒、防毒知识，不断增强拒毒、防毒自我保护意识，坚决维护单位、社会、国家安全，进一步提高全民抵御毒品的能力和参与禁毒斗争的意识，树立健康向上的生活理念。（孙 媛）

4月26日，松江区总工会联合区疾控中心等单位开展职业病防治宣传
（孙 怡）

【松江区总工会开展职业病防治法宣传活动】 4月26日，松江区总工会联合区疾控中心、区卫生监督所、上海第五康复医院、小昆山镇社区卫生服务中心等单位在正泰电气股份有限公司开展以“共创健康中国共享职业健康”为主题的职业病防治法宣传活动。本次活动以现场咨询、图文展示、专家答疑、发放宣传资料等多种形式宣传职业病防治知识，共派发职工法律援助办件指导手册、工会法律援助对象及风险提示手册等各类宣传资料2000余份，现场职工积极响应，气氛热烈。通过本次宣传活动，进一步加大落实企业主体责任，提高劳动者自我防护的意识和能力，切实保障广大劳动者的职业健康权益。（孙 媛）

【青浦区总工会举办网上劳动法律沙龙】 3月2日，青浦区香花桥街道总工会联合街道社区事务受理服务中心、商会举办2021年第一期劳动法律沙龙。沙龙邀请上海唐毅律师事务所律师孙涛主讲，以“民法典实施对劳动用工的影响”为主题，从劳动者的隐私权保护、个人信息保护及企业知情权、管理权等多个方面对民法典相关内容逐条解读，通过工会微信公众号进行网上直播，各企业人事及工会干部749人次参与观看。（朱建强）

【奉贤区举行“宪法宣传周”主题活动暨“宪法进企业”启动仪式】 12月2日，由奉贤区总工会、区司法局联合主办，金汇镇党委、政府承办的2021年奉贤区“宪法宣传周”主题活动暨“宪法进企业”启动仪式在上海永固电力器材有限公司举行。会上，区人大常委会副主任、总工会主席陆建国，副区长吕将向新业态劳动者、企业职工代表送上《民法典》读本和爱心礼包。区总工会党组书记、常务副主席邵丹华，镇党委书记吴利春为金汇镇企业劳动人事争议调解工作室揭牌。区司法局党委书记、局长顾斌泉，区府办副主任李瑞忠为“12.4”国家宪法日法律知识线上竞赛活动获奖代表颁奖。区总工会党组成员、经审委主任韩晓燕，区司法局副局长褚玉兰为金汇镇企业劳动人事争议调解工作室调解员颁发聘书。活动现场还向企业职工开设了法治宣传和法律咨询等，工作人员宣讲与群众日常生活息息相关的婚姻家庭、继承、侵权责任等法律知识。全区各街镇、开发区等基层工会主席、副主席，各司法所所长以及金汇镇相关企业工会主席和职工代表等70多人参加活动。（李凤英）

12月2日，奉贤区举行2021年“宪法宣传周”主题活动暨“宪法进企业”启动仪式
（李凤英）

【上海医药集团工会举办宪法宣传周活动】 12月4日是第八个国家宪法日。上海医药集团各级工会围绕“以习近平法治思想为指引 坚定不移走中国特色社会主义法治道路”的主题，在集团组织开展宪法宣传周活动，设立53个宪法宣传专栏，举办27场法治讲座，2186人次现场参与，发放2003册宣传资料，多层次、全方位开展普法宣传教育活动，在集团上下营

造浓厚的法治宣传氛围。 （陈玮雯）

【上汽集团工会开展普法宣传学习】

上汽集团工会积极参加全总关于《工会法》修订意见征询，针对新时期工会主要工作任务以及产业工人队伍建设提出意见和建议。组织员工参加全总、司法部、人社部组织的网络法律知识竞赛，选派职工代表组成上海队参加全总法律知识竞赛。开展民法典直播课程，组织工会法律志愿者沙龙活动，探讨集体协商新内容。组织基层工会干部与奉贤司法局沟通交流，提升调解技巧，提升业务能力水平。

（范　融）

关于调整本市因工死亡人员供养亲属抚恤金标准的通知

沪人社规〔2021〕20 号

市政府各委、办、局，各区人力资源和社会保障局，市社会保险事业管理中心，各有关单位：

为保障因工死亡人员供养亲属的基本生活，根据《上海市工伤保险实施办法》（以下简称《实施办法》）规定，经市政府同意，自 2021 年 1 月 1 日起对本市因工死亡人员供养亲属抚恤金标准进行调整，具体通知如下：

一、2020 年 12 月 31 日前因工死亡人员供养亲属的抚恤金在 2020 年享受的标准基础上，每人每月增加 88 元。

调整后的因工死亡人员供养亲属抚恤金最低标准为每人每月 1740 元，其中孤寡老人或者孤儿的最低标准为每人每月 1826 元。

二、2021 年 1 月 1 日至 2021 年 12 月 31 日期间因工死亡人员的供养亲属，其按《实施办法》规定计发的抚恤金低于本通知第一条第二款规定的最低标准的，按最低标准计发。

三、由工伤保险基金按照《实施办法》规定支付抚恤金的供养亲属，其按本通知规定调整后增加的费用由工伤保险基金支付。目前仍由用人单位按照《实施办法》规定支付抚恤金的供养亲属，其按本通知规定调整后增加的费用由用人单位支付。

四、本通知自 2021 年 7 月 1 日起执行，有效期至 2023 年 6 月 30 日。《关于调整本市因工死亡人员供养亲属抚恤金标准的通知》（沪人社规〔2020〕12 号）同时废止。

2021 年 6 月 22 日

经济权益

综 述

2021年，市总工会紧紧围绕经济发展和社会稳定大局，聚焦主业主责，强化担当作为，着力推进职工权益保障服务工作取得新进展。一是围绕中心服务大局。助推“稳就业”工作。开展就业情况专题调查，形成《疫情背景下上海农民工就业情况调查》调研报告。坚持开展就业援助服务，通过举办直播送岗、线下专场招聘会、线上云招聘会等共计55场，推送用工企业近4000家，提供就业岗位2.8万个，服务职工5.7万人(次)，达成就业意向6100余人次。推进新一轮对口支援工作。制订《上海市总工会第三轮对口支援三年行动计划》。确定对口支援工作项目37个，筹措项目资金共计924万元。组织实施来沪技能培训、线上技能培训、工会干部来沪挂职、职工书屋、户外职工爱心接力站等多个项目。深化长三角职工疗休养协作机制。联合市文旅局，推出5大类职工四季游线路。二是推动惠及职工民生保障政策完善。源头参与民生保障政策的制订调整。通过政协提案提交《关于调整低保家庭就业人员收入豁免标准计算办法的建议》，开展“最低工资标准与低保标准的相互关系”“最低工资标准调整”相关调研，形成《疫情防控常态化下最低工资标准调整对企业影响的调查及建议》《各类职工群体对延迟退休政策反响及对策建议》以内参形式报送市领导。通过政协提案形式提交《关于推动建立新业态从业人员职业安全保障制度的建议》，反映新业态从业人员职业风险高、职业安全保障缺失等问题，并提出政策建议。开展以快递送餐员为主的新就业形态从业人员职业伤害保障调研，开展座谈会10余场，发放问卷1200份，形成《新就业形态劳动者(快递、配送)职业伤害保障调研》，推动完善新就业形态从业人员职业伤害保障制度建设。开展“工会进万家．新就业形态劳动者温暖行动”，为外卖快递等新就业形态劳动者提供思想文化、医疗保障、上门体检、心理健康、关爱礼包、心愿实现、普法宣传、配套服务工程等“八送”服务。三是做实做优实事项目。扎实推进上海市为民办实事项目“组织10万名一线职工疗休养”，形成全额补贴、按比例补贴和定额补贴的梯度补贴机制。据统计，2021年市总工会投入4000余万元资金，带动全市117家区局(产业)工会共同参与，配套资金达1.5亿元。全年组织10.1万余名一线职工疗休养，满意度在98%以上。制订下发《关于组织2021年新冠疫苗接种相关工作人员疗休养工作的通知》，组织本市1000余名“新就业形态劳动者”参加疗休养。扎实推进“百万职工看花博”市总工会实事项目。实施由市职工帮困基金会全额补贴千户困难职工及灵活就业从业家庭免费“爱心花博游”活动。专门编撰下发问答手册，指导各级工会规范“看花博”活动经费使用管理。搭建“看花博”信息系统平台。积极推进会员服务卡、“幸福直通车”等实事项目落地。进一步完善会员专享基本保障机制，扩大A类、A+类的保障范围，增加保障服务内容。新增办卡19.62万张，全市持卡在职会员386.55万人，会员专享基本保障覆盖职工359.85万人，累计参保金额14782.1523万元，其中市总累计补贴资金9579.70万元，共给付16680人次，给付保障金6873.6万元。完善“卡卡”活动机制，联合上海农商银行召开工会会员卡品牌发布会，进一步扩大工会会员卡品牌影响力，开展“卡卡初心之旅”主题活动，卡卡火车票补贴、交通出行补贴、加油补贴等活动，惠及职工85.33万人次。推进“幸福直通车”公益项目落地试行，以企业、园区、楼宇职工为服务主体，通过整合各方资源，为广大职工群众提供优质便利的综合性服务，积极宣传“上海品牌”，激发城市“午间经济”活力。四是大力开展隐患排查。广泛开展“查找身边隐患、保障职工安全”三年行动。全年职工排查反映并在本行业、本系统整改消除的安全隐患近13万条；职工个人通过“12345”市民服务平台共报告、反映安全隐患6万条，经分派到各委办局、地区和相关单位处置，已办结(完成整改)4万余条。积极参与《上海市安全生产条例》修订，强化工会在劳动保护中的监督作用。组织开展安康杯竞赛“典型案例”征集评选活动，63个区局(产业)工会申报250余个“典型案例”。在《安全生产》杂志上开辟《安全生产金点子》专栏，编撰《上海市班组安全管理成果精选》，会同市应急管理局制作上海市“安全生产月”主题公益宣传片，摄制“安全生产金点子”抖音视频，在社会媒体播放。推动提高生产安全死亡事故网上上报系统的按时上报率，形成2020年度本市生产安全死亡事故情况分析报告。发动全市各级工会，动员广大职工积极参与第三届全国应急管理普法知识竞赛活动。五是推进职工关心关爱工作。总结困难职工解困脱困工作成效，在《工人日报》《劳动报》等主流媒体以及申工社平台，广泛宣传解困脱困工作成效和典型经验、先进事迹。在上海城市困难职工解困脱困工作中作出重要贡献的集体3个、3名个人获全总通报表扬，其中一人荣获“全国五一劳动奖章”。完善梯度帮扶工作机制。完善上海工会帮扶管理系统，完成每季度困难职工申报建档工作，共计573户纳入帮扶，投入帮扶资金520.17万元。深入推进“工会困难职工帮扶申请”纳入市政府“一网通办”公共服务事项，配合市民政局完成“社会救助一件事”、配合市卫健委完成“职业健康一件事”。加大关心慰问力度。开展上海工会“点亮微心愿”项目，助力实现上海市和上海对口支援地区困难职工微心愿13000个。开展常态化送温暖活动，元旦春节期间，全市各级工会共帮扶慰问困难劳模、困难职工60.23万户，筹措帮扶资金总计3.42亿元；五一劳动节前后，全市各级工会共入户走访慰问75027人次，调研企业、集体5590家。开展农民工通讯费补贴、平安返沪火车票补贴和医疗补贴活动共投入资金576万元，惠及农民工3.3万人次。 (汪佳侃)

实事项目

【概要】 2021年，市总工会精准对接职工群众需求，确立了健康服务、维权服务、素质提升、困难帮扶、关心关爱和阵地建设等六大类共10个年度实事项目。一是组织10万名一线职工疗休养、补贴3.5万名职工健康体检；二是建立100个园区(楼宇、商圈)职工健康服务点；三是组织百万职工“看花博”；四是百名劳模工匠服务千家企业和校园；五是建立健全万名劳模服务信息库；六是为20万名灵活就业从业人员提供"五送"等关心关爱服务；七是对500家企业开展和谐劳动关系"法律体检"服务；八是组织350万名工会会员参加《工会会员专享基本保障》；九是服务万名单身青年职工"四季恋歌"交友活动；十是助力3000名困难职工实现"微心愿。其中，"组织10万名一线职工疗休养"和"建立100个园区（楼宇、商圈）职工健康服务点"两个项目被列为上海市为民办实事项目。截至12月底，10个项目均完成预定任务目标，共惠及539余万职工。（庄若冰）

【广泛开展服务职工实事项目征集工作】 10月，市总工会启动了2022年市总工会服务职工实事项目征集工作，组织各区局（产业）工会、机关各部室和各直管单位申报，并在"申工社"微信平台上开展线上征集。同时，向部分市总工会委员、市工会十四大代表和十三届市政协总工会界别委员征集实事项目立项建议。通过线上线下征集，共征集到424条意见和建议，包括职工建议310条，区局（产业）工会、市总机关各部室和各直管单位建议51条，工代会代表和市政协总工会界别委员建议63条。经整理精选建议126条：其中，健康服务类28条（22.2%），生活服务类22条（17.4%），女职工服务类15条（11.9%），维权服务类13条（10.3%），文体服务类13条（10.3%），帮困服务类8条（6.3%），阵地服务类8条（6.3%），就业服务类7条（5.5%），教育服务类7条（5.5%），技能服务类5条（3.9%）。总体来看，受职工欢迎的实事项目主要集中在健康服务、生活服务、女职工服务、维权服务、文体服务等相关领域。（庄若冰）

【组织"10万名一线职工疗休养"】 2021年，市总工会实施上海市为民办实事项目"组织10万名一线职工疗休养"。市总工会从关心关爱一线职工的角度，立足于实现好、维护好、发展好职工群众健康权益的主责主业，制订实施方案，落实配套经费，积极组织动员。截至9月30日，已累计完成10.11万名一线职工疗休养，有序有效完成了既定目标。（尤骏）

【组织"百万职工看花博"】 2021年，市总工会组织实施"百万职工看花博"实事项目。各级工会把"看花博"活动作为广大职工体验共享美丽中国建设和本市生态之城建设成果的重要举措，助力广大职工学习花知识、体验花文化，增强花修养，进一步激发职工的劳动热情和创新创造活力。根据花博组委会统计，自3月28日"百万职工看花博"启动以来至7月2日闭园，发布29条"看世博"线路，累计入园参观212万人次，其中职工120.48万人次，占比56.83%，超额完成既定目标。（尤骏）

【徐汇区总工会实施各类服务职工实事项目】 年内，徐汇区总工会组织3746名职工疗休养。组织重大工程建设者、疫情防控志愿者等一线职工10885人参加市总工会服务职工实事项目"百万职工看花博"活动。向45户区级困难职工家庭，发放定向帮困款13万元。向402名困难职工发放专项生活补贴80.4万元。向6966名防疫志愿者、生产一线、露天作业职工发放高温慰问金62万元。向滨江工地建设者和环卫工人发放元旦春节大礼包，价值约11.9万元。完成2批6家上海市职工"健康服务点"建设。为9万名职工送专享保障，帮助692名职工获专享保障理赔343万元。评选区级职工书屋示范点10家。组织1312名农民工免费健康体检，256名困难企业和新型就业女职工"两病"筛查。开展职工"汇心愿"活动，完成职工心愿300个，其中完成对口支援西藏自治区日喀则市萨迦县职工心愿91个。挂牌徐汇工会心理服务示范点2家，为基层企业配送心理减压课程32次、讲座5场，依托"徐汇工会"微信公众号开设网上"汇心理"关爱服务。开展午间一小时服务配送、会员线上福利购活动，配送线下服务12场，服务职工会员3000余人次，组织线上抢购10场，4022人次参与。（朱贤樑）

【长宁区总工会与天山路街道春秋"心灵花房"签约】 7月30日，长宁区总工会与春秋航空举行天山路街道春秋"心灵花房"签约仪式。长宁区总工会副主席秦莉文、长宁区总工会职工援助服务中心副主任沃晓冬、天山街道总工会主席刘砺钦、天山街道总工会专职副主席陆伟国、春秋航空行政总监张武安、集团工会主席袁富明、航空工会主席张磊以及春秋航空各部门经理、工会干事、职工代表等一同参加签约仪式。"心灵花房"是长宁区总工会为春秋航空职工送来的心理疏导公益服务，以入驻企业设立接待室为核心，叠加职工服务中心面对面接待、咨询热线接待与心理讲座培训，形成"1+3"的心理服务模式。春秋航空"心灵花房"创设于2020年8月，由长宁区总工会职工援助服务中心、天山路街道总工会与春秋航空工会委员会共同设立。根据协议，长宁区总工会将为企业开设的"温馨小屋"派遣专业心理咨询师，开展职工沟通交流和心理辅导、心理测试，并通过区职工服务中心提供面对面的咨询服务以及心理热线。为职工指导疫情期间的心理应激反应、日常的情绪管理方法、正确的抗压与个性化的减压方式，及时进行积极心理学的干预，提升职工心理资本的意识。（沃晓东）

【普陀区总工会推进健康服务点建设】 2021年，普陀区总工会会同区卫生健康委、相关街道镇，聚焦职工集中、周边医疗设施缺乏地区，依托党群服务站、服务片区、爱心接力站、楼委会等资源，按照"就近、便利、实效"原则，以"服务可及、最大覆盖"为目标，布点建设长风新村街道"近铁e站"、桃浦镇李子园大厦、长征镇天地软件园、新曹杨工业园区等园区（楼宇）健康服务点7家（其中市级6家、区级1家），开展健康宣教、职业卫生管理、中医体质辨识、常见病及慢性病诊治、健康指导及咨询等服务，惠及3474人次。（陆蕾）

【市区联合为新就业形态劳动者提供流动体检服务】 12月13日，市总工会、普陀区总工会、长风新村街道总工会联合市工人疗养院，在"近铁e站"举办"工会进万家·新就业形态劳动者温暖行动"，为外卖送餐员送上流

市工人疗养院流动体检车上门服务新就业形态劳动者 （章　琪）

动体检服务。针对外卖送餐员群体特点选择体检项目，主要包括胸片、心电图、血常规和幽门螺旋杆菌血液检测等 8 项内容。现场严格落实新冠肺炎疫情防控要求，分时分批次进行，150 名外卖送餐员享受免费体检服务。（陆　蕾）

【虹口区总工会举办职工疗休养推介活动】 5 月 21 日，虹口区总工会与区文旅局在上海白玉兰广场联合举办“万物开源 · 遂昌”2021 遂昌县职工疗休养推介会。虹口区文化和旅游局局长陆文出席活动并致辞，虹口区总工会党组书记袁忠民、副主席黄守虎等领导出席活动，虹口区街道、企业工会主席、旅行社负责人共 40 人参加。本次活动由上海市虹口区总工会和上海市虹口区文化和旅游局承办。在两地旅游企业座谈会上，虹口区总工会党组书记袁忠民、副主席黄守虎、区文化和旅游局副局长完颜利敏对遂昌优质的疗休养资源、良好的服务意识充分肯定，希望旅行社组织更多职工赴遂昌疗休养。遂昌县文广旅体局副局长张腾海表示将以最大的诚意、最优的服务、最优惠的政策欢迎虹口区职工。2020 年 6 月，双方签订《合作共建协议》，在疗休养基地建设、干部交流学习等领域达成共识和合作意向，共同开启友好、深度合作的新篇章，并表示将组织更多一线职工赴遂昌疗休养。（马伟杰）

【广中路街道举行园区健康服务点授牌仪式暨工会服务大篷车进园区活动】 5 月 18 日，广中路街道在花园坊园区举行园区健康服务点授牌仪式暨工会服务大篷车进园区活动。虹口区总工会副主席朱琦、广中路街道总工会主席姚正、广中路街道社区卫生服务中心党支部书记宋益清、工建联席会议成员单位、部分非公企业工会代表、小区工会成员代表出席活动。朱文倩党代表工作室以现场接待形式倾听企业职工心声，认真记录职工们的意见建议。同时，党代表朱文倩现场宣传《上海市非机动车安全管理条例》，给来参加活动的园区企业职工发放宣传手册。下午，来自市一医院的神经内科和消化内科专家，在花园坊园区职工服务中心园区健康站点开展首次讲座，进行脑卒中的识别、处理和慢性胃炎科普宣传。疫苗留观处的企业职工和居民纷纷前来咨询。社区卫生中心的团队医生现场为企业职工进行义诊。（马伟杰）

【虹口区职工 EAP(职工心理援助)执行师培训班开班】 6 月 4 日，虹口区总工会联合区科委党委，结合党史学习教育和“我为群众办实事”活动，在中国出版蓝桥创意产业园举办为期 3 天的虹口区职工 EAP 执行师专题培训班。区总工会党组书记袁忠民、区科技工会主任王成东、区总工会副主席朱琦等领导出席。来自区属各机关、企事业单位工会干部、企业 HR 以及工会工作者等 80 余人参加培训。本次培训特邀东方卫视《幸福魔方》《东方直播室》《情有可原》心理学嘉宾林贻真为培训讲师，学员完成培训后将获得 EAP(职工心理援助)执行师资格证，区总工会将在此基础上组建职工心理援助志愿者服务团队，为企业职工提供心理服务和帮助。区总工会后续将向基层企业送上 6 场心理活动线下课程，促进职工广泛参与，进一步实现职工群众体面劳动、舒心工作、全面发展。（马伟杰）

【市总工会领导赴虹口慰问春节留沪灵活就业人员】 2 月 4 日，上海工会慰问春节留沪灵活就业人员暨“五送”关爱计划启动仪式在虹口区大柏树 930 创意园户外职工爱心接力站举行。市总工会副主席周奇、市总工会二级巡视员、基层工作部部长张刚、市总工会职工援助服务中心主任陈鲁、虹口区总工会党组书记袁忠民、曲阳路街道党工委书记谢海龙出席。活动现场，市总工会发布了上海工会灵活就业会员“五送”关爱服务清单，适用对象为快递物流，网约配送，房屋中介，护工护理，货运驾驶等灵活就业人员，服务内容为送健康体检，送清凉慰问品，送温暖慰问品，送安全培训，送专享保障。随后，市总工会向户外职工爱心接力站站长发放宣传册，向虹口工会代表赠送灵活就业群体保障计划，还向留沪灵活就业人员代表发放了春节慰问品。仪式前，相关领导参观了园区 24 小时户外职工爱心接力站，对工会的暖心措施表示肯定，同时也要求站长们加强监督管理，做好防疫工作，欢度祥和的春节。（马伟杰）

【“工会进万家 · 新就业形态劳动者温暖行动”服务月启动】 11 月 8 日，“工会进万家 · 新就业形态劳动者温暖行动”服务月启动仪式在杨浦举行。本次活动由市总工会主办，杨浦区总工会、市职工帮困基金会共同承办。市总工会党组书记、副主席黄红，市邮政局副局长余洪伟，市消防救援总队总工程师谈迅，市职工帮困基金会名誉理事长何惠娟，杨浦区人大常委会副主任、总工会主席麦碧莲等向新就业形态劳动者代表赠送温暖关爱礼包、点亮“微心愿”，并向全市 600

多家顺丰、美团、饿了么站点送上医药箱。以快递、外卖配送等为代表的新就业形态劳动者，现场体验了新就业形态劳动者巡回体检专车的体检服务。（张东寅）

【静安区总工会发布服务保障职工10项实事】 3月19日，“百年幸福路，暖心工惠事”2021年静安区总工会服务保障职工十项实事发布会举行。区总工会主席叶坚华，区总工会党组书记、副主席许俊等出席。2021年静安区总工会服务保障职工10项实事为：“组织一线职工疗休养、补贴职工健康体检”“组织职工看花博”“组织工会会员参加《工会会员专享基本保障》”“组织单身青年职工‘幸福交友活动’”“助力困难职工实现‘微心愿’”“金秋助学、助业”“困难职工帮扶”“会员服务日”“女职工幸福一小时”“爱心妈咪小屋”。（沈诗贤）

【静安区总工会开展为群众办实事走访活动】 5月，静安区总工会组织各级工会开展“工会进万家”调研走访慰问活动。全区各级工会组织共入户走访慰问五一劳动奖章获得者、大国工匠、技能大师、疫情防控一线人员、困难职工等5900人次，调研非公企业、受疫情影响等企业、集体1217家。区总主席室领导带队分6路，深入企业、劳动模范和困难职工之中，了解职工群众的所思所想，认真听取意见建议，全方位推动开展“工会进万家”调研走访慰问活动。各街镇（园区）总工会、各系统、集团公司工会同区总工会上下联动，开展“工会进万家”调研走访慰问活动。深入单独建会企业，了解企业需求，广泛听取意见，帮助企业、集体、职工解难事、办实事；走访慰问劳模、静安能手、困难职工等群体，做职工群众的娘家人；慰问疫苗接种点等一线职工，送上工会组织的关怀和帮助。（沈诗贤）

【闵行工会向留闵外来建设者赠送“十大礼包”】 2021年春节期间，闵行区总工会下发《关于加强闵行区2021年春节期间留沪外来建设者关心关爱工作的通知》，为留闵外来建设者赠送“十大礼包”。一是保障礼包：向留闵外来建设者赠送最高2万元的意外伤害专项保障；对医疗支出较大的外来建设者发放300元/人的医疗费补贴。二是关爱礼包：向2000名建筑施工、绿化环卫、家政服务、物流快递等行业的困难农民工发放100万元专项慰问金。三是防疫礼包：向留闵外来建设者赠送2000份防疫用品。四是年货礼包：向留闵外来建设者赠送2000份年货大礼包。五是心愿礼包：发动社会爱心企业和人士认领困难职工的“微心愿”。六是祝福礼包：组织“‘心相连云祝福’致家人的新年祝福”活动，发放外来建设者通讯费补贴。七是文化礼包：为留沪职工派送3000份传统年味文创礼物，赠送1000份闵行区职工文化体育体验基地门票。八是健康礼包：发布关于疫情期间的心理防护、安全防疫、营养健康和中医养生等微课堂。九是就业礼包：举办专场线上就业招聘会。十是权益礼包：在“闵行工会”公众号开通线上法律咨询服务。闵行工会“十大春节好礼”，让留沪的外来建设者纵使离家千里，依然能感受家的温暖和节日的气息。（朱荣锋）

【闵行区实施“暖心早餐实事工程”】 3月，由闵行区总工会牵头，联合区经委、区绿容局，启动“情系户外职工·爱心助你行”服务职工实事项目，为上早班的万名户外职工提供“闵工惠”爱心免费早餐。“闵工惠爱心早餐”可通过2种方式领取：一是在区级31家户外职工爱心接力站内，设置“闵工惠爱心早餐架”，每日上架面包、牛奶等早餐食品，职工可按需在户外职工爱心接力站内免费取用，享受安全、放心的免费早餐。二是区总工会与全家便利店合作，推出“闵工惠爱心早餐券”，职工可凭早餐券在区内近200家全家便利店兑换价值12元的早餐食品，使用范围覆盖全区的全家便利店。线上通过“闵行工会”微信公众号及相关媒体平台发布“闵工惠”爱心企业招募令，受到全区各界社会力量的广泛响应。区内，康师傅集团、绿杨邨酒家、不凡帝范梅勒糖果（中国）有限公司等20余家企业积极捐赠食品和资金，投身爱心早餐公益接力赛。各街镇、莘庄工业区总工会也结合区域特点，针对灵活就业群体、园区（楼宇）白领等不同类别职工群体，推出个性化的爱心早餐服务。进一步扩大“闵工惠爱心早餐”工程的覆盖面和服务效果，实现区、镇街道二级工会“爱心早餐接力”。（王　凯）

【闵行区推出“闵工惠”嘉年华季季送活动】 6月19—20日，闵行区总工会全新推出的“闵工惠”嘉年华季季送活动在爱琴海购物广场隆重开幕。活动融合“助力就业，工会护航”就业援助项目、“情系环卫工，爱心助你行”爱心早餐项目、“点亮微心愿，暖心共圆梦”实现困难职工微心愿项目、“劳动光荣，快乐休养”职工疗休养项目、“四季恋歌，美丽人生”公益交友等5大实事项目和工会会员服务卡特约商户优惠购服务。现场有40家企业提供200个就业招聘岗位，交友活动吸引了近500名青年现场报名。“嘉年华”的形式每季度开展一次，走进闵行的更多商圈，让工会组织和工会活动更加“破圈”，让更多的职工走近工会、了解工会。（卫佳雯）

【闵行区总工会推出服务职工10项实事项目】 2021年，闵行区总工会践行“人民城市人民建、人民城市为人民”重要理念，以职工所需为重点，以普遍受惠为基础，以工会所能为条件，以精准服务为目标，对接职工群众服务需求，推出技能服务、文体服务、维权服务、健康服务、帮困服务、生活服务等六大类10项实事项目。一是“百年光辉，红色寻访”纪念建党百年，职工文化系列活动。二是“促技能培训，强职业素质”组织10万名职工开展职业培训。三是“搭竞技平台，助‘南北’战略”组织万名职工开展劳动和技能竞赛。四是“送保障，强服务”为万名灵活就业人员提供专享保障服务。五是“情系环卫工，爱心助你行”为万名户外职工送上“闵工惠”爱心早餐关爱。六是“普及急救知识，守护生命安全”组织千家企业开展急救知识培训。七是“劳动光荣，快乐休养”组织1000名民营企业职工参加疗休养活动。八是“助力就业，工会护航”为千名职工提供就业援助服务。九是“点亮微心愿，暖心共圆梦”帮助千名困难职工实现微心愿。十是“四

11月5日，闵行工会“点亮微心愿，暖心共圆梦”启动仪式在区职工服务中心举办　（汪自强）

季恋歌，美丽人生”组织千名单身青年职工参与公益交友活动。全年投入资金2516万元，十项实事项目于11月底全部完成。　（朱荣锋）

【闵行区总工会为新冠疫苗接种工作人员提供专属疗休养】 7—8月，闵行区总工会组织开展新冠疫苗接种工作人员专项疗休养活动。在区委、区政府的领导支持下，闵行区总工会克服了疫情防控下的各种困难，通过各方协同配合，精心组织策划，优选三条精品疗休养线路，确保疗休养质量，共组织18批700余名新冠疫苗接种人员出行疗休养，疗休养费用共计81.47万元。同时组织全区10616名职工参加市政府实事项目“组织10万名职工疗休养”，超额完成市总下达的任务指标。　（朱荣锋）

【松江区总工会开展“新春送春联留沪过大年”活动】 1月25日，松江区总工会在泰晤士、地中海等商圈开展首场“新春送春联留沪过大年”活动，向灵活就业人员、保安、环卫工人、外来建设者等一线职工赠送春联，鼓励一线职工留沪过节。本次活动共送出500副春联。为避免人员聚集，区总工会还通过“松江工会”微信推出线上抢春联活动。松江区18个街镇（经开区）总工会同步开展“新春送春联留沪过大年”系列活动，将春联送进工地、进商圈、进园区、进企业，共向一线职工赠送万副春联，切实让广大灵活就业人员和外来建设者等群体感受到工会组织的温暖。　（杨佳玲）

【松江区总工会组织开展新冠疫苗接种工作人员疗休养活动】 10月21日起，上海市总工会、松江区总工会分批次陆续组织开展新冠疫苗接种工作人员疗休养活动，共有来自全区疫苗接种一线医务工作者、公安安保人员、村居干部、融媒体记者等近1200人参加。　（张谢琰）

【金山区总工会“爱鑫冰柜”为15万户外工作者送清凉】 金山区总工会“爱鑫冰柜”以市政工人、环卫工人、快递物流员、网约送餐员、绿化养护员、交通警察等户外工作者为主要服务对象，区总工会每年安排专项工作经费10万元，4年来已服务15万多人次。“爱鑫冰柜”根据职工作业时间设置项目服务时间，根据户外作业人员实际需求，配置饮用水、冷饮等防暑降温物资，并增设“小型休息室”。此外，区总利用新媒体平台，每年对“爱鑫冰柜”项目进行广泛宣传，吸引更多爱心商家、爱心人士等社会力量参与该项目。全区设有区工人文化宫（区职工服务中心）、山阳镇海汇街、朱泾镇鑫港湾等3个站点，每个“爱鑫冰柜”服务点每日累计服务超300人次，确保过来的每位户外工作者都能拿到防暑降温食品，取得良好的社会反响。　（钱海东）

【金山区总工会开展“点亮心愿”实事项目】 11月3—16日，金山区总工会开展党史学习教育“我为职工办实事”系列活动之“点亮心愿”实事项目，由区总工会领导班子成员分别带队，深入基层走访慰问。前期，区总工会通过走访，掌握困难职工的基本情况及个性心愿，制订困难职工“心愿”清单，为困难职工配置冰箱、空调、电视机、点读机等，满足困难职工群众最迫切、最实际的需求。本次活动区总工会共出资9.65万元，为83名困难职工“点亮心愿”。此外，通过“鑫工号”“鑫工友”等区总工会网络宣传平台，对全区发起倡议，积极动员本地区、本系统工会组织及工会会员，通过“申工社”微信公众号进行捐款，或者认领困难职工“微心愿”，吸引更多社会爱心人士参与进来，帮助困难职工实现自己的“小愿望”。　（钱海东）

【青浦区首批园区（楼宇）健康服务点挂牌】 4月8日，青浦区创建“上海市园区（楼宇）健康服务点”推进会在青浦工业园区召开。会上，区委常委、副区长孙挺等领导为青浦区首批6个园区（楼宇）健康服务点授牌。区首批园区（楼宇）健康服务点分别设立在徐泾镇金联村、华新镇淮海村、重固镇福泉山村、白鹤镇响新村、盈浦街道双桥社区和香花桥街道青山居委会。　（朱建强）

【奉贤区总工会实施服务职工实事项目】 2021年，奉贤区总工会坚持实事惠职工，实施工会服务职工实事项目10项。到年末，10项实事全部完成，它们是：组织4000名职工开展健康体检和疗休养；建立7个园区（楼宇、商圈）职工健康服务点；为9105名灵活就业从业人员提供‘五送’等关心关爱服务；组织劳模工匠讲师团和服务队开展技术指导、信息咨询、公益讲座等系列服务活动50余次；对30家企业开展和谐劳动关系“法律体检”服务；组织“百堂讲座进企业”和“公益乐学”项目送课268堂，各级工会送课到基层共801次，惠及职工3.8万余人次；新建61家“爱心妈咪小屋”；新建和升级15家“户外职工

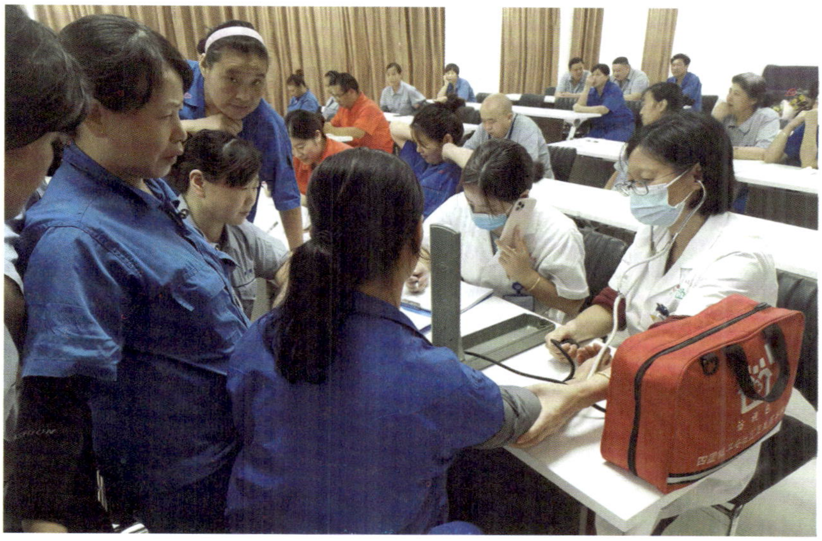

10 月 14 日，奉贤区四团镇健康服务点开展企业访视活动 （周 捷）

爱心接力站”；组织 90587 名工会会员参加《工会会员专享基本保障》；助力 10 名困难职工实现“微心愿”。（薛思涵）

【崇明区举办青年职工“四季恋歌”夏日联谊会】 为关心关爱奋战在疫情防控、花博会综合保障以及其他工作一线的崇明青年职工，崇明区总工会举办青年职工“四季恋歌”夏日联谊会，来自区卫健委、区花博筹备组、区教育局、区城管局、江南造船等单位的 70 余名青年欢聚一堂、共同交流。活动由区总工会女职工委员会、区医务工会、崇明杏林青年俱乐部联合承办，以“篝火向星辰，所愿皆成真”为主题，积极搭建青年职工交流平台，为崇明青年职工加油、减压。（陈思佳）

【上海电气人力资源公司工会开展“结百走千”帮扶活动】 2021 年，上海电气人力资源公司工会实施精准帮扶，开展“结百对、走千家”帮扶活动。“结百对”即在困难职工中筛选出 100 个结对对象进行重点帮扶，指定“第一责任人”，每年不少于 3 次上门探望，做到“急事必访、难事必帮、愁事必解”，尽心尽力为困难职工解决操心事、烦心事、揪心事，使结对困难职工实实在在地感受到工会组织的关心和温暖。“走千家”，即工会干部和有关工作人员在一个年度内，完成对千名离岗职工及特殊群体人员的家庭上门走访，了解家庭情况，掌握有关信息，拟定个性化帮扶计划，实施精准帮扶，真正成为帮扶困难职工的“第一知情人”“第一报告人”“第一协调人”和“第一帮助人”。（周 珺）

【市机电工会为海外职工“送健康、解心锁”】 为了让驻外职工感受到家一样的温暖，机电工会把打造海外工程项目工地“职工之家”，作为“我为群众办实事”重点民生项目来推进。2021 年推出 7×24 小时远程视频问诊服务，为驻外职工提供疾病预防、常见病健康管理、慢病管理、膳食指导、康复指导等一站式专业健康咨询服务，让驻外职工能够随时随地“一键叫医生”。邀请市精神卫生中心医师举办以“与压力共舞，做快乐职工”为主题的线上直播课堂，帮助驻外职工认识压力、缓解压力，做好管理情绪，在工作和生活中完善自己。（周 雯）

【市化学工会推进“三个一”实事工程】 为改善集团市外企业员工的生活设施和工作环境，市化学工会对 18 个二级工会和实体，划拨专项资金 378 万元，用于实施“三个一”（一顿饭、一把澡、一方便）实事工程。着重对基础薄弱单位和环境急需改善单位，追加资金投放，配合行政为营造舒适工作环境，改善生活设施提供了工会组织的支撑和推动作用。（韩 英）

【市化学工会为集团外派员工家庭提供关爱】 2021 年，市化学工会多渠道为集团外派员工家庭提供应急辅助服务。一是深化外派员工家庭应急辅助服务关怀机制，重要假期和节点做好关怀，向奋斗在钦州一期项目不回家过年的 180 名外派员工家庭准备了“爱心大礼包”；高温盛夏为一期项目开车的 160 名外派员工家庭送清凉实物，通过上门慰问了解需求，第一时间提供应急辅助。为外派员工孩子住院提供接送，为发生意外截肢住院的外派员工父亲寻找医疗资源，解决外派员工家属燃眉之急和后顾之忧。工会还牵头组织完善细化华谊集团外派员工家庭应急服务信息系统，为 500 名外派员工家庭定期寄送《上海华谊》报，敞开信息通道。通过真诚服务切实让外派员工及其家庭感受“阳光华谊”家文化的温暖。（韩 英）

【华谊集团组织开展资助员工技能晋升项目】 华谊集团贯彻落实市总工会职工技能提升实事工程，让一线技能人才切身感受到实事项目“看得见、摸得着、能感受、更实在”。2021 年，集团内 35 位员工申请晋升技师高级技师、带教师傅奖励资助，2 人次申请授权发明专利奖励，得到市总工会和集团工会的双份奖励。其中：晋升技师 24 人、晋升高级技师 6 人、带教师傅 5 人。2 人次获得授权发明专利一线职工奖励。（蔡毓琳）

【“东方名品汇”加盟市总工会“幸福直通车”】 为落实“我为职工办实事”的惠民工程，2021 年市总工会成立“幸福直通车”，整合相关委办局、国有大中型企业等资源，将优质产品送到职工身边。东方国际集团工会“东方名品汇”成为“幸福直通车”的主力队员，多次前往大型企业开展“职工关爱日”活动，深受职工欢迎。另外，2021 年“东方名品汇”分别前往市政府、各委办、区政府、医院、学校、企事业单位等举办 26 场活动，同时为兄弟企业配置各种慰问爱心包，将优质产品送到广大职工身边。（周 斐）

【东方国际集团工会组织职工看花博】 东方国际集团工会积极响应市总工会“百万职工看花博”实事项目，

推荐集团星海物业桃城度假村为首批市总工会“百万职工看花博”接待候选单位之一。5月14日,集团工会举行推介会,带领二级工会主席前往实地考察。通过各级工会精心规划设计方案,共组织劳模、先进、驻外员工及其家属、职工等约3000人次看花博,并重点参访集团打造的“东方G20花园”企业展园。 (叶艺勤)

【中国宝武工会开展“访职工、办实事、促发展”活动】 2021年,中国宝武工会积极贯彻落实中国宝武党委《“我为群众办实事”实践活动工作方案》和上级工会《关于开展“工会进万家”调研走访慰问活动的通知》等要求,制订下发《“访职工、办实事、促发展”活动工作方案》,要求基层工会按照“走访慰问一批劳模先进和困难职工”“办好一批贴近民意、惠及民生的实事”“培育一批落实‘三个全面’的最佳实践”“推出一批维护政治安全的实招硬招”“创建一批新时代‘模范职工之家’”等“五个一批”要求,组织推动各单位健全完善困难职工清单,扎实解决职工“三最”问题。年末,3037项“三最”项目全部完成。

(赵思杰)

【中国宝武扎实推进实事项目】 按照“办好一批贴近民意、惠及民生的实事”的工作计划,2021年,中国宝武工会从以下方面推进完成实事项目:一是5—7月,中国宝武组织18218名在沪职工参观第十届中国花卉博览会,集团公司工会被评为第十届中国花卉博览会筹办工作先进集体;二是实施职工自购保险计划,为职工提供保险福利“团购”方案,并在中国宝武智慧工会“保险惠购”模块上线;三是开展优惠购车活动,集团公司与东风日产汽车有限公司、上海汽车工业(集团)总公司、中国第一汽车集团有限公司签署优惠购车协议,全集团公司优惠购车1091辆,优惠金额327万元;四是集团公司工会为53148名在沪职工办理2021年度上海工会会员服务卡“B”类专享保障,理赔212人次,合计赔付397万元。各单位为在沪职工办理互助保障,理赔27636人次,合计赔付1774.98万元。

(赵思杰)

【中国宝武出台《健康宝武行动计划(2021—2025)》】 2021年,集团公司工会、党委组织部(人力资源部)协同宝地资产职业健康公司,通过召开座谈会、书面征求意见等方式征求各单位意见,并在听取市总工会、市卫生健康委员会有关专家领导意见建议基础上于12月制订下发《健康宝武行动计划(2021—2025年)》,形成“健康乐学”“健康乐动”“健康乐心”“健康乐习”“健康乐享”5个行动品牌设计,成立“健康宝武”行动推进委员会,并提出设立“健康宝武”行动专项资金等系列举措。 (赵思杰)

【宝钢股份扎实推进“我为群众办实事”活动】 2021年,宝钢股份聚焦职工“三最”问题,全年共推进完成实事项目312项。其中创建评选现场环境改善十大“星级示范区”,推进员工工作休息环境大幅升级。拓展外派员工及家属服务保障,开通“非急救转运”、居家保洁等家政项目。组织1.1万人开展“崇明看花博”活动,助力百名困难职工点亮“微心愿”306人次,累计32.2万元。职工帮困1.5万人次,帮困金额1675万元。结合实际开展全员自主疗休养以及劳模先进、献血员工等特殊贡献群体疗休养。扩大青年职工租房补助范围,提升新入职员工单宿居住条件,加大职工住房保障力度等成为最受职工欢迎的项目。

(侯治波)

【宝地资产组织开展工会会员“合力共发展”集体生日活动】 2021年,宝地资产策划制订“工会会员集体生日活动方案”,各单位结合实际开展丰富多彩的集体生日活动,全年共发放职工生日福利6400余人,为1400余工会会员举办了集体生日,进一步搭建员工、部门、单位之间深入沟通的桥梁,凝心聚力,增加职工幸福感获得感。 (朱　宏)

【中国宝武机关工会积极落实“三最”实事项目】 根据集团公司工会《“访职工、办实事、促发展”活动工作方案》部署要求,中国宝武机关工会进一步推进“三最”实事项目:一是制订下发《中国宝武钢铁集团有限公司机关外派员工关心关爱实施办法》,明确做好对集团机关外派员工的关心关爱工作要求。二是开展调研掌握职工需求,协同相关部门解决西侧办公区域的员工西晒光照问题;对集团机关各部门爱心药箱内常备药物进行补充更新,对新成立部门及时新增爱心药箱及药物。三是组织机关在沪586名职工观看第十届全国花卉博览会,丰富职工精神文化生活,截至年底,“三最”实事项目均已完成。

(陈佩红)

【高桥石化深入推进“我为群众办实事”活动】 2021年,高桥石化广泛听取职工意见、了解职工实际需求,制订并完善了“我为群众办实事”重点项目清单和“立足岗位做贡献”工作责任分解表,大力推进实事项目落实落地。如推进公司“职工之家”项目建设,整修一新的公司“职工之家”于12月10日正式投入使用,功能包括羽毛球、乒乓球、台球、多功能健身区、舞蹈房、棋牌室等;关注职工健康,拓展“职工学堂”新媒体建设,搭建“健康微课堂”“养生微学堂”专栏,宣传健康养生知识。年内“我为群众办实事”重点项目清单所列12项46条具体措施完成44项,完成率95.7%,剩余2项列为长效机制持续推进中。

(吴　斌)

【上海石化公司工会持续推进“走基层、访万家”活动】 2021年,上海石化公司工会持续落实《关于建立健全工会“走基层、访万家”活动长效机制的实施意见》,推动各级工会干部下基层、访职工、知民情、办实事,全年做到班组联系全覆盖、职工会员“五必访”(职工婚丧嫁娶必访,职工有思想问题必访,职工生活困难必访,职工生病住院必访,职工家庭纠纷必到必访),做深做实“有困难找工会”,累计走访慰问职工5365人次,慰问费用约172.30万元。 (裘　玮)

【上海航天局工会举办“天之骄子”寒暑托班】 为解决航天职工的实际困难和强烈需求,上海航天局工会在充分调研、精心策划的基础上,依托闵行区教育局、上海莘庄工业区管委会等,克服困难、顶住压力,举办了2021年“天之骄子”寒、暑托班、周末托班,为

360余名航天子女提供托管服务，人数创历史新高，解决了职工子女托管难题，让他们拥有安全、快乐、有意义的假期生活。（周欣彬）

【上海航天局工会针对重点人群开展“私人定制式”关爱服务】 聚焦试验队员、骨干职工、青年职工这三类重点人群，上海航天局工会定制不同的关爱服务项目。在试验队员关爱方面，全年开展试验队慰问工作，发放家政服务、蔬菜配送、实物礼包三选一服务卡，共计慰问5300余人次，总金额160余万；2021年春节，有311名试验队员坚守5个基地，局工会克服节前物流送货难、基地偏远等困难，包车将慰问保障品送到每一位试验队员手中。在骨干职工关爱方面，开展奋战100天专项慰问，覆盖职工数达2300余人，慰问金额55万元，让职工感受到来自“娘家人”的温暖。在青年职工关爱方面，持续关注青年职工婚恋问题，定期更新单身青年数据库，每季度组织单身青年交友活动，惠及400余名单身男女青年；此外，春节期间，联合局团委，举办“天作之合”交友派对，连续4天的线上线下活动让170余名留沪单身青年度过了一个愉快浪漫的春节。开展国美电器、宝马、通用汽车、沃尔沃等不同种类多批次团购活动，惠及青年职工。（周欣彬）

【上海烟草储运公司工会“我为群众办实事”项目深入人心】 上海烟草储运公司工会围绕“关心关爱”“职工福利”“健康促进”“凝聚力工程”四大版块开展9项实事工程，着力解决职工急难愁盼问题，切实增强获得感、幸福感、归属感。通过领导接待日、职工巡视访谈、专题座谈会、微心愿征集等渠道，了解职工的困难和需求，以条线对接、政策掌握、外部借力、信息盘活等方式，为职工提供实实在在的服务。针对职工日常订奶需求，争取到“光明随心订”优惠福利；围绕职工法律援助需求，创办“季度法援日”、开通“法援直通车”，为职工提供与律师一对一、面对面的咨询平台；在职工生日当天，工会领导送上亲笔题写祝福和鼓励的生日贺卡；以二十四节气为主线，推出“储韵”专题推送及当季限定美食，将传统文化与时令美味有机结合，让职工拥有精神与物质的双重享受。（俞平）

【上汽集团建设“暖心人”队伍】 为上汽集团直管企业工会建立“暖心人”志愿关爱服务队伍，人数近5000人。2021年通过这支队伍实现“工会进万家”活动目标，重点做好对劳模先进、外派职工、营销、研发、生产一线及困难员工等员工群体的慰问关爱。疫情期间的节假日，鼓励并有序引导员工就地过节。对春节仍留守岗位的海外外派员工，送上集团党政领导的亲笔慰问信和家庭慰问套餐。平日及时排摸外派职工家属的实际困难和需求，第一时间送上关爱，解除职工后顾之忧。（范融）

【铁路上海局集团公司工会积极推进职工生产生活设施改善】 2021年，铁路上海局集团公司工会牵头制订集团公司“十四五”改善职工生产生活工作方案。确定10个方面职工实事项目，坚持按月推进，季度协调，确保项目按期兑现。牵头制订集团公司既有线站区“三线”建设集中整治规划（2022—2023年），召开“三线”建设管理电视电话推进会，提前介入安九、杭绍台等新线职工生产生活设施建设，评选表彰“三线”建设管理示范线4条、示范点43个、示范站区26个、先进单位15家、先进个人79名，全年“三线”建设补充投入4100万元。铁路上海局集团公司工会常态化开展冬送温暖、夏送清凉、四季送关怀等普惠制服务，将职工会员年节慰问标准提升到每人每年1300元。推进“工会进万家”调研走访慰问活动，投入慰问资金20.44万元。重新修订集团公司职工帮扶救助工作管理办法，抓好雨雪冰冻、洪涝灾害、新冠肺炎疫情等时期的职工援助工作，做好线上线下心理辅导，投入帮扶救助资金8182万元做好基层单位助医、助困、助学，全年共帮扶救助职工10.75万人。（严光临）

【中远海运集运工会开展劳务派遣工维权服务】 年内，中远海运集装箱运输有限公司工会结合“我为群众办实事”活动，围绕劳务派遣工的用工情况、入会情况、工会经费计提情况进行专题调研，各基层单位结合具体用工特点，选择合适的入会途径，组织动员劳务派遣工加入工会，力求全覆盖。在上级工会支持下，在该公司职能部门配合下，解决了劳务派遣工工会经费计提存在的核心问题，制订《关于加强中远海运集运劳务派遣工入会和服务工作的管理规定》，以实现好、维护好、发展好劳务派遣工的合法权益。（钱华）

【上港集团工会做好春节留沪职工的关心关爱服务】 2021年春节期间，上港集团工会根据国内疫情防控形势及“就地过节，非必要不返乡”的倡议，统筹做好疫情防控和节日期间的各项工作，尤其是做好春节留沪职工（承包工）的关心关爱工作。一是认真开展春节期间“帮困送温暖”、家访慰问工作，确保广大职工特别是有家庭生活困难的职工“求助有门、受助及时”。二是切实加强生产生活保障。在确保节日期间的食堂餐饮供应充足，确保食材品质的同时，为留沪过年的承包工置办年夜饭，准备过年饺子、年夜饭副食品，半成品年夜饭礼盒，还提高节日期间的就餐标准，满足职工（承包工）需求。三是确保劳防用品、防疫物资供应充足。各级工会加强监督检查，切实发挥维护职工权益的作用，确保生产一线防寒保暖设施有效运行保障职工安全上岗。四是做好在沪过年承包工的关心关爱工作。各基层单位为留沪承包工进行新春宿舍布置，置办电视机等，还因地制宜的组织留沪承包工开展小型、灵活、多样的迎新春、送服务活动，组织召开座谈会、茶话会，在集团内营造了团结、温馨的企业氛围。（张容）

【上海长江轮船有限公司组织职工疗休养活动】 年内，为进一步加大对广大员工的关心关爱力度，按照上海市“组织10万名一线职工疗休养”和市总工会“百万职工看花博”的统一部署，结合公司“员工关爱计划”，上海长江轮船有限公司工会于5月、6月分3批组织百余名职工参加“百万职工看花博”疗休养活动，在为期2天的行程中先后参观了上药中医药文化园、第十届中国花卉博览会和崇明

美术馆。并重点参观位于户外国际展区由招商局集团冠名的花园——天空之境。（龚　兰）

【中国移动上海公司工会持续完善员工健康服务】　年内，中国移动上海公司工会以更贴合员工需求的个性化关爱持续完善员工健康服务。一是优化体检、问诊服务。公司工会回应员工需求，协调邮电医院、肿瘤医院提供无纸化服务，员工凭身份证即可完成体检预录，组织邮电医院试点开展预约制体检，预约率超过90%，协助8家基层单位开展属地化体检，共有5400余名员工参加体检，占比超过94%。组织7个地区巡回医生上门就诊服务，为460人次提供上门就诊配药服务。二是加强员工保障力度。为7000余名员工办理工会会员服务卡专项保障计划、互助保障计划。三是组织开展急救能力培训。邀请红十字会资深讲师现场讲授急救知识以及心肺复苏相关技能。300余名员工获得红十字会颁发的证书。四是举办线上线下关爱员工讲座。为全员发放"心理关爱卡"，每月开展线上心理咨询微课堂服务，全年共计为近百人次提供心理咨询。（张竹青）

【上海电信工会组织"就地过年、一样精彩"系列关爱活动】　根据市总工会下发《关于加强2021年春节期间留沪外来建设者关心关爱工作的通知》，中国电信上海公司工会拟定留沪关爱方案、下发工作通知、汇总基层信息、采购物品礼包。在公司上下两级工会的动员下，响应政府号召选择留沪的单身职工已从最初排摸的200多人上升到600多人，占总人数的九成。为实现对单身职工"就地过年、一样精彩"的承诺，公司工会推出"五个一"暖心礼包：一封致留沪员工慰问信、一次视频拜年慰问、一份翼支付充值礼包、一张2021年上海公园联票、一场兴趣乐学专属线上活动。同时，上海公司各基层工会也利用自身资源，带来一系列形式多样、内容丰富的活动。南区电信局启动"牛转乾坤，我们在翼起"系列活动的第一场——"翼起聊个天"留沪单身青年茶话会。嘉定电信局工会开展一次"'莓'好时光，欢乐迎春"草莓采摘活动。上海公司移互部组织青年职工参加"决战春节之夜"线上狼人争霸赛，市场部开展"留沪迎春不孤单，7日活动不重样"的计划。（殷　茵）

【上海电信工会现场调研"我为员工办实事"相关工作】　为落实集团公司党史学习教育的部署安排，不断满足员工日益增长的美好生活需求，增强员工获得感、幸福感、安全感，中国电信上海公司工会组织32家直属单位工会主席分两批前往应急通信局、浦东局开展"我为员工办实事"现场调研，围绕公司工会、各单位2021年实事项目展开交流研讨。4月22日，上海电信副总经理、工会主席常朝晖一行来到应急通信局一分局刘行基地参与第一场调研，先后考察刘行基地用水设施改造、办公环境改造、"四小"建设、党员之家建设等实事项目的落实情况，对应急局"我为员工办实事"工作落实予以充分肯定。（殷　茵）

上海电信崇明海缆登陆局举行自来水启用仪式（殷　茵）

【上海电信工会组织开展员工心理关爱专题培训】　2月25日，上海电信工会组织开展"从识别到应对：服务员工心发展"——员工心理危机事件的预防与处理专题培训。根据疫情防控的要求，培训除了现场授课还通过10000号直播的形式向上海公司各二级单位的工会干部、党群工作者、心理疏导员和员工进行全程直播，在线参训人数达1236人。培训针对如何关注识别员工的各种心理问题和如何给予有效的疏导帮助，讲解了各类心理问题处理方式、员工心理危机事件处理流程，从而让员工掌握自我赋能的方法和工具，提升员工心理效能感。2021年，公司工会坚持以员工为本，着力推进"心理关爱"等六大实事项目计划，探索建立起企业内部的员工心理健康服务体系。通过持续优化完善"上海翼家人"员工微信公众号"心翼云"平台内容、继续推进工会干部群体中的心理疏导员队伍建设、发布《上海电信职场心理学》教材、试点推进二级单位心理关爱品牌建设和探索建立上海公司"五维心理健康服务体系"等五方面的具体举措，宣传普及心理学知识，引导员工关注心理健康，释放缓解压力。（殷　茵）

【航道局工会开展境外职工心理关爱EAP服务项目】　2021年，航道局工会启动了境外职工心理关爱EAP服务，包含心理测评、心理关爱热线、职工心理关爱培训、管理者（关爱大使）培训等。8月16—31日，上航局境外职工全员参加了线上的专业心理测评。该服务项目后续相继举办《活在爱中的秘密——构建和谐的家庭关系》培训，开展境外项目部、船舶的心理驻场关爱工作，保障每位境外职工都能接受心理咨询服务。服务开展的6个月，海外员工及员工直系亲属心理咨询服务8人次，主题为家庭情感6人次、心理或情绪困扰2人次。同时，工会通过微信推文、线上微课、关爱海报的形式给职工传递组织的心理关爱，同时推广 EAP 项目的服务内容，让更多员工了解这一项心理服务。（全　晶）

【上海海事局工会加强职工互助医疗保障工作】 2021 年，上海海事局工会启动了多项服务职工实事项目，同时明确把全局职工医疗互助保障计划投保工作作为“一号工程”。自 2018 年开展这项工作以来，上海海事局已有职工 700 多人次获得职工医疗互助保障理赔，给付金额达到 200 余万元，大大减轻职工就医尤其是住院治疗的经济负担。局工会组织和指导下属两级工会于 3 月底之前完成全局 1660 名在职职工及 942 名退休职工的投保工作。（陆智静）

【上海建工集团区域工会服务站启动】 5 月 17 日，上海建工集团华南区域工会服务站举行揭牌仪式，集团党委副书记、总裁卞家骏，工会主席殷红霞出席并为服务站揭牌。集团工会相关负责人、四建集团相关领导、华南区域各参建单位行政主要领导、工会负责人参加。集团工会聚焦外埠一线职工制订职工关爱服务计划，在集团“1+7+X”区域设立 15 家区域工会服务站，作为“我为群众办实事”实践活动的重要载体和联系服务职工群众的桥梁纽带。（余轶群）

【市交通工会举办 520 公交职工关爱日】 5 月 20 日，一场主题为“理解与尊重同行，共同关爱公交职工”的 520 上海公交职工关爱日活动，在久事公交逸仙路立体停车库举行。此次活动旨在进一步呼吁全社会关注、关爱公交职工，给公交职工营造和谐、温馨的良好工作环境，形成和谐礼让的文明乘车风尚，同时弘扬公交职工爱岗敬业的奉献精神。市交通运输主管部门、行业工会、行业协会及沪上 24 家地面公交企业参加活动。活动过程中，市交通工会发布《推动上海地面公交行业职工队伍建设若干举措》。本市地面公交行业的多位驾驶员接受表彰。活动采用“线下会场+线上多平台直播”的形式举办，万余名公交职工、车迷和热心市民在线观看全程直播。（李晓姝）

【市医务工会培训初级员工关爱专员（医院 EAP 方向）】 2021 年，市医务工会联合市医务职工职业健康促进协会、中国医院 EAP 联盟大力推广医院员工关爱计划（简称 EAP）。5 月，首期初级员工关爱专员（医院 EAP 方向）培训班开始招募，各区医务工会、各直属基层工会共 64 名医务职工参加培训。经过系统的学习和考核，共 62 名学员获得初级员工关爱专员（医院 EAP 方向）培训结业证书，12 名学员获评优秀学员。（柯　婷）

【市科技工会积极开展服务职工实事项目】 年内，市科技工会扎实推进上海市为民办实事项目，有序推进一线职工疗休养项目，全年累计完成 28247 名工会会员卡专项保障投保，为住院职工发放住院慰问金，向重病职工发放特种重病慰问金，42 家单位参与了百万职工看花博活动。（李　皓）

【上海报业集团工会助力困难职工实现“微心愿”】 2021 年，上海报业集团工会按照党委指示，将“微心愿”实事项目与帮扶送温暖工作紧密结合，深化服务职工群众实事项目及困难帮扶体系建设。5 月 1 日起，集团工会开展了为期 2 个月的“微心愿”征集活动，得到职工广泛的关注。6 月，集团工会进行爱心认领，职工们的“微心愿”得到实现。在建党 100 周年来临之际，心愿物品由所在基层工会代为领取，并送至困难职工手中。（褚　珺）

【光明食品集团工会多措并举让职工留沪过年】 春节前夕，光明食品集团各单位积极响应号召，引导鼓励外地职工留沪“就地过年”。各级工会推出一系列暖心举措，让职工安心留沪。良友物流集团下属 9 家基层企业和本部的 36 名外省市职工，以及近 400 名在沪劳务人员，在工会组织的动员帮助下主动选择留沪过年。新港公司推出“错峰探亲”措施，对根据安排错峰休假的职工，增补 3 天假期。福新公司在动员职工留沪过年的同时，工会开展了“迎新春送祝福”活动。良友便利主动了解留沪职工春节期间的各项安排，并通过电话、微信等形式，加强思想沟通，适时安排丰富多彩的文化生活。购销分公司开展节前留沪职工走访慰问工作，送上慰问信表示感谢与敬意。光明米业、油脂集团、粮科所、集团总部等工会通过召开座谈会，发放节日慰问礼包和防疫物资等方式，为留沪职工送上关心与关爱。（朱菊英）

【光明食品集团两家职工疗休养基地举行揭牌仪式】 4 月下旬，光明食品集团市内的两家职工疗休养基地揭牌仪式分别在崇明农场和五四有限公司小木屋会务中心举行。全国劳模郁

光明食品集团职工疗休养基地揭牌仪式　（龚　惠）

非、万国良、金卫国，全国五一劳动奖章获得者诸伟琦为基地揭牌。崇明农场疗休养基地拥有光明田原、瑞华果园、番茄产业园等众多休闲景点。基地内设有餐饮、住宿、会议室、娱乐室等，可接待160多人住宿，可以容纳400多人用餐。五四小木屋疗休养基地坐落于奉贤区，东临杭州湾畔海湾国家森林公园。基地环境幽雅、交通便利，是一家集美食、住宿、商务为一体的综合型酒店。（龚 惠）

【市监狱管理局工会积极为职工办实事】 年内，市监狱局工会向各基层工会发通知，号召贯彻落实党史学习教育活动要求，积极开展"我为群众办实事"，为群众解难题、送温暖。在实践活动中，局工会修订帮扶制度、开展形式多样的文体活动、创建网上活动平台"菁英汇"小程序、提供免费电子职工书屋、创建爱心妈咪小屋、举办爱心暑托班、为基层单位购置飞镖机、为基层职工小家配置健身器材，争取市体育局支持，援助军天湖监狱健身设施等，以一件件具体的好事实事，让职工感受工会娘家人的温暖。

（江海群）

【市市级机关工会举办应急救护培训】 4月12日，市市级机关工会举办应急救护培训启动仪式暨第一期培训班。市级机关部分单位工会主席、市经信委的机关干部职工、市红十字事务中心应急救护师资团队约80人出席活动。培训以心肺复苏（CPR）和自动体外除颤器（AED）学习为重点，理论授课和现场实操相结合，让学员了解应急救护的基本知识和技能。

（王 颖）

【百联集团工会举办长租公寓职工推介会】 12月7日，百联集团工会举办"百联乐居，生活乐享""和光寓"长租公寓职工推介会，优先向职工推荐百联集团置业公司匠心打造的长租公寓产品线首个优秀作品——"和光寓"。百联集团工会副主席祁月红、集团相关部室负责人，各级企业工会主席、工会干部等150多人参会。会上，项目团队通过VCR、演讲、Brochure、互动问答、展板展示等形式，介绍了"和光寓"项目的建设情况。根据"人民城市人民建，人民城市为人民"的发展理念，百联集团把位于市中心的老旧仓库改造为长租公寓产品，用以解决职工在城市的居住难题。在集团工会的支持下，该项目优先向内部职工推荐，职工可以优先选择房型，享受优惠的租赁价格、贴心的管家服务。集团工会还为每位首次入住的职工提供一份实惠的生活用品大礼包，让职工们在百联安居乐业。

（姜 杰）

【世纪出版集团关心留沪过年职工】 世纪出版集团关心关爱2021年春节留沪过年的单身职工，精心策划制订方案，通过各种贴心服务与暖心行动，引导激励职工错峰休假、就地休假，留沪过节。按照"外防输入、内防反弹"要求，集团工会对各单位留沪独自过年职工近400人，以"一封慰问信、一个年味礼包、一个防疫健康包"的形式进行慰问。（江 文）

市工人疗养院开展"我为群众办实事"系列服务活动（赵 倩）

【海鸥集团完成上海市政府为民办实事项目】 年内，海鸥集团承接了上海市政府为民办实事"组织10万名一线职工疗休养"的接待服务工作。集团高度重视，专门成立领导小组，由主要领导担任组长。围绕市委、市政府"把实事办好、好事办实"的重要指示精神和市总"保质、保量、保满意度"的工作要求，集团迅速行动，落实主体责任、加强工作统筹，快速分解任务指标、细化工作方案。休旅总社及各疗休养院所等承接单位以此为契机，汇聚社会资源力量，结合自身区位优势和资源禀赋优势，一方面见缝插针，对相关硬件设施进行翻新整修，优化局部功能，做到投入合情合理、改造因地制宜；另一方面总结借鉴接待服务援鄂医护人员的成功经验，根据现有服务能力和实际条件，努力提高疗休养的接待软实力。先后接待环卫工人、快递小哥、新冠疫苗接种工作人员等特殊群体的疗休养。2021年，实事项目共服务职工12.6万人，其中海鸥集团直接组织落实了7.09万人。

（郜 晶）

【市工人疗养院开展街道共建送医疗健康服务到社区】 6月28日，市工人疗养院体检中心开展"为民服务办实事、共筑共建促和谐"虹桥街道公益专场体检，并借此契机，与虹桥街道签署共建协议，提供一份服务清单。包括"健检服务进社区""医疗物资进社区""健康讲座进社区""志愿者服务进社区"等内容，即为相关人群提供一年一次的健康体检，一年一次流动体检车进社区服务，按需定量提供防疫物资与轮椅等便民物资，一年两次为相关人群提供健康讲座服务，按需为街道各类活动提供志愿者服务等。通过共建活动的开展，加强了与属地街道的联系，让社区的居民、职工，享受到就近、便捷的健康服务。

（赵 倩）

【市工人疗养院流动体检车加入市总工会 2022 年度实事项目】 11 月 8 日,市总工会开展的"工会进万家·新就业形态劳动者温暖行动"启动,市工人疗养院流动体检车作为"上海工会新就业形态劳动者体检巡回专车"参与到活动中,并加入 2022 年市总工会"组织万名新就业形态劳动者巡回体检"实事项目。该实事项目的服务对象是本市范围内,依托互联网平台就业的新就业形态劳动者,以美团、饿了么等外卖平台的网约配送员及顺丰、三通一达等企业的快递员为主。巡回体检车相继开进各大市区中心广场,为"小哥"们送上工会的健康关爱。市工人疗养院在该项目中,提供专属体检套餐、专享增值服务、专项健康档案等 3 项体检服务。其中,专属体检套餐在设置常规体检项目的基础上,还根据新就业形态劳动者的劳动特点,增加心源性疾病、慢性肠胃疾病、传染性疾病、类风湿疾病、肌肉骨骼关节劳损、恶性肿瘤等专项检查。专享增值服务涵盖开通"新就业形态劳动者体检咨询电话",为骑手、快递员解读体检报告相关内容,提供重大疾病风险提示和医疗咨询等服务,对身体指标异样的新就业形态劳动者进行主动提示,劳动者可通过预约到上海市工人疗养院免费复查。

(赵　倩)

【市工人疗养院开展系列专场体检活动】 在举国欢庆中国共产党建党 100 周年之际,市工人疗养院立足本职专业,举办以"建党百年、服务百人"为主题的系列体检专场活动。作为上海市全国劳模健康体检定点机构、健康管理示范基地,市工人疗养院关爱劳模群体的生活和健康,在为劳模健康体检的基础上,邀请 3 位上海名老中医,为劳模提供"中西合璧"的全方位健康指导,受到劳模们的好评;在虹桥街道举办"为民服务办实事、共筑共建促和谐"公益专场体检,服务对象是百位社区老人;在花博会现场,开展"服务跟着车轮走、工会关爱进花博"的公益专场体检,市工人疗养院的流动体检车,为花博会 100 名一线安保、清洁工作人员送上健康体检。

(赵　倩)

就业援助

【概要】 2021 年上海工会围绕中心服务大局,加大就业工作力度助推"稳就业"工作。建立市总工会权益保障部、工会学院、劳动报社、市总服务中心四方"推进职工高质量就业"常态化分析机制,针对职工薪酬福利、疗休养、食堂、体检等职工最关心、最直接、最现实的利益问题进行深入调研,结合头部企业沉淀大数据、职工问卷调查和专家意见,形成专题报告。联合职工服务中心开展"农民工就业情况网络调研",形成《疫情背景下上海农民工就业情况调查》调研报告。春节期间,组织动员全市各级工会筹措资金、创新形式、丰富内容,为外来建设者提供周到贴心服务,助力企业稳定用工。依托"申工社""会聘上海"就业服务平台,开展直播送岗、线下专场招聘会、线上云招聘会共计 55 场,推送用工企业近 4000 家,提供就业岗位 2.8 万个,服务职工 5.7 万人(次),达成就业意向 6100 余人次。

(陈　蓓)

【长宁区总工会开展"会聘长宁·'职'等你来"线上直播】 10 月 15 日,长宁区总工会在临空经济园区开展"会聘长宁·'职'等你来"线上直播。"会聘长宁·'职'等你来"分为 10 月 15 日博世专场和 10 月 22 日联合利华专场。直播采取走播的形式向应聘职工详细介绍公司情况和具体岗位要求,在申工社微信视频号播出。招聘企业包括博世、联合利华、东福网络、春秋航空等 23 家单位、544 个岗位,招聘岗位的学历与年龄要求覆盖范围广,最高岗位年薪达到 80 万。求职观众与招聘单位在线上直接沟通,打破了线下招聘场地的限制,在走播过程中,应聘者更加深入地了解用人企业。直播当日在线观看人数 282 人,点赞超过 6400 次。招聘活动后将持续跟进收到的简历和用人单位意向情况。

(沃晓东)

【静安区总工会举办"会聘上海　职在静安"就业服务活动】 5 月 22 日,"百年幸福路　乐业在静安"——"会聘上海　职在静安"劳模带岗百家名企现场就业服务活动在静安区八佰秀举办。该活动由市总工会指导,静安区总工会、静安区人力资源和社会保障局、市总工会职工服务中心、静安区江宁路街道总工会主办。市总工会副主席张得志,静安区委常委、组织部部长顾春源,静安区总工会党组书记、副主席许俊等出席。会上,静安区总工会启动"十百千万"服务保障体系,力争在服务职工方面实现百分百维权接待、百分百保障受理、百分百服务覆盖。针对重点群体就业,静安区总工会、静安区人力资源和社会保障局强强联手,为区内困难职工家庭高校毕业生精准对接就业服务指导,以全套就业服务计划助力困难职工家庭脱困

长宁区总工会举办"会聘长宁·'职'等你来"直播招聘　(沃晓东)

解困,实现14个街镇全覆盖。据统计,此次就业服务活动共有106家企业参加,招聘人数达到2092人,共提供就业岗位300余个,平均工资达7500元,现场参与人数756人,367人达成就业意向。（张　兰）

【宝山区举办劳模先进工会专场带岗活动】 3月26日,宝山区举行"招才进宝,春风送岗"——劳模先进工会专场直播带岗活动。此次活动由宝山区总工会、区人力资源和社会保障局主办。活动通过上海宝山抖音号、上海宝山微信视频号、宝山汇APP平台同步直播,总共吸引近2万人点击观看直播。组织32家企业,为求职者提供500多个岗位,其中不乏获得全国劳模先进企业,覆盖日化、电子科技、家具、食品、物流、机械制造等重点产业。（朱　艳）

【闵行区积极开展职工就业推介服务】 2月1—28日,闵行区区总工会依托市总工会申工社"会聘上海"微信小程序,开展"稳岗暖心迎春风,工会服务伴你行"线上就业招聘活动。活动共推出30家企业、101个岗位、共招聘406人,重点针对转改制企业分流职工、困难职工及其家庭成员、农民工、大学生等求职对象。区总工会还建立了"闵行工会求职人员服务群",通过"闵行工会"公众微信号发布岗位信息、开设线上简历投递入口,随时解答求职者的各类问题,提供更加便捷周到的求职服务。（王　凯）

【闵行区总工会开展就业援助服务实事项目】 1月,闵行区总工会制订《关于"助力就业,工会护航"为千名职工提供就业援助服务实事项目的方案》,重点关注困难职工群体、困难职工家属以及关停并转迁企业的职工。全年排摸和梳理1500余名困难职工、困难职工家属的求职需求。对17名特困职工及家属开展"点对点"就业援助服务,提供人均25次面试机会,成功录用6人。针对"关停并转迁"企业职工,在协调处理劳资矛盾的同时,指导各街镇总工会挖掘岗位资源,同步推进失业人员的再就业问题。为乐购、花王公司等54名失业人员提供再就业面试机会,其中,成功录用45人,上岗率达到83.8%,就近就地化解矛盾纠纷。（王　凯）

【奉贤区总工会多措并举促就业保民生】 奉贤区总工会多渠道、多途径搭建就业服务平台。一是通过"会聘上海"小程序开展线上服务,让职工享受便捷的就业服务,年内新增36家企业注册,新增发布100多个岗位。二是联动各街镇开展线下服务,举办区镇两级线下公益招聘会、春风送岗位等共16场,累计推出2643个岗位,达成意向1447人次,发放就业政策等宣传资料1935份,深受职工群众欢迎。三是线上线下联合开展,积极参加市总举办的"校园行招聘"活动,共发布100个岗位,线上线下同时参与的企业共19家,推出63个岗位,单独参加线上的企业共16家,推出37个岗位。（周　捷）

【百联集团工会开展职工转型创业扶助活动】 12月23日,百联集团工会召开职工转型创业扶助项目评审会,根据《百联集团有限公司职工转型创业扶助活动专项资金管理办法》,对部分因企业转型造成的转战新行业、挑战新岗位的职工"扶一把,送一程",通过提供组织保障和资金支持鼓励并扶持职工创业,提升企业业绩及职工收入、促进企业转型及职工转岗。在各级工会申报的基础上,经评审,对30名考取新专业证书成功转岗的职工、160个涉及连锁门店销售的合伙人团队、3个由职工全程参与开发经营的重点项目予以资金扶助。（姜　杰）

困难帮扶

【概要】 2021年,市总工会认真贯彻习近平总书记在全国脱贫攻坚总结表彰大会上的重要讲话精神,根据全总和市委市政府工作部署,积极履行社会救助联席会议成员单位职责,聚焦深化工会改革,进一步完善上海工会梯度帮扶体系,全面提升帮扶工作水平和帮扶成效,工会帮扶工作取得新进展。一是全面总结困难职工解困脱困工作成效。先后在《工人日报》《劳动报》等主流媒体以及申工社平台,以城市困难职工解困脱困工作为主题开展报道。在上海城市困难职工解困脱困工作中做出重要贡献的集体3个、个人3名获全总通报表扬,其中一人荣获"全国五一劳动奖章"。二是切实提高困难职工帮扶工作效能。每季度对困难职工家庭发放帮扶资金,累计发放帮扶资金594.13万元,共计帮扶困难职工家庭602户。在元旦春节期间,对586户困难职工家庭发放一次性生活补贴913.064万元,确保困难职工家庭温暖过冬过节。向3000名困难职工和全国劳模爱心捐赠"沪惠保"产品。推进"工会困难职工帮扶申请"纳入"一网通办""社会救助一件事""职业健康一件事"。三是全面深化上海工会"点亮微心愿"项目。依托上海市职工帮困基金会,通过搭设资金募集平台,优化实物募集平台,精心组织线上线下的微心愿主题活动,助力实现3855个困难职工微心愿,募集爱心款28.1万元。四是扎实开展送温暖活动。市人大常委会副主任、市总工会主席莫负春先后走访慰问困难职工和劳模家庭,以及春节留沪的外来建设者、春节期间坚守一线岗位的职工等。市总工会主席室和机关部室组成20个慰问组,深入困难职工和劳模家庭走访慰问。市总工会直接安排帮扶慰问资金8901.38万元,帮扶慰问困难职工、劳模5.46万人。各级工会共筹措送温暖资金3.42亿元,慰问困难职工、劳模等60.23万户。（陈　睿）

【开展元旦春节送温暖活动】 2021年元旦春节期间,上海工会继续广泛深入开展走访慰问送温暖活动。市人大常委会副主任、市总工会主席莫负春先后走访慰问困难职工和劳模家庭,以及春节留沪的农民工、环卫工和快递员等外来建设者。市总工会主席室和机关部室组成20个慰问组,深入困难职工和劳模家庭走访慰问。直接安排帮扶慰问资金8901.38万元,帮扶慰问困难职工、劳模等5.46万人。春节前夕,市总工会制订下发《关于加强2021年春节期间留沪外来建设者关心关爱工作的通知》,鼓励外来建设者留沪过春节,同时要求各级工会切实做好春节留沪职工关心关爱工作。向所有春节留沪的外来建设者赠送意外伤害专项保障。火车票补贴行动延长返沪时间、延迟申报时间。12351职工服务热线提供7×24小时预约心理咨询服务。指导户外职工爱心接力站做好春节期间接待服务工作。开展"送副春联到家乡"活动、"劳模工匠陪你过年"现场体验讲堂等活动。同时,向留沪外来建设者赠送3000份影音娱乐礼包、20000份扶贫产品和700万分申工社积分礼包,向51000余名留沪外来建设者赠送流量礼包。两节期间,上海各级工会共筹措送温暖资金3.42亿元,慰问困难职工、劳模等60.23万户。(陈　睿)

【市总工会领导集中开展走访慰问】 2021年元旦春节期间,市总工会领导深入困难劳模、困难职工家庭开展走访慰问活动,了解职工群众诉求,帮助解决最困难、最忧虑、最急迫的实际问题。春节前,市人大常委会副主任、市总工会主席莫负春先后走访困难职工韩志根家庭,以及劳模杨怀远、包起帆和徐虎家庭。并赴浦江143地块项目部、徐汇环卫职工之家,慰问农民工、环卫工人等留沪外来建设者。市总主席室领导也带队深入困难职工、困难劳模家庭走访慰问。节后上班首日,莫负春与市总工会党组书记、副主席黄红等一行,赴机场、航空、高铁、地铁、公交等,慰问为本市春节提供保障的交通行业一线职工。(陈　睿)

【市总工会做好支援外地建设退休(职)回沪定居人员一次性特困补助工作】 2021年,由市财政列支,市总工会核拨各区总工会一次性特困补助款142.9万元,共向3700名生活特别困难的本市支援外地退休(职)回沪定居人员发放一次性特困补助。(余嘉毅)

【开展助力3000名困难职工实现"微心愿"实事项目】 市总工会整合爱心企业、基层工会、职工个人和上海市职工帮困基金会力量,通过搭设资金募集平台,优化实物募集平台,精心组织金秋助学、环卫工人日送温暖等线上线下的微心愿主题活动,确保完成上海工会服务职工实事项目——"助力实现3000名困难职工微心愿"。全年共计实现困难职工微心愿3538个,募集爱心款28.1万元。(陈　睿)

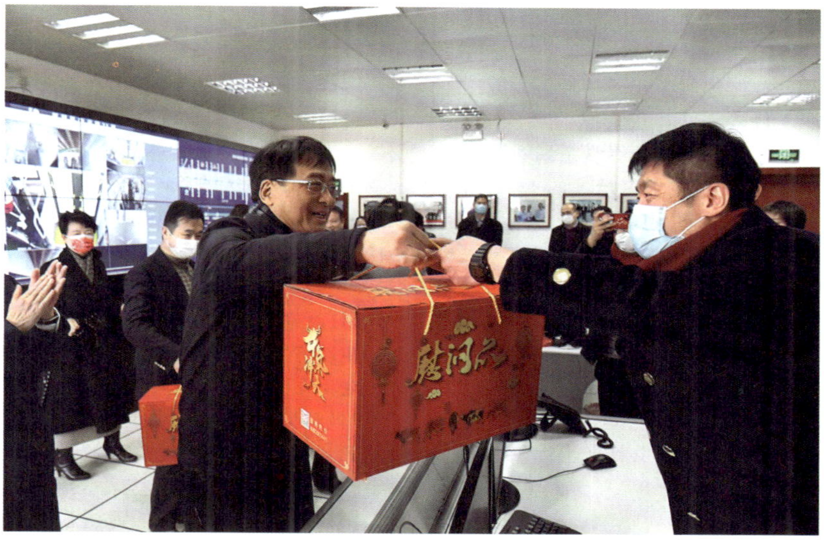

市总工会领导集中开展走访慰问　(陈　睿)

【徐汇区总工会开展点亮"汇心愿"活动】 2月1日,响应市总工会服务职工十大实事工程之"点亮微心愿"项目"汇心愿"小程序在"徐汇工会"微信公众号上线。即日,首批由留沪外来建设者(主要是建筑工人、环卫工人、家政员)提交的28个"汇心愿"发布后,一天内23个心愿就被认领,2个心愿实现。区总在全区19家"爱心接力站"、60家标准化"爱心加油站"以及徐汇环卫职工之家等地,设置80个"汇心愿"爱心信箱收集微心愿。8月10日,开展"为对口支援地区困难职工实现微心愿"主题活动,第一批西藏自治区日喀则市萨迦县困难职工的15个微心愿,通过"汇心愿"平台发布,并很快被认领。至年底,区总工会发布困难职工微心愿6批,完成职工心愿316个,其中萨迦县职工心愿91个。(朱贤樑)

【长宁区总工会开展"工"享便民·点亮微心愿学雷锋主题活动】 3月10日,长宁区总工会联合仙霞街道总工会在仙霞街道爱心接力站开展"工"享便民·点亮微心愿学雷锋主题活动。市退管办主任刘培顺、仙霞街道党工委书记高铮、长宁区总工会副主席秦莉文、仙霞街道总工会主席王小平以及各爱心企业代表、长宁劳模志愿者等出席活动,刘培顺为活动致开幕辞,高铮、秦莉文及爱心企业代表共同点亮微心愿,并现场为困难职工和灵活就业人员送上冰箱、礼包等爱心物品。同时,长宁区总工会携手仙霞街道总工会为街道的特殊老人们送上幸福养老礼——工会"便民服务卡",由本区劳模志愿者们通过结对的形式为老人们送去服务、送上关怀。活动现场,法律和心理咨询、口腔检查以及各类便民服务项目也同时开展,累计服务职工群众300余人。(沃晓东)

【虹口区总工会牵线资助阳光之家小乐队】 6月16日,虹口区人大常委会副主任、区总工会主席胡军,虹口区总工会党组书记袁忠民带领班子成员慰问虹口区曲阳路街道"阳光之家"。在虹口区残联党组书记、理事长王业红、曲阳路街道主任王磊、曲阳街道副主任肖俊峰的陪同下,参观曲阳路街道助残志愿者服务基地,并给"阳光之家"的小乐队送去慰问,观看了他们的管乐演奏。在区总领导的牵线搭桥下,上海梦想成真公益基金会与"阳光之家"结对,基金会将长期对"阳光之家"进行支持和关怀。(马伟杰)

【静安区总工会2021年送春联活动举行】 1月5—28日,由静安区总工会主办、静安区工人文化宫承办的"书千副春联,送千户人家"2021年送春联活动举行。该活动是静安工会服务基层职工的特色品牌项目,至今已连续开展9年。在弘扬优秀传统文化之时,也满足了职工群众的节庆文化需求。送春联首日活动在石门二路街道仲益大厦启动。市总工会副主席桂晓燕等出席，并现场为石门二路街道灵活就业群体职工代表和仲益大厦楼宇职工代表赠送喜庆春联、福字和非遗手工艺术剪纸。送春联系列活动持续三周余，先后前往区域内的13个街镇和市北高新园区的指定站点，为职工们送去书法家们提前书写好的春联福字成品近3300副。其中，主承办方还通过区医务工会将书法家事先书写的500余副春联福字送到一线医务工作者的手中。活动还组织安排书法家为各街镇总工会自行承办的14场活动书写春联、福字，共计送出近2000副。（江屹巍）

【闵行区总工会创新帮扶模式为困难职工实现“微心愿”】 2021年，闵行区总工会以党史学习教育实践为契机，积极发动全区各级工会开展“工会进万家”困难职工家庭走访慰问。广泛征集困难职工“微心愿”，帮助解决困难职工家庭在生活、学习、工作等方面的现实需求。同时，通过开发“微心愿”小程序，助力职工在线申请实现“微心愿”，形成“困难职工在线申请—工会在线联系—爱心人士线上对接—帮扶物品线下流转、线上查询”新模式。截至12月底，全区累计发布1229个“微心愿”其中，已有1212个“微心愿”被认领并实现，获得社会各界人士的广泛关注。（卫佳雯）

【金山区各级工会慰问外来建设者】 2021年春节前夕，金山区各级工会精心组织安排各项举措，为留沪外来建设者送温暖。在区总层面，送出2000份“爱鑫年味”年夜饭礼包，10000份“暖鑫无忧”意外保障，50000杯“爱鑫暖茶”免费姜茶。金山区的各个街镇也准备了特制大礼包，其中亭林镇总工会送出8000余份过年大礼包，漕泾镇3000余份，廊下镇1500份，吕巷镇1600份。金山区全部12个街镇共送出超2万份大礼包，累计金额271万元，让留沪外来建设者在寒冷天气下，感受到工会组织的温暖。（钱海东）

【金山区总工会开展春节慰问送温暖活动】 2021年春节前夕，由区人大常委会党组副书记、副主任、区总工会主席朱喜林带队，区总工会领导班子兵分八路赴全区12户困难职工、11位困难劳模和15位全国劳模家庭开展走访慰问，为困难职工及劳模家庭送去工会的关怀和祝福。据统计，区总工会共计投入50余万元用于元旦春节期间困难职工、困难劳模慰问帮扶，共帮扶500余人次。（钱海东）

【松江区总工会开展关爱留沪过年外来建设者行动】 据统计，2021年约有近4.5万外来建设者会响应原地过年的号召、留在松江过春节。松江区总工会春节前夕下发《关于加强2021年春节期间留松外来建设者关心关爱工作的通知》，并落实了为留松外来建设者赠送1200份防疫礼包、联合区绿化市容局工会赠送1200份国家4A景区、市五星级公园门票、为120名困难农民工、灵活就业职工“点亮微心愿”活动、赠送1200份扶贫产品零食礼包、赠送1200份通讯话费、流量补贴以及开设一场送春联活动等“六个一”关爱行动。全区各级工会组织通过“三级联动”模式积极做好关心关爱工作，对留守职工进行走访慰问。区总工会积极维护好外来建设者的合法权益，通过与用人单位开展集体协商等方式，做好外来建设者工作时间、加班工资等方面的协调，配合相关部门开展农民工工资支付情况专项检查，为遭遇欠薪的外来建设者提供法律援助服务。（张谢琰）

【松江区总工会组织困难职工家庭“爱心花博游”】 松江区总工会积极参与市总工会“百万职工看花博”实事项目，结合实现困难职工“微心愿”，分别于6月9日、17日，组织46户困难职工家庭105人参加免费一日“爱心花博游”活动，此举也被列为区总工会2021年的实事项目之一，体现了工会组织对困难职工和一线职工的关心关爱。（孙　媛）

【青浦区开展致敬新青浦新生活建设者活动】 1月14日，青浦区总工会向全区职工发出“工会有爱，留青过年”的倡议书，鼓励外来建设者推迟回乡、就地过年。同时投入100余万元资金开展“情暖2021年新春，致敬新青浦新生活建设者”系列活动，做好“三送三慰问”工作，“三送”即送春联，送年夜饭，送电影，“三慰问”即走访慰问困难劳模、困难职工，走访慰问防疫职工代表，走访慰问节日坚守岗位的一线职工代表。（朱建强）

【奉贤区总工会强化职工帮扶实效】 奉贤区总工会不断完善帮扶救助机制，形成多方参与、层次清晰、各有侧重的困难职工帮扶和送温暖工作体系。组织90587名工会会员参加《工会会员专享基本保障》。开展困难职工、困难劳模等帮扶慰问活动，覆盖2657人次，发放各级帮扶慰问金381.3万元。关心关爱疫情防控一线人员，与区卫健委联合开展抗疫一线医务人员“三个一”暖心行动，慰问一线人员3500余人次；组织一线抗疫优秀先进职工疗休养80人。全区各级工会开展高温慰问，走访企业（基层）1874家，慰问职工19.4万余人次。组织6638名职工、50户困难职工及新就业形态从业人员家庭参加“爱心花博游”活动。（薛思涵）

【奉贤区总工会开展新就业形态劳动者送温暖活动】 12月23日，奉贤区总工会、区委组织部、区邮管局在文化广场、宝龙广场联合开展“工会进万家　新就业形态劳动者送温暖”活动。聚焦外卖配送员、快递小哥等群体，邀请了美团、饿了么、中通、顺丰、韵达、圆通等100名新就业形态劳动者代表，向他们赠送含保暖护膝、骑行手套、便携餐具、法律读本等在内的“温暖大礼包”，把党的工作、工会的关怀延伸拓展到新就业形态劳动者群体。（朱勇全）

【市化学工会上下联动为困难职工纾困解难】 2021年市化学工会通过元旦春节集团领导走访慰问，救急济难基金和“金秋助学微心愿”，将帮扶困难职工的事做深做细。元旦春节慰问人数102人，慰问礼品和资金28.4万元，向市外企业下拨春节慰问款45万元，对参建集团重点项目工地异地过年的160名的外派职工家庭发放慰问品8万元。2021年度通过救急济难基金的“六个帮”，向700余名困难职工发放补助金近135万元，同时还向市外企业1.2万名职工划拨帮困款

46万元。全年重病帮扶32人次，对因意外火灾，漏雨造成房屋损坏的困难职工，以及海外工厂患新冠的3名职工采取特事特办进行临时帮困。通过市总工会搭建的“微心愿”平台，在各基层工会申报的基础上，按区域和类别疏理个性化名单，为32名困难职工申请“微心愿”，9人金秋助学的微心愿在申工社上被认领，23人的微心愿由上海职工帮困基金会认领，让困难职工家庭感受到市总工会给予的关爱。 （韩 英）

【东方国际集团工会（上海市纺织工会）获全总职工解困脱困工作集体荣誉称号】 2021年，东方国际集团工会（上海市纺织工会）获全国总工会颁发的“在城市困难职工解困脱困工作中作出重要贡献”集体荣誉称号。近年来，工会积极贯彻落实中央、全总和市总工会关于城市困难职工解困脱困工作精神，通过精准识别、精准施策、精准帮扶，不断创新帮困工作载体，扩大帮困工作覆盖面，提升困难职工受益度，已帮助743名职工脱困、解困。工会设立爱心基金，每年组织各投资企业进行捐款，近5年共募集款项达995万元，帮扶救助总计16000余人次。主要举措包括：聚焦重点对象，做好精准帮扶。每年对集团困难职工进行排摸，根据困难程度分类分档管理，对其定期定额帮扶。对特困职工，每年走访了解困难，针对性帮助解决问题。对下岗困难职工，组织职业技能培训，帮助寻找力所能及的工作。对因病至困的职工，协助进行职工医疗保险理赔，帮助渡过难关。对所有困难职工子女上学，工会每年给予相应的学费资助，对考入高中和大学的学生发放“助学成才”奖学金，同时搭建平台为在校大学生提供实习机会。此外，建立集团工会、企业工会两级帮扶机制，坚持上下联动形成合力。对已解困脱困职工进行监测与跟踪，做到100%入户走访调查，防止职工返困致困。对疫情期间发生暂时性困难的职工，及时纳入临时帮扶范畴，做到精准识别，动态管理。 （陆 益）

【中国宝武深入开展送温暖活动】 2021年，中国宝武各级工会通过摸底调查，准确掌握困难职工家庭成员、经济收入、健康状况等情况，更新困难职工数据库，深入基层一线走访慰问，聚焦困难职工、工伤职工、大病住院职工、外派人员（包括乡村振兴干部、海外工作人员）、劳模工匠、在国家重点工程重大项目重大活动中做出突出贡献的职工、抗疫一线职工、长期在艰苦岗位上工作的一线职工、节日期间坚守一线岗位的干部职工等重点人群，将公司党委和行政的关怀和温暖送到职工心坎上。2021年各单位开展各类慰问111451人次，“送温暖”金额6132.22万元。 （赵思杰）

【上海邮政工会多措并举做好困难职工帮扶救助工作】 元旦、春节期间，上海邮政工会组织各基层工会开展“双节送温暖”和“爱心捐款”活动，组织各级工会对先进劳模、困难员工共计921人进行慰问，发放慰问金264.48万元。“五一”“十一”期间，对62名困难员工进行临时补助，发放帮困金7.6万元；每月对特别困难员工进行定期帮扶，全年帮扶126人次，发放帮困金12.6万元；开展“金秋助学”活动，向23名困难员工发放助学金10万元。 （陶 晔）

【上海建工集团开展新春慰问送温暖活动】 2021年新春，建工集团各单位全面启动走访慰问活动。在全面排摸基础上，将劳模、工匠、长期在沪外和境外工作的职工、疫情防控一线职工和困难职工列为重点，通过对重点对象的走访慰问、关怀服务、扶贫帮困等举措，推动送温暖活动不断深入。对在沪外、境外因工作或疫情原因无法回沪、回国的职工以及在沪外工作的“全国化”职工开展家庭访问，做到应访尽访，帮助他们解决实际问题。对于集团各地地处偏远、生活条件艰苦的项目一线职工，为他们购买生活物资或慰问品。对春节留沪外来建设者，进一步做好关心关爱工作，为他们送上防疫物资和年味礼包。据统计，全集团36900人参加“一日捐”活动，捐款金额达338.03万元，全部用于困难职工的帮扶慰问。元旦春节前夕，共走访慰问32838人次，发放慰问金1333.87万元。其中，慰问困难职工1202人次，发放慰问金114.03万元；慰问在沪外、境外工作的职工24179人次，家庭415户，发放慰问金969.01万元；慰问劳模先进63人，发放慰问金9.25万元；慰问留沪外来建设者5394人次，慰问金额198.58万元；慰问集团外埠困难项目一线职工1500人次，慰问金额43万元。 （余轶群）

【市绿化市容局工会、行业工会开展元旦春节送温暖工作】 年内，市绿化市容局工会、市绿化市容行业工会集中开展了以“心系职工情·工会在身边”为主题的元旦春节帮困送温暖活动，并根据“普惠+特惠”的服务理念，推出7项“心系职工情”系列活动，即：走访暖人心、爱心一日捐、帮困送温暖、爱心接力站、温暖过大年、共度元宵节、协商送政策等。据不完全统计，元旦春节期间市区两级工会共慰问一线职工、农民工、困难职工、困难劳模19635人，发放各类慰问款物达475.2万元，其中通过局工会、行业工会直接送出各类帮困资金和慰问品8万元，惠及行业职工534人。

（耿 静）

【市绿化市容行业工会助力中心城区环卫工人入住公租房】 针对市中心城区非沪籍环卫工人住房困难问题，市绿化市容行业工会在充分调研听取一线职工诉求建议后，通过政协提案、部门沟通、召开现场推进会等方式助力问题解决。在市房屋管理局、市公租房管理中心、区绿化市容局等部门的大力支持下，徐汇、虹口、静安、普陀、杨浦、黄浦等6个区已有457名环卫职工（家庭）顺利入住公租房，部分解决环卫职工阶段性住房困难问题。

（盖永华）

【市经济信息化工作系统工会做好帮困送温暖工作】 2021年市经信系统工会加大高温慰问、帮困慰问、金秋助学、节假日走访慰问等工作力度，并完善帮扶长效常态工作机制，认真落实帮困送温暖工作。在7、8月高温期间，市经信两委领导相继对10余家室内外一线企业进行现场慰问，发放慰问品7700余份，共计金额约117万余元。2021年元旦春节期间发放困难职工帮扶慰问金共计35.9万元，涉及申请单位51家，困难职工333人；金秋助学核批上报21家，帮扶对象91

名，帮扶金25.45万元。

（黄　俭、顾　捷）

【光明食品集团各级工会开展爱心“一日捐”活动】 2021年新年伊始，为践行“因为光明、所以温暖”的价值理念，传承“互助互济”的中华美德，光明集团各级工会广泛开展“爱心一日捐”活动，据统计，集团系统约4.2万名员工参与，筹集捐款总额329.49万元。募集资金将全部用于光明职工的帮扶工作。1月15日，集团总部开展献爱心“一日捐”活动。集团党委书记、董事长是明芳，党委副书记、总裁刘平等党政领导班子成员，总部各部室负责人、员工代表160余人参加活动。近三年来，集团总部“一日捐”活动累计捐款总额达10.7万元，主要用于总部员工帮扶慰问。（陈　霞）

【市监狱管理局工会做好暖心关爱工作】 市监狱管理局工会始终将关心关爱会员职工作为基本职责，开展元旦春节帮困“送温暖”慰问工作，对排摸出来的67名困难干警职工进行帮扶慰问；做好2021年上海工会职工互助保障项目，为每一位在职干警职工按照最高保障组合购买参保项目，充分发挥互助保障“第二医保”的作用。年内，全局共有25名患重大病的会员获得职工互助保障计划和会员卡专享保障计划给付330万元；和市局联合做好干警子女安心暑托班工作，解决干警子女暑期看护难问题；修订《上海市监狱管理局工会帮扶送温暖实施办法》，进一步加强精准帮扶，完善帮扶制度；加强预警报告制度，将基层上报的预警信息汇总为每月一期《热点反映》，上报局党委。倾听呼声，反映诉求，及时稳妥化解矛盾问题。

（江海群）

【上实集团工会精准做好服务职工工作】 上海上实集团工会落实“我为群众办实事”项目，集团各级工会深入基层，把联系和服务职工作为工会工作的主业主责，真心实意为职工办实事、做好事、解难事。2021年，集团工会首次对于参加市总工会疗休养线路（包含市内外）的基层工会给予疗休养补贴10.47万元，惠及349名会员，形成“市总补贴一点，集团工会补贴一点，行政支出一点”的补贴机制。对海联投明珠公司因疫情原因近两年都未能回国的外派驻俄员工，分别在元宵节、端午节、中秋节等传统节日组织安排对其家属进行慰问，体现工会对员工的关怀。实现工会会员卡全覆盖，持续推进服务职工实事项目，为集团全体工会会员购买B+保障计划近35万元，有36位职工共获得理赔5.73万元。加大关心帮扶力度，元旦春节期间慰问劳模先进和困难职工100余人次，给予所属各企业2816名留沪过年外来农民工通讯费补贴14.59万元；炎夏、寒冬期间，分别向上实服务、上实东滩、复旦水务、沪宁申渝、沪杭路桥等露天场所工作的近3500名一线职工发放防暑降温及御寒保暖用品。（喻晓彤）

【世纪出版集团工会开展元旦春节帮困送温暖活动】 元旦春节期间，世纪出版集团广泛开展帮困送温暖活动，各直属单位工会认真排摸病弱伤残、确有实际生活困难的职工情况，确定当年度新患大病职工13人，家庭困难职工22人，集团工会分别给予大病职工每人5000元、生活困难职工每人2000元的慰问金。各直属单位还分别使用本单位一日捐款项，为困难职工购买生活必需品和进行慰问，总慰问金额近15万元。（江　文）

互助保障

【概要】 年内，上海工会互助保障工作积极发挥联系职工、服务职工的桥梁纽带作用，着力破解工作中的瓶颈难题，打通服务职工“最后一公里”。一是稳步推进，做好互助保障的参保和给付工作。2021年，各项互助保障计划参保人数均有不同程度的增长。至12月底，参保职工达1028.69万人次，向427.16万人次给付22.44亿元保障金。其中，“上海职工互助保障项目2020”参保人员达223.59万人次，“退休住院保障计划”参保人员达414.14万人。二是加强数据互通，推进业务流程优化。在2020年实现“退休职工一件事”“公务员一件事”办理基础上，继续推动本市职工（包括退休职工）“报销一件事”业务流程优化再造，通过数据互联互通，实现“一次受理，多项办妥”，即职工在医保部门办理报销时，通过后台数据比对，对符合条件的参保职工一并办理互助保障金，避免参保职工来回奔波、重复操作。三是优化灵活就业保障项目。市职保中心进一步调整及优化“灵活就业群体工会会员专享基本保障”，新产业新群体覆盖至工地短工、农业临工、保洁环卫、街面雇员等12个行业，保障范围扩大至意外全残或身故、13类重大疾病和意外伤害等保障内容，参保职工可享受最高9.08万元的综合保障。四是加强培训，顺利完成2021年过渡阶段参保工作。通过下沉调研，广泛听取基层工会和退管干部意见建议，并形成初步方案，将“职工互助保障项目”“退休住院保障计划”保障期限统一调整为每年的7月1日至次年的6月30日，推动实现计划保障期限与本市医保结算年度同步，并通过制订过渡期实施办法和开展线上线下宣传培训等途径，平稳有序完成2021年度集中参保工作。五是加强调研，开拓互助保障新领域。聚焦新就业形态从业人员保障需求，针对传统“八大员”以及网络主播、网店店主、社区团长和短视频制作者等新就业形态从业人员，加强走访调研、源头参与，了解掌握其保障需求，开发设计“新就业形态劳动者互助保障计划”。（史佳敏）

【市化学工会为近万名会员办理B+类保障服务】 2021年度市化学工会为9657名职工办理集团职工工会会员卡，并提供会员卡B+类保障服务；集团员工因参加B+类和互助保障得到帮扶。据统计，2020年度市职保中心对集团33名员工给予重病补贴66万元。综合保障类共4167人次得到补助，给付金额近175万元，其中重病员工最高给付金额7万元。（韩　英）

【上海石化公司做好多层次职工互助保障工作】 2021年，上海石化公司积极做好职工互助保障工作，公司帮扶基金全年帮困补助3650人次，金额546.09万元；开展第25次公司“一日捐”活动，8256人参加，捐款金额91.37万元；21713人次参加上海市职工保障互助会各种保障计划，总投保费用434.11万元，其中公司工会贴补金额 240.07 万元，6258 人次获理赔 360.23 万元；推进工会会员服务卡工作，完成 11740 名会员工会会员服务卡注册投保，公司工会全额补贴 15.26 万元，53 人获理赔 55 万元。

（徐　军）

【上海邮政工会做好互助保障工作】　2021 年，上海邮政职工重病医疗互助保障计划参加人数为 16241 人，职工住院医疗互助保障计划参加人数为 16040 人。根据《中国邮政集团有限公司上海市分公司 2021 年实事项目方案》，上海邮政工会为 18059 名会员参保上海工会会员专享基本保障（B类），减轻患重病员工就医负担。全年，重病医疗互助保障计划为 74 名员工支付保障金 96.2 万元，住院医疗互助保障计划支付保障金 108.6 万元。

（陶　晔）

【申通地铁集团工会全面做好职工保障工作】　2021 年集团工会围绕中心工作，尽职尽责服务职工，实现企业利益和员工利益的协调发展。一是开展"走 100 个班组，访 1000 名职工"活动，各级直属单位工会干部安排走访深入职工中，及时掌握职工思想动态、家庭困难，及时解决存在的问题，做好思想疏导化解矛盾。二是做好疫情防控工作，各基层工会组织落实员工关怀防疫八项措施，即：运营一线"抗疫情、保运营、送清凉"集中慰问活动，上岗员工"送一份关怀、多一份守护"行动；增设职工大病医疗互助金对新冠肺炎的疾病保障；对确诊员工实施新型冠状病毒感染肺炎专项保障计划给予补助（3—6 万）；设立心理疏导热线、"工会小姐姐"抖音等工会宣传平台关爱职工、发布信息；贯彻《申通集团安全生产专项整治三年行动实施方案》，全面落实隐患排查、重点风险防范、应急演练工作等多项安全重点工作。广泛组织职工参加安全生产讲座、《中华人民共和国安全生产法》宣讲、专项知识竞赛等活动。三是推动工会实事项目实施，全年落实"我为群众办实事"项目 13 项。开展慰问困难职工和先进代表、高温慰问重点倾斜轨道交通高架车站、露天施工场所的职工和作业人员等工作；推进集团职工大病互助工作，全年完成办结 179 份，合计补助职工 268 万余元；推进工会会员卡项目，完成 29101 位职工注册投保，支付保障费约 37.83 万元；响应上海市"组织 10 万名一线职工疗休养"为民办实事项目和市总工会"百万职工看花博"工会服务职工实事项目，组织 2590 人参观花博会，启动职工疗休养工作。（徐志华）

【市职保会开展社区高温慰问、基层调研】　7 月 20 日—8 月 5 日，市职保会分别走访杨浦区、长宁区、徐汇区、浦东新区 4 家职保会服务处，以及杨浦区控江路街道、长宁区天山街道、徐汇区田林街道、普陀区长寿路街道、崇明区堡镇、金山区朱泾镇、松江区九亭镇和浦东新区洋泾街道等 8 家社区事务受理中心（市职保会服务点），对奋战在一线的互助保障工作人员表示慰问和感谢，并为他们送上了清凉解暑用品。此外，还与基层工会干部及职工代表就社区参续保、给付工作的开展情况，现场听取意见，同时聚焦非公企业职工的保障需求进行调研。

（史佳敏）

【市职保会平稳推进互助保障过渡阶段实施办法】　年内，市职工保障互助会着力推动互助保障期限与医保年度同步。一是将"在职保障项目""退休住院保障计划"保障期限统一调整为每年的 7 月 1 日起至次年的 6 月 30 日止。二是调整在职、退休计划缴费标准和待遇，将"在职保障项目"2021 年度保障费缴纳标准确定为 15 个月缴费标准、一年缴费标准和半年缴费标准三档。"退休住院保障计划" 2021 年度缴费标准按月进行细化，保障待遇进行分段计算。三是组织培训、强化宣传，面向基层工会和各区街镇互助保障工作人员共开展 10 场业务培训，有效避免单位或个人漏保、断保和重复参保等情况。四是延长社区参保的保障期。2020 年 6 月至 2021 年 5 月办理社区参保"退休职工住院补充医疗互助保障计划"的退休职工，在参保费用不增加的情况下，保障满期日由 2021 年 6 月 1 日延长至 2021 年 6 月 30 日止。（史佳敏）

【市职保会优化社区参保】　根据 2021 年过渡阶段实施办法，2020 年 6 月至 2021 年 5 月办理社区参保"退休职工住院补充医疗互助保障计划"的退休职工，在参保费用不增加的情况下，保障满期日由 2021 年 6 月 1 日延长至 2021 年 6 月 30 日。2021 年 6 月办理集中参保手续的社区参保人员，起保日统一为 2021 年 7 月 1 日。同时，增加社区参保代扣款的次数，有效避免断保的情况发生。截至 12 月底，"上海职工互助保障项目 2020"社区参保人员共计 1.69 万人，"退休职工住院补充医疗互助保障计划"社区参保人员共计 117.83 万人。（史佳敏）

【市职保中心持续优化"灵活就业群体工会会员专享基本保障"】　2021 年"灵活就业群体工会会员专享基本保障"新产业新群体覆盖至工地短工、农业临工、保洁环卫、街面雇员等 12 个行业，保障范围扩大至意外全残或身故、13 类重大疾病和意外伤害等保障内容，参保职工可享受最高 9.08 万元的综合保障。截至 12 月底，共有 27.13 万名灵活就业会员参加"灵活就业会员专享基本保障"。共向 1481 人次会员支付保障金 215.43 万元。分别比去年同期增加 576 人次和 91.54 万元。（史佳敏）

【市职保中心开发设计"新就业形态劳动者互助保障计划"】　为落实对新就业形态劳动者的关心关爱，更好地满足该群体的保障需求，市职保中心紧密配合市总工会相关部门，开展"新就业形态劳动者互助保障计划"专项调研。通过对美团、饿了么等平台，人社工伤福保处及太平洋保险公司的座谈调研，根据骑手的保障需求、政策导向、及商业保险的相关经验，开发设计"新就业形态劳动者互助保障计划"，提高新就业形态劳动者抵御职业伤害、疾病和意外风险的能力。

（史佳敏）

劳动保护

【概要】　2021 年，本市各级工会认真贯彻落实习近平总书记关于安全生产的重要指示精神，牢固树立安全发展理念，坚持安全第一、预防为主、综合治理的方针，积极参与《上海市安全生产条例》修订，配合推进《上海市职业病防止规划(2021—2025年)》出台,以开展"安康杯"竞赛活动为抓手,以维护职工生命安全和健康为中心,以预防生产安全事故和控制职业病危害为重点,积极组织实施"查找身边隐患、保障职工安全"(2020—2022年)三年行动计划,认真履行工会劳动保护监督职责,持续推进企业安全生产和工会劳动保护工作创新发展,为切实维护广大职工生命安全和健康的合法权益做出积极贡献。 (庄若冰)

【深入推进"安康杯"竞赛活动】 2021年,本市各参赛单位认真贯彻落实《中共中央国务院关于推进安全生产领域改革发展的意见》《国务院关于实施健康中国行动的意见》精神,按照中华全国总工会、应急管理部和国家卫生健康委员会《关于开展2020—2021年度全国"安康杯"竞赛活动的通知》部署要求,紧紧围绕"强意识、查隐患、促发展、保安康"竞赛主题,坚持把安全生产工作放在首要位置,加强领导,全面部署,结合各单位工作实际,积极做好组织动员工作,认真制定落实竞赛方案。根据新修订的《中华人民共和国安全生产法》和《上海市安全生产条例》相关要求,推动全员安全生产责任制落实到位,依托竞赛活动助力企业排查安全生产隐患,充分发挥广大职工在安全生产和职业病防治工作中的主力军作用,为本市安全生产形势持续稳定做出积极贡献。据统计全市共有10752家单位参加市一级"安康杯"竞赛,覆盖全市安全生产各个重点行业。 (庄若冰)

【发动职工开展安全隐患排查行动】 2021年,市总工会深入贯彻"生命至上、人民至上"的发展理念,坚决落实市委、市政府关于加强安全生产,确保超大城市运行安全的指示精神,以"安康杯"竞赛活动为载体,在全市各行各业开展安全隐患大排查活动。组织动员广大职工立足本地区、行业、单位和岗位,查找身边隐患,推动重点行业领域实现风险隐患排查治理。各级工会推动职工排查安全隐患共计37.3万条。其中国有企业隐患30.4万条,非公企业隐患6.9万条。其中,已落实整改隐患35.7万余条。各级工会聚焦冶金、建筑、制造、交通等九大重点行业,发动职工开展安全生产隐患排查,基本涵盖本市工矿商贸、城市交通、公共安全等易发安全事故领域。杨浦、宝山、闵行、松江等区总工会结合"我为群众办实事",推出"安全健康大篷车""全员查隐患、共筑安全线"等主题活动,发动辖区内企业开展隐患自查、自改、自报,上级工会搭建评选表彰平台,通过融媒体等渠道广泛宣传,扩大知晓度和影响力。仪电、宝冶、宝武等产业工会开展"职工啄木鸟行动",将职工参与安全隐患排查纳入企业安全绩效考核项。中建八局工会以"十项安全零容忍"和职业病防治为重点,组织动员全局1923个项目、20余万名职工和农民工参加安全隐患排查治理活动。三航局工会联合公司安全管理部门开发"安康云"平台,将300多个在建项目全部纳入其中,职工发现安全隐患后将相关资料上传至系统平台,经实时审核处理后给予相应奖励。该系统运行一年多以来,共上报安全隐患3768条,采纳整改率100%。各级工会将发现的安全隐患通报企业行政,并纳入工会劳动保护重点工作,持续跟踪,协同处理,推进隐患排查治理情况向安全生产监督部门和职代会"双报告"制度落地执行,安全隐患逐一闭环消项,织起一张群防群治的安全保护网。 (庄若冰)

【全市各级工会组织开展劳动保护宣传活动】 2021年,市总工会组织开展安康杯竞赛"典型案例"征集评选活动,63个区局(产业)工会申报250余个"典型案例"。在《安全生产》杂志上开辟《安全生产金点子》专栏,编撰《上海市班组安全管理成果精选》,会同市应急管理局制作上海市"安全生产月"主题公益宣传片,摄制"安全生产金点子"抖音视频,在社会媒体播放。发动全市各级工会,动员广大职工积极参与第三届全国应急管理普法知识竞赛活动。 (庄若冰)

【开展高温慰问工作】 7—9月,市总工会拨出高温慰问专项经费60万元,由市总工会领导带队,分10路对中共一大纪念馆工程项目、上海北方智选假日酒店隔离点、上海机场边检站十三队、上海市疾病预防控制中心、北外滩"工人先锋号"综合保洁队等本市重大工程建设、民生保障和本市疫情防控的一线职工,以及非公企业、灵活就业人员群体,开展高温慰问送清凉活动。 (汪佳侃)

【开展夏季劳动保护和防暑降温工作】 夏季劳动保护和防暑降温工作是维护职工生命安全和健康权益的一项重要工作。市总工会按照"早谋划、早启动、早部署、早落实"的工作要求,于6月制订下发《关于认真做好2021年本市夏季劳动保护和防暑降温工作的通知》,本市各级工会积极履行监督职责,配合行政做好夏季劳动保护和防暑降温工作。各级工会高温期间开展送清凉专项慰问活动24438次,慰问企业和工地34958家,慰问职工3743280人次,其中,女职工1142173人次、农民工1361699人次,各级企事业单位负责人和工会主要领导参与慰问535920人次,发放和赠送防暑降温劳防用品涉及费用44289.036万元;组织开展17975次高温作业岗位职工专项健康体检,参加体检职工509854人次,其中,女职工106969人次、农民工245904人次。组织职工开展防暑降温、劳动保护培训969035人次,其中,女职工239867人次、农民工540978人次。 (汪佳侃)

【长宁区总工会开展2021年劳动保护业务培训】 7月9日,长宁区总工会与上海工会管理职业学院在长宁区工人文化宫四楼第一会议室,组织开展长宁工会干部劳动保护业务培训,近100名基层工会主席及劳动保护干部参加培训。来自市总工会、上海城建职业学院等安全生产工作专家受邀为学员授课培训,授课内容包括劳动保护法律法规、工会劳动保护概论、"安康杯"竞赛、班组安全建设、职业安全健康、生产安全事故报告和处置、现场案例分析和相关行业安全管理专业知识等方面。3天培训完毕后,出勤达标以及考试合格者由市总工会颁发劳动保护干部业务知识培训合格证书。 (贲 放)

【长宁区总工会开展夏季职工劳动保护和高温慰问工作】 7月,长宁区各级工会组织积极贯彻市总工会《关于加强服务职工经费保障的意见》要求，落实高温慰问专项资金及时到位，保障长宁区职工安全度夏。区总工会筹集资金99.85万元用于高温慰问工作。全区各级工会组织将夏季劳动保护与高温慰问相结合，针对高温区域、项目、人群，开展送清凉走访慰问。全面关注作业区域长期处于高温、高空、有毒有害和脏乱污浊环境的基层岗位职工，重点关注辖区内重大项目和重大工程的一线市政工地建设职工，持续关注坚守于防疫抗疫持久战一线的新冠疫苗接种医务工作者、基层工作人员以及机关支援机场抗疫的工作人员，聚焦关注在各行各业生产经营一线的先进模范人物。高温慰问全面覆盖全区10个街镇22家一线单位，慰问一线职工2900余人，慰问劳模及先进工作者590人。（贲　放）

【静安区总工会举办劳动保护业务培训会】 7月6日，静安区总工会2021年劳动保护业务培训会议召开。全区各级工会60余名劳动保护干部参加培训。培训邀请到复旦大学管理学硕士、国际认证职业培训师杨梅清，市总工会权益保障部二级调研员，中华全国总工会劳动保护监督检查员邬明亮等6位专家，为全体学员就劳动保护法律法规、“安康杯”竞赛、生产安全事故报告和处置、班组安全生产等专题，结合劳动保护案例，从理论和实践的结合上，开展劳动保护工作系统培训。培训工作做到“四个统一”，即统一培训大纲，统一培训教材，统一师资认可，统一考试颁证。培训结束后，考试成绩合格者，由市总工会发放《上海市工会劳动保护干部业务知识培训合格证书》，作为工会劳动保护干部岗位工作的资格证书。（黄　欢）

【闵行区举办“安全隐患随手拍”短视频大赛】 6月4日，闵行区总工会联合区应急管理局开展2021年闵行区“安全隐患随手拍”短视频大赛，大赛紧密围绕“全员查隐患，共筑安全线”主题，拍摄内容重点聚焦危化行业和建筑行业，对工作生产区域和公共场所存在的安全隐患进行主动发现并提出合理化建议，营造浓厚的安全生产宣传教育氛围，引导职工树立重视安全生产和参与安全管理的理念。截至6月底，闵行区各企业、一线生产车间、班组和职工个人累计投稿千余条短视频参赛，有效推动职工安全意识的提高与全区安全生产形势的平稳运行。（王　凯）

【闵行区总工会开展高温慰问工作】 8月初，闵行区开展高温慰问工作。区人大常委会副主任、区总工会主席倪学斌分别来到马桥镇租赁住房项目工地、上海闽航申通快递有限公司慰问快递分拣作业现场，为建筑工人和快递分拣现场工作人员送上高温慰问品，详细了解建设项目情况、工人工资支付状况和防暑降温措施等情况。截至8月底，区总工会累计慰问高温作业职工11443人，慰问金额达100余万元。全区各级工会全面开展送清凉专项慰问活动，慰问职工共计93738人次，发放和赠送防暑降温劳防用品涉及费用777.5万元。（王　凯）

【宝山区举办安全宣传进企业主题系列活动】 4月16日，宝山区总工会、区应急局、月浦镇人民政府共同举办的“安全领航、科创宝山”安全宣传进企业主题系列活动启动仪式在上海宝世威石油钢管制造有限公司举行。宝山区委常委、副区长王益群、区人大常委会副主任、区总工会党组书记、主席王丽燕、区总工会、区应急管理局、月浦镇人民政府相关领导出席会议。各街镇园区安全生产分管领导、工会主席、安监所负责人、相关委办局工会主席、部分企业负责人代表参加会议。（朱　艳）

【金山区总工会启动高温慰问】 7月15日，“情系职工夏送清凉”金山区总工会高温慰问活动正式启动。区总工会领导班子成员兵分八路，深入基层走访慰问基层一线的工作人员，为奋战在酷暑中的职工群众送去清凉和关怀。区总工会结合“我为职工办实事”活动，下发《关于认真做好2021年本区夏季劳动保护和防暑降温工作的通知》，并制订高温慰问计划，向94家基层单位的职工发放清凉用品10000份。同时，区总工会充分利用好户外职工爱心接力站、“爱鑫冰柜”服务点、健康服务点等户外职工服务设施，为环卫工人、出租车驾驶员、快递（物流）员和网约送餐员等职工配送防暑护具、药品、清凉饮料和清洁用品等物资，切实解决高温天气户外职工“吃饭难、喝水难、休息难、如厕难”等现实问题。（钱海东）

【松江区总工会开展职业安全卫生防护“工具包”推广工作】 4月21日起，松江区总工会会同职业安全卫生防护工具包专家组陆续在全区26家存在职业危害的中小型企业中开展推广应用职业安全卫生防护“工具包”的工作。以服务企业创新转型发展需

4月21日，松江区总工会赴阿仁希工业科技（上海）有限公司开展“工具包”指导工作（周艳秋）

求为导向，通过专家到企业现场指导，根据专家建议意见结合企业实际情况及时改进，不断改善职业安全卫生和工作条件、提高企业生产效能、提高劳动生产率，有效预防企业安全生产事故。年内，区总工会通过现场检查、企业总结、专家反馈、各街镇(经开区)总工会对开展“工具包”企业打分等形式，对26家开展“工具包”企业进行考核，并下拨专项经费用于这些企业实施“工具包”项目购买职工劳动保护设施和相关用品。（孙 媛）

【松江区总工会慰问高温天坚守岗位的一线劳动者】 7月，在连续高温的日子里，松江区总工会聚焦重点区域、重点项目、重点人群，组织开展高温慰问“送清凉”活动。区人大常委会副主任、总工会主席吴建良，区总工会党组书记、副主席陈军康等区总班子领导兵分6路，奔赴全区各基层单位的生产一线和露天高温工作一线，慰问近1.5万名坚守在城市建设和生产一线的职工，使广大职工真切感受到工会组织的关爱和温暖。（张谢琰）

【青浦区总工会慰问快递物流行业职工】 8月高温期间，青浦区总工会聚焦快递物流行业一线职工，开展高温慰问“送清凉”活动，为职工送上防暑降温用品和防疫物资，走访快递物流企业总部、加盟店(网点)、门店41家，慰问职工4000多人，发放“清凉礼包”1200份，毛巾4000余条，口罩2万只。（朱建强）

【华谊集团持续开展“安康杯”竞赛活动】 2021年，华谊集团组织开展主题为“强意识、查隐患、促发展、保安康”的2021年度“安康杯”竞赛活动，集团下属20家二级公司、直管单位66个企业、600余个班组、超8000名员工报名参加上海赛区竞赛活动。华谊能化连续第二年保持全国“安康杯”竞赛优胜单位荣誉称号。在2020—2021年度全国“安康杯”竞赛(上海赛区)先进集体和个人评选中，氯碱公司和新材料公司荣获优胜单位，精化、天原、投资下属企业的3个班组荣获优秀班组，2人荣获先进个人。（蔡毓琳）

【中国宝武履行工会劳动保护监督职责】 6月，中国宝武举办工会劳动保护干部培训班，164人参加培训，各级工会累计组织开展防暑降温劳动保护专项培训7.6万人次，投入培训资金113.9万元。落实夏季劳动保护和防暑降温工作，高温慰问及下拨防暑降温专项费用288.75万元。发动职工参加全国安全知识网络竞赛，中国宝武在105家参赛企业中名列第24位。（贾崇斌）

【宝地资产加强劳动保护知识普及宣传】 2021年，宝地资产不断提升工会干部劳动保护能力，组织6名工会干部参加工会劳动保护干部培训，学习劳动保护法律法规等业务知识；选送3名优秀班组长参加中钢协企业班组长提素增能培训，进一步提升职工岗位实战能力；广泛发动职工参加全国安全知识网络竞赛，进一步普及安全生产知识；同时履行工会劳动保护职能，推动工会劳动保护“三级网络”发挥监督作用，各级网络共开展劳动保护检查638次，检查信息963条，解决924条。（朱 宏）

上海电力建筑工程有限公司开展职工安全知识竞赛（杜英宏）

【上海电建公司举办2021年工会劳动保护监督员培训班】 7月9日，上海电建公司工会在公司培训中心举办劳动保护监督员培训。各基层单位共49名一线劳动保护员接受专题培训。安环部专家介绍了公司现阶段的安全生产面临的形势；从职业健康、环境保护、节能减排3个方面进行宣贯，重点讲解工会劳动保护员的安全监督工作，通过多个视频案例分析各类安全事故的原因和预防方法。培训后，组织学员进行了劳动保护业务知识考试，对合格的学员颁发上海电建公司《劳动保护业务培训合格证》。（傅 诚）

【上海电力建筑工程有限公司工会开展职工劳动保护活动】 上海电力建筑工程有限公司工会结合行业特点，开展职工劳动保护“四个一”活动。一是课堂学一学，抓好安全普及教育，组织全员上一堂安全直播课、劳动保护员上一堂专题培训课、现场班组选择一堂施工安全课。二是隐患查一查，开展“隐患随手拍”活动，鼓励职工积极查找工地常见的安全隐患，推动安全文明施工理念入脑入心。三是案例晒一晒，对收集上报的隐患案例进行分类，遴选典型的案例，通过企业微信公众号定期开展宣传教育。四是创新想一想，开展“安全金点子”活动，一批职工在安全和文明施工方面的技术改造，在企业内被推广和应用，其中部分成果被《上海安全生产杂志》采用刊登。通过不断深化群众性安全生产和职业健康活动，助推施工现场的安全状况持续改善，职工安全健康的意识和技能不断增强。（杜英宏）

【上海化学工业区举办2021年责任关

怀消防运动会暨公众开放日活动】 11月18日，上海化工区2021年责任关怀消防运动会暨公众开放日活动在巴斯夫化工消防站举办，区内共有16家企业约200名职工参加，活动邀请园区周边社区居民和大学城师生代表们前来观摩并参与体验项目。本届消防运动会以"119"消防主题为切入点，通过比赛竞技的形式，促进企业整体消防能力提升，强化责任关怀社区认知与应急响应工作理念，助推园区责任关怀的深入开展。活动连续第五年以结合公众开放日的模式开展，旨在加强区内企业员工及周边公众的消防安全意识，进而激发大家关注消防、学习消防、掌握基本消防技能的浓厚兴趣，提升每个人的消防技能水平。

（邹　毅）

【上海化工区举办危化品重型车辆驾驶锦标赛】 10月28—29日，为提高园区物流储运安全水平，进一步推动践行责任关怀理念，化工区举办"2021年危险化学品重型车辆驾驶锦标赛"。来自10家企业的26名驾驶员在理论测试、场地测试、支线小路、方向盘控制、定点停车、平行泊车、直线、车辆检查、急救等项目上同场竞技，切磋驾驶技能。同时，为提升周边村镇社区居民对化工区的认知和了解，提高居民应急能力和水平，锦标赛邀请周边社区的200名村镇居民观摩比赛，并开展相关急救知识培训。

（邹　毅）

【中远海运上海寰宇工会开展"安康杯"系列活动】 年内，中远海运发展股份有限公司上海寰宇工会围绕"强意识，查隐患，促发展，保安康"主题，组织开展了16期新《安全生产法》普法教育线上答题和专场知识抢答活动，增强职工的安全生产法律意识；组织消防应急演练，提高职工对消防知识的了解和消防器具使用的熟练度；开展"查身边隐患、献安全一计、讲预防故事"征集活动，推动公司安全生产责任落实和企业"爱心安全"文化建设的传播。

（刘心怡）

【上海长江轮船有限公司开展年度"安康杯"活动】 年内，上海长江轮船有限公司结合行业实际，把"安康杯"竞赛活动与"船舶标准化建设""安全生产月""弘改提"专项活动、"揭榜挂帅、攻坚克难"等工作相结合，进一步完善各项规章制度，不断增强公司人人重视安全、人人关心安全、人人遵章守纪的主动性、积极性和自觉性。一是落实安全责任，加强安全管理。通过宣传、培训，牢固树立广大干部职工的安全生产意识，调动全体员工参与"安康杯"竞赛的自觉性，加强各级安全生产责任制的层层落实。二是形成工作合力，扩大参赛范围。公司工会和安全监督部门建立健全了相关的工作机制和制度，形成党政工团齐抓共管，共谋安全生产良好局面。三是创新活动形式，扩大品牌效应。通过开展专题培训、发布公司安全生产理念、加强宣传扩大品牌效应使"安康杯"竞赛活动内容更加丰富、充实。公司将"安康杯"和"安全生产月"活动以植入的方式在公司庆祝建党100周年活动直播中进行宣传，当日活动在线收看量突破了20000人次。四是调整工作重点，强化激励手段。在全员参与的基础上，公司把船舶现场、仓储码头、农民工聚集的租赁场所等作为"安康杯"竞赛活动的重点，努力提高活动参与度。同时，选树安全先进典型，以点带面，全面推进安全生产工作。五是加强信息交流和宣传报道。充分利用微信公众号、抖音官方号、内外网等媒介宣传公司"安康杯"竞赛活动的好经验、好做法，扩大竞赛活动的影响。

（龚　兰）

【上海建工集团举办安全教育短视频大赛】 6月29日，上海建工集团安全管理部、工会、团委联合召开2021年安全生产月主题活动暨"安全教育短视频"大赛决赛。集团副总裁叶卫东、工会主席殷红霞等出席。集团相关处室负责人、各单位相关负责人、参赛选手等150余人参加。经过网上投票计分和评委现场评分的综合评分，最终五建集团《悬崖边的舞者》荣获一等奖，总承包部《安全督查员的一天》、安装集团《落地成盒的不止是吃鸡》荣获二等奖，二建集团《勇哥说塔吊》、七建集团《有限空间事故案例及安全规范》、机施集团《钢结构施工安全管控要点》荣获三等奖，市政总院《饮水思源，居安思危》、海外部《海外项目日常安全管理》、房产公司《消除安全隐患，禁止楼道充电》、羿云科技《聚焦建工网络安全》荣获优胜奖，总承包部、市政总院荣获优秀组织奖。

（余轶群）

【上海建工集团开展防暑降温、放心食堂、劳动保护综合检查工作】 6月9日，上海建工集团工会主席殷红霞率集团职工代表对杨浦区C090202单元R-04、T-02、T-04地块商办项目、杨浦区新江湾社区A3-05地块租赁住宅项目、上海体育馆、上海游泳馆改造及新建体育综合体项目施工现场进行"防暑降温、放心食堂、劳动保护综合检查"巡视。通过听取项目部汇报、现场巡视、随机访谈等方式，重点检查防暑降温、劳动保护、现场"冷暖工程"和"五有"设施工作计划安排的落实情况。

（余轶群）

【上海建工集团组织开展项目现场防暑降温等工作巡检】 8月4日，上海建工集团党委委员、工会主席殷红霞率集团职工代表对杨浦区新江湾社区A3-05地块租赁住宅项目、海鸥饭店改建项目、武宁路快速化改建工程I标段等项目施工现场进行巡视检查，并送上医疗急救箱。通过听取项目部汇报、现场巡视、随机访谈等方式，重点检查防暑降温、防疫防控、劳动保护、防火安全、职工宿舍和食堂食品安全卫生工作落实情况。

（余轶群）

【丁巍一行赴西联环卫公司慰问一线职工】 8月10日，市总工会经审委主任丁巍一行赴长宁区西联环卫公司，代表市总工会亲切慰问一线职工，并走访调研崔中周劳模创新工作室。长宁区人大常委会、区总工会，市绿化市容行业工会陪同慰问。

（耿　静）

【市绿化市容局工会、行业工会推动落实夏季安全生产防暑降温措施】 2021年，市绿化市容局工会、行业工会印发了《关于做好2021年防暑降温工作的通知》，要求各级工会认真做好高温期间的劳动保护工作。开展夏季安全工作大检查，督促和协助企业认真落实夏季安全生产和防暑降温措施，督促企事业单位按照规定发放高温津贴，督促环卫企业认真落实集体协商的内容,保障职工权益;要求行业各单位工会做好一线职工的健康体检工作,建立健康档案,发现患有高温禁忌症的职工,要及时调整工作岗位;妥善安排高温期间职工作息时间和道板房、船队、室外作业休息场所,提供合格、足量的符合卫生要求的清凉饮料,倡导"做两头、歇中间";要求从事道路清扫保洁、车船运输、绿化、林业养护等工作的职工尽量避免在35℃以上高温时段进行露天室外作业。同时,督促行政加强职工食堂管理,防止食物中毒和肠道传染病的发生,切实保障职工尤其是一线职工的安全健康,确保职工平安度夏。同时,局工会、行业工会开展送清凉专项慰问活动,重点走访和慰问环卫一线企业和农民工,发放"战高温、送关爱"专项劳动竞赛慰问品共计1636份。

(耿　静)

【鲁中矿业工会举办劳动保护干部业务知识培训班】 7月25—27日,鲁中矿业工会举办了劳动保护干部业务知识培训班,来自鲁中矿业各基层单位的部分工会主席和劳动保护干部50余人参加培训。根据市总工会《关于2021年本市继续开展规模以上企事业单位工会劳动保护业务知识培训的通知》要求,鲁中矿业积极与承办单位上海工会管理职业学院沟通协调,邀请市总工会、上海工会管理职业学院的劳动保护专家"送学上门",赴山东为鲁中矿业工会干部进行劳动保护知识培训,系统讲解劳动保护法律法规、工会劳动保护概论、班组安全建设、职业安全卫生防护和工具包项目、生产安全事故报告和处置、"安康杯"竞赛知识等内容。培训内容涵盖劳动保护理论、先进经验、案例分析、实践操作等多个方面,为广大工会干部做好基层劳动保护工作提供了重要的理论和业务知识的支撑。　(刘炜权)

【朱雪芹一行慰问奋战在防疫保供一线的光明职工】 8月6日,上海市总工会副主席朱雪芹一行来到蔬菜集团西郊国际农产品交易中心,看望慰问奋战在防疫保供一线的市场员工,并专题调研蔬菜集团消费帮扶工作。光明食品集团工会主席潘建军和蔬菜集团负责人参加慰问。　(杨懿仁)

【百联集团工会开展"安康杯"线上知识竞赛活动】 9月10—30日,百联集团工会开展为期三周的"安康杯"线上知识竞赛活动,23778名职工参赛,完成率达91.3%,合格率达82.2%,有385名职工获得满分(含加分项110分),进一步增强了全员的安全管理意识。本届竞赛活动更侧重于可视化学习,首次组织业态自拍紧贴业务的安全视频在百联i学上进行展播,并将视频题融入到"1+P+X"的题库模式中。"1"即普适性知识题450道,将安全生产法与新版上海消防条例相结合,题库更新率达24%,分值占60%;"P"即隐患排查图片题22道,更新率达100%,分值占40%;"X"为各业态业务特色安全视频题共27道,设为加分项,计10分。在各级工会的组织发动下,各业态积极参与到安全短视频拍摄中,展播的56个安全小视频以防火、防疫、逃生、用电等业务为主题,真实还原了商场、办公室、物流、超市、仓库等操作场景。广大职工经历了"学、练、考"3个阶段,普遍感到竞赛活动的实用性较强,能够直观地学习并掌握日常的防火安全知识,有效解决了企业在安全生产过程中时常发生的问题、容易忽视的问题,进一步营造了"人人要安全,人人都安全"的良好氛围。　(姜　杰)

【世纪出版集团工会开展出版园区办公室内空气质量监测】 为让入驻世纪出版园区办公的集团职工了解办公室内空气质量真实情况,消除担忧、化解顾虑,在新环境中放心学习、安心工作,2021年,世纪出版集团工会按照集团党委要求,发起成立由入驻园区办公的集团总部和12家直属出版单位工会负责人组成健康环保组,制订《园区办公楼室内空气质量综合检测方案》,聘请第三方检测机构,对园区办公室空气质量进行检测,园区共设监测点310个,检测结果全部合格,检测标准按照国家《室内空气质量标准》(GB/T 18883-2002)评价体系实施,于10月初结束检测。　(江　文)

【世纪出版集团开展夏季高温慰问活动】 7月14日—8月20日,世纪出版集团开展夏季高温慰问工作,集团党政领导冒暑分赴基层一线、户外场地、园区工地,来到印刷机台、物流库房、销售柜台等重点工程户外岗位和对外窗口,慰问一线职工,送上防暑降温用品。集团领导叮嘱大家合理安排工作,注意安全,做好个人防疫防护,高温天气的防暑降温、劳动保护和安全生产一刻也不能放松,排查台风、高温等极端天气下一线生产岗位安全隐患,及时发现整改,杜绝安全事故发生,确保平安度夏。世纪出版集团工会为本次高温慰问活动下拨高温慰问专项资金补贴款22.5万元,防控资金专项补贴款15万元。　(江　文)

对口援助

【概要】 2021年,市总工会深入贯彻中央、全总以及市委、市政府关于深化东西部协作和帮扶工作重要指示精神,按照《中华全国总工会关于做好第三轮工会对口援疆援藏工作的指导意见》和《中共上海市委上海市人民政府关于助力对口帮扶地区实现巩固拓展脱贫攻坚成果同乡村振兴有效衔接的实施意见》要求,第一时间将对口支援工作部署到位,推进计划执行到位,落实责任督导到位,为助力乡村振兴,促进上海与四地之间的交流交往交融做出积极贡献。制订《上海市总工会第三轮对口支援三年行动计划》,重点聚焦思想引领、建功立业、劳动关系协调、就业帮扶、工会自身建设、关心关爱援外干部等六大任务,确立学习交流一批、培训扶持一批、爱心帮扶一批、走访慰问一批等"四个一批"的工作计划,通过强化制度顶层设计,形成目标导向工作机制。召开对口支援地区工会工作对接会,与对口援助地区四地工会、市政府合作交流办一同协商确定实施方案,拉开新一轮对口支援工作大幕。　(余嘉毅)

【组织实施四地干部来沪学习】 7—8月,市总工会联合四地工会选派9名当地优秀青年工会干部(其中云南5名、西藏2名、新疆青海各1名)来沪挂职,安排到对口的上海区局(产业)工会,由带教师傅一对一进行为期2个月的具体工作。9月,安排云南省总工会选派的5名优秀技能人才,组队来沪参加由上海市总工会主办的生物医药职工技能系列竞赛,切

磋技艺、交流心得。（余嘉毅）

【组织专家骨干结对四地技术帮扶】 市总工会依托上海市协调劳动关系三方、工会学院等资源，开展新疆喀什地区工会的工会建设、民主管理、劳动竞赛等线上培训项目，培训当地工会干部800人次，提升当地工会干部工作水平。市总工会依托李斌技师学院、航天实训基地等培训资源，组织47名云南高技能人才来沪进行技能培训，提高云南高技能人才的技术水平和综合素质。市总工会选派谢邦鹏和王军两位专家型劳模赴西藏日喀则，在江孜县新时代文明实践中心举办专题辅导报告会，弘扬劳模精神、工匠精神。（余嘉毅）

【开展对口援助爱心帮扶工作】 市总工会继续加强职工文化阵地建设，根据四地工会的实际需求，支持对口支援地区建设职工书屋5个、户外职工爱心接力站4个。开展困难职工“点亮微心愿”活动，广泛发动上海各区产业局和基层企业工会以及社会公益组织，积极认领四地困难职工微心愿，已落实微心愿2960个。深入开展消费帮扶，在继续动员各级工会优先采购消费帮扶产品基础上，整合中国太平洋保险公司、中智关爱通公司等社会力量，通过“爱心直通车”等方式，开展消费帮扶百场接力活动，将优质消费帮扶产品送到园区、楼宇、企业和职工身边去。据不完全统计，全市11779家基层工会采购消费帮扶产品6.24亿元，惠及178.69万职工。（余嘉毅）

【开展援外干部走访慰问】 6-9月，市人大常委会副主任、市总工会主席莫负春、市总工会党组书记、副主席黄红等领导分头带队，赴云南、青海、新疆、西藏等地调研援助工作推进情况，与四地签订了新一轮三年对口支援框架协议，进一步明确援助项目的时间表、路线图。在走访中累计慰问援外干部678人次，发放慰问金67.8万元。在走访慰问中，市总工会还积极为援外干部配备加湿器解决气候干燥问题、配置文体活动器材丰富业余生活，积极协调解决纳入当地评优表彰、职工疗休养计划和节日慰问范围等问题，进一步激发援外干部建功立业的干事热情。同时，市总工会继续做好为援外干部家属提供往返探亲机票、拨付工会工作经费、援建援外干部职工书屋等“三关心三关爱”工作。（余嘉毅）

【赴西藏日喀则开展对口支援工作】 2021年，为深入贯彻落实习近平总书记第七次西藏工作座谈会议精神及总书记在西藏考察时重要讲话精神，响应全国工会对口援藏工作会议部署，市总工会党组书记、副主席黄红、副主席郭箐一行13人赴拉萨、日喀则等地考察对口援藏项目、启动上海援藏工作劳动竞赛、开展集体微心愿认领活动，并慰问援藏干部。按照全总和市委市政府的决策部署，市总工会制定新一轮三年（2021—2023）对口支援框架协议，明确从学习交流、培训扶持、爱心帮扶、走访慰问4个方面入手，实施20余个项目，投入825.6万元援藏资金。（尤 骏）

【中国宝武积极承担助力乡村脱贫攻坚任务】 2021年，中国宝武承担的帮扶地区包括云南省普洱市宁洱县、镇沅县、江城县和文山州广南县，湖北省黄冈市罗田县，广西壮族自治区南宁市上林县，内蒙古自治区赤峰市翁牛特旗，研究制订《中国宝武乡村振兴“授渔”计划》，投入帮扶资金2.05亿元，引进帮扶资金8182万元，其中1325.80万元为无偿帮扶资金；强化人才支撑，续派9名帮扶干部，年底有22人作为中央单位派出的挂职帮扶干部、驻村第一书记投身到地方乡村振兴事业中；策划开展“重走脱贫攻坚长征路，开启乡村振兴新动能”专题培训班；培训乡村基层干部、乡村振兴带头人、专业技术人才等1.41万人，帮助脱贫人口转移就业3073人；实施消费帮扶，直接购买和帮助销售脱贫地区农产品1.41亿元。（刘慧君）

【宝钢股份助力云南四县乡村振兴】 2021年，宝钢股份坚决贯彻落实党中央、国务院有关乡村振兴的决策部署，聚力帮扶定点云南省文山州广南县，普洱市及江城县、镇沅县、宁洱县乡村振兴；捐赠资金7070万元、援建项目55个、按照基础设施、产业发展、文教卫生比例3：6：1分配，突出产业帮扶；累计消费帮扶1288万元，帮助销售1160万元，引进帮扶资金692万元；结对共建党支部、脱贫村13个，党员干部捐款捐物折合资金21万元，圆满完成各项考核评价指标；帮助脱贫群众持续增收，促进脱贫地区产业升级发展。宝钢股份3个个人、2个集体荣获“中国宝武助力脱贫攻坚先进”荣誉。（侯治波）

【宝地资产加强消费帮扶助推乡村振兴】 2021年，宝地资产结合“五一”“端午”以及高温慰问购买对口支援地区农特产品431.8万元。拓宽帮扶

市总工会党组书记、副主席黄红赴西藏考察慰问援藏干部（余嘉毅）

渠道，汇聚生态圈合力，携手上海聚善慈善超市向广南县捐赠爱心衣物1650件，价值65.8万元，帮助销售脱贫地区农产品140.22万元。深化党建促振兴，组织2家基层党支部与广南县帮扶村结对共建，党员爱心捐款捐赠8.83万元，公司领导先后3次分别带队赴云南、青海专项调研，对派驻云南镇沅县、广南县扶贫干部和援青干部进行慰问，积极落实乡村振兴各项指标任务。（朱　宏）

【上海航天局工会“消费扶贫”“助学扶贫”两手抓】 上海航天局工会积极履行企业社会责任，助力乡村振兴，从消费扶贫、助学扶贫两方面，探索精准扶贫的新途径。消费扶贫方面，充分发挥工会组织优势，动员全局各级工会组织推进消费扶贫工作，组织陕西洋县、云南云县、江西等地区消费扶贫，采购帮扶金额达472万余元；助学扶贫方面，进一步扩大资助范围，资助云县头道水中小学贫困学生69人。（周欣彬）

【中远海运集运工会推进落实对口帮扶工作】 年内，中远海运集装箱运输有限公司工会响应党和国家号召，对接帮扶地区需求，加大资金投入，深化实化帮扶措施，在基础设施建设、产业扶贫、教育扶贫、人才扶贫、消费扶贫等方面开展工作，为助力乡村振兴作贡献。公司共投入捐赠资金28217.65万元，落实16个对口帮扶和社会公益项目。前往西藏昌都市洛隆县、类乌齐县考察援藏项目、慰问援藏干部。推进消费扶贫，共采购扶贫产品250万元。组织开展“山海交响心手相连”爱心捐赠活动，将募集到的11300件衣物、8800本书籍、5930件学习用品、200件体育用品和2560件玩具，定向捐赠给西藏洛隆县和类乌齐县的贫困农牧民以及幼儿园、小学的学生。（钱　华）

中远海运集装箱运输有限公司向类乌齐县捐赠教育资金　　（钱　华）

农民工权益和服务

【概要】 根据2021年上海工会统计，本市职工人数738万，其中农民工职工216万人；工会会员699万，其中农民工会员201万人。2021年，本市工会持续推进服务农民工工作。元旦春节期间，市总工会大力开展农民工送温暖活动，各级工会共筹措送温暖资金3.42亿元，慰问农民工、困难职工等60.23万户。市总工会组织开展农民工系列文体活动，为广大留沪过节的农民工们送上工会“娘家人”的温暖与祝福；4月，市总工会召开“上海加强工会组织体系建设推进会”，通过“小二级”工会、基层联合工会入会并享受工会“五送”服务保障的新就业形态农民工有27.5万名，近年来累计服务新就业形态劳动者、灵活就业农民工人数达到75.5万人次。市总工会提出“对500家企业开展和谐劳动关系‘法律体检’服务”的工作任务，列入2021年上海工会服务职工实事项目，指导各级工会进一步做好农民工法律援助工作，从源头保障农民工的经济权益。7月，根据《关于报送本市农民工相关工作自查材料的通知》，对照《全国农民工工作督查（含保障农民工工资支付工作考核）工作方案》全面开展自查自评工作。8月，重点围绕农民工培训工作和农民工异地服务工作两个方面，配合全总做好工会农民工工作调研；配合市根治拖欠农民工工资工作领导小组做好部际联席会议保障农民工工资支付工作核查组来沪实地核查工作。中国农民丰收节期间（9月22日前夕），市总工会共出资72万元开展走访慰问农民工活动，由市总领导带队分7路慰问全市重点行业、单位一线农民工。全市16个区总工会和涉及重大工程、重点行业、重点人群的局（产业）工会也同步启动了工会走访慰问农民工活动。（杨　驹）

【开展元旦春节农民工送温暖活动】 元旦春节期间，市总工会大力开展农民工送温暖活动，把党和政府及工会组织的关心关怀和温暖送到广大农民工的心坎上。各级工会共筹措送温暖资金3.42亿元，慰问农民工、困难职工等60.23万户。春节前夕，市总工会制订下发《关于加强2021年春节期间留沪外来建设者关心关爱工作的通知》，要求各级工会强化新冠肺炎疫情防控意识，通过各种贴心服务与暖心行动引导激励农民工留在上海过春节。依托申工社微信平台，号召农民工做“原地过年人”，开展“原年人”留沪承诺活动，向所有春节留沪的农民工赠送意外伤害专项保障、3000份影音娱乐礼包、20000份扶贫产品和700万分申工社积分礼包。联合市通信管理局，通过上海电信、上海移动、上海联通，向51000余名留沪农民工赠送流量礼包。向1000名留沪职工（含农民工）赠送豫园灯会门票。继续开展“电话诉亲情、温暖进万家”农民工通讯费补贴、平安返沪火车票补贴和健康医疗补贴活动，共投入资金545万元，惠及农民工3.32万人次。市总工会发动全市区局（产业）工会，为农民工提供就业服务，针对农民工等群体，集中推送用工企业3500家，发布就业岗位信息5.3万个，推荐参

加面试2万人次。（杨　驹）

【推进新就业形态农民工群体入会】 4月，市总工会召开“上海加强工会组织体系建设推进会”并下发《关于进一步加强上海工会组织体系建设，激发基层活力的工作意见》，明确要求国企工会、机关事业单位工会促进劳务派遣和项目外包单位建立工会组织，将劳务派遣工、项目外包工、农民工等特殊职工群体纳入本单位工会管理体系，并做好维权服务保障工作。同时，市总工会坚持“条上牵头，块里兜底，属地建会，在地服务”的工作原则，广泛组织新型就业群体和灵活就业群体农民工加入综合分工会或社区、街面等工会。2021年通过“小二级”工会、基层联合工会入会并享受工会“五送”服务保障的新就业形态农民工有27.5万名，近年来累计服务新就业形态劳动者、灵活就业农民工人数达到75.5万人次。（杨　驹）

【开展农民工和谐劳动关系“法律体检”服务】 市总工会继续落实工会“零门槛”“应援尽援”工作机制，指导各级工会进一步做好农民工法律援助工作，制定“对500家企业开展和谐劳动关系‘法律体检’服务”工作计划，列入2021年上海工会服务职工实事项目，源头保障农民工的经济权益。2021年，本市各级工会实施法律体检实事项目涉及企业525家，覆盖包括农民工在内的职工超过13万人；共办结职工法律援助案件近3.5万件，为职工挽回经济损失7.51亿元；针对群体性劳资纠纷企业、未建会建制企业和法律援助案件中严重侵权企业实施工会定向法律监督336件。（杨　驹）

【组织开展农民工系列文体活动】 年初，市总工会配合上海市电影局、上海联和电影院线共同开展春节留沪务工者的公益观影活动，组织万名外来建设者参加免费电影观摩，丰富农民工春节期间的文娱生活。持续开展线上线下“送副春联到家乡”活动，通过线下定点派发、走访慰问等形式，为广大留沪过节的农民工们送上书法家和职工书法爱好者们书写的1000副春联，传递工会“娘家人”的温暖与祝福。市总工会通过举办“心向党、跟党走”职工群众主题宣传网络文化艺术节微电影、摄影和书画比赛、线上班组徒步健身赛等系列活动，吸引近3万余名农民工参加。五一国际劳动节，市总工会组织隧道、中建八局等单位农民工参加“我心永向党　奋进新征程”主题歌会，彰显上海职工迈进新征程、奋进新时代的精气神。2021年共举办“传统文化直通车”活动15场，将中华优秀传统文化直接送到新业态就业的“八大员”职工、农民工聚集的园区，通过网络直播等新媒体手段辐射到的职工超过15万人次，得到了广大职工、农民工的广泛赞誉和肯定。（杨　驹）

【全面开展农民工工作自查自评】 7月，为迎接部际联席会议保障农民工工资支付工作核查组来沪实地抽查，根据市农民工工作联席会议办公室《关于报送本市农民工相关工作自查材料的通知》，对照《全国农民工工作督查（含保障农民工工资支付工作考核）工作方案》的要求，市总工会全面开展自查自评工作。自查工作立足工会主业主责，认真总结梳理2020年以来农民工工作情况：一是聚焦主责主业，精准出力对农民工有效覆盖；二是强化服务意识，筹措资金促进农民工返岗就业；三是实施实事项目，依法保障农民工经济权益；四是宣传教育引领，着力提升农民工文化技能素质。自评工作突出工会的优势特点，一是集中开展工会定向劳动法律监督制度。重点对农民工集中企业排查劳动关系隐患，检查劳动合同规范签订情况，对问题企业提出整改意见，指导企业在规定时间予以整改，完善农民工劳动保护制度。二是落实对被欠薪农民工提供法律援助制度。包括持续健全农民工法律服务组织网络体系、持续加强农民工法律援助队伍建设、持续推进法律援助专项经费保障机制等。（杨　驹）

【配合全总做好工会农民工工作调研】 8月，根据全总十七届四次执委会议工作部署和全总农民工工作领导小组工作安排，市总工会配合全总做好工会农民工工作调研。市总工会在总结近年来工会农民工工作情况、工作成效和做法的基础上，重点围绕农民工培训工作和农民工异地服务工作两个方面，深入江南造船集团、上海建工集团、中建八局、中交三航局等农民工聚集的大型企业集团工会开展调研，认真梳理，总结经验做法，形成专题报告。其中，工会农民工培训工作包括：一是开展农民工技能培训，推动新时期产业工人队伍建设；二是持续推进农民工安全健康工作，保障农民工职业安全健康；三是加强文化服务，丰富农民工的精神文化生活；四是宣传教育引领，提升农民工队伍文化技能素质。工会农民工异地服务工作包括：一是制订一项实施办法——《上海工会困难职工帮扶工作实施办法》，对深度困难、相对困难和意外致困职工和农民工家庭，开展以生活救助、助学救助和医疗救助为主的重点帮扶项目机制。二是建设三个服务平台，其中“申工通”是上海各级工会开展农民工、困难职工精准帮扶的工作平台，“会聘上海”为农民工和困难职工子女就职、培训、社会实践搭建平台、创造条件，“微心愿”让更多的农民工、困难职工子女等得到社会广泛的关心和关爱。三是开展五项主题行动，包括“金秋助学行动”“困难职工家庭高校毕业生阳光就业行动”“‘电话诉亲情、温暖进万家’农民工通讯费补贴行动”“来沪农民工火车票补贴行动”“留沪过年农民工服务保障行动”。通过本次调研，为全总更有针对性地制订农民工维权服务的相关政策提供依据。（杨　驹）

【在农民丰收节期间开展慰问农民工活动】 根据全总《关于在中国农民丰收节期间开展走访慰问农民工活动的通知》，在中国农民丰收节（9月22日）前夕，市总工会共出资72万元开展走访慰问农民工活动，由市总领导带队分7路慰问全市重点行业、单位一线农民工。全市16个区总工会和涉及重大工程、重点行业、重点人群的局（产业）工会也同步启动了工会走访慰问农民工活动。本市走访慰问农民工活动主要聚焦四大重点人群。一是本市重大工程、G60科创走廊建设、长三角一体化建设、高新技术领域的一线农民工；二是本市民生保障、旧区改造、红色工运、对口帮扶等项目的一线农民工；三是本市抗击新冠肺炎的一线农民工，尤其是新冠疫苗接种点的社区工作服务人员；四是本市非公企业、灵活就业人员农民工群体，尤其是高温天气长期在户外工作的网约送餐员、快递员群体。与此同时，相关局（产业）工会结合本次"丰收节"关心关爱农民工活动，根据本市高温季节的作业特点，积极推动改善农民工作业环境和条件，督促按时足额发放高温津贴和劳防用品，构建关心关爱农民工的长效机制。（杨　驹）

【静安区总工会举办关爱留沪职工新春文化体验活动】 2月13日，静安区"1950茶文化空间"职工文化体验站内，静安区总工会举办"工会陪你过大年——留沪家政员新春文化体验活动"，与春节期间留沪工作的家政员代表共度文化年。为切实做好留沪职工的关心关爱工作，区总工会年前在职工文化体验站推出公益茶艺文化、室内模拟高尔夫课程、瑜伽定制课程和瑜伽送课上门课程，为职工提供多样化的文化服务。（姚　馨）

【闵行区大力开展根治欠薪行动】 12月16日起，由闵行区总工会、区人社局、区建管委、区水务局、区绿容局等单位组建闵行区根治拖欠农民工工资工作领导小组，在全区范围内对12家重点单位开展"根治欠薪冬季专项行动"检查。专项行动以工程建设领域和其他欠薪易发多发行业为重点，对欠薪问题实施集中处理处置。各成员单位对近两年多次存在拖欠工资违法行为或近期存在拖欠工资重大隐患的工程建设项目进行排摸梳理，及时汇总排摸信息，在前期排摸排查的基础上对项目各方工资支付情况以及工资专用账户、工资保证金等制度落实情况进行全面检查，及时妥善处理欠薪问题或欠薪隐患。区总工会在重点检查工程建设领域和其他欠薪易发多发行业的基础上，夯实农民工工资支付保障工作机制，向用工单位积极宣传工会组织，对困难、弱势农民工提供必要的法律援助支持，切实维护职工的合法权益。（王　凯）

【江南造船集团工会立足技能提升拓宽农民工培训通道】 江南造船集团工会以技能提升为切入点，进一步拓宽农民工工匠培养通道，针对个人量身定制培养计划和目标，通过"江南工匠"评选强化技能人才储备。以特色主体专业为基础，办好"江南工匠学院"。建立以技能培养为目标、以项目攻关为依托、以专业培训为手段的技能教学模式，完善基于工作实绩、价值评估和未来潜力的江南技能等级评价考核体系。通过岗位技能需求与教育培训实践的不断匹配，将"江南工匠学院"打造为高技能人才培养基地。截止目前，农民工群体中不断涌现出以全国劳模郭志刚、上海市劳模胡传硕、上海市优秀农民工蔡春茂等为代表的杰出典范。（杨　驹）

【上海建工集团工会打造温馨职工之家关心关爱农民工】 上海建工集团工会立足职能定位，结合工作实际，制订《关于开展项目职工之家建设活动的实施意见》，开展了以"我爱五家"（谐音为"我爱我家"）为主要内容的"建家"活动。即开展"学习之家""创新之家""民主之家""文明之家"和"安康之家"等"五家"建设，并根据项目实际配备"一线、两堂、三室、四房"等硬件设施，即网线；职工食堂、职工课堂；阅览室、活动室、保健室；淋浴房、洗衣房、晾晒房（场）、充电房。在临港新片区的建设中，为满足建设者生活需求，以项目"建家"的最高标准，统一设计、统一施工、统一管理，精心打造临港新片区建设者小镇，为临港建设者提供"一站式"生活服务。小镇占地面积4万平方米，由一个餐饮中心、一个多功能中心、三大功能（文化、服务、商业）中心和五个居住区组成，可容纳3500名农民工入住。目前已经成功引入百联集团、东方国际以及上海建工医院、电商公司等国资国企品牌入驻小镇，让每一位建设者都能享受"上海服务"、体验"上海制造"、参与"上海购物"、感受"上海文化"。近两年，先后为35个项目的5000余名农民工送上巡回健康咨询、医疗问诊服务，会同行政大力推进"冷暖"工程等实事项目，实现上海在建工地宿舍冷空调、热水浴"全覆盖"的目标。编制《上海建工生活后勤"五有"设施规范手册》，进一步明确项目一线建设者的工作环境和生活设施标准。（杨　驹）

【中建八局工会通过思想引领带动培训提升农民工技能】 中建八局工会着力加大农民工群体的思想引领力度，通过组织农民工劳模宣讲，培育农民工先进典型等形式，大力弘扬劳模精神、劳动精神和工匠精神，截至目前，共有12名农民工荣获上海市"五一劳动奖章"，1名农民工被评为"上海工匠"，1人当选为上海市人大代表，3人获评上海市劳模，成立了以2个农民工先进领衔的创新工作室，其中1个晋升为"上海市职工创新工作室"，为优秀农民工技能展示提供了平台。发挥建筑工地的优势，因地制宜开设农民工业余学校，加强对农民工思想教育、安全知识、专业技能、操作规范等内容的系统培训，推动其职业技能、法律道德等综合素质不断提升。以提升技能为重点，开展农民工技能大赛、月度优秀工人、优秀班组评比等活动，举办镶贴工技能大赛、焊接技能大赛和施工技能大赛，进一步提升农民工群体的综合素养和技能水平。参加第46届世界技能大赛，1人获评首届全国职业技能大赛第一名，并入选国家集训队，在农民工群体内部营造了技能成才、技能报国的浓厚氛围。（杨　驹）

【中建八局工会开展扫码入会吸纳农民工会员20余万人】 开展扫码入会工作以来，中建八局工会选取上海公司西岸金融城项目工会、项目工会联合会为试点，形成了"试点项目—试点单位—驻沪单位—全局各单位"的工作路线。目前，据不完全统计，中建八局工会的扫码入会工作已组建项目工会联合会1000多个，吸纳农民工会员20余万人。（杨　驹）

【市职保中心积极做好组织农民工参保工作】 市职保中心认真贯彻落实党中央、国务院关于农民工工作的决策部署，积极做好组织农民工参保互助保障计划工作。一是根据职业特点，设计推出符合农民工特点的互助保障计划。二是以需求为导向，重组保障项目，进一步提升农民工保障水平。三是推进集中参保，扩大农民工会员保障覆盖面，开通电话专线，加强服务人员建设。四是聚焦新型就业形态，进一步将保障服务延伸到新就业形态的从业人员。2021年，市职保中心荣获“全国农民工工作先进集体”荣誉称号。（史佳敏）

上海市职保会各区服务处（点）一览表

序号	单位	电话（办公）	地址
1	浦东新区总工会服务处	38475088–805、806	樱花路429号
2	浦兴社区工会服务点	38420797–8139	凌河路69号
3	金杨社区工会服务点	50370500–191	银山路330号
4	洋泾社区工会服务点	38992121	巨野路219号3号楼
5	潍坊社区工会服务点	51029075–8015	潍坊路131弄1号
6	塘桥社区工会服务点	58737200	峨山路488号
7	南码头社区工会服务点	50396125–8208	南码头路400号
8	上钢社区工会服务点	20224821	昌里路335号
9	周家渡社区工会服务点	50788875	南码头路1136弄35号乙
10	东明社区工会服务点	50845307	上南路4206弄1号
11	陆家嘴社区工会服务点	68767121–2016	商城路177弄12号（近松林路）
12	沪东社区工会服务点	50351523	长岛路11号
13	花木社区工会服务点	50452710–8235	梅花路289号
14	川沙镇工会服务点	68397955–8106	妙境路1336号一楼
15	高桥镇工会服务点	50586511	张杨北路5168号
16	北蔡镇工会服务点	58913393	沪南路1105号
17	三林镇工会服务点	58415367	和炯路681号
18	张江镇工会服务点	58956721　58551373	中科路2329号
19	曹路镇工会服务点	50683818	龚丰路85号4号楼101室
20	唐镇镇工会服务点	58965096–773　68798525	唐镇唐兴路495号204室
21	合庆镇工会服务点	58976062	前哨路112号
22	金桥镇工会服务点	58545450	佳林路585号1号楼106室
23	高东镇工会服务点	58486215–1061	光明路433号
24	高行镇工会服务点	68975572	新行路340号
25	惠南镇工会服务点	68092831	人民路3252号3号楼
26	周浦镇工会服务点	20922217	祝家港路190号215室
27	宣桥镇工会服务点	58181289	南六公路500号
28	康桥镇工会服务点	20913221	沪南公路2538号
29	航头镇工会服务点	58229649–8118　58229026（办）	航头路1528弄18号
30	新场镇工会服务点	58171717–8152　58179785（办）	牌楼东路285号
31	祝桥镇工会服务点	58108833–6208	南祝公路5058号
32	老港镇工会服务点	68291563	建中路556号

续 表

序号	单位	电话(办公)	地址
33	大团镇工会服务点	58081037	永春东路10号4号楼
34	万祥镇工会服务点	58040069	振万路2号
35	南汇新城镇工会服务点	20943150	芦硕路298号
36	书院镇工会服务点	58190037	船山街112号
37	泥城镇工会服务点	58072950	泥城镇鸿音路3152号
38	申港社区工会服务点	68283330-803	南汇新城镇竹柏路487号
39	徐汇区总工会服务处	54182060	漕东支路110号
40	湖南路街道工会服务点	64377524	复兴西路8号
41	天平街道工会服务点	64737799	衡山路17弄1号
42	斜土街道工会服务点	64045999-2206	茶陵路38号
43	田林街道工会服务点	64839361	宜山路655弄3号
44	康健街道工会服务点	54210576-8019	浦北路268号
45	凌云街道工会服务点	64552736-8023	梅陇路268号
46	长桥街道工会服务点	64771771-1134	罗秀路616号
47	龙华街道工会服务点	54121091	天钥桥南路399号
48	华泾街道工会服务点	54821212-1240	华泾路505号
49	徐家汇街道工会服务点	34199741	宜山路188号
50	枫林街道工会服务点	33638109	小木桥路680号
51	虹梅街道工会服务点	64651457	虹梅路2017号
52	漕河泾街道工会服务点	54480560-1009	冠生园路211号
53	长宁区总工会服务处	62106198	愚园路1250号2楼
54	天山街道工会服务点	62664263	天山二村64号乙
55	北新泾街道工会服务点	52600342	新泾一村144号1楼
56	华阳街道工会服务点	32201205	万航渡路1268号
57	新华路街道工会服务点	62944625	法华镇路521号204室
58	江苏街道工会服务点	62256600-126	江苏路563弄8号
59	周家桥街道工会服务点	52061155-128	玉屏南路520弄18号
60	仙霞街道工会服务点	62959244	虹古路206号
61	虹桥街道工会服务点	32230434	中山西路1030弄51号
62	程家桥街道工会服务点	22300113	虹桥路2282号
63	新泾镇工会服务点	62386651	泉口路66号
64	普陀区总工会服务处	32250855	同普路602号3号楼三楼
65	曹杨新村街道工会服务点	62544510	枫桥路8号
66	甘泉新村街道工会服务点	66251663	宜君路9号

续 表

序号	单位	电话(办公)	地址
67	长寿街道工会服务点	62277887-1151	胶州路 1095 号
68	真如镇工会服务点	52781773	兰溪路 1018 号
69	长风街道工会服务点	62430029	中山北路 3500 号
70	宜川新村街道工会服务点	66610109	交通路 1511 号
71	石泉新村街道工会服务点	60837527	宁强路 25 号
72	桃浦镇工会服务点	66267866-9018	绿杨路 225 号
73	长征镇工会服务点	62063773	清峪路 127 号(社保中心二楼)
74	万里街道服务点	51987655	真金路 459 号
75	静安区总工会服务处	62673565	昌平路 888 号
76	彭浦新村街道工会服务点	56478800-8601	安泽路 78 号
77	大宁街道工会服务点	56658320	彭江路 188 号
78	宝山街道工会服务点	56301203-8025	宝昌路 519 号
79	芷江西街道工会服务点	66583382-109	芷江西路 151 号
80	彭浦镇工会服务点	66313084-809	灵石路 725 号丙
81	临汾街道工会服务点	36601651	临汾路 335 号
82	共和新街道工会服务点	56332621	平型关路 487 号
83	北站街道工会服务点	63173396	天目中路 532 号
84	天目西街道工会服务点	36392197	沪太路 150 号
85	南京西路街道工会服务点	62897058	延安中路 955 弄 67 号
86	江宁路街道工会服务点	52527842	常德路 818 号
87	石门二路街道工会服务点	62563321	武定路 139 号
88	静安寺街道工会服务点	54035567	常熟路 115 号
89	曹家渡街道工会服务点	62112892-805	万航渡路 676 弄 46 号
90	虹口区总工会服务处	25658877	飞虹路 528 号
91	凉城街道工会服务点	65287439	凉城路 465 弄 41 号甲
92	曲阳街道工会服务点	35391722	伊敏河路 88 号
93	欧阳街道工会服务点	65222978	曲阳路 483 弄 2 号
94	四川北路街道工会服务点	56662498	新广路 296 号
95	嘉兴街道工会服务点	65794579	三河路 388 号
96	广中街道工会服务点	51812224	水电路 120 号
97	北外滩街道工会服务点	65851980	新建路 195 号
98	江湾镇工会服务点	65612063	奎照路 280 号
99	杨浦区总工会服务处	65846612	靖宇东路 118 号
100	四平地区总工会服务点	65139206	鞍山路 158 号
101	江浦地区总工会服务点	65853533	许昌路 1150 号
102	长白地区总工会服务点	55832029	延吉东路 107 号

续 表

序号	单位	电话(办公)	地址
103	延吉地区总工会服务点	65482211-315	延吉中路77号
104	定海地区总工会服务点	65670011-2050	长阳路3066号
105	平凉地区总工会服务点	65375487	吉林路18号110室
106	五角场地区总工会服务点	55621132	政通路100弄11号
107	控江地区总工会服务点	55803685	黄兴路572号
108	大桥地区总工会服务点	65722062	平凉路1730号
109	殷行地区总工会服务点	65881593	国和路1049号
110	长海地区总工会服务点	65582069	白城南路18号
111	新江湾城地区总工会服务点	55252927	政悦路329号
112	黄浦区总工会服务处	53832096	重庆南路229弄5号
113	豫园街道工会服务点	63365956	河南南路288号
114	南东街道工会服务点	63271863	江阴路101号
115	小东门街道工会服务点	63325619	白渡路252号
116	老西门街道工会服务点	63696363-3102　63769098	大吉路71号
117	外滩街道工会服务点	63295081	河南中路568号
118	半淞园路街道工会服务点	63120055-1097	西藏南路1360号
119	五里桥街道工会服务点	53013030-6307	瞿溪路768号
120	淮海街道工会服务点	53832593	马当路349号
121	瑞金二路街道工会服务点	53829022	皋兰路6号地下一层
122	打浦街道工会服务点	63041102-8116	南塘浜路103号
123	宝山区总工会服务处	36071834	牡丹江路215号
124	张庙街道工会服务点	56766139	泗塘二村108号
125	吴淞镇街道工会服务点	56572073	淞清路151号
126	大场镇工会服务点	61671008	沪太路2518号
127	月浦镇工会服务点	36303757	德都路111号
128	淞南镇工会服务点	66186527	长江路556号
129	庙行镇街道工会服务点	56476260	长江西路2700号
130	友谊街道工会服务点	56122053	永清路899号
131	顾村镇工会服务点	66048612	电台南路7号
132	罗店镇工会服务点	66860113	祁北东路209号
133	杨行镇工会服务点	66760060-250	松兰路826号
134	高境镇工会服务点	33711749	河曲路108号
135	罗泾镇工会服务点	56873627	陈行街125号
136	闵行区总工会服务处	33362769　33362765	闵行区莘东路505号11楼1107室

续表

序号	单位	电话(办公)	地址
137	江川路社区(街道)工会服务点	64632352	鹤庆路 398 号
138	浦锦街道工会服务点	34783663	浦瑞路 326 号
139	梅陇镇工会服务点	54289346	莘朱路 1925 号
140	华漕镇工会服务点	62214122	平乐路 25 号
141	古美街道工会服务点	54163600-623	古龙路 1139 号
142	七宝镇工会服务点	64611008	沪松公路 577 号
143	吴泾镇工会服务点	64520590	宝秀路 555 号
144	虹桥镇街道工会服务点	64658822-2111	合川路 2885 号
145	新虹街道工会服务点	52962110	申滨路 777 号
146	莘庄街道工会服务点	34709930	莘西南路 158 号
147	颛桥镇工会服务点	51987090-1015	联农路 297 号
148	马桥镇工会服务点	64090718	银春路 2016 号
149	莘庄工业区工会服务点	34909876-1108	春光路 710 号
150	浦江镇工会服务点	34302496	江航南路 950 号
151	嘉定区总工会服务处	69067255	合作路 1505 一楼大厅
152	嘉定镇街道社区事务受理中心	59928106	塔城路 360 弄 8 号
153	新城路街道社区事务受理中心	59985537	迎园路 416 号
154	真新街道社区事务受理中心	59997603	清峪路 985 号
155	菊园新区社区事务受理中心	69016011	平城路 811 号
156	安亭镇社区事务受理中心	69578880	民丰路 988 号
157	南翔镇社区事务受理中心	69126004	古猗园路 358 号
158	江桥镇社区事务受理中心	69570790	华江路 129 弄 5 号楼
159	嘉定工业区事务受理中心	69960031(南) 59543061(北)	永盛路 2703 号/嘉朱公路 1468 号
160	徐行镇社区事务受理中心	59555017	新建一路 1568 号
161	外冈镇社区事务受理中心	39106685	恒飞路 711 号
162	华亭镇社区事务受理中心	59976061	高石路 1433 号
163	马陆镇社区事务受理中心	59156713	沪宜公路 2228 号
164	奉贤区总工会服务处	37185525	南桥镇南桥路 188 号 8 楼
165	奉城镇服务点	57520547-862	奉城镇洪庙水闸路 159 号
166	西渡街道服务点	57436398-8	西渡街道西闸公路 1278 号
167	南桥镇服务点	67196048-206	南桥镇新建西路 160 号
168	海湾镇服务点	57504779-802 810	海湾镇海农公路 1478 号
169	四团镇服务点	57534388-803 804	四团镇天鹏街 54 弄 32 号
170	青村镇服务点	57565387-802 803 818	青村镇南奉公路 2955 号

续　表

序号	单位	电话(办公)	地址
171	柘林镇服务点	57447096	柘林镇新寺新塘路198弄180号
172	金汇镇服务点	57486215	金汇镇金碧路2028号
173	庄行镇服务点	57466997–807	庄行镇新苑路2号
174	金海社区服务点	67103903	金海街道嘉园路258号
175	海湾旅游区服务点	57120047–624　621	海湾旅游区新海街18号
176	奉浦街道服务点	67109669	奉浦大道111号
177	松江区总工会服务处	57819333	松江区乐都西路867号4号楼
178	岳阳街道工会服务点	57716655	人民北路73弄1号
179	永丰街道工会服务点	67816119	仓华路623号
180	中山街道工会服务点	67743703	茸梅路139号1楼大厅
181	方松街道工会服务点	37021526	文涵路733号
182	广富林街道工会服务点	37655605	人民北路3456号1号楼
183	九里亭街道工会服务点	67890270	九里亭街道涞坊路408号
184	泗泾镇工会服务点	57611712	泗泾镇文化路150号
185	洞泾镇工会服务点	57672532	洞泾镇同乐南路30号
186	佘山镇工会服务点	57659437	佘山镇佘新路358号
187	石湖荡镇工会服务点	57759038	石湖荡镇学府路160号
188	泖港镇工会服务点	57860567	泖港镇中南路35号
189	叶榭镇工会服务点	67800093–828	叶政路1089号
190	新浜镇工会服务点	57891915	新浜镇新绿街398号
191	车墩镇工会服务点	57604759	车墩镇影视路28弄1号楼101大厅
192	新桥镇工会服务点	57642162	新桥镇新站路460号
193	九亭镇工会服务点	57632507	九亭镇九新公路219号
194	小昆山镇工会服务点	57761030	小昆山镇文翔路6000号
195	金山区总工会服务处	57951843	杭州湾大道601号
197	朱泾镇工会服务点	57319559	朱泾镇人民路360号
198	亭林镇工会服务点	57235352	亭林镇亭升路550弄33号
199	漕泾镇工会服务点	67252955	漕泾镇中一西路601号
200	山阳镇工会服务点	57245712	山阳镇亭卫公路1500号
201	金山卫镇工会服务点	57263691	金山卫镇古城路319号
202	张堰镇工会服务点	57213394	张堰镇东贤路951号
203	廊下镇工会服务点	57395078	廊下镇景乐路228号
204	吕巷镇工会服务点	57371365	吕巷镇溪南路58号
205	石化街道工会服务点	57935013	卫零路485号

续 表

序号	单位	电话(办公)	地址
206	金山工业区工会服务点	57270173	恒顺路 280 弄 15 号
207	青浦区总工会服务处	59732688	青浦区车站路 35 号
208	徐泾镇社区事务受理服务中心	59765378	明珠路 800 号
209	朱家角镇社区事务受理服务中心	59240498	沙家埭路 18 号
210	赵巷镇社区事务受理服务中心	59751231-8045	镇中路 580 号
211	华新镇社区事务受理服务中心	59797200	华强街 585 号
212	重固镇社区事务受理服务中心	59786641	赵重公路 3025 号
213	白鹤镇社区事务受理服务中心	59212666	建屯路 130 号 5 号楼
214	练塘镇社区事务受理服务中心	59255965	练塘镇朱枫公路 3666 弄 4 号楼-练民新村西侧
215	金泽镇社区事务受理服务中心	59261029	金中路 19 号
216	香花桥街道社区事务受理服务中心	59224315	香大路 1001 号
217	夏阳街道社区事务受理服务中心	59731779	城中南路 58 号
218	盈浦街道社区事务受理服务中心	69223601	胜利路 119 号
219	崇明县总工会服务处	69693900	崇明县城翠竹路 1501 号
220	新村乡社区事务受理中心	59650157	新村乡新中村新跃路 287 号
221	绿华镇社区事务受理中心	59353338	绿华镇嘉华路 8 号
222	三星镇社区事务受理中心	59600005	三星镇宏海公路 4291 号
223	庙镇社区事务受理中心	59365708	庙镇合作公路 70 号
224	港西镇社区事务受理中心	59671520	港西镇三双公路 1573 号
225	城桥镇社区事务受理中心	69617125	城桥镇寒山寺路 164 号
226	建设镇社区事务受理中心	59331131	建设镇建星路 108 号
227	新河镇社区事务受理中心	59682397	新河镇新申路 801 号
228	竖新镇社区事务受理中心	59491270	竖新镇前竖公路 3150 号
229	堡镇社区事务受理中心	59426451	堡镇化工路 17 号
230	港沿镇社区事务受理中心	69410969	港沿镇港沿公路 1198-1 号
231	向化镇社区事务受理中心	59442524	向化镇向华大街 149 号
232	中兴镇社区事务受理中心	69489659	中兴镇兴工路 57 号
233	陈家镇社区事务受理中心	59401252	陈家镇北陈公路 1454 号
234	长兴镇社区事务受理中心	56856643	长兴镇海舸路 465 号西辅楼
235	横沙乡社区事务受理中心	56899084	横沙乡新环路 57 号
236	东平镇社区事务受理中心	59666777-8139	东平镇东冉路 783 号
237	新海镇社区事务受理中心	59655101	新海镇海展路 80 号

上海市总工会职工服务中心一览表

序号	单位	电话(办公)	地址
1	上海市总工会职工服务中心	65467722	西藏中路120号2楼
2	浦东新区职工援助服务中心	38475088	浦东新区樱花路429号
3	徐汇区总工会职工服务中心	54182060	徐汇区桂林路46号
4	长宁区职工服务中心	52831014	长宁区愚园路1250号二楼
5	普陀区职工援助服务中心	52661128	普陀区兰溪路182号安居兰庭商务中心10楼
6	虹口区职工服务中心	25658877	虹口区飞虹路528号
7	杨浦区总工会职工援助服务中心	65868338	杨浦区靖宇东路118号
8	黄浦区总工会职工援助服务中心	63848620	黄浦区重庆南路229弄5号
9	静安区总工会职工援助服务中心	52763321	静安区昌平路888号
10	宝山区职工服务中心	56166873	宝山区牡丹江路215号
11	闵行区职工服务中心	33362755	闵行区莘东路505号(区证照中心)11楼
12	松江区职工援助服务中心	57819333　57727982	松江区乐都西路867-871号4号楼2楼
13	嘉定区职工服务中心	69067218	嘉定新城合作路1505号
14	金山区职工服务中心	57951843	金山区石化杭州湾大道601号
15	青浦区工会职工援助服务中心	59721345	青浦区车站路35号
16	奉贤区职工援助服务中心	37185526	奉贤区南桥镇南桥路188号8楼
17	崇明区职工服务中心	69691358	崇明区城桥镇朝阳门路11号14楼

宣传教育

综　述

2021年,市总工会继续加强对职工群众的思想政治引领,履行好工会宣教职能,各项工作取得积极成效。一是传承弘扬红色传统。组织"致敬!百年红色工运"系列活动,深入推进落实"上海百年红色工运资源发掘宣传工程",举办"致敬!红色工运"主题图片展;广泛开展"心向党、跟党走"职工群众主题宣传活动,以红色寻访、歌会、展览、摄影、书画等形式抒发广大职工群众"心向党、跟党走"的火热情怀;开展百名劳模讲党史,遴选百名劳模先进和模范集体代表成立"百名劳模讲党史"宣讲团,推动各行业各单位组织发动劳模宣讲党史,形成宣讲工作合力,开展226场劳模宣讲,近千名劳模参与,线上线下受众达541.55万人次;举办上海职工直播课堂,运用线上线下互动方式,会同电力、黄浦、宝山、普陀、静安等区局产业工会共同举办"中国梦·劳动美——人民城市、奋斗有我"上海职工直播课堂,收看收听直播的职工逾570万人次。二是做好劳模宣传服务。在"五一"和"十一"期间,在全市重要地标建筑、主要商圈的发布庆祝标语、播放宣传视频,营造劳动光荣的社会氛围;组建劳模工匠志愿服务队,举办"五一"劳模志愿服务日活动,数百名劳模工匠在志愿服务主会场徐家汇商圈以及各区分会场为广大市民进行志愿服务;加强劳模管理服务,完成"建立健全万名劳模服务信息库"实事项目,收集整理目前在册近16000名劳模基础资料和服务需求,全面掌握本市劳模基础数据。三是落实意识形态责任制度。开展职工思想心理调研,聚焦上海职工群体的思想状况与社会态度,形成年度调研报告,全面分析职工意识形态状况、职工精神健康与社会生活等多方面的情况;形成舆情监控机制,建立上海工会舆情监测系统平台,对全网500万家新闻网站、微信公众号、博客、微博等新媒体进行24小时不间断实时监测。四是丰富职工精神文化生活。加强职工书屋建设,开展职工书屋大讲堂和品读会活动,深入基层配送品读会51场,线上线下受众近260万人次;提升文化宫辐射功能,加强与文旅系统合作,与文化馆联手,深入经济园区、非公企业共同开展百场送文化和培训服务;搭建职工文化展示服务平台,举办上海职工微电影节和摄影书画展。推进职工健身驿站建设,与市体育局联合,在园区、商圈楼宇因地制宜开展职工健身驿站建设,已建成20家职工健身驿站;组织各类职工赛事,涵盖足篮球、乒羽、台球、智能自行车、智能跳绳、工位操、广播操等项目,线上线下累计参与人次达16万。　（宋　昶）

"劳模工匠志愿者大学堂"——全国劳模陈黎静在中药博物馆讲解
（金　喆）

宣传思想工作

【概要】　以习近平新时代中国特色社会主义思想为指导,深入学习领会习近平总书记系列重要讲话精神,围绕中国共产党建党100周年,广泛开展"心向党、跟党走"主题宣传活动,开展红色工运资源发掘、红色文化寻访活动,牢牢把握新时代工人运动主题,大力弘扬劳模精神、劳动精神、工匠精神,着力加强对职工群众的思想政治引领,注重创新宣传方式,履行好工会宣教职能,服务好职工群众。　（陈　洁）

【开展"百名劳模讲党史"宣讲】　在市委宣传部指导下,遴选黄宝妹、包起帆、吴尔愉、王曙群等100名政治素质好、宣讲能力强的劳模先进和模范集体代表成立了"百名劳模讲党史"宣讲团,在百年党史的大背景下讲述劳模成长实践经历,讲述在中国共产党领导下的奋斗奉献的故事和感悟。同时,推动各区局(产业)工会在各行业各单位组织发动劳模宣讲党史,形成宣讲工作合力,把市级层面的"百名劳模讲党史"扩展到各行各业的"千名劳模共讲党史"。2021年,全市已有60余家区局(产业)工会,开展了226场劳模宣讲,近千名劳模参与,线上线下受众逾720万人次。（陈　洁）

【落实意识形态责任制】　根据中央、市委对加强意识形态工作的新要求,对《上海市总工会党组关于落实意识形态工作责任制的实施细则》进行修订,更加体现工会特点和中央、市委对工会工作的要求,更加凸显齐抓共管的工作格局,更加明确各部门的职责分工。在相关专题会议上进行部署,并做好阶段性工作总结,向党组汇报。　（陈　洁）

【徐汇区建立区职工红色教育基地】　5月30日,龙华烈士陵园挂牌区职工红色教育基地。徐汇区总工会组建龙陵劳模志愿讲解团,开展"跟着劳模去讲解"活动,打造职工红色教育品牌。由"劳模志愿讲解"和"劳模讲述微党课"组成"45+15纪念馆中一小时精品党课"项目(即龙华烈士纪念馆8个展区参观讲解45分钟+红色讲堂15分钟党课,加起来一小时)。至年底,20名劳模参与讲解逾20场,服务2000余人次。　（朱贤樑）

【普陀区举行爱国主义教育基地共建签约仪式】 11月24日，“国家安全局上海市普陀分局和普陀区总工会共建爱国主义教育基地签约仪式”在沪西工人文化宫举行，双方签署爱国主义教育基地共建协议，以沪西革命史陈列馆为平台，突出爱国主义教育基地共建，引导党员干部和广大职工群众感受和体验沪西革命精神，深化爱国意识和爱国情感。签约仪式前，国安普陀分局党委班子一行在沪西革命史陈列馆参加沪西工运史主题微党课，在上海工人三次武装起义群雕前重温入党誓词。 （陆 蕾）

【“中国梦·劳动美”上海职工直播课堂普陀专场】 7月27日，“中国梦·劳动美——人民城市、奋斗有我”上海职工直播课堂普陀专场“回溯精神之源，争当时代先锋”在沪西工人半日学校史料陈列馆开讲。市总工会党组书记、副主席黄红，副主席桂晓燕，区委常委、宣传部部长郝炳权，区人大常委会副主任、区总工会主席李松海出席。活动现场邀请朱雪芹、梁慧丽、刘忠生、宋增光4名来自不同行业劳模代表带着初心回溯“半日学校”精神，与现场职工代表30余人和直播平台观众分享劳动故事。 （陆 蕾）

【黄浦·南湖“一大两地”职工共庆建党百年】 5月8日，黄浦区总工会、浙江省嘉兴市总工会、南湖区总工会以中共一大纪念地为纽带，在新天地南里广场共同开展“一大两地”职工“共展百幅书画，共庆建党百年”主题活动。黄浦区人大常委会副主任、区总工会主席屠奇敏和黄浦区文明办、黄浦区总工会、嘉兴市总工会、南湖区委、南湖区总工会相关领导出席。活动现场共同签署三方合作框架协议。3家工会将加强两地工会的学习交流，增进两地“红色友谊”。（曹超宇）

【上海职工直播课堂“百名劳模讲党史”首讲在黄浦举办】 4月25日，“中国梦·劳动美——人民城市、奋斗有我”上海职工直播课堂“追溯信仰之源·赓续劳模精神”在党的初心孕育之地——渔阳里开讲，开启“百名劳模讲党史”活动序幕。在首讲中，全国劳动模范、上海市黄浦第一房屋征收事务所征收总监张国樑分享渔阳里作为革命遗址保护项目进行旧改的过程；全国劳动模范、上海正章实业有限公司技术总监陈爱华讲述她在看似普通的洗衣熨衣岗位上为国争光的经历；全国先进工作者、上海市第九人民医院黄浦分院护士长赵志芳和大家分享自己在国际造口治疗师的岗位上为濒临绝望的患者找回健康和希望的故事。 （曹超宇）

【沪东工人运动展示馆开馆】 6月24日，由杨浦区总工会联手区委党史研究室共同筹建的沪东工人运动展示馆举行开馆仪式。市人大常委会副主任、市总工会主席莫负春，市总工会党组书记、副主席黄红，市委党史研究室二级巡视员曹力奋，杨浦区委书记谢坚钢，区委副书记邓小冬，区委常委、宣传部部长刘东昌出席仪式。莫负春、谢坚钢为沪东工人运动展示馆揭幕。沪东工人运动展示馆坐落于杨浦区平凉路1500号。展馆分“不屈斗争”“工业新生”“时代楷模”三大展区，通过图片展示、实物展陈、多媒体互动等形式，串联起杨浦的百年工运历史，再现沪东工人在中国共产党的领导下，积极参与中国革命、建设和改革的伟大历程。为进一步发掘和宣传红色工运资源，杨浦区总工会成立由老、中、青三代劳模先进代表、工运史专家学者和杨浦职工代表组成的“沪东工人运动史宣讲团”，将走进园区、楼宇、企业、社区、学校，讲述百年红色工运奋斗历史。 （张东寅）

【湖州会馆正式开馆】 6月16日，“湖州会馆—上海总工会遗址、上海工人第三次武装起义指挥部遗址开馆仪式在上海市第三次工人武装起义纪念碑广场举行。市人大常委会副主任、市总工会主席莫负春，静安区委书记于勇，市总工会党组书记、副主席黄红，市总工会副主席桂晓燕，上海工会职业管理职业学院院长李友钟，静安区委常委、区委宣传部部长姜鸣等出席。静安区总工会党组书记、副主席许俊主持开馆仪式。莫负春和于勇共同为湖州会馆开馆揭幕，黄红致辞，桂晓燕、姜鸣为湖州会馆志愿宣讲团颁发证书。仪式后，与会领导和部分劳模先进、职工代表现场参观了湖州会馆。湖州会馆—上海总工会遗址、上海工人第三次武装起义指挥部遗址是“上海百年红色工运资源发掘宣传工程”的重点工程之一，在市总工会、静安区委的领导下，2020年，静安区总工会、宝山路街道党工委共同启动对遗址重新布展工作。本着“尊重历史、还原历史”的原则，经过一年多的努力，湖州会馆修缮一新。复原了湖州会馆门头、室内空间，征集了丰富的史料，制作12副红色工运版画，展现了一堂生动的情景党课。 （姚 馨）

【静安万名职工红色文化寻访活动启动】 5月20日，“寻访光辉足迹、传承百年工运——静安万名职工红色文

5月20日，静安万名职工红色文化寻访活动启动 （裘梅芳）

化寻访活动”启动仪式在中国劳动组合书记部旧址陈列馆举行。仪式由区总工会、区文旅局及石门二路总工会联合举办。活动中，“静安红色‘邮’记——感悟百年初心”之中国劳动组合书记部旧址陈列馆首日封揭幕，发布4条具有静安工运特色的党史教育徒步微旅经典线路，并向寻访队伍职工代表授旗。参加首批寻访的30余名职工代表前往湖州会馆和铁路博物馆，开启追寻红色工运历史之旅。活动通过“线下徒步寻访+线上闯关答题”相结合的方式进行。启动仪式后，市工人文化宫、静安区总工会在雕塑公园举办传统文化直通车第52站举行“致敬初心，感悟百年”纪念红色工运专场活动。（姚　馨）

【宝山区总工会与劳动报社签订战略合作协议】 4月13日，宝山区总工会与劳动报社签订2021年度战略合作协议，市总工会副主席、劳动报社社长桂晓燕，区人大常委会副主任、区总工会党组书记、主席王丽燕，劳动报社总编辑王厚富等出席签约仪式。根据双方签订的战略合作协议，双方将在宣传报道、活动策划和新媒体支持等方面开展合作，特别是在非公企业工会改革、“比学赶超”劳动技能竞赛和“幸福宝山路”活动等项目上进行深入沟通，扩大交流，推动双方影响力共同提升。（朱　艳）

【青浦区“陈云精神风范”专题展进企业】 6月17日，由青浦区总工会、陈云纪念馆联合主办的“陈云精神风范”专题展进企业活动在日立电梯（上海）有限公司启动。区总工会、陈云纪念馆相关领导，各镇、街道总工会主席，非公企业工会主席和职工代表参加活动。专题展分别从“坚定理想信念、坚强党性原则、求真务实作风、朴素公仆情怀、勤奋学习精神”5个方面展示陈云同志的光辉业绩、革命精神和崇高风范，并在全区12家非公企业中进行巡展。（朱建强）

【市机电工会推出“职工大讲堂”服务项目】 2020年10月，机电工会根据调研了解到的职工服务需求，在职工服务中心原有服务内容的基础上，推出“职工大讲堂”服务项目，通过“线上直播+线下讲座”相结合的形式，加强对职工健康教育、文化素养、艺术修养、实用技能等精神文化生活内容的传播。2021年共举办14期讲座，吸引600多名职工现场参与讲座、6万多人次参与线上直播，受到职工欢迎和好评。（周　雯）

【上海机器工会纪念雕塑落成】 6月21日，“新生的力量——上海机器工会纪念雕塑”在上海机器工会事务所临时会所原址附近的太平湖绿地，毗邻中共一大纪念馆处正式落成，安放在太平桥公园南侧。全国总工会副主席、书记处书记阎京华，上海市人大常委会副主任、市总工会主席莫负春共同为上海机器工会纪念雕塑揭幕。市总工会党组书记、副主席黄红致辞。上海电气集团向上海大学美术学院、上海工匠馆赠送台虎钳。上海机器工会是上海市机电工会的前身，是中国共产党发起组领导成立的第一个产业工会，在中共党史、中国工运史上具有重要地位。1920年，中国共产党发起组成员到海军造船所开展工会成立筹备工作。同年10月3日，上海机器工会在霞飞路渔阳里6号召开发起会，临时会所设立在泰康里41号（今自忠路顺昌路西南一带）。同年11月21日上海机器工会成立大会在白克路207号（今凤阳路186号）召开。上海机器工会的成立，翻开了中国工人运动新的历史篇章。上海机器工会纪念雕塑采用青铜锻造，高约2米，宽约3米左右，重约1.5吨，由上海大学美术学院设计制作，市总工会、黄浦区委区政府、上海电气集团、市机电工会共同建设。（彭伟光）

4月13日，宝山区总工会与劳动报社签订战略合作协议　（庄轶凡）

【市仪电工会、仪电集团团委联合举办仪电企业文化精神谱系、小故事征文比赛】 年内，市仪电工会、仪电集团团委联合举办“同一个仪电、同一个梦想”仪电企业文化精神谱系、小故事征文比赛。此次征文，组织方共收到相关单位推荐的征文40余篇。从中评选出上海仪电（集团）有限公司中央研究院方逸州的《人民城市、智慧有我—AIOT助力城市数字化转型》等2篇征文为一等奖，昆山仪电显示材料有限公司张淑娟的《勇立潮头　突破创新》等6篇征文为二等奖，上海仪电分析仪器有限公司时淑君的《分毫析厘求精进，专注砺业梦想人》等8篇征文为三等奖，并遴选部分获奖征文开展仪电企业文化精神谱系、小故事演讲比赛。（周黎俊）

【东方国际集团工会举办建功“十四五”励进营活动】 10月23日，东方国际集团工会在长兴岛郊野公园举办“明战略、明目标、明任务、明担当　兴企业文化——东方国际集团班组团队建功‘十四五’励进营”活动。活动内容包括12公里骑行答题赛、6公里徒步答题赛、射箭竞技赛、F1智能竞技赛。集主体宣教、鼓劲励志和健身强体相结合是此次

活动主要特点。 （张智伟）

【东方国际集团邀“百名劳模讲党史”宣讲团授专题党课】 8月2日，东方国际集团党委在上海国际时尚中心举办两级中心组联组（扩大）学习会，邀请市总工会“百名劳模讲党史”宣讲团成员授专题党课。“七一勋章”获得者、全国劳模黄宝妹和市总工会副主席、上海航天设备制造总厂有限公司九分厂总装工、首席技师、全国劳模王曙群讲授了专题党课。 （郑鸦峰）

【上海职工直播课堂在上药开讲】 12月16日，“中国梦·劳动美——人民城市、奋斗有我”上海职工直播课堂上药专场“分享多维上海，共创健康中国”开讲，市总工会党组书记、副主席黄红，市总工会副主席桂晓燕，上海医药集团党委副书记、上海医药副总裁赵勇，上海医药副总裁张耀华，市医药工会主席佘群，上海建工集团股份有限公司工会副主席廉永梅出席活动。4名来自上海医药集团防疫抗疫、创新研发、国际化业务拓展工作一线的劳模、工匠代表，通过直播讲述，分享他们在不同岗位所经历的上海故事。 （陈玮雯）

【中国宝武以多种形式的宣传活动唱响时代主旋律】 2021年，中国宝武工会以庆祝中国共产党成立100周年为契机，组织开展“诵百年华章 唱宝武梦想”主题歌咏会、“中流砥柱百年颂 不忘初心再前行”原创诗歌朗诵会及系列座谈会、故事会、读书活动，组织参与“全国党史知识竞赛”，唱响共产党好、社会主义好、改革开放好、伟大祖国好、各族人民好的时代主旋律，引导职工群众坚定不移地听党话、跟党走。 （陈佩红）

【宝地资产开展庆祝建党100周年宣传教育活动】 2021年，宝地资产围绕建党100周年积极开展群众性主题宣传教育活动，组织开展“百年辉煌心向党、钢铁荣耀谱新篇”职工歌咏比赛，各单位组队传唱《没有共产党就没有新中国》等建党100年来不同历史时期具有代表性的曲目，经公司微信订阅号平台推送宣传、公司党群部门综合评审，评选“最美歌声”2个、

上海职工直播课堂在上药开讲 （陈玮雯）

“最佳制作”4个、“最佳风采”4个以及“精神风貌奖”6个；同时组织51人的公司合唱队演唱的《中国之梦》在6月21日集团公司职工歌咏会上展示宝地风采，并得到集团公司的高度认可。 （朱 宏）

【上港集团工会开展“红色工运”主题宣传教育活动】 2021年，为迎接伟大的中国共产党诞辰100周年，纪念中国劳动组合书记部成立100周年、中国海员工会成立100周年，上港集团工会精心组织开展了贯穿全年的“红色工运”主题宣传教育活动。此次主题宣传教育活动以“红色革命纪念地”参观学习、“红色工运”宣传学习活动、“红色工运”职工文化活动为主要形式。全年，集团广大职工通过线上、线下打卡参与集团2021“爱就一起走”公益徒步活动，坚守公益初心，追寻红色记忆，身体力行为建党百年献礼；开展52场“走进上海港史馆”主题专场参观活动，以红色工运和上海港史深度结合的沉浸式教育方式合力讲好党领导下的工人阶级故事及上海港发展史；“欢庆百年华诞，镜述百年成就”摄影作品征集活动收到529幅（组）作品，展现上海港百年沧桑巨变和上海港工人阶级的磅礴生机。各级工会组织还广泛开展形式多样的“红色工运”理论宣传学习和职工文化活动，宣传红色文化，传承红色基因。 （张 容）

【上海建工《传承·使命》套书首发】 1月11日，集中讲述新时代上海建工人故事的《传承·使命》套书首发。套书分为《传承》和《使命》两本。其中《使命》一书集中讲述新时代上海建工人“让初心薪火相传，把使命永担在肩”的故事，分为“引领”（敢为天下先的实干精神）、“智造”（不断进取、创造的行业专家形象）、“梦想”（始终保持好奇心、想象力和奋斗激情）和“担当”（在干事创业中履行职责使命）4个篇章。这95个发生在职工身边的故事，不仅是改革开放40多年来、特别是进入新时代以来，上海和全国发生翻天覆地变化的缩影，也记录着集团的发展历程，彰显着上海建工人的“工程师气质”。此书与2018年汇编的《传承》一书前后呼应、互为补充，成为集团“四史”学习教育的一本鲜活教材。 （余轶群）

【市教育系统开展建党100周年主题宣传和劳模宣传活动】 为庆祝建党100周年，市教育工会开展了丰富多彩的文体活动。活动宣传3次登上学习强国平台，同时在教育电视台、上海电视台、看看新闻、劳动观察、上观新闻、东方网、文汇报、新民晚报、教师博雅等媒体上进行宣传，并在“上海市教育工会小程序”建立各类活动图片及视频查看渠道，形成多媒体、多平台的宣传氛围。为大力宣传沪上教育系统劳模和优秀教师的先进事迹和高尚精神，市教育工会以“为党育人、为国

育才”为主题开展身边的好教师微电影选编拍摄工作，并在上海教育电视台开设专栏，自教师节当天起定期展播20部优秀微电影。同时继续与劳动报社携手合作，以《劳动报》为载体进行专题宣传，共推出《教育周刊》52期劳模专版。年末，特别推出“2021年度工作巡礼”专版——“青椒篇”“巾帼篇”“活力篇”“引领篇”“暖心篇”，展示一年来上海市教育工会在推动青年教师岗位建功、助力女教职工职业发展、促进教职工身心健康、弘扬劳模工匠事迹风采、落实脱贫攻坚精准帮困等方面做出的努力和贡献。 （王心愿）

【市科技系统举行庆祝中国共产党成立100周年系列活动】 2021年，市科技系统举办庆祝中国共产党成立100周年系列活动。活动以“科技心向党　奋进新时代”为主题，内容包括科技系统职工庆祝建党百年红歌会、“魅力科技　我心向党”职工摄影作品展、工会干部党史知识培训、科技系统职工党史知识竞赛等。6月28日，红歌会以《在太行山上》和《青春舞曲》拉开序幕，上海科技春天合唱团倾情献唱。会上，劳模代表中国电科32所任敏华、中科院上海天文台郑为民、上海科技馆唐先华向大家讲述了各自成长的经历。市科技党委书记徐枫，市科技党委副书记、市科技工会主席王宇，市纪委、监委驻市科技工作党委纪检监察组组长蔡桂其等领导为13位劳模代表献花。举办“魅力科技　我心向党”上海市科技系统职工摄影作品巡回展，展出的100幅作品分为院士风采、工匠精神、科技之眼、人文风采、科技进步等5个专题，在网络展示的同时，先后在中科院上海药物所、中国电科第50所、上海市科协和上海市科技机关巡回展出。开展工会干部党史知识学习培训班，来自科技系统各单位的工会干部、积极分子、职工代表等近100人参加培训学习。重温党的历史和革命历史，感悟初心使命、传承红色基因、汲取前行力量。 （李　皓）

【百联集团工会开展南京路红色工运史学习教育活动】 5月27日，在上海解放72周年纪念日，百联集团工会在永安百货顶楼绮云阁举行以“升国旗、书辉煌、行无疆”为主题的《上海商业暨百联的红色记忆》新书首发仪式，开展南京路红色工运史学习教育活动。感悟当年红色工运历史，感受革命先辈的英勇事迹。仪式上，集团青年职工朗诵班学员表演了情景诗朗诵《红色曙光》，与会者分别参观了永安百货、第一医药商店、时装商店、第一百货的红色工运史纪念地和宣传展。 （姜　杰）

【市工人文化宫和世纪出版集团共同举办职工文学创作专场活动】 9月29日，由市工人文化宫和世纪出版集团工会共同举办的“听党话、跟党走、吹响工人先锋号”2021年上海职工“五一讲堂”文化系列讲座暨职工文学创作专场活动，在上海大厦52楼朵云书院旗舰店举行。活动特邀请上海电影集团副总裁、上海视觉艺术院表演艺术学院院长、著名剧作家旺天云作有关“‘赓续红色基因　传承红色文化’——从《开天辟地》到《陈毅在上海》”的专题讲座，现场有70余名来自世纪出版集团和全市各行业的文学爱好者参与活动。 （江　文）

市科技系统举行庆祝中国共产党成立100周年系列活动 （薛志明）

【世纪出版集团完成《中国出版人之歌》CD专辑演唱和录制工作】 在庆祝建党100周年之际，世纪出版集团工会组织上海印刷集团工会等单位，参与由中国近现代出版博物馆编辑，上海音乐出版社、上海文艺音像电子出版社出版发行的《中国出版人之歌》CD专辑演唱和录制工作。创作于1938年和1941年的《中央印刷厂厂歌》《新华书店店歌》演唱版，以及歌曲伴奏音频，收录于这张仅用18天便问世的专辑中。谨以此专辑向中国共产党领导下的老一辈出版工作者、印刷工人们致敬。 （江　文）

职工素质工程

【概要】 2021年，上海工会积极贯彻落实《全国职工素质建设工程五年规划（2020—2025年）》《深化新时代上海产业工人队伍建设改革重点行动方案（2021—2025年）》，围绕中国共产党建党100周年，围绕实现上海工会“建设工会大学校”目标，以直播课堂、劳模讲堂、育人基地建设和职工书屋建设为抓手，建设与城市精神品格相适应的职工思想文化阵地、培育与产业迭代升级相适应的高素质职工队伍。 （陈　洁）

【举办上海职工直播课堂】 运用“互联网+”思维和方式，会同电力、黄浦、宝山、普陀、静安、上药等区、集团工会，共同举办“中国梦·劳动美——人民城市、奋斗有我”上海职工直播课堂，在党的初心孕育地渔阳里、上海解放纪念馆、沪西工人半日学校旧址、中共二大会址纪念馆等红色地标，劳模先进同职工们分享劳动故事，诠释劳模精神，收看收听直播的职工逾

700万人次。（陈　洁）

【加强职工书屋建设】 推动全市职工书屋基础信息收集入库，同时通过线下走访、电话连线、交叉信息对比等方式进行核实、梳理，确保职工书屋及时更新、全面掌握，目前全市共有职工书屋3597家；夯实职工书屋建设基础，稳步提高职工书屋建设质量，命名25家全国工会职工书屋示范点，30家上海工会职工书屋示范点；开展职工书屋大讲堂和品读会活动，深入基层配送品读会51场，线上线下受众近260万人次。（陈　洁）

【开展上海职工健康管理和服务】 年内，市总工会开展心理健康、运动健康、营养健康3个方面的职工健康管理服务，开设上海职工心理健康网络公益课，上线职工45393人次；举办EAP（员工心理管理）执行师培训班，共有近千名职工报名参加；开展科学健身讲座，针对园区、商圈楼宇完成运动健康和饮食健康讲座课程，共计120课时，约5120人次参与；在职工赛事活动和职工健身驿站中开展体锻达标、运动体能检测。（余洪海）

【浦东新区总工会开设“劳模工匠大讲堂”】 浦东新区总工会发挥劳模工匠示范引领作用，邀请来自古琴文化、陶艺制作、上海绒绣、中药炮制等非遗传统文化技艺传承，以及工业机器人仿真、互联网科技、数字化时代技术开发、数据智能等不同领域、不同专业的劳模工匠开设主题讲座课程，全年为近2000名职工提供83场专题授课。在“浦东工会通”开设线上《劳模工匠大讲堂》系列专题，以线上线下相结合的方式引领职工学习。同时，结合职工劳动和技能竞赛项目、区劳模、工匠创新工作室创建等工作，深化劳模工匠进校园活动和校企合作，联合区教育局工会，与上海市群星职业技术学校、上海市浦东外事服务学校、上海市临港科技学校、上海市航空服务学校等10所中职学校合作，创建劳模工匠育人基地。（陈　维）

【徐汇区总工会“汇课堂”惠及各行业职工群体】 年内，徐汇区总工会发布首批13个“汇工汇能”徐汇职工学堂精品课程，推进徐汇职工“汇课堂”活动。策划艺术工运课等课程，服务重点园区、楼宇、商圈职工，并为教师、环卫职工、机场防疫志愿者、工地建设者等群体配送专项课程，全年开班211个，服务职工6200人次。举办文艺活动38场，服务职工5130人次。举办职工体育、智能健身等比赛28场，参与职工3650人次。（朱贤樑）

【上海职工直播课堂静安专场开讲】 10月18日，“中国梦·劳动美——人民城市、奋斗有我”上海职工直播课堂静安专场“寻找奋斗钥匙、共创卓越静安”在中共二大会址纪念馆开讲。市人大常委会副主任、市总工会主席莫负春，市总工会党组书记、副主席黄红，静安区委副书记王益群，市总工会副主席桂晓燕，市总工会经审会主任丁巍，静安区总工会党组书记、副主席许俊等出席活动。活动现场邀请严正、朱道义、安从真、尤玮等4位来自静安区域不同行业的劳模先进代表，与各系统大口职工代表和直播平台观众一同分享他们的劳动故事。活动在“上海静安”App、“上海静安”视频号、阿基米德App、话匣子App、新闻晨报·周到App、劳动观察App、“申工社”微信公众号、“申工社”B站号、腾讯等网络平台上同步直播，吸引众多网友的留言和关注。（姚　磬）

【青浦区总工会签署长三角生态绿色一体化发展示范区职工心理服务合作协议】 10月25日，长三角生态绿色一体化发展示范区职工心理服务一体化研讨会在吴江举行，上海市青浦区总工会、苏州市吴江区总工会、嘉兴市嘉善县总工会签署长三角生态绿色一体化发展示范区职工心理服务合作协议。大会以“共建、共享、互联”为主题，打造长三角生态绿色一体化发展示范区职工心理服务一体化平台，带动和提升青浦、吴江、嘉善三地职工心理健康行动交流，来自上海、苏州等地的心理专家、工会干部、心理服务志愿者代表200余人参加会议。（朱建强）

【李斌技师学院举行培训班毕业典礼暨新生入学典礼】 7月30日，上海电气李斌技师学院举行“3+3+3”培训班（3年工作经历、3年大专学历培训，3年本科学历培训）第二十、二十一期毕业典礼暨第二十三期开学典礼。第二十、二十一期培训班共有33名学员毕业，第二十三期培训班有46名新生入学。自2008年“3+3+3”培训班开办以来，已累计办班23期（27个班级），涵盖13个专业工种，参加培训学员达697名，其中劳务工89名。目前已有19期525名学员毕业，取得学历和技能等级证书。典礼上，学院为毕业的学员颁发毕业证书并表彰优秀毕业生和优秀毕业设计。机电工会常务副主席袁胜洲祝贺“3+3+3”培训班学员毕业和新学员入学，向为行业培育大量优秀技术工人的上海电机学院及李斌技师学院的老师表示衷心的感谢。上海电气集团人力资源部、上海电气教育中心、李斌技师学院及有关企业负责人参加典礼。（姚　菁）

【中国宝武实施一线员工“修学旅行”培训】 7月起，中国宝武工会协同人力资源部和产教融合发展中心，围绕“塑匠心、铸匠魂”主题，将跨区域全员培训与全员疗休养相结合，构建规范化、专业化、链式化课程模型，形成”修学旅行“新模式。年内共系统策划、组织5064名一线员工试点实施培训，培训内容主要涵盖企业文化、宝武战略、安全健康、文旅拓展、品质生活等公共课，以及同工序共进、创新传承、基层管理等专业课，学员满意度达98.41%。（邱家乐）

【市医务工会举办精神健康急救（MHFA）培训班】 为持续加大医务职工关心关爱力度，积极开展全方位的职工关爱和心理支持，9月4—5日，由市医务工会主办的精神健康急救（Mental Health First Aid，MHFA）培训课程在上海医务工会职工文化活动中心举办。此次培训由市精神卫生中心何燕玲教授及张燕华老师进行培训，主要针对全市各级护理人员开展，共30名学员参加培训。培训班的主要内容包括：抑郁症、焦虑症、双相情感障碍、精神分裂症等在内的精神健康问题的识别和干预。在2天的培训中，导师以相互交流的形式开展精神健康急救知识的教学，通过一个个例子，将知识点融会贯通。学员们通过

小组讨论、角色扮演等练习活动加强了对精神健康急救知识的灵活运用和对人的精神症状做出及时的判断和处置的技能。（柯　婷）

读书活动

【概要】 4月22日，以“庆祝中国共产党成立100周年——永远跟党走　奋进新征程”为主题的2021年上海市振兴中华读书活动暨第二十三届上海读书节开幕，同时标志本年度读书活动启动。活动历时9个月，通过发布“百年风华”阅读书单、征集2021年上海市振兴中华读书示范项目、举办“中国梦·劳动美——奋斗百年路　启航新征程”上海职工（市民）文化网络大赛、舞台式演讲展示会、“五一讲堂”文化系列讲座、融媒体读书节目《我们读书吧》以及编辑出版“振兴中华”丛书等，在广大职工群众中大力倡导多读书、读好书、善读书，推动建设书香上海，增强文化自信。读书活动覆盖全市各区、局、产业（集团）工会和街道（社区）、图书馆、学校以及社会读书公益组织等，直接或间接参与人次达1000多万。（王家辉）

【市工人文化宫举办“五一讲堂”上海职工文化系列讲座】 2021年，市工人文化宫举办五一讲堂，全年开展了“学党史、悟思想、办实事、开新局——在党史中汲取不断前进的力量”“百年红色工运”“百件藏品说党史——从行业博物馆看中国共产党百年奋斗荣光”“赓续红色基因”“奋进新征程　建功新时代——新发展理念下碳中和路径”共计11场职工文化讲座，线上线下服务职工超8万人次。“五一讲堂”采用线下线上互动形式，通过“网上约课”，送课“进企业、进园区、进社区、进楼宇、进职工书屋”等服务，旨在通过开展文化系列讲座，增强全市职工“改革再出发、创新再发展”的信念和力量，打造工会文化品牌，打通工会文化服务“最后一公里”。（王家辉）

【浦东新区总工会举办家书征选活动】 10月21日，浦东新区总工会举办“诵一封家书·传一份真情”——浦东职工“中国梦·劳动美”幸福传递人征选活动。活动自启动以来得到全区各级工会和广大职工的大力支持，共收到262篇原创家书，经过专家评选，21篇入围优秀作品。这些作品的创作者来自浦东各行各业，他们既是平凡岗位的坚守者，也是时代发展的见证者。活动现场，优秀作品的创作者饱含深情地诵读了一封封家书，让聆听者倍受感染、感动。（陈　维）

【虹口区总工会举办建党百年虹口职工读书会】 4月13日，由虹口区总工会主办，虹口区工人文化宫承办的“阅百年风华，读红色初心”——暨建党百年虹口职工读书会在建投书局举行。虹口区人大常委会副主任、区总工会主席胡军，市工人文化宫主任高越出席活动。虹口区各街道工会主席，各职工书屋负责人，以及部分园区、企业的职工代表、区总工会机关及下属事业单位全体职工约60人参加读书会。本次活动邀请到上海师范大学博士生导师、教育部人文社会科学基地上海师范大学都市文化研究中心主任苏智良教授作为主讲嘉宾。苏教授携他的力作《初心之地——上海红色革命纪念地全纪录》做客活动现场，与现场的职工代表分享了书中关于上海工人运动在虹口的光辉历程。互动环节后，与会领导同苏教授一起为虹口区各街道职工书屋代表赠送书籍。（马伟杰）

4月22日，“庆祝中国共产党成立100周年——永远跟党走　奋进新征程”第二十三届上海读书节开幕（陈　鸿）

【黄浦区总工会启动首批“职工智慧书吧”】 5月27日，黄浦区首批“职工智慧书吧”暨“廉政文化进职工书屋”启动仪式在豫园街道社区服务中心举行。相关部门领导和基层工会职工代表参加启动仪式。在因地制宜建设实体书屋基础上，区总工会整合图书资源，引入一批“智慧书吧”，提供24小时无人值守自助借还，跨设备通借通还，自助紫外线消毒，免费、免押金自助取还等服务，让读者享受借阅便利。“智慧书吧”有众多与党史、廉政教育相关的书籍。启用首批“职工智慧书吧”5家。（曹超宇）

【黄浦区总工会举办《百年红色工运》新书图片展】 6月21日至7月8日，黄浦区总工会在地铁人民广场音乐角以“传承红色基因、践行工运精神”为主题，举行《百年红色工运——上海市黄浦区域内工人运动、工会组织发展史》新书发布与图片展开幕仪式。活动由区总工会主办，上海地铁第一运营有限公司、上海音像资料馆、南京东路街道总工会协办，区工人文化宫承办。主、协办单位相关领导、专家以及来自各大口工会职工代表60余人参加活动。图片展以图带文，以文释图，系统展现中国共产党在上海黄浦区域内领导红色工人运动百年风雨历程。（曹超宇）

**【静安区创建262家星级“职工书

屋"】 2017年起,静安区总工会开展星级"职工书屋"创建活动,在全区各级工会的支持下,截至目前,全区已有262家星级"职工书屋"落地机关企事业单位及楼宇、园区等。2021年,大宁路街道"宁的书房"被评为全国职工书屋示范点,石门二路街道党群中心阳光读书屋被评为上海市职工书屋示范点。石门二路街道恒安大厦白领书苑等29家单位职工书屋被命名为2021年度静安区星级"职工书屋",上海锦迪城市建设开发有限公司工会委员会《廊桥职工书屋读书会、摄影讲座、电影沙龙系列活动》等10项读书活动被命名为2021年度"职工书屋"读书活动示范项目。 (姚 馨)

【静安职工朗读者决赛收官】 9月30日,由上海市振兴中华读书指导委员会指导、静安区总工会主办、区工人文化宫承办的"诵读红色经典 礼赞建党百年"——庆祝中国共产党成立100周年静安职工朗读者决赛于江宁路街道社区文化活动中心举行。来自静安各大口工会的工会干部、参赛选手共计120余人参与活动。活动自4月启动以来,全区各级工会积极响应,共收到来自17家大口89名选手的52件参赛作品。经过线下初评、复赛角逐、网络投票复活赛,最终教育工会、医务工会、市场监管局工会等8个大口的12组选手晋级决赛。(陆 乐)

【宝山区总工会开展星级职工书屋集中展评活动】 12月16日,宝山区总工会在区工人文化活动中心开展2021年星级职工书屋集中展评活动,以推动职工书屋建设"上水平""有特色""显活力",服务职工素质提升和职工文化建设。展评活动中,全国职工书屋示范点上海海淞环境卫生服务有限公司职工书屋、上海工会职工书屋示范点宝山区堤防水闸管理所职工书屋相关负责人与大家交流创建工作经验。 (朱 艳)

【金山区总工会第十六届职工读书节暨第七届职工文化艺术节闭幕】 11月23日,中国梦·金山情·劳动美——金山区第十六届职工读书节暨第七届职工文化艺术节闭幕式在金山区文化馆剧场举行。金山区委副书记信亚东,区人大常委会党组副书记、副主任,区总工会主席朱喜林等领导,各直属工会主席、副主席及职工代表等近200人参加线下闭幕式,近4000名职工通过线上直播观看。本届读书节暨艺术节以"庆祝建党百年·筑梦上海湾区"为主题,2021年全年,全区各级工会举办"致敬劳模"金山职工读书分享会173场、参与职工近3万人,申报"一会一品"职工读书示范项目28个、"庆祝建党百年"金山职工原创文艺节目36个、"演绎红色初心,献礼百年华诞"红色经典影片桥段模仿作品24个,闭幕式进行了优秀节目展演,并为"双节"优秀组织奖、"一会一品"职工读书示范项目、"庆祝建党百年"金山职工原创文艺节目、"演绎红色初心,献礼百年华诞"红色经典影片桥段模仿大赛获奖集体及个人颁奖。 (卫婷怡)

【松江区总工会启动"劳动美·迎五一"爱阅茸城职工读书周活动】 4月23日,在第26个世界读书日,松江区总工会举办"劳动美·迎五一"爱阅茸城职工读书周活动启动仪式。区总工会党组书记、副主席陈军康,区文明办副主任朱伟杰等领导出席仪式,区总工会副主席孙禄君主持仪式。读书周活动分为"诵读红色经典,传承红色基因"爱阅茸城线上诵读会、"百万职工展风采,G60上快步走"职工网络文化健步走活动、"爱阅茸城"读书活动示范项目征集三部分,旨在弘扬红色主旋律,庆祝建党100周年,引领广大职工群众永远听党话、跟党走。活动以线上、线下相结合的方式进行,职工群众可通过"松江工会"微信公众号参与活动。各街镇、经开区总工会专职副主席,各委局、佘山度假区、直属公司工会副主席和部分职工代表参加启动仪式。 (杨佳玲)

【上海航天职工书屋"天问书局"设立】 8月12日,上海航天局工会联合下属国合公司共同打造的上海航天职工书屋——"天问书局"启动运营。"天问书局"坐落于上海航天创新创业中心,占地约2000平方米,藏书涵盖现代文学、航天科技、儿童教育、历史哲学、随笔杂谈、中医养生、人物传记等14个门类,对全体航天职工及周边企事业单位职工与居民免费开放。目前"天问书局"已举办几十场形式多样的文化活动,传播航天科普知识、弘扬积极向上的航天精神,成为航天职工学习的"加油站",也是上海航天局对外展示交流的窗口和名片。

(周欣彬)

【上海航天局工会举办第十三届职工读书节】 在第27个世界读书日到来之际,上海航天工会举办第十三届上海航天"读史明智、书香航天"职工读书节。策划《说书人》拆书活动、读书沙龙——"书韵"读书分享会、亲子共读——"我的航天梦"亲子活动、以书会友——读书漂流瓶活动、航天观剧——组织职工观看建党百年主题舞台剧5项系列活动。进一步扩大服务受众、拓宽参与途径、创新展现形式,以提高职工的人文素养、深化航天文化建设。 (周欣彬)

【上海邮政工会开展系列读书活动】 根据上海市振兴中华读书指导委员会和中国邮政集团工会的通知要求,上海邮政工会开展了"永远跟党走、奋进新征程"读书活动,活动内容包含读一本好书和征一篇好文。历时3个多月,收到来自22家基层单位共35篇优秀征文。经评选,邮区中心连平《我身边的好党员——上海市劳动模范施平》、中邮保险徐玲《我身边的党员故事》等征文获得一等奖,还有4篇二等奖、6篇三等奖和11篇优秀奖。 (王 瑛)

【市经信系统工会举办职工读书系列活动】 6—12月,市经济和信息化系统工会组织开展以"阅百年征程、品百本书香"为主题的职工读书系列活动。系列活动包括"读书践学""我身边的党员故事"主题征集、"听说读写走"线上读书等活动,并开辟"党史天天读、讲述红色记忆、传播红色声音、寻访红色文化"栏目,营造"学百年党史"的浓厚氛围,让职工在多场景体验中了解中国共产党的百年发展历程,感悟中国共产党人的初心使命。

(黄 俭、顾 捷)

【市监狱管理局工会开展读书活动提升文化氛围】 年内,市监狱管理局工会积极做好监狱局工会《知心》期刊的编辑出版工作，组织开展每年一度的“知心杯”征文比赛，并组织《知心》投稿积极分子赴崇明开展户外采风活动；积极参加上海市2021年读书节活动暨“庆祝建党百年——永远跟党走·奋进新征程”读书系列活动，取得亮眼成绩。监狱局开展的“丹心向党·书香筑梦”系列读书活动被评为2021年度上海市振兴中华读书活动优秀示范项目，在市职工（市民）舞台式演讲活动中，1人获得三等奖，2人获得优秀奖，局工会获得优秀组织奖。在市总工会开展的“我身边的党员故事”主题征文活动中，监狱局7名民警的文章入选100篇优秀作品奖。（江海群）

【世纪出版集团与市工人文化宫联手举办专场文化讲座】 七一前夕，世纪出版集团工会与市工人文化宫共同举办2021年上海职工“五一讲堂”文化系列讲座《“百件藏品说党史”——从行业博物馆看中国共产党百年荣光》上海中华印刷博物馆专场。通过专家讲述、现场展示，述说馆藏品背后的故事，在场观众在了解藏品同时，以小见大，感受百年来上海印刷工人在中国共产党领导下的奋斗历史。讲座现场观众近百人，并通过《劳动报》“劳动观察”APP全程网络直播，在线观众达7000人。（江　文）

职工文体

【概要】 2021年，上海工会组织开展庆祝建党百年系列主题文化活动，以歌会、微电影、摄影、书画等艺术形式抒发广大职工群众心向党、跟党走的火热情怀，举办“我心永向党　奋进新征程”上海市庆祝五一国际劳动节主题歌会，唱响奋斗新时代、建功新征程的时代强音；开展第五届上海职工微电影节、第四届上海职工网络摄影大赛和第六届上海职工书画展；举办职工文化志愿者“工人、工厂、工运”摄影采风活动。提升文化宫体育场辐射功能，加强与文旅系统合作，把更多文体资源投放到基层一线，依托文化馆专业师资力量，深入经济园区、非公企业共同开展文化培训服务；组织文艺团队深入园区、企业、生产一线开展送文化活动，全市各工人文化宫与文化馆合作，全年开展了百场送文化、送培训服务。推进职工健身驿站建设，与市体育局联手，对有场地条件的园区、商圈楼宇因地制宜开展职工健身驿站建设，新建成20家职工健身驿站。举办上海职工健康趣味运动汇，组织各类职工赛事，涵盖了足篮球、乒羽、台球等传统类项目，智能自行车、智能跳绳等推广类项目，工位操、广播操等展示类项目。（宋　昶）

【举办2021年上海市庆祝五一国际劳动节主题歌会】 4月27日，市总工会在上音歌剧院举行“我心永向党　奋进新征程”上海市庆祝五一国际劳动节主题歌会，通过“旗帜上有我”“奋斗中有我”“新征程上有我”3个篇章来描绘中国共产党百年奋斗的光辉历程和丰功伟绩，抒发广大职工群众心向党、跟党走的火热情怀，充分展现上海广大劳动者坚定不移听党话跟党走，唱响奋斗新时代、建功新征程的时代强音，凝聚起开启新征程、共创新奇迹的磅礴力量。（宋　昶）

【举办“上海电气杯”第五届上海职工微电影节】 由市总工会指导，市职工文体协会、上海电影（集团）有限公司工会、市机电工会共同主办第五届上海市职工微电影节，在各级工会层层遴选基础上，共有300多部优秀作品脱颖而出，包括剧情类、纪实类微电影和劳模工匠小课件，经评审，有30多部作品荣获金银铜奖和单项奖。本届微电影围绕“心向党，跟党走”主基调，以职工微电影的视角聚焦红色题材，致敬红色文化、传承红色基因，发掘身边党员先进事迹，记录最美劳动者的生动故事，弘扬劳模精神、劳动精神、工匠精神，演绎广大职工积极投身“人民城市人民建、人民城市为人民”火热实践的奋斗历程。第五届上海职工微电影节还举办了微电影专业知识培训班、剧本研讨会、优秀作品大联播和颁奖典礼。（宋　昶）

【新建20家职工健身驿站】 为推进职工体育健身的阵地建设，市总工会与市体育局联合制订市民健身驿站导则，将职工健身驿站建设纳入市民健身驿站体系，建立20家职工健身驿站，并结合往年职工体育示范基地创建工作，对有场地条件的园区、商圈楼宇、因地制宜、因场制宜地开展智能健身驿站的建设，同时建立平台实现数字化的管理和服务。（余洪海）

【开展上海职工健康趣味运动汇】 为庆祝中国共产党成立100周年，市总工会充分发挥上海红色资源的优势，制订20余条红色文化寻访路线，通过线上线下的形式完成寻访任务，累计参与人次达60万。开展传统类的足球、篮球、羽毛球、乒乓球、台球、保龄球、定向赛，推广类的智能自行车、智能划船、智能射击、智能飞镖、智能跳绳、实况足球，展示类的工位操、

上海市庆祝五一国际劳动节大型主题歌会（任　磊）

广播操等项目，线上线下累计参与人次达16万。（余洪海）

【浦东新区总工会举办百家职工跑团健康跑活动】 5月15日，浦东新区总工会举办“奋斗百年路，追梦新时代”浦东新区职工“四季彩虹”系列赛事第四届“临港杯”百团健康跑。来自浦东新区各机关企事业单位组成的102支跑团代表队伍，2000余名职工会聚临港滴水湖畔共享奔跑的快乐，37万余人次线上观看了直播。本次活动在赛道沿途特别设立了以中国共产党百年发展进程中的重大历史事记，选手们在奔跑的同时，通过赛道文化重温中国共产党100年光辉历程。同时还邀请到5位劳模工匠代表进行比赛领跑。展示劳模风采，弘扬传承劳模精神、劳动精神和工匠精神。（陈　维）

【上海城市业余联赛羽毛球联赛在虹口举办】 5月15日，2021年上海城市业余联赛羽毛球联赛“虹宫杯”职工羽毛球团体赛在虹口足球场开幕。来自全市各机关、企事业单位的38支队伍报名参赛，共有300余人参加开幕式。市体育局一级巡视员赵光圣、市总工会副主席桂晓燕、虹口区人大常委会副主任、区总工会主席胡军、虹口区总工会党组书记袁忠民等领导出席开幕式。本次比赛为期两天，在虹口训练馆羽毛球场地举行，最终上海虹房(集团)有限公司“虹房集团羽毛球队”获冠军。四川北路街道总工会“川北领汇队”进入前八强。（马伟杰）

【“金秋十月·弈起耍大牌”2021年首届“虹房杯”上海职工欢乐三打一比赛落幕】 10月30日，由市体育局、市体育总会、市总工会指导，市社会体育管理中心(市体育竞赛管理中心)，虹口区总工会、虹口区体育局、上海虹房(集团)有限公司、上海长远文化(集团)有限公司、上海梦想成真公益基金会共同主办的金秋十月·弈起耍大牌2021年首届“虹房杯”上海职工欢乐三打一比赛在虹口足球场白象厅举办。来自全市的32家企事业单位120名职工报名参加。比赛为期一天。市总工会副主席桂晓燕，虹口区委副书记杜松全，虹口区人大常委会副主任、区总工会主席胡军等领导出席颁奖典礼并为获奖团队和选手颁奖。上海梦想成真公益基金会工会联合会的“放手一搏”队获得团体组冠军，宝山区总工会“宝山F4”队获得团体组亚军，上海长远文化(集团)有限公司“长远文化集团”队获得团体组季军。来自明凯投资(集团)有限公司的武绍定获得个人组冠军，宝山区总工会的万晶获得个人组亚军，上海梦想成真公益基金会工会联合会的周超和尤琪获得个人组季军。（马伟杰）

【虹口工会文化惠民系列活动进园区】 1月19日，由虹口区总工会、虹口工人文化宫组织开展的“墨香迎新春，联颂新时代”文化惠民系列活动走进空间188创意产业园区，携手四川北路街道总工会、李涛党代表工作室、上海加华置业有限公司党支部、188园区青年中心共同为园区内的广大企业职工群众现场书写春联福字，送上新春祝福。（马伟杰）

【黄浦职工摄影展佳作云集】 11月10日，“追忆历史足迹　荣光百年征程”2021黄浦职工摄影展在黄浦区工人文化宫开幕，展览由区总工会指导，区工人文化宫主办，区职工摄影协会协办。来自黄浦各行各业职工摄影爱好者在作品中反映黄浦的百年变迁，表达对黄浦的深厚情感。经过评选，从1000余件投稿作品中评选出优秀奖、佳作奖和入围奖等100幅照片进行展示并收录成册。（曹超宇）

【2021“外滩杯”黄浦职工“王者荣耀”电竞大赛决赛举办】 10月30日，2021“外滩杯”黄浦职工“王者荣耀”电竞大赛在外滩源文化广场落幕。自9月赛事启动，大赛吸引辖区内130余支来自医疗、金融、建设、通信等数十个行业领域的职工队伍报名参赛。通过决赛，上海联通南区分公司“联通YYDS”、上海外滩滨江综合开发有限公司“五个帅小伙”、德勤华永会计事务所“DRoyal”、黄浦区城管执法局“城管机动队”分别获冠亚季殿军。（曹超宇）

【第40届庆“八一”军民长跑活动在黄浦举办】 7月30日，来自全市的部队官兵、消防救援队伍指战员、民兵和企事业职工代表汇聚黄浦江畔，参加“军民同心跟党走，携手共建滨江行”上海市第40届庆“八一”军民长跑活动。长跑队伍从世博黄浦体育园出发，沿滨江绿道至南园滨江绿地，全程路线长约3.8公里。五里桥街道、半淞园路街道和区体育局职工文体团队组织健身展演，助力长跑队伍。（曹超宇）

【静安区举办职工羽毛球团体赛】 6月12日，由静安区总工会、区体育局主办，区工人体育场、区社会体育管理中心、静安体育馆等单位承办的“2021年静安职工羽毛球团体赛”在静安体育馆羽毛球馆拉开序幕。此次比赛是“2021年静安职工体育健身四季大联赛”系列赛的第一个项目，一经启动得到全区各级工会的大力支持和踊跃参与，共有来自全区各街镇(园区)总工会，各机关事业、企业集团工会的39支代表队，230多名区内职工参赛。（张　杰）

【静安区职工书画展开幕】 8月12日，由静安区总工会主办、区工人文化宫承办的“百年奋进·圆梦小康”——庆祝中国共产党成立100周年静安职工书画展开幕式在区工人文化宫4楼会展厅举行。书画展是区总工会“致敬建党百年·百分百行动”庆祝建党100周年“七个一”系列活动之一。活动自3月启动以来，受到各级工会组织和书画爱好者的响应，共征集263件作品，其中书法171件、美术73件、篆刻10件、刻字9件；参赛大口工会17家，投稿作品178件。经过专家层层筛选，评选出18件等级奖、12件优秀奖及70件入展作品。期间，通过“静工汇”微信公众号平台，开展网络投票，国画《喜庆》等5件作品获得“最佳人气奖”。现场还展出包含大赛评委在内的16位沪上书画名家的作品。（郭　燕）

【闵行区举办园区职工“午间一小时”趣味运动巡回赛】 10月15日、19日、22日，由闵行区总工会主办的“我参与、我运动、我快乐”闵行园区职工“午间一小时”趣味运动巡回赛分别在黎安智谷园、旗忠村产业园、紫竹高新技术园区开赛。巡回赛将陆续走进区内6个园区，是一项为满足园区职工文体活动需求而设计的“零门槛”趣味运动。职工可以在午休时间轻松体验健康趣味的活动，有利于促进建立益于身心健康的行为和生活方式，推进企业健康文化建设。巡回赛设有6个项目：电子飞镖、趣味射箭、套圈、跳短绳、踩石过河、托球竞速走。为庆祝建党百年，巡回赛期间还举办了《99个瞬间·新上海成长史》精选作品展，并增设党史知识竞答，100道党史知识问答涵盖党的百年辉煌历程。紧跟时事又寓教于乐的活动形式点燃园区职工学习党史的热情。

（王　凯）

【金山区职工四季健身联赛暨2021年赛季启动】 6月17日，金山区总工会和金山区体育局联合主办的“上海湾区·健康金山”金山区职工四季健身联赛暨2021年赛季启动仪式开幕，市工人文化宫主任高越，区总工会党组书记、副主席徐红强，区体育局副局长王宏，上海农商银行金山支行行长朱忠文等以及各直属工会主席、副主席出席活动，区总工会副主席曹冠主持启动仪式。区总工会和区体育局计划从2021年起，联合举办金山区职工四季健身联赛，按照“月月有活动，季季有赛事”的总体原则，每个季度开设1个联赛项目，每年开展4个项目，包括但不限于球类、田径类和趣味运动项目等。年内举办五人制足球赛、乒乓球赛、拔河赛3项赛事。启动仪式后，2021年赛季首场赛事项目——“农商行杯”金山工会五人制足球比赛开赛。

（陈　文）

6月17日，金山区总工会和区体育局联合主办金山区职工四季健身联赛暨2021年赛季启动仪式开幕

（陈　文）

【松江区职工书画摄影作品展开幕】 9月17日，由松江区总工会主办、区工人文化宫承办的“翰墨颂党情 影像映初心”松江区职工书画摄影展在松江区图书馆开幕。区人大常委会副主任、区总工会主席吴建良，区政府副区长周诚，区政协副主席肖镛等领导出席。开幕式上，与会领导共同为“翰墨颂党情、影像映初心”松江区职工书画摄影作品展揭幕，并为职工书画摄影作品获奖代表颁发证书。此次职工书画摄影作品展评活动自3月启动以来，全区各级工会积极响应，广大职工踊跃报名，共收到作品313件（组），最终评选出88件（组）获奖作品（含27幅书法作品、19幅绘画作品、42件摄影作品）并展出。各街镇、经开区总工会，委局、佘山度假区及直属公司工会主席、副主席，参展作品职工代表60余人参加开幕式。

（杨佳玲）

【松江区总工会举办庆祝五一国际劳动节活动】 4月24日，松江区总工会在开元地中海商业广场举办“我心向党迎百年、劳动筑梦展新篇”——2021年松江区庆祝五一国际劳动节活动。区人大常委会副主任、区总工会主席吴建良，区总工会党组书记、副主席陈军康等领导出席活动。首次尝试让庆祝五一活动“走”出会场，“走”进商圈，让职工零距离的感受浓浓的节日氛围。活动内场表演鼓乐《盛世中华鼓舞东方》、相声《伟大开端》、歌伴舞《再一次出发》等精彩的文艺节目，为在场职工群众送上一场视觉与听觉并重的文艺盛宴；活动外场设置各式各样的工会服务摊点，不仅有人气颇高的公益乐学课程、备受关注的法律援助和心理咨询，还有折扣力度很大的工会会员卡合作商户优惠购物。各镇、街道、经开区总工会主席、副主席，佘山度假区松江管委会、各委、局及直属公司工会主席或副主席，区总工会机关各部室、区工人文化宫、工惠社会服务中心负责人以及劳模代表和职工代表近百人参加活动。

（杨佳玲）

【奉贤区第一届“交能杯”职工篮球赛开幕】 6月20日，由奉贤区总工会、区体育局、南桥镇人民政府、区体育总会主办的2021年奉贤区第一届“交能杯”职工篮球赛于开幕，本届赛事分为工会组、社会事业组、中老年组、青少年组4个组别。比赛通过打造“百支队伍”，举行“百场球赛”，添彩“五美五强，一切美好”新奉贤，庆祝奉贤撤县建区20周年，献礼建党100周年。

（钱　洁）

【市机电工会举行第五届“电气杯”职工乒乓球赛】 10月23日，“奋进新时代　拼搏展风采”——第五届上海电气职工“电气杯”乒乓球团体赛在东方体育中心训练馆举行。此次比赛共吸引34支队伍、280名运动员参加。集团党委副书记、市机电工会主席朱兆开到场观摩比赛并为冠、亚、季军颁奖。年内，市机电工会围绕纪念建党100周年的工作要求，组织策划包括乒乓球比赛等一系列职工文体活动，通过丰富多彩的文体活动，激发职工的昂扬斗志，弘扬上海电气的先进企业文化，进一步凝聚广大职工传承红色基因、坚定发展信心，以努力拼

搏、奋斗进取的精神推动集团和企业高质量发展。（王　勇）

【上海仪电举办2021年上海仪电文化体育节暨职工健康跑活动】 5月16日，上海仪电在浦东世纪公园举行"百年奋斗路、启跑新征程"庆祝中国共产党成立100周年文化体育节暨职工健康跑活动。集团党委副书记、副总裁陈靖，副总裁徐建平，纪委书记葛美华，财务总监李军，仪表电子工会主席顾文等集团领导，各重点子公司和直属单位党政领导、工会主席、工会干部、仪电跑团成员、仪电跑步爱好者和参加健步走的职工共320余人参加开幕式和健康跑活动。运动员们以奋发向上的精神状态，诠释了上海仪电职工"敢于担当、抱团协同、拼搏进取、实现价值"的行为准则。活动现场，所有选手及工作人员通过移动端进行了党史知识竞答。（周黎俊）

上海仪电庆祝中国共产党成立100周年职工健康跑　（周黎俊）

【仪电工会组队参加第六届上海职工自行车趣味定向赛取得佳绩】 10月24日，由市总工会和市体育局共同举办的2021年第六届上海职工自行车趣味定向赛在长兴岛郊野公园举行。仪电工会组队参加比赛，并取得佳绩。在全市40多支参赛队伍中，飞乐音响下属"元一电子队"、云赛智联下属"松下微波炉聚星队""松下微波炉齐乐队""仪电联合队"包揽自行车定向赛前四名。飞乐音响下属"亚尔光源队"获得该赛事趣味项目第三名。（周黎俊）

【华谊职工参加全国职工冰雪主题绘画作品展览并获奖】 华谊集团选送10位职工代表14幅作品参加由中国职工文化体育协会主办的"冰雪情·冬奥梦"全国职工冰雪主题绘画作品展览，并有4幅作品获奖。（朱墨侃）

【阳光华谊合唱团为主题文化活动倾情献演】 市化学工会阳光华谊合唱团作为集团文化品牌的一支队伍，始终活跃在集团各类主题文化活动的第一线。根据集团工会建党百年系列活动的总体工作安排，阳光华谊合唱团先后参加市国资委系统、市总工会市民文化节、市外企业常熟三爱富及化工行业协会等举办的庆祝建党100周年文化庆典合唱演出活动，并应邀参加集团"三八"节女职工先进表彰会庆典演出。（朱墨侃）

【航道局工会举办舞台式演讲大赛】 9月29日，航道局工会联合团委举办第十届"我阅读　我快乐　我成长"航道职工读书活动——"中交蓝　党旗红　中国梦——永远跟党走　奋进新征程"舞台式演讲大赛。上航局纪委书记方君华，党群部门负责人、在沪各单位工会主席、副主席、读书活动负责人20余人出席，沪外单位通过直播观摩比赛。由于疫情原因，此次比赛形式由线下改为线上，13家参与单位提前录制演讲视频。比赛现场，各位评委对播放的参赛视频进行打分评定，最终评出一等奖1名、二等奖2名、三等奖3名、优秀奖7名。（全　晶）

【上海城市徒步嘉年华暨市级机关运动会开幕】 5月30日，由市委组织部、市市级机关工作党委、市体育局、市人力资源社会保障局、市总工会、闵行区政府联合主办的"永远跟党走·上海城市徒步嘉年华暨市级机关运动会开幕式"活动在闵行体育公园拉开帷幕。市委常委、市委秘书长、市市级机关工作党委书记诸葛宇杰宣布活动开幕。市人大常委会副主任、市总工会主席莫负春，副市长陈群出席。约2300名机关干部和产业职工代表参加活动。（王　颖）

【上实集团工会举办系列文化活动】 2021年是建党百年的重要节日，也是上实集团的40周年庆，上实集团工会以两大节庆为契机，举办系列文化活动，赓续红色基因，弘扬"崇德尚实　恒业至善"企业精神。组织"熠熠党心耀百年　时光光影颂华章"建党百年职工摄影作品展，用镜头展示"红色之美""发展之美""劳动之美"的主题；举办"庆祝建党百年——红色萌宝　齐聚金钟"2021年集团家庭日活动，增进员工之间的交流互动和对企业的归属感和凝聚力；举办"感受上药中西五心文化"——庆祝三八国际妇女节暨女职工周末学校活动，展示集团女职工的崭新形象；下属40多家基层工会结合"红色寻访"主题开展了各类品牌文体活动，充实职工的精神文化生活，营造奋进向上的企业文化氛围。（喻晓彤）

【东方国际集团工会举办文艺展演迎五一献礼建党百年】 4月23日，东方国际集团工会在世博会博物馆剧场举办"歌·诵-伟大历程　非凡成就"集团职工献礼建党百年职工文艺展演活动。展演现场共有360多位职工演员，分组参加了语言类和声乐类的赛演活动，各单位选送的共47部创作表演作品，紧扣时代主旋律，立足集团发展愿景和本单位实际，围绕颂扬波澜壮阔的百年征程、传播历久弥坚的百年初心为表演主线。经现场评选，共有12支节目获奖。其中，由时尚发展公司职工自创自导自演的手影剧《百年风尚》和创业股份公司全体班子成员领衔合唱表演的歌曲《少年》，分别摘获了语言类和声乐类的全场最佳——"特别奖"。（张智伟）

【国网上海市电力公司工会组队参加"中智先锋杯"龙舟赛】 6月27日，由市体育局、市体育总会、市总工会、市经信委、市青年联合会等单位联合主办的2021年上海城市业余联赛"中智杯"第十六届世界著名在华企业健身大赛"中智先锋杯"龙舟赛在上海市水上运动中心举行，上海电力公司工会和团委牵头组织公司上届青年龙舟赛的前三甲队伍——青浦公司、长兴公司、检修公司龙舟队的骨干力量联合组队参赛。经过多番角逐，电力公司"电力先锋"龙舟队取得赛事二等奖的好成绩。（陈振兴）

【中国宝武积极开展文体活动】 2021年，集团公司工会结合庆祝中国共产党成立100周年主题，组织开展职工钓鱼团体赛、"传承红色记忆，喜迎建党百年"羽毛球团体赛、"中流砥柱百年颂 不忘初心再前行"原创诗歌朗诵会等10项活动；举办游泳、网球、电竞、牌类、书画摄影展等各类文体赛事活动10项。根据职工对文体培训项目的需求和兴趣点，组织健身操、茶文化等6个职工文体协会举办职工文体培训班9个，其中茶艺、太极拳、女职工素描、民族舞为首次开展的培训。（鲁巍）

【宝地资产组织开展职工趣味运动会】 2021年，在宝地资产、宝地吴淞深度整合运作后组织了首次职工大型文体活动，共21支队伍300余名职工参与工会组织的趣味运动会，通过超级毛毛虫、车轮滚滚、拔河之战等项目，赛出季军队2个、亚军队1个、冠军队1个，进一步营造了"同一个宝地、同一个文化"的氛围。（朱宏）

【中国宝武机关工会组队参加地区健康跑取得好成绩】 11月21日，中国宝武机关工会组织员工参加"建功浦东引领区 秀外慧中领风潮"——2021年世博地区第五届"爱世博·爱生活"健康跑活动，来自世博地区40家机关、企事业单位700余名跑友参加比赛，中国宝武机关代表队参加了所有项目。通过跑友们努力拼博，最终荣获团体5公里赛一等奖，荣获男子青年组10公里个人赛一等奖，女子中年组10公里个人赛三等奖的成绩。此次活动邀请了中国宝武乐跑团成员共同参加。（陈佩红）

【上海石化公司创新职工运动会模式】 9月29日，上海石化公司举办第九届职工运动会。创新开幕式模式，除设置主会场外，在海滨体育场设置田径比赛分会场、金山宾馆游泳馆设置游泳比赛分会场，比赛项目有智能体育（团体）、田径、游泳。其中智能体育（团体）项目包括"凝心聚力"智能单车赛、"不忘初心"智能飞镖赛、"同舟共济"智能划船赛、"舞动青春"智能跳绳赛、"铁血铸魂"智能射击赛。同时设乒乓球、羽毛球、篮球、钓鱼、棋牌、健步走定向赛、电子竞技赛、消防综合操练等11个项目类别。（卜晨）

【上海航天局工会举办系列活动庆祝建院60周年】 2021年是上海航天建院60周年，上海航天局工会举办以"甲子峥嵘·砥砺奋斗"为主题的系列职工文体活动。6月19日，航天局工会在闵行航天城举办趣味职工运动会，来自25家单位的千余名航天职工参与运动会比赛及嘉年华活动。8月1日，上海航天召开庆祝建院60周年职工群众文艺汇演，演出的节目均由航天职工自编自导自演，以上海航天60年发展历程中不同阶段的先进人物为原型，讲述了弹、箭、星、船、器不同领域先进人物的感人故事。文艺汇演现场有1000余名职工参加，线上直播有13万航天职工、家属及各界人士观看。（周欣彬）

【市烟草工会举办"和搏一流 筑梦中华"职工趣味运动会】 10月21日，市烟草工会在集团职工活动中心举办2021年"和搏一流、筑梦中华"职工趣味运动会。上海烟草下属28家工商单位组队参赛，运动会有六大团队赛项目，分别为："日出东方，力拔天河"集体拔河、"相信自己，相信伙伴"不倒森林、"乐在其中，有'球'必应"足球射门、"齐心协力，争创一流"集体木鞋、"扭转乾坤，'箭'证奇迹"射箭比赛、"方块世界，益智无穷"魔方还原等，旨在通过比赛，充分展现运动员们意气风发、顽强拼搏的精神面貌，引导全体职工增强健康意识、促进健康发展，着力打造健康文明、昂扬向上、全员参与的上烟职工文化。经过角逐，烟印公司获得一等奖，海烟物流公司、青浦、普陀区局（公司）获得二等奖；集团公司机关、海烟薄片公司、王宝和公司、宝山、浦东区局（公

上海烟草储运公司工会开展"强健体魄兴中华，奋力拼搏铸新章"职工趣味运动会（张博宇、沈雇页）

司）获得三等奖，另有9支参赛队伍获得优胜奖。（韩沅君）

【上汽集团举办“华域车身杯”拔河大赛】 6月5—6日，上汽集团下属43支拔河队伍近800名“大力士”欢聚在汽车博览公园，参加“华域车身杯”——2021年上汽集团喜迎建党100周年，职工凝心聚力拔河大赛。本次大赛由上汽集团工会主办，华域车身工会承办、上海国际汽车城工会协办。上汽集团工会主席钟立欣、副主席甘平、祝培莉，华域汽车副总经理马振刚、中国拔河协会领导及承办、协办方领导等出席并观摩了本次大赛。本次拔河大赛根据去年拔河比赛成绩，分设甲组、乙组、丙组三个组别进行。经过为期两天的激烈角逐，华域汽车车身零件（上海）有限公司斩获甲组第一名。比赛过程体现了诚信、责任、合作、创新、进取的精神，和顶压前行、拼字当“头”、永不言败的意志。（范　融）

【上汽集团工会承办第26届“延锋杯”上海市职工五人制足球锦标赛】 11月22日，由上汽集团工会参与承办的2021上海城市业余联赛足球系列赛暨第26届“延锋杯”上海市职工五人制足球锦标赛落幕。赛事覆盖松江区、徐汇区、宝山区、嘉定区、奉贤区五大赛区，吸引100余支队伍超过1400名选手参赛。从10月开始分区赛到11月市级决赛，总计240余场比赛。（范　融）

【华东电网举办“画影颂百年、墨缘绘初心”职工群众书画展】 10月26日，“画影颂百年　墨缘绘初心”华东电网系统职工美术书法作品展开幕仪式在上海图书馆举行。此次书画展共展出140余幅职工美术书法作品，通过书画篆刻等艺术形式展现祖国的繁荣发展和国家电力工业的百年发展成就。活动现场，来自华东四省一市电力公司的职工艺术家代表们还带来了专门以劳模代表为原型创作的艺术作品。（史佩敏）

【上海化工区第四届文化艺术节闭幕】 9月24日，海天图志·化育芬芳——上海化工区第四届文化艺术节圆满闭幕。历时3个多月的第四届文化艺术节是园区庆祝建党百年系列活动中的重要内容，回顾园区围海造地25周年、全面建设20周年的辉煌历程，展示园区高质量发展、阶段性建设成效，反映园区企业员工的综合能力、精神风貌。通过举办文艺汇演、讲座培训、展示展览、技能比武、体育竞技等系列活动，践行“以文立园、以文兴园、以文强园、以文润园、以文乐园”理念。在90多天的时间里，区内外75家企事业单位，近万名产业职工和周边乡镇村社居民踊跃参与到文化艺术节活动中，让丰富多彩的文艺节目、赏心悦目的文艺作品描绘园区“海天图志”的磅礴气势、展现“化育芬芳”的人文情怀。（邹　毅）

【上海化学工业区工会举办职工健身骑行挑战赛】 10月22日，化工区工会举办职工健身骑行挑战赛，来自园区43家单位的500多名职工参赛，环上海化工区骑行，展现了尽情享受比赛快乐、全程感受园区生态环境的愉悦氛围。区工会此次统筹推进的职工健身骑行活动，使园区广大职工在践行绿色、低碳、环保理念的过程中，感受到园区绿色生态的芬芳美丽，和现代工业的雄浑壮丽，并将进一步促进产城高质量融合发展。（邹　毅）

【铁路上海局集团公司工会开展系列职工文化活动】 2021年，铁路上海局集团公司围绕庆祝中国共产党成立100周年主题，在全局范围内开展“中国梦·铁路情·劳动美”系列职工文化活动。主要有：集团公司举办“永远跟党走”职工文艺汇演，各基层单位开展群众性歌咏比赛，歌颂党的百年奋斗历程；举办“永远跟党走”书画摄影优秀作品展，庆祝建党100周年微电影、歌曲、文艺作品、主题征文征集，在全局营造颂党恩、跟党走的浓厚氛围。以体育大年为契机，举办集团公司第十届职工运动会，承办“庆建党百年·迎全民全运”全国铁路第十四届运动会职工篮球比赛，自下而上开展职工乒乓球、气排球、象棋、篮球等各项预决赛，凝聚企业精神，增强职工体质。采取线上加线下的形式开展“永远跟党走·开启新征程”职工健步走网络竞赛活动，线上依托手机APP、微信小程序等采集步数，线下各单位结合实际组织健步走，同步在11个地区举办线下启动仪式，掀起职工健身热潮。（严光临）

【中远海运港口工会举办职工主题书画作品展】 11月16日，中远海运港口有限公司工会结合公司党委廉洁从业教育月活动，举办“笔墨书廉洁，丹青绘初心”职工主题书画作品展，特邀书法家宋平、姚书亭、王文献和国画家刘邦彩现场点评、泼墨、指导。本次展览的全部书画作品除在中远海运港口办公楼内展示，还在各控股公司巡展。公司董事总经理张达宇为获奖作者颁发奖状。（张　弛）

【中远海运发展股份有限公司组建文体社团】 中远海运发展股份有限公司工会积极推行职场健康理念，致力于打造“健康=财富的幸福职场”，在企业组建了足球社、篮球社、羽毛球社、网球社、瑜伽社、舞蹈社、跑团社、琴棋书画社、逻辑思维社、文化传播社、志愿者服务社等11个社团，2021年，举办“取珍慕饰”DIY、“青生活，心享受”春游踏青拓展活动、“鲸星杯”第二届职工趣味运动会3项百人活动等，营造和谐快乐的职场氛围，为员工的健康保驾护航。（吴书妃）

【上海邮政工会组织开展多项文体活动】 2021年上海邮政工会采用职工喜闻乐见的形式，组织开展多项文体活动。举办第十届职工运动会，设有羽毛球、乒乓球、电子竞技、定向挑战赛、欢乐三打一等项目比赛，29家单位1300余名职工参与。积极探索疫情期间的活动新形式，采取“云上比赛”等方式，将视频连线+直播评判相结合，取得良好的效果。组建上海邮政合唱团，参加由中华全国总工会、中央电视台主办的“中国梦．劳动美”-2021年庆祝五一国际劳动节特别节目，在一大会址纪念馆前与各行业代表共同演唱《前进吧！中国共产党》，并参与入党宣誓仪式的录制。参加国家交通部相关微视频比赛，选送的微电影《使命》获得三等奖。（陆　彬）

【上海移动公司工会丰富多彩的文化活动吸引众多职工参与】 年内，中国移动上海公司各级工会组织发挥“公司工会的规模优势、基层工会的群众优势、文体分会的专业优势”，为广大员工提供高水平的精神和文化服务。举办第六届文化艺术节活动，超过2000人次观看“云视频直播”、超过13万人次观看“云照片直播”；开展“不忘初心跟党走、百年工运唱红歌”合唱比赛，500余人参赛，1000余人现场观摩，超过7400人次观看“云视频直播”；举办“数智赋能新未来、奋进开启新征程”趣味运动会，30支参赛团队、800余人参加。基层工会积极发挥“群众性”优势。灵活开展各类活动，满足不同群体个性化、差异化、多元化的文体需求。全年，各基层工会共组织“幸福1+1”活动超过300余次，员工参与率96%。基层工会举办“砥砺三牛精神”劳模亲子家庭日活动、“浓浓重阳情，感恩匠心”系列活动等，营造良好氛围。年内，12个社团均完成技能水平评估标准制定；增加活动频次、壮大会员队伍。全年共计开展921次授课训练，面向零基础员工提供兴趣培训班服务，组织系列“达人赛”活动。文体社团会员新增765人，累计会员数达到2270人，占公司全体员工32%。全年共计参加外部比赛活动近30项，获得16项赛事荣誉。（张竹青）

【市建设交通行业举行庆祝中国共产党成立100周年文艺汇演】 6月22日，“永远跟党走 启航新征程”上海市建设交通行业庆祝中国共产党成立100周年文艺汇演在上海东方艺术中心东方音乐厅上演。此次文艺汇演分为“难忘初心、砥砺前行、扬帆远航”3个篇章，集聚系统行业40余家单位优秀文艺资源，由党员和干部职工通过自编自导自演的形式精心编排20个节目，通过声乐、舞蹈、器乐、小品、朗诵、戏曲、情景剧等多元化艺术方式讴歌党的百年伟大征程，展现上海城市建设发展的巨大变迁，抒发爱党爱国之情、知史奋进之志，展现建设交通行业广大干部职工砥砺前行、勇于担当的壮志豪情。（钱 蓉）

【市绿化市容行业工会举办行业职工摄影征文大赛】 年内，为反映绿化市容建设发展成果，展示职工群众团结奋进、勇立潮头的精神面貌，市绿化市容行业工会举办行业职工“中国梦劳动美我心向党”摄影征文比赛，共收到摄影作品283幅（组）、征文作品72篇，经过专业评委和行业评委的综合评定，50幅（组）摄影作品分获金、银、铜和优秀奖，40篇征文作品分获金、银、铜奖和优秀奖。（盖永华）

【市水务局（上海市海洋局）工会举办“上海水务海洋健身行”活动】 11月30日，上海市水务局（上海市海洋局）工会在黄浦江滨江步道举行第八届“上海水务海洋健身行”活动。以“生态宜居庆建党百年、城市共生建人民城市”为主题，从外滩人民英雄纪念塔出发，沿黄浦江滨江步道行至杨浦区“人民城市规划展示馆”，全程约5公里。市水务局系统19家工会近200人参加并参观“人民城市规划展示馆”。（王佐仕）

9月10日，“薪火相传 开创未来”2021年上海市新教师入师入会仪式举行（贡俊祺）

【第一届上海水务海洋“上善杯”足球赛开幕】 11月13日，由市水务局（上海市海洋局）工会和团委联合主办的第一届上海水务海洋“上善杯”七人制足球赛开幕，来自上海水务海洋系统的13家单位共计100余人踊跃报名，组成8支代表队进行角逐，最后，上海市水务局执法总队获得冠军。（王佐仕）

【新教师入师入会仪式举行】 9月10日，正值第37个教师节，上海市教育工会在中共一大纪念馆举行“薪火相传 开创未来”2021年上海市新教师入师入会仪式。市教育系统劳模协会名誉会长、杨浦高级中学名誉校长、人民教育家于漪通过视频寄语新教师；中国当代教育名家、“中华慈善奖”慈善楷模、上海师范大学原校长杨德广带领现场全体新教师庄严宣誓。上海市先进工作者、东华大学材料科学与工程学院院长、教授朱美芳，上海市教书育人楷模、上海戏剧学院表演系教授王苏，上海市先进工作者、上海市教书育人楷模、上海交通大学医学院附属瑞金医院副院长、教授陈尔真，全国劳动模范、同济大学建筑设计研究院汽车运动与安全研究中心主任姚启明，全国先进工作者、上海市实验小学原校长杨荣，上海市劳动模范、同济大学附属实验小学校长、同济大学附属嘉定实验小学校长王建芳，上海市先进工作者、上海海事大学物流工程学院教授王天真，全国五一劳动奖章获得者、复旦大学附属中学语文高级教师张慧腾8位教育系统劳模先进，以诗朗诵的形式讲述育人生涯与情怀，给新教师以精神的鼓舞和以前行的力量。市教育工会常务副主席李蔚讲话，希望全体新教师继承工会的光荣传统，听党话、跟党走，忠诚党的教育事业，立志培育新人。市教育工会吉启华、陶文捷副主席等领导与嘉宾一起，向新教师代表颁发了中华全

国总工会会员证和上海市教育工会七十周年系列丛书。入会仪式同时视频直播，观看量达4000余人次。（王心愿）

【市教育工会组队参加全国教科文卫体系统职工乒乓球比赛】 5月31日，全国教科文卫体系统职工乒乓球比赛在湖南长沙举行，上海教育工会选派12名教职工出征，上海体育学院副教授顾楠担任总教练。上海代表队顽强拼搏，参加所有项目决战，取得混合团体比赛第四名的历史最好成绩。上海中医药大学郑秀琴副教授经过9场鏖战，勇夺女子中年组冠军，实现了上海教工运动员参加全国教科文卫体工会系统体育比赛金牌零的突破。上海民航职业技术学院教师包玮荣获男子青年组第五名。（王心愿）

【市第九届教工运动会举行】 6月，上海市第九届教工运动会开幕式在东方绿舟举行，来自各高校、直属单位、区教育局和中职联工会的93支参赛队伍参加。7位来自上海教育系统的革命老战士、全国先进工作者、全国教科文卫体系统职工乒乓球比赛冠军等应邀担任“新长征精神校园传播大使”。5月—12月，围棋、健步走、趣味运动会、龙舟、气排球、桥牌、篮球、足球8个项目比赛先后举办，7000余人次参与。金山区教育工会、上海交通大学工会、上海师范大学天华学院工会、松江区教育工会、同济大学工会、青浦区教育工会、市师资培训中心工会、市学生事务中心工会、上海民航职业技术学院工会、浦东新区教育工会位列2021年度项目总积分榜前十。象棋、乒乓球、田径、游泳等9项赛事将于次年举办。本届教工运动会是本市教育界五年一度的体育盛会，由中共上海市教育卫生工作委员会、上海市教育委员会、中国教育工会上海市委员会主办。（王心愿）

【市科技系统举办庆祝建党100周年职工声乐大赛】 2021年，上海市科技工会成功举办“颂歌献给党 礼赞新时代”上海市科技系统庆祝建党100周年职工声乐演唱赛，这是市科技系统职工庆祝建党百年系列活动之一，也是开展党史教育的重要形式之一。参演职工用歌声讴歌中国共产党建党100年来的辉煌历程和所取得的伟大成就，表达永远跟党走、奋斗新征程的信心和决心，展现新时代科技工作者担当有为、勤学善思、善作善成的精神风貌。比赛现场，美声唱法、民族唱法、流行唱法、百花齐放，演唱曲目紧扣庆祝中国共产党成立100周年主题，围绕科创中心建设，用饱满的激情演绎着对党和祖国的热爱及美好祝愿。弘扬主旋律，传播正能量，歌颂共产党，讴歌新时代。（冯 莺）

【市医务工会开展庆祝建党百年大型书画展活动】 8月1日，市医务工会庆祝建党百年大型书画展“百年正风华”在海上文化中心开幕。市医务工会、市第十人民医院静安区书法家协会等相关领导以及医务系统书画爱好者出席开幕仪式。书画展由市医务工会主办，市医务职工书画协会、静安书法协会、第十人民医院工会承办，海上文化中心协办。自征稿以来，共征集参展书画作品300余件。经过专家评委的遴选，评选出入展作品110幅，其中书法作品68幅、绘画作品42幅。本次展览还特设静安书协书法家创作的34幅作品，让展览更为充实丰富，也为今后医务职工与书画名家的深入交流创造了契机。（李易杰）

【市卫生健康系统第七届“医工杯”羽毛球比赛举行】 7月18日，市卫生健康系统第七届“医工杯”羽毛球比赛在上海市中医药大学体育馆举行。来自全市各级医疗卫生单位共54家近300位“羽林高手”参加比赛。大赛由市医务工会主办，市医务职工羽毛球协会、上海中医药大学附属岳阳中西医结合医院承办，上海中医药大学体育部协办。（李易杰）

【市医务职工户外运动协会医者跑团举办急救培训】 11月12—14日，市医务职工户外运动协会在市医务工会的指导下，安排了3天的现场急救基本技能培训课程，培训内容主要为心肺复苏与AED急救。广大医务跑者积极参与，共37家单位跑团，144人报名参加并取得由市医疗急救中心颁发的医疗急救员证书。市医务职工户外运动协会于2018年4月成立，协会覆盖全市27万余名医务职工，附设“医者跑团”，含基层跑团38个，在册成员近600名，是医务工会下属最大的职工社团。为充分发挥医务跑者的医疗特长，市医务工会组织针对“医者跑团”成员的应急救治培训，使得跑友获得在赛道上开展应急救治的资格和能力，从而更好展示上海市医务职工的风采。（李易杰）

【市经信系统工会举行职工乒乓球团体赛】 11月6日，“庆建党百年‘乒’经信风采”2021年市经济和信息化工作系统工会职工乒乓球团体赛开赛。比赛以混合团体赛的方式，设男子单

2021年市经信系统职工乒乓球团体赛开赛　（黄 俭、顾 捷）

打、女子单打、混合双打 3 个项目，通过小组循环赛和淘汰赛，最终决出团体金银铜奖和优胜奖。比赛共吸引了来自系统各单位工会的 40 支球队近 400 名运动员参加，中国电信公司工会和上海烟草集团工会分获冠亚军。

（黄　俭、顾　捷）

【市监狱管理局工会积极创新文化和文体活动】 年内，市监狱管理局工会针对疫情期间监狱局封闭执勤的模式，积极创新和拓展文化和职工文体活动。一是对监狱局工会线上文化活动平台“菁英汇”微信小程序进行改版升级，并开展了丰富多彩的系列活动，主要有“新年寄语”和“晒晒年味”新春主题活动，结合党史教育开展线上健步行和“声临其境”红色记忆诵读活动，六一亲子“Cosplay 模仿秀”活动，安全生产知识竞赛。二是在“菁英汇”上接入中华全国总工会电子职工书屋并开展“享受阅读・品味人生”分享好书活动，同时新增“光影・丹青”板块，对民警职工书法、绘画、摄影、手工等文化作品不定期展示等。三是在解除封闭执勤模式期间开展线下各类活动，如蓝盾杯足球友谊赛、市体育健身乒乓球比赛等。

（江海群）

【申通地铁集团工会举办职工子女“童心向党”少儿绘画大赛】 申通地铁集团工会女职工委员会紧紧围绕庆祝中国共产党成立 100 周年主题，组织开展地铁职工子女“童心向党”少儿绘画大赛。大赛共收到作品 246 幅，孩子们用充满童趣、缤纷多彩的美术手法，表达了对祖国繁荣昌盛、轨道交通事业蓬勃发展的讴歌赞美，唱响“童心永向党，共绘新时代”的崇高礼赞！获奖作品于六一国际儿童节起在南京东路站展出，以青少年视角为全国各地的游客讲述《千门万户路路通》《党的光辉照 Metro》等地铁发展和城市变化的生动故事，成为在地铁公共空间为青少年群体提供“四史”宣传教育素材的一道艺术风景，其抖音展示作品获得 10 万点击量，诠释地铁职工时代风采。

（李雯琪）

【申通地铁集团有限公司举办第七届职工运动会】 6 月 16 日，“奋斗百年路，启航新征程”上海申通地铁集团有限公司第七届职工运动会开幕式暨职工红色定向赛在万象城星空广场举行。集团公司、集团机关各部室、建设集团、集团各直属单位领导、运动员、裁判员代表和职工代表参加活动。此次定向赛采用线上线下同步开赛，线下红色定向赛设 4 条线路，引导职工探访红色经典、地铁历史，线上红色之旅设 12 个遍布全国的红色站点，按红色事件的时间顺序串联，职工用每日实际步数和参与在线答题完成比赛。在 6 月至 9 月组织开展定向赛、篮球、足球、棋牌、乒乓球、桌球、电子竞技、网球、羽毛球等 9 大类 20 个项目的比赛，进行 610 场比拼对决，产生 132 个个人冠、亚、季军，24 个团体冠、亚、季军。参赛范围涵盖建设集团、各直属单位、机关本部在职员工，4157 人（次）参与运动会各项赛事。

（李雯琪）

上海地铁职工子女“童心向党”少儿绘画大赛少年组一等奖作品

（施云杰）

【上海地铁 2021 年度风采人物颁奖会举行】 2022 年 1 月 25 日，上海地铁 2021 年度风采人物颁奖会举行，会议采用线上云直播方式。集团公司领导班子成员、轨道公交总队、集团公司各部门、建设集团、各直属单位领导和职工代表通过视频会议在主、分会场参加颁奖会，会议回顾 2021 年上海地铁人勇敢、团结、坚守所取得的发展成就，展示风采人物的先进事迹。王军辉等 4 名个人、上海地铁维保驰援郑州团队等 6 个集体获评风采人物，上海市公安局轨道公交总队法制支队被授予风采人物特别奖，另有 1 个集体获风采人物提名奖。

（李雯琪）

【城投集团成立职工兴趣社团】 为培育广大职工的业余兴趣爱好，提升职工精神素养和艺术情操，打造健康文明、昂扬向上、全员参与的职工文化，城投集团工会在听取职工意见基础上，结合城投职工实际，成立了包含合唱、舞蹈、书画、时装秀、戏曲、摄影（含无人机）、陶艺、烹饪、太极拳（瑜伽）、乒羽等 10 个职工兴趣社团，面向城投全体职工招募会员，并为新成立社团授牌。

（范　磊）

【城投集团工会举办职工文化艺术作品展】 4 月以来，城投集团工会面向全体职工开展文化艺术作品征集活动，得到广大职工的积极响应和踊跃参与，共征集到摄影作品 270 余份，书画（篆刻）作品 80 余幅，原创微视频 60 余个。作品集中反映了上海城市发展变化，展现城投集团城市建设和运营保障主力军、突击队、先行者地位作用，关注一线岗位先进标杆和典型人物等，充分体现了城投广大职工的文化素养和创作水平。经专家评审，选取部分有代表性的作品进行展示。

（范　磊）

【城投集团举行健步走活动】 6 月 6

日，由上海城投（集团）有限公司主办的“永远跟党走，奋进新征程”S7公路二期健步走活动在S7公路二期现场举行。集团党委副书记、工会主席杨茂铎在活动上致辞并参加健步走活动，集团副总裁胡欣，市交通委交通建设处、建管中心、道运中心，市规资局市政处，市重大办，市交警总队路设处，宝山区交通委、重大办，嘉定区交通委等有关领导，集团各职能部门、直属单位、S7公路二期各参建单位代表参加活动。S7二期健步走里程设计为10公里，在中途设置5个补给站，在提供体能补给的同时，还现场组织了“一大到十九大”党史回顾、“凝心聚力”团队游戏、趣味团队照、“中国精神”互动答题、“国旗在我心”贴纸游戏等寓教于乐的任务环节，大家通过活动一起重温了中国共产党从艰难探索到成就辉煌的奋斗历程。经过近两小时的活动，15支队伍250余名选手先后抵达终点，在激昂的鼓声中，各队高举着“党员突击队”与“青年突击队”的旗帜，奋力冲刺，完成挑战，各队代表获颁了纪念奖牌，作为完赛纪念。（范　磊）

【世纪出版集团印刷出版单位开展迎春写福送福活动】 春节前夕，世纪出版集团上海世图物流有限公司与上海书画出版社联手，举办“翰墨迎新岁、挥毫送祝福”活动，沪上书法名家与书画社青年书法编辑同台泼墨，为集团下属世图物流公司、中华印刷公司春节留沪职工写福字。活动邀请世纪出版集团领导参与，并与沪上书法名家及集团直属上海书画出版社领导、编辑，共同将写好的福字及春联，赠送给物流、印刷企业20余名留沪过年单身员工代表，并送上牛年新春美好祝福。（江　文）

【世纪出版集团职工积极参与年度上海职工文化网络大赛】 为进一步加强职工文化建设，世纪出版集团工会于9月推动各级工会组织动员职工，积极参加市总工举办的“中国梦·劳动美——奋斗百年路　启航新征程”2021年上海职工文化网络大赛。此次大赛包括线上竞答、红色寻访、短视频征集、掌上悦读、鼓“五”新城、初心筑梦六大项目，世纪出版集团有300多名职工报名参赛。（江　文）

【市工人文化宫举办“灯谜大家猜”活动】 市工人文化宫携手长宁区工人文化宫、虹口区工人文化宫在元宵节共同举办“三牛奋蹄新时代——2021上海职工元宵灯谜活动”。灯谜内容不仅融入了中华传统节日和民俗元素，还重点展示了一批庆祝建党百年、反映时代特征、展示劳模工匠精神及富有海派特色的灯谜。市工人文化宫全年共计举办“灯谜大家猜”活动12场，服务人数约2万人次。近年来，市工人文化宫以“灯谜大家猜”活动为平台，定期组织和开展灯谜系列活动，扶持和培育群众性灯谜爱好者团队的发展，弘扬中华传统文化，为丰富人民群众精神文化生活，传承发扬中华优秀传统文化、海派文化做出积极贡献。（王家辉）

【市工人文化宫举办第二季劳模工匠“空中”电台】 5月7日，第二季劳模工匠电台“劳模来了”接档“空中工匠学堂”，在上海人民广播电台FM93.4与阿基米德网络开播。共计开播30期，邀请夏永兴、方进、陈勇、高煜等不同领域的34位劳动模范，联动光明集团、上海久事、上海电气、上海地铁等20多家产业工会与集团工会，收听率在同时间段节目中名列前茅，累计辐射长三角地区500万人次。节目紧扣“劳模精神、劳动精神、工匠精神”时代主题，通过分享劳模工匠故事，展现新时代劳动者的精神风貌，激励广大青年走技能成才、技能报国之路。（王家辉）

【市工人文化宫举办上海市民职工海派插花花艺大赛作品展】 10月23日，作为上海市民绿化节主要活动之一，“美在生活中”2021上海市民职工海派插花大赛总决赛在上海市工人文化宫举行。大赛总决赛的主题为《花开申城》，参赛完成作品在市工人文化宫3楼进行集中展示。“海派插花”被上海市政府列为非物质文化遗产代表性项目名录，活动促进和推动海派插花非遗文化的传承与发展，使这一“小众艺术逐步变为大众文化”，融入市民生活，为“上海文化”名片增添一抹亮色。（王家辉）

【市工人文化宫举办上海市职工（市民）文化网络大赛】 8月10日，2021年“中国梦·劳动美”上海市职工（市民）文化网络大赛以“中国梦·劳动美——奋斗百年路　启航新征程”为主题，结合上海百万职工红色文化寻访，通过线上“四史”竞答、原创短视频征集、掌上悦读、“鼓”五新城、初心筑梦等网络文化产品输出，激励广大职工（市民）争做新时代的奋斗者，打造职工网上精神家园。活动历时52天，总计16.5万职工（市民）报名参与，创历史新高。（王家辉）

【市工人文化宫举办上海职工（市民）

第二季劳模工匠电台“劳模来了”（金　喆）

舞台式演讲活动】 4月起，市工人文化宫在全市范围内举办“永远跟党走 奋进新征程”上海职工(市民)舞台式演讲活动。活动通过演讲稿件征集评选、舞台式演讲实践培训、舞台式演讲展示会，以及编撰、出版演讲稿精选集等形式，分享来自各行各业的劳动者、奋斗者的动人故事，展示广大职工勤于创造、勇于奋斗、甘于奉献的精神风貌和优秀品质。演讲活动网络直播总浏览量391万。优秀演讲稿编入“振兴中华”丛书，以《致敬劳动者——“永远跟党走 奋进新征程”主题演讲稿精选集》为名，结集出版。 (王家辉)

【市工人文化宫举办上海职工书画摄影展暨红色印迹实物书画艺术汇展】 12月17日，“翰墨书盛世·光影绘华章”2021年上海职工书画摄影展暨红色印迹实物书画艺术汇展在市工人文化宫三楼开幕。展览分为两大展陈区域，中心厅为红色印迹实物艺术汇展，共介绍抗战时期及解放前在上海从事地下党工作的18位中共地下党员及与之相关的近50件红色实物的故事；南北厅为上海职工书画摄影展，从2500多幅职工书画作品和3万多幅摄影作品中精选209幅优秀作品集中展示。 (王家辉)

【市工人文化宫开展“传统文化直通车”系列活动】 年内，市工人文化宫共开展12场“传统文化直通车”线下活动，聚焦“五个新城”建设发展，重点服务非公企业、产业工人，分别驶入“五个新城”及浦东、杨浦、静安、虹口、徐汇等区域的园区内，为工会构建劳动关系、建立小二级工会、企业复工复产、关爱关心灵活就业群体等提供文化服务，累计参与约3.2万人次。同时，开展线上直通车活动，在市总工会“申工社”微信公众号推出“直通车乐游苑”线上平台，共计服务约11万人次。 (王家辉)

【市工人文化宫开展“送副春联回家乡”活动】 春节前夕，为响应市委“就地过年”号召，让外来建设者们在沪过年期间感受到工会“娘家人”的关爱，市工人文化宫与浦东、徐汇、长宁、普陀、宝山、松江、青浦、临港集团等工会联合举办“送副春联回家乡”活动，通过线上派送、线下定点派发、走访慰问、线上抢春联送春联等形式送出近1万副春联。“送副春联回家乡”活动是上海工会落实中央群团改革精神、打通职工文化服务“最后一公里”的具体实践，是坚持文化惠民、落实人文关怀、推进职工文化繁荣发展的有力举措。 (王家辉)

【市工人文化宫举办3场红色主题专题展览】 2021年，市工人文化宫先后于5月27日、6月1日、6月2日在市工人文化宫二楼、三楼举办“伟大的创造 光辉的历程——人民代表大会制度的探索与上海”人大红色资源主题展、“致敬！红色工运”主题图片展和“百年辉煌——中国共产党在上海百年图展”等3场红色主题专题展览，累计接待观展职工群众超4.6万人次。 (王家辉)

市工人文化宫开展“传统文化直通车”系列活动 (王丽华)

【市工人文化宫茉莉花艺术团承担5场大型主题教育文艺演出】 年内，市工人文化宫茉莉花艺术团陆续在“开启新征程 扬帆再起航”——2021年市总工会机关系统工作部署暨创建模范机关主题实践启动仪式、“巾帼心向党 奋进新征程”——上海工会纪念三八国际劳动妇女节111周年主题活动、上海市庆祝五一国际劳动节大型主题歌会、“茉香国风71·和平颂”民乐专场音乐会、“初心向党 使命在肩”2021年迎国庆职工专场文艺演出等共计5场大型主题教育现场担任文艺演出，线上线下观看演出职工群众近14万人次。 (王家辉)

【市工人疗养院开展职工红色文艺作品征集活动】 七一前夕，为迎接建党100周年，抒发爱党爱国的真挚情感，推动群众文艺工作出新出彩，市工人疗养院面向全体职工开展红色文艺作品征集活动。作品要求以习近平新时代中国特色社会主义思想和党的十九大精神为指导，坚持以人民为中心的创作导向，深入生活、扎根人民，弘扬社会主义核心价值观，记录、抒写、讴歌新时代。以弘扬红色文化为主题，立足工疗，从不同艺术视角出发，利用各种文艺形式，创作信仰坚定、格调激昂的优秀作品。活动由工会组织，先后收集到包括书法、剪纸、摄影等形式在内的50多幅作品。 (王 珏)

【西山休养院举办第十届职工运动会】 1月19日，市总工会洞庭西山休养院举办第十届职工运动会，来自各部门的87名职工参加比赛。运动会设置了迎春长跑、拔河、消防接力、定点投球、跳绳、踢毽子、五子棋、桌球、乒乓球、羽毛球共10个比赛项目。通过运动会的举办，增强职工的消防安全意识，增进职工的团队精神和集体意识，展现职工奋勇争先的精神面貌，激发职工干事创业的工作热情。 (蔡玉蓉)

《劳动报》2021 年工会重要新闻要目

日期	篇目	作者	版面
1月1日	他是职工信赖的"娘家人"——记 2020 年全国劳动模范上海东洋电装有限公司工场长、工会主席薛鸿斌		第 04 版
1月2日	大力弘扬劳模精神　培养高技能人才　团结动员黄浦职工建功新时代　黄浦区人大常委会副主任、区总工会主席屠奇敏		第 03 版
1月3日	不负韶华　逐梦前行　2020 年上海市模范集体上海港城危险品物流有限公司运输管理部风采		第 04 版
1月4日	把劳模精神发扬光大　助力崇明世界级生态岛建设　崇明区人大常委会副主任、区总工会主席张建英		第 03 版
1月4日	1927 年,星星之火在奉贤潘公祠燃起——劳动报记者寻访刘晓在上海留下的珍贵足迹	李成溪	第 04 版
1月4日	我们的身后是上海两千多万人民的安康——记新一届市模范集体:浦东机场海关旅检处	李佳敏	第 06 版
1月5日	立足主责主业,为伟大时代凝心聚力——嘉定区人大常委会副主任、区总工会主席王建新		第 06 版
1月6日	枫泾镇总工会持续开展"娘家人办实事"为公司开办大专班　提升职工学历	庄从周	第 04 版
1月6日	持续深化产业工人队伍建设改革　夯实新时代上海高质量发展基础——上海市总工会研究室主任崔校军		第 05 版
1月6日	关乎劳权的这十部新规,自 2021 年起施行——形成法治文化　我们任重而道远	李轶捷	T1:劳权
1月7日	为抗疫一线职工、劳模、农民工、困难职工送上关怀与祝福——全总慰问团在沪开展送温暖活动	裴龙翔	第 03 版
1月7日	市总十四届八次全委(扩大)会议召开	徐　晗	第 04 版
1月7日	奋斗新时代　创造新奇迹　展现新气象——2021 年上海工会工作解读	徐　晗	第 05 版
1月8日	以评估促改革闭环　宝山非公企业工会改革 4.0 版出台	王海雯	第 03 版
1月8日	耐住寂寞,守护心中那味"甜"——记上海工匠、上海梨膏糖食品厂联席厂长吴生忠	黄嘉慧	第 03 版
1月9日	市总工会发布《上海工会法人登记管理实施办法》　新版工会法人资格证书正式启用		第 02 版
1月9日	"化"开老旧小区"心头之冻"——直击市模范集体川北物业马师傅服务队抗击寒潮	李佳敏	第 07 版
1月10日	每个夜晚都希望平平安安　本报记者体验天然气管网夜间巡线员的冬日艰辛	张锐杰	第 08 版

续 表

日 期	篇 目	作 者	版 面
1月11日	邮包满载，他们是风雨无阻的“信使”——走近寒潮下的一线报刊投递员	李嘉宝	第03版
1月11日	徐汇工会提早送上关爱 为坚守岗位职工暖身暖心	裴龙翔	第03版
1月11日	为科技“幼苗”找到资金“活水”——这个模范集体5年前在上海打造了一个“科技创新板”	柴一森	第04版
1月11日	团结动员上海职工建功“十四五”——上海市总工会二级巡视员、基层工作部部长张刚		第05版
1月12日	加强产业工人队伍建设打响“闵行制造”——闵行区人大常委会副主任、区总工会主席倪学斌		第04版
1月12日	用“辛苦指数”换群众“幸福指数”——徐汇区行政服务中心“两张网”工作组无悔付出	裴龙翔	第05版
1月13日	唱响劳动光荣主旋律 凝聚新时代奋进力量——宝山区人大常委会副主任，区总工会党组书记、主席王丽燕		第04版
1月13日	匠心留春在 申城披“花衣”——新一届上海工匠、市绿化管理指导站环保绿化首席技师王伟伟	裴龙翔	第05版
1月13日	爱心关怀“全年无休” 临港产工委为一线建设者送去温暖	李佳敏	第05版
1月13日	《民法典》实施后，劳动者“隐私”该如何保护？	黄嘉慧	T1：劳权
1月14日	“甜蜜事业”背后有一颗愿意吃苦的心——记上海工匠、上海糖师师培训学校有限公司技术总监郁慧	王海雯	第08版
1月14日	“贴钱贴时间也要为他们服务好”——市医务工会“老劳模服务项目”背后的故事	王 枫	第08版
1月15日	以劳模精神为指引 推动徐汇工会工作再上新台阶——徐汇区人大常委会副主任、区总工会主席朱伟红		第03版
1月15日	十斤的“孙大圣”在手中翻出筋斗云 揭秘上海木偶剧团杖头木偶演员王贞超的表演技艺	庄从周	第04版
1月16日	深化工会改革创新 团结凝聚广大职工——中国宝武钢铁集团有限公司工会主席张贺雷		第06版
1月18日	更加扎实有效推进产业工人队伍建设——上海市机电工会主席朱斌		第03版
1月18日	上海大学：风雨百年 赓续红色基因——1922年，中国共产党创办的第一所高等学校在上海青岛路青云里诞生	李嘉宝	第04、05版
1月18日	冬日，暖流在职工心头涌动 申城各级工会启动迎新春送温暖活动	张锐杰	第02版

续 表

日 期	篇 目	作 者	版 面
1月19日	匠心接续中国海岛发展的“生命线”——记上海工匠、上海建工基础集团海底管线施工专业团队负责人沈光		第04版
1月19日	弘扬劳模工匠精神　凝聚奋进磅礴力量——杨浦区人大常委会副主任、区总工会主席麦碧莲		第05版
1月20日	焊花飞舞在0.7毫米殷瓦钢上——记上海工匠、沪东中华造船高级电焊技师张冬伟		第04版
1月20日	《民法典》解读之二——职场性骚扰要如何破解	李成溪	T1:劳权
1月21日	始于勤　立于本　重于创　争于优——新一届上海工匠、上海上药新亚药业有限公司技术研发中心负责人商鼎		第04版
1月21日	静安区总工会启动“工会陪你过大年”行动	王　枫	第05版
1月22日	关心关爱外来建设者——松江区总工会启动“六个一”行动	张锐杰	第04版
1月23日	市总工会提案:推动建立新业态　从业人员职业安全保障制度		第01版
1月23日	同心战疫情,助力十四五——市政协总工会界别委员履职一年间	罗　青　裴龙翔	第03版
1月26日	城市水环境的瞭望者——记上海工匠、上海市城市排水监测站有限公司检验室副主任姚祺	王海雯	第06版
1月27日	关爱有“家”　温情有“礼”	柴一森	第06版
1月27日	《民法典》施行后劳动者个人信息如何保护?	黄嘉慧	T1:劳权
1月28日	勇于创新　敢挑重担　冲锋在前——记上海复旦微电子集团股份有限公司产品经理董艺	李成溪	第09版
1月28日	民乐的魅力让他们走到了一起——静安职工民乐团的成长故事	王　枫	第10版
1月29日	莫负春走访慰问老劳模、困难职工“有困难找工会　我们会尽所能帮助你”	徐　晗	第03版
1月30日	十年磨一剑,在演绎中爆发——访上海工匠、上海杂技团男演员王怀甫	柴一森	第03版
1月30日	重点关爱十类人员传递工会温度——本市退管系统组织开展2021年元旦春节送温暖活动	王海雯	第03版
2月1日	各级工会举措频频　助推职工安心过年——闵行区总工会　向外来建设者赠送“十大春节好礼”	张锐杰	第03版

续 表

日 期	篇 目	作 者	版 面
2月1日	红色足印，从黄浦码头出发——周恩来、邓小平、蔡和森等有志青年从杨浦滨江启程赴法勤工俭学	柴一森	第04、05版
2月2日	深化上海产业工人队伍建设改革首批校企合作签约仪式举行——劳模工匠走进校园 思政教师走进企业	徐 晗	第04版
2月3日	院校企业深度合作 打造高素质技能人才队伍——《关于深化上海产业工人队伍建设改革推进校企合作工作的指导意见》解读	徐 晗	第05版
2月3日	黄红慰问探望李斌家属、老劳模于漪，送去工会的关爱和祝福	徐 晗、李成溪	第04版
2月3日	市总工会为所有在沪过年职工送上"文化大礼包"让"原年人"感受上海的浓浓年味	黄嘉慧	第08、09版
2月3日	报销烦 流程长 环节多——记者调查跨地区就业人员异地就医保险相关问题	李轶捷	T1：劳权
2月4日	浓油赤酱少了 运动时间多了——市医务工会促进行动力推十佳健康食堂	王 枫	第04版
2月4日	各级工会实事落地关爱留沪职工	王海雯	第05版
2月5日	上海市总工会公布2021年10项服务职工实事项目	徐 晗	第04、05版
2月6日	上海市总工会发出工作提示要求 进一步做好广大职工就地过年服务保障工作	徐 晗	第03版
2月8日	市总工会持续关爱留沪过年建设者 联手市通信管理局赠送免费流量大礼包	徐 晗	第03版
2月8日	从300份礼包到3000份礼包全覆盖——漕泾镇总工会多项举措"稳岗留工"	庄从周	第04版
2月8日	90年前的暗夜，24位革命者血染龙华——寻访"龙华二十四烈士"之一、大革命时期上海总工会青工部部长欧阳立安烈士历史足印	王海雯	第06、07版
2月8日	暖心留人，工会积极落实各项措施——嘉定区总工会真情实意关爱在"嘉"职工	裴龙翔	第10版
2月9日	春节前夕莫负春走访慰问留沪外来建设者——叮嘱工会关爱职工 送上新年祝福	徐 晗	第05版
2月10日	市总工会分多路慰问劳模和困难职工	徐 晗	第04版
2月10日	异地工作的我应该在哪里退休？解读异地领取养老金的那些难题	黄嘉慧	T1：劳权
2月10日	上海工匠馆"亮"起福匠灯笼——春节策划三档精彩活动 劳模工匠陪你过大年		第01版

续 表

日 期	篇 目	作 者	版 面
2月15日	春节，他们守护着这座城市——劳动报记者走访节日里坚守岗位的一线职工		第01版
2月17日	有爱就有家“原年”也精彩——留沪外来劳动者欢度春节剪影	张锐杰 黄嘉慧 李佳敏 王海雯	第02、03版
2月18日	市总六大“文化礼包”填满7天假期“原年人”的春节就是如此充实	庄从周	第04版
2月19日	上班首日市总工会慰问春节坚守公共服务一线岗位职工 你们的劳动，温暖了城市！	裴龙翔	第04版
2月20日	市总工会、东航集团慰问并点赞一线职工 你们用坚守护送千万旅客平安归家	徐 晗 柴一森	第03版
2月21日	市总党组中心组召开（扩大）学习会 学习劳模精神创建模范机关	徐 晗	第07版
2月23日	滴水之力汇聚成法电工人运动洪流——劳动报记者寻访法电六烈士纪念堂	黄嘉慧	第04、05版
2月24日	老石库门“新妆”迎建党百年——记者探访中共“二大”会址纪念馆维护布展团队	王 枫	第04版
2月24日	跨城工作发生劳动争议，何解？	黄嘉慧	T1：劳权
2月25日	上海灯彩，一根细铅丝搓出万千世界——访非遗传承人吕协庄和她的传承团队	庄从周	第06版
2月26日	脱贫奏凯歌 携手奔小康——上海市总工会助力对口援助地区脱贫攻坚纪实	裴龙翔	第04版
2月26日	别样元宵节 关爱暖心窝 本市各级工会为“原年职工”送去家的温暖	庄从周 裴龙翔 张锐杰 李佳敏	第05版
2月27日	市总机关系统启动模范机关创建工作 忠诚党的事业竭诚服务职工	徐 晗	第03版
3月1日	庆祝建党百年，反映时代特征——2021上海职工元宵灯谜活动圆满落幕	庄从周	第05版
3月1日	修旧如旧还原历史，“活的红色博物馆”静待蝶变——劳动报记者寻访湖州会馆—上海总工会遗址	李成溪	第06、07版
3月2日	在检测一线筑牢危化品运输“大堤”——《长江保护法》实施首日陈维劳模创新工作室在行动	裴龙翔	第04版
3月3日	“望闻问切”为故障车开出精准“良方”——上海市劳模、上海汽修公司高级技师陶亚辉修车有诀窍	柴一森	第04版
3月4日	女职工需注意：“三期”保护并非万能	赵竺安	T1：劳权

续 表

日 期	篇 目	作 者	版 面
3月4日	助力脱贫攻坚伟大奇迹 贡献上海工会智慧力量——本市各级工会坚决打赢脱贫攻坚战精彩集萃之一	裴龙翔 李轶捷 李嘉宝 李佳敏 张锐杰 王海雯	第08、09版
3月5日	巾帼心向党 奋进新征程——上海工会举行纪念“三八”国际劳动妇女节111周年主题活动		第07版
3月5日	市总工会女职工委员会七届三次全委会议召开——今年市总工会将围绕5大目标任务服务女职工	徐 晗	第08版
3月6日	厂务公开聚人心 民主管理促和谐——上海市企事业单位民主管理制度建设推进会发言摘要		第06版
3月8日	平凡岗位上闪现的“她力量”——上海各级女劳模坚守岗位背后的故事	庄从周	第08、09版
3月9日	了不起的你最美丽	张锐杰 王海雯 李嘉宝 李佳敏 李成溪	第06、07版
3月10日	上海市为民办实事项目“建立100个园区(楼宇)健康服务点”推进会召开——首批58家健康服务点正式挂牌	徐 晗	第06版
3月10日	延迟退休、养老金制度、带薪休假——盘点全国两会上的这些劳权热词	黄嘉慧	T1:劳权
3月11日	一个月内连续两家下属公司成立工会 东方明珠工会抓组建快速而规范	庄从周	第11版
3月15日	富士施乐工会:员工是企业最大的财富 走进全国模范职工之家	李佳敏	第07版
3月16日	老厂长宋琴芳:骄傲于百年老厂的光荣传统——澳门路150号申新九厂旧址寻访	李嘉宝	第08、09版
3月16日	两分钟让车身凹陷去无踪——记世界技能大赛冠军、上汽集团乘用车公司杨山巍	王海雯	第05版
3月17日	连续3家教育培训机构相继建会——方松街道总工会部门联动推进工会组建	张锐杰	第04版
3月17日	又到招聘旺季 五大求职陷阱要警惕	李轶捷	T1:劳权
3月18日	基层创建热情高 紧贴白领硬需求——杨浦区园区(楼宇)职工“健康服务点”见闻	李成溪	第03版
3月19日	市总工会党组与市司法局党委中心组联组学习并签署合作纪要——五方面加强合作推进和谐劳动关系建设	徐 晗	第04版

续 表

日　期	篇　　　目	作　者	版　面
3月19日	“中国梦·劳动美——人民城市　奋斗有我”——上海职工直播课堂“致敬！最美劳动者”开讲	张锐杰	第05版
3月20日	聚焦重大任务　注重成果转化——浦东发布四大系列主题竞赛项目	李轶捷	第03版
3月22日	一代又一代产业工人　孕育于“沪东第一路”——劳动报记者寻踪百年杨树浦路上的工人学校	李成溪	第04、05版
3月23日	强化党建引领　促进事业发展　推动市总机关系统党的建设继续走在前、做表率	徐　晗	第04版
3月24日	这双手创造生活，历经沧桑——“中建八局”杯摄影大赛作品《沧桑》的创作故事	张锐杰	第04版
3月24日	合同上刚签完乙方姓名，公司就“变脸”——职工遭遇入职罕见情况心焦求助	庄从周	T1:劳权
3月25日	职工可享受诊疗配药体检服务——实地体验青浦区华新镇职工健康服务点	庄从周	第08版
3月26日	远隔千里也能“同台”比武——航天机电工会打造异地化劳动竞赛新平台	王　枫	第04版
3月26日	上海市2021年全国五一劳动奖和全国工人先锋号推荐对象公示		第06版
3月27日	八委办联合开展“推进高质量　发展上海职工劳动和技能竞赛”		第03版
3月29日	1500万字“上海工人运动史料”见证工运璀璨历史——劳动报记者走访上海社科院现代史研究室	王海雯	第03版
3月29日	办公地点各异　工作互作支援——全总上海办事处遗址与上海总工会遗址见闻	李成溪	第04、05版
3月29日	午休时也能挂号取药——闵行区园区（楼宇）职工“健康服务点”见闻	张锐杰	第08版
3月30日	首批22家上海职工疗休养基地名单公布——上海市为民办实事项目“组织10万名一线职工疗休养”火热进行	徐　晗	第05版
3月31日	百万职工看花博　学史力行同追梦——实事项目启动29条线路公布	徐　玲　裴龙翔	第04版
3月31日	我的工资到底是不是“秘密”	李轶捷	T1:劳权
4月1日	“中建八局杯”摄影大赛作品组照《泥中人》背后——镜头记录下“万丈高楼平地起”	张锐杰	第07版
4月1日	携手长三角工会　建功一体化发展——长三角地区三省一市工会工作回顾	张锐杰	第08、09版

续　表

日　期	篇　　目	作　者	版　面
4月2日	2021年推进"十四五"长三角高质量一体化发展工会工作联席会召开——沪苏浙皖工会七大领域合作谋发展	徐　晗	第03版
4月2日	不负春光，创新奋进新征程——2021年推进"十四五"长三角高质量一体化发展工会工作意见解读	徐　晗	第04版
4月3日	金山区总工会启动劳动技能竞赛　打响"上海湾区"品牌覆盖全域全行业	庄从周	第03版
4月5日	"听风者"，从上万条语音中抽丝剥茧——记司鉴院刑事技术研究室助理研究员、工程师卢启萌	李成溪	第03版
4月6日	"把脉"健康问题　铺就服务网络——长宁区职工健康服务点及楼宇巡诊见闻	刘振思	第05版
4月7日	20年创新不辍　农民工成发明达人——记全国劳模、上海北特科技股份有限公司工装部负责人白清良	裴龙翔	第04版
4月7日	最高院"新解释"(一)施行近百日　多项说不清道不明的劳动争议有了明晰规定	赵竺安	T1：劳权
4月8日	为劳动者敞开学习大门　上海工匠学院"匠心学堂"公开招募学员	张锐杰	第06版
4月8日	2021年"组织10万名一线职工疗休养"和"组织百万职工看花博"实事项目问答	徐　晗	第08、09版
4月9日	开门办会，往职工心里走——定海路街道总工会三大创新举措成效初显	李成溪	第04版
4月10日	市政协总工会界别组织委员赴东航调研座谈	李成溪	第03版
4月11日	24小时为上海守住这扇"门"——记全国先进工作者、上海市疾病预防控制中心党委副书记袁政安	王　枫	第03版
4月12日	组织工会救助难民　守护水厂供水不断——劳动报记者寻访百年杨树浦水厂，回望波澜壮阔的水厂工运往事	王海雯	第04、05版
4月14日	全国先进工作者、上海港引航站高级引航员周弘文：全力以赴做好"水上国门第一人"	裴龙翔	第06版
4月14日	出国探亲遭遇疫情暴发　职工滞外一年无法返岗——涉疫劳动争议因工会调解获化解	李嘉宝	T1：劳权
4月15日	用青春托起夕阳的白衣天使——摄影作品《生死时速》背后的故事	李嘉宝	第08版
4月16日	无惧巨浪，悬靠高空中除锈补漆——中远海运莱茵河轮船员客串海上"蜘蛛侠"	裴龙翔	第05版
4月16日	激发职工智慧和力量　中科院上海硅酸盐所构建民主和谐科研所	李佳敏	第06版

续 表

日 期	篇 目	作 者	版 面
4月17日	2021年度"上海工匠"培养选树活动启动	徐 晗	第03版
4月18日	在你身边——"致敬！最美劳动者"职工摄影征集作品拾萃	王冰鑫	第04、05版
4月19日	耕耘小小联合国，共建融情大家园——记全国先进工作者、长宁区荣华居民区党总支第一书记盛弘	刘振思	第03版
4月19日	这里，第一次喊出"劳工解放"的心声 来到中国首次纪念"五一"劳动节集会举行地——澄衷中学	李佳敏	第04版
4月20日	匠心筑梦 学史力行——市总工会机关系统青年理论学习小组学习分享会举行	张锐杰	第04版
4月21日	上海电气"李斌展示厅"改造升级 六大展区展现劳模工匠群像	李嘉宝	第06版
4月21日	科技管理劳动者，是手段还是目的?	李轶捷	T1:劳权
4月22日	争分夺秒清除如山淤泥——中港疏浚员工记录船上"平凡"的一幕	裴龙翔	第09版
4月23日	建功"十四五"奋进新征程 上海"五个新城"建设主题立功竞赛推进会交流发言选登		第04版
4月23日	匠心铸铅"芯"初心代代传——访百岁劳模、原中国铅笔二厂制芯车间工人王老三	李佳敏	第05版
4月24日	幸福是把每位乘客平安送达——记全国劳动模范、71路驾驶员方进	李嘉宝	第03版
4月26日	百名劳模宣讲团从渔阳里出发——张国樑、陈爱华、赵志芳讲述奉献故事	庄从周	第03版
4月26日	"当革命歌曲高唱，铁路工人泪湿眼眶"——探访两路总工会建设初期沪上踪迹	庄从周 张锐杰	第08、09版
4月27日	七秩风华逐梦行 扬帆奋进新时代——写在嘉定工会成立70周年之际	黄嘉慧	第03版
4月27日	永葆赤子之心 建好"职工之家" 当好"娘家人"	裴龙翔	第04、05版
4月28日	庆建党百年 赞劳动之美 庆建党百年 赞劳动之美——本市各级工会庆"五一"活动精彩缤纷	王 飒 裴龙翔 李嘉宝 张锐杰 刘振思	第03版
4月28日	职工工作半年遭遇多项侵权 调解组织介入让用人单位"纠错"	王海雯	T1:劳权
4月29日	夯实工会组织基础 激发基层工会活力 上海加强推进工会组织体系建设	徐 晗	第03版

续 表

日　期	篇　　目	作　者	版　面
4月30日	《关于进一步加强上海工会组织体系建设激发基层活力的工作意见》解读	徐　晗	第03版
4月30日	上海加强工会组织体系建设推进会交流发言选登　激发工会活力　夯实基层基础		第03版
4月30日	以人为本，保障职工“有钱、有闲、有趣”中国宝武推动职工、企业共同发展	张锐杰	第06版
5月2日	光荣属于劳动者　幸福属于劳动者——近百名劳模和劳模团队走上街头志愿服务市民	徐　晗	第03版
5月4日	北横通道建设者江洪：节假日是最好的工作日	王海雯	第04版
5月5日	疫苗接种一线的坚持与守护——记杨浦区延吉社区卫生服务中心护理部总护士长陈睿	李成溪	第03版
5月6日	坚如磐石，砥砺前行——新创雕塑《追随与奋斗》诞生记	庄从周	第08版
5月7日	丰晨敏、汤伟佳同志在“4·22”火灾中牺牲　市总追授两位烈士五一劳动奖章	徐　晗	第03版
5月9日	往深里走　往实里走　往心里走——市总机关系统党史学习教育见成效	张锐杰	第02版
5月9日	纪念中国劳动组合书记部成立100周年	王　枫	T1：特刊
5月10日	从光辉历史中汲取奋进力量　推动党的工运事业创新发展——纪念中国劳动组合书记部成立100周年座谈会在沪召开		第01版
5月10日	不忘来时路　砥砺新征程——纪念中国劳动组合书记部成立100周年座谈会参会人员畅谈感悟	王　枫　裴龙翔 李成溪　刘振思	第04、05版
5月11日	“她诠释了医者的职责和使命”——记“朱氏妇科”第三代传人、国医大师朱南孙		第04版
5月12日	在党史学习教育中赓续精神血脉弘扬劳模精神——市经信工作党委召开劳模工匠座谈会	裴龙翔	第03版
5月12日	奇葩企业规章制度该如何修改？	赵竺安	T1：劳权
5月13日	这辈子，就爱与时间“较真”——记原杨浦百货公司为民钟表店退休职工王福林	李成溪	第03版
5月14日	每件产品都像艺术品一样对待——揭秘上海电站辅机厂首席技师许志平全盲焊接技术	李佳敏	第05版
5月15日	“有限”楼宇空间的“无限”服务可能——探访李子园大厦职工健康服务点	李嘉宝	第03版

续 表

日 期	篇 目	作 者	版 面
5月17日	逝而不朽的工运领袖——劳动报记者追寻赵世炎烈士的上海足迹	裴龙翔	第04版
5月18日	“小哥”们期盼加入工会体面就业——灵活就业群体调查之外卖与快递篇	裴龙翔	第01版
5月19日	一键完成团体预约 爆款线路人气超高 上海工会推进职工疗休养看花博实事	裴龙翔	第05版
5月19日	职工因体重超标被扣一万多元工资 企业对职工还有哪些“霸王”做法	赵竺安	T1:劳权
5月20日	市政协社法委读书群举行专题委员线下读书活动 汲取劳模工匠砥砺奋进的不竭动力	裴龙翔	第03版
5月24日	与钢较劲的“火切王”——记全国五一劳动奖章获得者、中冶宝钢协力分公司职工赵小龙	李成溪	第09版
5月26日	5年选树250家“小二级”工会示范点 市总工会举办非公企业工会改革相关案例项目发布会	张锐杰	第05版
5月26日	劳动者遭遇工伤,维权为何屡屡碰壁	刘振思	T1:劳权
5月27日	“最美的姐”眼中的上海温度——记全国五一劳动奖章获得者、强生出租公司驾驶员徐广梅	李嘉宝	第10版
5月28日	动员职工踊跃投身 国际消费中心城市建设的火热实践——“促进消费扩容提质”暨“五五购物节”主题立功竞赛活动解读	徐 晗	第03版
5月29日	上海工会管理职业学院 建校70周年座谈会举行 学术研讨会聚焦“高质量发展与工会工作”	李嘉宝	第04版
5月31日	1925年,上海工人运动有了总指挥——劳动报记者寻访宝山里2号“上海总工会遗址”	李成溪	第06、07版
6月1日	不漏一户 不落一人 共同迈入全面小康社会——上海工会全力落实城市困难职工解困脱困工作纪实	裴龙翔	第04、05版
6月2日	“你笑起来,真好看!——“致敬!最美劳动者”职工摄影作品拾萃	张锐杰	第04、05版
6月3日	高温费8大期盼	赵竺安	T1:劳权
6月3日	当之无愧的最美模具“飞人”——记全国劳模、上海赛科利调试车间高级副经理张生春	王海雯	第09版
6月4日	“工”加“人”字,连起来就是“天”——揭秘“致敬!红色工运”主题图片展背后的故事	庄从周	第04、05版
6月5日	智慧医疗“云服务”4万余白领 市北高新园区健康服务点揭牌	王 枫	第03版

续 表

日期	篇目	作者	版面
6月7日	上海工人阶级以独立姿态登上舞台——"致敬！红色工运"主题图片展《觉醒》篇解读	庄从周	第03版
6月9日	线上线下无缝衔接实现"职代会自由"上海市企事业单位线上职工代表大会系统正式上线	李轶捷	T1:劳权
6月10日	"再过50年,这些说明书就会有它的价值了"73岁图书管理员胡传敏默默收藏抗战时期演剧说明书	庄从周	第06版
6月11日	中国船舶集团第七〇四研究所　所务公开、民主管理为高质量发展凝聚智慧与力量	李佳敏	第06版
6月12日	传承红色基因,赓续劳模精神　庆祝建党一百周年劳模座谈会昨召开	刘振思	第03版
6月14日	抽盲盒,嘎讪胡,看电影——上影节文创设计团队揭秘产品背后故事	庄从周	第03版
6月15日	五卅狂飙,燎原烈火——"致敬！红色工运"主题图片展《壮大》篇解读	庄从周	第03版
6月15日	市总工会、市政府办公厅等联合主办　开展"一网通办""一网统管"专项立功竞赛	徐　晗	第07版
6月16日	百年后的今天,它仍在为职工服务——上海总工会遗址湖州会馆今天开馆,记者探访幕后故事	王　枫	第04版
6月16日	这家企业为何避签无固定期限合同	庄从周	T1:劳权
6月17日	工会进万家"调研走访慰问活动落幕　全市各级工会入户走访慰问7.5万人次	徐　晗	第04版
6月18日	重温工运历史　汲取精神力量　"浦江春潮"——上海工人三次武装起义史料陈列揭幕	李佳敏	第05版
6月18日	市总工会通知要求做好劳动保护和防暑降温工作7条"凉"策确保职工平安度夏	徐　晗	第06版
6月19日	隐秘伟大的斗争——"致敬！红色工运"主题图片展《抗争》篇解读	庄从周	第03版
6月19日	紧贴职工需求,深度融入中心工作,上海东湖机械厂深化厂务公开民主管理见实效　和谐共赢局面促多方携手共进	裴龙翔	第07版
6月20日	青春正红,再出发　顾正红纪念馆完成改陈升级即将开馆	王海雯	第08版
6月21日	推开历史之门　跨越百年历程　初心仍在,上海机器工会多处红色印迹再放光芒	赵竺安	第02、03版
6月22日	红色工运文化新添两大"地标"上海机器工会纪念雕塑及沪西工人半日学校史料陈列馆昨揭幕	徐　晗	第03版

续 表

日 期	篇 目	作 者	版 面
6月22日	党的光辉照我心 杨浦区总工会多方联手开展 "追寻红色足迹 庆祝建党百年"系列活动	李成溪	第06版
6月23日	《1927年前的上海工人运动史》下月问世 两代学者接力60载完成工运史研究	王海雯	第06版
6月23日	数字管理:管住人和钱让城市建设者薪资"落袋为安"	李铁捷	T1:劳权
6月24日	永远跟党走,奋进新征程 市总工会老同志庆祝中国共产党建党100周年座谈会暨"光荣在党50年"纪念章颁发仪式昨举行	徐 晗	第04版
6月24日	重温入党誓词 奉献工会事业 市总机关系统举行"七一"党员过集体政治生日座谈会	徐 晗	第05版
6月25日	市总工会启动高温慰问"送清凉"首站慰问疫苗接种一线医务人员	徐 晗	第03版
6月26日	莫负春看望慰问老党员老劳模 前往裔式娟、刘海珊家中送上工会关怀	徐 晗	第05版
6月28日	护厂护市共担当——"致敬! 红色工运"主题图片展《担当》篇解读	庄从周	第07版
6月29日	市水务局工会以劳动竞赛为载体推进非公企业建会以竞赛推动行业建会率提升25%	张锐杰	第03版
6月30日	牢记初心使命 赓续精神血脉——本市各级工会开展丰富多彩主题活动庆祝党的百年华诞	李铁捷	第06版
7月1日	一大会址纪念馆收到上海航天离休职工特殊礼物家属捐赠《毛泽东选集》完成父亲心愿	王 枫	第07版
7月1日	跨越4000公里从上海到塔县,盘活旅游资源,助力乡村振兴——记上海经纬建筑规划设计研究院股份有限公司副院长、党总支书记张榜	李成溪	第07版
7月5日	做药如做人,修制务精——揭秘"90后"传承人姚嘉唯的"童薄片"手工板刀绝活	李佳敏	第09版
7月5日	长三角地区铁道行业职业技能竞赛开启列车精准对标、牵引系统故障排查等项目比拼激烈	庄从周	第09版
7月5日	焊枪喷出的火花仿佛由她一手"精密控制"钎焊女将:从新手到冠军	张锐杰	第10版
7月5日	"传统文化直通车"打造红色主题内容 上海工匠现场展示 红色工运手作惊艳亮相	庄从周	第10版
7月6日	在党的领导下阔步走好新时代长征路 市政协社法委分党组、总工会界别举行党史学习教育活动	裴龙翔	第04版
7月6日	他的足迹遍布每年200多个在建项目——记上海市劳模、上海建工五建集团工程总监毛文忠	李佳敏	第04版

续 表

日 期	篇 目	作 者	版 面
7月7日	失散16年,母子俩的手紧紧握在一起市救助二站帮智障人士找回母亲	王海雯	第04版
7月7日	“每讲一次都忍不住心潮澎湃”龙华烈士纪念馆来了劳模讲解员	裴龙翔	第04版
7月7日	闵行区总工会举办庆祝建党100周年主题活动	张锐杰	第04版
7月7日	数字化为促进高质量就业按下快进键	裴龙翔	T1:劳权
7月8日	莫负春带队前往云南看望上海援滇干部 市总工会与云南省总工会签订对口支援工作框架协议	徐 晗	第08版
7月8日	发挥上海工会宣传主阵地作用 桂晓燕出席本报庆祝建党百年表彰会并上党课	裴龙翔	第09版
7月8日	“一家人在一起啊,总是放心一点”——《工地上的一家人》照片背后的故事	张锐杰	第09版
7月9日	脱困职工、终日奔波的劳模如愿游花博 徐汇工会疗休养平台为职工“圆梦”	裴龙翔	第05版
7月9日	石库门前看露天电影 虹口工会组织环卫职工专场	李佳敏	第05版
7月10日	91岁老劳模用上新厨房 静安建筑装饰实业公司关注退休职工急难愁盼	王 枫	第04版
7月12日	50℃的车顶,工作衣湿了一遍又一遍——劳动报记者实地探访地铁维保一线岗位	庄从周	第03版
7月12日	中国电科集团五十所制造部专项生产组组长蔡文容:“铁人三项”冠军是这样炼成的	李佳敏	第04版
7月12日	工会干部自编自导 于漪弟子倾情演绎 《走近人民教育家于漪》情景式品读课杨浦首演	李成溪	第05版
7月12日	“送清凉”行动覆盖万名职工 静安区总工会推出高温慰问2.0版	王 枫	第05版
7月13日	这段珍贵岁月要让更多人记住——著名全国劳动模范裔式娟档案资料入藏市档案馆	徐 晗	第03版
7月13日	美团(上海)公司在上海杨浦属地建会	李成溪	第04版
7月14日	80度机器旁工作,机房好似“烟熏室”——记者现场体验白土装置车间的“高温桑拿”	李铁捷	第05版
7月14日	十城同步,在工位上参会议事——中建八局东孚公司线上探索“职代会自由”	张锐杰	第06版
7月14日	推动服务更加精准高效 科学研判从源头化解争议上海工会法律援助迈入数字化时代	李嘉宝	T1:劳权
7月15日	百碗面现场一决高下 人气十碗面由你来选——上海职工食堂面条类技能比武决赛本周日开赛	张锐杰	第05版

续表

日期	篇目	作者	版面
7月15日	微心愿发布3天后，她收到一份快递——闵行区总工会“微心愿”小程序实现“加速度”	张锐杰	第05版
7月15日	物业应急维修一线工人：高空“烤”验，一天奔赴7个报修点	梁嘉蕾　王　枫	第06版
7月16日	烈日送清凉　关怀沁人心——本市各级工会广泛开展高温慰问为劳动者降温	庄从周　王　枫 裴龙翔　李成溪 刘振思	第03版
7月17日	黄红带队前往新疆看望上海援疆干部——市总工会与青海果洛总工会签订对口支援工作框架协议	徐　晗	第03版
7月17日	桂晓燕带队前往青海果洛看望上海援青干部——市总工会与新疆喀什工会签订对口支援工作框架协议	徐　晗	第03版
7月19日	攀爬在蒸笼般的树冠里——直击高温天里的行道树“上树工”	裴龙翔	第08版
7月19日	“工位健身进企业”正式启动	庄从周	第08版
7月19日	“1+6”爱心接力站覆盖交大校园　为户外职工“充电补给”“明星站长”让爱心接力	李嘉宝	第09版
7月19日	活动办到职工心里　关爱送到劳模身边——江浦路街道总工会实事项目获好评	李成溪	第09版
7月20日	50℃甲板上最炙热的坚守——上海外港海关船监科一线关员战高温工作纪实	李佳敏	第03版
7月21日	“科技攻关时刻，要挑最重的担子”——访全国劳模、金发科技基础研究技术经理孙刚	庄从周	第03版
7月21日	“清凉解暑，甜到心里”——市绿化市容行业工会携手爱心企业为环卫工人送上夏日关爱	裴龙翔	第03版
7月21日	致敬！最美劳动者　国之重器背后的“蒙面焊将”们——“致敬！最美劳动者”特别策划作品《看舰·江南》第一期		第06版
7月21日	数字化转型之下　怎样守牢劳动者的“数据信息”	王海雯	T1：劳权
7月22日	见证历史的一号站里，00后加油工陈嘉庆说：烈日坚守是写给城市的抒情诗	李嘉宝	第06版
7月22日	职工网红赛事今年又有新创意——上海职工（市民）文化网络大赛8月开启报名	主从周	第07版
7月24日	上海市总工会十四届九次全委（扩大）会议召开　市委常委、组织部部长胡文容出席并讲话　审议并通过《进一步深化上海工会改革实施方案》	徐　晗	第04、05版
7月24日	实现好、维护好、发展好劳动者权益——深化上海工会改革实施方案解读	徐　晗	第04、05版

续 表

日 期	篇 目	作 者	版 面
7 月 26 日	记者探访中共中央军委机关旧址纪念馆——一封家书寄托革命者浓浓亲情	王 枫	第 10 版
7 月 27 日	参与安排职工紧急撤离　为值守人员做好后方支援　各级工会积极助力防汛抗台	庄从周　张锐杰　李佳敏	第 05 版
7 月 28 日	“半日学校”里听劳模讲初心故事　上海职工直播课堂开启普陀站　沉浸式课堂更走心	李嘉宝	第 04 版
7 月 28 日	第十届中国花卉博览会总结大会昨日召开　市总工会荣获“花博筹办工作先进集体”	裴龙翔	第 04 版
7 月 28 日	高温费之外，职工还期盼哪些夏季权益	赵竺安	T1：劳权
7 月 29 日	杆上的“蜘蛛人”狂风暴雨中守“沪”电力——寻访台风“烟花”中电力保障职工	张锐杰	第 08 版
7 月 29 日	全国劳模冲在一线应对特大暴雨　上汽乘用车郑州分公司第一时间开展慰问帮困	王海雯	第 09 版
7 月 29 日	红色诗歌职工朗诵大赛落幕　青浦职工踊跃参与　展现昂扬精神风貌	庄从周	第 09 版
7 月 30 日	钢缆“绑”廊桥　加油“压”飞机　机场人鏖战台风守护申城不离岗位一步	李成溪	第 03 版
7 月 31 日	跑过 40 载　十余万人次参与第 40 届庆“八一”军民长跑活动举行	李佳敏	第 04 版
7 月 31 日	为留守儿童职工家庭带去温暖和陪伴——探访金山嘉麟杰职工亲子工作室	庄从周	第 04 版
8 月 2 日	上海，到！西安，到！沈阳，到！广州，到！——上海地铁 6 位技术骨干驰援郑州地铁的故事	庄从周	第 03 版
8 月 2 日	72 年前，上海解放的喜讯从这里传向世界而今，国际一流的云数据中心在此拔地而起　在真如国际电台旧址聆听红色通信故事	李嘉宝	第 04、05 版
8 月 2 日	站好最后一班岗　交好平安接力棒——记全国先进工作者、全国优秀人民警察雷树森	裴龙翔	第 06 版
8 月 2 日	徐汇区总工会召开六届十三次全委（扩大）会议	裴龙翔	第 06 版
8 月 3 日	莫负春慰问一线送餐员和征收工作人员感谢他们为城市运行作出的贡献	徐 晗	第 06 版
8 月 3 日	两平方米夹缝成了桑拿房——记者跟随上海计测院管道流量校准人员高温走一线	李成溪	第 06 版
8 月 3 日	劳动者如遇劳动争议应在有效期内提出　维权更要合法合理合情	刘振思	T1：劳权

续 表

日　期	篇　　目	作　者	版　面
8月5日	争分夺秒生产最“热乎”的沥青——隧道股份沥青厂职工战高温实况	张锐杰	第08版
8月5日	“心灵花房”关爱职工更贴心　长宁区总工会为春秋航空提供心理疏导公益服务	刘振思	第09版
8月6日	才一个取样点，汗水就浸湿了衣服　劳动报记者走近上海食药检院抽样科抽样员	李成溪	第03版
8月7日	“楼医”坐诊　惠及白领3000多人——走访上海移动互联网创新园“健康服务点”	王海雯	第04版
8月9日	一百年前，印刷工人追寻着“真理的味道”——劳动报记者探访中华印刷博物馆及商务印书馆相关旧址	庄从周	第04、05版
8月9日	钻入箱梁“肚子”中，就像钻进烤箱——市重大工程预制箱梁建制工战高温实录	李佳敏	第06版
8月9日	24小时内配齐值守职工亟需的生活用品机场集团工会做实“一线工作法”	李成溪	第07版
8月10日	焊花飞溅里打磨“上海制造”——记者探访上海发电机厂制造车间	李嘉宝	第04版
8月10日	从“供给导向型”转向“需求导向型”市医药工会建服务职工“生态圈”	裴龙翔	第06版
8月11日	地下36米，盾构机旁闷热潮湿——本报记者探访机场联络线工程盾构施工区域	张锐杰	第03版
8月11日	门槛低上手快　线上就能玩　这项职工超人气大赛喊你报名！	裴龙翔	第05版
8月11日	涉及工资支付、工作时长、假期和工伤　疫情防控期间劳动关系6大热点问题解答	李成溪	T1：劳权
8月12日	加码便民服务　升级学习平台　增设女性关爱上汽集团拿1.2个亿为员工圆心愿	王海雯	第04版
8月13日	一次活动后，快递公司递交建会申请　莘庄镇总工会“跨前一步”服务促进工会组建	张锐杰	第03版
8月13日	每天往返跑几次，和垃圾抢时间　记者随西联环卫劳模班长感受隔离点垃圾清运一线	刘振思	第04版
8月14日	90后市劳模李俊扎根一线十余年：为祖国战鹰擦亮“眼睛”	裴龙翔	第03版
8月14日	给送餐员快递员送上避暑“解药”第28期劳模工匠志愿者大学堂顺利结束	梁嘉蕾	第03版
8月16日	“屋”尽其用　小屋不“小”新增11家五星小屋　奉贤区妈咪小屋建设再提速	李嘉宝	第03版

续　表

日　期	篇　　　目	作　者	版　面
8月16日	声声呐喊，燃星火　红色吴淞，起惊雷——劳动报记者寻访上海工人第三次武装起义　吴淞工人纠察队驻地遗址	王海雯	第04、05版
8月16日	在哪里，都要做一枚"定海神针"——原中国女足主力、现静安城管队员高宏霞转型的故事	王　枫	第06版
8月17日	我在博物馆里修"老爷车"——访嘉定工匠、上海汽车博物馆藏车管理部主任胡辉刚	裴龙翔	第04版
8月18日	24小时日夜接力　有时一轮送十人　静安区闸北中心医院驾驶班职工坚守防疫一线	梁嘉蕾	第04版
8月18日	南京禄口机场保洁外包管理不善致疫情扩散　劳务外包并非看上去那么美	赵竺安	T1：劳权
8月19日	一天2万步巡检26.6公里路线——记者探访S3公路新建工程项目工程师	王海雯	第08版
8月19日	华谊集团精准帮扶展现国企担当　心系彩云之南　用情用力扶贫	裴龙翔	第09版
8月20日	市总工会分多路慰问高温岗位一线职工　送一份关爱道一声辛苦	徐　晗	第03版
8月21日	本市部分区总工会全委会聚焦新阶段任务"清单"解难题办实事　真抓实干开新局	李嘉宝	第04版
8月23日	中国工人运动自此展开风起云涌新篇章——劳动报记者走访中共四大纪念馆	李佳敏	第03版
8月23日	大到医疗废弃物的处理小到新型抗疫口罩的研发　上海职工全力以赴守住每一个防疫关口	王海雯	第04、05版
8月23日	为28位职工讨回三年多欠薪　街道工会、援助律师携手解决棘手难题	庄从周	第06版
8月24日	园区工会组建率半年提升至90%　虹桥镇邀"大房东"当工会组建"媒人"	张锐杰	第05版
8月24日	中建八局工会金点子评选激发创新项目　财务团队跨界研发业务机器人	张锐杰	第06版
8月25日	劳动者保留证据维护权益，却成被辞退理由	李轶捷	T1：劳权
8月26日	各有所长　"个性十足"——浦东"健康服务点"实地走访	李轶捷	第08版
8月26日	工会牵头搭建"锦江实验室"平台　锦江国际集团工会助力职工创新发明	李佳敏	第09版
8月27日	谁是12345市民服务热线之星立功竞赛启动　覆盖9条热线3.3万人	张锐杰	第04版

续 表

日 期	篇 目	作 者	版 面
8月27日	着力打造上海工会全媒体传播平台桂晓燕出席劳动报“学党史 悟思想”专题读书班	裴龙翔	第05版
8月28日	推动新就业形态劳动者入会 上海工会组织建设工作专题会召开	张锐杰	第03版
8月29日	六项关爱为驻外职工解难题——宝钢股份工会完善关爱驻外职工实事项目	张锐杰	第04版
8月29日	哪里有小哥 哪里就要建工会 青浦区快递企业总部入会率超九成	庄从周	第05版
8月31日	上海建工临港建设者小镇打造智慧工会服务终端 在本市率先实现农民工“一键入会”	李佳敏	第02版
8月31日	秋老虎肆虐,他们在为列车“解渴”——劳动报记者探访高温下的铁路上水员	庄从周	第03版
9月1日	赓续百年初心 昂扬强国志向 市总机关系统举办青年理论学习分享会	张锐杰	第03版
9月1日	40℃高温下,给车胎做“体检”杨高公交修理分公司职工迎战“秋老虎”保安全运营	李轶捷	第04版
9月1日	96万元农民工“工资”究竟去了哪?欠薪“罗生门”牵出建筑工地管理顽疾	李佳敏	T1:劳权
9月2日	市总工会、申能集团联合 为百名退休劳模捐赠燃气用具	张锐杰	第03版
9月2日	水质管理员在青草沙顶着烈日巡库48公里采样 守牢申城市民饮用水第一道关口	王海雯	第04版
9月3日	推荐了20多次,他终于成功上岗 静安区总工会助力困难职工家庭子女就业脱困	王 枫	第03版
9月4日	慰问电力职工 调研技能提升 市总工会副主席周奇桂晓燕分赴国网上海电力公司		第03版
9月6日	把大专班、本科班办进企业,工会干部坚持了近10年工会圆了50多名农民工大学梦	裴龙翔	第02版
9月6日	劳动时评 为帮助农民工圆大学梦的工会人点赞	裴龙翔	第03版
9月6日	近14万人报名职工文化网络大赛 远超去年报名人数 各级工会动员有高招	庄从周	第04版
9月7日	市总工会全额补贴千名“新就业形态劳动者”疗休养首批快递小哥分赴上海疗休养基地	张锐杰	第04版
9月7日	黄浦工匠、“85后”典当师梁艳:“劳力士”名表一眼辨真伪	李佳敏	第05版

续 表

日 期	篇 目	作 者	版 面
9月8日	“感谢你们对城市做出的贡献”莫负春看望慰问参加疗休养的外卖小哥	张锐杰	第04版
9月8日	为老板工作14年,到底是劳务关系还是劳动关系 已过退休年龄的程女士为自己的社保“挠破头”	庄从周	T1:劳权
9月9日	发挥工会组织服务保障进博作用 第四届进博会立功竞赛本月启动	张锐杰	第08版
9月9日	工会的爱心帮扶伴随四季——闵行区总工会帮扶品牌做实做新	张锐杰	第09版
9月10日	揭秘《理想之城》中的新职业造价工程师在尘土里滚出一身泥	王海雯	第03版
9月10日	申城各级工会多维度保障教师权益个性化关怀法律援助帮困慰问 这个教师节很暖心	庄从周	第04版
9月11日	上海工会管理职业学院庆祝第37个教师节暨师德论坛专题报告开讲 从劳模精神中汲取教书育人力量	裴龙翔	第04、05版
9月13日	1924年南洋烟厂工人罢工,掀起新的工人运动高潮——劳动报记者寻访上海南洋烟厂遗址及相关旧址	张锐杰 梁嘉蕾	第08、09版
9月13日	企业工会自创“职工学堂”提升技能 各类型劳动竞赛不间断 激发员工创新活力	庄从周	第10版
9月14日	一枚小小芯片折射张江人的大梦想	梁嘉蕾	第06版
9月14日	关注快递小哥权益 助其职业生涯多元发展顺丰推“员工可持续发展保障”计划	庄从周	第06版
9月15日	船舶出行最明亮的“眼睛”——记周弘文引航创新工作室	裴龙翔	第03版
9月15日	入职培训的这些“坑”你躲开了吗?求职高峰期,盘点那些打着培训名义的侵权行为	裴龙翔	T1:劳权
9月16日	从每天1500个到3500个美味总是供不应求 职工食堂师傅陆浩杰的网红月饼	李嘉宝	第04版
9月16日	一个月内,3家非公企业完成建会 东浩兰生上海外服雇员工会:规范指导扎实推进	王海雯	第05版
9月17日	珠宝检测专家李媛从业16年坚守一线 金刚钻般工匠精神守护最真的美丽	李佳敏	第04版
9月18日	苦月饼和甜月饼——养老护理员陈赛红的选择	李成溪	第03版
9月19日	带货主播文文:咸蛋黄莲蓉月饼,上海的“甜”寄给甘肃的妈妈	张锐杰	第04版

续 表

日 期	篇 目	作 者	版 面
9月20日	坐4小时大巴回家 鲜肉月饼兴许还没凉——家政职工杨小龙的中秋计划	裴龙翔	第03版
9月21日	朱效忠:从程序员转行房产中介 在沪打拼13年终于安家——一盒椰蓉月饼送给陪伴自己的家人	刘振思	第03版
9月21日	来一口老盛昌鲜肉月饼,念想一下黄山的黑芝麻月饼——快递员夫妻范志成和王士英的中秋畅想	庄从周	第04、05版
9月22日	真心和实干叩开了外企的大门 打浦桥街道总工会推进海洋网联公司工会组建纪实	李佳敏	第03版
9月22日	“午间一小时”多了健康服务——劳动报记者探访中庚百联职工健康服务点	张锐杰	第04版
9月22日	突发疾病后,公司能要求我待岗在家吗——职工患病后工作权利专家问答	李嘉宝	T1:劳权
9月23日	第四届进博会立功竞赛座谈会召开16支城市服务保障职工服务队获授旗	张锐杰	第08版
9月23日	攻克技术难关 降低劳动强度 “张翼飞劳模创新工作室”为企业发展提供支撑	李成溪	第09版
9月24日	青浦区总“百日建会行动”收效良好 单独建会326家 新增会员3万余人	庄从周	第03版
9月24日	竞赛“搭梯” 技能评级有了新标准 上海航天工业集团公司职工劳动竞赛助推产业创新	王 枫	第04版
9月25日	关注国产大飞机进展 建言产业工人队伍建设 市政协总工会界别委员赴中国商飞调研	裴龙翔	第04版
9月27日	帮扶见真情 关爱洒雪域 上海工会赴西藏日喀则考察慰问纪实		第03版
9月27日	体育行业职业技能大赛冠军 将获“全国五一劳动奖章”——专访国家体育总局职鉴管理部副主任钱王子迪	庄从周	第04版
9月27日	一家政员身患重病陷困境 宝山区总、行业工会联手雪中送炭	王海雯	第05版
9月28日	2021迎国庆职工专场文艺演出精彩纷呈 沪上职工艺术团昨晚成中坚力量	庄从周	第03版
9月28日	努力开创企业职代会工作新局面 规范召开企业职工代表大会现场经验交流会在沪举行		第04版
9月29日	促进消费扩容提质再建功 市总工会召开主题立功竞赛成果交流发布会	张锐杰	第03版
9月29日	突出一线职工 面向全市征集 上海职工优秀创新成果奖评选启动	张锐杰	第04版

续 表

日 期	篇 目	作 者	版 面
9月29日	最低工资标准上调近三月　企业支付工资不能犯6种错误	赵竺安	T1:劳权
9月30日	市总工会莫负春主席走访机场慰问防疫一线职工　"你们守住了,上海也就守住了"	张锐杰	第05版
9月30日	"申情"送温暖　"娘家"来帮忙　上海市总工会召开"点亮微心愿"项目工作推进会	裴龙翔	第06版
9月30日	两菜一汤里的职场幸福感——百联置业职工食堂重建背后的故事	李嘉宝	第07版
10月1日	为奋斗者点赞　为逐梦者加油申城"十一"全城亮灯致敬劳动者	刘振思　柴一森	第03版
10月2日	社区居民的"健康守门人"——记上海市先进工作者、莘庄社区卫生服务中心顾昊	张锐杰	第04版
10月4日	守护供电安全没有假期　访国网上海市电力公司市南供电公司变电运维班岗位	张锐杰	第02版
10月4日	左手为老服务,右手涉外家政　70后家政员周雪美:在上海,她实现了自己的"英雄之旅"	王海雯	第03版
10月5日	把更多快乐和惊喜送给别人——顺丰快递小哥张杰的故事	裴龙翔	第03版
10月6日	宝大祥南京东路店营业员冯圣银:从"微笑天使"到"营销能手"	李佳敏	第03版
10月8日	漕泾电厂运行部值长张黎明:保障1000MW机组平稳运行	王海雯	第05版
10月9日	越来越多楼宇职工加入　"粉丝圈"——探访石门二路街道仲益大厦健康服务点	王　枫	第03版
10月11日	"EAP+急救"提供双重保护上飞公司工会关注职工"身心健康"	张锐杰	第07版
10月11日	昨天是第30个世界精神卫生日80后精神科医生讲述"无悔之选"	王海雯	第08版
10月12日	在行业赛道营造浓厚竞赛氛围　上海城市数字化转型再获助推	裴龙翔	第04版
10月12日	《关于加强国有企业劳务派遣工、外包工等各类用工人员入会和服务工作的指导意见》解读	张锐杰	第06版
10月13日	2022年度上海工会报刊发行工作会议昨举行	张锐杰	第03版
10月13日	大学生入职迎来"金九银十"试用期十大"军规"用人单位不可触犯	赵竺安	T1:劳权

续 表

日 期	篇 目	作 者	版 面
10月14日	求职渠道狭窄 法律意识薄弱 维权成本高昂银发打工族"老有所为"还需权益保障	梁嘉蕾	第04、05版
10月15日	劳动最光荣 劳动最崇高 劳动最伟大 劳动最美丽 2021年上海市五一劳动奖和工人先锋号表彰会暨先进事迹报告会发言		第02、03版
10月16日	专家义诊 政策咨询 便民服务 文化体验 沪上重阳节大型为老服务活动 全方位关爱银发族	王海雯	第06版
10月16日	楼宇里有个"宝藏加油站"——记者探访玫琳凯大厦健康服务点	王 枫	第07版
10月18日	打通最后100米 兜底白领健康 "中国第一高楼"推出全方位健康医疗创新服务	王海雯	第03版
10月18日	两位年轻地铁职工全力冲刺世界技能大赛这是他们的"全运会"和"奥运会"	庄从周	第04版
10月18日	上海工会管理职业学院推动党史学习教育走深走实——党史学习进课堂、入课题、见行动	李嘉宝	第05版
10月19日	寻找奋斗"钥匙" 共创卓越静安 上海职工直播课堂静安专场昨开讲	王 枫	第03版
10月20日	"会聘上海"校园行活动启动后续还将举办杨浦、徐汇专场	裴龙翔	第03版
10月20日	创新发展多级职代会制度 践行全过程人民民主——规范召开企业职工代表大会现场经验交流会发言代表经验做法选登	张锐杰	T1:劳权
10月21日	发挥示范引领作用 推动职工创新创造本市新增80家市级劳模创新工作室	张锐杰	第04版
10月21日	从这里找寻对生命最高的敬重——记上海市五一劳动奖状获奖集体杨浦区四平社区卫生服务中心	李晓瑶	第05版
10月23日	365天,甘当守护电网的"保护盾"——记2021年上海市五一劳动奖章获得者陈浩	张锐杰	第06版
10月25日	飞舞的钢花,见证李金宝的幸福		第03版
10月25日	金山工业区职工有了贴心健康顾问"企业预约已排到明年一月份"	庄从周	第04版
10月25日	大国工匠奋楫笃行 航天强国筑梦太空——记上海航天设备制造总厂有限公司对接机构组班组长王曙群	梁嘉蕾	第05版
10月27日	一双巧手雕塑红色记忆——记上海大学上海美术学院副院长蒋铁骊教授	李嘉宝	第03版
10月27日	是谁让"危化驾驶员" 身处"危险境地"?	刘振思	T1:劳权

续 表

日 期	篇 目	作 者	版 面
10 月 28 日	劳模工匠进校园传递劳动之美　上海中医大“大学生劳动育人实践基地”昨揭牌	庄从周	第 04 版
10 月 28 日	“一站式”体检辐射职工二千余人　本报记者探访豫园街道小商品市场职工健康服务点	李佳敏	第 06 版
10 月 29 日	长三角优化营商环境立功竞赛在沪举办　20 支市场监管队伍同场竞技	张锐杰	第 03 版
10 月 30 日	困难职工的四季“宝”障　宝钢股份工会打造三类“微心愿”服务体系	张锐杰	第 06 版
11 月 1 日	当好“国际会展之都”建设排头兵——记市五一劳动奖状获得单位东浩兰生会展集团	王海雯	第 03 版
11 月 1 日	数十名楼宇工会干部从这里“毕业”凯迪克大厦“肖素华创新工作室”夯实基层工会力量	王　枫	第 05 版
11 月 1 日	追寻那声“最江南”的码头号子“号子四人组”唱响江南民歌大赛　更多年轻人加入传承队伍	李嘉宝	第 06 版
11 月 2 日	他把“胖五”当作自己的孩子——访上海航天局副总指挥鲍国苗	王　枫	第 06 版
11 月 3 日	小家政”里做出一片“大天地”——上海市佳禾家庭服务有限公司职工胡志红	裴龙翔	第 03 版
11 月 3 日	某知名宾馆因业态调整引发裁员　工会及时介入员工得到妥善安置		T1:劳权
11 月 4 日	宝山区工会组建再结硕果吴淞街道家政护工行业工会联合会成立	王海雯	第 08 版
11 月 6 日	原汁原味还原海派历史建筑——记上海徐房衡复风貌区保护建筑修缮班组	裴龙翔	第 07 版
11 月 8 日	脱口秀演员 71:我想写出最好笑的五分钟	梁嘉蕾	第 11 版
11 月 8 日	心中有爱,以热爱凝聚大爱——记复旦大学马克思主义学院青年教师崔涵冰	李嘉宝	第 12 版
11 月 8 日	上海重启电影放映员技能等级认定　首批 30 余位放映员已参加培训	庄从周	第 13 版
11 月 9 日	温暖和寒潮同时到来　“工会进万家・新就业形态劳动者温暖行动”服务月启动	张锐杰	第 03 版
11 月 9 日	关注“蓝领”健康,线上线下双服务——劳动报记者走访新场工业园区职工服务站	梁嘉蕾	第 03 版
11 月 10 日	“拼多多”成立工会了　上海寻梦信息技术有限公司召开工会第一次会员代表大会	刘振思	第 03 版

续 表

日 期	篇 目	作 者	版 面
11 月 10 日	延迟发放的这些“金” 是否侵犯劳动者权益?	张锐杰	T1 劳权
11 月 11 日	国展中心六大团队立功竞赛“匠心+创新”“啄木鸟式”精准服务保障进博会	庄从周	第 06 版
11 月 15 日	促进社区卫生服务延伸 增强工会组织吸引力务点推进半年覆盖职工超 68 万	张锐杰 王 枫 梁嘉蕾	第 02、03 版
11 月 16 日	对催化剂效率的追求永无止境——记中科院院士、上海有机化学研究所研究员马大为	李佳敏	第 03 版
11 月 17 日	“这是工会和每个劳模的责任”市总工会领导走进校园调研“劳模进校园”工作	张锐杰	第 06 版
11 月 17 日	保安员上班时间扭伤腰 牵出劳务派遣重重“谜团”	李成溪	T1 劳权
11 月 19 日	0.4 毫米蛋壳上刻画 5 层立体景色——揭秘蛋雕艺人李亚非的手上绝活	庄从周	第 04 版
11 月 20 日	以青春和热忱传承红色基因——访市工人先锋号、劳动组合书记部旧址陈列馆班组	王 枫	第 03 版
11 月 22 日	王根英:“工人是国家的主人”——劳动报记者寻访传奇工运女领袖历史足迹	李成溪	第 06、07 版
11 月 23 日	金山区总助困难职工完成“心愿”细致排摸梳理 暖心送出定制礼物	庄从周	第 04 版
11 月 23 日	跨前一步 主动服务 宝山区大场镇“健康服务点”护航职工健康	王海雯	第 05 版
11 月 19 日	0.4 毫米蛋壳上刻画 5 层立体景色——揭秘蛋雕艺人李亚非的手上绝活	庄从周	第 04 版
11 月 20 日	以青春和热忱传承红色基因——访市工人先锋号、劳动组合书记部旧址陈列馆班组	王 枫	第 03 版
11 月 22 日	王根英:“工人是国家的主人”——劳动报记者寻访传奇工运女领袖历史足迹	李成溪	第 06、07 版
11 月 23 日	金山区总助困难职工完成“心愿”细致排摸梳理 暖心送出定制礼物	庄从周	第 04 版
11 月 23 日	跨前一步 主动服务 宝山区大场镇“健康服务点”护航职工健康	王海雯	第 05 版
11 月 24 日	倒贴“黄金楼层”建起“职工之家”杨浦铭大创意广场工会联合会提升服务“软实力”	李成溪	第 04 版
11 月 24 日	大金空调招聘残障人士十余年,130 多名职工在这里——与普通人“同工同酬同要求同成长”	张锐杰	第 05 版

续 表

日 期	篇 目	作 者	版 面
11月24日	本市大型调解组织年度十大劳动争议排行榜解读解除劳动合同“双金”之争居首位	赵竺安	T1:劳权
11月25日	2021上海城市数字化转型 “智慧工匠”“领军先锋”候选人公示		第08、09版
11月26日	科技创新赋能历保建筑换新颜——宋雪春劳模创新工作室谈曹杨一村旧改	王海雯	第03版
11月27日	2021年度市政府与市总工会联席会议审议议题亮点解读	庄从周 张锐杰	第03版
11月27日	解决人民最关心最直接最现实的问题本市劳模工匠、基层工会干部畅谈“人民城市人民建”	刘振思 张锐杰 王 枫	第04版
11月29日	握指成拳 筑牢高水平人才高地建设根基——上海各级工会产业工人队伍建设改革工作纪实	张锐杰	第03、04版
11月29日	赓续红色基因 “靶向”攻坚克难闵开发工会融合党史学习教育引领外企高质量发展见成效	张锐杰	第05版
11月30日	枫泾镇、朱泾镇总工会充分发挥“小二级”工会作用协助快递外卖站点成立工会小组	庄从周	第03版
12月1日	铺就新时代产业大军发展的坚实之路——一线劳模工匠探讨产业工人队伍建设中的高技能人才培养发展	刘振思	第06、07版
12月1日	1月遭遇工伤致高位截瘫 公司与职工至今未能谈妥赔偿 原因何在?		T1:劳权
12月2日	职称、技能等级如何互相贯通? 一张履历表引发的一线产业工人之问	庄从周 王海雯	第08、09版
12月3日	打破壁垒,一线工人能评高级工程师上海航天为技能人才队伍成长搭梯铺路	王 枫	第04版
12月4日	上海工会“宪法宣传周”主题活动启动外卖小哥现场获赠“法宣大礼包”	庄从周	第03版
12月6日	劳动最光荣,也最幸福讲述人:“七一勋章”获得者、全国劳动模范黄宝妹	庄从周	第02、03版
12月7日	莫负春在上海工会系统2022年工作务虚会上要求使命担当 勇毅前行 开创上海工会工作新局面	张锐杰 黄 兴 李嘉宝	第03版
12月7日	北外滩码头走九遍讲述人:全国先进工作者、上海海事局姜龙	李嘉宝	第04版
12月8日	多措并举推进经费依法收缴 助力工会事业高质量发展 黄浦区人大常委会副主任、区总工会主席屠奇敏		第03版
12月8日	突然被公司要求调岗 我可以拒绝吗?	李嘉宝	T1:劳权

续 表

日期	篇目	作者	版面
12月9日	海港人的精神在我骨血里流淌讲述人:全国劳模、上海盛东国际集装箱码头有限公司桥吊司机张彦	李嘉宝	第04版
12月9日	“传家宝”助推上海高质量发展——本市各级工会劳动和技能竞赛工作回顾	张锐杰	第06、07版
12月9日	深入实施“三个全面”工程　深化产业工人队伍建设改革中国宝武钢铁集团有限公司工会主席张贺雷		第08版
12月10日	深化帮扶改革　着力提升职工生活品质		第06版
12月11日	竭诚服务,只为职工新品质生活	王海雯	第03版
12月11日	王嘉俊劳模创新工作室揭牌成立老小区的“阿婆们”用上了独立卫生间	刘振思	第04版
12月11日	从第一条高速迈向城市发展快车道讲述人:上海市劳动模范、上海城建设计集团蒋应红	张锐杰	第05版
12月12日	工会助力打通网络游戏研发人才技能晋级通道——一张证书背后的职业认同感	李嘉宝	第04版
12月13日	生命至上,保障人民健康讲述人:全国先进工作者、华东医院重症监护室护士长陈贞	梁嘉蕾	第02版
12月13日	全面推行职工素质工程　提升航空枢纽服务品质		第03版
12月13日	强化源头参与,注重建章立制——上海工会为预防化解劳动关系矛盾夯实基础	庄从周	第04、05版
12月14日	放下锄头,拿起焊枪投身造船工业讲述人:全国劳动模范、上海外高桥造船有限公司制造一/二部部长助理洪刚	李成溪	第04版
12月14日	探索多种用工形式工会组织建设		第05版
12月15日	“纺嫂”“空嫂”“空外婆”　云端见证改革开放巨变讲述人:全国劳动模范、上海航空有限公司特聘服务专家、客舱经理吴尔愉	李成溪	第05版
12月15日	顺应新形势　服务新需求　健全完善非公企业工会集体协商新机制		第06版
12月15日	数额如何设定　发放可否随意　关于年终奖的那些事儿	赵竺安	T1:劳权
12月16日	“浦东女儿”眼中的浦东三十年　讲述人:全国先进工作者、原浦东新区市场监管局注册许可分局党总支副书记徐敏	梁嘉蕾	第04版
12月16日	深入学习贯彻党的十九届六中全会精神市总工会举行党组理论学习中心组(扩大)学习会	张锐杰	第07版
12月16日	上海新就业形态劳动者群体入会更加便捷——本市工会两库升级扫码入会试点工作回顾	张锐杰	第08、09版
12月17日	一线劳模工匠动情呈现“上海四度”——上海职工直播课堂昨走进上药集团	庄从周	第03版

续 表

日 期	篇 目	作 者	版 面
12月17日	夯实组织　凝聚职工　服务有数　维权有据——上海工会组织库会员库升级暨扫码入会工作动员会经验交流选登	张锐杰	第04、05版
12月18日	上海职工书画摄影展暨红色印迹实物艺术汇展开幕209幅职工作品与珍贵史料同步展出	庄从周	第03版
12月18日	三尺柜台守初心　讲述人:全国劳动模范、东方商厦有限公司许宁	李嘉宝	第04版
12月18日	以细微见真情发挥工会"小"组"大"能量		第05版
12月19日	搭建多层平台　助力融合发展大力推进群众性创新创效工作		第03版
12月19日	解决扬招难　强生成立示范车队　"老司机"占比七成　"银发"驾驶员:继续发光发热	李嘉宝	第04版
12月20日	我和我的大飞机事业　讲述人:全国劳动模范、中国商飞上海飞机制造有限公司胡双钱	张锐杰	第04版
12月20日	在大海中,人诗意地栖居——海葬工作者讲述"生与死"	王海雯	第05版
12月20日	筑牢职工思想基础　奋力走好新时代赶考路		第06版
12月21日	初心如磐　惟有奋斗　讲述人:全国劳动模范、第一食品南京东路旗舰店郁非	李嘉宝	第04版
12月21日	打造新时代高素质　大飞机事业铁杆核心队伍　中国商用飞机有限责任公司　深入推进产业工人队伍建设改革工作纪实	张锐杰	第05版
12月22日	把创新融入血液　把工程做到极致　讲述人:全国劳动模范、上海建工集团总工程师陈晓明	张锐杰	第02版
12月22日	聚焦三个"突出",创新发展模式　持续深化企业民主管理制度建设		第07版
12月22日	部分企业推出工时改革,未经审批的加班算无偿加班　加班审批制度是万能的吗?	王海雯	T1:劳权
12月23日	不负金融使命　点亮红色青春讲述人:全国劳动模范、上海浦东发展银行祝玉婷	庄从周	第04版
12月23日	一项职工网红赛事是如何炼成的?——上海职工文化网络大赛发展回顾	庄从周	第08、09版
12月24日	新时代的人民城市　人人都能切实感受温度——走进申城"最美工会户外劳动者服务站点"	李嘉宝　张锐杰	第02、03版
12月25日	上海职工"五一讲堂"讲座收官11场讲座涵盖面广　近8万人次收听收看	庄从周	第03版

续 表

日期	篇目	作者	版面
12月25日	当好职工代言人是我的不变初心	李嘉宝	第04版
12月25日	餐饮行业创业者卓礼:一锅一铲,炒出热血人生	梁嘉蕾	第05版
12月26日	定海路街道总工会"扫码入会"初战告捷1222名灵活就业人员欣喜入会	李成溪	第04版
12月27日	大变局下,看上海工会组织体系"大厦"建造之路	闫梦华	第04、05、06、07版
12月27日	为深化工会改革创新　提供强有力的法律支撑——工会人谈新修改的《工会法》	王海雯　李嘉宝 李成溪	第09版
12月28日	跨界交流"数字化转型下的智能制造"第四届上海工匠俱乐部活动落幕	张锐杰	第04版
12月28日	积极服务好新就业形态劳动者打造新时代新面貌的产业工人队伍——工会主席谈新修改的《工会法》	庄从周　张锐杰 刘振思	第05版
12月29日	推进共同富裕战略目标下的工会作为"学术研讨会举行	李嘉宝	第03版
12月29日	扎实推进共同富裕,工会工作须善谋善为"推进共同富裕战略目标下的工会作为"学术研讨会发言集萃	李嘉宝	第04、05版
12月29日	新要求　新起点　新征程——工会人及专家学者谈新修改的《工会法》	李成溪　李佳敏 梁嘉蕾　王　枫	第06版
12月29日	聚焦新现象、把握新趋势、践行新探索,站稳职工立场勇于亮剑维权"六大关键词"看上海工会　职工法律援助这一年	李嘉宝	T1:劳权
12月30日	共同谱写"人民城市为人民"新篇章　申能集团工会与劳动报社签订战略合作协议	李成溪　张锐杰	第03版
12月30日	红色资源"串珠成链","心·路党课"邀劳模开讲	李佳敏	
12月30日	"致敬!最美劳动者"征集摄影作品已超3.6万张　用镜头影像把普通劳动者送上"头条"	庄从周	第04、05版
12月30日	专家"会诊",为企业节省支出10万元——本市"百名劳模工匠服务千家企业校园"	张锐杰	第12、13版

关于做好本市公益性岗位补贴工作有关事项的通知

（沪人社规〔2021〕23号）

各区人力资源和社会保障局、财政局、民政局、残联：

为进一步规范公益性岗位管理，结合当前本市公益性岗位管理工作实际，现就做好公益性岗位补贴工作有关事项通知如下：

一、在转制之前享受市级岗位补贴、社会保险补贴的公益性劳动组织从业人员，原则上在转制后的组织（以下简称“转制组织”）中可按照规定继续享受公益性岗位社会保险补贴和岗位补贴，直至退出该组织（男性最长补贴不超过60周岁、女性最长补贴不超过55周岁）。

二、以“社区四保”转制组织为载体，在街镇建立就业援助基地。岗位总量实行严格控制，岗位类型由全市统一规划。在总量范围之内，新安置的“就业困难人员”可按照规定享受公益性岗位社会保险补贴和岗位补贴，直至从业人员退出公益性岗位或达到法定退休年龄。

三、公益性岗位社会保险补贴标准为以缴费当月本市职工社会保险缴费基数的下限作为基数计算的养老、医疗和失业保险缴费额的50%。岗位补贴标准为本市月最低工资标准的50%。

四、2021年5月1日前，补贴资金从本市失业保险基金列支。2021年5月1日后，补贴资金由转制组织所在区的一般公共预算列支。

五、对于从事长期护理保险业务的原“社区助老”组织从业人员，转制组织吸纳其就业后，相关补贴按照市民政局、市人力资源社会保障局、市教委和市财政局关于推进本市养老护理人员队伍建设的有关规定执行。

六、市相关行业主管部门要继续统筹安排好其他条线扶持资金，落实相关公益性岗位从业人员的资金保障。各区财政部门与人社部门要加强联动，在考虑转制组织的多渠道收入来源和实际运营成本的基础上，研究制定更加科学合理的区级补贴政策，切实提高资金的使用效益。

本通知自2021年1月1日起实施，有效期至2025年12月31日。

2021年6月11日

女职工工作

综　述

2021年市总工会女职工委员会坚持以习近平新时代中国特色社会主义思想为指导，在市总工会领导下和全总女职工委员会、市妇联的关心指导下，紧紧围绕工会工作全局，坚持"新时代共奋斗，女职工更幸福"工作主线，履职尽责、担当作为，不断促进女职工全面发展、幸福生活，各项工作取得积极进展。一是履行政治责任，女职工思想引领坚定有力。以庆祝党的百年华诞为主线，以党史学习教育为抓手，深入开展"心向党、跟党走"群众性主题宣传活动；举办"巾帼心向党、奋进新征程"上海工会纪念"三八"国际劳动妇女节111周年大会；组织百万女职工聆听"百名劳模讲党史"宣讲等红色文化寻访；运用多媒体平台广泛开展女劳模女工匠等系列专题宣传；组织"巾帼扬帆新征程·庆祝建党100周年"职业女性拍摄活动，真实生动地展现各行业女职工的风采面貌；与上海市振兴中华读书指导委员会联合发起"玫瑰书香"女职工主题阅读活动，职工书屋大讲堂举办阅读分享会。二是聚焦高质量发展，女职工建功立业彰显作为。7名先进女职工获得全国五一劳动奖章、90名先进女职工获得上海市五一劳动奖章；12个集体和12名个人荣获全国五一巾帼标兵岗（标兵）称号，其中上海市公共卫生临床中心检验医学科被授予全国五一巾帼奖状；7位女劳模领衔的创新工作室获评第十一批上海市劳模创新工作室，27个巾帼创新工作室获评市级职工创新工作室，16名女职工荣获第六批上海工匠称号，2666名女职工获得晋升技师、高级技师以及发明专利奖励；浦东新区总工会、中建八局工会等举办女性人才创新论坛。三是推动建章立制，女职工权益保障加大力度。开展《上海市女职工劳动保护办法》实施情况和《上海新就业形态女性劳动者权益保障状况调查与分析》等调研；针对女职工集中的行业，围绕女职工产假等特殊权益，与市人力资源和社会保障局、市卫健委等联合开展专项执法行动；扩充市总女律师志愿服务团；组织13万职工参加全国职工线上法律知识竞赛；开展"以案释法"普法公开课、女职工权益维护主题研讨等；各级工会法律援助中心受理涉及女职工权益案件的代书、调解、代理仲裁等11735件。四是提升服务品质，女职工幸福关爱落地见效。172.01万人次女职工加入上海职工互助保障特种重病保障项目，投保人数同比增加104%，其中6284人获得给付金额11589万元；为近8000名灵活就业女职工免费提供"两病"筛查；持续推进"爱心妈咪小屋"建设，修订完善小屋管理办法，创设星级型、共享型两种建屋模式，落实"应建尽建"工作要求；新增903家爱心妈咪小屋，45家爱心妈咪小屋获评五星级小屋；邀请三甲医院妇产科专家教授举办14堂线上"妈咪课堂"，收看量达10万+；升级"四季恋歌·会缘"小程序，"会缘"注册人数突破3万人，线下线上开展交友活动；创办各类职工亲子工作室22家，托管职工子女近2900余人。五是加强组织建设，女职工工作水平进一步提升。制订《上海市总工会第七届女职工委员会专委会工作职责》；完成女职工思想状况与社会心态调查、女职工创新工作室建设等专项调研；举办女工干部专题培训班，增强履职尽责的能力水平；开展"我为女职工办实事"上海工会女职工工作品牌选树活动；推进女职工集聚的园区、行业、商圈"小二级"工会女职工组织建设。　（陆　韵）

组织建设

【概要】　完善市总工会女职工委员会工作机制，发挥市总女职工委员会主任委员和常委社会联系广泛和实践基础深厚的优势，集智聚力、各负其责地持续推进女职工工作创新发展。制订《上海市总工会第七届女职工委员会专委会工作职责》。制订专委会工作制度，发挥宣传思想、提素建功、权益保障、幸福关爱、组织建设等5个专委会重要作用，牵头开展专项调研，深入基层督促落实年度重点工作，促使全委会工作合力切实增强。推进各级女职工组织建设，着力选配政治素质好、工作能力强、热爱女职工工作的优秀干部作为女工委主任人选；落实上海工会干部教育培训规划，将女职工工作纳入工会干部培训课程内容，推动各级工会女职工组织举办女工干部专题培训班；开展"小二级女职工组织建设集中行动"，排查女职工集聚的园区、行业、商圈"小二级"工会女职工组织建设情况。结合党史学习教育，开展"我为女职工办实事"上海工会女职工工作品牌选树活动，产生十大工作品牌优秀案例和十个优秀案例提名奖。　（陆　韵）

【市总女职工委员会各专委会开展专题调研】　根据宣传思想、提素建功、权益保障、幸福关爱、组织建设等5个专委会职责分工开展专题调查，完成《上海市女职工思想状况与社会心态调查报告》《上海工会女职工创新工作室调研》《上海市女职工劳动保护办法实施情况》《上海新就业形态女性劳动者权益保障状况调查分析》《女职工组织建设现状分析及对策研究》《关于深化工会改革背景下推进基层工会女职工组织规范化建设》等调研报告。　（陆　韵）

【开展"小二级工会女职工组织建设集中行动"】　围绕女职工组织规范化建设、企业女职工工作阵地建设、基层女职工干部能力建设等主题，以加强和改进非公企业、经济园区和平台经济工会建设为契机，协同各区总工会，集中排查女职工集聚的园区、行业、商圈"小二级"工会女职工组织建设情况。截至年底，本市女职工会员272万，占会员总数38.9%；43190个（2020年43890个）工会建立女职工委员会或设立女职工委员，占有女职工的工会总数91.0%。　（陆　韵）

【举办上海工会女工干部专题培训班】　为落实市总《2019—2023上海工会干部教育培训规划》，11月17－19日，举办为期3天的上海工会女工干部专题培训班。聚焦女职工工作重点难点问题开展学习研讨，培训内容涵盖党史和工运史、妇女儿童发展的"两纲两规"、业务工作以及现场教学等，通过专家授课、分组研讨等形式，提高女工干部理论水平，增强履职尽责的能力。　（陆　韵）

【开展"我为女职工办实事"上海工会

女职工工作品牌选树活动】 市总女职工委员会结合党史学习教育，开展“我为女职工办实事”上海工会女职工工作品牌选树活动，带动基层工会女职工组织深入开展调查研究，创新工作方式方法，精准服务女职工多元需求。经过层层推荐和专委会评审，张江科学城康桥工业区总工会“巾帼创新、芯心相映”等一家单位报送的工作案例获评十大工作品牌优秀案例；静安区彭浦新村街道社区卫生服务中心工会“打好组合拳筑人才高地”等十个优秀案例获优秀提名奖。

（陆 韵）

【宝山区总工会女职工委员会召开七届六次（扩大）会议】 8月5日，宝山区总工会女职工委员会七届六次（扩大）会议召开。区总工会女工委七届委员会委员、各直属工会女工委主任（女工干部）、女工工作联络员参加会议。区人大常委会副主任，区总工会党组书记、主席王丽燕出席会议并讲话。会议表决通过冀晓蕾为宝山区总工会第七届女职工委员会主任。

（朱 艳）

“我为女职工办实事”十大工作品牌优秀案例

案例名称	基层工会名称
巾帼创新“芯”心相映	上海市张江科学城康桥工业区总工会
精雕工会“汇服务”坚守初心“365”	上海桂林科技园工会联合会
朱雪芹职工法律援助工作室	上海华驰商业发展有限公司工会
“悦慧·悦美”云上慧生活	宝山区教育工会
巾帼建功“电”亮幸福	国网上海市电力公司超高压分公司工会
牵手她他缘 共筑航天情	上海航天电子技术研究所工会
欢乐“伐木雷”	中国电信上海东区局工会
职场妈妈的亲子图书馆	上海核工程研究设计院有限公司工会
shiNe·有光	上海建筑设计研究院有限公司工会
关爱孕后女职工 瑞金在行动	上海交通大学医学院附属瑞金医院工会
十大工作品牌提名案例名称	基层工会名称
打好“组合拳” 筑人才高地	静安区彭浦新村街道社区卫生服务中心工会
建设“她”商学院 服务女性成才	上海市闵行区浦锦街道总工会
“金才”课堂	上海市金山区人才服务中心工会
四十而已 风采依然	复旦大学附属中山医院青浦分院工会
“红色”娘子军	上海华建工程建设咨询有限公司工会
你点单，我服务——女性课堂你说了算	华东师范大学工会
“医”路随行，快乐相伴	复旦大学附属儿科医院工会
“蓝天下快乐成长”防拐巡回讲堂	上海市女子监狱工会
阳光呵护 巾帼同行	上海巴士第一公共交通有限公司工会
多彩社团 伊人增色	中国福利会幼儿园工会

素质提升

【概要】 以庆祝建党百年为契机，组织女职工开展红色文化寻访、微党课等各种形式的群众性学习教育活动，加强政治思想引领，传承红色传统。利用五一巾帼大讲堂、上海工会职工书屋、“妈咪课堂”等公益性、网络化平台，促进女职工提升人文素养。组织“玫瑰书香”读书活动，促进女职工素质提升、持续推进家庭文明建设。

（陆 韵）

【组织女职工开展庆祝建党100周年活动】 以庆祝党的百年华诞为主线，以党史学习教育为抓手，深入开展“心向党、跟党走”群众性主题宣传活动。三八节期间，举办“巾帼心向党、奋进新征程”上海工会纪念三八国际劳动妇女节111周年大会，引领推动各级女职工组织学党史、悟思想、办实事、开新局。通过组织百万女职工聆听“百名劳模讲党史”宣讲、参观“百年辉煌——中国共产党在上海百年图展”“伟大的创造、光辉的历程——人民代表大会制度的探索与上海”“致敬红色工运”等红色主题展、开展红色文化寻访等形式，宣传党的创新理论，弘扬伟大建党精神。（陆　韵）

【开展“玫瑰书香”读书活动】 响应全总“把一切献给党·劳动创造幸福”阅读活动倡议，与上海市振兴中华读书指导委员会联合发起“玫瑰书香”女职工主题阅读活动，举办职工书屋大讲堂阅读分享会，通过作者、编辑的创作体会演绎党的奋斗历程和经验成就。市出版协会女编辑工作委员会、华东师范大学出版社等单位联合举办“玫瑰书香·上海女编辑领读”活动，市建交委工会、建工集团工会等开展“共读红色经典”等主题阅读，激发女职工爱党之情、奋斗之志。在阅读活动中表现突出的女职工和基层女职工委员会，获得了全总女工委的通报表扬。（陆　韵）

【助力女职工素质全面提升】 依托上海工会职工书屋品读会平台，围绕情绪管理、个人隐私保护、婚姻关系、亲子教育等问题，以专家讲授、互动讨论、话本导读等形式，帮助女职工提升自我情绪觉察和管理能力、了解职场个人权益维护、破解婚姻亲密度技巧、掌握亲子沟通理念方法与技巧。会同爱心妈咪小屋推进办，邀请三甲医院妇产科专家教授担任“爱心妈咪小屋妇幼健康团队”指导员，举办“妈咪课堂”线上讲座14堂，助力职工家庭更和谐，工作更有活力。（陆　韵）

【组织开展女职工劳模先进宣传活动】 运用工会媒体、网站、“两微一端”等平台，组织记者聚焦女劳模女工匠、全国五一巾帼标兵（岗）、上海市“两优一先”中的工会工作者等集中采访，开展系列专题宣传，用文字讲述劳模先进故事。组织女性摄影家开展“巾帼扬帆新征程·庆祝建党100周年”职业女性拍摄活动，通过影像呈现女职工工作场景，真实、生动地展现各行各业女职工爱岗敬业、辛勤工作、勇于创新的风采面貌。（陆　韵）

建功立业

【概要】 以劳模工匠评选为契机，选树先进典型，引领女职工岗位建功。推进女职工创新工作室建设，开展“上海市女职工创新工作室创建情况调研”，市级层面女劳模、女工匠和女性人才领衔的创新工作室已达102家。组织广大女职工积极参与市总工会“建功‘十四五’奋进新征程——推进高质量发展上海职工劳动和技能竞赛”，在服务构建新发展格局中贡献巾帼智慧和力量，策划启动长三角医药行业女职工技能大赛。推动区局产业工会举办女性人才创新论坛，为优秀女职工展现成果、分享经验、交流研讨搭建舞台，辐射带动更多女职工创先争优、建功立业。（陆　韵）

【一大批女职工先进典型获表彰】 在国家级、市级重大项目、重点领域中，一大批女性人才脱颖而出，年内7名先进女职工获得全国五一劳动奖章、90名先进女职工获得上海市五一劳动奖章；12个集体和12名个人分别荣获全国五一巾帼标兵岗、标兵称号，其中上海市公共卫生临床中心检验医学科被授予全国五一巾帼奖状。在第六批上海工匠选树中，有16名女职工入选，较之上年增加了2.3倍。（陆　韵）

【推进女职工创新工作室建设】 年内，有7个女劳模领衔的工作室入选第十一批上海市劳模创新工作室，新增28个市级巾帼创新工作室，全国、市级等各类女性人才创新工作室已达230多家，发挥了示范引领、协同攻关、技能传承的积极作用。对女劳模、女工匠、女性科研人才等领衔的创新工作室开展深入调研，落实“五有”（有先进领衔、有创新团队、有攻关项目、有创新成果、有场地经费）创建要求。浦东新区总工会、中建八局工会等举办女性人才创新论坛，促进经验交流和成果分享，带动更多女职工岗位创新、岗位成才。（陆　韵）

【女职工创新成果涌现，高技能人才比例提升】 年内有117个女职工领衔项目获第三十三届上海市优秀发明选拔赛优秀发明，其中优秀发明金奖13项，获奖项目产生经济效益39亿，均比上届有较大幅度提高。6个女职工“五小”项目获评市职工合理化建议和先进操作法优秀成果奖，占获奖总数15%。依托高技能人才培养基地、上海职工学堂等载体，线上线下相结合组织女职工参加百万职工岗位大练兵，促使女性高技能人才比例明显提升，1437人次、979人次、250人次女职工分获技师高级技师、带教师傅、发明专利奖励328.3万元，占奖励人数的25.3%。（陆　韵）

【开展女职工创新工作室创建情况调研】 开展“上海女职工创新工作室创建情况调研”，以座谈、走访、问卷、书面征询和资料查阅等方式，调研女职工创新工作室创建现状以及对照上海高质量发展需求，在管理理念、运行机制、可持续发展、宣传推广等方面存在的瓶颈问题，提出激发广大女职工的创新创造活力、推进女职工创新工作室不断完善和持续改进的意见建议。（陆　韵）

【浦东新区总工会开展女职工提素建功系列活动】 围绕浦东引领区建设，浦东新区总工会女职工委员会牵头开展“浦东与她·赋能十四五”女职工提素建功行动。聚焦“中国芯”“数据港”“未来车”“蓝天梦”“创新药”等硬核产业和社会民生服务领域，联合区委组织部、区委宣传部、区妇联及陆家嘴开发区、金桥开发区、张江高科技园区、世博地区、外高桥保税区等相关单位，开办“浦东与她·赋能十四五”季度论坛、双月沙龙，邀请百度、华为、商飞、上汽通用、优爱宝、座头鲸等行业知名企业，同济大学、第二工业大学等高等院校的女企业家、女工匠、女劳模、女创业者及社会各界专家学者，共话女性职业发展。联合区委宣传部、陆家嘴金融贸易区、区教育局、区卫健委等相关单位，举办“创e新时代”新媒体才女劳动竞赛、浦东新区中小学心理教师专业能力大赛、医务护理女性专场劳动竞赛、自贸区银行系统女性专场劳动竞赛等四大女性专场劳动竞赛，为女职工搭建展示、提升自我的广阔空间。系列活动覆盖职工10万余人。（陈　维）

【宝山区总工会举办劳模工匠讲党史女工干部专场】 11月30日，宝山区总工会女职工委员会召开七届七次（扩大）会议，会议听取审议年度女职工工作报告后，安排了“劳模工匠讲党史”女工干部专场。邀请“全国五一巾帼标兵”“上海市先进工作者”宝山区中西医结合医院急诊医学科主任兼感染科主任谭美春作“恪守行医初心，砥砺前行担使命”专题讲座。还安排了《职场礼仪和妆容》的专题课，受到女工干部的欢迎。 （朱 艳）

权益保障

【概要】 坚持依法依规，维护女职工合法权益和特殊利益。一是推动普法宣传工作走进职工群众，开展“情系女职工·法在你身边”女职工维权行动月活动，组织法律知识竞答、法宣讲座到基层。二是关注女职工专项权益，与市人力资源和社会保障局、市卫健委等联合开展维护女职工产假等权益专项执法行动。三是开展专题调研，参与全总关于新就业形态女职工权益保护调研，开展“《上海市女职工劳动保护办法》实施情况”课题调研。四是源头参与，参加全国人大、市人大关于《妇女权益保障法（修订草案）》《人口与计划生育法（修正草案）》修法座谈会，积极表达女职工和工会意见。五是扩充女职工权益保障专业队伍，构建市总女律师志愿团，以专业力量为女职工提供法律服务和援助保障。各级工会法援服务中心受理涉及女职工权益案件的代书、调解、代理仲裁11735件。 （陆 韵）

【开展女职工维权行动月活动】 “三八”节期间，组织动员13万职工参加“情系女职工·法在你身边”全国职工线上法律知识竞赛。市总女律师志愿服务团开展“公益咨询月”活动，线上推送维权小视频、微信，线下深入产业集团、机关、街镇开展普法讲座，5000余人次女职工受益。各区局（产业）工会围绕《民法典》《妇女权益保障法》《劳动法》等法律法规和《女职工权益保护专项集体合同》等，以讲座、宣传板报等形式，深入开展普法宣传。 （陆 韵）

【开展女职工劳动权益专项检查】 各级工会联合劳动保障监察、妇联维权部门重点就规范企业招聘行为、禁止招聘中的性别歧视以及女职工特殊保护、工时制度、社保缴纳等法规政策执行情况进行检查，涉及女职工1.62万人，依法责令单位限期整改违法行为。与市人力资源和社会保障局、市卫健委等联合开展为期2个月的女职工产假等权益专项执法行动，检查纺织、服装、制造、商业服务以及金融、互联网等行业企业，及时纠正用人单位侵害女职工劳动权益的行为。 （陆 韵）

【开展女职工劳动保护课题调研】 采取网络问卷、实地走访、调研座谈会等形式，开展《上海市女职工劳动保护办法》实施情况调研，覆盖国有企业、外资企业、民营企业等范围，共回收有效问卷23709份。调研将单位对于女职工劳动保护的贯彻落实情况、新形势和新政策下女职工劳动保护领域出现的新问题新诉求等纳入考量因素，通过交叉分析和经验总结，为推动工作场所性别平等建设、用人单位支持三孩生育政策落地实施、创建家庭友好型工作场所，更好地维护女职工的合法权益和特殊利益提供重要的参考依据。 （陆 韵）

幸福关爱

【概要】 持续推动爱心妈咪小屋、“四季恋歌”及“两病”筛查项目，多措并举保障女职工身心健康。截至年底，172.01万人次的女职工加入上海职工互助保障2021特种重病保障项目，同比上一年投保人数提高103.99%，其中6284人获得给付金额11589万元。推动各级工会积极举办职工亲子工作室，创办22家亲子工作室，托管职工子女近2900余人。6个爱心妈咪小屋管理团队获评上海市工人先锋号。 （陆 韵）

【召开上海工会爱心妈咪小屋建设推进会】 召开“幸福小屋·‘喂’爱加油”上海工会爱心妈咪小屋建设推进会，以“应建尽建”为目标，修订《爱心妈咪小屋管理办法》，推动用人单位合理规划、统筹整合各类服务阵地，因地制宜创建“星级型”或“共享型”爱心妈咪小屋，年内新建星级型小屋597家，共享型小屋306家，全市累计建屋达5422家，发放爱心妈咪建屋补贴540万。 （陆 韵）

【开展爱心妈咪小屋星级评定】 2021年，上海工会组织开展爱心妈咪小屋星级评定工作，基层工会对标星级评定标准和要求，提交申报材料，根据汇总情况安排女工委委员、女工办及爱心妈咪小屋推进办相关人员实地检查指导星级小屋建设情况，以星级小屋评定带动各级工会女职工组织提升小屋硬件配备和服务细节，拓展服务内涵。经过核查、公示等程序，全年

女职工在妈咪小屋开展亲子活动 （钱 洁）

共新增45家五星级爱心妈咪小屋和154家四星级爱心妈咪小屋。（陆　韵）

【升级“四季恋歌·会缘”小程序】　升级“四季恋歌·会缘”小程序，依托民政、人社、大数据中心信息比对，从原来仅限于持有工会会员服务卡的职工扩展到所有通过身份信息验证的工会会员都能注册，职工的婚姻状况、就业状况等信息反映更为及时可靠；对职工年龄、行业属性、爱好特长等进行分析，推荐匹配的对象更加精准；增加活跃度分析功能，经常使用“会缘”的单身青年获得优先被推荐的机会，新增了“会缘”平台线上向活动现场心仪对象献花功能，帮助青年职工表达心意，为提高线下活动成功率打下基础。年内新增万余名单身职工加入“会缘”。（陆　韵）

【举办“四季恋歌”上海工会青年职工交友活动】　联手市级机关工会策划“原年人”春节特别活动，“留沪过年不孤单，有爱就能脱个单”，真切关爱留沪过年的单身青年职工。先后与东方国际集团工会、黄浦区总工会、教育工会、中智上海工会联合会等，联合举办每季度的全市性职工交友活动，带动各级工会举办交友活动百余场，深受青年职工欢迎和好评。（陆　韵）

【推动女职工“两病”筛查应查尽查】　联合市卫生健康委印发《关于加强女职工“两癌”筛查工作的通知》，提高“两病”筛查补贴标准，明确筛查项目，推动“两病”筛查常态化、长效化运作。市总为近8000名灵活就业女职工免费提供“两病”筛查，各区局（产业）工会组织筛查3.6万人，帮助被检出宫颈癌、乳腺癌及高危型HPV阳性的175名女职工获得及时治疗。（陆　韵）

【静安区总工会举办纪念三八国际劳动妇女节活动】　3月3日，静安区总工会举办纪念三八国际劳动妇女节111周年活动。区总工会主席叶坚华，市总工会经审会主任、女工委副主任丁巍，区总工会党组书记、副主席许俊等出席。活动以“奋进新时代，巾帼新作为”为主题，回顾总结区总工会女职工工作，发布2021年静安区女职工工作项目，对荣获“上海市工人先锋号”的凯迪克爱心妈咪小屋管理团队、获评“五星级”的7家“爱心妈咪小屋”予以表彰；并邀请上海社会科学院历史所专家段炼，作题为《宋庆龄与中国共产党》的讲座。（沈诗贤）

【静安区总工会举办工会女职工干部履职培训班】　8月6日，静安区总工会举行“区工会女职工干部履职培训班”。培训紧扣“实用”和“实务”，内容有“生活中的民法典”“心肺复苏急救操作”，以及女职工工作实务等实用的知识，旨在提升女工干部的综合素质和工作能力。培训形式既安排了课堂听讲，还设置了手动实操课程，以及女职工品牌项目“女职工幸福一小时”体验活动。还特别设置了民法典知识小竞赛，学用结合，让与会女职工干部加深对民法典基本知识的认知。（沈诗贤）

【世纪出版集团举办女职工庆“三八”主题诵读活动】　3月4日，世纪出版集团工会、工会女职工委员会在朵云书院戏剧店，举办“巾帼心向党　礼赞新时代”——庆祝三八国际劳动妇女节主题诵读会。历年来被评为全国、上海市和集团的三八红旗集体代表、三八红旗手代表、巾帼文明岗代表和巾帼建功标兵代表，以及集团工会女职工委员、女工会干部、女职工代表近100人参加。活动现场，来自集团11家直属单位的14名女职工，诵读中外经典作品片段，抒发女性同胞们爱党、爱国、爱人民的真挚情怀，展现昂扬奋发的精神风貌。（江　文）

【国网上海市电力公司举行三八妇女节庆祝活动】　3月5日，上海电力公司工会举办“百年新征程　巾帼在行动”线上主题活动，庆祝三八妇女节。公司全体女职工以电视电话和网络直播同步互动的形式参与活动。女职工通过视频观看先进女职工座谈会录制专题片。青浦公司徐爱蓉等9位国网上海市电力公司先进女职工，讲述了她们在工作上的小故事，彰显了电力行业女职工的巾帼风采。活动表彰2019—2020年度公司24个三八红旗集体和43名三八红旗手。并在线收看市委党校党性教育研究中心研究员程熙所作的党史讲座：“红色故事：追根溯源明大义”。（董渝瑾）

【上海邮政工会以多种形式纪念三八妇女节】　2月，上海邮政工会下发通知，要求各基层工会和女职工委员会以“庆祝建党百周年、巾帼奋进新时代”为主题，结合本单位实际，积极组织女职工开展各类活动。静安、邮电医院、中邮科技等工会组织女职工参与手工DIY制作；信息技术局工会邀请田子坊喜物手作工作室的专业指导老师，对日常如何选择合适的唇彩以及唇部保养进行讲解；实业公司工会组织女员工参加“与美丽为伴，携幸福同行”佘山国家森林公园踏春健步走活动；松江局工会开展“与美丽田园有个约会”主题活动，让大家体会劳动和收获的快乐。通过形式多样的活动，丰富了女职工的文化生活，充分展示了女职工们聪慧时尚、创新进取的新时代女性的精神风貌，同时也起到了舒缓身心压力的效果。（王　瑛）

【上海邮政工会开展“玫瑰书香”女职工主题阅读活动】　8月，根据上级女工委办公室通知要求，上海邮政工会精心组织基层工会开展“玫瑰书香”女职工主题阅读活动。添置一批积极向上、可读性强、女性意识鲜明的书籍，结合每周党员读书会开展女职工主题阅读活动；通过劳模工作室、劳模宣讲团、职工小家书屋，为女职工宣传推荐各类优秀女性题材和情绪管理等专业的书籍，组织线上线下阅读和交流；以领读的形式讲述党为中国人民谋幸福、为中华民族谋复兴的感人故事，利用碎片时间分享自己读过的好书，共同成长；以部门工会为单位，针对推荐的书籍选取一章或者某一部分阐述自己的观点及读后感；开展“玫瑰吐芬芳，书香沁心田”读书分享会和“玫瑰‘邮’书香，巾帼共奋进”阅读朗诵会等。（王　瑛）

【中国宝武出台支持女性科技人才相关举措】　12月，中国宝武工会与集团公司人力资源部、科技创新部、中央研究院、团委、产教融合发展中心等部门制订《关于支持女科技人才在科技创新中发挥更大作用的实施意见》，提出9个方面的行动举措激发女性科技人才的创新活力：一是加强女性科技人才继续教育和知识更新；二是拓展女性科技人才成长锻炼机会；三是加强女性科技人才梯队建设；四是支持女科技人才投身高质量发展；五是扎实开展“科技创新巾帼行动”；六是完善女科技人员评价激励机制；七是为女性科技人才营造良好工作环境；八是为女性科技人才解决后顾之忧；九是为女性科技人才提供健康服务和心理疏导。（赵思杰）

【中国宝武评选表彰先进女职工】 3月8日，中国宝武工会开展以“巾帼心向党·绽放新时代”为主题的庆祝“三八”国际劳动妇女节活动，表彰获2019-2020年度中国宝武女职工“玫瑰”奖章、“玫瑰”奖状的先进女职工和女职工集体。（赵思杰）

【铁路上海局集团公司举办三八国际劳动妇女节111周年纪念活动】 三八国际劳动妇女节来临之际，铁路上海局集团公司工会加强对女职工的人文关怀，市建设交通委领导、集团公司工会负责人分别走访慰问集团下属的三八红旗集体、先进女职工代表以及患病女职工家庭。集团工会向广大女职工发出一封慰问信。制作《唯美花开》工作专题片，直播《花之细语》劳模先进访谈，展示新时代铁路女职工精神风貌。依托集团公司“送温暖”和各项帮扶助机制，对大病女职工开展节日慰问。下拨专项经费，慰问近两年获得全国级荣誉的先进女职工集体。利用“上铁职工家园”APP，为女职工提供个性化惠购服务；开展“情系女职工、法在你身边”女职工法律知识竞赛，依法维护女职工合法权益和特殊利益，送去组织的关心和温暖。通过“上铁职工家园”APP、《上海铁道》等媒体平台，广泛宣传广大女职工创先争优、比学赶超的榜样力量，激发女职工的工作热情和创造活力。（严光临）

【市绿化市容行业女职工获多项荣誉】 年内，市绿化市容行业女职工立足岗位、积极奉献，在城市建设和管理中发挥半边天作用，涌现出一批全国和上海市女劳模以及巾帼先进集体，市绿化和市容宣教中心“绿色上海”编辑部获评全国巾帼文明岗、市环境学校环境工程部获评上海市三八红旗集体，市绿化和市容管理局周方诚荣获上海市五一劳动奖章，另获评上海工匠1人、巾帼建功标兵1人、市重点工程实事工竞赛优秀建设者2人、行业工匠3人。（盖永华）

【宝山区总工会举办女职工权益保护专场讲座】 3月10日，宝山区总工会“劳动关系月月讲堂”举办女职工权益保护专场讲座，本次讲座作为宝山区总工会女职工委员会“1+1+1”之“一心守护”系列活动。区总工会签约律师林继凯从“三期”天数规定、特殊保护范围、工资标准等角度重点阐述了女职工在“三期”内特殊劳动保护以及企业对处于“三期”女职工调岗调薪时其应当遵循的原则，倡导关心关爱女职工，切实保障女职工群体合法权益和特殊利益。（朱　艳）

【闵行区开展女职工权益专项执法行动】 10月11—12日，闵行区总工会会同区人社局、区卫健委、区医保局等部门，联合开展女职工权益专项执法行动。各部门依据各自职责分别对12家企业进行实地走访，对用人单位与女职工劳动合同签订情况、用人单位遵守女职工工作时间和休息休假规定的情况、用人单位女职工产假待遇执行情况等12项内容展开检查。同时，邀请女职工代表座谈，听取她们的需求和问题，并现场答疑解惑。区总工会重点检查“用人单位与女职工签订权益保护专项集体合同的情况”“女职工比较多的用人单位建立女职工卫生室、孕妇休息室、哺乳室等设施情况”“女职工组织建设、心理健康维护的情况”等3项内容。通过专项检查行动，进一步提升用人单位对女职工权益保护的法律意识，在全区营造关心、爱护妇女合法权益的良好氛围。（王　凯）

【松江区总工会开展女职工维权系列活动】 3月11日，松江区总工会联合区妇联、区劳动监察大队等职能部门，并邀请人大女代表参与，组成联合执法工作组，在全区范围内集中开展一次维护女职工劳动权益专项执法检查。此次专项执法检查涉及相关企业15家，覆盖女职工2967人。区总工会向检查单位介绍了对部分经营困难企业女职工开展免费乳腺病和妇科病的筛查实事项目，帮助女职工对特殊疾病早发现早治疗，避免女职工因病致贫，并引导鼓励有条件的企业建立“妈咪小屋”。3月5日—3月8日，区总工会依托“松江工会”微信平台，开展为期4天的线上女职工权益保护知识竞赛活动，参与答题火爆，人数高达20016人，中奖人数达2000人。“三八”节期间，区总工会还特邀女律师组成女职工维权“专家门诊”，开展为期一周的女职工维权和普法宣传活动，进一步加强广大女职工维权意识，营造保障女职工权益，构建和谐劳动关系的良好氛围。（孙　媛）

【市仪电工会开展女职工权益维护法律知识学习竞赛活动】 在第111个“三八国际劳动妇女节”期间，仪电工会组织开展女职工权益维护法律知识学习竞赛活动。活动分为学习和答题竞赛两个阶段，女职工通过“仪电·慧幸福”APP平台进行线上学习和答题，通过活动进一步增强了女职工法律知识和维权意识、活动有1000多人参与，前300名优胜者获得奖励。（周黎俊）

【静安区总工会举行青年职工交友活动】 5月15日，静安区总工会在上海大宁公园会议中心举行“唐伯虎点秋香”平行时空遇见你——2021年静安区青年职工交友活动。市总工会经审会主任、女工委副主任丁巍，静安区总工会党组书记、副主席许俊等出席，并为青年男女们送上美好祝福。静安区机关企事业单位的100名适龄单身青年职工参加活动。在大宁公园里，区总工会以“5.20”爱情主题为契机，围绕“中国传统文化”，点睛“建党百年”主题，打造先秦、汉唐、宋代、民国等多样丰富的“平行时空”场域，通过色空雅乐——色空鼓，点茶心事——宋代点茶，情投一壶——投壶等3场文化体验竞技活动，以及1场民国往事发现爱探秘寻宝浸入式游戏，让青年职工重温红色记忆、珍惜美好生活，

体现文化主题交友特色。（沈诗贤）

5月15日，金山区总工会举办“缘定鑫工——会聚鑫青年·茶缘新征程”职工交友活动（陈　文）

【金山区总工会举办职工交友活动】 5月15日，由金山区总工会主办，枫泾镇总工会、金山区工人文化宫（金山区职工服务中心）承办的“缘定鑫工——会聚鑫青年·茶缘新征程”职工交友活动在沪枫茶园举办，来自全区100余名单身青年参加本次活动。金山区总工会党组书记、副主席徐红强，枫泾镇人大副主席、总工会主席沈德兴，金山区工人文化宫（金山区职工服务中心）主任陈文，全国茶艺评鉴师蔡颖丽共同启动活动。（陈　文）

【金山区总工会助推基层办好“职工亲子工作室”】 金山区总工会结合“我为职工群众办实事”实践活动，以实事项目的形式助推基层企事业单位打造“职工亲子工作室”。从7月起，10期“职工亲子工作室”在7月陆续开班，共惠及287名职工子女。复旦大学附属金山医院的职工亲子工作室开设医学科普探索营；区工人文化宫职工亲子工作室特别定制了为期6周的课程，有趣味文化课和兴趣课，做到既“托”又“管”还有“教”，让孩子们在游戏中学习，在学习中成长；亭林医院工会利用院内“驿生吧”开办“职工子女亲子工作室”，并利用职工食堂解决职工子女就餐问题。（卫婷怡）

【松江区总工会组织灵活就业女职工参加免费“两病”筛查】 6月20日，松江区总工会在妇幼保健院为部分灵活就业女职工免费开展乳腺病和妇科病的“两病”筛查活动。共为26家单位的172名女职工提供了免费筛查服务。区总工会通过“两病”筛查，帮助女职工对特殊疾病早发现、早治疗，切实维护女职工的健康权益。该活动已成为松江工会女职工实事项目品牌工作。（孙　媛）

【奉贤区总工会积极为女职工办实事】 奉贤区总工会围绕市总工会“新时代、共奋斗；女职工，更幸福”的女职工工作主线，聚焦美育修身、实事项目、能力提升等方面，建设升级“爱心妈咪小屋”，共创建妈咪小屋61家，升级至三星级小屋26家、四星级小屋20家、五星级小屋11家。做细做实女职工关爱项目，为215名困难外来女职工免费进行“两病筛查”；开展“男女平等”国策进企业活动；举办4场“四季恋歌”单身青年职工交友活动，250余名职工参与。加强“五月的风”职工礼仪队建设，先后承担劳模表彰大会、五一庆祝大会、扶贫攻坚一线建设者报告会、五个新城劳动竞赛推进会、区政协主题读书分享会、九棵树大型活动等礼仪和服务任务。（钱　洁）

东方国际集团工会承办“四季恋歌”青年公益交友活动（方整源）

【东方国际集团工会承办“四季恋歌”青年职工交友活动】 东方国际集团工会已连续4年举行“相约公益·为爱助力”青年交友活动，约有600人次在生动、丰富的活动中，奉献爱心的同时收获自己的一份爱意，促成10余对佳侣牵手相伴。2021年，集团工会首次承办市总工会“四季恋歌”职工交友活动，以“陌上花开　爱在东方”为主题，包括集团职工在内的来自全市近400名青年相聚虹桥品汇，参与度高反响良好，得到市总工会的高度认可。（陆　益）

【华谊集团工会多措并举关心关爱女职工】 2021年召开华谊集团工会女职工年度工作会议暨示范点推进会，

对《华谊集团女职工集体合同》内容进行讨论修订，尤其是支持国家三孩政策将对女职工权益保障写进制度。2021年工会女职工委员会积极组织参与"爱心妈咪小屋"筹建评星级活动。集团共有4家企业通过检验荣获市总工会四星"爱心妈咪小屋"。邀请北京大成（上海）律师事务徐郭飞团队专题讲解《女职工维权之恋爱与婚姻1314》《民法典热点案例解析》，各基层工会女职工工作者参加培训。组织女职工参与市总工会开展的《上海市女职工劳动保护办法》专项调研，对特殊群体女职工落实关爱机制，通过工会救急济难基金等渠道，对重病女职工进行双重帮扶，对遭意外火灾的女职工家庭予以临时补助帮扶，对外派员工家属开设应急帮扶通道，切实为需要帮助的女职工撑起保护伞。 （韩　英）

【上海航天局工会构建"SHE"女职工关爱体系】 2021年，上海航天局工会女工委见证"她力量"（She）、推进"家幸福"（Home）、打造"阵地美"（Environment），团结动员女职工岗位建功。"她力量"——评选局三八红旗手标兵10个、三八红旗手15个、三八红旗集体10个，以巾帼榜样推动"半边天"作用发挥；"家幸福"——倡导家风建设，引导科学育儿，丰富家庭文明建设内涵；"阵地美"——积极开展"妇女之家"、"妇女微家"建设，形成4个经信系统"妇女之（微）家"，其中1个被评为上海市示范级"妇女之家"，持续打造妇女工作的坚强阵地和女职工信赖的精神家园。另外，在"四女"中推动"两癌筛查"，关注女性健康，缓解女性压力，提升女性身心疗愈水平，使女职工们在各自不同的工作岗位上，展现女性独特魅力。 （周欣彬）

【上汽集团女职工工作丰富多彩】 2021年，上汽集团通过开展各级三八红旗手（集体）等巾帼先进表彰，"乘风破浪她力量"系列宣传，"女神驾到——晒出我的上汽车"线上征集活动，引领女员工立足岗位，助力营销，助力发展。同时，推进爱心妈咪小屋建设，2021年新建10家上海市星级小屋，累计全国范围内已建立妈咪小屋161家。针对婚恋、子女教育等员工普遍关心的问题，开展不同主题的联谊交友活动12场。 （范　融）

【"教苑之爱——2021上海教师玫瑰婚典"举行】 10月31日，由市教育工会和市教育系统妇女工作委员会组织的"教苑之爱——2021上海教师玫瑰婚典"在东方绿舟举行。来自教育系统的10对新婚青年教师和各高校工会主席、妇委主任60余人参加活动。市教育系统妇工委（女工委）主任李蔚作为证婚人致辞，上海市妇联副主席翁文磊向10对新人表示衷心的祝福，2021年度"海上最美家庭"王大中、吴淑晶夫妇分享了夫妻相处之道。上海交通大学江倩倩、上海电力大学宋建勇作为新婚夫妇代表发言。教育系统"玫瑰婚典"十年一届，展示了"玫瑰花苑"单身青年教师联谊活动的成果，是积极落实"我为群众办实事"主题活动的一项有力举措。 （张　芳）

【"邂逅美好，畅想未来"线下交友联谊活动举办】 10月24日，由市医务工会、市卫健委妇委会联合主办，同济医院妇委会、团委承办，"邂逅美好·畅想未来"线下交友联谊活动落下帷幕。本次活动吸引了中国科学院上海硅酸盐研究所、中国科学院上海光学精密机械研究所、中建八局第四建设有限公司华东公司、中国联通上海分公司、携程集团、同济大学医学院、上海市普陀区融媒体中心、上海华虹宏力半导体制造有限公司团委、上海外国语大学附属宝山双语学校、中国商飞上海航空工业（集团）有限公司等单位的参与，共400余人报名，现场签到人员180余人参加，男女比例1∶1.3。最终现场成功牵手12对男女嘉宾，并由组织方送出精美礼品以表祝贺。 （柯　婷）

【市卫生健康系统举办医务职工家庭"六一"主题活动】 5月30日，"颂百年风华　传红色基因"庆祝建党100周年市医务职工家庭"六一"主题活动在儿童艺术剧场举行。市卫健委党组副书记、副主任、市医务工会主席赵丹丹，市卫健委妇委会副主任、市医务工会常务副主席何园等有关领导出席活动。来自全市卫生健康系统各直属基层单位的近200个职工家庭参加活动。4月，卫健委妇委会和市医务工会女工委启动"颂百年风华　传红色基因"庆祝建党100周年上海医务职工子女书画作品征集活动，共收到38家市级医疗卫生单位的125位医务职工子女创作的126幅书画作品，其中12幅获奖的作品捐赠给复旦大学附属儿科医院。 （柯　婷）

【市经信系统工会举行单身青年交友活动】 5月29—30日，由市经济和信息化工作系统工会女职工委员会、市经信妇工委、系统团工委、中智上海

市经信系统工会举办"百年风华　初心之旅"单身青年交友联谊活动
（黄　俭、顾　捷）

经济技术合作有限公司工会联合会共同举办的“百年风华　初心之旅”单身男女交友活动在奉贤海湾国家森林公园举行。近200位嘉宾参与此次活动。两天的活动中有近20对嘉宾牵手成功。（黄　俭、顾　捷）

【市监狱管理局工会开展“三八”主题系列活动】　市监狱管理局工会开展“三八”主题系列活动。举行“喜迎建党百年，致敬铿锵玫瑰”局三八先进表彰大会，展现巾帼风采；组织基层女会员参加“巾帼心向党，奋斗新征程”纪念三八节暨“3.5学雷锋日”主题活动；推进“爱心妈咪小屋”创建工作，对新建小屋开展了规范化检查和验收工作，全年全局新建5家妈咪小屋，并进一步完善了小屋各项制度建设。（江海群）

【百联集团具办庆祝三八国际妇女节主题活动】　3月8日，百联集团工会在百联资产所属森联木业雅逸轩工作室组织开展“与雅逸牵手，与百联同行”2021年庆祝“三八”国际妇女节主题活动，集团系统女劳模、女先进、女性管理者、女工干部等60多人参加活动。集团女工委联手上海市企业管理协会，组织各公司、中心女性管理者30多人开展第五期“分享·创新”庆祝2021年“三八”妇女节女店长（经理）沙龙活动，组织大家走进伽蓝（集团）股份有限公司化妆品产业基地进行参观学习，并举行“椅子操”培训活动，让女职工们体验健康新颖的工间操，提高身体素质。（姜　杰）

【城投集团开设“群瑛讲堂”并举办首场活动】　8月3日，城投集团首个女性主题和以女职工为参与对象的学习平台——“群瑛讲堂”启动。集团监事会主席田赛男，党委副书记、工会主席杨茂铎，副总裁周丽赟出席活动，集团本部和各直属单位的女职工劳模先进、一线代表们参加活动。群瑛讲堂首场活动，邀请市总工会公益乐学项目专业化妆服饰造型美学讲师凉子，主讲《职场女性服饰搭配》课程。学习参观中共一大至七大党史展、“不忘初心、牢记使命”档案文献展，以及上海中心大厦“番茄树”健康航站楼。群瑛讲堂进行现场直播，确保所有女职工能够同步观看，成为城投女职工的“加油站”、“充电宝”和“助推器”。（范　磊）

【世纪出版集团举办职工子女主题绘画活动】　6月1日，世纪出版集团工会女职工委员会在朵云轩艺术中心，举办“花儿朵朵心向党”职工子女庆“六一”主题绘画活动。来自集团16家单位的25名职工子女代表，用稚嫩的笔触共同描绘属于孩子们自己的节日。活动现场，孩子们发挥想象力，把可爱的花朵填入世纪集团LOLG，一朵朵绚丽多姿的花朵跃然纸上。此次绘画活动不仅展现出孩子们的内心情感和丰富的想象力，也让他们在活动中学会观察、学会合作、体验快乐，度过一个难忘假日。（江　文）

【中福会举行庆祝三八国际劳动妇女节主题会议】　3月5日，中国福利会系统优秀女职工齐聚一堂，举行“巾帼心向党·建功新征程”主题会议，共同迎接第111个三八国际劳动妇女节。中国福利会党组成员、机关相关部门负责人、各直属单位党组织书记、工会主席、女工干部、妇委干部及优秀女职工代表等60余人参会。会上对获得全国巾帼文明岗、上海市劳模创新工作室、上海市巾帼创新工作室的女性先进集体进行表彰。中福会副秘书长宋钟蓓和中福会工会工作委员会主任、二级巡视员向获奖代表颁奖。会上，上海市先进工作者林放，上海市抗击新冠肺炎疫情先进个人陈淑芳，中福会先进工作者、优秀共产党员、青年岗位能手许颖，上海市园丁奖获得者李敏敏，上海市中小学见习教师现场教学一等奖获得者胡芳等作交流发言，宋钟蓓代表中福会党组在会上致辞。（朱金妹）

退休职工工作

综　述

2021 年,市退休职工服务中心以习近平新时代中国特色社会主义思想为指引,结合“我为群众办实事”主题实践活动,积极稳妥做好退休职工管理服务工作。一是加强思想引领,主动服务大局,深入开展群众性宣传教育活动。成立“银发生辉　红心向党”退休职工宣讲团,以初心使命、革命传统、红色精神为主题,大力宣扬劳模精神、“工匠”精神、劳动精神,采取线上线下相结合的方式在单位、学校、社区等地开展宣讲。利用媒体多方位开展宣传报道,先后编发《上海退休生活》杂志、与相关部门合作编印老年人专题系列宣传手册、与《劳动报》《老年报》合作推出专题报道和专版综合报道、开通“退休申活”微信公众号,就老年人关心关注的社会热点内容及时进行更新发布。二是加强调查研究,注重源头参与,着力保障退休职工合法权益。与国网上海市电力公司退管会联合开展专题调研并形成调查报告,完成了承接市总相关课题的调研;不断完善舆情信息工作机制,重视对舆情信息的收集、分析、汇总、研判、跟踪,及时把重要舆情信息向市总及政府相关部门反映;编发和上报相关舆情信息专报和简报;强化退管工作理论研究,开展退管工作论文征集评选活动。三是提升服务能级,贴近服务需求,持续开展帮扶关爱退休职工工作。先后组织开展元旦春节“送温暖”、高温季节“送清凉”、千名退休职工免费体检、退管工作一线块组长疗休养、申城老人浦江游等帮困关爱活动;继续开展《高龄老人优待证》申领发放工作;创建为老服务示范点,推进社区为老服务精细化;加强与区退管组织合作,开展示范性社区“为老服务”活动;打造退管系统老年节活动金色品牌,联合市老龄办共同举办上海市“老年节”为老服务活动。四是加强分类指导,完善工作机制,努力维护退休职工队伍和谐稳定。对 111 家区局(产业)集团公司退管会重新划分块组,进一步优化本市退管系统三级管理四级服务的组织模式;开展线上退管工作业务培训;强化信访接待调处机制,尽可能地帮助退休职工解决实际问题,稳定退休职工队伍。五是注重示范引领,满足精神需求,搭建文化教育展示交流平台。开展庆祝中国共产党成立 100 周年系列活动,如退休职工摄影展、退休职工文艺展演、主题征文等活动;首次尝试线上线下结合的方式,举办退休人员益智类棋牌比赛;为基层输送更多文艺骨干和文艺爱好者,先后举办舞蹈、声乐、时装培训;组织银发艺术团下基层、进社区,开展慰问演出、公益演出及文化交流展示活动;恢复市退大行业开展老年教育工作,探索新教学模式,在保证疫情防控安全条件下有序复课;开设公益课堂,指导退休职工学习智能技术;注重培育老年学习团队,提升自主学习能力和管理水平,提高退休职工教学工作质量。　　(黎　颖)

为老服务

【概要】　2021 年,市退管办在开展“我为群众办实事”主题实践活动中,始终贴近服务需求,不断提升服务能级,持续稳妥地做好退休职工管理服务工作,在关心关爱、为老服务、信访接待调处、退管干部队伍建设等方面起示范引领作用。同时,完善工作机制,加强分类指导,努力维护退休职工队伍和谐稳定。全市各级退管组织顺应新形势,立足自身特点,突显各自特色,聚焦退休职工最关心的热点难点问题,不断加强管理能力,有效提升服务水平,尤其在疫情期间,对特殊退休群体的生活状况、身心情况给予更多的关心关注,认真扎实做好服务保障工作,帮助解决实际困难,让退休职工真切感受到来自退管组织的关心关爱。　　(黎　颖)

【市退管办组织全市退管系统广泛开展系列帮扶关爱工作】　市退管办突出服务重点,优化服务内涵,持续开展系列帮扶关爱工作。一是开展元旦春节送温暖活动,走访慰问困难退休职工、一线块组长、为老服务志愿者 304 人,送去慰问金 29.44 万元。各区局(产业)集团公司退管会筹措慰问金 2.99 亿元,慰问帮扶退休职工 56.92 万人。二是结合党史学习教育和“我为群众办实事”实践活动,在高温季节开展“送清凉”活动,走访慰问困难退休职工、百岁老人、优秀老党员 50 人;慰问一线块组长、为老服务志愿者 306 人,送上慰问金 20.16 万元。各区局(产业)集团公司退管会筹措送清凉慰问金 1.53 亿元,慰问帮扶退休职工 46.98 万人。三是开展“关爱老人送健康　携手共建银发乐”千名退休职工免费体检活动。在确保疫情防控安全常态化条件下,为全市 32 个区局(产业)集团公司退管系统内的 1296 名困难退休职工、一线块组长和为老服务志愿者提供免费健康体检。三是开展疗休养活动,组织已退休但仍活跃在退管工作的一线块组长赴黄山参加疗休养;开展 2021 年“通江达海庆百年,时尚之都看发展”申城老人浦江游活动,21 个区局(产业)集团公司退管会的 300 名退休职工应邀参加。四是深化“尊老社会一条龙服务”,继续开展《高龄老人优待证》的申领发放,全年为各区局(产业)集团公司退休职工发放《优待证》7.5 万张。五是主动作为、精心组织,配合市职保中心,全力为退休职工办理住院补充医疗互助保障,做到应保尽保。(黎　颖)

【市退管办推动社区为老服务活动提质增能】　为使社区为老服务活动提质增能,市退管办加强与全市各区退管组织的联手合作,开展了试行为老服务示范点工作。首批创建成立的示范点分别是虹口区欧阳路街道、金山区石化街道、宝山区职工服务中心 3 家。此举旨在以示范带面上、以局部促整体,使在社区内形成可复制、可推广的为老服务好经验、好做法,推进社区在新形势下为老服务向精细化、高质量水平发展。同时,市退管办围绕纪念建党 100 周年,与徐汇、普陀、长宁、金山、崇明等区退管组织合作,联合开展了 5 场以党史宣讲为主要内容的为老服务活动,受到社区退休职工的赞同和好评。据统计,各区退管会年内开展社区为老服务共 124 场、累计服务项目 598 项、服务退休职工 16962 人次、为 1137 名志愿者提供志愿服务,增进了退休职工的社区归属感、价值认同感、心理获得感和身心幸福感。　　(黎　颖)

【市退管办打造退管系统老年节活动金色品牌】　为推动创建老年友好型

社区，构建适合经济社会新发展的养老、孝老、敬老社会环境，市退管办与市老龄办联合举办“实施积极应对人口老龄化国家战略，乐享智慧老年生活”为主题的2021年上海市“老年节”为老服务活动。活动期间，为老年人隆重推出咨询服务、便民服务、医疗服务、非遗体验等58项大型综合性服务，现场为老年人宣传解答老龄政策、老年健康等方面知识，现场安排老年风采展示表演活动，渲染和增添了浓郁的“老年节”为老服务气氛。据统计，此次“老年节”服务老年人8300人次，参与为老服务的志愿者和工作人员168名，形成了为老服务的金色品牌，进一步营造全社会敬老、爱老、助老的良好氛围。（黎　颖）

【长宁区临空公司退管会开展失联退休职工“回家”行动】 长宁区临空公司党政班子以“党史”学习为契机，夯实为退休职工属地管理的基础工作，尽最大努力寻找失联退休职工，确保失联人员全部“回家”。并加强动态管理，打通退休职工及其家属的多方联系渠道，保证退休职工不因乔迁、联系方式变更等原因再度失联。为彻底排摸清楚退休职工基本情况，退管会对1956名退休职工全部逐一进行了电话联系。截至年底，确认有联系方式的1116人，因无人接通等原因暂时未取得联系的314人，联系方式错误或者无联系方式的526人。在公司领导的重视支持下，对经查询仍未取得联系的840人，将重新逐一电话核实并确认信息。后经多次电话联系，年内已有16位近几年患重病的失联退休职工陆续到公司退管会填写相关大病申请，使失联退休职工真切地感受到来自企业的暖心与关爱。（黎　颖）

【宝山区退管会加强为老服务示范点建设】 宝山区退管会在原所属的四个街（镇）不定期开展为老便民服务的基础上，进一步拓宽便民服务示范点建设。一是在区职工服务中心大厅增设“为老服务便民箱”，在每周开展便民服务活动之余，还增设了日常代收免费服务，便民箱内放置需要修理的雨伞、刀具等物品，由专人登记管理。二是开展居家上门服务，或走进敬老院、养老院、居家养老服务中心，为行动不便、高龄、特困老人开展便民服务。区退管会的为老服务点在成为市退管办创建的“为老服务示范点”后，依托市级管理服务新平台，不断拓展为老服务示范点，扩大服务内涵，使区退管会为老服务工作机制更加健全。（胡　磊）

【金山区退管会聚焦多元需求开展为老服务】 金山区退管会应对人口老龄化趋势，努力搭建为老服务平台，认真实施各项服务项目，定期开展“双月为老服务”活动。11月，在石化街道综合为老服务中心成为全市第一批“为老服务示范点”后，以该示范点为创建模式，推动其他3个为老服务点的建立，并扩展从“有”到“优”的服务内容，进一步提升服务水平，实现社会资源和为老服务资源的有效对接。目前4个为老服务点呈常态化服务，以理发、量血压、测血糖、保健服务、理发、康复理疗为主要服务内容，逐步满足社区老年群体的多元服务需求，切实为退休职工办实事做好事。（胡　磊）

【松江区退管办施以帮困关爱开展为老服务呈常态化】 年内，松江区退管办常态化管理服务工作主要以元旦春节送温暖、开展“三定”帮困、高温“送清凉”、重阳节助医及不定期帮扶困难退休职工、慰问优秀老党员、老劳模、一线块组长和为老服务志愿者。2021年，区退管办先后慰问5664人次，帮扶款物总金额184.796万元。组织基层退管会开展各种关心关爱活动，在“冬送温暖夏送清凉”中，帮扶慰问退休职工4403人次，款物总额164.80万元。在保证疫情防控安全的条件下，区退管办仍坚持组织开展社区为老服务活动，为社区老人提供各项传统品牌的便民服务，深受退休职工的好评。据统计，区退管办和岳阳、中山、方松街道各服务点全年共组织649人次志愿者，开展社区为老服务94场次，服务老年人6477人次。（黎　颖）

【松江区退管办开展社区为老服务】 10月21日，松江区退管办在岳阳街道金沙滩社区开展社区为老服务，组织为老服务志愿者为老年人提供磨刀、理发、修理小家电、修伞、缝补等服务，共计服务老年人90余人。面对疫情防控常态化的现状，区退管办在做好防控工作的前提下，秉承品牌服务传统，深入社区开展为老服务，进一步弘扬中华民族尊老、爱老、敬老的传统美德，提升了广大老年人的获得感、幸福感、安全感。（周迎晨）

【国网上海市电力公司走访慰问老党员老劳模】 6月29日，国网上海市电力公司副总经理、工会主席陈春霖走访慰问公司老党员、老劳模虞云琴，向“光荣在党50年”虞云琴送上党组织的关心关怀，公司工会和离退休部有关负责人陪同慰问。在“七一”前

退管系统双月为老服务活动（周迎晨）

夕慰问中,陈春霖代表公司向到访老同志们送上慰问品,详细询问日常生活和身体健康情况,嘱咐要保重身体、愉快生活,将继续发扬传承老党员、老劳模的风采,工会要继续用心用情做好服务。（陈振兴）

【中国宝武平稳有序推进退休人员社会化管理】 2021 年,中国宝武平稳有序推进退休人员的社会化管理,做好集中移交的收尾工作。上海区域的 13.84 万份档案全部完成实体移交,成为总部在沪中央企业中率先完成全部实体移交的单位。（陈佩红）

【铁路上海局集团公司退管会开展为老服务】 铁路上海局集团公司退管会不断丰富为退休职工的服务内涵,2021 年,开展为退休职工举办祝寿活动。各级退管办按照不同年龄层次进行活动安排。据统计,共有 2584 名退休职工参加祝寿活动,提供祝寿经费 24 万元。年内,开展为退休职工"夏送清凉、冬送温暖"工作,各地区、各单位认真抓落实,先后在"夏送清凉"中,慰问 94955 人次、送去慰问金 617 万元;在"冬送温暖"中,慰问 89523 人次、送去慰问金 2248 万元。重阳节期间,以上门慰问和写一封慰问信形式,组织开展重阳"敬老节"慰问活动。在做好疫情防控的条件下,组织开展各种小型多样、增进退休职工身心健康的文体活动,共组织各类活动 71 次,参加活动人数 6077 人次。做好全局大病延伸救助工作,全年共为 110 名退休职工送上救助金,救助金额 33 万元。（严光临）

【上海邮政全心全意为离退休人员办实事】 年内,上海邮政离退休中心为 35 名离休干部提供每人 200 元社区高龄养老专项工作经费;安排 15 名离休干部参加慢性病治疗;组织 12370 名退休人员参加"上海市退休职工住院补充医疗互助保障计划";安排 4080 名退休职工参加健康体检。在开展"冬送温暖　夏送清凉"活动中,走访慰问退休职工 26301 人次;走访慰问老领导、老干部、老党员、高龄、独居、患重病、特困老人 283 人次。在开展帮困助老工作中,市分公司对 125 名退休员工给予重病补贴 62.5 万元、对 4 名生活不能自理的无子女老人给予家政服务补贴 5.76 万元、对 10 名困难退休职工给予定期补助 44400 元、对 163 人次困难离退休人员给予临时补助 24.86 万元。对高龄、身患重病、"空巢"独居老人,组织团员青年志愿者结对上门服务。（王　瑛）

【光明食品集团举行退休员工"大家访"行动总结暨"三失"关爱项目推进会】 10 月 14 日,光明食品集团在农工商超市主会场召开退休员工"大家访"行动总结暨"三失"(失独、失能、失智)关爱项目推进会,集团党委书记、董事长是明芳出席会议并讲话。集团领导向崇明农场、五四公司、上海农场三家光明关爱基金管理委员会办事处授牌,为 16 位"大家访"志愿者代表颁发荣誉证书,为 16 位"三失"工作志愿者代表颁发聘书。会议全面回顾三年"大家访"行动及"三失"试点工作,并播放有关专题纪实片。崇明农场、蔬菜集团、白茅岭农场负责人在会上作交流发言。为支持光明关爱基金,为集团"三失"困难退休员工献爱心,蔬菜集团发出"暖三失"项目捐赠倡议,光明国际、糖酒集团、良友集团、花卉集团、上海农场、光明乳业、光明地产、财务公司等单位纷纷响应并附议。现场举行了"光明大爱——光明关爱基金职工作品义卖展",同时收到企业和个人捐赠 2729.66 万元,全部被注入光明关爱基金。（张　蓉）

【光明食品集团举办"三失"困难退休职工(家庭)关爱项目实务培训】 年内,自集团开展"大家访"行动以来,已有 1700 多名退管干部、志愿者参与。尤其在落实元旦春节帮扶送温暖工作中,做到"温暖不减、一个不差",使"串职工门、知职工情、凝职工心"的"大家访"工作常态化,且作为长效机制来抓。11 月 17—19 日,集团举办"三失"困难退休职工(家庭)关爱项目实操实务培训,邀请市老年基金会、光明关爱基金负责人为培训班学员授课。在兼顾理论和实务培训中,介绍"光明关爱基金"发展历史、上海老龄化事业发展现状;介绍"三失"困难退休职工(家庭)关爱项目实施办法及其实用性、适用性、操作性。蔬菜集团、白茅岭农场 2 家试点单位在培训班上作交流。期间,学员们参观光明母港现代种业创新区,在花博小镇未来展厅观看"光明母港宣传片"。荣获全国五一劳动奖章、上海市劳动模范称号的光明母港公司负责人诸伟琦向学员们介绍光明母港区域的未来发展规划。集团近 60 名退管条线工作人员参加培训,集团工会主席潘建军出席培训开班仪式并讲话。（周碧青）

【光明食品集团退管办打好为老服务组合拳提升管理服务水平】 光明食品集团党委自 2019 年 5 月启动关爱退休职工"大家访"三年行动计划后,在集团广大干部职工、党员骨干、团员青年组成的 1730 人志愿者队伍的共同努力下,已将"失联人员"从 2021 年初的 7675 人减少至目前的 852 人,累计家访、慰问退休职工 110893 人,努力使每一位退休职工成为"娘家人"。通过开展"大家访"行动,累计开通 241 个系统登录账号,收录了 18 家二级公司、99 家三级公司、34 家四级公司共 109734 名退休职工的数据,进一步掌握退休职工的基础信息。在提升管理能级的同时,也为精准帮扶打下扎实基础,如集团下属退管组织根据企业自身情况,各尽其能地提供有特色的为老服务。良友集团人力分公司针对退休、离岗职工出现诉求多元、历史遗留问题多样、信访稳定工作压力增大的情况,制订《关于推广"老娘舅"群众工作法解决信访突出矛盾问题的三年行动方案》,开创信访工作的新方法新途径,为企业改革发展营造和谐稳定环境。上海农场延伸关爱服务,开创"红管家"爱心送餐实事项目,坚持为农场的高龄、孤老、生活不能自理且无人照顾的服务对象提供免费送餐,践行"我为群众办实事",彰显"员工第一、崇尚奋斗、爱与尊重"的光明文化和企业社会责任的担当。（黎　颖）

【市监狱管理局工会做好退管会工作,关爱老人身心健康】 年内,市监狱管理局退管会坚持为退休职工办实事。除了组织基层退管会开展冬送温暖、夏送清凉工作外,按季做好对平反纠错提前退休人员的困难补助金统计和发放工作,全年补助 6 万余元。组织30名困难退休职工参加全市千名老人健康体检。为丰富退休职工文化生活，与局老干部处联合，组织参加市退管办庆建党100周年系列活动、“银享清凉”上海市退休人员益智类棋牌网络线上比赛、上海市退休职工文艺展演，并获好成绩。依托市退管办资源，组织退休职工参加网上知识讲座等各类活动。（江海群）

【百联集团退管会开展敬老月活动】 百联集团人力资源管理中心退休部在敬老节期间与集团团委联手，开展为退休劳模献“一日爱心助老”活动。敬老月期间，先后组织团员为84名劳模送上每人500元慰问款和慰问品；向退休劳模介绍集团现状及发展并提供适老性服务；对13100名70周岁以上、1193名70岁以下大病重病退休人员送上敬老节慰问款285.86万元。同比增加221名，增幅15.5%。（胡　磊）

【国网上海电力社企联建显实效】 国网上海电力下属闸北发电厂退管会与殷行街道闸殷路第二居民委员会签订社企联动共建协议，启动企业退休人员“双服务、双关爱”试点工作。公司运用这一平台，在2021年重阳节之际，开展向高龄老人送去长寿面、举办集体生日、为孤老家中检修用电设备等服务，使退休人员真切感受到来自社区和企业的双重服务、双重关爱，打消了退休职工“实行社会化管理后没人管”的顾虑，使退休职工更好地融入社区。（胡　磊）

【国网上海电力实施“红色暖流　幸福夕阳”敬老关爱服务行动】 国网上海电力深化内部联动，加强精准关爱，组织公司党员服务队和团员青年志愿者，对70岁以上孤寡退休群体，实施“红色暖流，幸福夕阳”敬老关爱服务行动。即为每一位退休职工发放一张“关爱敬老卡”，明确一位公司党团员志愿者，定期开展关心问候、安全用电隐患排查、电器设备维护、应急救助和代退休职工向社区反映合理需求等服务。用心用情服务好困难退休职工。（胡　磊）

【交通银行上海市分行离退休管理部开展形式多样的关爱慰问活动】 交通银行上海市分行离退休管理部在元旦、春节、五一、端午和中秋、国庆、重阳等七大节日期间坚持开展慰问活动，慰问退休员工2759人次，并新增了对退役军人节日慰问和离退休员工生日慰问。在每位离退休员工生日之际，以发送“一封短信送祝福”“一份蛋糕寄温情”形式，表达对离退休员工的关心关爱。年内，在分行党委的支持下，加大对困难员工补助和提供服务力度，如在新春和七一前夕，分行离退休管理部会同组织部和工会办，在保证疫情防控安全前提下，经精心策划、周密组织、适时调整方案，以“上门走访+电话慰问”相结合的方式，对离休干部、80岁以上高龄、身患重疾的离退休员工、本人身故家属及各种特殊情况的特困家庭开展一系列慰问活动。并在慰问中仔细询问身体健康和家庭状况，以致力于解决实际困难。（黎　颖）

【上海海关离退办举行共建签约暨退休党员到社区报到仪式】 为更好推进离退休干部党建工作融入城市基层党建大格局，创新老干部工作新模式，10月21日，在虹口区北外滩白玉兰党群服务站，上海海关离退办与虹口区委老干部局举行共建签约暨上海海关退休党员到社区报到仪式。上海海关副关长兼政治部主任孙路明、市级机关工作党委副书记李云龙、虹口区委组织部长蒋仁辉等出席仪式并讲话。市级机关老干部工作部、市总工会、市监狱管理局、市气象局等单位老干部工作部门负责人出席仪式，虹口区委老干部局、虹口区嘉兴路街道党工委、北外滩街道党工委、上海海关离退办及上海海关退休党支部等50余人参加仪式。（胡　磊）

文化生活

【宝山区退管会开展第十届退休人员扑克牌比赛】 为庆祝中国共产党成立100周年，丰富退休人员精神文化生活，宝山区退管会于9月24日在区工人文化活动中心举办建党百年“七个一”系列活动扑克牌比赛，共有60多名退休人员踊跃参加。经过角逐，体育局参赛队获一等奖，税务局和房管局参赛队获二等奖，教育局、经委、张庙街道参赛队获三等奖。区总工会党组副书记、副主席，区退管会副主任沈玉春为获奖选手颁奖。（朱　艳）

【上海邮政离退休中心开展“赞百年辉煌，颂百年发展”主题系列活动】 4—12月，上海邮政退管会开展以“纪念中国共产党成立100周年”为主题的“赞百年辉煌，颂百年发展”系列活动。活动主要有庆祝中国共产党成立100周年征文和摄影、“红色传承”书画、“红色印迹”摄影征集等内容。活动期间共收到建党百年征文14篇，12篇上报市退管办参加评比。其中邮区中心局吴秋良的《魂牵梦绕　情系邮政》获二等奖；寄递事业部机关何放的《不忘初心是具体的实践》、邮电医院王珊珊的《我的“邮”缘“医”联》获三等奖；徐汇区分公司夏敏的《用我们的坚守增添党的荣光》、宝山区分公司吕瑞良的《闪烁着真理的光芒》、崇明区分公司龚平的《永远跟党走》等5篇获优秀奖。收到建党百年、“红色遗迹”摄影作品76幅，38幅上报市退管委参加评比，邮区中心退管会郁德人的《传承》作品获优秀奖，上报25幅到市建交委参加网上摄影展。收到“红色传承”书画作品36件，上报31件到市建设交通系统参加“乐龄建交·红色传承”离退休干部书画展评选。邮区中心、浦东新区分公司、实业公司、松江区分公司退管会等单位的14件作品入围并展出。上海邮政离退休中心获优秀组织奖。（王　瑛）

【上海邮政离退休中心参加“我看建党百年新成就”主题活动】 在上海邮政集团公司开展的“我看建党百年新成就”主题活动中，邮政离退休中心踊跃参与，先后以上门送书、走访听取心声、组织专题座谈会、开展学习交流活动等多种形式，收集老同志们对建党100周年来取得伟大成就的心声感言、寄语150条，上报陈应善、姚光彬、丁临渊3名离休干部的专题学习体会。其中，原市西区局党委副书记、离休干部丁临渊的学习体会获集团公司“我看建党百年新成就”主题宣讲活动奖牌和纪念品，并刊登于7月13日《中国邮政报》“共筑中国梦向党诉心声”专版。（王　瑛）

老年教育

【概要】 在疫情防控常态化的大环境下，市退管办及各级退管组织及时调整工作思路，灵活转变工作方法，认真思考如何在新形势下满足退休职工学习教育新需求。充分利用各种学习平台和宣传媒介，引导退休职工学习新知识以适应社会，树立积极乐观老龄观使自己老有所为发挥余热。同时，在确保疫情防控安全的前提下，结合老年人的身心特点，以线上线下相结合的方式，搭建各类活动平台，因地制宜地开展丰富多彩的文体活动，极大地丰富退休职工疫情期间的精神文化生活，充分展现了申城退休职工退休不褪色、昂扬健康向上的精神风貌和精彩纷呈的退休生活。（黎 颖）

【市退管办成立“银发生辉 红心向党”退休职工宣讲团】 5月18日，市退管办成立“银发生辉 红心向党”退休职工宣讲团。成立宣讲团是市退管办深入学习贯彻习近平总书记在党史学习教育动员大会上的重要讲话精神，在全市退管系统内开展主题宣传教育活动的重要举措，旨在充分发挥退休人员的政治作用、经验优势，广覆盖、高质量地推动党史学习教育活动进一步走向深入。首批“银发生辉 红心向党”退休职工宣讲团共有成员28名，来自本市各行各业及社会各界，其中年龄最大81岁，最小56岁。既有享受国务院特殊津贴的获得者、教授、博导、高级工程师、资深新闻工作者等老专家老学者，也有曾在基层一线无私奉献、奋斗努力的老劳模老先进，还有热衷于公益事业，退休不退岗的老年志愿者，更有积极参与社区治理、发挥余热的平凡退休人员。宣讲团成员围绕初心使命、革命传统、红色精神为主题，大力弘扬劳模精神、工匠精神、劳动精神为主线，以线上线下方式，在单位、学校、社区进行宣讲。年内，已在全市退管系统宣讲84场次，覆盖退休职工1.6万余人。（黎 颖）

【市退管办开通“退休申活”微信公众号】 为进一步开拓宣传渠道，不断探索与退休职工建立联系的新方式，以间接联系逐步转向间接与直接联系并行，市退管办开通了“退休申活”微信公众号，并于敬老日当天正式对外发布。开通了“退休申活”致力于“传政府涉老信息之声、言日常退管工作之事、展申城老人风采之貌”，紧抓社会热点及老年人普遍关心关注的话题，确保每周至少3次更新信息内容。公众号开通后，在老年群体中的关注度稳步上升。（黎 颖）

【市退管办强化退管工作理论研究和专题调研工作】 市退管办充分发挥市退休职工管理研究会的平台作用，强化理论研究和专题调研工作。一是开展退管工作理论研究论文征集评选活动，先后收到24个区局集团（公司）退管会撰写的论文228篇，为探索本市退管工作的创新发展提供可借鉴、可复制的新方法、新途径。二是成立调研领导小组和专题课题组，承接完成市总调研课题《国有企业社会化管理背景下各区退管组织转型发展》。并与国网上海市电力公司退管会联手，编撰了《新形势下国有企业退休人员如何更好融入社区的思考与实践》的调查报告。（黎 颖）

市退大开设“助享智生活公益课堂”（沈 烽）

【市退管办以建党百年为主题深入开展各类文体活动】 市退管办以纪念中国共产党成立100周年为主题，搭建老有所乐平台，在全市退管系统中开展多样化文体娱乐活动。一是开展“建党百年”主题系列活动。在举办的退休职工摄影展中，共收到70个区、局（集团）公司退管会摄影作品一万余幅，经筛选评比，评出优秀摄影作品150幅；在退休职工文艺展演中，由45个区局（集团）公司退管会组织了5.13万人次文艺爱好者经基层演练后参与了展演；在举办的纪念中国共产党成立100周年主题征文活动中，共收到全市各级退管组织撰写的征文732篇，同比有较大增幅，展现了退休职工爱党爱国的无比热情；与《劳动报》合作，首次尝试线上视频直播建党百年纪念活动，观看者达2.75万人次。二是开展“‘银享清凉’2021年上海市退休人员益智类棋牌比赛”。首次尝试以线上线下的参赛方式，举办有益于老年人身心健康的棋牌类比赛，40家区局集团（公司）退管会组织参与比赛活动，参加比赛的总人数约400余人。三是开展舞蹈、声乐、时装表演等培训。为奠定银发艺术团的活动定位，为基层输送更多文艺骨干，年内，培训各类文艺表演爱好者3500人次。银发艺术团下基层、进社区、赴养老院进行慰问演出、公益演出和文化交流展示共13场。（黎 颖）

【市退管办充分发挥市退大老年教育的示范作用】 为充分发挥市退大行业老年教育的示范作用，市退管办大力倡导退休职工老有所学，努力为退休老年人开辟老有所学多种渠道。一是稳步有序复课，探索新教学模式。建立健全联动协作机制，制订《上海市退休职工大学2021年秋季学期线下开学疫情防控工作方案》等10余个疫情防控相关制度文件，配齐配全防疫物资设备，为有序复课提供健康安全保障。2021年累计开设班级217个，参加学习学员5618人次。其中春季开设课程95门（线上直播），学员2717人次；秋季学期开设课程122门，学员2901人次，其中开设线上课程8门，线上线下同步课程17门，线上线下结合课程97门。二是开展“我为群众办实事”实践活动。设立“助享智生活”党员志愿服务岗，开设公益课堂，由党员、骨干轮流主讲，指导退休学员学习智能技术，助力学员智能化应用，服务学员2700余人次。三是培育优质老年学习团队，促进老年学习团队向特色化方向发展，增强老年学习团队自主学习和管理水平，提升老年教育工作质量。现有老年学习团队132个，其中2021年申报一星团队25个（含分校3个），五星团队1个。（沈　烽）

【浦东新区退管办开展各类活动丰富退休职工精神文化生活】 为庆祝中国共产党成立100周年，体现“不忘初心、牢记使命”主题教育的成效，浦东新区退管办面向退休职工开展“读红色经典，颂时代赞歌——百年百书阅读行”活动。活动分为短视频、文章、书法作品3个类别，通过诵读经典著作的短视频、畅谈学习心得、书写经典著作、经典话语的书法作品等方式，抒发爱党爱国情怀。敬老月期间，区退管办联合区老龄事业发展促进中心，组织浦东新区35个街镇、军休中心、老年大学周浦分校及大团分校，举办了浦东新区第十一届“红叶风采”舞蹈大赛，39支展演队的700多名中老年人参加比赛。参赛的老年舞者以健康、活力、和谐、优美的舞蹈舞出浦东老年人对幸福美好生活的向往，展现了丰富多彩、蓬勃向上的老年生活和老年风采。（胡　磊）

【宝山区退管会开展建党百年系列活动】 宝山区退管会在庆祝中国共产党成立100周年”期间，开展“七个一”系列活动，先后举办了“回望发展历程　颂扬时代变迁”主题征文、“记录祖国辉煌成就　讴歌人民幸福生活”摄影展、“弘扬红色精神　献礼百年华诞”文艺展演、“百年历程促发展　棋牌活动聚合力”棋牌类比赛、“献礼建党百年　传承红色基因”书画展、“我为群众办实事，敬老宜业庆百年——2021年宝山工会竭诚服务职工暨‘敬老月’活动”及走访慰问等7项活动。此次活动区退管会共投入资金10万余元，累计1000余名退休人员参加。建党百年系列活动的开展，唱响了百年华诞主旋律，营造了良好的社会氛围，激发了广大退休人员的历史责任感和使命感。（胡　磊）

【金山区退管会多形式开展庆祝建党百年活动】 9月30日—10月10日，金山区退管会在“鑫工友”微信公众号以线上征集参赛作品形式举办了“感百年党恩，展夕阳风采”手机摄影大赛。据统计，有1415名退休职工参与作品征集并对活动点赞。经评审，13名退休职工作品获奖、28幅获奖作品在为老服务中参与展出。通过此次活动，充分展现退休职工对生活的热爱和对艺术的追求，体现出老有所学、老有所乐的精神风貌。同时，在10月12—15日，举办了追寻百年党史线下采风活动，先后组织316名困难企业退休职工参加“建党百年重温历史”主题活动，分批参观中共一大会址纪念馆和上海历史博物馆，重访红色革命圣地，重温光辉革命历史。（胡　磊）

【松江区退管办开展“银发生辉　红心向党”主题宣传教育活动】 6月29日，松江区退管办举办了“银发生辉　红心向党”主题宣传教育活动，邀请市退管会讲师团成员朱余志作《光辉的历程》主题宣讲。朱余志从“新中国成立的意义”“社会主义制度的建立”“社会主义建设的艰辛探索和曲折”等方面，生动讲解党团结领导人民建设新中国的光辉历程。全区退管退管干部、退休职工70余人参加宣讲活动，区总经审委主任孙爱华出席并讲话。她希望广大退管干部、退休职工通过此次宣讲活动，做到“学史明理、学史增信、学史崇德、学史力行”，进一步提升爱国、爱党、爱社会主义热情，在建设社会主义的新征程中实现老有所为。（周迎晨）

【国网上海电力开展“百人百语话百年”征集汇编活动】 6月，围绕建党百年主题，国网上海电力开展“百人百语话百年——离退休老同志‘我看建党百年新成就’感言集”征集汇编活动。活动得到公司系统各单位老同志的积极响应。通过征稿、访谈、采编等形式，遴选了100名老同志的100篇感言并汇编成册，在上级有关部门、各基层单位和老同志代表中赠送发放。此次活动在公司广大职工尤其是青年职工中获得良好反响。（胡　磊）

【东方国际集团汇编《时代楷模·经纬风采》】 为更好传承弘扬劳模精神、劳动精神，东方国际集团汇编了《时代楷模·经纬风采》一书。年初，经精心策划，在查资料、找档案、寻报刊、排线索的基础上，从上海纺织浩瀚的光辉历史和对百名劳模的访谈中，遴选出33位老劳模的精彩故事，汇编成《时代楷模·经纬风采》书籍。该书集中反映在不同时期劳模成长、奋斗、创新、奉献、成就的辉煌事迹。劳模精神的发扬光大为集团深化改革、转型升级注入正能量、增添新动力。（胡　磊）

【工商银行上海分行退管会开展建党百年系列活动】 工商银行上海分行深入开展庆祝建党100周年系列活动。一是以“老劳模讲故事”为题材，联手《劳动报》，制作“老劳模讲故事”专刊，在《劳动报》上刊出；其次开展“向榜样致敬，与劳模同行——老劳模讲故事”访谈活动，挖掘上海分行李家豪等10位退休老劳模立足岗位作贡献的宝贵资源和精彩瞬间，以弘扬劳模立足本职奉献事业的正能量。二是采取“直播+录播”方式，开展“歌唱祖国歌唱党”退休职工庆祝建党100周年线上文艺汇演活动。即将各行、部事先精心制作的16个MV短片，通过主持人连线导播的方式呈现视频，并由专人负责在线与老同志互动交流对节目的观感，直播全程有8800余人在线观看。三是举办“忆峥嵘岁月，扬百年风采”老同志庆建党百年收藏品汇展。征集的藏品汇集了部分老同志优秀摄影作品，4位老同志红色主题收藏品及邮票、门票等物件，共展出纪念藏品2000余件。四是举办“庆建党百年，展美好生活”离退休人员书法绘画摄影作品线上展评活动。通过微信软件链接方式，展出了由66位离退休职工提交的104幅书法绘画摄影作品制成的电子影像件。（黎　颖）

【市绿化市容局鼓励老同志做党史教育宣传的引领人】 市绿化市容局老干部活动室始终以党建为引领，恳请老党员做党史宣传教育的引领人，用自身革命事迹和经历，自身政治优势、经验优势、威望优势，勉励青年干部职工传承党的光荣传统、弘扬党的伟大精神。4月，老干部活动室和信息中心青工委一行，在探望离休党员干部、百岁老人陈宇时，现场聆听陈宇及家人讲述战火纷飞、保家爱国的抗战经历。7月，在探望退休老领导王洪熹时，邀请老领导上了一堂微党课，感受老党员们始终不渝忠诚党、坚定不移为人民服务的革命精神。8月，邀请局公园管理处原处长许恩珠，为50多名青年职工讲述奉献事业无限荣光的革命经历，鼓励青年干部职工要深入了解行业发展历史，世代传承好传统、好经验、好方法，为行业发展贡献才智力量。（胡　磊）

【上海海关举办金婚、钻石婚喜庆活动】 敬老月期间，上海海关举办了一年一度的“相爱到永远”退休干部金婚、钻石婚庆祝活动，为3对钻石婚、30对金婚夫妇拍摄纪念照，送上美丽鲜花和美好祝愿。10月16日，参加活动的3对钻石婚、14对金婚伉俪轻挽着爱人的手，来到有着近百年历史的上海海关大楼拍摄结婚60周年、50周年纪念照。老人们与曾经的同事问候寒暄，回忆曾经工作生活时的场景。在“关之影”摄影组几位热心人的引导下，伉俪们戴上胸花和围巾，手捧鲜花，在镜头前留下珍贵美好的瞬间。（胡　磊）

【上海远洋离退休管理中心拍摄党史教育系列片】 年内，在上海远洋党委的领导下，公司离退休管理中心联合党群工作部和工会，以“‘船’颂百年党史，护航‘浮动国土’”为主题，以老干部、老职工的经历优势、经验优势为题材，制作了7部党史学习教育专题片。专题片拍摄前，组建了一支由离退休老干部、老职工参与的“船家宝”创作拍摄班子。经过5个多月的创作、撰稿、配音、拍摄和后期制作，完成了《信仰》《启航》《工匠》《接侨》《征途》《纽带》《嘱托》等7部党史学习教育专题片。同时，遴选多位离退休老职工和在职职工讲述各自亲身经历的感人故事，经制作后在上海远洋微信公众号上线直播。作品颇具故事性，含有深刻的历史意义，起到较强的渲染、教育和警示作用。（胡　磊）

【市文旅局举办庆祝建党百年“八个一”主题活动】 市文化和旅游局党组以纪念建党百年为契机，在“七一”期间，精心策划了“八个一”主题活动，组织退休职工唱响主旋律、传递正能量。内容是：集中观看一场电视直播，聆听习近平总书记“七一”重要讲话，感受百年华诞带来的豪情满怀；开展一次座谈交流，分享总书记重要讲话精神的学习体会，畅谈对文旅系统传承初心使命的感悟；颁发一枚纪念章，由局党组主要领导向党龄超过50年的老党员代表颁发“光荣在党50年”纪念章，增强其荣誉感、归属感和使命感；表彰一批先进典型，对获得局系统“两优一先”的离退休干部集体和个人予以集中表彰，进一步鼓励先进、弘扬典型、树立榜样、激励作为；参与征文活动，组织退休职工以“信仰与力量”为主题，参与纪念建党100周年征文活动。收到征文43篇，其中15篇获市委宣传部和市退管会的奖项，2篇获一等奖；举办1场专题展览，以文旅系统退休职工的特色优势，举办“喜迎建党百年华诞”书画摄影展，展出书画和摄影作品近百幅，营造喜庆热烈的氛围；组织离退休党支部过一次专题组织生活，提高思想认识，凝聚思想共识；邀请离退休老书记为系统内的年轻职工上一次党课，传承老革命、老职工的红色基因，激励年轻人奋发勇为的热情。（胡　磊）

【上海邮政离退休中心开发“四史”学习教育史料】 上海邮政离退休中心注重发挥学习教育的引领作用，鼓励离退休职工抒发并撰写学习史料。如市分公司原纪委书记、工会主席、全国五一劳动奖章获得者史金虎撰写了《学党史悟思想办实事　回望再就业实事工程——上海东方书报亭的创建发展》，为离退休干部上了一堂感人的党课。又如离休干部新四军老战士姚光彬、曾参加解放上海护局运动的离休干部百岁老党员陈应善、离休干部丁临渊等3人，结合党史学习教育，联系革命工作实践，撰写了颇具深刻教育意义的学习体会，为当代年轻人思政学习和上海邮政开展思想政治教育的好教材，并在上海邮政微信公众号“党建时空”中刊发。还如原中国南极长城站邮局唯一一任局长杨金炳，在参与海派文化讲述活动中，回忆撰写了中国南极长城站邮局从建立到配合科考工作的艰辛经历，被收编在上海人民出版社出版的《爱上北外滩——上海邮政大楼》书籍。（胡　磊）

上海海关离退办开展金婚钻石婚庆祝活动（黎　颖）

2022

上海工会年鉴

党建与自身建设

综　述

2021年,市总组织部在市总党组的领导下,认真落实全国组织部长会议和上海组织部长会议精神,围绕建设高素质专业化工会干部队伍目标,持续深化干部"选育管用"工作,持续统筹使用好干部资源,全力配合做好市委巡视选人用人专项检查,为工会事业发展提供坚强组织保障。一是持续深化干部队伍建设,注重在疫情防控中考察识别干部,并综合运用多种方式选拔干部,通过挂职、调任、转任等方式选派更多政治坚定、能力突出、有发展潜力的优秀干部到市总机关工作。启动第四批挂职干部集中选派工作,有关区局(产业)工会及市总直管单位选派优秀年轻干部到市总工会机关挂职。按照市委组织部统一部署,牵头做好对全市工会系统专职干部的遴选。配合做好选人用人专项检查,根据巡视工作要求,全面梳理上一轮巡视以来机关系统选人用人工作,形成市总党组选人用人专题汇报,严格按照时间节点提供42项选人用人专项检查材料。协调安排检查组深入市职工技协服务中心、市职工保障互助中心、市退休职工服务中心等3家直管单位延伸检查。根据巡视组反馈意见,结合机关系统实际情况,制订整改责任清单,查找问题根源,分析产生问题原因,明确整改时间节点,扎实推进整改工作,确保问题整改到位。加强对干部教育培训,会同工会学院制订《2021年上海工会干部教育培训计划》。组织机关系统全体干部参加"深入学习贯彻党的十九届六中全会精神""学习贯彻习近平总书记在庆祝中国共产党成立100周年大会上的重要讲话精神"专题网络培训班、"践行初心、担当使命,奋力创造社会主义现代化建设新奇迹"全员线上培训;组织全市各级工会干部共2886人参加"深入学习习近平总书记在全国劳模大会上的重要讲话精神"专题网络培训班;协助全总组织部完成产业工人队伍建设改革培训班有关工作。二是不折不扣落实干部监督相关要求,根据市委组织部统一部署,组织开展市总工会2020年度选人用人"一报告两评议"工作,指导直管单位开展好"一报告两评议"工作的落实,进一步加强干部选拔任用工作中的民主监督。认真做好处级干部年度个人事项集中填报的信息初审补报、集中录入、数据审核、分析汇总。对机关系统71名处级干部2020年度个人事项报告开展随机抽查核实并按规定做好后续工作。落实中组部对个人相关事项及时报告的最新要求,做好填报培训、及时报和补充填报工作。三是规范做好机关系统人事工作,加强对机关工作人员的日常考核,制订实施《上海市总工会机关工作人员平时考核办法(试行)》。贯彻落实《中共中央组织部关于深入开展干部人事档案专项审核工作的通知》有关要求,扎实推进对直管企事业单位干部人事档案的专项审核。根据市委编办相关工作要求,做好事业单位编外人员专项调查和事业单位机构编制核查工作;指导事业编制调整的单位做好变更登记、岗位设置方案调整等工作;指导直管事业单位推进人员管理"一件事"改革工作。四是切实加强干部协管及代表委员工作,认真做好市总工会十四届八次、九次全委会有关人事调整,增补替补41名委员;做好市总工会七届三次女职工全委会有关人事和选举工作,选举3名常委,增补替补39名女职工委员会委员;做好全总执委替补人事材料有关工作。主动加强与区局(产业)工会组织部门沟通,切实承担干部协管职责,指导10家单位工会换届、62家单位工会届中调整和5家单位隶属关系的调整、更名和新建,涉及调整工会领导班子成员115人。积极发挥、充分调动界别委员履职积极性和主动性,建立提案工作、学习调研、宣传信息、组织协调等4个工作小组,本着分工负责、各尽其能、协调配合的原则,努力形成工作合力。围绕上海"十四五"规划和市政协总体工作要求,聚焦深化上海工会改革,组织工会界别政协委员就职工技能素质提升、预防调处劳动关系矛盾等领域的重点难点问题赴东航、商飞等单位开展调研考察。进一步推动委员读书学习常态化、规范化、长效化,组织委员线下读书、交流学习成果。五是持续用心做好老干部工作,认真贯彻中央、市委老干部工作各项政策要求,对生病住院、生活困难、遭遇重大变故的老同志,第一时间走访慰问,力所能及地帮助解决实际困难。运用学习强国、上海老干部APP、离退休干部工作微信群等开展线上党史学习教育。举办"永远跟党走、奋进新征程"——庆祝建党100周年机关老同志座谈会,为59人颁发"光荣在党50年"纪念章。

(竺烨岚)

组织机构

【概要】 认真履行工会干部协管职责,坚持配备标准、完善工作流程,2021年共指导10家区局(产业)工会完成换届改选、62家区局(产业)工会完成届中调整,调整工会领导班子成员115人次。新组建上海国有资本投资有限公司工会、上海联和投资有限公司工会、长三角投资(上海)有限公司工会。将上海市衡山(集团)有限公司工会组织的隶属关系由上海市总工会调整至上海市东湖(集团)有限公司工会。

(王继平)

【普陀区总工会召开六届十三次全委会】 11月3日,普陀区总工会召开六届十三次全委会,区总工会第六届委员会委员、第六届经审委员会委员参加会议。经选举,姚军当选新一任区总工会主席,徐军、徐丽华当选新一届区总工会副主席,吕欢、张文当选区总工会第六届委员会常委。新当选主席姚军代表领导班子感谢与会委员信任和支持,并结合下阶段任务提出三点意见:一要结合全年工作目标任务,发挥工会组织优势,做到"三个对标"(对标区委的工作目标、对标市总工会下达的目标任务,对标区总工会年度目标任务),认真梳理瓶颈问题,确保年内各项任务全面完成。二要结合区"十四五"规划实施,强化使命担当,在谋划明年工作中开拓创新,寻求新发展,主动在新发展格局中找到定位,明确方向,做到"三个研"(研究区"十四五"规划,对照瓶颈问题和薄弱环节,找准未来发展空间和职工需求,谋划工会工作新思路;研判工会工作新形势,找到解决难题的新办法;研学系列讲话,认真研究学习习近平总书记关于党的群团工作的系列讲话,充分发挥工会组织作用,赓续红色沪西精神,持续弘扬劳模精神、劳动精神、工匠精神)。三要结合工会实际,提振工会干部精、气、神,进一步提升工会工作水平。开好"三个务虚会"(工会机关干部、直属工会、基层工会代表三个层面务虚会),月好"三支队伍"(工会干部、职工群众和关心支持工会的各界力量),开展好"两项行动"(岁末年初的调研走访和帮扶慰问)。

(陆 蕾)

【虹口区总工会召开六届七次全委(扩大)会】 8月24日,虹口区总工会召开六届七次全委(扩大)会。区总工会委员和经审委员、各街道总工会、行业及直属单位工会主席、区总机关各部室及下属事业单位负责人出席会议。会议总结上半年工作,部署下半年任务。区人大常委会副主任、总工会主席胡军主持会议,区总工会党组书记袁忠民代表常委会作工作报告。会上,对区总工会第六届委员会、第六届经费审查委员会进行人事调整。黄海当选区总工会第六届经费审查委员会副主任。 (马伟杰)

【虹口区总工会召开六届八次全委会】 12月17日,虹口区总工会六届八次全委会在区工人文化宫二楼小剧场召开,区总工会第六届委员会委员、经审委员及区属单位工会主席参加会议。区总工会党组书记袁忠民主持会议,区总工会副主席蒋红心在会上作工作报告。会上审议区总工会工作报告。区委副书记杜松全出席会议,区委组织部副部长王敏宣读区委关于区总工会领导干部职务任免通知。并在会上就有关人事事项进行表决和民主选举。经选举,区人大党组成员谢海龙当选区总工会新一任工会主席。

(马伟杰)

【宝山区总工会召开七届十次全委(扩大)会议】 7月27日,宝山区总工会七届十次全委(扩大)会在区工人文化活动中心召开。区总工会第七届委员会委员,各直属工会主席、副主席,区总机关各部门、直属事业单位及会办组织负责人参加会议。区人大常委会副主任、区总工会党组书记、主席王丽燕作工作报告。经大会选举,沈玉春、金海英当选宝山区总工会第七届委员会副主席,冀晓蕾当选第七届工会委员会常委。 (朱 艳)

【松江区总工会召开五届九次全委会】 12月17日,松江区总工会召开五届九次全体会议,区人大常委会副主任、区总工会主席吴建良,区总工会党组书记、副主席陈军康出席会议。会议替补杨辉兰、余永丰、盛蕾、王忠云、沈永军、李圆圆、陈金轶、王欢、陈妮、朱慧、沈巧英、王李斌、梁宝山、童松涛、宋会靖、高蕾等16名人为松江区总工会第五届委员会委员。通过无记名等额投票方式,选举余永丰为松江区总工会第五届委员会副主席;选举杨辉兰、汪涛、陈金轶、顾文磊为区总工会第五届委员会常委。免去孙禄君松江区总工会第五届委员会副主席、常委、委员职务;免去孙爱华、马连涛、高秋娣3人松江区总工会第五届委员会常委、委员职务;免去徐群、孙文、卢杰、马文辉、俞永新、王阿兴、徐坚明、朱亚达、王宏、周江10人松江区总工会第五届委员会委员职务。

(叶子郁)

【奉贤区总工会召开四届十二次全委会】 11月5日,奉贤区总工会召开四届十二次全委会。会上,经民主选举,邵丹华当选奉贤区总工会第四届委员会常务副主席;杨莲、韩勇吉、潘敏等3人当选奉贤区总工会第四届委员会常委;王爱明、何继红、张锋、邱伟庆、邵丹华、徐进、徐晓华、陶颖、韩勇吉、潘敏等10人当选奉贤区总工会第四届委员会委员。 (薛思涵)

【奉贤区总工会召开奉贤总工会成立70周年座谈会】 12月16日,奉贤区总工会召开纪念奉贤总工会成立70周年座谈会。会上,隆重举行纪念建会70周年画册赠送仪式;举行2021年度区"工匠"(职工)创新工作室、区劳模创新工作室、市劳模创新工作室授牌仪式;向获市工人先锋号、市五一劳动奖章、市五一劳动奖状称号的集体颁奖。参加会议的历任区(县)总工会老领导代表、劳模"工匠"代表、基层工会主席代表深情回顾奉贤总工会成立70年的光辉历程,畅谈工会工作成就和感悟,寄语奉贤工会事业的祝福和期望。市总工会党组书记、副主席黄红,区领导骆大进、周龙华、陆建国、吕将、邵惠娟、姚朝晖等出席会议。全国劳模代表、2021年全国"五一劳动奖章"获得者、2020年度市劳模(先进工作者)、历届劳模和劳模集体代表、"上海工匠"及"工匠"代表、区劳模协会理事长和副理事长等参加会议。历届区(县)总工会党组书记、主席室老领导及区总工会常委、直属工会主席代表、区总机关中层以上干部参加座谈会。 (薛思涵)

【市仪表电子工会召开第七次代表大会】 9月24日,上海市仪表电子工会第七次代表大会以主、分会场的形式在仪电慧享中心和仪电培训中心胜利召开。147名工代会代表、7名列席代表出席会议。大会听取顾文代表市仪表电子工会第六届委员会所作《高扬奋斗风帆 履行使命担当 团结带领职工为实现仪电成为城市数字化转型建设主力军的目标而努力奋斗》的工作报告。审议并通过第六届工会工作报告、财务工作报告和经费审查工作报告。选举产生上海市仪表电子工会第七届委员会委员和经费审查委员会委员。会上,市总工会副主席郭菁代表市总工会对仪电工会第七次工代会的召开表示祝贺。在仪表电子工会七届一次全会上,顾文当选主席,张波、王海云当选副主席、兼职副主席;王海云当选经费审查委员会主任。

(邵秀根)

【市化学工会召开京津沪渝四市化工工会工作交流会】 10月14—15日,由市化学工会主办的第39届京津沪渝化工工会工作交流会在上海国际贵都大饭店举行,来自京、津、沪、渝四个直辖市的化工工会工作者76人参加交流会,华谊集团党委副书记、工会主席顾立立参加会议。会上,京津沪渝四市化工工会分别在会上作工作交流,并认真聆听化学医药部袁泉副部长代表中国能源化学地质工会所作讲话。与会人员还实地参观了中共一大会址、一大会址纪念馆,观看了华谊新建成的花园"滨水文创园区—艾慕嘉·谊园"。 (张雪莲)

【市医药工会召开第七次代表大会】 10月26日,市医药工会第七次代表大会在世贸商城金色大厅召开。市总工会党组书记、副主席黄红，上实集团副董事长、上海医药集团党委书记、副董事长葛大维，上海上实集团党委副书记、工会主席陈欣，上海医药执行董事、总裁左敏，上海医药集团党委副书记、上海医药副总裁赵勇等出席大会。来自医药系统下属企业的134名工会代表、部分医药工会历届老领导老同志、特邀及列席代表约200余人出席会议。（陈玮雯）

【上海石化公司工会加强工会自身建设】 2021年，上海石化公司工会深化工会自身建设，不断完善工会工作运行机制，努力提高工会整体工作水平。先后举办第十七期工会干部培训班，40人参加。开展工会“走基层、访万家”活动，深入基层一线及职工家庭，了解职工需求，贴近工会组织与职工距离，提高工会服务职工的能力。年内，炼油部、腈纶部、化工部、热电部、销售中心、储运部、环保水务部、质量管理中心8家单位工会组织先后完成换届选举。2021年底，公司有工会会员9123人，直属单位基层工会组织22个。（裘　玮）

【上海石化公司工会承办第三届沪浙滇皖区域工会联席会议】 6月17日，为推动沪浙滇皖工会互联互通、共建共赢、资源共享，构建工会区域协调发展、协同发展、共同发展新格局，经金山区总工会牵头，上海石化公司工会承办，召开了第三届沪浙滇皖区域工会联席会议。会上，上海市金山区总工会、浙江省嘉兴市总工会、云南省普洱市总工会、上海石化股份有限公司工会、上海化学工业区工会、安徽省黄山市总工会等四地六方工会立足自身，结合实际，围绕“新时期如何弘扬劳模精神、劳动精神、工匠精神，发挥劳模先进典型示范引领作用”，分别做主题发言，共同探讨互动共赢的工会工作长效机制。（裘　玮）

【铁路上海局集团公司工会加强组织建设】 2021年，上海局集团公司工会不断健全和完善两级工会组织，按照规范程序着力抓好工会组织建设。3月12日，以电视电话会议形式召开二届二次全委扩大会议。会上，工会主席、副总经理何元庆代表集团公司工会常委会作题为《坚持目标引领、凝聚奋斗伟力，团结动员广大职工为建设企业与职工命运共同体作出新的更大贡献》工作报告。10月9日，集团公司工会召开会员代表会议，选举出席中国铁路工会第十五次全国代表大会的10名代表，推荐铁路总工会“两委”委员候选人。为进一步加强工会党风廉政建设，制订下发《关于加强工会组织党风廉政建设工作的指导意见》，建立工会党风廉政责任体系、健全防控体系、严格工作责任，指导基层工会抓好贯彻落实。下发《关于做好2021年度基层工会组织换届选举工作的通知》，制订年度工会换届工作计划，指导23家基层工会召开工代会、15家下属企业进行整合并重建工会。指导上海机辆段成立工会筹备组，帮助南京东机辆段等5家单位工会完成组织更名。着手对工会资产、会籍管理进行交接。协助基层工会做好新会员入会工作，帮助填写入会申请书和会员登记表，指导举办入会仪式，发放工会会员证2万本。（王卫东）

6月17日，第三届沪浙滇皖区域工会联席会议在上海石化召开（裘　玮）

【中国邮政集团上海市工会召开第一次代表大会】 4月，中国邮政集团工会上海市第一次代表大会胜利召开。市总工会副主席周奇、市分公司党委书记李柏平出席会议并讲话。工会主席黄来芳主持会议。所属30家单位的125名工会代表和11名列席代表参加会议。大会听取《服务大局　服务员工　为推动上海邮政高质量发展再立新功》工作报告、财务工作报告以及经审工作报告。审议通过《中国邮政集团工会上海市第一届委员会委员和经费审查委员会委员替（增）补办法》，无记名投票差额选举产生第一届工会委员，等额选举产生第一届经审委员。在其后召开的一届一次全体会议上，选举工会主席、副主席、兼职副主席。分别召开经审委和女工委第一次全体会议，选举产生经审委主任和女职工委员会主任。（王　瑛）

【中交三航局有限公司工会召开第十三次代表大会】 1月18日，中交三航局有限公司工会第十三次代表大会召开。市总工会党组书记、副主席黄红，三航局党委书记、董事长王世峰到会祝贺并讲话。大会正式代表、特邀代表共116人参加会议。会上审议并通过三航局党委副书记、工会主席傅瑞球代表公司工会第十二届委员会所作《牢记工会初心使命，团结动员全体职工，为夺取建设“三型”世界一流企业新胜利而努力奋斗》工作报告，三航局总会计师王珏代表公司工会第十二届经费审查委员会所作的工作报告，审议并通过以书面形式提交的财务工作报告。会上，选举产生新一届工会委员和经审委员。在召开的公司工会、经审委十三届一次全体会议上，选举了工会主席、副主席，经审委主任、副主任。（黄书展）

【上海建工集团天津区域联合工会揭牌成立】 5月27日,集团工会在七建集团京津冀事业部举行集团天津区域联合工会成立揭牌仪式,集团工会主席殷红霞出席仪式,并为新成立的天津区域联合工会揭牌。集团天津区域联合工会是继华南、南京、江西、西南、海南、临港新片区建会后成立的又一个区域性工会组织,工作范围对象覆盖集团各单位在京津冀地区工作的全体职工。 (余轶群)

【上海建工集团召开工会系统先进表彰会】 6月3日,上海建工集团工会在临港新片区上海建工建设者小镇召开2019—2020年度工会系统先进表彰会。集团工会主席殷红霞出席,各单位党委分管领导、工会干部和先进集体、先进个人代表约160余人参加会议并现场观摩建设者小镇。会上,殷红霞向荣获全国优秀工会工作者称号的建材科技工会主席张志亮颁发荣誉证书;8个"模范职工之家"、9个"先进职工之家"、180个"先进职工小家"、25个先进项目"职工之家"、70名优秀工会工作者和360名"优秀工会积极分子"受表彰。一建、二建、五建集团和市政总院、华南区域联合工会在会上作交流。 (余轶群)

【上海建工集团召开共青团工作会议和工会全委(扩大)会】 3月15日,上海建工集团在管理学院召开2021年工会、共青团工作会议,集团党委副书记、总裁卞家骏,集团工会主席殷红霞出席。集团工会"两委"委员、各单位工会正副主席、各区域联合工会主席,集团团委委员,各单位、区域公司、重大项目联合团委书记等130余人参加。卞家骏向与会工会干部和团干部作了《对标国际一流,聚焦核心能力,向"成为国际一流的建筑全生命周期服务商"发展远景迈进》专题报告。在随后召开的集团工会六届十一次全会扩大会上,殷红霞要求各级工会和工会干部统筹做好各项工作,确保开好局、起好步;切实维护企业和谐发展;以学促思、以学提能、以学促行。会上表彰了荣获市总工会"推进高质量发展上海职工劳动和技能竞赛"的先进集体和先进个人、各类创新工作室、"职工学堂"相关奖项以及集团2020年度工运论文、调研报告优秀组织奖等。部分单位工会做交流发言。 (余轶群)

【市交通委员会工会召开第二次代表大会】 10月22日,上海市交通委员会工会召开第二次代表大会。市交通委党组成员、一级巡视员蔡军出席会议并讲话,来自市交通委系统的78名代表和7名列席代表参加大会。大会选举产生市交通委员会工会第二届委员会和第二届工会经费审查委员会。曹秀峰当选主席,周建荣当选副主席,王青当选经审会主任;陈红艳推选为女职工委员会主任。 (李晓姝)

【市水务局(上海市海洋局)工会召开四届八次全委(扩大)会议】 3月25日,上海市水务局(上海市海洋局)工会召开四届八次全委(扩大)会议。市水务局党组成员、总工程师高昊旻出席会议。会上传达学习中国农林水利气象工会四届五次全会精神。审议通过局工会2020年度工作报告和2021年度工作要点、2020经审委员会工作报告和2021年经审委员会工作要点、2020年财务决算报告和2021年财务预算报告;通报对基层工会2020年工作的考评结果、2021年对基层工会下拨补助经费的报告、局工会落实审计整改的情况;通报2021年全国五一劳动奖状、全国工人先锋号等先进的推荐评选情况。高昊旻在肯定局工会工作的同时,对做好2021年度工会工作提出四点要求:一是切实加强思想政治引领,团结带领广大职工以崭新面貌喜迎建党100周年;二是积极推进职工素质工程,广泛动员广大职工在投身上海水务海洋"十四五"规划的宏伟蓝图中建功立业;三是积极履行维权服务基本职责,显著提高职工的工作生活品质;四是扎实推进工会自身建设,提高工会组织的凝聚力和创造力。 (王佐仕)

【市水务局(上海市海洋局)工会召开四届九次全委(扩大)会议】 11月2日,上海市水务局(上海市海洋局)工会召开四届九次全委(扩大)会。会议审议了工会经费使用、预算调整、资产处置等报告,部署年底重点工作。局工会委员和经审委员、局属单位和党组织挂靠单位的工会主席、行业工会联合会相关负责人参加会议。会议强调:工会作为党领导下的工人群众组织,要胸怀全局,始终把牢工会工作正确的政治方向;要勇于创新,努力推动新时代工会工作创新发展;要转变作风,不断提高工会工作能力水平。临近年终岁末,要结合年度工作,在职工思想建设、倡导劳动精神、工会组织建设、文化价值理念、规范制度执行等方面进行认真思考,筹划好明年工作。围绕水务海洋"十四五"规划,在服务全局中心工作中谋划工会工作的创新发展,引领全体职工为水务海洋事业的发展作出新的更大贡献。会前,邀

市交通委员会工会第二次代表大会召开 (李晓姝)

市体育局工会第五次会员代表大会召开　　（王佳斌）

请市总工会财务资产管理部的相关专家，对基层工会会计制度知识进行专题培训。　　（王佐仕）

【市医务工会召开九届三次全委会、九届四次全委（扩大）会议】 3月17日，上海市医务工会召开九届三次全委会。会上，以无记名投票选举方式，选举市卫生健康委党组副书记、副主任赵丹丹为市医务工会第九届委员会主席。在随即召开的九届四次全委扩大会上，谋划部署了2021年医务工会工作；审议通过了《2020年工作总结》和《2020年经费审查工作报告和2021年工作安排的报告》；对2020年基层工会工作考核获得优秀的单位进行了表彰；对年内系统新增“十佳职工健康食堂”“十佳职工健身角”授牌。市第一妇婴保健院工会、复旦大学附属华山医院工会、生物制品研究所有限责任公司工会、复旦大学附属妇产科医院工会分别围绕民主管理、健康促进、安全生产、女职工等方面工作进行了交流。　　（马建发）

【市体育局工会召开第五次会员代表大会】 7月15日，上海市体育局工会第五次会员代表大会在市体育运动学校教学楼六楼大礼堂召开。局系统79名会员代表出席会议。市总工会经审会主任、市总机关党委书记丁巍，市体育局党组副书记、副局长陆檩，副局长宋慧，局工会第四届主席赵光圣分别出席会议作讲话。市体育局副局长许琦出席会议，直属单位党组织负责人列席会议。会议审议通过市体育局工会第四届委员会工作报告和经审委工作报告，选举产生上海市体育局工会第五届委员会委员和经费审查委员会委员。大会选举于晓莹、王会兵、孙孟炜、孙春芳、毕晓宏、伍尚锐、刘洋、张亮、应渊、宋慧、周旭明、季锋、黄海、董志成、欧阳琦琳等15人组成局工会第五届委员会，汤隽彦、居伟、林中超等3人组成局工会第五届经费审查委员会。在召开的局工会五届一次全会上，选举宋慧为主席，伍尚锐、董志成为副主席；经审会一次全体会议选举林中超为经审会主任；女工委一次全体会议选举孙春芳为女工委主任。　　（王隽毅）

【光明食品集团召开第八次代表大会、四届一次职代会】 12月8日，光明食品集团工会召开第八次代表大会和集团四届一次职代会。市总工会党组书记、副主席黄红，集团党委书记、董事长是明芳，集团党委副书记、总裁徐子瑛等出席会议。黄红代表市总工会对大会的召开表示祝贺。集团工会主席潘建军代表集团工会第七届委员会向大会作工作报告。报告全面回顾近年来光明食品集团工会在工会工作探索中取得的成绩，结合集团工会实际，明确今后五年工会工作的总体思路。会议审议通过了集团工会第七届委员会工作报告、财务工作报告及经审工作报告。经过充分酝酿，大会以无记名投票方式，选举产生光明食品集团工会第八届委员会、第八届经费审查委员会。在随后召开的光明食品集团四届一次职代会上，选举产生了集团职工董事、职工监事。职工董、监事制度的建立，使企业实施民主决策、民主管理、民主监督有了更好的保障。　　（朱菊英）

【上实集团工会召开第五次代表大会】 9月24日，上海上实（集团）有限公司工会第五次代表大会在上海世贸商城7楼金色大厅召开。市总工会党组书记、副主席黄红，上实集团执行董事、总裁周军，上实集团党委副书记、副董事长葛大维以及在沪集团领

上海上实集团工会换届选举产生第五届工会委员会　　（王贤征）

导出席大会。会上，上实集团党委委员、职工董事，上海上实集团党委副书记、工会主席陈欣代表上海上实集团工会第四届委员会作工作报告。大会以无记名投票差额选举方式选举产生上海上实集团工会第五届委员会和经费审查委员会。在上海上实集团工会五届一次全委会上，选举陈欣为主席，余群、季定为副主席。在五届一次经审会全体会议上选举舒东为主任。本届工会委员会、经费审查委员会任期为五年。（喻晓彤）

【世纪出版集团工会召开二届九次全委（扩大）会议】 11月4日，世纪出版集团工会召开二届九次全委（扩大）会议，会上，选举集团党委副书记杨春花为集团工会第二届委员会委员、主席。（江　文）

【市职工保障互助会完成换届改选工作】 6月21日，市职工保障互助会召开第六届会员大会，选举产生19名理事和4名监事组成新一届理事会和监事会。会上，审议通过《上海市职工保障互助会工作报告》《上海市职工保障互助会财务收支情况报告》《上海市职工保障互助会监事会工作报告》，修改《上海职工保险互助会章程》，健全完善职工互助保障工作的管理体制和运营机制，明确了下一步工作思路和主要任务。（史佳敏）

干部管理

【概述】 坚持以新时代好干部标准选人用人，始终坚持正确用人导向，把政治素质放在第一位，坚持德才兼备、以德为先，坚持五湖四海、任人唯贤，选优配强机关系统干部队伍。全年完成对7名处级干部提任、8名干部职级晋升、5名干部调任、5名干部任职试用期转正、11名干部岗位交流（4名处级干部、7名科级干部）考察等相关工作。启动第四批挂职干部集中选派工作，有关局产业工会及市总直管单位共选派15名干部到市总工会机关挂职。牵头做好全市工会系统专职干部遴选工作，完成全市工会系统13个岗位14名专职干部遴选的资历评定、面试、体检、考察、票决、公示以及聘任合同签订等工作，2名干部遴选进入市总机关。制订《上海市总工会系统青年人才储备计划实施方案》，为引进储备一批事业发展亟需的专业人才做好制度设计。加强干部培训培养工作，会同工会学院制订《2021年上海工会干部教育培训计划》，结合"我为群众办实事"实践活动在市总机关系统深入开展，安排赴基层蹲点调研，在基层一线培养锻炼干部。全面配合市委巡视选人用人专项检查，梳理上一轮巡视以来市总机关系统选人用人工作，形成市总党组选人用人专题汇报；根据巡视组反馈意见，对直管单位人事干部开展全面培训，对违规兼职、选人用人问题及时开展整改。（范　瑜）

【闵行区总工会实施青年干部职工培养体系建设】 2月22日，闵行区总工会党组制订并下发《关于青年干部职工培养的实施办法》和《闵行区总工会关于建立青年干部职工成长导师制的工作方案》。文件下发后，召开专题会议解读并全面启动各项培养工作。培养工作由党组牵头，党总支、团支部、办公室共同参与，同步实施青年干部职工培养班委制。机关青年干部通过理论学习、实地调研、阅读计划、岗位锻炼、纵向挂职、横向交流、导师带教等多元路径、多种形式，为青年干部职工提供成长平台和资源，多维度锻造青年干部职工的综合素养。为每位青年干部建立成长档案，全面记录青年干部的培养和成长，年终开展评估展示活动，全面呈现年度培养情况，以此作为任用年轻干部的重要参考依据。（金　靓）

【铁路上海局集团公司工会加强工会干部队伍建设】 2021年，铁路上海局集团公司工会持续开展基层工会主席履职考评，会员参加网上评议31883人，组织民主测评单位85个，基层单位党政主要领导参加评议164人，基层工会主席平均优秀率96.67%。指导13个基层单位完成工会主席替补，批复同意3个单位配备工会副主席，指导基层工会通过直选配备车间工会主席。同时加强工会干部教育培训，举办1期基层工会干部、2期车间专兼职工会主席培训班，参加培训284人。组织全体工会机关干部参加"深入学习习近平总书记在全国劳模大会上的重要讲话精神"专题网络培训班，参加培训25人。落实工会机关干部联系班组工作，23名机关干部共深入92个班组，帮助解决一线职工在生产生活中存在的突出问题。以"七个一"为主要内容，组织5名工会机关干部参加"当一周基层工会指导员"体验活动，更好地联系服务基层。抓好国铁集团党组和集团公司党委两级巡视中发现和反馈问题的整改，制订下发《关于加强工会组织党风廉政建设工作的指导意见》，进一步提升工会工作的规范化水平。（严光临）

【市监狱管理局工会加强自身建设，提升队伍素质】 指导基层工会做好换届改选工作，筹备召开会员代表大会，先后指导南汇监狱、监狱总医院、提篮桥监狱、司法警官学校工会完成换届改选，选出新的两委班子。开展"职工之家"调研，以实地参观、召开座谈会、听取意见建议等方式了解基层会员所需所想，更好地指导基层工会开展"建家"工作。倡导会员加强自我学习，继续对取得职业资格等级证书的民警实施奖励，年内共奖励75人次、3.75万元。加强对工会经费的使用管理，年内市总工会经审委对局工会2020年度预算执行情况和财务收支情况进行了审计，并对审计中提出的意见及时进行整改。（江海群）

【海鸥集团开展企业管理年活动，夯实企业管理基础】 为使海鸥集团各成员单位在管理理念、管理文化上更加先进，管理制度、管理流程更加完善，管理方法、管理手段更加有效，集团组织开展了"企业管理年"系列活动。一是修订集团管理制度汇编。根据工作计划，针对市委巡视和国家审计提出的要求，修订《上海海鸥控股（集团）管理制度》，发挥制度建设对业务工作的指导及保障作用，提升企业管理水平和风险防范能力。二是加强企业文化建设。6月，《海鸥》复刊，为建立良好企业文化建设提供正确舆论导向，成为搭建各成员单位之间信息传递的桥梁和纽带，旨在以文化力提升经济力，助推海鸥集团走出经营低谷，为形成海鸥集团企业的文化品牌奠定基础。三是加强干部队伍建设。按照“盘活存量，补充增量”的思路，把好选人用人关。通过举办海鸥讲坛、干部培训班、组织干部参加在线学习等形式，不断提升集团所属干部队伍的学习能力和综合素质。继续强化青年干部队伍的培养，统筹选派青年干部到系统内进行干部交流或挂职锻炼，分层分类推进跨部门、跨业务、跨岗位任职，有计划地安排青年干部到外地单位、重点工程中经受锻炼，着力提升青年干部综合能力和专业化、市场化经营管理能力。（郜　晶）

教育培训

【概要】 年内，市总工会委托工会学院以线上线下相结合的方式，完成各类工会干部培训共 21867 人次。将学习贯彻党的十九届六中全会精神纳入全年教育培训计划，组织机关系统干部参加“深入学习贯彻党的十九届六中全会精神”和“践行初心、担当使命，奋力创造社会主义现代化建设新奇迹”线上培训班。根据全总部署，组织全市各级工会干部参加“深入学习贯彻党的十九届六中全会精神”“学习贯彻习近平总书记在庆祝中国共产党成立 100 周年大会上的重要讲话精神”“深入学习习近平总书记在全国劳模大会上的重要讲话精神”3 个专题网络培训班。举办机关系统青年干部培训班。（王继平）

【松江区总工会开展工会劳动保护干部业务知识培训】 10 月 12 日起，为进一步提高工会劳动保护干部的理论水平和业务能力，担当起工会维护广大职工生命安全和健康合法权益的职责，区总工会组织开展 2021 年松江工会劳动保护业务知识培训。培训课程设置主要有劳动保护法律法规、工会劳动保护概论、“安康杯”竞赛、班组安全建设、职业安全健康、生产安全事故报告和处置、现场案例分析或相关行业安全管理专业知识等方面。培训分 6 个半天进行，考试成绩与考勤合格者，发给《上海市工会劳动保护干部业务知识培训合格证书》。各企事业单位工会主席、工会干部共 49 人参加了培训。（孙　媛）

【崇明区总工会举办工会干部培训班】 9 月 27—28 日，崇明区总工会举办为期两天的工会干部培训班，邀请市总经审办、崇明区委党校老师为培训班授课。课程内容为学习习近平总书记在庆祝中国共产党成立 100 周年大会上的重要讲话精神、工会组织建设、劳动经济工作、工会宣教及职工思想引领、工会维权服务及和谐劳动关系建设、工会财务经审等。参加培训的有各乡镇（园区）总工会主席（候选人）、专职副主席、工会社工；区总工会机关工作人员，区职工服务中心主要负责人及新进人员。（陈思佳）

市级机关举办 2021 年工会、妇女干部培训班　（王　颖）

【市化学工会干部参加工会工作培训】 9 月 7—9 日，上海市化学工会在华谊党校开办 2021 年度工会干部培训班，各基层工会主席、工会委员参加了培训。培训设置了《新时期如何当好基层工会主席》《职工代表大会实务操作》《学习习近平关于党史重要论述，全面领会党的创新理论》《运用心理学知识做好思想政治工作》等方面课程。同时，以现场教学的方式，为工会干部开办一堂《黄浦江红色体验》游轮党课。在培训班上，工会干部结合各自工作实际和工会审计工作，畅谈交流在实务操作中遇到的问题及解决问题的建议和办法。（张雪莲）

【上海石化公司工会开展工会干部培训】 2021 年上半年，上海石化公司工会组织 29 人参加上海工会管理职业学院举办的《新上岗工会主席岗位资格培训班》，安排 2 人参加“深入学习习近平总书记在全国劳模大会上的重要讲话精神”专题网络培训班、8 人参加社会热点剖析双月讲座。发放为石化员工子女定制的迎“六一”学国学经典诵读图书——我们的节日第二季、打造世界领先洁净能源化工公司拼图 100 套。下半年举办了第十七期公司工会干部培训班、第一期基层工会实务培训班，共 90 余人参加培训。在培训内容设置上，新增了拓展活动、沉浸式党课学习、引进工会干部心理学等课程。同时，针对不同层级工会干部，设置有针对性的课程。（裘　玮）

【上海航天局工会举办工会干部培训班】 5 月 10—11 日，上海航天局工会举办工会干部培训班，下属 23 个基层单位的 60 余名工会主席、副主席和工会干部参加培训。培训班邀请上海工会管理职业学院多位专家、教授为学员授课。专题设置了《基层工会组织规范化建设》《职工之家规范化建设》《新形势下企业民主管理与职代会制度实务》《工会经费的管理与使用》等 4 门课程。培训紧密结合工会工作实际进行讲授。培训期间，还组织全体学员前往上海电气临港基地参

观考察。（周欣彬）

【华东电力工会举办基层工会主席暨女工干部培训班】 10月25—29日，华东电力工会举办基层工会主席暨女工干部培训班，来自全网基层单位近60名工会主席和女工干部参加培训。培训班讲授了“中国工会的由来与发展”“工会干部管理心理学”2个专题课程。通过培训，使工会干部认识到只有不断探索工会工作的新方法、新途径，切实加强工会自身建设，才能提升工会干部履职服务能力，增强服务职工群众的满意度和获得感。（史佩敏）

【上港集团工会举办新任工会干部培训班】 7月，上港集团工会举办新任工会干部培训班，各基层近60名专、兼职新任工会干部参加培训。在为期2天的培训中，4位工会管理教育专家为学员传授《学习贯彻党的十九届五中全会精神，推动工会工作创新发展》《工会经费的管理与使用》《工会工作的法律保障》《工会干部的压力管理与心理调适》等工会专业知识。（张　容）

【上海邮政工会举办工会干部培训班】 8月17日，上海邮政工会在培训中心举办工会干部培训班，来自基层60名工会主席、工会干事参加了培训。培训采用“集中+分散”方式，邀请上海工会管理职业学院的老师，进行分层次培训。集中培训重点学习习近平总书记七一重要讲话精神，回顾了党百年奋斗的光辉历程，牢记总书记首次提出的伟大建党精神，以及“以史为鉴、开创未来”9个方面的经验启示和要求。分散培训以“工作坊”的形式展开互动性讨论交流，围绕上海邮政工会干部的工作性质、内容、特点，以“忙”“茫”“盲”3个核心词展开“识MANG”系列模块的解析。通过各环节互动，启发工会干部思考自身的工作和角色定位，学会从不同角度对工会工作的思考分析，拓宽工会工作思路，培养团队间的默契度和凝聚力，提升工作效率。（王　瑛）

【上海建工集团工会举办工会干部培训班】 11月15—16日，上海建工集团工会在集团管理学院举办工会干部培训班，集团党委委员、工会主席殷红霞出席并讲话，集团所属各单位及区域内180名工会专兼职干部参加培训。课程安排了《新时代工会干部的职责与使命》等内容。培训班注重与工运理论、实务知识、能力提升相结合，围绕“工会工作在新一轮转型发展中的着力点”为重点展开讨论，5家单位的工会干部作交流发言。（余轶群）

【市交通委工会举办工会干部履职能力培训班】 10月26—27日，市交通委工会举办2021年度工会专（兼）职干部履职能力培训班，旨在通过“学习新知识，增强新本领，履行新使命”。邀请同济大学城市风险管理研究院院长孙建平作题为《应对新挑战，筑牢交通运行安全防线》讲座；邀请交通大学中国城市治理研究院副院长陈高宏作题为《城市精细化管理的实践与思考》讲座；邀请市总工会工运理论研究会理事兼副秘书长黄宪祖作题为《新时代工会基层工作创新发展》讲座。全委系统120多名工会专（兼）职干部参加培训。（李晓姝）

【市体育局工会举办工会干部培训班】 年内，市体育局工会举办局系统工会干部培训班，19家基层工会主席、副主席、经审委员80余人参加培训。通过培训，使一线工会干部了解掌握新工会会计制度及开展工会经费审查工作的方法途径。通过在培训班上进行交流，基本掌握心理异常员工的识别与干预处置方法，提升了工会干部在实际工作中解决问题的能力和水平。全年还组织4名局系统新上任的工会主席参加市总工会新上岗工会主席岗位资格培训、1名女工主任参加工会女工干部培训。（王隽毅）

【市科技工会举办科技系统工会干部培训班】 5月，2021年市科技系统工会干部培训班在上海科技管理干部学院举办，系统各基层单位近90名工会干部参加培训。市科技工作党委副书记、市科技工会主席王宇出席开班仪式并讲话。培训设置专题讲座和现场教学两种方式。分别邀请上海电力大学、上海工会管理职业学院、上海科技管理干部学院的专家就“中国共产党百年奋斗史”“新形势下的工会工作及国际国内形势”等专题内容进行讲授。在现场教学中，组织学员赴中国劳动组合书记部旧址陈列馆和百代小楼，实地参观了解中国共产党早期领导工人运动和工人阶级解放的光辉历史。通过培训，使学员们对党加强工会工作的领导、发挥工会桥梁纽带作用、推动工会工作创新发展有了更深的理解和认识。（冯　莺）

【市级机关举办工会、妇女干部培训班】 10月13—15日，按照市级机关工会工委的部署要求，在上海政法学院举办了为期3天的2021年市级机关工会、妇女干部培训班。来自市级机关系统的120余名工会、妇女干部参加培训。邀请中国浦东干部学院、黄浦区委党校和复旦大学附属东方医院的3位教授为培训班讲课。课程内容以习近平总书记“七一”重要讲话精神、党史教育、健康科普知识、工会工作实务为重点。学员们围绕“加强自身建设，发挥职能优势，稳步推进工会、妇女工作”的主题进行分组讨论，结合本单位实际和机关工会、妇女工作遇到的新情况新问题，畅所欲言、建言献策。（王　颖）

【市经信系统工会举办2021年工会主席培训班】 6月8—10日，市经信系统工会举办工会主席培训班。培训班邀请上师大教授苏智良为学员上了一堂“初心之地，上海的建党往事”为题的党课。围绕上海全面推进城市数字化转型，打造具有世界影响力的国际数字之都，邀请腾讯、钛米机器人等企业管理者，从经济、生活、治理3个方面作城市数字化转型的专题讲座。通过讲授，旨在加快理念更新，打开眼界思路，进一步掌握产业和信息化发展新趋势。邀请市总专业工作部门负责人，从职工法律咨询、职业健康促进、“安康杯”竞赛、财务资产管理等方面工作作专题解读，引导工会主席围绕工会实务，探索创新工会工作的方法和途径。全系统80多名工会主席参加培训。（黄　俭、顾　捷）

【第八届全国工会干部教育培训工作交流研讨会举行】 5月28日，第八届全国工会干部教育培训工作交流研讨会在沪东工人文化宫分部三楼报告厅举行。中华全国总工会组织部副部长、一级巡视员王利中出席研讨会并讲话。市总工会党组成员、副主席周奇，中国劳动关系学院党委书记刘向兵致辞。研讨会由上海工会管理职业学院党委书记、劳动报社总编辑王厚富主持。研讨会以“新时代工会干校改革与发展”为主题展开，与会嘉宾针对议题各抒己见、交流经验，为新时期推进工会院校治理现代化建设献计献策。中共上海市委党校副校长、教授曾峻作特邀发言，上海工会管理职业学院党委副书记、院长李友钟作主旨发言。中国劳动关系学院、北京市工会干部学院、黑龙江省工会干部学院、浙江省总工会干部学校、安徽省总工会干部学校、江苏省总工会干部学校、陕西工运学院代表作交流发言。来自中华全国总工会、上海市总工会、中国劳动关系学院及各省市的31家工会干校约80余人参加研讨会。

（陈　超）

【上海工会学院编制形成学院“十四五”发展规划】 为贯彻落实中央、市委和全总、市总要求，深入推进学院“三个一流”建设，上海工会管理职业学院从2020年11月启动，由院领导牵头，以各部室、教研室为主体，发动全院力量，历时3个多月，编制形成《上海工会管理职业学院“十四五”发展规划(2021—2025年)》，于1月29日经学院三届七次教职工大会审议表决通过。规划共提出教学、培训、科研、自身建设、制度保障等5大方面32条项目与工作具体措施，兼具务实可行性和可量化评价性。未来五年学院将围绕市总对学院的功能定位，扎实推进规划实施，并结合实际及时增补并调整完善，让规划真正落地见效。

（邹卫民）

【上海工会学院承办东航集团定点帮扶云南沧源自治县培训班】 4月7—13日，受东航集团委托，上海工会管理职业学院举办2021年东航集团定点帮扶云南沧源佤族自治县培训班，来自云南沧源佤族自治县的60名学员参加为期7天的培训。学院副院长李学兵、中国东方航空集团有限公司扶贫办公室副主任陈伶俐，沧源佤族自治县委常委、组织部部长杨光树出席开班式并讲话。此次培训班是继2020年东航集团定点帮扶云南双江自治县后的第二批次培训，结合建党100周年，培训班探索实施互动教学和情境党课教学，促进理念和能力提升。7天培训让学员感受到了上海的红色基因和优秀的城市气质，增进了沪滇两地的深厚情谊。

（陈亚男）

【上海工会学院承办工会经审主任培训班】 10月21日，2021年工会经审主任培训班在上海工会管理职业学院举办，全市区局(产业)工会80名经审主任参加了培训，市总工会经审会主任丁巍出席开班式并讲话。全总经审办主任张西昶在培训班上就工会经审工作“十四五”规划作全面解析和辅导，市审计局和市总财务资产管理部等就做好审计整改、巩固审计工作成效和新《工会会计制度》解读以及新旧制度衔接进行培训和辅导。市总经审办副主任陆娟就推进四位一体经审监督体系、强化基层工会职工会员监督作宣讲，市总工会经审办周杰就工会审计整改政策进行讲解。

（陈亚男）

【上海工会学院承办国有大中型企业工会主席研修班】 10月28—29日，2021年国有大中型企业工会主席研修班在上海工会管理职业学院举办，来自本市国有大中型企业的67位工会主席参加培训。本期研修班围绕党史工运史、智能科技、新业态人群入会等内容，安排《学史知史悟史——中国共产党领导中国工人运动百年历程与经验启示》《未来已来　将至已至　智能时代的机遇与挑战》《新形势下服务型工会建设》《〈关于加强国有企业劳务派遣工、外包工等各类用工人员入会和服务工作的指导意见〉文件解读》等专题课程，并邀请上海科技管理干部学院、市总基层工作部等领导或专家授课。同时，还专门安排了现场教学、学员论坛及上海航道局参观学习等研修课程。

（陈亚男）

【上海工会学院承办街镇工会专职副主席研修班】 6月7—8日，2021年街镇工会专职副主席研修班开班，来自全市各街镇的220余名专职工会副主席分批进行了为期一天的研修培训。市总工会副主席周奇，学院党委副书记、院长李友钟，市总工会二级巡视员、基层工作部部长张刚出席开班式。此次研修班对象涵盖全市16个区220余个街(镇)的专职工会副主席，研修班开始前为2020年灵活就业群体会员关心关爱工作优秀组织奖获奖单位进行颁奖表彰。

（陈亚男）

【上海工会学院承办劳模创新工作室领衔人研修班】 10月20—22日，2021年劳模创新工作室领衔人研修班1期在上海工会管理职业学院举办，来自全市各区、系统所属劳模创新工作室的49名学员参加研修班。开班当天，市总工会在工会学院吉林路校区举行了第十一批上海市劳模创新工作室授牌仪式，80家上海市劳模创新工作室喜获授牌命名，市总工会副主席周奇出席开班仪式并讲话。为期3天的培训里，学员们先后学习了《智能制造探索与应用实践》《弘扬工匠精神，加强岗位创新》《全球科技创新新走向与科技革命新趋势》等课程，并前往优秀劳模创新工作室——中交三航局进行现场教学。

（陈亚男）

【上海工会学院承办两库升级暨扫码入会工作培训班】 9月18日，两库升级暨扫码入会工作培训班开班，来自本市各区局(产业)、直属单位的100余名工会工作者参加培训。市总工会党组成员、副主席周奇，市总工会二级巡视员、基层工作部部长张刚出席开班式并讲话。培训围绕两库升级、扫码入会的相关技术、业务等方面内容进行讲授。在实现首轮培训覆盖后，下一阶段两库升级和扫码入会工作将在全市各级工会全面展开。

（陈亚男）

【上海工会学院承办上海工会女工干部培训班】 11月17日，上海工会女工干部培训班在上海工会管理职业学院开班，近60名来自各区局(产业)工会的女工干部参加了为期3天的培训。市总工会副主席、女职工委员会主任桂晓燕作开班动员，学院党委副书记、院长李友钟主持开班式并作专

上海工会管理职业学院承办两库升级暨扫码入会工作培训班（刘一民）

题报告。此次培训以理论学习和党性教育为主，兼顾知识拓展与能力提升，将学习知识、分享经验、解决问题融为一体。并以专题讲授、分组讨论、头脑风暴、现场教学等多种方式，引导学员深度参与和思考，把学习和研讨成果吸收转化到工作实践中。（陈亚男）

【上海工会学院承办社会化工会工作者初任培训班】 10月18日，2021年社会化工会工作者初训班开班，来自松江、宝山、奉贤3个区新招录的36名工会社工参加为期一个月的上岗培训，学院副院长李学兵出席开班式并作动员讲话。本次培训班对培训方案、教学计划进行调整和完善，进一步优化课程设置，更加注重实务训练和素质能力提升。培训安排30余项学习内容，还安排军事化训练、丰富的现场教学、下基层调研等实践课程，为学员成为一名合格的社会化工会工作者打下坚实基础。（陈亚男）

【上海工会学院承办市总工会机关系统党务干部培训班】 12月9日，2021年市总机关系统党务干部培训班开班，来自市总工会机关系统各部室、各直管单位的68名党务干部参加培训，市总工会党组书记、副主席黄红在培训班结业式上讲话，市总直属机关党委书记、市总经审委主任丁巍作开班动员。培训班邀请市委组织部副处长陈禹东作《〈中国共产党支部工作条例（试行）〉解读》、市委组织部原副局级干部孙大明作《〈中国共产党基层组织选举工作条例〉解读》等实务讲座，邀请市级机关工作党委老干部工作部部长、一级调研员王红作《提高机关党建质量，推进模范机关创建》专题辅导报告。除了课程讲授外，还组织了《党支部工作论坛》，来自市总基层部等4家机关系统部室及直管单位的支部书记作发言，就创建党支部示范点进行经验交流和分享。（陈亚男）

【上海工会学院承办市总机关系统青年干部培训班】 11月18—19日，2021年市总机关系统青年干部培训班在上海工会管理职业学院举办，来自市总机关系统47名青年干部参加培训，市总工会经审会主任、直属机关党委书记丁巍作开班动员讲话，学院党委书记王厚富出席开班式并作专题辅导报告。此次培训班紧紧围绕青年干部的成长规律，从夯实理论基础、提升专业素能、赓续红色血脉3个板块精心设计课程内容。除了理论学习，还新增了品读红色家书活动与红色工运史现场讲解，培训内容丰富、形式多样，引导广大青年干部深度思考，将增强工会系统青年干部围绕大局推进工作的能力。（陈亚男）

【上海工会学院承办外企工会主席研修班】 7月15日，2021年首期外企工会主席研修班开班，来自本市多家外资企业和外企工会联合会的70名工会主席参加培训，学院党委副书记、院长李友钟出席开班式并作专题辅导报告。此次研修班作为学院2021年的重点培训项目开发推进，全体学员参观位于嘉定区的沃尔沃亚太区总部，参观融合美学和人性关怀设计的“沃之家”，并听取企业工会主席作的专题工会工作介绍。（陈亚男）

【上海工会学院承办小二级工会（示范点）工会主席培训班】 3月24日，2021年首期“小二级”工会（示范点）工会主席培训班开班，学院副院长李学兵出席开班式与结业式。此次培训根据“小二级”工会主席能力素养的需要，从政治理论、专业能力、综合素养3个模块进行课程设置，主要围绕“小二级”工会规范化建设、新形势下工会推进服务体系建设、中国共产党领导下工会运动的发展历程及经验启示、区域性和行业性集体协商、基层工会工作实务等方面内容开展学习培训。（陈亚男）

【上海工会学院承办新《工会会计制度》系列培训班】 9—10月，新《工会会计制度》系列培训班先后分期开班，全市300余名工会财务人员参加培训。培训共分为3期2个层面开展：区局（产业）工会财务人员培训班和基层工会会计制度师资培训班，旨在落实财政部、全国总工会《关于做好〈工会会计制度〉贯彻实施准备工作的通知》精神，做好新《工会会计制度》实施准备工作，确保制度平稳有效实施。培训重点明确，主题突出，安排了新《工会会计制度》讲解、新旧会计制度衔接、财务管理需要关注的问题、近期财务相关文件解读、工会资产管理要求及工会财务软件等课程。（陈亚男）

【上海工会学院承办园区（楼宇）健康服务点社区医生培训班】 7月14日，2021年园区（楼宇）健康服务点社区医生培训班开班。来自本市园区（楼宇）健康服务点的80位社区医生参加培训。市总工会副主席周奇，市卫健委有关领导出席开班式并讲话。开班式上，与会领导、嘉宾为园区（楼宇）健康服务点业务人员（团队）代表

赠送医药箱。（陈亚男）

【上海工会学院出版发行学院70年大事记】 作为学院纪念建校70周年的重要成果之一，5月25日，《上海工会管理职业学院70年大事记》由中国工人出版社正式出版发行，全书共计30万字143幅照片。学院大事记编撰工作自2020年6月启动，由学院领导王厚富、李友钟、马景红、李学兵领衔，成立专项项目组，由研究部部长邹卫民组织协调，吴越、钟文娜、牛雪峰、李健、宓海征、潘秋烨等教师负责编写，经全面收集整理史料，多地走访核实、多方征询学院老领导及老职工意见，历经10余稿修改，最终定稿。全书为学院建校以来第一次完整记录学院成立70年的发展历程、历史脉络和重要事件的史料性书籍。此外，学院学报《工会理论研究》70周年校庆专刊于5月20日出版。自1985年9月创刊以来至2020年底，学报共刊发论文3309篇，其中许多文章对上海乃至全国工会事业的历史、理论与实践进行了深入分析与探讨，对工会工作至今仍具有重要指导意义。学报70周年校庆专刊特从载文中遴选出56篇具有时代性、前瞻性与代表性的论文编辑出版。（邹卫民）

【上海工会学院建校70周年座谈会暨“高质量发展与工会工作”学术研讨会召开】 5月28日，市总工会在沪东工人文化宫分部召开上海工会管理职业学院建校70周年座谈会暨“高质量发展与工会工作”学术研讨会，来自中华全国总工会、上海市总工会、中国劳动关系学院、全国兄弟省市工会干校、复旦大学、上海市委党校、上海市各区局（产业）工会的各界领导和嘉宾共130余人参加座谈研讨。中华全国总工会党组成员、经费审查委员会主任李晓钟，上海市人大常委会副主任、市总工会主席莫负春出席研讨会并讲话，上海市总工会党组书记、副主席黄红主持座谈研讨会。中国劳动关系学院党委书记刘向兵向大会致辞；上海市总工会副主席周奇、桂晓燕向学院老领导代表赠送《上海工会管理职业学院70年大事记》；全国劳动模范吴尔愉，闵行区人大常委会副主任、区总工会主席倪学斌分别作为学院劳模学员代表、区局（产业）工会代表作交流发言。学院党委书记、劳动报社总编辑王厚富主持“高质量发展与工会工作”研讨会；学院党委副书记、院长李友钟代表学院发言，回顾了建校70年的发展历程。会上，学院与江苏省总工会干部学校、浙江省总工会干部学校、安徽省总工会干部学校举行了长三角工会干校合作签约仪式。全国总工会研究室副主任、一级巡视员陶志勇，中国劳动关系学院马克思主义学院院长杨冬梅，上海社科院研究员、工会主席杨鹏飞，上海江三角律师事务所主任陆敬波，华东师范大学政治学系教授王向民，上海市总工会基层工作部部长张刚，分别从探求工会工作高质量发展之路、高质量发展与工会改革、高质量发展与产业工人队伍建设、高质量发展与劳动关系、工会高质量发展的国际视野、高质量发展与劳动技能竞赛等不同角度，进行深入研讨交流。（邹卫民）

上海工会管理职业学院建校70周年座谈会暨“高质量发展与工会工作”学术研讨会举行（刘一民）

【上海工会学院举办改革转型以来首届教学比武活动】 4月25—29日，上海工会管理职业学院举办改革转型以来首届教学比武活动。学院11名教师参与比武活动，为参加2021年第8期新上岗资格培训的89名工会主席授课。学院领导班子集体出席开班式，学院党委书记王厚富作开班动员，院长李友钟介绍培训班相关情况。经过角逐，《工会经费的管理与使用》等6门课程分获一、二、三奖。（陈亚男）

【上海工会学院举办庆祝第37个教师节暨第24届师德论坛活动】 9月10日，学院围绕“赓续百年初心　涵养高尚师德”这一主题举办庆祝第37个教师节暨第24届师德论坛，开展了简约、喜庆的教师节系列庆祝活动。市总工会党组书记、副主席黄红，市总工会副主席周奇，市委党史学习教育第三巡回指导组副组长刘道平、组员千英信及全院教职员工出席并参加庆祝活动。黄红代表市总工会向学院全体教师致以节日的问候，向获得表彰的优秀教师表示祝贺并作讲话。与会领导为在教学比武中获奖的教师颁发了荣誉证书，邀请全国劳动模范包起帆教授作“不忘初心、牢记使命、乐于奉献”的专题报告。在活动中，老师们还进行微党课作品的展示，部分老师代表畅谈自己在基层蹲点调研的感受。活动最后，刘道平向学院教师代表赠送了党史学习相关书籍。（邹卫民）

【上海工会学院举办新上岗工会主席岗位资格培训班】 3月11日—12月16日，新上岗的工会主席岗位资格培训班1至26期在吉林路校区陆续开班（其中2期全脱产班在奉贤校区举办），学院领导出席开班式并作动员讲话。来自全市国企、非公企业、机关事业单位的1200名新任工会主席参加培训。在课程设置方面围绕政治理论、党性教育、工会业务、知识拓展、能力素养五大课程模块，安排了工会法律保障、劳动争议调处、工会经费使用、服务职工体系、民主管理和职代会运作等多方面内容，具有较强的针对性和实效性。（陈亚男）

【上海工会学院开展2021年度新教职工岗前专项培训】 12月6日、13日、29日，学院在吉林路校区举办了2021年度新教职工岗前专项培训。本次培训主要采用专题讲座与现场交流相结合的方式，由学院领导、各部门负责人对学院有关工作进行介绍、对学院相关制度进行解读、对新教职工提出希望和要求。通过培训帮助新教职工了解校史校情，熟悉学院规章制度，明确学院未来发展规划，更快更好地融入学院大家庭。参加培训的新教职工表示收获良多，将根据学院发展定位，结合自身实际，求真务实、守正创新，不断提升自身综合素养，实现个人与学院的同成长，共进步。（洪晓敏）

【上海工会学院牵头长三角四地工会干校召开线上研讨会】 3月25日，长三角四地工会干校的院校长们就推进长三角工会干校一体化发展、深化合作，通过线上研讨会进行交流和研讨。研讨会由上海工会管理职业学院李友钟院长主持。校长认为，要把握好长三角一体化发展的契机，加强合作，整合资源，发挥集群效应，并就合作协议提出意见和建议。同时，院校长们也围绕下一步如何使合作协议从文本转为实操和进一步落地落细提出务实、操作性较强的建议。李友钟就下一步推进校间合作，提出上海方面的工作计划和思路。（陈超）

【上海工会学院与闵行区总工会签订合作协议】 5月24日，上海工会管理职业学院与闵行区总工会达成合作协议，现场为上海工会干部教育培训教学点、上海工运理论与工会工作基层调研联系点、上海工会干部教育培训基地揭牌，市总工会副主席周奇出席合作签约仪式。双方本着“资源共享、优势互补、互利共赢、注重实效”的原则，计划重点在加强工会干部教育培训合作、推进工会培训现场教学基地共建、开展工运理论和工会工作研究合作、加强人才培养交流支持以及建立定期合作交流机制5个方面展开合作。（陈超）

机关党建

【概况】 2021年，市总工会直属机关党委以“围绕中心、建设队伍、服务群众”为核心任务，牢固树立“围绕中心抓党建、抓好党建促发展”的工作理念，始终把机关党建工作摆上突出位置。在市总党组的领导下，认真抓好各项工作的落实，不断提高党建工作水平。一是强化“政治引领”为要务，筑牢理想信念之基。深入扎实开展党史学习教育，制订市总机关系统党史学习教育实施方案，第一时间成立党史学习教育领导小组。邀请市委党校教授、高校专家、劳模代表、革命前辈等进行授课辅导和座谈交流，并组织党史联组学习，开展主题实践活动，参观红色教育展馆，高质量开展市总党组中心组理论学习。认真举办青年理论学习活动，召开4次青年职工“我会我来说”活动。组队参加“2021年上海机关青年阅读马拉松超级赛”，市总工会“信仰之光队”获得4、5、7月小组冠军。举办劳模故事分享会，开展“劳模对话青年职工”“我与劳模‘工匠’面对面”等学习交流活动，大力弘扬劳模精神、劳动精神、“工匠”精神。二是突出“强基固本”为关键，夯实党建工作基础。制订下发《市总机关系统党支部建设示范点创建工作实施方案》，遴选命名21个市总机关系统党支部建设示范点，举办党支部工作论坛；组织开展“初心向党、使命在肩”党日主题活动；选送党组织书记参加市级机关党支部书记培训班；举办机关系统党务干部培训班，细化并落实“三会一课”、组织生活会、按期换届、组织关系转接、党费收缴使用管理、党支部活动记录等工作。加大党建工作规范力度，采取对照标准、示范引路、督查指导相结合方式，把各项机关党建工作基本规章落到实处。三是紧扣“开拓创新”为重点，增强党建工作活力。制订市总工会创建模范机关三年行动计划，开展“创先争优奋斗有我”模范机关创建大讨论；持续开展“双争”主题实践活动和“我为群众办实事”活动。结合建党百年，开展形式多样的党建活动。为充分发挥工会在党建中的重要作用，机关党委、系统工会联合举办系列职工文体活动及“点亮微心愿”活动，关爱帮扶困难职工。指导市总机关系统工会召开第一次会员代表大会。四是抓住“从严治党”为根本，营造良好政治生态。召开2021年党的工作暨纪检工作会议，严格执行市总党组《关于落实全面从严治党主体责任的实施方案》，制订下发《上海市总工会机关系统2021年加强党风廉政建设工作要点》，签订年度全面从严治党责任书、党风廉政建设责任书等，细化“四责协同”责任清单，建立科级干部廉政档案。认真开展巡视整改工作，制订下发《中共上海市总工会党组巡视整改工作推进落实方案》，形成问题清单和巡视整改责任清单、任务清单。严格落实中央八项规定精神和全市纠“四风”树新风警示教育大会精神，在重大节日前发布廉政提示，进行廉政教育，开展监督检查，营造风清气正的政治生态。（马育群）

【扎实做好市委巡视整改工作】 根据市委统一部署，市委第二巡视组于7月23日—9月18日对市总工会党组开展巡视，同时合并巡视了上海工会管理职业学院党委，并于11月5日反馈巡视意见。市总党组高度重视巡视整改工作，做到思想认识到位、责任担当到位、统筹协调到位、整改措施到位，推动巡视整改工作取得扎实成效。市人大常委会副主任、市总工会主席莫负春，市总党组书记、副主席黄红对巡视整改面上重点工作进行研究部署，先后组织召开4次党组会、22次整改专题会、下沉直管单位召开专题研究会9次。根据市委巡视反馈意见提出的4个方面主要问题和5条意见建议，研究制订《巡视整改工作推进落实方案》和《任务分解表》，将4个方面主要问题中的16个具体问题细化分解为47项具体整改任务，建立问题清单、任务清单、责任清单，明确责任人、责任部门（单位）、整改措施和整改期限，市总机关各部室和各直管单位按照职责分工和节点要求，进一

步细化时间表，明确责任人，确保整改责任落实到位。（黄春华）

【召开机关系统党的工作暨纪检工作会议】 3月22日，市总工会召开机关系统2021年党的工作暨纪检工作会议。会议深入学习贯彻全市组织部长工作会议精神、全市宣传思想工作会议精神、全市纪检工作会议精神，以及市级机关党的工作暨纪检工作会议精神，部署2021年市总机关系统全面从严治党暨党风廉政建设工作。市人大常委会副主任、市总工会主席莫负春在会上讲话。莫负春指出，要进一步增强政治性、先进性和群众性，坚持党的领导。要谋大事、想大局，增强政治判断力、政治领悟力、政治执行力。在错综复杂的形势面前，在困难压力面前，要明辨是非、把握规律、科学决策、推动党和国家的决策部署落地落实，把制度优势转化为治理成效，转化为为民办实事的成效。要适应群众工作的变化，满足职工群众日益多元的需求，不断创新方式方法，提高工作的广泛性、可及性、便捷性和有效性。要始终保持艰苦奋斗精神，始终保持全心全意服务职工群众，所有工作都要落到实处，提升广大职工群众的满意度、获得感。市总工会党组书记、副主席黄红总结2020年市总机关系统全面从严治党暨党风廉政建设工作，部署2021年相关工作。市纪委监委驻市总工会机关纪检监察组组长高黎萍在会上讲话，市总领导班子成员等出席会议。（马育群）

【召开庆祝建党100周年机关系统"两优一先"表彰会】 7月2日，市总工会召开庆祝建党100周年市总机关系统"两优一先"表彰会。会议表彰市总机关系统荣获上海市、上海市市级机关，以及市总机关系统"双争"活动的先进基层党组织、优秀共产党员、优秀党务工作者荣誉称号。市人大常委会副主任、市总工会主席莫负春出席并讲话。莫负春指出，习近平总书记在庆祝中国共产党成立100周年大会上的重要讲话对工会在新的征程上弘扬光荣传统、赓续红色血脉、坚持党的宗旨，团结引领广大职工听党话、跟党走，具有十分重大的指导意义，各级工会要全面学习领会，切实把握新征程上工会事业发展的新要求，抓好贯彻落实，推动上海工会工作继续走在前列。市总工会党组书记、副主席黄红主持表彰会并讲话。上海工会管理职业学院党委书记王厚富，市总工会基层工作部部长桂云林，市工人疗养院党委书记、副院长陈燕，劳动报社时政中心副总监王迪，市总工会权益保障部庄若冰等5名获奖的先进集体和优秀个人代表在会上作交流发言。（马育群）

【召开"七一"党员过集体政治生日座谈会】 6月23日，市总工会机关系统为入党20周年、30周年的党员举行过集体政治生日活动——"七一"党员政治生日座谈会。市总工会党组书记、副主席黄红出席会议并讲话。黄红指出，一名党员就是一面旗帜，市总机关系统党员干部要通过党史学习教育，传承红色基因，发扬光荣传统，忠诚党的事业，竭诚服务职工，筑牢党执政的阶级基础和群众基础，增长永远奋斗的志气、厚植勇于担当的底气。上海工会工作要走在前，机关系统工会干部要有工作激情和热情，有做好工作的干劲和本领，要牢记初心使命，站稳职工立场，结合党史教育"我为群众办实事"主题实践活动的开展，及时回应基层需求，为职工办实事、解难事、做好事，要勇担改革创新的重任，增强政治性、先进性、群众性，去除工会机关化、行政化、贵族化、娱乐化，推动广大党员干部在平凡岗位干出不平凡的业绩。市总工会党组成员、直属机关党委书记丁巍主持座谈会。（马育群）

举办市总机关系统党务干部培训（马育群）

【开展"寻访初心之地，铭记奋进之责"党员职工党史学习教育主题实践活动】 为庆祝中国共产党成立100周年，深入贯彻落实市总工会党组开展党史学习教育的有关部署要求，结合上海独特的红色资源优势及工会实际，4月至12月，市总直属机关党委、机关工会开展了历时8个月的"寻访初心之地，铭记奋进之责"党史学习教育主题实践活动。期间，以党支部和部门为单位，组建66支参赛队伍，其中包含38个党支部和28个部门，共679人报名参加活动。各参赛队先后完成20个红色党建遗址和19个红色工运遗址中的自选6个打卡点进行寻访打卡。活动平台共征集上传"微感言"1174条、摄影作品2050幅、"微视频"82个，邀请12名专家评委对有关奖项进行评选，其中"微感言""微视频"及摄影作品3个单项各有10个作品获奖。实践活动的开展，推动市总机关系统党史学习教育不断走深走实。（马育群）

【举办2021年机关系统党务干部培训】 12月9—10日，市总工会直属机关党委在上海工会管理职业学院举办2021年市总工会机关系统党务干部培训班，市总工会机关系统80余名党务干部参加培训。市总工会直属机关党委书记丁巍作开班动员。相关专家围绕《中国共产党支部工作条例(试行)》《中国共产党基层组织选举工作条例》及模范机关创建等内容进行授课,并组织开展《支部工作论坛》展开讨论。市总工会党组书记、副主席黄红出席结业并讲话。黄红在肯定市总工会机关系统党建工作成效的同时,提出了要进一步加强党建和业务工作的深度融合、深化制度建设和队伍建设等方面工作要求。 (马育群)

【松江区总工会机关党总支开展"大讨论、大行动、大举措"活动】 3月12日,区总工会机关党支部、工人文化宫党支部、工惠中心党支部以微演讲的方式联组开展践行新时代松江精神大讨论,践行新时代松江精神开展一次大行动。3月5日,组织"学雷锋小分队"参与以"我为群众办实事比学赶超开新局"为主题的松江区新时代文明实践3.5学雷锋志愿服务集中行动活动。3月6日,组织16名志愿者赴松江南站、松江火车站从事"学雷锋"防疫志愿活动,累计服务1万多人次。践行新时代松江精神,出台一系列大举措,推出"补贴万名职工疗休养和职工健康体检""建立7个园区(楼宇、商圈)职工健康服务点""组织万名职工'看花博'"等12项服务职工实事项目,真正把"我为群众办实事"落到实处。 (杨佳玲)

【市职保中心推动"党建+业务"深度融合】 市职保中心牢牢把握"学史明理、学史增信、学史崇德、学史力行"和"学党史、悟思想、办实事、开新局"的目标要求,推动"党建+业务"工作深度融合。一是围绕中心业务,开展"我与群众面对面""我为群众办实事""我为职工办实事"实践活动,切实解决痛点难点堵点问题,持续发挥基层党组织战斗堡垒作用。二是深化"双争"主题活动,引导全体职工传承红色基因、赓续红色血脉、凝聚红色力量,着力把学习教育成果转化为竭诚服务职工群众的动力,用心用力为广大职工办实事、解难题。2021年,市职保中心第一党支部获"市总机关系统'双争'活动先进基层党组织"荣誉称号。 (史佳敏)

【上海市工人疗养院召开第六次党员大会】 12月10日,中共上海市工人疗养院委员会召开第六次全体党员大会,海鸥集团党委副书记、纪委书记、工会主席沈建良出席会议并讲话。会上,市工人疗养院党委书记陈燕代表工疗第五届党委作工作报告。大会通过无记名差额选举的方式,选举邓永志、吕筑树、陈燕、陈卫军、唐文璟等5人为市工人疗养院第六届党委委员,王珏、胡文文、唐文璟3人为市工人疗养院第六届纪委委员。会后分别召开中共上海市工人疗养院第六届委员会第一次全体会议、中共上海市工人疗养院第六届纪律检查委员会第一次全体会议,选举陈燕为中共上海市工人疗养院第六届委员会书记、唐文璟为中共上海市工人疗养院第六届纪律检查委员会书记。 (王　珏)

人力资源社会保障部办公厅关于加强新职业培训工作的通知

人社厅发〔2021〕28号

各省、自治区、直辖市及新疆生产建设兵团人力资源社会保障厅(局),中共海南省委人才发展局,国务院有关部委、直属机构人事劳动保障工作机构,有关行业协会、企业、事业单位人事劳动保障工作机构:

党的十九届五中全会提出,发展战略性新兴产业,推动互联网、大数据、人工智能等同各产业深度融合,推动先进制造业集群发展,构建一批各具特色、优势互补、结构合理的战略性新兴产业增长引擎。近年来,随着新技术、新产业、新业态、新模式的不断产生和发展,新职业不断涌现,我部会同有关部门分批向社会发布了新职业信息。为加快培养大批高素质劳动者和技术技能人才,改善新职业人才供给质量结构,支持战略性新兴产业发展,推动数字经济与实体经济深度融合,现就加强新职业培训工作有关事项通知如下:

一、加快新职业标准开发。组织制定新职业标准,同时面向社会广泛征集新职业标准或评价规范。对于征集到的新职业标准或评价规范,经我部组织评估论证后,及时上升为国家职业标准。有条件的省(自治区、直辖市)和部门(行业)可依托本地区、本部门(行业)的龙头企业、行业组织和院校等开发职业标准或评价规范,经我部审定后,作为国家职业标准予以颁布。探索职业标准开发新模式,增强国家职业标准的灵活性和适应性。

二、组织开展新职业培训。根据区域经济社会发展需要,适应市场需求,坚持就业导向,突出能力建设,大力开展新职业培训特别是数字经济领域人才培养。鼓励培训机构依据国家职业标准,采取多种形式开展培训。对于数字技术技能类职业,探索引入现代化手段和方式开展培训。组织举办新职业领域的专家论坛、专题研修等,广泛组织开展新职业技能竞赛活动,充分发挥以赛促学、以赛促训作用。结合新经济、新产业、新职业发展,建立职业与教育培训专业(项目)对应指引,修订技工院校专业目录,完善专业技术人才继续教育专业科目内容,增设与新职业对应的新专业(项目),加强新职业人才培养。

三、加强新职业培训基础建设。加快新职业培训大纲、培训教材、教学课程、职业培训包等基础资源开发,引导社会力量积极参与。加强新职业培训师资队伍建设,鼓励龙头企业、行业组织和院校中从事与新职业相关工作的人员参加师资培训。支持培训机构配套软硬件,改善教学环境。鼓励各类机构开发新职业实训设施设备等资源,服务新职业人才培养培训。

四、有序开展新职业评价。按照有关规定,组织新职业评价机构的征集遴选,积极稳妥推行社会化评价。经备案的评价机构根据职业特点,探索多元化评价方式。创新评价服务模式,探索"互联网+人才评价"的新模式,对于数字技术技能类职业可探索采用在线评价认定模式。对评价认定合格的人员,由评价机构按照有关规定制作并颁发证书(或电子证书)。获证人员信息纳入人才统计范围。

五、强化政策待遇落实。坚持以用为本,建立健全培养与使用相结合、评价与激励相联系的人才发展机制。各地人力资源社会保障部门要将新职业培训评价项目纳入本地职业技能提升行动"两目录一系统",按规定落实职业技能培训补贴和职业技能鉴定补贴等政策。取得高级专业技术等级证书的,可作为申报高级职称的重要参考条件;取得中级、初级专业技术等级证书的,可纳入相应中级、初级职称直接认定范围。落实高技能人才与专业技术人才职业发展贯通相关政策,各类用人单位对在聘的高级工、技师、高级技师在学习进修、岗位聘任、职务职级晋升、评优评奖、科研项目申报等方面,比照相应层级专业技术人员享受同等待遇。

各地区、各有关部门要高度重视新职业培训工作,加强组织领导和沟通协调。加大宣传力度,做好政策解读,大力宣传典型经验和做法。加强工作指导和监督检查,强化引领和示范作用,营造良好社会氛围。

2021年4月30日

2022

上海工会年鉴

理论研究

综　述

2021年上海工会全力做好深化工会改革课题调研和服务工作，持续推进市总大调研和调查研究工作。一是统筹组织深化工会改革课题调研。围绕进一步深化上海工会改革中的重点、难点、瓶颈问题组织开展课题研究，设立8个市总重点调研课题，21个市总机关部室、直属单位重点课题，25个市总委托区局（产业）工会调研课题，就进一步深化新时代工会改革研究、产业工人队伍建设改革、上海工会社工队伍建设、新就业形态人群职业安全保障情况、上海数字经济产业职工队伍状况、新时代智慧工会建设等重点工作进行调查研究，形成一批调研成果。二是研究起草进一步深化工会改革实施方案。以强“三性”为改革目标，围绕中央、市委和全总关于群团改革的决策部署，做好进一步深化工会改革的文稿起草工作。调研走访30多家不同行业、不同性质企业形成相关材料。在调研的基础上，形成实施方案。三是及时总结改革经验成果形成改革推进情况专报。已形成有关新就业形态劳动者建会入会扩大工会组织有效覆盖、诉调对接多元化解劳动争议、完善职工创新体系提升职工创新能力等方面的情况专报。四是持续跟进市总大调研工作。根据市委办公厅要求，聚焦企业典型性、普遍性问题与解决情况，深入推进大调研常态化制度化，并将调研相关情况及时上报。共走访调研企业104家，收集问题28个，收集建议20条，推动问题解决18个。（陈　蓓）

【黄红一行到中国远洋海运集团有限公司调研】 2月17日，市总工会党组书记、副主席黄红，市总工会副主席周奇一行到中远集团调研。黄红代表市总工会对该集团落实国家“六稳”“六保”、助力上海国际航运中心建设等工作给予高度评价，对集团工会在加强自身建设、维护职工合法权益、组织动员职工立足岗位建功立业等方面工作取得成效给予充分肯定。她期望集团工会要继续推进工会组织全覆盖，结合海洋强国战略和上海国际航运中心建设选树更多先进典型。周奇就建设高素质职工队伍、培育劳模“工匠”先进典型、落实“两库”升级和扫码入会等工作提出相关要求。集团董事、党组副书记王海民简要介绍集团生产经营情况，汇报集团贯彻落实中央群团工作精神、履行工会职能、保障职工合法权益情况。集团工会主席张善民汇报工会开展工作情况。（张　进）

【黄红、郭箐调研上海建工集团】 5月25日，市总工会党组书记、副主席黄红，市总工会副主席郭箐一行到上海建工集团有限公司工会开展调研。调研会上，集团党委副书记、总裁卞家骏介绍集团总体发展情况。集团工会主席殷红霞就上海建工开展工会各项工作作汇报，提出在新形势下进一步做好建工工会工作的思路和打算、推进工会不断深化改革发展的意见和建议。黄红强调，要进一步增强政治性，多做组织职工、宣传职工、教育职工、引导职工的工作，使广大职工在理想信念、价值理念、道德观念上紧紧团结在一起，坚决维护企业和社会大局和谐稳定；要进一步增强先进性，始终站在党和职工的立场上，把握引领职工的主动权，前瞻性研究探索智能制造和数字化转型背景下建筑业产业工人的培养方向和转型路径，打造更多适应上海城市建设发展需要的高技能人才队伍；要进一步增强群众性，带着对职工的深厚感情履行工会组织的法定职责，更多地关注、关心、关爱普通职工，按照职工需求提供更加精准对路的服务，让工会工作更有穿透力。坚持要把厂务公开民主管理的重心不断向下延伸，推动厂务公开民主管理工作取得新成果。始终坚持“围墙之内是一家”的传统，合力加大对农民工群体的工会组织覆盖，做到“横向到边、纵向到底”，更好地承担起上海国企应尽的政治责任和社会责任。（余轶群）

【黄红到闵行区总工会调研】 8月19日，市总党组书记、副主席黄红，市总副主席郭箐一行前往闵行区总工会调研。黄红充分肯定闵行工会在职工思想政治引领、整合服务资源、主动承担改革任务等方面工作取得的成效。实地调研闵行区总法律咨询援助中心、明谷科技园健康服务点、党群服务中心及区疾控中心。并为一线职工送上高温慰问品。闵行区委副书记、组织部长王观宝，区人大常委会副主任、区总主席倪学斌等陪同调研。（王　凯）

【黄红、周奇到上海建工临港新片区建设者小镇调研】 8月25日，市总工会党组书记、副主席黄红，市总工会副主席周奇等到上海建工临港新片区建设者小镇开展调研。集团党委委员、工会主席殷红霞等陪同调研。黄红在调研中对上海建工以临港建设者小镇为试点，创建智慧工会服务终端，创新探索农民工智慧入会、智慧管理、智慧服务工作给予充分肯定。对小镇不断提高食堂食品安全管理水平、保障职工“舌尖上的安全”表示高度认可。（余轶群）

【黄红一行到市绿化市容局工会开展调研】 8月26日，市总工会党组书记、副主席黄红，市总副主席郭箐前往市绿化和市容管理局工会、市绿化市容行业工会调研并指导工作。市总办公室、研究室、劳动关系工作部负责人陪同调研。市绿化和市容管理局一级巡视员崔丽萍，局工会兼行业工会主席肖龙根、副主席冯磊等参加调研。黄红一行首先来到位于普善路650号的静安城发集团静安环卫分公司作业三部清洁机动班组，慰问现场一线环卫职工。并代表市总工会向环卫工人表示崇高敬意和衷心感谢。希望广大环卫职工继续发扬劳模精神、劳动精神、“工匠”精神，为创造更加美好的人居环境做出新的更大贡献。随后，黄红一行先后到上海市市容环境卫生水上管理处苏州河管理站、苏河十八湾绿道及市绿化市容局调研。（耿　静）

【黄红到上港集团调研】 9月9日，市总工会党组书记、副主席黄红到上港集团调研，集团工会主席庄晓晴全程陪同。黄红一行首先参观了上海港引航站“周弘文引航创新工作室”，听取关于工作室创建的简要汇报。黄红与正处于专班管理中的全国先进工作者——上海港引航站高级引航员周弘文进行现场视频连线，关心了解专班

市总工会党组书记、副主席黄红一行赴市绿化市容局工会、市绿化市容行业工会调研并指导工作 （盖永华）

引航员的工作和生活情况，勉励周弘文争做“一个劳模就是一面旗帜”的典型，继续发挥好劳模示范引领和带动作用。她希望所有专班职工做好防护，保重身体。在调研座谈中，庄晓晴从上港集团发展及航运中心建设、上海港整体疫情防控工作情况、集团工会主要工作作汇报。参加调研的上海港引航站负责人在座谈会上介绍了当前开展各项工作的基本情况。黄红在听取汇报后，对上港集团工会所做的各项工作给予高度肯定。并指出，在上港集团，感受到了广大职工强烈的爱岗敬业精神。上海港创造的成绩及荣誉背后，凝结的是海港职工的艰辛付出和团结奋进的力量。上港集团工会在集团党委的领导下，围绕工作大局，促进了企业发展。坚守主业主责，竭诚服务职工，为把上海建成国际航运中心，推动上海城市发展作出了积极贡献。黄红要求集团工会在今后工作中，坚持党的领导，持续深化国企工会改革和港口产业工人队伍建设改革，加强对“三种精神”的弘扬，提升和谐企业建设水平。市总工会办公室、研究室负责人，上港集团工会、上海港引航站负责人参加调研。

（张　容）

【张得志、郭箐一行到青浦区总工会调研】 3月23日，市总工会副主席张得志、郭箐率市总劳动关系部一行到青浦区总工会调研。调研组一行先后参观上海正伟印刷有限公司、青浦区法院巡回法庭和“喻学记劳动争议调解工作室”。在召开的座谈会上，区人大常委会副主任、区总主席赵宏林介绍了工会在利用信息排查、管理、运用中开展“六步工作法”的运作情况，工会在疫情期间着力发挥防控作用的基本状况。张得志要求青浦区总工会进一步总结特色经验，提炼工作精华，在集体协商、灵活就业群体权益维护、非公企业调整改革中如何平稳过渡等方面作进一步的探索和深化，形成能够代表上海水平的典型做法。

（朱建强）

【桂晓燕赴金山区总工会调研】 8月12日，市总工会副主席、市总女职工委员会主任桂晓燕一行到金山区总工会，对“工匠工作室”“爱心妈咪小屋”“职工亲子工作室”建设使用情况开展调研。区人大常委会党组副书记、副主任、区总工会主席朱喜林，区总党组书记、副主席徐红强，区总工会副主席曹冠陪同调研。桂晓燕一行参观了王阿妮民间绘画工匠工作室，对工作室创建工作给予高度评价。随后，桂晓燕一行参观了上海肯特仪表股份有限公司工会的“爱心妈咪小屋”和上海嘉麟杰纺织品股份有限公司“职工亲子工作室”。对“工匠”工作室、“爱心妈咪小屋”、职工亲子工作室创建工作给予肯定，提出了进一步改进建议。并期待金山区工会开启新时代女工工作新征程。

（郁　蔚）

【全国总工会法律工作部领导莅临金山区总工会调研】 4月8日，全国总工会法律工作部副部长黄龙一行，由市总工会劳动关系部部长周永宝陪同，到金山区总工会就开展劳动关系工作情况作调研。区人大常委会党组副书记、副主任，区总工会主席朱喜林，区总工会党组书记、副主席徐红强等陪同调研。黄龙一行实地参观区法院劳动争议法庭、工会诉调对接工作室。详细了解工会与法院诉调对接机制和区总职工法律援助运作情况。随后，前往全国劳动关系监测点——上海永太服装金山有限公司进行考察，并调研该企业目前劳动关系的现状。在召开的座谈会上，黄龙对工会在开展法律援助、法治宣传、劳动监督等方面工作尤其涉及劳动关系方面取得的工作成效予以充分肯定。朱喜林介绍了金山工会的基本概况，就工会工作中遇到的难点及瓶颈问题进行研讨交流。调研会还听取区法院、镇总工会和部分企业工会开展工会工作的情况。围绕“我为群众办实事”为主题，展开现场研讨。 （钱海东）

【闵行区总工会开展新时期产业工人思想政治工作调研】 3月初，闵行区总工会开展为期10个月的新时期闵行区产业工人状况调研。重点调查产业工人工作生活状况、思想政治工作、对工会工作的认知、评价及个人意愿和诉求等方面内容。调研总人数2000余名，包括一线生产工人、工段长、车间主任、劳模、工匠等，年龄从20岁至45岁。抽取其中65名中小微互联网企业和传统制造企业的部分管理人员、工会主席、部分一线工人作为重点研究对象，以书面问卷和专题访谈的方式开展调查。对最终形成的调研报告作出总结和分析。报告认为，通过调研，剖析了新时代闵行区产业工人队伍的思想状况，指明了须加强产业工人队伍思想政治工作才能更加适应新时代发展的需要，破解了产业工人最关心、最直接、最现实利益问题。调研显露的现状和问题，为闵行区出台《深化新时期闵行产业工人队伍建设改革重点行动方案（2021—

2025年)》提供重要决策依据。（王　凯）

【中国宝武集团开展2021年工会理论课题研究】 年内，集团公司工会开展工会理论调研课题申报、评审、表彰工作。累计收到30家基层工会申报的论文93篇。经专家评审，35项研究课题获2021年度中国宝武优秀工会理论研究成果奖，产生一等奖5项、二等奖10项、三等奖20项。集团公司工会对获奖课题予以表彰奖励，部分优秀论文推荐参加2021年市工运理论优秀论文的评选。（王冠鹏）

【全国教科文卫体工会委托课题完成】 年内，市教育工会在深入开展本级理论研究工作的同时，按时按要求完成1项全国教科文卫体工会的委托课题《上海高校工会思想政治工作的调研报告》。该课题由上海海事大学工会承接，针对本会近几年思想政治工作和经验成果、工作中存在的问题及原因、进一步做好思想政治工作的意见建议等进行梳理和总结。同时，围绕高校教职工思想政治工作总体情况、工会在教职工思想政治工作中的职责定位与作用发挥等方面展开深入调研，探析原因，提出对策，为进一步做好上海高校思想政治工作奠定了理论基础。《中国教工》杂志将调研成果予以发布。（王心愿）

【2021年上海工会学院科研工作创佳绩】 2021年，上海工会管理职业学院教师公开发表学术论文11篇，其中发表C刊1篇，被《人大复印报刊资料·工会工作》全文转载3篇。2021年全国工会学年会论文评选二等奖1篇；中国工人历史与现状研究会论文评选三等奖1篇；2020年度上海工会优秀调研报告、论文评选，学院获一等奖2篇、二等奖1篇。编发《工会智库》23期，1期获全总王东明、陈刚等领导批示，5期获市总莫负春、黄红等领导批示。编发《学院专报》8期，1期获黄红书记批示。《工会理论研究》被《人大复印报刊资料》全文转载论文11篇、被《高等学校文科学术文摘》摘编4篇，创历年最高水平；在2020年度人大复印报刊资料转载指数排名中再次喜获佳绩：在“人文社科综合性期刊”全文转载排名中转载率位列第27名，在“高等院校主办人文社科学报”全文转载排名中转载率位列第16名。出版2019—2020年度《工会理论与实践前沿报告》，筹办“共同富裕与工会工作”为主题的学术研讨会，成功承办“新时代工会干校改革与发展”座谈会和第八届全国工会干部教育培训工作交流研讨会，受到中国劳关学院及兄弟干校的好评。（邹卫民）

【马克思主义工运理论研究基地开展年度优秀工运理论研究成果征集表彰工作】 4月6日—10月15日，学院与复旦大学马克思主义学院联合开展2021年“马克思主义工运理论研究基地优秀工运理论研究成果奖”征集工作，面向上海各高校教师、在读博（硕）士研究生征集与工人阶级、工会工作、劳动关系、工运史、劳动就业、社会保障、职工群体等领域相关的研究成果，共收到包括复旦大学、交通大学、同济大学等高校师生的征文投稿23篇。经研究基地办公室初审、专家匿名评审、专家组现场评定、网上进行公示，共评选出2篇一等奖、3篇二等奖、3篇三等奖。（邹卫民）

上海工会管理职业学院与江三角律师事务所开展签约合作（刘一民）

【上海工会学院与江三角律师事务所开展签约合作】 4月21日，上海工会管理职业学院与上海江三角律师事务所在理论研究、人才建设、支部共建等方面达成合作协议并签约。学院领导李友钟、马景红、李学兵及相关人员赴江三角律师事务所参加签约仪式。学院党委副书记、院长李友钟，上海江三角律所首席合伙人、主任陆敬波代表双方签署《合作协议》。这是学院首次与社会研究机构建立合作伙伴关系。根据《合作协议》，学院将充分利用江三角律所在法律领域的专业人才优势，聘请专家担任学院兼职任课教师；双方将紧扣职工队伍与劳动关系领域的热点和难点问题，共同组建课题研究团队，合作开展工运理论研究；学院学报《工会理论研究》、江三角律所《劳动法苑》将开展刊物共建；学院第二党支部与江三角律所党支部达成共建支部友好关系。（邹卫民）

【上海工会学院组织教职工开展下基层蹲点调研】 7—9月，上海工会管理职业学院组织全体教职工集中开展下基层蹲点调研工作，深入了解基层工会和职工工作情况、特色亮点、遇到的困难与问题。大调研由学院党委书记王厚富、院长李友钟牵头，学院全体专兼职教师及管理部门的青年管理人员35人参加。组成的11个调研组，深入浦东新区陆家嘴金融贸易区工会、黄浦区南京东路街道、闵行区吴泾镇、宝武集团宝钢股份有限公司工会等11个区、街镇、局（产业）工会。共蹲点走访单位117个，访谈工会干部、职工395人，形成5期智库、1期专报。12月22日，学院下基层蹲点调研系列智库之一《当前社会化工会工作者队伍状况调研与思考》，刊发于中国工运研究所、全总劳动关系研究中心《劳动关系与工会运动研究及动态要报(2021年第16期)》，并被全国总工会主席王东明、陈刚、谭天星、张茂华等领导批示。 （邹卫民）

【《工会理论与实践前沿报告(2019—2020)出版》】 9月，由市总工会与复旦大学共建“马克思主义工运理论研究基地”编撰成集的《工会理论与实践前沿报告(2019—2020)》一书正式出版。该书由天津人民出版社出版，收录来自复旦大学和上海工会管理职业学院学者们2019—2020年的16篇精选论文，主要包括马克思主义工人阶级理论与工会学说，劳动法、劳动社会学与劳动经济学，工会工作与职工队伍三大研究方向，是研究基地首次出版的关于工运理论前沿研究的书籍。在12月28日由市总工会与复旦大学联合举办、上海工会管理职业学院与复旦马克思主义学院承办的“推进共同富裕战略目标下的工会作为”学术研讨会上，市总工会副主席周奇向与会代表赠送了该书。两年编辑出版一本《工会理论研究与实践前沿报告》已成为“马克思主义工运理论研究基地”的一项重点工作。（邹卫民）

【市总工会与复旦大学联合举办“推进共同富裕战略目标下的工会作为”学术研讨会】 12月28日，由上海市总工会与复旦大学联合举办、上海工会管理职业学院与复旦马克思主义学院承办的“推进共同富裕战略目标下的工会作为”学术研讨会在复旦大学召开。市总工会党组书记、副主席黄红，复旦大学党委常委、副校长陈志敏，市总工会副主席周奇、桂晓燕，市总各职能部室负责人及直管单位领导，部分区、局(产业)工会主席，学院领导班子及研究部相关人员出席研讨会。会议由复旦大学马克思主义学院院长李冉主持，来自复旦大学、上海海事大学、中共上海市委党校、华东政法大学、上海工会管理职业学院、中国宝武钢铁集团有限公司等高校和机构的7位专家学者、工会实务工作者围绕研讨主题开展交流，复旦大学社会发展与公共政策学院教授、市工运研究会副会长桂勇作集中点评。2021年“马克思主义工运理论研究基地优秀工运理论研究成果”颁奖仪式同期举行，上海工会管理职业学院党委书记、劳动报社总编辑王厚富宣读表彰决定，市总工会副主席桂晓燕、复旦大学马克思主义学院党委常务副书记陈坚、上海工会管理职业学院副院长李学兵为获奖者颁奖，学院院长李友钟作《发挥工会作用，推进共同富裕》发言。 （邹卫民）

市总工会与复旦大学联合举办“推进共同富裕战略目标下的工会作为”学术研讨会 （刘一民）

工人运动研究会

【概要】 2021年，上海市工人运动研究会在市总工会领导、市社联和市民政局指导下，积极发挥工会学术性社团组织协调服务功能，进一步加强学会学术社团建设，发挥学术社团推动理论学习宣传、组织课题研究、开展学术交流的功能，深入开展工运理论和工会工作研究、服务工会和广大会员工作。一是围绕纪念建党百年主题，配合市总工会开展党史、红色工运史学习宣传研讨活动。配合市总工会推进“上海百年红色工运资料发掘宣传”工作，面向全市工会系统、社会各界和职工群众，广泛征集反映、记录不同历史时期工人运动发展历程的历史资料，收集完善工运史研究资料库。承接市总工会“初心如磐、砥砺前行——上海市总工会机关发展历程”机关文化墙布展工作。二是围绕新形势下工会和劳动关系热点、难点问题，组织开展课题研究。面向各专业学科委员会及其他会员单位，开展工运研究会重点课题的调研，设立产业工人队伍建设改革经验调研、企业职业技能等级认定、上海工会社工队伍建设、上海职工就业状况、《上海市女职工劳动保护办法》实施情况、上海职工培训基地建设状况调研、推动扩大非公企业参保覆盖面实现途径的调研等19个研究会重点课题，形成一批调研成果。统筹协调市总工会委托区局(产业)工会的课题调研。2021年委托23家单位开展包括完善技能人才激励机制、新时期国有企业推进高素质职工队伍发展、产业工人队伍建设改革基层运作、新时代智慧工会建设、国有资本投资公司工会组织建设和工作模式研究等25项课题研究，形成系列研究成果。三是发挥研究会的交流平台作用，汇聚研究资源、促进学术交流。2021年5月，承办由市总工会主办的“高质量发展与工会工作”学术研讨会；2021年12月下旬，承办由市总工会、复旦大学合作共建“马克思主义工运理论研究基地”主办的“共同富裕与工会工作”学术研讨会。继续配合市总工会，开展一年一度的上海工会优秀调研报告、论文的征集评选工作，共征集区局(产业)工会、专业学科委员会、团体会员、个人会员上报的调研报告、论文138篇，经评审评出一等奖10篇、二等奖13篇、三等奖19篇、优秀奖25篇。 （邹卫民）

【闵行区工会工作研究会注重调研成果的交流转化】 2021年，闵行区工会工作研究会加强工会调查研究工作，确定并制订全区工会开展调研的重点，指导基层工会开展工会基础性工作和理论政策研究方面的调研。年内，研究会进一步规范课题选题，提升申报、立项和结题等环节的标准，提高了调研报告（论文）的整体质量。同时，重视做好调研成果转化，提升工作效能。据统计，全年收到各类调研报告和论文共81篇，经各级工会互评和专家评选，评选出优秀调研报告和论文30篇。每季度编制《闵行工会内参》数据分析图表，反映全区基层工会数、工会会员数、工会权益保障工作、工会服务阵地建设、工会经费收缴等方面数据动态实情，全面破解分析工会各项数据指标，为区总工会开展工作提供决策。每月推出《他山之石》资料文摘，详尽介绍国内外工会组织、理论学界、基层工会的新鲜经验和成功案例、前沿思考和最新探索，为研究会成员单位提供学习、交流和成果共享平台。 （陆　非）

【金山区工会工作研究会以“深化新时代工会改革”为主题开展调研】 金山区工会工作研究会围绕“深化新时代工会改革”为主题，确定以“新时代工人文化宫的改革与发展”“法律体检在构建和谐劳动关系中的作用”“关于金山区劳模健康及生活状况的调研报告”3个课题为重点，扎实开展调研工作。在实施中，各课题组细化调研方案，认真落实调研计划。结合工会工作职工满意度调查、推进实事项目测评等工作的展开，深入基层有序开展调查研究，以调研促工会改革发展。 （陆　非）

【上海航天局工会研究会开展创新职工劳动技能竞赛活动调研】 2021年，上海航天局工会贯彻落实中央群团工作会议精神，研究探索新常态下工会工作的创新与发展，深入调研如何在新时代开展劳动和技能竞赛活动的新途径。研究会联合经信委研咨会，组成专题课题调研组，以满腔热情深入基层开展调研。在调研中，善于总结先进经验和典型做法，发掘基本做法蕴含的理论突破，探究职工创新亮点，总结出规律性经验旨在指导实践。同时，将调研成果反哺基层，指导基层工会将提炼的工作特色和新经验加以推广和应用，得到有关单位领导和工会干部的赞同和认可。 （陆　非）

【东方国际集团工会、上海纺织工会制定调研制度确保调研效果】 2021年，东方国际集团工会在年度工会制度修订中，为及时了解职工思想动态，跟踪职工热点问题，专门制订《职工舆情调查研究制度》。年内，确定以职工政治信念、价值取向、企业发展、社会热点、生产方式、生活方式及物质和精神需求方面为主课题。基层工会根据课题安排、时间进度、调研方式，指派舆情信息员落实调研任务，形成调查分析、研讨内容、思想政治工作实施意见的书面建议报告。全年累计撰写关于工会组织建设，工会联合会、联合工会现状，人才队伍建设，疫情下职工思想动态等方面内容的调研论文10余篇。形成的调查报告和调研论文，为集团党委和工会提供了较好的决策参考。 （陆　非）

【中建八局工会工运研究会以“我为群众办实事”为主题开展调研】 2021年，中建八局工会围绕在党史学习教育中提出的“我为群众办实事”“总部作风建设年”、职代会职工提案的呼声和要求，组织开展以建筑业产业工人队伍建设、困难职工帮扶、职工思想动态、职工子女教育4个方面为主题的课题调研活动。各基层工会结合企业实际和工作重点，开展了提高劳动竞赛实效性、落实职工代表巡视制度、发挥劳模（“工匠”、职工）创新工作室作用、推进职工文化服务体系建设等35项课题的调研，形成了51篇高质量的调研报告。 （陆　非）

【上海大学工会研究会创新工运研究“广—严—精—奖”闭环工作法】 上海大学工会历来重视工运研究工作，在之前积累的基础上，2021年创新开展“广—严—精—奖”闭环工作法。广：指广泛动员。发动学院、部处、专业教师等高校中从事不同具体工作的会员广泛参与，从而扩大工运研究的群众基础，拓展工运研究的立足面。严：指严格遴选。在会员提交各自的研究方案后，邀请相关专家进行严格遴选，挑选出最具有研究意义、研究基础和研究前景的课题进行立项资助。精：指精确指导。立项之初进行专家指导、中期开展中途检查，全过程进行精确指导帮助。奖：指及时奖励。在课题结题后，及时对课题的结题报告进行评审，并对优秀课题进行奖励。2021年，上海大学共开展33项课题的调查研究，选题涉及工运理论、高校教师劳动关系、妇女理论、教职工身心健康等方面调研。调研课题均产生了较大影响。 （陆　非）

【市卫生健康系统工会工作理论研究会第二十三届年会召开】 10月29日，市卫生健康系统工会工作理论研究会第二十三届年会在市妇幼保健中心召开。会议总结2020年及2021年两个年度工会理论研究工作，表彰一批优秀工会理论研究成果，部署下一阶段有关工作。市卫生健康系统工会工作理论研究会第二十三届年会共有30篇论文分获一、二、三等奖，另有30篇论文获入围奖。华山医院、儿科医院、六院金山分院、华东医院、第九人民医院围绕现代医院民主管理制度、工会干部队伍建设、疫情下职工心理健康、关怀支持体系建设等多个方面进行大会交流。 （马建发）

优秀论文

【概要】 2021年度，全市各级工会认真学习领会党的十九大、十九届历次全会和习近平新时代中国特色社会主义思想，深入学习贯彻习近平总书记关于工人阶级和工会工作重要论述，紧密结合当前工会改革和工会工作的重点、热点、难点问题，总结基层与职工创造的新经验，分析工会工作遇到的新问题，提出许多对策建议，形成一大批高质量的调研成果。市总工会、市工人运动研究会下发《关于开展2021年度上海工会优秀调研报告、论文评选工作的通知》后，各区局（产业）工会，市总各部室、各直管单位，市工运研究会各团体会员、个人会员踊跃参与优秀调研报告、论文评选。在广泛征集各地区、各系统、各单位、各部门工会调研成果的基础上，市总工会组织专家学者对优秀论文进行评选。2021年度上海工会优秀调研报告、论文评选共收到各区局(产业)工会、市总机关各部室、工运研究会团体会员及个人会员上报的调研报告、论文179篇。经评选,《新业态下职工权益维护初探》等10篇获一等奖、《当好"桥头堡",竭诚服务新就业形态劳动者—平台企业工会发挥作用的调研》等14篇获二等奖、《关于我区灵活就业群体从业人员入会情况的调研报告》等20篇获三等奖、《从试点到亮点,彰显职工会员全过程民主监督》等23篇获优秀奖。 (邹卫民)

论文题目:新业态下职工权益维护初探

作　　者:浦东新区总工会

内容摘要:新就业形态在缓解就业压力、降低用工成本、提升社会整体效率方面具有显著意义,但新业态劳动者权益维护也成为工会面临的新挑战新命题。为此,浦东新区总工会以线上、线下相结合的方式,开展了新业态下职工合法权益维护的问卷调研,发放调查问卷2235份,回收有效问卷1501份,并形成了调研报告。报告显示,被调查新业态劳动者从业年龄适中,40—49岁的占比46.57%;学历水平普遍较低,高中及以下学历占比79.9%;从业时间普遍较长、灵活就业已达5年及以上的占51.83%;收入水平相对较低,月收入在5000元以下占67.22%。从用工特点看,呈现用工主体轻资产化、用工对象重资产化,用工方式社会化、用工流程灵活化,用工管理绩效化、用工关系去组织化等特点。而用工法律关系不清晰、社会保障机制不健全、职业技能培训未覆盖、相关监管制度不完善、劳动者维权能力不足、用工方建会比例不高成为当前新业态从业者权益维护方面的主要问题。报告提出五方面对策建议:一是完善法律框架,从制度上厘清新业态用工的法律关系,可从经济从属性、管理实质性、保护必要性三个维度,创设中间形态法律关系。二是实现制度创新,建立多层次社会保障体系,建议督促平台强制购买雇主责任险或意外伤害保险,解决基本的职业伤害保障问题;借鉴相关省市做法,放开灵活就业人员参加工伤社会保险限制。三是分层分级管理,加大职业技能培训投入,在岗前培训上,应出台新业态从业岗前培训强制规定;在技能提升上,可通过APP为新业态从业者打造"数字课堂"。四是设定劳动基准,加强依法监管与行业自律,在充分听取工会及劳动者代表意见建议的基础上,对新业态用工的劳动基准问题做出明确规定。五是畅通维权渠道,提升劳动者维权能力,要深入开展服务农民工公益法律服务行动和劳动用工"法律体检"活动,推动完善社会矛盾纠纷多元的预防调处化解综合机制。 (邹卫民)

论文题目:搭组织建设评价体系　激非公企业工会活力

作　　者:宝山区总工会

内容摘要:非公经济是我国经济结构中重要板块,随着市场经济体制建设的发展,非公企业工会工作也日趋需要完善。报告分析了宝山区非公企业工会改革的背景、必要性,指出了当前非公企业工会工作存在的问题,就建立和实施宝山区非公企业工会改革绩效评估机制提出举措思考。报告认为,伴随"顾村经验""宝山经验"的逐步推广,宝山区非公企业工会改革成效日益明显,特别是组织有效覆盖实现大幅提高、经费拨缴使用更加足额规范、职工维权服务效能不断提升、基层工会及工会干部队伍活力得到激发、工会改革从基层基础建设向整体工会治理体系改革深化。但与此同时,进一步深化非公企业工会组织建设也面临一些瓶颈与问题,主要表现在:持续深化改革的动力不足、区域之间成效优劣不平衡、基层工会组织活力有待进一步激发、保持改革成果长效性存在一定困难。为此报告提出,必须坚持以职工为中心,以改革创新为动力,以基层为重点,努力打造非公企业工会改革工作闭环,着力构建"非公企业工会改革评估体系",以评估促改革深化、促组织发展。这一评估体系分为三级指标,总分为100分,另设不高于5分的激励加分项。其中一级指标涵盖各项工会改革、工会重点工作,包括工会组织建设和职工综合素质提升等七大项指标。二级指标由各项一级指标涵盖的具体工作及任务组成,三级指标为二级指标各项工作及任务的评估标准。 (邹卫民)

论文题目:关于闵行区产业工人队伍思想政治工作的状况分析

作　　者:闵行区总工会

内容摘要:闵行作为先进制造业大区、产业工人集聚区,是"上海制造"的主要承载区之一,也是本市推进产业工人队伍建设综合改革试点区之一。为全面准确地了解新时代闵行区产业工人队伍的思想状况,破解产业工人最关心最直接最现实的利益问题,闵行区总工会成立调研组,通过问卷调查、专题访谈等方式,就产业工人个人工作生活状况、对思想政治工作的认知和评价以及个人的意愿诉求等开展专项调查,形成调查报告。调查显示,当前产业工人普遍缺乏职业认同感、主人翁意识和企业归宿感不强、自身素质提升的内在驱动力较弱、中小型企业产业工人队伍稳定性不足、企业产业工人思政工作方法上缺乏有效抓手等问题。报告提出,随着市场经济日益充分发展,产业工人队伍需求正呈现多元化,思想意识和价值观念产生改变,各级党组织和工会必须迎接社会心理变迁给思想政治工作带来的新挑战,更多地把思想政治工作的着力点倾注到对职工人文关怀上来。在具体对策建议上,报告有针对性建议,各级党委和工会要夯实基层组织建设,充分发挥思想政治引领作用,努力营造尊重劳动和崇尚技能的社会氛围;各级政府职能部门要探索提高产业工人的经济收入,完善职业教育制度,强化评价激励机制,全面改善技术工人的待遇水平,不断提升产业工人的技能和素质。 (邹卫民)

论文题目:突发公共卫生事件中一线医护人员身心需求调查

作　　者:上海市医务工会

内容摘要:在打赢新冠疫情防控阻击战过程中,临床一线医务人员作为高风险易感人群,不仅承担着重要的疫情防控救治任务,还承受着难以想象的身心压力,研究调查突发公共卫生事件下一线医务人员的身心需求尤为重要。为此,市医务工会成立专项调查组,选取上海某医院闭环管理的医生、护士、医技等一线医务人员,通过分层随机抽样的方法进行调研,形成调查报告。根据311个样本的调查及个案访谈结果显示，在医院防疫闭环管理期间，一线医务人员出现了不同程度的心理压力情绪，主要包括焦虑、紧张、劳累等，其中，近60%的抗疫一线人员在闭环管理期间担心自己、家庭成员和同事感染病毒，影响健康、影响工作；多数受访者表示在防疫期间难以保持良好饮食习惯和充分休息；不少医务人员表示高标准、高强度疫情防控要求和任务带来较强的精神心理压力；有不同比例的一线医务人员伴随热应激、心慌和肌肉酸痛等不良身体反应；大家普遍对战胜疫情抱有信心、期望和信念。报告提出了进一步做好突发公共卫生事件中一线医护人员的心理健康防护的三个举措：一是加强心理疏导和人文关怀，关心并追踪一线医护人员的心理状态，提供分层次、专业的心理疏导服务；二是加强防疫一线人员的服务保障，落实医务人员劳动保护和职业安全措施；三是加强医务人员应对公共卫生事件的专业知识和应急能力培训，建立健全应急人才队伍体系建设。（邹卫民）

论文题目：上海环卫行业工资集体协商发展历程与创新调查研究

作　　者：市绿化市容行业工会

内容摘要：上海市绿化市容行业工会、上海工会管理职业学院联合组成课题组，综合采用文献调查、典型调查、座谈走访、街头访谈、问卷调查等方式开展专题调研，对上海环卫行业工资集体协商十年发展经验及成效特点予以总结。认为上海环卫行业工资集体协商自2011年启动实施，经过十年发展，经历了建制形成、扩容发展、深化提升3个阶段，已基本建立完善了具有上海环卫行业特点的协商模式与职工收入正常增长机制，以此为引领，逐步确定了上海市环卫行业最低工资标准、健康体检、疗休养、早晚班津贴、技能等级津贴、工龄补贴等具有长期性、延续性、发展性的制度。其特点与成效主要体现在：坚持职工为本、持之以恒，充分体现出民主管理、集体协商的制度优势；坚持行业引领、企业落实，探索形成具有行业特点的集体协商机制与工作格局；坚持多方联动、制度创新，不断推动行业集体协商的长效化、机制化；坚持注重内涵、确保质量，持续拓展协商领域、深化协商内容，职工获得感稳步提升；坚持层层传递、全面覆盖，强调市、区双层协商二级推进，职工、劳务派遣工全覆盖，有力促进了全市环卫行业职工队伍与劳动关系的和谐稳定；坚持精细管理、服务大局，为提升上海城市文明、优化社会治理做出重要贡献；坚持着眼长远，提升素质，为新发展阶段上海环卫行业跨越式发展奠定坚实基础。课题组提出，针对当前环卫行业工资集体协商存在的行业工资集体协商组织推进机制尚待进一步完善、行业工资集体协商的质量与内涵有待进一步拓展提升、行业工资集体协商成果贯彻执行力度尚待进一步强化、行业工资集体协商在促进行业发展、劳动关系和谐稳定的作用仍待进一步加强等瓶颈问题，要从行业高质量发展的高度，提出深化行业工资集体协调的新思路新举措，一要对环卫行业的“公共服务”职能进行精准定位，二要全力推动公共服务行业集体协商的立法规范，三要进一步健全完善环卫行业工资集体协商的组织体制，四要深入研究、合理确定未来环卫作业的定额标准等各类问题，五要科学确定每年环卫行业最低工资及增长幅度，六要着力优化环卫职工结构、提升职工整体素质，七要加大落实对环卫行业工资集体协商的保障力度。（邹卫民）

论文题目：《上海市女职工劳动保护办法》实施情况调研报告

作　　者：市总工会女职工委员会

内容摘要：近年来，随着职工队伍内部结构、思想观念、就业方式、利益诉求不断变化，特别是《中共中央、国务院关于优化生育政策促进人口长期均衡发展的决定》出台后，对工会推动用人单位支持三孩生育政策落地实施、加强女职工劳动保提出更高要求。为更好地解决女职工劳动保护中出现的新情况、新问题，市总工会围绕企业贯彻落实《上海市女职工劳动保护办法》情况开展调研，采取问卷调查、网络调查、实地走访、调研座谈会等形式，收取调查问卷23709份，形成了调查报告。调研显示，随着《上海市女职工劳动保护办法》的实施，各企业单位的社会责任意识不断增强，女职工劳动权益和特殊利益普遍得到保护；绝大多数女职工与用人单位或第三方机构签订了劳动合同，其中与外资/港澳台企业、私营企业、国有企业直接签订劳动合同率高达90%以上；女职工平等就业权利得到一定保护，在工作晋升过程中，性别歧视或不平等的情况存在较少；女职工妇科病检查制度稳步落实。在女职工权益保护整体提升的形势下，还有一些单位存在有法不依、管理者任意违规，女职工合法权益和特殊利益得不到维护的现象和问题。主要表现在：《女职工权益保护专项集体合同》签订有待持续推进，各企业对女职工哺乳假期间的工资发放标准不一，怀孕、哺乳女职工休息场所的提供不理想，单位对女职工经期、更年期重视不够，大部分单位未建立预防和制止工作场所性骚扰的制度措施，对女性婚育状况的隐性就业歧视仍然存在等方面。为此，报告提出6点建议：一要加大宣传和监督力度，提高女职工的参与意识；二要持续推进《女职工权益保护专项集体合同》的签订；三要整合社会资源，推进“爱心妈咪小屋”、托育服务的建设；四要督促单位加强工作场所性骚扰制度措施的建立；五要除了继续加大女职工的“三期”保护外，更需加强对女职工经期、更年期的保护；六要建议适时修订《上海市女职工劳动保护办法》。（邹卫民）

论文题目：稳步推进共同富裕视域下的上海探索、主要问题与工会作为

作　　者：上海工会管理职业学院课题组

内容摘要：为落实中华全国总工会关于开展“稳步促进全体人民共同富裕问题”重点课题调研的部署，上海市总工会将“稳步促进全体人民共同富裕问题”列为年度重点调研课题，由市总职能部室、工会学院共同组成专项课题组，调查了解促进共同富裕进程中上海的举措做法、存在的问题瓶颈及职工群众的主要诉求，汇总形成调研报告。课题组梳理了近年来上海在稳步促进全体人民共同富裕方面出台的系列公共政策，总结了上海工会推进职工共同富裕的重点举措，包括：加大收入分配源头参与力度，健全职工收入、物价监测体系；大力推进职代会和集体协商建制率，以工资集体协

商促职工收入增长;持续提升职工素质技能,助力产业工人职业发展;做实做强工会会员服务卡项目,着力为职工提供普惠服务;主动作为,加强新就业形态劳动者入会和服务;汇集各方力量,对接各类困难群体,形成多级多类、精准精细的职工帮困救助体系。调研提出,产业工人队伍、新就业形态劳动者群体、低收入岗位职工、困难职工这几类群体,在特大型城市推进共同富裕工作中应予以特别关注,问题主要集中在六大方面:收入问题,仍然是调研中职工反映最突出的问题;房价高、生活成本高,是外省市来沪务工人员反映最强烈的问题;劳动用工临时性、短期性、非正规性趋向加剧,成为影响职工稳定收入的最大因素;产业工人技能素质提升与职业发展不畅,正成为影响高质量共同富裕的瓶颈难题;新就业形态劳动者发展的可持续性不强、转岗再就业能力弱,给推进共同富裕带来隐患;困难职工脱困帮扶,则是实现共同富裕中不容忽视的问题。报告从三个维度就如何在促进职工共同富裕中充分发挥工会作为提出思考建议,一是要源头参与共同富裕相关重要法规、重大规划、重要制度的制订,夯实共同富裕的法律政策基石;二是要以实现高质量发展为目标,深化推进产业工人队伍建设改革,夯实共同富裕的发展基石;三是要在提升高品质生活工作中展现工会作为,增强职工幸福感、获得感。

（邹卫民）

《工会理论研究》2021 年要目

类 别	题 目	作 者	期 数
特稿	从“劳工神圣”到“中国特色社会主义工会发展道路”	刘佳	2021-01
理论探讨	论诚实信用原则在平台型灵活用工中的适用问题	李 磊、郑 蕙	2021-02
	自由时间与自由劳动	张晓兰	2021-02
	“民法典时代”的劳动关系与工会应对	章宁晓	2021-03
	住房资助对城镇劳动者就业的影响	蒋荷新、倪 萌 崔光灿	2021-03
	双重用工关系基本形态与规制路径	问清泓	2021-04
	我国过错解雇限制程序的不足及其完善	葛家欣	2021-04
	工会组织对制造业企业创新的影响:理论框架与经验事实	赵明霏	2021-05
	新时代劳模精神研究的理论视野及其学术体系构建	刘 佳	2021-05
	中国特色社会主义工会学学科建设研究	李 磊	2021-06
	劳动者生物识别信息的立法保护	魏广萍	2021-06
热点透视	劳动法与民法关系新论	刘 诚	2021-01
	试论我国《民法典》对劳动关系的改善与优化	赵 乾	2021-01
	民法典视域下我国劳动者的健康权保护	张政廉、岑 峨	2021-01
	“劳动模范学”理论创新意义与建构逻辑	赵健杰	2021-02
	论新时代劳动模范的特点与作用	李睿祎、裘朝锋 廖枢权	2021-02
	百年来党的工运理论创新	陶志勇	2021-03
	论中国共产党百年历程中工人阶级、工会和工人运动的历史贡献	戴文宪	2021-03
	中国共产党领导中国工人运动的百年历程与经验启示	李友钟	2021-04
	新业态灵活从业人员工会组建的法理逻辑和进路	吴文芳、方令权	2021-05
	上海新业态行业工会建设:实践、困境与路径创新	金世育	2021-05
	知识无产者的产生过程及形成机制	赵培浩、杨嘉浩	2021-06

续　表

类　别	题　　目	作　者	期　数
工运广角	赋权增能:职业化工会工作者专业发展路径探析	朱志惠	2021-01
	新型灵活就业者社保缴费困境及对策探讨	邹晓林	2021-02
	"一带一路"背景下企业服务域外职工的实践探索	孙　岩、邹卫民 施　思	2021-02
	新发展阶段工会服务职工体系建设的创新策略研究	苏文帅	2021-03
	上海市园区工会协调劳动关系及矛盾预防化解机制研究	上海市总工会劳动关系工作部课题组	2021-03
	新生代产业工人职业成长和内部人身份感知对离职倾向的影响:一个有调节的中介模型	马文聪、颜　坤 陈修德	2021-04
	论重大突发公共事件下我国休息休假制度之调整	李梦云	2021-06
国际工运/港澳台工运	全球化危机、全球工会联盟与工人再团结	黄　岩、胡　侦	2021-02
	墨西哥联邦劳动法的变革及启示	杨鹏飞	2021-03
	美国产业工会联合会黑人劳工政策研究(1935~1945)	黄　鹏	2021-05
	国际金融危机以来法国劳工社会抗议事件研究及其对中国社会治理之启示	李学兵、李　健 钟文娜	2021-06
工运历史	国民党争夺地方资源中的劳资冲突:以枣庄中兴公司工会为中心	李　贺	2021-01
	上海工人三次武装起义与无产阶级专政话语的传播	张家冀、唐棣宣	2021-04
	中共成立前后俄共(布)、共产国际对中国工会问题的考察	徐　迟、朱　虹	2021-05
	香港海员大罢工的性质及外在推力探析	赵　薇	2021-06
学术动态	"新就业形态下的劳动群体与工会工作"学术研讨会综述	牛雪峰	2021-01
	"高质量发展与工会工作"学术研讨会综述	祁文昭	2021-05

2021年增刊(上海工会管理职业学院70周年校庆专刊)

类　别	题　　目	作　者
特稿	建立现代企业制度必须确立职工主人翁地位	包信宝
	建立和完善党政主导的工会维权格局	陈　豪
	找准定位　发扬优势　促进学院建设和工会教育培训事业迈上新台阶	钟燕群
	以改革创新精神努力开创上海工会事业新局面	洪　浩
	扎实推进上海产业工人队伍建设改革	莫负春
工运理论	略论工会的地位	黄　杰
	辩证理解"加强和改善党对工会的领导"	陈荣城
	关于工会学研究的一般方法论问题	赵健杰
	邓小平工运思想研究	张洞明、马积华
	略论列宁关于工会保护的理论	张　策

续 表

类 别	题 目	作 者
	关于构建有中国特色社会主义工会理论科学体系的思考	邬秋山
	世界经济一体化与中国的劳动立法	常 凯
	集体合同立法模式的比较	董保华
	中国特色社会主义新型劳动关系的基本内涵、特征及需要处理好的几个关系	全总课题组
	论社会主义新型劳动关系	王大犇
	全球化背景下劳动法面临的挑战及对策	刘 诚
	制度性危机规律与制度性合作特色	冯同庆
	构建国家主导的企业职工权益保护体系	程恩富
	后危机时代经济复苏与劳动关系协调的新思维	胡鸿高
	双重代表、资源中心与转换中介：将工会建设成枢纽性社会组织的内涵	王向民
	关于工会"去行政化"问题的几点思考	周志军
	从协商民主的角度看集体协商和集体合同立法	杨冬梅
	供给侧结构性改革中《劳动合同法》修改问题的思考	王全兴
	工人文化与重塑中国"工匠精神"	陈周旺
	新时代工运事业的理论指导与行动指南	李友钎
	工作时间规制：劳动价值保护的视角	朱 丹、何云峰
	超时工作现象与劳动法制度设计的应对	陆敬波、徐子晔
	中国工会基本职责内涵的演进、意义与履行	李睿祎
	关注"互联网+"灵活就业的劳动关系新变化	肖 巍
	新时代劳动观理论探析	陶志勇
	中国特色社会主义工会制度体系及其优势研究	石 云
工运实践	论徐虎精神的核心、内涵和现实意义	袁觉英
	再就业：一个跨世纪难题	安呈林、宋 杰
	入世对劳权的影响与工会策略的调整	王贤森
	学习李斌精神 重视人的劳动价值	傅小元
	高尚师德：学院内涵发展的永恒主题	谢幼弓
	工会对职工舆情的干预机制研究	朱懂理、李 梅
	上海工会改革的主要做法与认识体会	王厚富
	论工会"上代下"工作机制	王珍宝
	上海顾村经验：非公企业工会改革的范本	汤洪伟、杜 星
	学习贯彻习近平总书记重要讲话及中国工会十七大精神的几点思考	桂晓燕
	社会治理创新与新时期上海区域化工建	李学兵、庞 菁
	群团改革背景下上海工会干部队伍建设状况与对策研究	邹卫民、孙 岩、宋紫薇
	新冠肺炎疫情不可抗力事件在劳动用工关系领域适用的思考	郑小文

续 表

类 别	题 目	作 者
工运历史	社会转型与上海市居民的职业技能养成	刘玉照、乌尼日其其格、陈 伟
	产业工人职业发展机制建设的初步考察	杨鹏飞
	“五卅”时期上海工人运动的若干历史经验	郑庆声
	朱学范与全国工人运动的统一	高爱娣
	略论赖若愚对新中国工运事业的重大贡献	王永玺、戴文宪
	建国初期上海总工会的干部培训：以 1951 年上海总工会干部学校为中心的讨论	徐 迟、朱 虹
国际工运	国际劳工组织的核心劳工标准与我国有关劳动立法的比较研究	赵顺章
	市场经济发达国家在解决劳资关系问题上的经验	李瑜青、祝宁波
	浅议德国集体谈判制度对我国工资集体协商的启示与借鉴	邱晨鹤
	美国集体合同仲裁制度及其启示	柯振兴
	国际劳工组织对非典型雇佣关系的规范与保护	李凌云
	论日本社会党与工会关系的变迁	孟明铭

综合工作

财务资产工作

【概要】 2021年，市总财务资产管理部按照全总、市委、市总的工作部署和综合改革试点要求，围绕中心工作，组织经费收入，保障服务工会工作大局，不断提升全市工会财务资产管理工作水平。（一）贯彻落实上级工作部署，推进综合改革试点。一是贯彻落实党中央、国务院、全总和市委市政府有关工作部署，结合市总“我为群众办实事”实践活动，完善顶层制度设计，出台《关于上海工会实施消费帮扶支持对口支援地区乡村振兴两年行动计划的通知》《关于基层工会做好第三胎生育慰问有关事项的通知》等文件。二是在现有经费管理制度框架内，会同职能部门共同研究制定职工疗休养市政府实事项目和看花博市总实事项目、对口支援地区干部挂职以及灵活就业会员经费使用和街镇累计结余经费处理等文件。三是开展非公企业工会经费管理调研，了解非公工会经费收缴、支出管理方面存在的困惑和问题，探索管理工作新机制。四是做好新旧会计制度制度衔接工作。结合工作实际，开展全市工会会计制度培训，同步贯彻落实全总预算稳定调节基金管理等办法，推进工会会计管理改革。指导各级工会做好资产清查等制度衔接重点工作准备。升级全市工会会计核算系统。做好机关本级衔接的资产清查、处置和结余分析等，确保平稳过渡。（二）严格财务管理，确保资金安全。一是推进经费收缴管理。加强宣传指导服务，确保经费基础。推进财政划拨经费基数的规范化。做实经费下沉，按计划完成经费回拨。二是完成本级预决算编制工作。围绕工会主业主责，聚焦工会中心工作，坚持过“紧日子”方针，继续落实“五保五压”（保基层建设、保帮扶就业、保维权服务、保关心关爱、保防疫专项，压“三公经费”、压一般行政费、压会议差旅费、压非急需支出、压低效无效支出）的原则要求，完成市总本级、单位预决算及上半年预算执行和调整编制工作。三是按计划完成区局产业工会预决算的备案，按照全总工作部署推进预算管理工作，积极稳妥完成全市工会决算汇总填报。四是进一步服务基层，出台《上海基层工会预算管理办法实施细则》，实行分类分级管理。五是强化资金存放和银行账户管理。出台《上海市总工会机关系统资金存放管理办法》《上海市总工会机关系统银行账户管理办法》，对市总机关系统评选开户银行、办理定期存款的权限及程序做出规定。开展直管事业单位资金存放管理情况的专项监督。六是制订下发《上海市总工会机关系统呆账处理办法》，指导市总相关部门及各直管单位按要求梳理呆账。七是下发《关于进一步推进落实好本市小微企业工会经费支持政策的通知》，进一步推进小微企业工会经费全额回拨，并开展年度财务专项监督检查。（三）持续推进工会资产管理。一是根据全总关于工人文化宫社会化市场化运作的有关指示精神，结合市总机关干部赴基层蹲点活动的实际，起草《上海市工人文化宫资产服务指导意见》。二是贯彻落实全国工人文化宫清理整改工作座谈会精神，对全市各工人文化宫开展第二轮实地督查。坚持清理整改报告制度，通过实地走访，指导各有关单位进行逐一对账销号。三是根据全总办法，结合本市现行工会资产管理制度的实施情况，制订下发《上海工会企业资产管理办法》，进一步明确监管权限，扩大监管范围，规范监管流程。四是进一步抓好本级各直管单位的资产管理，以2020年专项监督发现的问题为切入点，督促各直管单位开展整改。五是严格工会资产处置事项的审核、审批，加强对市总批复事项推进落实情况的跟踪。监督检查各级工会制度执行情况，做好全市工会资产统计，做好工会资产工作和相关制度培训。（四）协调配合推进市总项目建设。持续加强对闵行养老院、海鸥饭店、茉莉花剧场等重大基建项目的管理力度，一是定期对重大项目进行现场勘察、召开例会，协助项目推进。二是加强资金拨付的控制力度，按照项目预算明细、工程进度拨付资金。三是协调落实市总机关系统的小改小建工作，履行上会立项程序。四是配合推进工会学院改扩建工程方案确认。（五）配合市巡视组工作。根据市巡视组要求，提供本级会计档案和相关资料。对直管单位提供的日记账、明细账、科目余额表和会计报表进行资料汇总和完整性审核。对巡视提出的有关事项，指导直管单位即知即改，进一步规范财务管理。根据市总党组关于巡视整改的部署，对照清单，查找问题根源，从完善工作机制、管理制度，严格制度执行等方面落实整改要求。

（黄银萍）

【出台《上海基层工会预算管理办法实施细则》】 2020年12月29日全总印发《基层工会预算管理办法》，这是继2019年12月出台新的《工会预算管理办法》之后，又专门针对基层工会制定的预算管理办法，目的是进一步规范基层工会的收支行为，加强基层工会预算管理和监督，保障基层工会健康发展和职能有效发挥，不断提高基层工会经费使用效益。市总财务资产部结合上海工会工作实际，于10月22日制订出台《上海基层工会预算管理办法实施细则》（以下简称细则）。相较于全总《基层工会预算管理办法》，《细则》增加1个章节2个条款，并对相关条款作了进一步细化明确。一是将关于基层工会的预算管理职权、预算收入及时足额拨缴以及预算批准前必要的基本支出提前使用的相关规定内容补充进本《细则》中，既提高基层工会对预算管理工作政策的完整认识和把握，又减少基层工会在日常工作中查阅文件政策的工作量；二是明确上海基层工会的拨缴经费留存比例；三是明确基层工会发放兼职工会干部和专职社会化工会工作者补贴的标准由市总规定；四是明确基层工会应按照市总规定的经费开支范围和标准测算资金需求，编制年度预算；五是强调基层工会累计结余不得赤字；六是明确基层工会年度收支预（决）算及预算调整审批程序；七是明确区局（产业）工会对本地区、本行业工会经费收支预决算的监督管理责任。《细则》自2021年10月22日印发之日起施行。

（黄　珂）

【出台市总机关系统资金存放管理办法、银行账户管理办法】 为进一步加强和规范市总机关系统单位银行账户管理，强化资金监管，市总财务资产管理部根据国家财政部、全总和市财政局有关文件的规定，制订《上海市总工会机关系统资金存放管理办法》和《上海市总工会机关系统银行账户管理办法》，建立科学规范、公正透明的资金存放管理机制，防范资金存放安全风险和廉政风险。市总财务资产管理部对市总机关系开户及资金存放情况进行梳理排摸，以“非必要、不开立”为原则，及时清理账户，收回开户行外到期定期存款。组织举行市总机关系统银行存款及账户管理廉政承诺签订仪式，直管单位负责人、机关系统存款银行及开户银行负责人分别签订廉政承诺书。年内开展对直管事业单位银行账户开立及资金存放管理情况的专项财务督查，监督检查覆盖面达100%，全面落实“两个办法”的规定。

（周　静）

【出台《关于上海工会实施消费帮扶支持对口支援地区乡村振兴两年行动计划的通知》】 4月，为贯彻落实习近平总书记关于深化东西部协作，开展定点帮扶工作的重要指示精神，按照党中央、国务院、全总和市委市政府有关工作部署，结合市总工会“我为群众办实事”实践活动的开展，在充分发挥工会组织优势的同时，以进一步组织和动员全市各级工会，助力巩固和拓展脱贫攻坚成果、协同推进乡村振兴，促进共同富裕为目标，在对各级工会经费保障情况开展调查研究的基础上，制订下发了《关于上海工会实施消费帮扶支持对口支援地区乡村振兴两年行动计划的通知》（沪工总财〔2021〕76号）文件。其目的是通过工会系统顶层制度设计，更好服务职工推进对口支援工作。《通知》规定，全市各基层工会可在《上海基层工会经费收支管理实施办法》规定的逢年过节发放慰问品额度（当年度留成经费的50%）以外，根据经费的实际使用情况，按每年不超过500元/人的标准，购买发放本市东西部扶贫协作和对口支援地区消费扶贫产品。作为加强跨区域交流合作，推进新一轮对口支援工作的举措之一，受到基层工会和职工的广泛响应，取得了较好的对口支援政策效果。截至11月30日的不完全统计，全市近1.17万家基层工会，采购消费帮扶产品6.24亿元，惠及职工178.69万名。　（徐冬梅）

【出台《关于基层工会做好第三胎生育慰问有关事项的通知》】 市总财务资产管理部为贯彻落实中共中央国务院《关于优化生育政策促进人口发展的决定》精神，落实“三孩”政策促进人口长期均衡发展的要求，充分发挥工会组织服务职工的能力，切实关心关爱职工，依据《上海基层工会经费收支管理实施办法》的文件精神，制订《关于基层工会做好第三胎生育慰问有关事项的通知》。鼓励基层工会对生育三胎的职工开展慰问，明确基层工会在会员生育第三胎时可给予实物慰问，慰问标准不低于第二胎。生育第三胎的父母双方均可在各自单位工会享受慰问。　（周　静）

【出台《关于进一步推进落实好本市小微企业工会经费支持政策的通知》】 为切实贯彻落实全国总工会部署要求，积极应对新冠疫情影响，支持小微企业发展，市总财务资产部制订下发了《关于进一步推进落实好本市小微企业工会经费支持政策的通知》。《通知》从小微企业实行工会经费全额回拨（已实施第二年）的实际出发，从加强经费拨缴和全额回拨两方面工作进一步明确了目标和要求。要求各相关工会在加大宣传力度，提高经费收缴覆盖面的同时，提高小微企业工会对全额回拨政策的知晓度。认真梳理、排摸本地区、本行业或本系统小微企业工会经费的拨缴情况，推动具备条件的小微企业工会独立开户、独立核算或“上代下”集中核算。符合支持政策条件的要一并纳入回拨范围。进一步优化申报审批和回拨流程，加强台账管理。严格按时限要求将经费全额拨到小微企业工会账户，确保小微企业工会经费支持政策落地见效。11—12月以自查、互查相结合的方式，对全市47个相关区、局（产业）工会开展了年度专项财务监督检查。12月转发《中华全国总工会办公厅关于继续实施小微企业工会经费支持政策的通知》，将小微企业工会经费支持政策期限延长一年。

（徐冬梅）

【出台《上海工会财务资产管理工作考核办法》】 为贯彻全总办公厅印发的《工会财务会计工作考核办法》，落实推进预算管理改革的要求，进一步做好上海工会财务资产管理工作，制订出台《上海工会财务资产管理工作考核办法》。依据全总在经费拨缴、预算管理、决算管理、绩效管理、会计基础工作和财务监督6个方面考核基础上，结合上海工会实际，将经费拨缴率和足额率作为经费收缴的考核重点。结合近年来在预决算管理、预算绩效管理、财务监督等方面工作要求，增加资产管理工作考核内容，并对不同业务重新赋权。从提高基层工会经费保障能力出发，增加综合管理指标，主要考核贯彻落实上级工会要求，对下培训指导，接受审计监督等方面。并设置2个加分项，分别考核管理创新工作和经费上缴总量，其目的是激励基层工会进一步加强经费管理，善于工作创新。并对经费上缴贡献较大的单位实行政策倾斜。　（徐冬梅）

【出台《关于进一步明确工会经费收入专用收据开具工作要求的通知》】 根据《全国总工会财务部关于印发〈工会经费收入专用收据使用管理暂行办法〉的通知》规定，针对本市上下级工会之间大量通过银行划转的经费上缴、下拨业务同时开具收入收据的实际情况，为减轻各级工会不必要负担，出台《关于进一步明确工会经费收入专用收据开具工作要求的通知》，明确本市专用收据开具管理要求：下级工会收到上级工会补助的业务，凭银行结算凭证入账，不再开具《工会经费收入专用收据》；上级工会收到下级工会上缴经费的业务，凭银行结算凭证入账，不再开具《工会经费收入专用收据》；以往上述业务未开具《工会经费收入专用收据》的，不再要求补开。该项工作举措切实为各级工会减轻负担，得到普遍好评。

（徐冬梅）

【出台《关于进一步做好本市工会经费财政统一划拨工作的通知》】 为依法落实《工会法》有关规定，更好服务职工，保障职工会员经费权益，根据市总工会、市财政局《关于做好本市市级机关及参照公务员管理的事业单位计拨工会经费工作的通知》《关于扩大财政统一划拨工会经费范围的通知》要求，在前期开展调研基础上，市总财务资产管理部与市财政局有关部门联合印发《关于进一步做好本市工会经费财政统一划拨工作的通知》，对财政划拨基数工资总额明确为由基本工资、津补贴和绩效工资等部分构成，对划拨流程进行统一规范。该项工作得到全总财务部的肯定。

（徐冬梅）

【出台《上海工会企业资产管理办法》】 为了进一步明确工会企业资产的管理要求，根据全总《工会企业资产管理办法》的有关要求，结合《上海工会企事业单位固定资产监督管理实施细则》《上海工会企业转改制中的资产处置实施细则》和《上海工会企事业产权管理实施细则》实施情况，制订《上海工会企业资产管理办法》，重申禁止投资和新办企业的工会范围，明确市、区两级审批层级和主体，细化工会资产监管权限，进一步加强工会企业资产监督管理。

（吴定俊）

【贯彻落实国家财政部、全总《工会会计制度》，做好新旧会计制度衔接工作】 4 月 14 日，国家财政部修订发布的《工会会计制度》自 2022 年 1 月 1 日起施行。为实施并衔接新会计制度，市总对全市工会转发文件并提出贯彻实施的相关要求：一是统一思想，提高认识。充分认识《工会会计制度》修订实施的重要意义，把新《工会会计制度》的贯彻实施作为一件大事来抓，加强部门间配合，认真做好新旧制度衔接的准备工作。二是加强培训，确保实施。市总先后组织区局产业工会和基层工会举办 3 期新会计制度财务培训班，帮助基层工会财务人员尽快学习掌握新《工会会计制度》及新旧衔接政策，确保新会计制度按时、顺利实施。三是夯实基础，有效衔接。做好新旧会计制度衔接的准备工作是贯彻实施新《工会会计制度》的关键环节。要求在 2022 年 1 月 1 日之前，各级工会组织要对现有资产和负债进行全面清查和盘点，明晰产权、完善记录，做好各项会计基础工作和新旧制度衔接的准备工作。（黄　珂）

【协调配合推进市总工程项目建设】 年内，市总工会财务资产部加强对闵行养老院、海鸥饭店、茉莉花剧场等重大基建项目的管理力度。定期对重大项目进行现场勘察，先后 8 次召开重大基建项目监管例会，查验相关合同、月报等资料，加强资金拨付的控制力度，按照项目预算明细、工程进度拨付资金，协助各大项目建设的推进。其中，完成海鸥饭店主体结构封顶及幕墙样板施工，推进闵行养老院和茉莉花剧场两大项目基本建成。协调落实市总机关系统的小改小建项目，在市工人文化宫新建雕塑、市总幼儿园生活楼和幼儿专用活动室的改建中，组织到现场踏勘，妥善做好对项目的立项审批程序，履行招投标流程等。推进工会学院奉贤校区与城建职院宝山校区的置换工作。（杜冠卿）

2021 年工会财务资产干部培训　（周　静）

【开展年度工会财务资产干部培训】 为确保新《工会会计制度》的施行，推进全市工会财务资产管理各项制度落到实处，9—10 月，市总工会财务资产管理部举办了工会财务资产管理干部专题业务培训班，全市 300 余名工会财务、资产管理干部参加培训。培训班开设新《工会会计制度》讲解、新旧会计制度衔接、财务管理需要关注的问题、近期财务相关文件解读、对工会资产管理的要求以及工会财务软件使用知识等方面内容。通过培训，使各级工会财务干部熟悉掌握新制度的各项规定及要求。市总财务资产管理部部长黄银萍从制度修订的背景意义、修订原则、主要变化、需要关注的问题等 4 个方面对新《工会会计制度》进行深入讲解。通过分析变化、列举案例方式，逐一讲解不同科目、不同类型之间会计业务的核算要求，使之明确培训目的和意义，为进一步做好会计基础工作和新旧会计制度的衔接夯实基础。（周　静、杜冠卿）

【国网上海市电力公司工会举办新版《工会会计制度》培训】 11 月 23 日，国网上海市电力公司工会在党校（培训中心）举办新版《工会会计制度》培训班，来自公司本部和各基层单位的 60 余名工会相关财务人员参加培训。培训从新版《工会会计制度》修订的总体概况、条款正文、会计核算、工会会计科目和财务报表及工会新旧会计制度的衔接等方面作详细解读。同时，介绍新制度的主要变化、新制度主要变更科目核算、新制度会计报表制作等方面内容。（于　劼）

【中国宝武工会加强工会财务管理制度】 为加强工会财务管理制度，2021 年，中国宝武工会制订下发《中国宝武钢铁集团有限公司工会财务管理规定》及《中国宝武钢铁集团有限公司基层工会经费收支管理实施办法（试行）》等文件，制订下发《规定》和《办法（试行）》旨在加强工会财务管理制度，建立健全公正透明的工会资金存放管理机制。（周　莉）

【宝地资产加强工会财务管理】

2021年，宝地资产统一职工帮扶和团队建设活动管理标准，修订完善并下发《基层团队建设活动经费实施办法》《职工帮困送温暖工作实施办法》。协调解决基层单位工会财务管理和需报废的工会固定资产处置问题，完成约需处置的213件、原值84.37万元需报废的闲置工会固定资产；协调解决相关单位工会历史遗留账务和丰宝公司划转宝钢汽贸后的工会账务处置问题；帮助新成立的人管中心建立帮困送温暖工作管理流程，并督促离任工会负责人及时完成离任审计。开展工会经费专项检查，会同审计部对14家基层工会2020年度工会经费使用管理情况开展了专项审计检查，对检查中存在问题的单位下发整改通知单，督促其进行落实整改。

（朱　宏）

【上汽集团工会做好新《工会会计制度》衔接工作】 为应对新《工会会计制度》的施行，应对在新旧会计制度衔接过程中可能存在或产生的问题，集团工会组织基层工会开展了资产清查工作，对幸福、联谊2家公司开展清算审计，以进行事前检查纠正。组织财务和审计人员参加会计专业知识培训，提高实际操作水平。对大众动力总成、华域视觉等9家单位已离任的工会主席实施离任审计，对通用工会开展五年任期审计，对在审计中发现的问题及时进行整改。（范　融）

【世纪出版集团工会开展小微企业工会经费全额返还工作】 世纪出版集团工会积极开展小微企业工会经费全额返还工作，2021年11—12月，共为集团所属37家企业工会返还经费达110万元，以减轻小微企业经营困难。

（江　文）

【海鸥集团承接工程建设项目管理工作取得实效】 春节后，海鸥集团在全面开展节后安全专项检查并满足复工条件的前提下，于3月初对在建项目实行复工。各工程项目组在保证妥善落实疫情防控措施的同时，在确保工程质量的基础上，适时有序调整工程项目建设计划，从而保证了各建设项目安全有序推进，加快海鸥饭店、闵行养老院、茉莉花剧场等工程建设进度。12月28日，海鸥饭店项目顺利完成主体结构封顶。12月21日，组织项管、设计、监理、勘察、施工单位人员，对闵行养老院在建工程的施工内容、工程质量进行验收并通过验收，使项目加快进入维保、开业准备阶段。茉莉花剧场于12月底完成室内装饰、舞台机械和观摩座椅等工作的安装，使项目顺利进入细节整改、设备试运行阶段，加快剧场舞台改建工程的进度。

（杨盈晴）

【海鸥集团"合力攻坚，复位复能"完成年度各项经营目标】 年内，受新冠疫情影响，集团主营业务持续受阻。集团与各成员单位经调查研判，确定"合力攻坚，复位复能"工作总目标。动员各成员单位着力应对疫情导致的不利市场环境，根据行业现状特点，结合各自经营状况，有针对性地制订行之有效的工作方案，努力完成集团年度各项经营目标。酒店业从研究行业新趋势和区域新格局着手，在疫情常态化的经营中应变自救，着力恢复经营秩序、不断拓展业务边界，推动实现经营业务回暖回升。上海千禧善于顺应市场变化，推出全新的"Staycation"套餐，顺应了市场新需求。通过对营销渠道的深度运营，打造私域流量池，拓展医疗、医药和互联网等行业和公司客源等一系列有效措施，使各项经营指标明显优于去年同期，部分指标接近疫情前水平。疗休养增收方面，由于充分发挥主观能动性，投入资金改善客房设施，增添娱乐和活动项目，调整用餐标准，提升服务质量，将服务体现到每个细节，使参加疗休养的职工体会到无微不至的关怀和温暖。同时，各疗休养院、所打破原有模式，勇于参与市场竞争，想方设法揽员增效。工人疗养院主动应对疫情给体检行业带来的不利，挖掘老业务的创新点，利用好非公业务"溢出效应"，挖掘"下午经济"，因地制宜拓展体检车自营业务。同时，加入中国政府采购网和中国招标与采购网，精准对接市场需求，做好新客户引入工作。西山休养院努力寻找经济增长点，加大参与市场竞争力度，做大做强餐饮收入。物业在加强服务的同时，通过精准掌握租户动态，维护好租户关系，稳定租户的保有量。同时扩大租赁促增量。海鸥科创大厦按集团要求，以整栋和多层租赁优质客户为目标，与独家代理的CBRE紧密合作，在明晰价格策略和运作流程中，推进招商工作有新进展。另外与部分分层自用和整栋联合办公租赁的意向租户也正在跟进沟通中。

（郜　晶）

经审工作

【概要】 2021年，市总经审办按照全总、市总、市总经审会要求，通过调查研究和实践探索，推动"四位一体"立体经审监督体系运作有新发展。结合经审工作实际，实施深化改革方案，探索区局产业工会经审主任人选配备专业化、区局产业工会主要领导纳入经济责任审计范畴的新途径。健全完善工会经审工作制度，出台《上海市区、局（产业）工会经审工作规范化建设考核办法》《上海市区、局（产业）工会经审工作规范化建设考核标准》《上海市总工会关于进一步加强工会系统审计整改工作的意见》，落实国家审计整改工作。加强沟通协调，并做到举一反三，主动对接国家审计和巡视。推动区总工会与同级国家审计机构建立联席会议、会商制度。同时，配合做好市委对市总工会的巡视工作。开展审计项目质量评价，提高中介审计质量。夯实工作基础，加强对市总本级、直管单位、市总工会基本建设项目审计及对区局（产业）工会的审计工作。加强调研研究，为解决工会审计中出现的各类问题提供依据和政策指导。配合完成全总经审会交办的任务，完成对中国金融工会经审工作规范化建设的交叉检查工作。参加全总优秀审计项目评选，完成全总经审会基层工会组织经费保障专项审计调研。做好各项服务工作，举办市总工会经审委员、区局（产业）工会经审会主任培训班等，为基层工会提高审计专业能力提供更多帮助。

（王　翔）

【召开市总工会经审会十四届八次全委会议】 3月25日，市总工会经费审查委员会十四届八次全会在市总工会召开。市总工会经审会主任丁巍出席并主持会议，市总工会财务资产管理部部长黄银萍等列席会议。会议审议、通过市总工会和市总资产管理委

市总经审第十四届第八次全委会　　（王　翔）

员会2020年度经费收支决算、2021年度经费收支预算的报告；听取市总工会经审会对相关区局（产业）工会2019年度财务收、支审计情况的汇报；听取市总工会对本级年度经费预算执行审计情况的综合报告。

（王　翔）

【召开市总工会经审会十四届四次常委会议】 9月28日，市总经费审查委员会十四届四次常委会在市总工会召开。市总经审会主任丁巍出席并主持会议，市总财务资产管理部部长黄银萍等列席会议。黄银萍在会上就市总工会和市总资产管理委员会2021年上半年预算执行情况和2021年预算调整作说明，并就与会常委提出的问题作解答。会议讨论、审议并原则同意市总工会和市总资产管理委员会关于2021年上半年经费收支情况和对2021年收支预算的调整。会议认为，2021年上半年度经费收入完成较好，预算调整进一步贯彻落实过"紧日子"思路和"五保五压"原则。

（史　雄）

【制订关于进一步加强工会审计整改工作的意见】 为落实各级工会及所属企事业单位审计整改的工作责任，提高审计整改的质量和效果，根据《中国工会审计条例》等要求，年内出台了《上海市总工会关于进一步加强工会审计整改工作的意见》。《意见》提出各级工会经审会要坚持依法审计、文明审计，严格按照程序审深查透，做到事实清楚、定性准确、处理恰当、建议可行。要深入细致地与被审计单位交换意见，提出的审计意见和建议要有针对性和可操作性。要做好审计整改情况的跟踪回访，研究评估被审单位整改措施落实的有效性、可行性、实效性。要把审计整改纳入日常审计工作之中，并在审计报告中单独反映整改情况，以审计促整改，发挥工会经审"审、帮、促"作用。

（周　杰）

【制订完善工会经审工作规范化建设考核标准】 根据全总经审会《关于对2020年度省级工会经费审查工作规范化建设考核的通知》精神，市总经审会结合上海实际，年内制订下发《关于开展2021年度上海市区局（产业）工会经审工作规范化建设考核的通知》。《通知》制订了"自身建设、审查审计、国家审计、社会审计、会员监督、特色创新工作"六大类一级指标，其中二级指标对应区总工会有37项、对应局（产业）工会有36项。对符合要求的特色创新工作进行考核计分，经确定考核结果后，报市总主要领导审定，予以通报表彰。　（王　翔）

【开展对市总本级经费使用情况审计】 根据《上海市总工会关于本市各级工会经审会对同级工会年度经费预算执行情况开展审查审计监督的暂行办法》的规定，市总经审会于11月1日起对市总工会财务资产管理部2020年度本级核算的相关账户的财务收支和财务管理情况进行审计。共审计了由市总工会财务资产管理部核算的市总工会机关、市总工会本级、市总工会资产管理委员会、市总工会恒森房款、市总工会直属机关委员会、女职工周末学校、振兴中华读书办等7个账户的经费使用情况。　（王　翔）

【开展对直管单位经费使用情况审计】 2021年，市总经审办对上海工会管理职业学院、市工人文化宫、劳动报社、市职工技协服务中心、市总工会职工服务中心、市职工保障互助中心、市总幼儿园、上海海鸥控股（集团）有限公司、市退休职工管理委员会办公室、市退休职工服务中心和市退休职工大学2020年度预算执行、财务收支等情况进行审计。对市工人文化宫、市总幼儿园等单位的12个建设项目进行竣工决算审价，核减100余万元。同时，对茉莉花剧场、闵行养老院、海鸥饭店改、扩建项目进行跟踪审计。

（王　翔）

【开展对区局（产业）工会经费使用情况审计】 2021年，市总工会经审办对浦东新区总工会、徐汇区总工会、长宁区总工会等22家区局（产业）工会的2020年度预算执行情况和财务收支情况展开审计。对4家区总工会2020年度的职工法律援助补贴项目经费进行专项审计。此次审计委托会计师事务所进行，市总经审办做好受托会计师事务所的培训、管理和被审单位的协调、沟通工作。　（王　翔）

【开展对会计师事务所审计质量的评价工作】 年内，市总工会经审办邀请由经审委员和审计专业人员组成的专家组，对2020年中介审计项目进行现场评价。结合委托单位和被审计单位的评分，形成最终评价结果。评价结果以书面形式告知被评价的会计师事务所，并在市总工会官网上，对评价结果予以公示。对排名靠后的两家会计师事务所进行约谈，对评价最差的会计师事务所安排审计项目时"轮空两轮"。通过审计评价工作的开展，各会计师事务所普遍加大对工会审计业务工作的重视程度，使审计报告质

量有显著提高。（王　翔）

【举办经审工作培训班】 为提升工会经审干部的综合素质和专业水平，年内，市总工会经审会采取多种形式，分类为经审干部举办业务知识培训班。在区局（产业）工会层面，市总组织80名区局（产业）工会经审主任参加专业知识培训，全市200名基层经审干部参加全总审计专业人员培训。对市总工会社会中介机构审计备选库中的10家会计师事务所和5家工程造价咨询公司开展专题培训，突出强调工会审计工作的重点和要求。并继续为有需要的区局（产业）工会开展工会经审干部岗位培训，为基层工会提供更多服务。（史　雄）

【宝山区总工会召开七届十七次经审会议】 7月28日，宝山区总工会七届十七次经审会全体会议在区级机关大楼召开，七届全体经审委员参加会议，会议表决通过相关人事任免事项，经会议选举，冀晓蕾当选宝山区总工会第七届经审会主任。（朱　艳）

【闵行区总工会举办工会财务经审干部培训班】 10月21日，闵行区总工会举办工会财务、经审工作培训班。区总工会经审会主任袁飞、经审负责人金靓、财务负责人苏华为培训班授课。各镇、街道、莘庄工业区总工会，所属委、局工会财务、经审主任及经审干部等50余人参加培训。（金　靓）

【金山区总工会举办工会财务、经审干部培训班】 10月20—22日，金山区总工会举办了为期两天半的工会财务、经审干部培训班，区总工会党组成员、副主席邢扬出席培训班并作开班动员。区总直属工会及部分基层工会经审和财务干部共80人参加培训。培训班采取理论学习与分组讨论相结合的方式，围绕如何做好新形势下财务与经审工作、工会审计中需关注的问题进行讲授，专题解读了新《工会会计制度》及近期财务相关文件。（封梅芳）

【松江区总工会召开五届十一次经审会议】 9月18日，松江区总工会经审委召开五届十一次全体会议，区总工会党组书记、副主席陈军康出席会议并讲话。会上通过有关人事任免的决定，选举杨辉兰为区总工会第五届经费审查委员会主任，免去孙爱华区总工会第五届经费审查委员会主任、委员职务。会议还审议通过了2021年区总工会的预算调整。（沈　沁）

【青浦区总工会建立经审工作协同联动机制】 4月14日，青浦区总工会召开2021年度工会经审工作协调会，区总工会和区审计局有关领导出席会议。会上，区总工会介绍工会开展经审工作的基本情况，通报年度审计工作及2021年工作计划。区审计局介绍近年来审计工会经费工作状况及2021年审计项目安排。会上就双方建立经审工作协同联动机制共同签约。（朱建强）

【市仪电工会举办新版《工会会计制度》培训班】 12月15日，仪电工会新《工会会计制度》培训班在华鑫慧享中心和仪电培训中心（主、分场）同时举办。仪电工会经审委员、部分子公司及直属单位工会经审主任、各基层工会的财务干部约140人参加了培训，被邀请的市总财务资产管理部领导和专业干部对培训班授课。在培训班上，重点对新制度修订的总体概况、会计核算、科目和报表、新旧会计制度衔接、新旧会计制度要点和常见问题等方面内容进行详尽讲解。通过培训，使工会财务干部对新工会会计制度有了更深的理解和掌握，取得较好预期效果，为下一步规范执行新《工会会计制度》打下良好基础。（周黎俊）

【市化学工会多管齐下强化经审工作见实效】 为进一步明确经审工作重要性，结合工会年度目标的落实，市化学工会在年内新制订了《上海市化学工会审计工作管理办法》《上海市化学工会经审会关于加强专项资金审计监督的暂行办法》。依据两个《办法》规定，先后以多种方式抓经审工作的落实。如通过以专项检查组上门调研的形式开展座谈交流，进行现场盘点和查验帐目，对9家基层工会的专项资金落实情况进行评估审计。以“专业审+内审”方式，对18家离任、经济、清算审计和专项审计。以线上线下的培训方式，先后举办2期、170余名经审和财务干部参加的业务知识培训班。邀请专家对工会《会计制度》和经审工作的背景、意义进行导读、解释和分析，对现阶段在工会经费审查中存在的重点问题进行深入讲解。并在培训时开展互动交流，使培训人员进一步加深理解、掌握要领，为更好开展经审工作、提升经审工作水平打下较好基础。（韩　英）

【国网上海市电力公司工会举办财务与经审工作培训班】 5月20—21

10月20—22日，金山区总工会举办工会系统经审财务干部培训班
（封梅芳）

日，国网上海市电力公司举办了为期两天的年度工会财务与经审工作培训班。各单位工会负责人、工会财务和工会经审负责人100余人参加培训，公司副总经理、工会主席陈春霖出席并作开班动员。培训班设置了《工会经审制度法规解读》《公司工会经费使用规范及存在问题解读》《上海市工会预算管理实施细则解读》《学党史、知党情、跟党走——中国近代工运发展史》等课程。在培训讲授中，结合工会财务和经审工作特点，围绕培训目标和岗位履职的实际需要进行深入浅出的讲解。通过培训，使培训学员加深认识，提高业务知识水平，为规范做好财务经审工作打下良好基础。（于　劼）

【中国宝武集团公司工会优化审计模式，提高审计效能】 2021年，集团公司工会经审会首次通过购买服务，借助社会审计力量，采用"内审+外审"方式开展经审工作，提高了工会经审的监督效率和效能。先后成立由经审委员、财务人员、经审干部组成供应商比选工作小组，对中国宝武《审计业务合格社会中介机构名录》中符合条件的会计师事务所进行比对。在确定合作单位并签订委托协议后，对委托单位明确按《2021年对二级单位工会财务收支审计要求》开展审计，确保每个审计项目圆满完成。（赵思杰）

【上海航天局工会推进经审工作规范化建设】 为规范上海航天局工会经审工作，年内新制订《工会审计管理办法》。《办法》引入会员监督、社会中介机构参与审计的要求、基层工会经审工作规范化建设等方面新规定。日常工作中，定期把在工会审计中遇到的问题，以全委会、工会例会等形式给以通报，并现场答疑解惑，防止相同问题重复发生。同时，委托第三方机构对局工会及7家基层工会经费收、支情况展开审计，保障了工会经费使用合理、程序规范。（周欣彬）

【上海化工区工会召开财务经审工作暨业务培训会议】 6月25日，化学工业区工会召开年度财务经审工作暨业务培训会。会上，表彰2020年度财务和经审工作规范化建设考核优秀单位，对上年度工作作总结，部署了2021年财务经审工作目标任务。并就进一步规范做好工会财务和经审工作作培训式讲授。化工区工会经审会以规范化建设考评活动为抓手已开展19年。年内，在加强立体经审监督体系建设的同时，继续开展"四位一体"经审监督工作考核，共考核32家基层工会的经审规范化运作，基本实现规范考核全覆盖。除此，还通过完善考核表中的观测点，指导基层工会规范有序开展财务经审各项工作。（邹　毅）

【上实集团工会注重发挥工会经审监督效能】 年内，上实集团工会进一步建立健全经审规章制度，坚持对经审工作实行标准化考核，推进经审工作规范化和制度化。在连续3年聘请第三方审计机构进行审计的基础上，首次对本级及下属44家工会经费的收、管、用进行全面审计，对直管企业离任工会主席开展离任审计，并通报结果。由于推行内部审查与外部监督的有机结合，促进了工会经费在阳光下管理、监督和使用。（喻晓彤）

信息化工作

【概要】 2021年，市总工会全力贯彻落实市委、市政府《关于全面推进上海城市数字化转型的意见》《上海市全面深化"一网通办"改革工作要点》的工作要求，深化上海工会"一网通办"改革。从科学整合资源，优化业务流程，部门协同着手，强化为基层企业职工提供全面规范、公开公平、便捷高效的政务服务，进一步加强了上海工会网络安全，提升信息化管理水平。按照上海市"一网通办"工作要求，全面完成16个公共服务事项在"随申办"APP、微信、支付宝小程序三端上线运行，可办理事项接入率100%。协调配合相关委、办、局，完成"职业健康一件事""社会救助一件事"等工会业务互融及连通工作。全面施行上海工会网上工作平台（申工通）、上海工会网上服务平台（申工社）、上海市总工会官方网站等5个信息系统的上"云"迁移。加快实现工会"一网通办"档案电子化，实现"上海工匠申报""爱心妈咪小屋查询"等事项与档案系统对接。妥善完成整理组件、数据封装、数据固化、接受登记、归档入库等工作，并通过市档案局现场检查。按照上海城市数字化转型要求，市总工会全面推进上海工会"两库"项目建设，配合推进全市各级工会开展"扫码入会"，实时制发"上海工会电子会员证"并纳入市电子证照库，在"随申办"对"上海工会电子会员证"亮证，全面开展"随申码·工会"市级层面应用场景对接，开展"随申办"上海工会专栏对接。坚决落实网络安全工作责任制，筑牢网络安全防线，在市总工会网络安全和信息化委员会的领导下，抓好对上海工会网上工作平台（申工通）、上海工会网上服务平台（申工社）等非密关系系统网络安全等级的保护。抓好信息系统日常监测、应急响应、处置整改等工作，确保数据安全和个人隐私的保护，确保市总工会基础网络和重要信息系统的安全。在2021年度市委网信办网络安全管理工作年度考核中评为优秀。（周礼炅）

【中国宝武集团工会创建"宝武智慧工会平台"】 12月，中国宝武智慧工会平台上线，平台含有资讯中心、创智中心、学习中心、福利中心、服务中心、活动中心六大功能模块，实现了各级工会组织的全覆盖（不含托管单位），职工注册关注登录数超17万人。通过平台可开展"献一计"、厂务公开问题征集、《宝武管理者问卷》调查、"金牛奖""银牛奖"等评选活动；可为基层工会和广大职工提供便捷、精准的网上咨询服务；也可共享宝武微学苑、"宝武大咖汇"等学习资源，满足职工多方面的学习需求。在对接外部资源方面，可拓展服务职工的渠道，为职工优选专业化保险产品、优选电子图书、精选高品质在线课程等方面提供诸多方便和服务。（王冠鹏）

【上海邮政工会开展智慧工会建设】

上海邮政工会秉承着"以员工利益为出发点，做好娘家人、贴心人"的宗旨，积极构建网上工会建设体系，充分利用互联网技术，拓展舆论宣传阵地，密切工会组织与职工的沟通渠道，努力提升服务职工的效率与质量，从4月30日起，企业微信号"邮工社"，每

周五定时发布各级工会的相关信息，截至年底共发布信息35期，包括105篇文章，使之成为职工的“掌上工会”。（王　瑛）

【中国移动上海公司探索“数智化”工会转型，构建智慧化服务员工新模式】 年内，为逐步解决现阶段员工日益增长的互联网便捷使用需要和当前不完善的服务员工体系之间的矛盾，中国移动上海公司工会以聚焦“功能性、趣味性、推广性”服务功能为重点，创新开发了“沪移工惠”微信小程序。在使用中又经两次改版升级，使工会智能化服务员工更趋成熟、便捷，实现了工会线上线下融合、“智慧”服务员工的新模式、新途径。提供便捷智慧服务的小程序主要在开展工作活动中体现“三个新”：一是形成“数智化”便捷交流的新载体。“沪移工惠”微信小程序有目录树结构、可视化界面、快捷式入口搭建起“公司工会—基层工会—文体分会”三级工会信息页面。上海移动所属28家基层工会、12个社团的组织架构、活动信息清晰可见，对公司全体会员公开。二是构建“数智化”普惠服务的新通道。“沪移工惠”微信小程序可对公司工会各类服务项目进行一站式整合，由多层级的信息传递升级为扁平化的快速传递方式，避免了信息截流。2021年，公司96.94%的会员通过使用小程序获取各类服务信息，浏览小程序68万余次，会员日均登录量800余名。三是成为“数智化”开展活动的新平台。开展活动时，实行“宣传—报名—签到”线上全流程参与，使员工能更便捷地申请加入自己感兴趣的社团，报名参加喜闻乐见的文体活动。各级工会也能在平台上互相学习、借鉴并开展各项活动，有效实现了活动发布“一键对接”、活动招募“一呼百应”、活动形式“一键展示”。公司工会还通过小程序首页，发布劳模作品展、红歌会投票、红色地图打卡等20余项主题活动，各级工会、文体社团在“幸福1+1”板块共发布300余项可报名的文体活动。（张竹青）

中国移动上海公司工会创新开发“沪移工惠”微信小程序　（张竹青）

信息工作

【信息工作】 2021年，市总工会信息工作紧紧围绕庆祝建党100周年，聚焦落实中央、全总、市委相关精神和工作要求，重点围绕建党百年，致敬红色文化，传承红色基因，大力弘扬劳模精神、劳动精神、“工匠”精神，讲好广大职工用劳动创造幸福的故事，发挥较好的参谋助手作用。报送市委、市政府领导《专报》42期，全总信息31期、市委信息29期，李强、于绍良、彭沉雷、宗明等市领导批示23次，编发《工会简报》29期。一是强化提前谋划。紧紧围绕中央、市委、全总决策部署，把握当代中国工人运动的时代主题，做到在大局中思考，在大局下行动，找好信息工作服务全局工作的切入点、结合点，结合工会重点工作做好策划、选题、约稿等工作。二是坚持问题导向，注重及时高效。从讲政治的高度认识报送问题类信息的重要性，加强信息报送时效性，把握热点问题窗口期，推进重点工作进展情况的阶段性总结上报，既报喜又报忧，明确职责分工，做到“首报及时主动，续报准确清楚，终报干净利落”。三是加强组织建设。坚持把媒体采编专业化机制和方法运用到工会信息、简报采编的全过程。联系沟通全市各级工会信息队伍，加强与各级工会尤其是信息直报点的联系指导。举办工会信息员培训班，召开上海工会系统公文培训电视电话会议，持续增强信息工作队伍素质。（徐鑫悦）

【上海邮政工会加强信息采编工作】 2021年，为加强与基层工会的沟通交流，充分调动基层工会组织和工会干部踊跃撰写和报送工会信息的积极性主动性，上海邮政工会坚持开展信息采编工作。各基层工会善于挖掘本单位工作活动中特色上报信息，及时反应在工会动态、重大事件和员工风采等方面新经验新成果，工会信息工作取得显著成效，为较好反映良好邮政形象提供正能量。据统计，年内共收到各类信息稿件317篇，其中基层工会报送240篇、市公司工会75篇。上报集团227篇，被采用224篇，采用率98.7%。市分公司邮工社采用106篇。信息报送数量和质量同比显著提高。在中国邮政集团工会信息评选工作中上海邮政工会荣获三等奖。（王　瑛）

信访工作

【概要】 1—12月，市总工会受理和办理职工群众信访总量126759件（次），同比下降7.88%。其中来信701件，同比下降37.52%；联名信16件，同比增加167%；来访173批289人次，同比批次下降71.5%，人次下降73.33%；集访5批84人次，同比批次下降76.2%，人次下降73.3%；来电124687件（次），同比下降8.23%。信访反映的主要矛盾集中在互助医保、劳动关系、历史遗留等方面。主要工作：2021年，市总工会按照全总对工会信访工作的要求，牢记政治使命、践行宗旨意识,及时妥善处理职工群众信访事项,坚持践行“事心双解”信访工作理念,围绕“解决问题、化解矛盾、息诉罢访”的工作目标,努力推动信访积案化解工作。一是深化工作规范,践行“阳光信访”。始终将“案清事明”理念贯穿信访办理工作的全过程,认真核实每个信访件的人员、诉求、事实、依据等要素,加强与职工群众和责任单位的双向沟通,切实弄清问题的来龙去脉,确保人员清晰、依据明确、措施落地。同时,进一步厘清工会信访受理范围、职能定位、职责界限,严把信访受理的“入口关”,对事实认定、对适用的法规政策严格审查严把“出口关”,切实保证信访办理工作阳光透明。二是依法化解积案,践行“法治信访”。始终坚持法治思维,引导职工群众通过法律途径解决信访问题。为提高上级交办的信访积案化解工作,对责任单位进一步明确任务书、时间表,高度负责地落实一事一案专班工作机制。通过采取案件专题会商、情况信息保送等措施,对表对标抓推进、抓落实,自始至终站在职工群众的角度,综合运用法律、政策、行政等手段和教育、协调、调解等方法,依法稳妥化解积案矛盾。三是注重能力建设,践行“责任信访”。定期召开工会信访网络组例会,组织区局(产业)工会信访干部传达学习市信访工作会议精神和市总工会主席室的指示要求,切实把本市工会信访干部的思想认识统一到落实市信访工作会议精神的具体行动当中。10月12—13日,举办信访干部培训班,全市各级工会及市总直管单位的信访干部近50人参加培训。通过信访工作实务操作等课程的培训,使工会信访干部更好履行职责,为切实做好工会信访工作提升能力水平。 (丁贤颍)

【闵行区总工会有序开展职工信访工作显实效】 2021年,闵行区总工会共收到市总工会转信件5件,电话信访6批次,区信访办转信2封,主要类型为劳资纠纷类、举报类及政策咨询类。对信访件调处,按规定程序由办公室负责登记备案,经领导审核批示后,转交相关部门跟进处理。如劳资纠纷类案件主要由维权保障部处置,第一时间向信访职工和所在单位了解、协调、沟通。对于需要法律援助的信访人则转介到职工法律援助中心,由区总聘用的维权律师为信访人提供法律援助。举报类案件由办公室联系企业所在街、镇总工会,会同属地工会联合派遣专人前往被举报单位进行调查,督促整改,并在规定时间内答复来信人整改结果。政策咨询类案件,由办公室移交职能部门,及时联系信访人答疑解惑。信访结案后,及时形成归档案卷。 (王若蓝)

【市化学工会做好稳定风险排摸化解工作】 2021年度,在市化学工会与市总工会签订劳动领域维护政治安全责任书的前提下,进一步贯彻《2021年度本市职工队伍稳定风险排摸化解专项行动的通知》和《上海工会构建落实“五个坚决”要求长效机制实施细则》的相关要求,将“关于落实‘五个坚决’的工作提示”下发到二级工会负责人。在“五一”、6月1日—7月5日期间,按照“有事及时报、无事零报告”的要求,完成市总零报告任务。年内,投资公司下属的华谊装备工程公司完成调整转型,未出现不稳定因素和突发事件。在化工联社整体转移到市联社过程中,配合资本部就工会条线的资金做了排摸和报告。年内,通过市总工会网络信访的有4起,诉求的类型主要是劳资类问题,且重访占大多数。接到信访件后,工会权益保障部及时与集团信访办、二级工会对接,按要求在上海工会网络平台上做好情况说明和专项汇报,与上访人员及时进行沟通、取得理解,促使矛盾化解。 (韩　英)

2022

上海工会年鉴

区局（产业）工会概况

区总工会概况

【浦东新区总工会】 辖有基层工会9378个，涵盖单位21532个，职工929815人。工会会员881288人，其中女会员387128人、农民工会员227623人。主要工作：一是加强新时代职工思想政治工作，以正确政治方向凝聚奋进力量。围绕党史学习教育，开展百名劳模和“工匠”宣讲百场报告；寄语建党百年等“七个双百”主题活动，80万人次职工参与活动，在全国和本市及区媒体上开展宣传报道120余次；配送各类宣教资料10万余册；“浦东工会通”微信发布文章853篇，阅读量252万人次；“浦东工会通”抖音号上线“五色专栏”；“浦东职工心灵驿站”视频号累计上线80期职场心理知识，累计阅读量14万人次。由浦东劳模与职工共同演绎的《劳动最光荣》主题音乐电视等6篇报道登上学习强国上海平台。在深化“中国梦・劳动美”主题活动中，选树培育文明班组和文明岗位各100个、文明职工100名。在创建“职工书屋”工作中，创建区级职工书屋10个；五峰书院、周浦医院评为全国工会“职工书屋示范点”，世纪公园等职工书屋评为市“职工书屋示范点”。16万人次职工参加党史知识竞赛、书法和绘画及摄影大赛、“百团健康跑”等活动。二是推进产业工人队伍建设改革，努力打造高素质职工队伍。开展以“打造引领区、当好主力军——推进浦东高水平改革开放”为主题的2021年四大系列劳动技能竞赛，形成“四大竞赛系列、三十个以上竞赛品牌项目、百名劳模‘工匠’示范带动、千场以上竞赛比武、百万职工共参与”的竞赛新格局。实施提升职工技能的“830”计划，创建示范性“上海职工学堂”12家；创建长三角劳模创新工作室38家。组织劳模“工匠”开发线上线下课程60余门。申报市奖励一线职工各类授权发明专利472项次。全面落实职工职业培训政策的地方教育附加专项资金，年内发放专项补贴6043.49万元。在评选工作中，获全国、市五一劳动奖状奖章82个、“上海工匠”6名、“浦东工匠”30名，有4名“浦东工匠”按特殊技能人才“落户”本市。三是维护广大职工合法权益，助力企业构建和谐劳动关系。继续推行区、街镇两级政府与工会联席会议制度，年内形成议题41个，培育高级、中级达标单位28家、55家。实行企业民主管理制度，集体协商签订集体合同建制率90%、工资集体协商建制率80%。推行“凝心聚智促发展，合力打造引领区”职工提案工作提质增效行动计划取得实效。探索实行事前体检、事中援助、事后监督的全程式工会维权服务，参与调处劳资纠纷418起，其中群体性劳资纠纷81起、涉及金额7230万元。为3121名职工免费提供法律援助，挽回经济损失5812万元。联合相关职能部门开展“农民工工资支付”“女工权益”“新业态职工权益”等专项劳动法律监督检查，涉及企业305家、职工5262人。开展了“尊法守法、携手筑梦”公益法律服务行动评为首批浦东新区社会主义法治文化品牌活动。先后举办《民法典》与劳动关系大讲堂等各类讲座107场次、线上微课10期、发放宣传用品3万余份。组织开展市、区级“安康杯”竞赛，有6000家企业、近26万人次职工参与。以培训、竞赛、线上线下形式，开展增强“百千万劳动防护能力”活动，累计7.5万余人次参加。为保障职工生命健康，有16个公共服务区域的职工服务站安装了AED自动体外除颤仪。四是深化职工关心关爱活动，提供工会精准普惠服务。年内各级工会累计慰问困难职工5.27万余人次、投入资金1807.84万元。帮助浦东及对口支援地区千余名困难职工实现“点亮微心愿、筑梦新时代”心愿。持续开展优秀文化配送职工服务活动，全年配送基层工会组织、职工服务平台近120家，服务490场，惠及职工2万余人次。参与春风行动等线上线下职工专场招聘会37场、招聘近2万人。向职工聚集区域开放12个园区、楼宇、商圈健康服务点。各级工会组织职工“看花博”377批、2万余人次。安排一线职工参加疗休养9626人次。培训职工心理关爱师82名。组织46场线上线下心理课程进企业和园区，服务职工3万余名。年内为1.6万余名外来建设者提供免费健康体检。新建“爱心妈咪小屋”50家。五是加强工会组织建设，提升基层工会活力。年内加强工会自身建设，新建工会组织467家，新增建会数536家，新增会员2.2万余名。新建浦东新区绿化和市容环卫行业工会联合会，指导街镇、开发区推进电商、平台等企业属地建会，美团、饿了么等107家外卖快递网点建立工会小组，职工入会6163人。灵活就业群体入会2万名，通过网上入会6709名。组织300余人次工会干部参加工会业务知识培训。开展本级与直属工会经费审计30家，延伸审计52家。推选崮山路3家户外职工爱心接力站等为“全国最美户外劳动者服务站点”。有9个街镇、开发区工会参加市总工会非公企业工会优秀案例评比、12家“小二级”工会参加“小二级”工会组织示范点服务职工优秀项目评选、30家“会站家”一体化建设的“小二级”工会评选为示范点。指导帮助35家街镇和开发区总工会进行换届选举。完成对工会社工的薪酬、晋升机制改革。 （陈 维）

【徐汇区总工会】 辖有基层工会1829个，涵盖单位13301个，职工289941人。工会会员284232人，其中女会员125283人、农民工会员80935人。建立“小二级”工会56家，覆盖企业2792家，会员72226人。5519名灵活就业人员加入工会组织。组建全国首家咖啡行业联合工会。主要工作：以习近平新时代中国特色社会主义思想为指导，深入学习党的十九届六中全会、市委十一届十二次全会和区十一次党代会精神，开展庆祝建党百年系列活动。在开展评选工作中，区总工会文体中心获评全国群众体育先进单位、区总工会服务中心评为2019—2020年度上海市文明单位。另有荣获市五一劳动奖章11人、市五一劳动奖状7个、全国工人先锋号1个、市工人先锋号12个。评为“全国最美家政人”1人、全国五一巾帼标兵1人、1个非遗传人工作室评为全国五一巾帼标兵岗。全年获评全国“职工书屋”示范点1家、市“职工书屋”示范点2家，评出10家区级“职工书屋”示范点。新建“爱心妈咪小屋”41家。年内联合有关部门开展旅游行业技能大赛、咖啡行业技能大赛、养老护理职业技能竞赛、“企业服务专员”营商服务技能大赛、“一网通办”“一网管”以及12345热线立功竞赛，6000余人次参加比赛。新建了上海市首家"职工创新工作室联盟",首批已由33家成员单位加盟。在帮困慰问工作中,首次尝试依托民政系统审核确定区级困难职工家庭45户,并施以定向帮扶,发给帮扶金13万元;对402名困难职工实施帮困,发放帮困金80.4万元;对6966名防疫志愿者、生产一线、露天作业职工开展慰问,慰问金62万元。为1312名农民工提供免费健康体检、256名困难企业和新型就业女职工进行"两病筛查"。创建2批共6家上海市职工"健康服务点"。组织重大工程建设者、疫情防控志愿者等一线职工10885人参加"看花博"活动。依法维权突出抓重点,与专业律所合作,对40家企业开展法律体检,排查出劳动关系隐患150个、提出整改建议187条。与劳动监察大队和区妇联联合,上门检查22家单位,涉及严重侵犯职工权益16家。工会法律窗口接待职工咨询7069人次、提供法律援助358件、现场参与调处群体性纠纷18起。召开厂务公开民主管理领导小组会议,形成了《区总劳动关系法律体检中厂务公开民主管理工作专题分析报告》,汇编了《构建和谐劳动关系企业风险防范指引》。开展集体协商,指导企业签订集体合同262份,涵盖企业2550家,覆盖职工71590人;签订工资专项集体合同704份、涵盖企业7366家、覆盖职工167819人。落实区政府"为9万名职工送专享保障"实事项目,帮助692位职工获得专享工会保障理赔343万元。在服务职工中,举行职工"汇心愿"活动,帮助完成职工心愿300条,其中有对口支援西藏日喀则市萨迦县职工心愿91条。徐汇职工"汇课堂"全年开班211个,服务职工6200人次。发布首批13个"汇工汇能——徐汇职工学堂精品课程"。在全市率先启动"宫馆合作"项目,举办文艺活动38场,服务职工5130人次。举办职工体育、智能健身比赛28场,参与职工3650人次。举办第二季"幸福是奋斗出来的——听女劳模、'工匠'讲成长故事"女职工课堂活动。 (朱贤樑)

【长宁区总工会】 辖有基层工会1690个,涵盖单位11750个,职工232919人。工会会员225312人,其中女会员100542人、农民工会员65385人。主要工作:一是在"聚"字上下功夫,把牢正确政治方向。突出工会特色,举办学习习近平总书记"七一"重要讲话专题辅导报告会,开展"中国梦·劳动美——永远跟党走 奋进新征程"主题系列活动。发挥文化宫文化阵地作用,结合五一劳动节推出庆祝建党100周年"红五月"系列主题活动,结合八一建军节开展"忆百年峥嵘看铁血军魂"军事藏品展活动。组织"长宁区劳模精神宣讲团"全年巡讲86场,在《长宁时报》开辟工会宣传专栏,大力弘扬劳模精神、劳动精神、"工匠"精神。集中刊登"讲劳模故事,展劳模风采"系列报道共13篇,安排劳模先进事迹展板进楼宇、进企业47场。二是在"强"字上下功夫,打牢组织建设基础。全年共组建实地实体型工会57家,其中百人以上企业14家。对接保障第四届中国国际进口博览会,推进"进博会立功竞赛活动"。联合多部门策划开展加装电梯实事工程、"一网统管"、"一网通办"等区级劳动竞赛。申报各类合理化建议和先进操作法15项,市优秀成果奖8项。做好2021年度上海市五一劳动奖状和奖章、工人先锋号推荐评选工作,获评6个"上海市五一劳动奖状"、9名"上海市五一劳动奖章",10个"上海市工人先锋号"。精心组织开展第二届"长宁工匠"选树活动,有20名优秀人才获"长宁工匠"称号、1人获评2021年度"上海工匠"。三是在"稳"字上下功夫,兜牢社会安定底线。建立健全工会领域舆情预警和研判工作机制,全年共上报市总预警舆情8起,平息化解3起。与长宁区法院、长宁区仲裁院联合在虹桥街道设立"虹桥街道劳动关系多元解纷中心"。与长宁区司法局共同开展农民工普法活动,开展线上线下宣讲40次、服务1300余人次。做好夏季职工劳动保护和防暑降温工作,全区工会组织开展送清凉专项慰问活动684次、慰问企业和工地814家、慰问职工59976人次。组织一线职工开展疗休养和体检活动,共2546人次参加。相关工作人员接种新冠疫苗1500人。开展"安康杯"立功竞赛,深化"查隐患、保安全"专项行动。开展"工会进万家"调研走访慰问活动,为长宁区30家企业提供"法律体检"。四是在"实"字上下功夫,筑牢民生发展根基。新挂牌6个市级园区(楼宇)健康服务点,在"风铃驿站"新建户外职工爱心接力站。推荐长宁区内15家单位获评上海市三星级、四星级"爱心妈咪小屋"。推出"卡卡乐私塾"活动,为基层提供送课服务共49场。组织安排抗疫、快递、家政行业一线职工参加市总全额补贴疗休养。组织250名困难职工、家政服务人员免费参加"百万职工看花博"活动。做细职工互助保障及专享保障工作,全区职工投保约32.1万人次,理赔金额3286万元。 (杨柳青)

【普陀区总工会】 直辖工会30个,其中街道镇总工会10个、系统工会12个、直属企业工会3个、行业工会5个。基层工会1709个,覆盖单位5141个。职工163386人。工会会员150931人,其中女会员66207人、农民工会员60629人。年内,区总工会贯彻落实区委、市总工会各项决策部署,抓各项工作落实。一是选树先进典型。评选宋增光、边慧夏、刘少帅3人获"全国五一劳动奖章"、1个团队获评"全国工人先锋号";培育选树"上海工匠"2名、"普陀工匠"17名、市五一劳动奖(章)12个、市工人先锋号7个;评选普陀区劳动模范、先进工作者100名,普陀区模范集体50个。二是开展竞赛活动。围绕区域重点工作、重点项目,开展劳动竞赛、技能比武36场次、参与职工10920人次。通过技能培训,18名职工获晋升技师、高级技师奖励及高师带教奖励。打造菜单式精品课程,培育选树示范、优秀"职工学堂"5家。在推进职工科技创新中,获评上海优秀发明选拔赛奖项12个。三是帮扶服务职工。统筹推进各类工会服务项目,各级工会投入资金498万元,服务职工6.8万人次。先后设立园区(楼宇)健康服务点6个,开展健康指导及咨询服务,惠及职工3474人次。走访慰问防疫一线工作人员5000余人。实施消费帮扶支持对口地区乡村振兴行动计划,各级工会参与消费帮扶307余万元。组织2156人次和5661人次职工参加疗休养和参观第十届中国花卉博览会。推出红色教育系列讲座等公益乐学课程127节,惠及职工4476人次。各级户外爱心接力站累计服务职工5823人,快乐户外爱心接力站获评"全国最美爱心接力站"。推动22项工会服务纳入"一网通办"公共服务事项,成为全市第一家工会法人资格证书实现"全程网办",网办数量和质量在中心城区位列第一和最优。四是依法维护权益。发挥"朱雪芹职工法律援助工作室"示范引领作用。编印了《职工维权案例精析与咨询问答》。年内接待职工各类劳资、法律咨询1855件,提供代书、参与协商调解、代理仲裁或诉讼1178件,为职工挽回经济损失2100万余元。在30家企业中开展劳动用工管理"法律体检",惠及职工5134名。制订实施《区总工会构建落实"五个坚决"要求长效机制实施办法》。设立法院—工会劳动争议诉调对接工作室,成功调解56件,挽回经济损失195万余元。在开展根治欠薪冬季专项行动、稳定职工队伍风险排查化解专项行动中,区总工会吴炜获评"全国'尊法守法·携手筑梦'服务农民工公益法律服务行动成绩突出个人"、区总工会权益保障部获评"2016—2020年度上海市法治宣传教育先进集体"、区总工会获"普陀区十大优秀重点普法项目"称号。五是加强工会建设。不断扩大工会组织覆盖面,年内建独立工会59家,职工入会4398人。依托社会组织、行业协会和商会,拓展小微企业建会新渠道,成立石泉东路商圈联合工会、真如1550街区联合工会、红星美凯龙真北商场信息员工会联合会、甘泉养老服务行业工会联合会等4家"小二级"工会,覆盖商铺(企业)218家、会员627人。加大对灵活就业职工的入会和服务保障工作,划拨的专项经费惠及3635名会员。 (陆　蕾)

【虹口区总工会】　辖街道镇总工会、行业和直属企业机关工会组织共34个。基层工会1493个,覆盖单位5509个。职工121551人。工会会员117098人,其中女会员42060人、农民工会员19877人。机构改革后设置基层工作部、劳动关系部、权益保障部、财务资产管理部、办公室等4部1室。工人文化宫、职工服务中心为区总工会事业单位。主要工作:一是加强思想宣传教育。"虹宫双微"微信公众号发布党史学习教育报道12篇,在全区工会系统和广大职工群众中形成学习宣传氛围。举办"幸福都是奋斗出来的"——区总工会庆祝建党100周年主题活动,全景展示全区各级工会在党领导下劳动成果;举办"阅百年风华,读红色初心"——暨庆祝建党百年虹口职工读书会,带领干部职工重温上海工人运动在虹口的光辉历程;区工人文化宫原创红色情境短剧《启航》,在北外滩"留法勤工俭学出发地"再现当年中国青年乘坐"因幡丸"号邮轮赴法勤工俭学的历史场景,开展党史现场教学活动。二是提升维权服务效能。与区人力资源和社会保障局、司法局、区法院等四方联动,实施职工队伍稳定风险排查化解专项行动,联合调处九龙宾馆等群体性劳资纠纷案件2件,排摸调查掌小门等舆情案件4件,推进符合集体协商条件的企业建制覆盖率动态达到90%以上。落实"零门槛""应援尽援"的法律援助工作机制,各法律援助工作站办理上海工会法律援助服务平台案件共1232件,合计为劳动者挽回经济损失1971万元。召开区政府与工会联席会议,审议通过《关于建立虹口区处置群体性劳动争议会商机制》和《关于开展"北外滩高质量发展、高品质生活先进集体、先进个人"评比达标表彰工作》等议题,全区8个街道全覆盖建立联席会议制度。三是加大产业工人队伍建设。打造技能型人才队伍,区北外滩开发办公室规划组荣获市先进集体一等奖;推动创新工作室创建工作,王炜劳模创新工作室等2家单位获评市劳模创新工作室,鲁迅公园技师创新工作室等3家单位获评市工匠、职工(技师、巾帼)创新工作室,上海东虹环境保洁有限公司欧阳作业块女子清道班荣获全国五一巾帼标兵岗。年内,区有4家单位荣获市五一劳动奖状,5名个人荣获市五一劳动奖章,6个班组荣获市工人先锋号;在全市16个区首家开展区五一劳动奖、工人先锋号评选,100名优秀个人授予区五一劳动奖章,50个集体授予区工人先锋号。四是服务职工实事项目。全区新办工会会员服务卡4997张,持有效卡会员为6.07万人。开展"卡卡大篷车"系列活动,为会员提供优惠商品及公益服务。互助保障服务有序开展。通过互助保障职工总计受益28.17万人次,比上年增长7.09%。落实"一线职工疗休养、建立园区健康服务点"两项政府实事项目。全区共组织53个团组、2079名职工(含602名一线防疫职工)参加疗休养,组织近万名职工看花博。建成金融街(海伦)中心、大柏树930科技创意园区、花园坊节能环保产业园、新华保险大厦、1876老站创意园等5家上海市园区(楼宇)健康服务点,让职工就近就便享有疾病预防、健康指导等服务。推进深化职工舒"心"吧服务品牌,开展EAP专题培训并建立志愿者队伍,开设专职医生驻点咨询50次,服务职工625人次。举办"建党百年庆　虹工送岗位"线上招聘会,招募152家优质企业入驻"会聘上海"。拓展公益乐学辐射面,开展线下活动300余场,服务职工近6000人次。全区已建成户外职工爱心接力站111家,爱心妈咪小屋108家。发放特困帮扶资金17.99万元,覆盖29人;面向全区参与疫情防控一线人员、困难职工、外来建设者等群体,组织开展慰问1.7万人次,金额达992万元。五是推动"小二级"工会建设。推进非公企业工会改革,指导新建"北外滩白玉兰楼宇工会联合会",完成上海梦想成真公益基金会工会联合会组建。空间188创意园区、大柏树930创业园区工会联合会被评为市"小二级"工会示范点;狮城怡安(上海)物业管理股份有限公司工会被评为全国模范职工之家,上海花园坊节能技术产业园区工会主席赵永平被评为全国优秀工会工作者。 (马伟杰)

【杨浦区总工会】　所辖行业、街道和直属工会组织32个。基层工会2125个,涵盖单位10490个。职工207164人。工会会员203851人,其中女会员86810人、农民工会员96633人。主要工作:一是开展传承红色基因,开展争先评优活动。广泛开展"庆祝建党百年"主题系列活动,建成开放的沪东工人运动展示馆并被入选区级爱国主义教育基地、市总工会职工教育基地。开展线上线下主题摄影展、开设劳模直播课堂。精心创建"百领"职工文化,开设"百领学堂""百领赛事"等职工特色文化项目。聚焦重点产业和基层一线职工,选树第四届杨浦区"最美劳动者"和"杨浦工匠",推荐评选出一批全国和市五一劳动奖状、奖章和市工人先锋号。召开劳模、先进座谈会,推出情景式《点亮生命灯火——走近人民教育家于漪》品读课,以弘扬劳模、劳动和“工匠”精神。开展“建功‘十四五’奋进新征程——推进高质量发展杨浦职工劳动和技能竞赛”，激励广大职工争先创优、岗位建功。在开展上海职工劳动和技能竞赛、市职工科技节活动中，区总分别获优秀组织奖。二是强化自身建设，夯实工会组织基础。制定下发《关于进一步加强杨浦工会组织体系建设的推进方案》，持续加强有机衔接、互为补充、全域覆盖的“两级五层”工会组织体系建设，推动美团（上海）成立了工会，启动哔哩哔哩工会组建工作。据统计，全区工会建会率、职工入会动态率分别达90%以上。同时加强非公企业工会和“小二级”工会建设，一批建会案例和项目被评为市级优秀。着力推进灵活就业群体的组织覆盖和工作覆盖。着手市总工会“扫码入会”工作的试点并超额完成工作目标，在上海工会两库升级暨扫码入会专题会议上作交流。持续推进产业工人队伍建设改革，受到市委产改工作联合督查组的充分肯定。三是深化维权服务，提升职工对“家”满意度。全面实行厂务公开民主管理和集体协商制度，签订区域性、行业性集体合同和全面推行职代会制度取得实效，被评为上海市推动厂务公开民主管理工作先进单位。组织开展职工队伍稳定风险排查化解专项行动，着重发挥法院委托工会调解、劳动人事争议仲裁院工会窗口和劳动保障联合接待三大窗口的作用，全年未发生因劳资矛盾引起的群体性纠纷。切实做好“疫苗接种工作人员疗休养”“万名职工看花博”等服务职工的实事。承接市总工会2021年“会聘上海”校园行活动。开展“岗位周周送”网上就业服务直播活动，线上线下融合促进就业。扎实推进灵活就业群体D类、C类专享保障工作。上海工会“新就业形态劳动者温暖行动”服务月在杨浦启动。持续创建“职工之家”“户外职工爱心接力站”“职工学堂”“职工书屋”等职工阵地建设。创建了市区两级园（楼宇）“健康服务点”，为职工提供法律、心理、文体、健康等多元服务，提升职工的获得感、安全感、幸福感。（张东寅）

【黄浦区总工会】 辖基层工会2831个，涵盖单位11802个。职工310441人。工会会员267928人，其中女会员119549人、农民工会员70988人。主要工作：推进基层工作，助力职工提升发展。推荐申报7家企业获上海市五一劳动奖状，11人获上海市五一劳动奖章、10个集体班组获上海市工人先锋号。开展创建“黄浦工匠”、黄浦“智慧工匠”候选人专题培训，获评“上海工匠”2名、黄浦“工匠”15名、黄浦“智慧工匠”5名。命名区劳模创新工作室6家、“工匠”创新工作室2家、技师创新工作室3家、职工创新工作室4家，发放创建补贴35万元，资助5个创新项目资金10万元。奖励技能晋升职工50人次、奖励带教师傅30人次、发明专利1人、实用新型专利5人，发放奖励28.1万元。会同区级机关党工委、民政局开展元旦春节帮困送温暖启动仪式，9万多名员工参与“一日捐”，募捐资金628万元。启动2021年春节期间留沪外来建设者关心关爱行动，送出1233份慰问礼包、700份迎新春春联福袋、约1700份通讯费补贴。开展三大节日送温暖帮扶活动，向生活救助、医疗救助对象发放帮扶金67.32万元，帮扶528人次；向23名罹患重大疾病职工，发放一次性医疗帮扶金5.9万元；向35名困难职工子女发放助学救助金11.35万元。实施女职工“两病”筛查实事项目，2534名女职工、女农民工完成“两病”筛查。创建“爱心妈咪小屋”，新增9家。召开专题会议研究部署劳动领域政治安全，成立黄浦区工会劳动领域维护政治安全工作领导小组和工作专班。选聘3家律师事务所开展和谐劳动关系法律体检，上门服务34次，解答企业劳动关系问题101个，审查企业劳动规章制度107份、劳动合同119份、集体合同27份。排查出劳动关系问题隐患60个，提出整改建议76条，完成整改任务11项。职工法律援助“一体两翼”窗口接待来访职工2788人次，受理和指派律师办理法律援助案件86件。以线下线上方式举办“睿读·薪火相传”黄浦职工读书活动，近100人参加。会同浙江省嘉兴市总工会、南湖区总工会举办黄浦——南湖“一大两地”职工“共展百幅书画，共庆建党百年”主题活动。举办“永远跟党走”黄浦区第四届职工文化艺术节开幕式。举行黄浦区首批“职工智慧书吧”暨“廉政文化进职工书屋”启动仪式。牵头主办“劳动精神千杯颂，百年辉煌接续书”庆祝中国共产党成立100周年主题展览。举行《百年红色工运——上海市黄浦区域内工人运动、工会组织发展史》新书发布与图片展开幕仪式。牵头主办2021“外滩杯”黄浦职工“王者荣耀”电竞大赛线下决赛，130余支队伍的650余名职工参加比赛。配强“黄工学堂”师资力量，丰富“黄工学堂”授课内容和教学形式，以“139机关学堂”、白金加油站等教育品牌为载体，将职工教育培训多样化、菜单式文化服务配送相结合，增强教育培训效果。（曹超宇）

【静安区总工会】 辖街道总工会13个，镇和园区总工会各1个，机关事业工会17个，企业集团工会14个。基层工会2451个，涵盖单位10507家。职工310441人，女职工136130人。工会会员267928人，其中女会员105508人，农民工会员70988人。工作机构设办公室、基层工作部、劳动关系部、维权保障部、宣传教育部。另有工人文化宫、工人体育场、职工援助服务中心、事业管理服务中心等4家事业单位。年内，区总工会一是围绕庆祝建党百年，筑牢与时代同频共振的思想宣传文化阵地；二是组织职工群众建功立业，打造创新有为的高素质静安职工队伍；三是维护劳动领域政治安全，完善促进职工全面发展的维权体系；四是提升工会服务软实力，优化立足精准需求导向的职工服务体系；五是坚持开拓创新深化工会改革，不断促进各级工会高质量发展。（袁梅芳）

【宝山区总工会】 辖直属工会42个，基层工会2145个，覆盖单位13695个。职工377624人。工会会员350003人，其中女会员134349人、农民工会员102858人。区总工会工作机构设办公室（财务资产部）、基层工作部、宣传教育部（经审办）、权益保障部。另有2家直属事业单位和1家民办非企业单位。主要工作：一是“顾村经验”改革实践不断深化。召开宝山区深化非公企业工会改革加强基层工会组织建设大会，运用非公企业工会改革评估体系指导改革实践，同时对所有街镇园区总工会开展走访指导,使改革的经验做法在基层落地生根,选树"顾村经验"优秀实践者50名。形成"一会一品"改革特色,顾村镇、张庙街道工会坚持以职工为入会主体,扎实推进工会组织建设;杨行镇、大场镇、高境镇总工会结合区域特点,强化"小二级"工会建设;罗店镇、罗泾镇、庙行镇、淞南镇总工会强化职工民主管理和维权保障,推动构建和谐劳动关系;吴淞街道工会围绕职工技能提升发展,开展街道"工匠"培育选树;友谊路街道工会融入"15分钟生活圈",加强服务阵地建设;月浦镇工会以职工教育培训为抓手,营造良好劳动保护氛围;宝山工业园区工会强化对困难职工帮扶工作,树立工会"暖心娘家人"形象。举办了区非公企业工会改革主题展,开设专题报道。全区4个街镇总工会评为上海市非公企业工会改革优秀案例、4个"小二级"工会示范点评为上海市非公企业工会改革服务职工优秀项目。二是基层工会组织体系建设稳步推进。制订《关于进一步加强宝山工会组织体系建设激发基层活力的工作意见》,推进"双实"企业建会。目前全区"双实"企业工会组织达到1784家,覆盖企业6557家,50人以上建会率达90.03%。根据市总工会部署,作为全市三个试点区之一,开展两库升级和扫码入会试点工作,吸收新就业形态劳动者等会员6万余名。开展区科创30条产业扶持政策、和谐劳动关系达标企业、政治身份、工匠评选等审核企业建会400余次,将企业建会审核纳入区政府扶持资金审核的信息化平台中。不断强化"小二级"工会组织建设,推进成立7家街镇园区级餐饮、建筑行业工会。三是推进产业工人队伍建设改革。根据市推进产业工人队伍建设改革协调小组会议和《深化新时代上海产业工人队伍建设改革重点行动方案(2021—2025年)》工作要求,推动召开深化产业工人队伍建设改革推进会,牵头制订本区5年专项行动方案。依托政府和工会联席会议制度,重点推进"百千万"产业工人职业技能和体能素质的提升。获评"上海工匠"3名、各类全国、市技能竞赛奖项18个,选树第四届宝山"工匠"和提名奖各20名。开展"工匠"秀场活动,组织"工匠"参加市"工匠"研修班,7名"工匠"入选市"工匠"服务队。1名职工获评第六届全国职工优秀技术创新成果二等奖。 (朱　艳)

【闵行区总工会】 辖直属工会38个,其中委局工会24个,街镇总工会13个,工业区总工会1个。基层工会5256个,覆盖单位12654个。职工539509人。工会会员523030人,其中女会员234404人、农民工244877人。主要工作:一是加强职工思想政治引领,对1.3万人次职工思想政治状况开展调研。成立区劳模、先进、"工匠"宣讲团,开展宣讲40余场次。举办庆祝中国共产党成立100周年主题活动,40万人次参加线上"初心百年·红色寻访"主题系列文化活动。大力宣传先进典型,借助全区100个公交车站点和300辆公交车移动电视,循环展播劳模"工匠"先进事迹的微视频。举办庆祝"五一"主题活动、劳模事迹专场报告会。推荐获评全国五一劳动奖章1名、全国工人先锋号1个、全国纺织工业先进集体1个、市五一劳动奖状10个、市五一劳动奖章14名、市工人先锋号14个。评为"上海工匠"3名、"闵行当代工匠"10名。二是引领职工建功立业,开展主题立功竞赛和技能比武,各级工会组织竞赛195场,覆盖单位482家,参与职工5.6万人次。培育选树1家市劳模创新工作室和4家市工匠、巾帼、职工创新工作室,创建10家区职工创新工作室、5家区示范性职工创新工作室。1项职工科技创新成果获"上海市科技进步奖"三等奖。教育附加专项资金补贴308家企业、2064个职工培训项目,逾2662万元,覆盖职工11万人次。奖励一线职工晋升技师和高级技师、带教师傅、发明专利254人次。三是维护职工合法权益,开展"百千万"职工法律服务行动,提供法律援助近1.5万件、为职工挽回经济损失2.06亿元。对区内77家企业实施工会劳动法律专项监督检查。区总工会获"全国'尊法守法·携手筑梦'服务农民工公益法律服务行动成绩突出单位"荣誉称号。创建市和谐劳动关系达标企业18家、区劳动关系和谐园区(村)2家,区"职工信赖的企业经营管理者"16人。1244家企事业单位的5542个班组约6.6万名职工,参加2020—2021年度"安康杯"竞赛活动。年内发展新就业形态劳动者群体会员并参加D类保障13485人。开展职工急救知识培训54场,培训企业1043家,普及职工1794人。发放"闵工惠"户外职工爱心早餐券1.4万张,配送免费早餐逾1.3万份。帮助1180名困难职工实现"微心愿"。新建9个基层服务站、6个园区(楼宇)健康服务点,命名10家区级"小二级"工会改革示范点。 (王　凯)

【金山区总工会】 辖直属工会34家。基层工会2145个,覆盖单位12654个。职工377624人。工会会员243141人,其中女会员108582人、农民工会员111398人。主要工作:一是强化政治引领,突出评先创优。开展"我为职工办实事"实践活动,召开劳模"工匠"学习习近平重要讲话精神座谈会,举办主题宣传教育活动281项、参与职工4万人次。举办纪念建党100周年交响音乐会。经评选,评为全国五一劳动奖章1人、全国工人先锋号1个,市五一劳动奖章9人、市五一劳动奖状5个、市工人先锋号7个、2020年"金山工匠"10人、"金山工匠"提名奖9人。劳模"工匠"宣讲团开展巡回宣讲44场,参与宣讲131人次,参加听讲9185人。拍摄劳模"领跑者"微视频,举办"上海作家看金山劳模'工匠'"活动,在《解放日报》等媒体发稿16篇。举办第十六届职工读书节暨第七届职工文化艺术节,开设"致敬建党百年"职工读书分享会173场、2.89万名职工参与。举办"一品一会"职工读书示范、原创文艺节目、红色经典影片模仿等赛事,职工读书分享会评为市振兴中华读书优秀示范项目。二是开展比武竞赛,深化岗位建功。开展以争当"鑫工巧匠"建功"两区一堡"为主题技能竞赛,共有76814人分别参加14项一类竞赛、39项二类竞赛、334项三类竞赛。通过竞赛评出2020年"鑫工巧匠"242名、"金山区工人先锋号"105个。在长三角及市技能竞赛中,1家职工食堂获优秀厨师奖、1名职工获嘉兴职业技能赛暨长三角焊工技能第二名;奖励晋升技师高级技师13人、带教师傅35人、专利发明72人。下拨51万元创建经费,新建市劳模创新工作室2家、区劳模创新工作室5家、区"工匠"工作室7家。在"鑫工智汇"

专家顾问团聘任仪式上,36位专家、学者和劳模先进受聘智囊团成员。下拨教育附加专项资金1362.29万元,专款用于职业培训。年内评为"上海工匠"2人、"金山工匠"93人、上海智慧城市建设"领军先锋"1人、3人加入市劳模"工匠"服务队。举办"'上海工匠'金山秀场"活动,区总获上海职工科技节优秀组织和突出贡献奖。三是加强法律服务,促进企业发展。健全政府与工会联席会议制度,各街镇及工业区定期召开联席会议。年内工会法律援助窗口共接待咨询2968余次,涉及职工3500人次,为职工挽回补偿金1898余万元。建立疫情防控期间劳动关系上下快速沟通和每日上报制度。委托律师为30家企业进行"法律体检",规范企业劳动用工制度。以"鑫工说法"形式,评析出10篇典型案例、26篇微信推送、24篇短视频,普法宣传成效显著,被全总评为2016—2020年全国普法工作先进单位。为增强职工生产安全和自我保护意识,广泛开展"安全生产月"、"蓝盾杯"职业健康防护技能竞赛、"安全达人"评选等活动。开展"夏送清凉"高温慰问,为1万名高温作业一线职工发放80万元防暑降温用品。"鑫工安全"职业防护"工具包"项目为20家企业提供服务。依法调处安全生产事故,上报事故15起。四是竭尽诚意办实事,精准服务为职工。开展走访慰问活动,慰问职工860人次、企业220家、送去慰问金230万元。慰问调研劳模生活健康状况,发给补助金328万余元。慰问防疫人员983人次,发给价值24.09万元慰问品。实施"爱在鑫工"等13项帮扶困难职工实事项目。出资140余万元购买职工专享保障,新增11.7万人。举办"鑫工助业"春风行动专场招聘会,每周五发布就业信息。开展"爱鑫年味""春节七天乐"外来建设者留沪过年暖心活动,惠及职工6.3万人次。组织职工参加疗修养、百万职工"看花博"、点亮困难职工微心愿等活动。开展女职工"情暖三月天"主题月、"女职工素质提升大讲堂""两病筛查"系列活动、青年职工"缘定鑫工"交友活动。助力"健康金山"建设,举办足球、乒乓球、拔河等赛事。创建"爱心妈咪小屋""职工亲子工作室"。五是深化工会改革,加强自身建设。牵头制订金山区产业工人队伍建设改革重点行动方案,在"小二级"工会服务职工优秀项目评比中,27篇汇编成册;3家工会评为市总改革优秀案例;6个"小二级"工会评为优秀服务示范点项目。制订下发《金山区关于进一步加强工会组织体系建设激发基层工会活力的实施方案》,年内新建工会81家,覆盖单位187个,职工入会5622名。建成"小二级"工会9家。新建区社会医疗机构行业工会联合会。指导街、镇、工业区总工会完成换届改选。开办工会干部、新上岗基层工会主席、工会女工干部培训班。举办18期、1805人参加的工会财务、经费审查培训班。有6家基层单位和4家直属工会分别与7家全国"模范职工之家"结对共建。 (郁　蔚)

【松江区总工会】 辖镇、街道、开发区总工会18个,委、局工会28个,直属公司工会2个,行业工会6个。基层工会3050个,涵盖单位9566家。职工总数356470人,其中女职工147836人、农民工140223人。工会会员315005人,其中女会员131948人、农民工会员114198人。主要工作:一是深化职工思想引领。精心筹划举办庆祝建党百年"七个一百"系列活动,参与职工15万人次。坚持开展"我为群众办实事"实践活动,制订实施18项特色工作、5项重点民生和发展项目及12项服务职工实事项目清单,共惠及职工30万人次。依托工会资源打造"流动课堂、实践课堂、身边课堂"三大课堂,累计开展宣讲38场,参与听讲职工2300余人。开展"百名劳模'工匠'服务千家企业校园"活动,惠及企业86家。二是推动职工岗位建功。开展以"建功十四五　奋进新征程"为主题的"一十百千万"2021年松江区职工劳动和技能竞赛。开展以立足松江、面向上海、辐射九城的"极客谷杯"数据安全劳动和技能竞赛、9场区级职工劳动和技能竞赛、164场街、镇、委、局工会举办的职工劳动和技能竞赛、860场企事业单位举办的职工劳动和技能竞赛,推动了6.7万名职工岗位大练兵的深入开展。制订实施"十四五"期间"工匠"选树"百人计划",选树"松江工匠"20名、"上海工匠"3名。三是帮扶服务困难职工。充分发挥工会组织救急济难作用,全年帮困送温暖2236人次,金额264万余元。关心关爱春节期间留松外来建设者,创造性开展"六个一"行动。制订《关于进一步完善松江困难职工帮扶体系的方案》,使帮扶机制进一步深化。主动融入社会治理工作格局,实施职工队伍稳定风险排查化解专项行动,有效预防和化解劳动关系领域风险隐患。全年工会参与法律援助案件5881件,为职工挽回经济损失9500万余元。进一步优化服务职工实事项目,完成工会会员卡专享保障集中参保23.7万人,新办卡人数2.4万余人,累计参保职工26.5万人次。开展公益乐学709场,覆盖职工2.5万人。四是加强工会自身建设。坚持党建引领工建,推进我区产业工人队伍建设改革工作向纵深发展。充分发挥"小二级"工会作用,对新就业形态劳动者在组织上扩大覆盖,在服务上实现平台企业工会和地区工会双重覆盖。全区共成立25个快递网点、外卖配送站点工会小组,发展新就业形态劳动者入会1200余人。健全激励机制,加强新建工会兼职工会主席的补贴力度,累计补贴资金56.5万元。优化工会窗口"云服务"便捷办理,12个线下办理项目在"一网通办"全部开通网上办理渠道,全年通过网上办理3011件。健全完善"四位一体"立体经审监督机制,对40家直属工会开展审计,联动实现对辖区内直属工会审计的全覆盖,对27家基层工会开展延伸审计,进一步规范工会经费的收、管、用。 (吴　琼)

【青浦区总工会】 下辖街、镇总工会11个,委、局工会30个,区属公司工会8个,行业(纺织、建筑、旅游、餐饮、物业、环卫、印刷、快递物流)工会8个。基层工会2133个,涵盖单位12542家。职工358704人。工会会员340580万人,其中女会员135203万人、农民工会员124588人。主要工作:通过评选,获全国五一劳动奖章1人,市五一劳动奖状6家,市五一劳动奖章11人,市工人先锋号12家。在开展纪念建党百年系列活动中,先后举办"心向党跟党走"职工征文大赛、"诵读红色经典,礼赞永恒丰碑"红色诗词诵读比赛、"翰墨丹青映初心,砥砺奋进新征程"青吴嘉三地职工书画优秀作品展、陈云精神风范专题展。打造车站路党史、工运史文化墙。组建青浦区总工会劳动模范(先进工作者)宣讲团,巡回宣讲8场。开展“奋斗成就梦想,劳动我最光荣”——劳模志愿者服务日活动。向企业配送“公益乐学”免费课程72次,培训职工近2400人次。开展“大文化、大健康、大安全”职工素质教育和心理健康培训,培训职工3500余人。举办长三角生态绿色一体化示范区“工匠”论坛,成立青浦、吴江、嘉善三地“工匠”联盟,签署《长三角生态绿色一体化示范区三地工会选树培育“工匠”合作协议》。制订《青浦职工劳动和技能竞赛实施方案》,举办“护航进博会,建功新征程——服务保障第四届进博会立功竞赛暨倒计时50天启动仪式”。联合开展全区政务办“一网通办”“一网统管”专项立功竞赛、公安分局岗位立功竞赛、物业行业职工技能竞赛。制订规范创建劳模创新工作室标准,创建市级劳模创新工作室1家、命名区级劳模创新工作室5家。选树“青浦工匠”15名,1人获评“上海工匠”。开展“百日建会”集中行动,全年新建工会102家,行业性、区域性工会联合会入联企业582家,新增会员1万余名。参与劳动争议调解、提供法律援助案件922件,涉及职工2591人,挽回经济损失6003万元。各级工会帮扶困难职工2960人次,帮扶金额338万余元。职工互助保障参保21万人,获理赔2418万元,新办工会会员卡7000余张。新建“爱心妈咪小屋”27家。新建上海市园区(楼宇)健康服务点6个。对30家企业实施工会和谐劳动关系“法律体检”。 (朱建强)

【奉贤区总工会】 辖镇、街道、开发区、委、局、院、区属公司和行业工会65个。基层工会1861个,覆盖单位2935个。职工总数177017人。工会会员170539人,其中女会员78959人、农民工会员57117人。一是加强思想政治引领。以纪念中国共产党成立100周年和奉贤撤县建区20周年为契机,开展“致敬百年辉煌 不忘初心使命”系列活动。各级工会结合实际学习贯彻习近平总书记关于工人阶级和工会工作的重要论述,拥护“两个确立”,增强“四个意识”、坚定“四个自信”、做到“两个维护”。举办劳模“工匠”先进宣讲会32场、巡回展出劳模风采宣传展版29场次,激励广大职工以昂扬姿态奋进新征程、建功新时代。二是增强技能助力发展。围绕区委区政府实事工程项目,新建市、区两级劳模、“工匠”(技师、职工)创新工作室18家。组建“1+X”劳模工匠讲师团和服务队。与华东理工等4所高校达成合作意向并签订校企合作协议,助推职工岗位成才。着眼于东方美谷、未来空间、数字江海等奉贤特色产业发展,结合“四城一都”、新城定位,长三角“朋友圈”发展目标,组织开展劳动技能竞赛,为提高职工技能素质提供“长袖善舞”平台。三是强化维权主业主责。坚持和完善政府与工会的联席会议制度,推动区、镇两级公共法律服务合作等16个议题的落实。全区工会调解组织共调处劳动关系纠纷2978起,其中群体性案件84件,为职工挽回经济损失5984.6万元。开展劳动关系“法律体检”,对30家企业排查出的99个劳动关系隐患,提出了95条整改建议。探索企业实行“互联网+”民主管理,在南桥镇、青村镇2家企业试点网上职代会制度。四是精准暖心服务职工。年内新建户外职工爱心接力站8家、“爱心妈咪小屋”61家,职工健康服务点7家,覆盖职工集聚的园区、楼宇、商圈、村居、街面、建筑工地。创建职工学院1所、职工学校46所、职工教学点1114个。新建全国“职工书屋”示范点和市“职工书屋”示范点各1家,区“职工书屋”260家,职工学堂30家。南桥镇南星和金汇镇中街户外爱心接力站获“全国最美工会户外劳动者服务站点”荣誉称号。据统计,工会以无怨无悔、无私奉献、无微不至、无事不扰的“妈妈式服务”,为9万余人次职工提供工会教育、培训、维权等服务。五是夯实工会组织建设。深化党史学习教育,举办“比学赶超、争先进位——我为奉贤奉献什么”“我为群众办实事”“党旗在基层一线高高飘扬”等主题活动。实施“萤火虫”工程,深入500余户企业、村居、事业单位、社会组织等群体,开展各类调研463次、100余人次参与。广大工会干部用心用情用力解决好职工“急难愁盼”问题,使职工深切感受到“娘家人”的温暖。 (薛思涵)

【崇明区总工会】 下属基层工会1252个,覆盖单位3075个。职工总数114190人。工会会员102202人,其中女会员44651人、农民工会员31743人。机构设置为办公室、基层工作部、宣传教育部、维权保障部。区总工会下属事业单位为崇明区职工服务中心。主要工作:一是助力“百万职工看花博”。把配合区委区政府举办一届成功、精彩、难忘的花博会作为年内工会一项重要大事。在“百万职工看花博”列入2021年市总工会服务职工实事项目后,制定周密详尽工作计划,结合工会自身优势,进行广泛宣传发动,助力百万职工看花博各项工作的落实。据统计,在花卉博览会试运行期间,有120.48万人次职工观摩花博会;正式开园后,累计74.55万人次职工观花博;先后有117个区局(产业)工会,组织54.43万人次职工组团观摩;1.4万名职工参加崇明花博疗休养。二是评选创优,弘扬正能量。以纪念建党100周年和喜迎花博盛会为主题,开展劳模先进志愿服务特别活动。先后举办“职工心向党 花岛共追梦”庆祝建党百年合唱比赛暨“五一”歌会、职工游泳比赛、“花岛十佳歌手”大赛、职工征文演讲比赛。举办“致敬劳动者 建设新崇明”2021年崇明工匠、最美崇明劳动者事迹宣讲会,开展10场劳模风采和先进事迹宣讲活动。经推荐评选,评为全国优秀工会工作者1人、全国工人先锋号1个、全国五一巾帼标兵1名;获评市五一劳动奖状5个、市五一劳动奖章5人、市工人先锋号5个、“上海工匠”1名;命名“崇明工匠”10名。年度“最美崇明劳动者”10名、“奉献花博最美崇明劳动者”12名。三是激发技能创新,促生态岛发展。围绕崇明世界级生态岛建设发展,组织职工开展劳动技能竞赛。通过技术发明、技能创新竞赛,评出市级优秀发明选拔赛金奖1个、市合理化建议优秀成果2个、市先进操作法1个;创建市示范性“职工学堂”1个、市劳模创新工作室1个、市“工匠”创新工作室1个;命名区合理化建议优秀成果10项、区先进操作法10项,创建区劳模创新工作室5个、区“工匠”创新工作室2个、区技师创新工作室1个、区“巾帼”创新工作室4个。四是关心关爱,实事做实。召开区、乡镇政府与工会联席会议,共提出议题27个。在实施服务职工实事项目中，为新增的5264名会员办理工会专享保障卡、为4.5万名非公企业会员赠送专享基本保障、为1900名非公企业职工加入意外伤害互助保障计划、为9466名灵活就业群体从业人员提供“五送”服务、安排9237名职工参加健康体检、2007名职工参加工会疗休养。创建4家市级职工疗休养基地、3家市级劳模疗休养基地。五是着力推动企业建会入会，夯实工会组织基础。年内，开展了25人以上企业建会“百日攻坚”和新就业形态劳动者入会两项集中行动。为此，成立了加强工会组织建设指导员队伍，推动了未建工会企业建立工会组织，全年新建工会85个、5108名职工入会，吸纳250余名新就业形态劳动者加入工会组织。

（陈思佳）

区总工会主席、副主席、经审主任、女工主任名录

单位名称	主席	副主席	经审主任	女工主任
上海市浦东新区总工会	王辛翎	李幼林　吴　毅　戴　红（女）　刘华新（兼职）　洪　刚（兼职）	刘京蕾（女）	刘京蕾（女）
上海市徐汇区总工会	朱伟红（女）	黄　琴（女）　屠　刚　刘　晶（挂职）　王海斌（兼职）　王　承（兼职）	徐敏宇（女）	徐敏宇（女）
上海市长宁区总工会	潘　敏（女）	李双珑（女）　秦莉文（女）　李书剑（挂职）　戴轶青（兼职）　杨　军（兼职）	沈　婕	秦莉文（女）
上海市普陀区总工会	姚　军（女）	徐　军（女）　徐丽华（女）　赵龙北　王蓓（挂职，女）　于井子（兼职，女）　钟　频（兼职，女）	王　鹏	王　蓓（女）
上海市虹口区总工会	谢海龙	蒋红心　黄守虎　朱　琦（女）　朱晨琳（挂职，女）　倪集禾（兼职）　张　伟（兼职）	蒋红心	朱　琦（女）
上海市杨浦区总工会	麦碧莲（女）	司徒行喆　江欲红（女）　鲍福楠（挂职）	王　岚（女）	江欲红（女）
上海市黄浦区总工会	屠奇敏（女）	徐　渭　吕　炜（女）　姚　璐（挂职，女）　周文武（兼职）　王　奇（兼职）	朱旭峰	吕　炜（女）
上海市静安区总工会	林晓珏（女）	许　俊（女）　黄亚芳（女）　李　晅（挂职，女）　徐　晔（兼职，女）　安从真（兼职）	张　伟	李　晅（女）
上海市宝山区总工会	王丽燕（女）	沈玉春（女）　赖拥军　金海英（挂职，女）　沈晓东（兼职）　万慧云（兼职，女）	冀晓蕾（女）	冀晓蕾（女）
上海市闵行区总工会	倪学斌	许向东　于　璐（女）　郑晓珺（挂职，女）　胡振球（兼职）　谷文平（兼职）	袁　飞	于　璐（女）
上海市嘉定区总工会	王建新	李　敏　章　华（女）　张肖楠（挂职）　李炜（兼职）　李香花（兼职，女）	周　红（女）	章　华（女）
上海市金山区总工会	朱喜林	徐红强　曹　冠（女）　邢　扬（挂职，女）　童上高（兼职）　胡贇星（兼职）	徐红强	曹　冠（女）
上海市松江区总工会	吴建良	陈军康　余永丰　孙禄君（女）　薛鸿斌（兼职）　朱　梅（兼职，女）　刘建其（兼职）	杨辉兰（女）	孙禄君（女）
上海市青浦区总工会	高　健	陈　阳　倪　健（女）　蔡学锋　张　维（挂职，女）　周振波（兼职）　黄　敏（兼职，女）	冯永新	倪　健（女）

续 表

单位名称	主席	副主席	经审主任	女工主任
上海市奉贤区总工会	陆建国	邵丹华(女) 王宇升(兼职) 顾 帅(兼职)	韩晓燕(女)	邵丹华(女)
上海市崇明区总工会	张建英(女)	秦文新 陆婷婷(女) 施天杰(兼职) 施烨(兼职)	陆婷婷(女)	张建英(女)

说明:上述人员职务,以市总工会批复为准。

局(产业)工会概况

【上海市机电工会】 辖基层工会153个。职工45365人,其中女职工9755人。工会会员43712人,其中女会员9495人、农民工会员1968人。主要工作:一是举办建党百年系列活动。建造了纪念上海机器工会雕塑。举办“百年红色工运——五一讲堂”职工文化讲座。开展职工原创诗歌征文和诗歌朗诵比赛,共征集原创诗歌96篇,获2021年上海市振兴中华读书活动优秀示范项目。二是举办劳模报告会。讲述全国劳模刘霞、赵黎明和市劳模陈联立足岗位、创新创造、无私奉献的故事,并拍摄成视频,组织班组收看学习,共有1377个班组、近2万名职工观看。三是开展职工文体活动。举办第五届上海电气职工乒乓球团体赛,有34支球队的275名职工参加比赛。组织基层工会参加“上海电气杯”第五届上海职工微电影比赛,获得金奖1项、优秀奖2项、创意海报奖1项。四是开展劳动技能竞赛。以“弘扬主人翁精神,发挥主力军作用”为主题,先后开展工程项目和质量专项技能比赛、2021上海电气“李斌杯”职工技能大赛,参赛职工达1400多名。五是落实服务职工实事项目。发布《2021年上海电气集团服务职工实事项目实施(助推)方案》,推动落实工会会员服务卡医疗保障等12项实事项目。六是精心培育服务品牌。举办“普享乐惠——职工大讲堂”,全年线上线下共开办14期讲座,6万多人次职工参加听讲。针对海外职工看病难,利用互联网、数字化平台,开设7×24小时远程视频医生问诊、心理健康咨询等就医绿色通道,为海外职工提供便捷的就医服务。七是深化集体协商工作。制订《上海电气集团集体协商实施细则》,召开上海电气集团2021年工资集体协商会议。就企业集体协商工作开展问卷调查,并对下属19家企业开展工资集体协商、职代会制度建设情况进行调研检查,指导企业规范开展集体协商工作。八是强化职代会民主管理企业制度。召开集团三届一次职工代表大会,对上海电气集团职工代表大会进行换届改选。充分发挥基层企业职代会届期预警机制作用,督促9家企业职代会按时进行换届。九是加强职工劳动保护。举办劳动保护培训班,136名工会干部接受劳动保护等相关技能知识的培训。开展高温慰问,对80家企业、32500多名职工进行安全生产和高温作业慰问。十是加强自身建设。编制《上海市机电工会部门工作职责》,将机电工会长期形成的工作经验和做法作为固定流程,并总结提升为具可操作性制度予以推广执行。举办工会干部培训班,对300多名基层工会干部集中进行工会理论、实务操作培训。
(彭伟光)

【上海市仪表电子工会】 辖基层工会71个。职工12086人。工会会员11888人,女会员4084人、农民工会员1364人。工作机构设办公室、基层工作部。主要工作:一是举办主题活动,把牢政治方向。在集团党委和上级工会的领导下,以习近平新时代中国特色社会主义思想和党的十九大精神为指导,认真学习贯彻习近平总书记关于工人阶级和工会工作的重要讲话精神。各级工会干部围绕集团党政工作目标任务,围绕工会主责主业,竭诚服务广大职工,着力维护职工合法权益。在纪念建党100周年期间,组织职工开展“永远跟党走”主题宣传系列活动,始终把广大职工群众紧密团结在党的周围。二是深化民主管理,稳定劳动关系。专题召开民主管理委员会会议,组织召开仪电二届一次职代会。开展职工代表提案和巡视检查工作。选树先进典型,促进企业和谐的劳动关系,3家企业获评“上海市厂务公开民主管理工作先进单位”。三是开展评选创优,提升发展质量。开展群众性劳动技能竞赛活动,组织举办了仪电系统职工人工智能(图像识别和图像分类)、嵌入式技术应用开发技能大赛。方逸洲被命名为“上海工匠”、陶美华劳模创新工作室被命名为“上海市劳模创新工作室”。同时表彰一批上海仪电工人先锋号、上海“仪电工匠”。对技能升级的41名仪电职工实施奖励,奖励金额17.9万。四是实施帮扶服务,普惠广大职工。深化服务职工实事项目,组织参加“百万职工‘看花博’”、一线职工疗休养活动。为仪电全体会员办理工会专享B+类互助保障,参保职工11526名。在开展“夏送清凉、冬送温暖”活动中,实施两节帮困、春秋季助学、助医帮扶工作,惠及职工1240人次。为春节期间留沪过节的1200名外来务工会员发放慰问金。举办2021年上海仪电文化体育节,300多名职工参与健康跑、健步走活动。举办纪念建党100周年“星耀百年,智向未来”职工文艺汇演。开展“仪电·慧幸福”APP积分兑换、迎新年改版送福利活动,参与职工1000多人次。开展“工会进万家”活动,先后到30家企业进行调研、走访和慰问,慰问劳模先进80名、一线职工500名。五是加强自身建设,提升能力水平。召开仪电工会第七次工代会,选举产生上海仪电第七届工会、经审委和女工委。选送新任工会主席参加市总岗位培训。深化工会改革建设,编印《上海市仪表电子工会制度汇编》《上海仪电基层工会工作改革成果案例汇编》。加强区企联动,推动组建华鑫(虹梅)园区工会联合会。推进重点子公司、基层工会组织建设。评选表彰上海仪电模范职工之家、模范职工小家、优秀工会工作者、优秀工会积极分子。加强工会经费的收、管、用，组织工会财务和经审人员参加新版《工会会计制度》培训。对11家基层单位进行2020年度工会财务审计及工会主席离任审计，接受市总经审会委托第三方对仪电工会进行工会财务审计。

（周黎俊）

【上海市化学工会】 辖基层工会80个。职工10302人，其中女职工2580人。工会会员9915人，女会员2354人、农民工会员193人。工作机构设办公室、组织部、权益保障部、经济工作部、宣教文体部。主要工作：一是加强工会建设，提高能力水平。先后举办有500余名工会主席和工会委员及工会财务经审、劳动保护、权益保障、女职工等条线干部参加的各类业务知识培训，以提高工会干部队伍的能力水平。新制订《上海市化学工会审计工作管理办法》《上海市化学工会经审会关于加强专项资金审计监督的暂行办法》。年内采用“专业审+内审”联动新模式，对工会经费的收、管、用进行审计，保证了工会经费的合理、规范使用。二是搭建技能竞赛平台，发挥产业工人主力军作用。对市内外8家制造业企业一线员工队伍状况开展调研，并形成专题报告，对在调研中遇到的瓶颈问题，提出有针对性的对策和建议。组织8000名职工参加全国“安康杯”（上海赛区）竞赛活动，20家二级公司和直管单位所属市内66个企业的600多个班组参与竞赛，有近5000名职工参加“安康杯”应急技能答题知识竞赛。搭建华谊2.0版学考平台，5.5万人次参加学考平台竞赛，参与率占职工总数71.4%。开展以”新征程、新技能、新跨越”为主题的“员工技能大赛”，设置了140个B级技能比武竞赛项目，有超1.2万人次职工参加。三是发挥帮扶机制作用，开展关爱慰问走访活动。年内走访慰问102人，送去慰问金及礼品价值累计28.4万元。向市外企业3000余名职工送去春节慰问款45万元、慰问16家市内外企业一线干部职工送去高温慰问金50万元。健全华谊集团外派员工家庭应急服务信息系统，完善外派员工家庭应急辅助服务2.0关怀机制。通过集团工会救急济难基金的“六个帮”帮扶机制，为700余名会员补助了169万元、1.2万名市外企业员工送去帮困款46万元。四是开展丰富多彩活动、弘扬华谊文化正能量。举办“劳动美、华谊人——劳动创造财富，奋斗成就梦想”劳模先进宣传展览。举办2021年喜迎建党百年《华谊杯》职工乒乓球、羽毛球比赛。策划筹办“华谊集团2021各界人士迎新春团拜会”，传递阳光华谊昂扬向上的精神风貌。开展“巾帼建功跟党走，美丽绽放新征程”为主题的华谊集团女职工先进表彰暨庆祝中国共产党成立100周年专题活动。

（张雪莲）

【上海市轻工业工会（上海轻工业工会联合会）】 辖基层工会4个，职工2471人，其中女职工701人。工会会员2471人，其中女会员701人。上海轻工业工会联合会现有15个行业工会，会员单位212家。工作机构设办公室、组织部、民管部、法律部、经济工作部、宣教部、女工部、生活保障部、财务部、技协三产办公室。主要工作：一是举办“永远跟党走，奋进新征程——上海轻工职工庆祝中国共产党成立100周年系列活动”。开展“红色文化寻访”“上海轻工职工书画剪纸主题创作”“在党50年优秀党务工作者座谈会”等活动。编辑出刊《永远跟党走奋进新征程——上海轻工职工庆祝中国共产党成立100周年征稿选》。二是选树上海轻工10个行业的12人为上海“轻工工匠”。三是举办“树匠心、提技能——2021室内装饰技能比武大赛”“上海钟表行业钟表维修工（四级）职业技能竞赛”。四是继续配合上级工会，开展困难职工帮扶、职工人才培养、工资薪酬等情况调研。

（徐俊彦）

【东方国际（集团）有限公司（上海市纺织）工会】 辖基层工会92个，涵盖单位99个。职工10168人，其中女职工4621人。工会会员10015人，其中女会员4579人、农民工会员844人。年内，坚持深入学习贯彻习近平新时代中国特色社会主义思想、习近平关于工人阶级和工会工作的重要论述和在全国劳动模范和先进工作者表彰大会上的讲话精神。紧紧围绕推动企业高质量发展，创造职工高品质生活为目标，引领职工为“十四五”开好局、起好步交出良好答卷。主要工作：一是围绕建党百年庆典，传承弘扬红色基因。举办“壮阔东方潮·长征再出发”庆祝建党100周年大型交响合唱诗篇音乐会；举办“点点‘笔’‘画’映丹心”职工书画、摄影展；编撰出版《时代楷模　经纬风采——东方国际集团劳模寻访录》；组织“踏寻红色足迹　传承红色基因”健步走等主题活动。引导广大职工坚定信念，继承优良传统，合力谱写集团深化改革和转型升级发展新篇章。二是开展技能劳动竞赛，激励职工建功立业。在2021年评选中，有14个集体和24人获得全国、上海市先进荣誉称号。邀请“七一勋章”获得者、全国劳模黄宝妹等为集团全体党员干部职工授党课，提出“比学赶帮超，人人争当新时代黄宝妹”的倡议，使劳模先进典型成为集团广大职工的“精神地标”。围绕经济发展开展劳动技能竞赛，先后举办数字化助推产业发展劳动竞赛、“买全球　卖全球”进博直播技能竞赛、“促进消费扩容提质”竞赛、“携手长三角，建功新时代”纺织服装行业职工职业技能等竞赛。为使“东方名品汇”再上新台阶，分别前往市政府、各委办、区政府、医院、学校、企事业单位，举办26场活动，配置各种“爱心包”慰问服务广大职工。三是维护职工合法权益，竭诚服务职工群众。做好劳动关系政治安全风险分析排查化解工作，援助职工1275人次、166万余元，集团荣获全总“在城市困难职工解困脱困工作中作出重要贡献”荣誉称号。承办市总工会“四季恋歌”职工交友活动，近400名青年相聚虹桥品汇参加活动。各级工会先后组织劳模、先进、驻外员工及家属、职工等3000人次观摩花博会。工会推荐的桃城度假村成为市总“百万职工看花博”接待单位。编撰了《东方国际集团“十四五”发展规划职工读本》，使职工进一步了解认识集团“十四五”发展规划。四是发挥行业工会优势，开拓视野共促发展。在加强自身建设提升能力水平的同时，根据中国财贸轻纺烟草工会要求，结合“我为群众办实事”实践活动，纺织工会组织各区纺织行业工会在400家企业的10万名职工中开展职工队伍状况调研，形成题为《突显行工会特点，助推职工技能提升》的调研报告。通过调研加强了对行业职工状况的了解，也为加强产业工人队伍建设改革、加强高技能人才培养提供可借鉴的依据。

（叶艺勤）

【上海市医药工会】 下辖基层工会70个，其中单独基层工会69个、基层工会涵盖单位74个。职工20749人，会员20019人，其中女会员10160人、农民工会员769人。工作机构设办公室、权益保障部、经济宣教部、组织民管部、女工部及财务室。2021年，市医药工会认真贯彻中央、全总、市总的决策部署，把百年党庆和党史教育融入集团中心工作，坚持服务大局，激发职工劳动热情和创造才能，构建和谐稳定劳动关系，强化自身建设，发挥工会大学校、大舞台、"娘家人"作用，把上海医药打造成具有国际竞争力和影响力的领先药企作贡献。主要工作：一是传承红色精神，凸显典型引路。举办了"颂伟绩　创未来"——上海医药集团庆祝中国共产党成立100周年系列活动之歌咏大会，参加的22支队伍共2000余人齐聚一堂，用嘹亮的歌声为中国共产党百年华诞献上深情祝福。组织22家沪内外直管企业组成的28支队伍，参加与团委合办的"学党史、强信念、跟党走"上药集团纪念建党百年"红色大寻访"城市定向活动。在开展年度评选工作中，夏广新授予全国五一劳动奖章和"全国最美职工"称号、上药销售等3家单位获市五一劳动奖状、廖雪梅等3人获市五一劳动奖章、上药器械金山公卫中心SPD团队等4个集体获市工人先锋号称号、信谊医药温州医院组获评全国"巾帼文明岗"、柯樱评为市三八红旗手、上药信谊微生态研发组评为市三八红旗集体。二是开展竞赛评选，激发创新活力。把劳动竞赛作为广大职工集聚智慧、激发活力、促进发展的载体和动力，通过开展全剂型同线劳动竞赛，对评出的26个优秀项目和2个组织竞赛优秀工会进行了表彰。在市总开展的劳动竞赛中，上药康希诺疫苗基地建项目参加了市总疫情防控及物资生产保障劳动竞赛。厚植"工匠"文化，选树具有上药特色的"工匠"，上药药材王小丽、姚科俊被中国能源化学地质工会被授予"大国工匠"称号；上药研究院吴光昊、上药信谊于鸿晶被授予年度"上海工匠"称号；陈敖等20人当选集团年度"匠心大师"。三是深化民主管理，帮扶关爱职工。年内召开二届六次职代会，160余名职工代表听取、审议集团工作报告、集团工会保障工作报告。在开展平等协商签订集体合同的企业中，58家国有及国有控股企业签订工资集体合同，保证职工劳动报酬与劳动生产率同步提高，职工工资合理增长。持续开展"爱心一日捐"，16577名职工累计捐款128.4万元。全年向1398人次的大病、助学、一次性临时帮扶的职工资助帮扶金163.1万元。加大"爱·助"计划托底帮扶力度，审核帮扶对象43人，支付帮扶金92.66万元。四是加强自身建设，增强组织活力。加强基层工会规范化建设，召开上海市医药工会第七次代表大会，选举产生新一届工会委员会。根据集团机构设置调整，及时健全工会组织，完成年度预定目标，提高做好新形势下工会工作的水平。

（焦　颖）

【国网上海市电力公司工会】 辖基层工会35个，职工14343人。工会会员14343人，其中女会员3491人。在上级工会和公司党委的坚强领导下，坚持以习近平新时代中国特色社会主义思想为指导，聚焦"十四五"和2035年目标新蓝图，立足"一体四翼"发展，在建设具有中国特色国际领先的能源互联网企业中凝心聚力、担当作为，发挥工会应有作用。主要工作：一是抓好工会干部的学习。以习近平总书记在庆祝中国共产党成立100周年大会上重要讲话精神、习近平总书记关于国有企业改革和产业工人队伍建设改革的重要论述为指导，组织工会干部深入学习、深刻领会其讲话内涵，并以此作为当前工会的重要工作任务抓深抓实。二是弘扬劳模"工匠"精神。通过评选，评为全国五一劳动奖状1个、市五一劳动奖状3个、市五一劳动奖章4个、市工人先锋号4个，3人命名为"上海工匠"；评出国网先进集体2个、国网工人先锋号4个、国网劳模3人、国网"工匠"1人。举办了"领航新时代、奋进新征程"劳模事迹系列报告会。承办市总"中国梦劳动美——人民城市奋斗有我"上海职工直播课堂"致敬！最美劳动者"电力专场。三是坚持民主管理企业。规范履行民主程序，实行职代会民主管理企业、开展集体协商签订集体合同制度，落实厂务公开各项工作，切实维护职工合法权益。开展了优秀合理化建议征集活动，健全完善合理化建议的征集、评选、采纳、应用工作。完善公司董事长联络员制度。四是搭建提升技能平台。以"奋战新征程、建功新基建"为主题，开展10个专项劳动和技能竞赛。通过竞赛，评出长三角地区劳模"工匠"创新工作室1个、市劳模创新工作室2个、市职工（技师）创新工作室2个。另获首届全国电力企业班组创新创效案例一等奖、全国能化系统优秀职工技术创新成果一等奖。五是服务职工办好实事。坚持以职工需求为导向，为职工提供多层次保障。开展单身职工"牵手行动"、职工志愿服务、持续深化"EAP+管理融合"、构建"1+N"人才公寓保障体系、加强职工子女关爱等6项年度为职工办实事工作。六是主题活动热情高涨。围绕庆祝建党100周年主题，开展"送文化到基层""画影颂百年，墨缘绘初心"职工美术书法作品展、"献礼建党百年"线上跑、棋牌、阅读等主题性职工文体活动。七是自身建设提质增效。不断改进工作作风，加强工会规范化、制度化建设。试点片区联建，进一步提高工会工作管理水平。做好新版《工会会计制度》衔接准备。健全工会服务阵地。推进工会线上平台建设。

（于　劼）

【上海电力股份有限公司工会】 辖基层工会20个，涵盖单位23个。职工4734人，其中女职工717人。工会会员4730人，其中女会员717人。主要工作：一是围绕"庆祝建党百年"，组织开展文艺汇演、羽毛球团体赛、红歌传唱、书法绘画等群众性活动。二是丰富党史学习载体，开展"大国顶梁柱　永远跟党走"群众性主题教育活动、清明祭扫烈士、采访老干部、青年诵读党史等活动，利用"上海职工教育基地"——杨树浦发电厂等红色资源开展现场教学。三是扎实推进"我为群众办实事"实践活动，以"职工小家"建设为平台，加强境外、偏远艰苦地区以及对一线职工的关心关爱，改善集控室、值班室条件，助力“能源保供攻坚战”。着力创建“职工书屋”、职工活动室，不断丰富职工精神文化生活。四是大力弘扬劳模、“工匠”、劳动精神，讲述革命先烈王孝和故事的舞台剧《点亮心灯》在上海市委组织部优秀党课、上海市经信委工委“五一”大会等活动中展演。五是选树各类先进典型，土耳其公司李晓峰荣获全国五一劳动奖章和中国电力行业百名“电力工匠”称号、可再生能源管理中心获市五一劳动奖状、漕泾热电运行戊值获市工人先锋号、胡努特鲁项目的唐元明获市五一劳动奖章、漕泾电厂陈梁获评“上海工匠”。六是全面贯彻“加强新时期产业工人队伍建设实施意见”，夯实“三基”工作理念。深化示范班组建设，在全国能源化学地质工会班组创新案例评选中获得一等奖1项、二等奖2项。七是加强职工创新工作室建设和职工创新增效，4项职工创新成果获第三十三届市优秀发明、市职工合理化建议创新奖。在集团公司第二届、第三届职工创新大赛中分别获5个奖项、命名8个职工创新工作室。八是坚持召开职代会联席会议，职代会提案办结率100%。实行职代会民主管理企业、实施厂务公开制度。加强基层工会组织建设，年内新建工会3家、工会换届7家。（陈威俊）

【上海电力建设有限责任公司工会】 下辖在沪基层工会10个，职工2483人，其中女职工265人。工会会员2482人，其中女会员265人、农民工会员4人。年内，工会围绕企业发展总目标，充分发挥工会组织的桥梁和纽带作用。主要工作：一是着力职工思想政治引领。公司工会始终把学习贯彻习近平新时代中国特色社会主义思想、党的十九大及十九届历次全会精神、习近平关于工人阶级和工会工作的重要讲话精神作为思想政治建设首要任务，紧扣公司改革主线，围绕公司高质量发展目标，着力做好员工政治思想引领，投身上海电建改革转型大局。二是推行民主管理企业制度。在公司各单位中推行职代会制度，开展职代会评估、职代会提案、职工代表监督、领导干部职代会述职，无记名测评工作。实施集体协商签订集体合同制度，把协商的重点落到职工的经济、安全、保障等权益上。在公司四届二次职代会上，以无记名投票方式审议通过并签订了2021—2023年度《集体合同》。各基层单位按照公司《项目职代会实施办法》，探索多级职代会制度，保障职工的民主权益。三是深化职工技能竞赛活动。以“使命担当建新功，党建百年展宏图”为主题，开展“四项达标赛”。在职工中继续倡导“人人练、岗岗比、层层赛，让每个职工都出彩”的竞赛理念，推动上海电建高质量转型升级。组织开展2021年核心工种、管理技能两大类7个专业项目，共计116人参加技能竞赛。组织职工开展“智慧能量”职工“五小”成果发布活动，征集职工创新成果29项，其中2项成果分别获“市职工先进操作法创新奖”和“市职工合理化建议创新奖”。四是维护职工劳动安全。施行“查找身边隐患、保障职工安全”三年行动计划，组织职工广泛参与，将查找出的身边隐患在电子邮箱、微信公众号等网络平台上公布。组织职工开展全国“安康杯”职工安全应急技能知识竞赛答题活动。各基层工会结合自身实际，开展了班组安全论坛、劳动保护运动会、安全知识竞赛等丰富多样的竞赛活动。年中工会组织47名劳动保护监督检查人员开展2021年度取证复证培训。五是帮扶关爱困难职工。持续做好困难职工的帮扶工作，下拨专项慰问资金526000元，通过各种形式开展“重大节日”送温暖等活动，帮扶困难职工600人次。通过大病、重病职工补充互助医疗基金，对患大病、重病的76人次困难职工给予61.37万元经济资助。（傅　诚）

【中国宝武钢铁集团有限公司工会】 辖基层工会128个，涵盖单位136个。职工39275人，其中女职工5668人。工会会员39275人，其中女会员5668人。年内，中国宝武工会在集团公司党委和上级工会的领导下，以习近平新时代中国特色社会主义思想为指导，认真学习贯彻党的十九大和十九届历次全会精神，全面贯彻落实习近平总书记在庆祝中国共产党成立100周年大会上的重要讲话精神，按照提质、增效、升级的工作思路，不断深化工会体系建设和改革创新，聚焦保持和增强政治性、先进性、群众性，聚焦“三个全面”工程，扎实推进落实各项重点任务，团结动员广大职工为企业发展建功立业，为集团公司的改革发展稳定提供有力保障。主要工作：一是加强职工思想政治引领，大力弘扬劳模精神、劳动精神、“工匠”精神。深入开展劳动竞赛，全面提升职工技能素质。系统策划并实施产业工人队伍建设改革方案。协同开展一线员工“修学旅行”。建设网上练兵平台，组织参加代表行业发展趋势的外部赛事。二是全面推进职工岗位创新和价值创造，构建职工岗位创新体系和运行机制，开展“献一计”活动促进岗位创新成果转化。实施班组建设行动计划。三是全面提升职工“三有”生活水平，提升职工获得感、幸福感、安全感。优化价值创造分享机制，做好关心关爱工作，完善职工身心健康服务。履行工会劳动保护监督职责，维护职工安全健康权益。做好劳模管理服务工作。积极开展文体活动。四是做好巩固拓展脱贫攻坚成果同乡村振兴的设计筹划和有效衔接，协调落实各项乡村振兴任务，强化乡村振兴人才支撑。五是平稳有序推进退休人员纳入社会化管理，做好集中移交收尾衔接工作，规范新办退休人员常态化移交程序。六是建成并上线“智慧工会”工作取得阶段性成效，既有利内、外部资源整合，达到价值最大化，也极大提高了服务职工的效能。七是强化民主管理企业，探索新时期企业民主管理制度。加强工会组织自身建设，优化组织机构，规范工会工作。（陈佩红）

【中国石化上海高桥石油化工有限公司工会】 公司下属基层工会6个。职工4667人，其中女职工1042人。工会会员4667人，其中女会员1042人、农民工会员189人。主要工作：一是服务职工办实事。按照“需求由群众提出、过程由群众监督、成效由群众评价”的工作要求，制订完善“我为群众办实事”重点项目清单和“立足岗位做贡献”工作责任分解表。在精准帮扶困难职工中，全年对259人次困难职工和退休职工、困难劳模开展帮困送温暖，资助帮扶金94.1万元；对47名困难职工的49名就学子女实施“金秋助学”，发放助学金11.84万元；公司各级工会共走访职工 2884 人、走访一线班组 248 个。二是立足岗位作贡献。组织开展以"反三违、查隐患"为主题的劳动竞赛,共设巡检质量提升、设备故障排查、应急预案演练 3 个竞赛项目。组织开展以"比安全"为主要内容的炼油装置检修改造"五比"技能赛和"检修现场安全行为专项行动"竞赛。会同人力资源部组织开展公司首届"最强操作"比赛。持续推进职工创新创效活动,杨建国劳模创新工作室和张华"工匠"创新工作室荣获集团公司示范性职工创新工作室荣誉称号、炼油四部张列维工作室申报的《硫磺优化操作法》获评《2020 年度上海市职工先进操作法优秀成果》。成功举办高桥石化——捷派克职工创新工作室联盟推进会。成立高桥石化——捷派克职工创新工作室联盟技师服务队。召开"劳模先进与青年代表座谈交流会",举行劳模与管理人员及操作人员师徒带教签约仪式。三是民主管理促和谐。开展公司 2021 年集体协商工作。召开七届三次职代会,投票表决通过公司《集体合同》和三个专项合同、《高桥石化员工请假考勤及劳动纪律管理办法》。开展职工提案活动,对 16 件重点提案的落实情况进行跟踪评估,形成闭环。加强工会自身建设,召开工会七届三次会员代表大会。对 2018 ~ 2020 年度公司"职工小家"进行评比验收。举办工会先进个人评选活动。进一步推进"高桥石化'职工之家'"新媒体建设,共推送 68 期,其中《高桥石化"三步走"搭建职工创新工作新格局》《我为职工办实事,高桥石化在行动》被"中国石化职工之家"录用刊出。（吴 斌）

【中国石化上海石油化工股份有限公司工会】 辖基层直属单位工会 21 家。职工 8591 人,其中女职工 1665 人。工会会员 8591 人,其中女会员 1665 人、农民工会员 11 人。工作机构设办公室、民管宣教科、权益保障科。主要工作:以庆祝建党百年为契机,着力于职工思想政治引领,组织开展"学党史、知企情"责任与担当大讨论、党史知识闯关、建党百年大事记学习、红色大寻访、诗歌朗诵会等活动,引导职工听党话、跟党走。在党委领导下,开展"优良日"活动,班组自主管理能力显著增强,营造了良好的安全文化氛围。加强群众性劳动竞赛活动与党政中心工作深度融合,组织举办"奋战检修、攻坚有我""仪表自控率提升""质量在线仪表应用提升""工程量签证"等专项劳动竞赛。开展全国五一劳动奖、上海市五一劳动奖推荐和评选工作,进一步弘扬劳模精神、劳动精神、工匠精神。继续深化以职代会为基本形式的厂务公开民主管理工作,推动职代会各项职权的落实,畅通职工利益诉求表达和协调机制,帮助职工群众解决实际问题,从源头上维护职工的合法权益。继续加大对困难职工帮扶力度,开展职工"普惠性"慰问、"五必访"重点慰问,组织职工参加"一日捐"和上海市职工保障互助计划。响应国家扶贫攻坚号召,履行企业社会责任,集中购买甘肃、云南扶贫产品慰问全体职工。继续加强工会组织自身建设,建立工会经费会员监督长效机制。（裘 玮）

【上海航天局工会】 辖基层工会 33 个。职工 19957 人,其中女职工 5031 人。工会会员 19675 人,其中女会员 4987 人、农民工会员 740 人。在上级工会和局党委领导下,以习近平新时代中国特色社会主义思想为指导,全面贯彻党的十九大和十九届历次全会精神,贯彻落实市总工会各项工作部署,立足航天发展的新常态和职工群众的新需求,聚焦强化政治引领、融入中心大局、竭诚服务职工、深化维权工作、加强自身建设,各项工作有良好进展,工会工作取得显著成效。主要工作:一是突出政治引领,把学习习近平新时代中国特色社会主义思想和党的十九大精神作为首要政治任务,组织职工开展有特色、接地气学习和活动。二是强化职工思想内涵,以各类主题活动作为文化建设抓手,开展迎春长跑、亲子活动、航天职工书法展、趣味运动会、建院 60 周年文艺汇演等活动。三是弘扬劳模精神,通过举办劳模事迹报告会、微视频制作、多渠道宣传活动,引领航天职工努力学先进、赶先进、创先进。四是融入工作大局,持续推进班组建设、劳动与技能竞赛,举办第三届职工科技创新节,职工技能素质进一步提高。五是开展评选工作,1 人荣获全国五一劳动奖章、2 人荣获市五一劳动奖章、2 个单位获得市五一劳动奖状、3 个班组获得市工人先锋号、4 人获评"上海工匠"、2 人荣获全国三八红旗手、1 人荣获全国五一巾帼建功标兵、3 人荣获市三八红旗手(标兵)、2 个集团荣获全国及上海市三八红旗集体。六是竭诚服务职工,全面落实《2021 年航天局工会实事项目实施方案》,不断完善困难职工数据库,实行一年两次动态管理,共帮扶职工 400 余人次,发放慰问金及实物价值 80 余万元。高温慰问职工 7000 余人,发放慰问金和慰问品价值 140 余万元。重点对试验队员、加班加点职工、女职工、青年职工 4 类人群,开展个性化关爱活动。七是深化维权工作,坚持职代会制度,召开四届三次职代会。坚持提案跟踪管理,征集到提案 34 项,立案 10 项,上一年度立案的 10 项提案全部完成,职工代表满意度 100%,彰显了企业与职工共谋发展、共建共享的和谐氛围。八是加强自身建设,适应互联网和新媒体发展趋势,持续推进网上工会建设。深化工会干部培训,全年参加各类培训 14 场次,参加培训职工 300 余人次。举办局工会干部培训班,全局工会主席、副主席、工会干部 60 余人参加培训。召开局工会工作创新案例发布会,20 余家单位工会交流在工会工作方面的新做法、新途径、新理念。深化工会制度建设,修改完善了 11 项工会制度,使工作标准更与时俱进、工作流程更规范高效。（周欣彬）

【上海市烟草工会】 辖基层工会 11 个。职工 7122 人,其中女职工 1640 人。工会会员 7122 人,其中女会员 1640、农民工会员 173 人。工作机构设综合科、一科、二科、机关工会和离退办。年内工会以高质量党建为引领,切实履行围绕中心、服务大局、凝聚职工的主业主责,有效落实工会各项目标任务,助力企业持续健康发展。主要工作:一是注重典型引领,弘扬劳模精神。深度挖掘劳模先进典型事迹,以制作专题宣传片、"工匠"短视频、"工匠"画册、排演情景剧形式,在集团公众号、烟业报和各单位自媒体平台上,集中进行劳模、"工匠"事迹的宣传。召开年度颁奖会,命名 20 名"上海烟草工匠"。二是通过创新竞赛,凸显基层活力。通过召开先进表彰会、"工匠"颁奖会、职工运动会，激励职工意气风发、拼搏向上精神。开展创建创新工作室、“一网通办”专项立功竞赛、第四届财会知识技能竞赛、烟草制品购销职业技能竞赛、“安康杯”基层安全知识竞赛等群众性创新创效活动，激发基层活力。三是完善制度建设，夯实管理基础。深化“一班一品”品牌，推进工业单位“品质”班组建设，树立商业单位“品牌”班组典型。通过《夯实管理基础，梳理完善烟草工会制度体系》项目，完成工会制度建设的现状调查及标准制度修订。通过《工会职工生活保障工作的“三化”建设》项目，梳理优化大病救助、救急济难、节日补助、助学帮困等关爱措施的管理流程。通过实施《职工之家网上平台》项目，开展工会业务一对一专题调研，形成短、中、长期需求报告，确定一级模块24个、二级模块47个的开发计划。四是开展实事活动，帮扶关爱职工。开展帮扶关爱活动，全年发放职工住院补助96人次、2.26万元；家访40名特困职工，发放慰问金7万余元、补助金4.86万、慰问品价值2万余元；大病救助帮扶职工8人次、13.5万元；在法定七大节日为全员发放节日慰问品；慰问高温岗位职工3460人次，发放防暑降温物品4400人次。（余　雪）

【上海汽车集团股份有限公司工会】　下属基层工会50个。职工99050人，其中女职工19168人。工会会员95463人，其中女会员18974人、农民工会员9186人。工作机构设办公室、组织民管部、基层工作与权益保障部。主要工作：一是开展建党百年学习教育，弘扬劳模先进正能量。广泛开展庆祝建党百年群众性主题宣传教育活动，结合“四史”、党史、工运史学习，引导广大职工增强“四个意识”、坚定“四个自信”、做到“两个维护”。开展“百年奋斗史，再创新征程”——上汽献礼建党百年系列活动，激发职工爱党、爱国热情，逾10万职工参与活动。弘扬劳模风采，宣传劳模先进事迹，大力营造劳动伟大、劳动光荣、劳动神圣的浓郁氛围。二是举办职工技术技能竞赛，激发职工岗位建功立业。聚焦重点领域和关键项目，开展了项目开发、产品研发、技术开发、市场拓展、线上营销、金融服务、新零售领域、数字化工厂等16项具针对性挑战性的立功竞赛活动，占93%职工参与竞赛。工会重点抓好“车有惠”营销立功竞赛，助力为“党员先锋行”主题活动提供平台支持和技术保障。持续推进职工技能提升，深入开展工程师创新论坛，先后举办“智匠创新”“芯科技、芯驱动、芯未来”等技术交流论坛300余场次，活动参与人数达6000余人，拓展了技术创新创造的思维边界。三是竭尽帮扶服务广大职工，创建和谐稳定劳动关系。每季召开一次职工座谈会，重点听取职工在工作和生活中的痛点、难点、堵点问题。尤其关注受疫情、缺芯影响导致生产经营、改革调整中职工思想和劳动关系的不稳定因素，引导职工合理表达诉求，及时化解矛盾。召开上汽集团三届四次职代会（扩大）会议，修订、签订1+3集体合同，重点对集体合同和女职工专项合同中有关计划生育相关规定进行了修改。充分利用各级帮扶体系加强对困难职工的梯度帮扶，集团工会帮扶2237人次，提供帮扶金1450万元。各企业充分发挥各级先锋号帮扶中心作用，全年帮扶各类困难员工约1.4万人次，帮扶慰问金2100万元。深入开展“点亮心愿”活动，有效平衡员工普遍关心的共性问题和多样需求，形成各企业分级分类服务员工的项目清单800余项。（范　融）

【中国能源化学地质工会华东电力委员会（国家电网有限公司华东分部工会）】　辖基层工会4个。职工1559人。工会会员1559人，其中女会员448人。中国能源化学地质工会华东电力委员会（国家电网有限公司华东分部工会）是中国能源化学地质工会在华东地区的派出机构，履行华东电网产业工会和大型企业工会职责，领导国网上海市和江苏、浙江、安徽、福建四省的电力工会及直管（代）单位工会。年内工会按照上级工会要求，围绕企业中心工作，服务发展大局，进一步促进企业和员工共同发展。主要工作：一是弘扬劳模精神，组织引导职工参加建功立业活动，举办华东电网第五轮技术技能竞赛（调度运行专业）。二是加强民主管理，服务企业稳定发展大局。三是关心关爱职工，完善帮扶长效机制。组织开展华东电网劳模疗休养活动，关爱劳模、先进的工作生活。四是组织文化体育活动，举办华东电网“画影颂百年　墨缘绘初心”职工书画展。五是加强工会自身建设，举办各类培训班，提升工会工作水平。评选2人获全国和上海市五一劳动奖章、1人获评上海市经信系统三八红旗手、工会办公室获评市“巾帼文明岗”、1个部门获评工人先锋号称号。（史佩敏）

【上海化学工业区工会】　下属基层工会36个，涵盖单位37个。职工6763人，其中女职工1472人。工会会员6636人，其中女会员1444人、农民工会员805人。主要工作：一是注重职工思想引领。围绕建党百年华诞，以上海化学工业区围海造地25周年、全面建设20周年的发展成果为主题，组织举办了为期3个多月的“上海化学工业区第四届园区文化艺术节”，区内外75家企事业单位的近万名职工踊跃参加，并带动周边社区居民参与其中，艺术节政治引领性强、主题鲜明突出、内涵丰富多样、参与人数众多，大大增强了职工对化学区蓬勃发展的向心力，也为化学区的持续发展注入正能量。二是举办丰富多彩文体活动。成立上海化学工业区书画爱好者协会。邀请知名艺术家进园区慰问演出，丰富职工文化生活，提升职工审美情趣；邀请知名画家走进园区采风创作，带来职工对艺术实践新体验，感受集“科技、生态、工业”为一体园区风貌；为职工搭建展现自我的平台，举办了线上才艺、书画、摄影大赛和线下书画、摄影展，展示职工良好精神风貌；精心筹办“2021年上海化学工业区‘科思创杯’职工健身骑行赛”，500名职工参加健康骑行比赛；联合举办“孚宝杯”足球友谊联赛，通过以球会友，增进职工间互动交流。三是履行工会主责主业。健全以职代会为基本形式的民主管理，规范厂务公开各项工作程序。着力企业劳动关系矛盾调处，开展职工工资专项集体协商、签订集体合同、劳动法律监督、职工法律援助等工作。对须进行改革的12家下属国企工会加强了组织领导，开展排摸指导，加强监督考核，并跟踪落实其任务清单，确保工会改革有序推进。四是聚焦职工实事项目。以“夏送清凉、冬送温暖”形式进行帮困,为劳模先进、一线职工、困难职工送去关爱。实施职工互助保障计划,下拨资金33万元,为6000多名会员办理专享B类和B+类保障。扩大"医疗化救职工学堂"服务范围,以线上线下结合的教学方式,免费向职工和周边社区居民普及现场急救技能和疾病预防知识。创建"劳模创新工作室""基层工会服务职工""特色职工文化"3大服务品牌,给予职工更多"精准化、精细化、定制化、人文化"服务。加强女职工组织建设、关注女职工心理疏求、新建"爱心妈咪小屋"和女职工卫生室。签订女职工"四期"保护、女职工特殊权益专项保护集体合同。五是强化自身提升水平。进一步加强工会自身建设,规范基层工会换届选举程序。深化园区基层工会"职工之家""职工小家"的创建。加强工会预、决算管理,优化经费支出结构,严格按照规定收好、管好、用好工会经费。加强"四位一体"工会经审监督,强化财务和经审规范化制度建设,提升财务经审工作水平。（邹　毅）

【中国铁路工会中国铁路上海局集团有限公司委员会】 辖直属工会34个,基层工会组织118个。职工34649人,其中女职工5103人。工会会员32257人,其中女会员3475人、农民工会员519人。工作机构设办公室、组织部、生产宣传部、保障和女工工作部、财务部、经费审查委员会办公室。下设职工艺术团、文化体育馆、职工帮扶中心3个附属机构,代管集团公司火车头体育协会、老年人体育协会、退休职工管理委员会办公室。主要工作:一是搭建竞赛平台,发挥主力军作用。开展"建功'十四五'、奋进新征程"铁路建设劳动竞赛,强化对安全生产、运输经营等中心工作的促进作用。与省市总工会沟通,举办长三角铁道行业职业技能竞赛暨集团公司第九届职业技能竞赛,30名优胜选手获得地方授予荣誉称号。二是弘扬劳模精神,提升企业凝聚力。举办庆祝五一国际劳动节暨"创新上铁"成果展,现场推介、发布、学习4名新当选全国劳模先进事迹。举办职工创新成果展,组织职工现场观摩125项职工创新成果。修订集团公司关于劳模先进疗休养管理办法,组织3批、231名集团公司级劳模、先进到贵州疗休养。三是实施帮扶救助,竭诚服务职工。制订集团公司"十四五"改善职工生产生活工作方案,按期兑现10个方面职工实事。持续开展冬送温暖、夏"送清凉"、四季送关怀活动,将员工的年、节慰问金标准提高到年人均1300元。重新修定集团公司职工帮扶救助工作管理办法,全年对10.75万名职工施以助医、助困、助学帮扶救助,投入帮扶救助金8182万元。四是推行民主管理,稳定劳动关系。修订集团公司民主管理实施办法,全面落实以职代会为基本形式的企业民主管理制度。规范召开集团公司二届一次职代会,以通讯方式召开集团公司二届职代会一次、二次、三次联席会议。修订集团公司劳动争议协商调解处理实施办法。召开集团公司第二届职代会劳动法律监督委员会第一次委员(扩大)会议,重新拟定集团公司签订集体合同的有关事项。五是丰富文体活动,弘扬"铁路情"文化。以庆祝中国共产党成立100周年为主题,开展"中国梦·铁路情·劳动美"系列职工文体活动,举办集团公司"永远跟党走"职工文艺汇演;举办集团公司第十届职工运动会;承办"庆建党百年·迎全民全运"全国铁路第十四届运动会职工篮球比赛。六是强化自身建设,夯实工会基础。制订公布《2021年集团公司工会制度"立改废"计划》。落实国铁集团党组和集团公司党委在两级巡视中发现和反馈问题的整改工作。制订下发《关于加强工会组织党风廉政建设工作的指导意见》,进一步提升工会规范化工作水平。（严光临）

【中国远洋海运集团有限公司工会】 辖基层工会68个,覆盖企业70家。职工20952人。工会会员20648人,其中女会员4017人、农民工会员203人。主要工作:一是举办建党百年活动,表达职工爱党情怀。组织举办庆祝建党100周年文艺汇演。摄影家协会出版摄影集《领航》、书法家协会出版画册《百年风华》、集邮协会出版邮册《方寸间》、作家协会出版《2021中国远洋海运作品集》(报告文学)。参与"纪念中国海员工会成立100周年"系列活动,承办海总在广州召开的纪念大会。选派吴文峰船长作为发言人参加"中国海员工会成立100周年"主题新闻发布会、刘大勇船长参加由海总组织的"海员工匠"直播月直播活动,展现当代中国船长良好形象。二是实施民主管理制度,维护职工合法权益。召开集团一届五次职代会,审议总经理工作报告和党组工作报告;通报集团2020年度企业负责人履职待遇和业务支出情况;听取职工董事向大会作述职报告;在广泛征求各直属单位工会意见并与人力资源部协商一致的基础上,对2018版《集体合同》进行修订并提交职代会予以审议通过;通报集团一届四次职代会职工代表提案的征集处理情况,并把整理的职工提案,分送各职能部门承办。指导改革单位规范履行民主程序,保障职工知情权和参与权。三是弘扬劳模"工匠"精神,引导职工干事创业。向获得全国工人先锋号、市工人先锋号、市五一劳动奖状(奖章)的先进集体和个人以及49名2020年度集团劳模进行表彰。编印《劳模风采录》,在集团公众号专栏上刊出,并对集团成立以来的省部级及以上劳模进行深入广泛宣传。创建劳模、职工创新工作室,上海船研所徐延军劳模创新工作室荣获市"劳模创新工作室"称号。组织78名劳模参加集团2021年度劳模疗休养活动。举办第五届省级一类"中远海运杯"职工焊工、电工技能竞赛。维护女职工权益,集团一级单位全部签订《女职工权益保护专项集体合同》。四是关爱帮扶困难职工,营造和谐企业氛围。开展"我为群众办实事"实践活动,制订集团职工疗休养工作试行意见。广泛开展安全教育培训、安全知识竞赛、安全技能大赛、安全生产合理化建议、"安全隐患随手拍"等活动,增强船岸职工的安全生产意识。持续开展春送健康、夏送清凉、金秋助学、冬送温暖"四季恒温"活动,增强职工的获得感幸福感。疫情期间,面对船员遭受"上下船隔离、患重大疾病、工伤航病、家庭遭遇重大困难"等情况,开展了"四必到"帮扶慰问工作。五是实施对口帮扶,体现社会责任。编制规划了2021年消费扶贫任务,对前期定点扶贫及对口支援工作进行总结表彰。六是加强自身建设,提升工会水平。召开集团工会第二次代表大会,总结部署五年工作,选举产生集团第二届工会和经审委。指导33家工会更新法人资格证书。为深化“创建学习型组织、争做知识型员工”活动，投入资金402万元，向船舶和基层班组配送图书10万册。开展对工会财务和经审工作规范化建设进行考评。对各船公司、船员公司工会经费管理使用开展专项审计。为衔接新的工会会计制度，举办有200余人参加的工会办公室、财务、经审干部业务知识培训班。

（张　洁）

【上海国际港务（集团）股份有限公司工会】 辖基层工会37个。职工25587人，其中女职工3158人。工会会员25586人，其中女会员3158人、农民工会员11532人。2021年，坚持以习近平新时代中国特色社会主义思想为指引，深入学习贯彻习近平总书记关于工人阶级和工会工作的重要论述，在市总工会和集团党委的领导下，坚持以职工为中心，为职工提供高品质服务保障。围绕集团高质量发展，深化产业工人队伍建设改革。不断强化自身建设，着力提升工会水平，为推动集团实现“十四五”良好开局发挥了重要作用。主要工作：发挥工会自身政治优势，开展“红色工运”主题宣传教育活动，促进党史学习在集团各级工会进一步走深走实。加强思想引领，促进广大职工把“劳模精神、劳动精神、工匠精神”厚植于心，努力为强港建设添动力。为打造“高技能、创新型”港口产业工人队伍，开展了“奋进新时代、争做追梦人”劳动竞赛，为强港建设增活力。加强分层分类，进一步规范以职代会为主要形式的企业民主管理，落实以风险隐患研判排查为重点的“五个坚决”长效工作机制，推进以安全防护和疫情防控为重点的劳动保护工作。发挥服务职能，加强一线覆盖，使服务职工的各项工作有落实有保障，做到困难帮扶全覆盖、文体活动有新意、社会责任有担当。加强工会组织建设和工会干部队伍改革创新，提升工会能力水平。

（张　容）

【上海长江轮船有限公司工会委员会】 辖在沪基层工会12个（another沪外工会8个）。职工838人，其中女职工281人。工会会员796人，其中女会员279人、农民工会员62人。主要工作：一是夯实工会组织基础。召开第十一届会员代表大会，换届选举新一届工会。之后中国海员工会上海长江轮船公司委员会更名为上海长江轮船有限公司工会委员会。12月17日，召开十一届二次全委会，组成了新的工会组织。二是完善民主管理制度。为加强企业民主管理，制订《职工代表巡视制度》。修订完善《职工救急济难基金管理实施办法》。做好年度职工互助保障工作。三是举办建党百年文体活动。结合党史教育活动的开展，协助举办了庆祝建党100周年暨“奋斗百年路、颂歌献给党”红色经典传唱汇演，近200名员工参加演唱，线上直播近2万人次观看。弘扬“长江轮文化”，举办足球、篮球、羽毛球、乒乓球、瑜伽等活动。在三八妇女节、元宵节、六一节、中秋节期间，举办“绘出精彩人生、画出你我风采”油画DIY培训、“包汤圆猜灯谜”“小手拉大手”“中秋做月饼”主题活动。四是帮扶关爱服务职工。年内，公司下拨困难补助金6万元，慰问180艘船舶、19名特困职工，慰问意向宿舍员工20人，并添置宿舍用品。高温期间，慰问船舶181艘、岸基人员1387名、两指人员（及家属）41名，送去高温慰问款22万元。疫情防控期间，为关心员工健康安全，发放1370份防疫专用包。先后组织百余名职工，于5月、6月分3批参加“百万职工崇明看花博”。于9月、10月组织劳模代表、先进员工和一线员工，前往金华、宜春参加工会疗休养。五是参加“安康杯”竞赛。从职工安全健康着手，结合公司开展的“安全生产月”活动，组织近700名职工，参加“安康杯”安全知识答题竞赛。六是开展劳模先进评选。在评选工作中，王明胜同志获评上海市五一劳动奖章、船长2号荣获上海市三八红旗集体称号、扬子江外贸组荣获上海市“巾帼文明岗”称号。快乐船长游船有限公司船长8号荣获工人先锋号称号。

（龚　兰）

【中国邮政集团工会上海市委员会】 中国邮政集团工会上海市委员会简称上海邮政工会。下属基层工会27个。职工18017人，其中女职工5821人。工会会员17792人、其中女会员5721人、农民工会员2687人。工会专兼职干部85人。主要工作：以习近平新时代中国特色社会主义思想以及习近平总书记关于工人阶级和工会工作的重要论述为指导，认真贯彻落实上级工会和市分公司党委决策部署，以纪念建党百年为契机，结合上海邮政改革发展新形势、新任务、新要求，加强员工思想政治工作，引领员工听党话、跟党走。围绕中心、服务大局，充分发挥工会组织作用，广泛开展建功立业活动。推进企业民主管理，营造和谐劳动关系。维护员工合法权益，充分激发和调动员工的积极性、主动性和创造性。开展帮扶慰问，累计慰问员工2.71万人次，发放慰问品价值293.7万元。加强工会自身建设，推进工会工作创新发展。团结动员广大员工凝心聚力，为邮政事业发展建功立业。衔接退休人员社会化管理，确保离退休人员顺利过渡街道社区。年内，上海邮政共获得全国五一劳动奖章1人、上海市五一劳动奖章1人、上海市工人先锋号2个、上海市三八红旗手1人、上海市三八红旗集体1个、上海市“巾帼文明岗”2个、上海“最美家庭”1个、上海“交通服务先锋”个人1名、上海市职工创新工作室1个、上海市“巾帼创新工作室”1个。

（王　瑛）

【中国电信集团工会上海市委员会】 辖基层工会59个。职工22110人。工会会员22110人，其中女会员8715人、农民工会员165人。主要工作：深入贯彻党的十九届五中、六中全会精神和习近平在全国劳模先进表彰大会上的重要讲话精神，围绕公司党委“我为群众办实事”为切入点，对接电信转型、创新职工文化、服务企业发展、讲好员工故事，为企业高质量发展作出工会贡献。在2021年荣誉榜上，公司荣获全国群众体育先进单位、全国“模范职工小家”、全国“巾帼文明岗”、全国“五一巾帼标兵岗”、全国“最美工会户外劳动者服务站点”等荣誉，3人分别荣获全国五一劳动奖章、第15届全国技术能手、2020年度市质量金奖。以加强员工思想政治引领为目标，坚持党建统领，开展“员工心向党　逐梦新征程”为主题的群众性宣教活动。以员工文化艺术节、全员读书日、健身日活动为载体，讲好红色电信故事、企业发展故事、劳模先进故事，弘扬电信正能量，团结带领员工听党话跟党走。制订《中国电信上海市工会构建落实“五个坚决”要求长效机制实施细则》，建立工作专班运营机制，与公司现有的维稳、舆情管控、新闻发言人机制有机结合，确保劳动领域政治安全责任层层落实。围绕企业转型发展，承办上海市“建功‘十四五’奋进新征程——推进高质量发展上海职工劳动和技能竞赛”之一的“互联网数据中心行业数据中心基础设施维护操作技能竞赛”、上海市“一网通办”“一网统管”专项立功竞赛活动之一的“12345”市民服务热线系统立功竞赛、2021 上海城市数字化转型“智慧工匠”评选活动之一的“实践方案赛”，助力员工技能提升。围绕“我为群众办实事”要求，按照“普遍服务便捷化、重点群体个性化”目标，在广泛听取工会和员工意见建议、延续往年落实实事项目的基础上，新增“四小”、健康乐动、心理关爱、健康食堂、感恩关怀、一日游等 6 项服务计划，做细做实服务员工的实事，提升员工获得感、幸福感、安全感。

（殷　茵）

【中交上海航道局有限公司工会】 辖基层工会 10 个。职工 5212 人。工会会员 5089 人，其中女会员 576 人、农民工会员 970 人。年内，以习近平新时代中国特色社会主义思想为指导，按照中央和上级党关于群团工作会议提出的要求，服务大局助推发展。在改革创新转型发展、服务职工群众、团结引导职工、服务维护职工、实现职工对美好生活的向往中，履行工会维护、建设、参与、教育职能，开创工会工作新局面。按照“六有”标准，完善基层工会组织建设，实现工会组织全覆盖。主要工作：一是助推发展，彰显竞赛实效。加强对 24 项竞赛内容、5 个方面工作的考评，使竞赛活动规范化、制度化，推动高质量完成公司重大工程建设项目。在 2021 年度上海市重点工程实事立功竞赛活动中，航道赛区所属 2 家公司评为“优秀公司”、2 个集体评为“金杯团队”、3 个集体评为“优秀团队”、6 人分别评为“建设功臣”“优秀建设者”。在“安康杯”竞赛中公司职工踊跃参与，4 家单位获评全国“安康杯”竞赛优胜单位。二是书香上航，职工情系航道。先后开展第十届“我阅读、我快乐、我成长”职工读书活动，举办以“书香上航　为您诵读”为主题的舞台式演讲大赛，该主题活动评为上海读书节经典传承项目。举办“情系航道、奉献航道——最美航道家庭评选活动。三是创新创造，提升航道正能量。创建市级劳模创新工作室 13 家，业务覆盖多个领域，其中 2 家工作室获评首批“长三角劳模创新工作室”。五一前夕举办在职劳模、先进座谈会，营造尊重劳模、尊重劳动、尊重知识、尊重创造的良好氛围。年内组织劳模、五一奖获得者及家属开展健康体检，每年安排退休劳模进行体检。4 月，先后编撰印发 2021 年班组学习手册《形势与任务 100 问》，供各船舶各班组学习。举办“情系航道、奉献航道——最美家庭评选活动”，对评选出的“最美家庭”授予荣誉称号。四是企务公开，依法源头维权。召开了公司二十一届四次职代会，收到职工提案 25 件，立案 13 件，回复率 100%。对职工代表实行履职考核，5 人评为优秀职工代表、3 个部门评为提案承办优秀部门。召开 2021 年企务公开民主管理工作会议暨总经理信息发布会，向职工代表通报公司生产经营情况和集体合同执行情况。围绕职工关注的热点，召开座谈会，广泛听取意见，最大限度维护职工合法权益。五是强化自身，提升能力水平。按照《公司工会考核评价办法》，从组织、民管、竞赛、劳动保护、法律、素质工程、宣教文体、财务经审、自身建设 9 个方面，对基层工会进行年度考核。加强对项目部工会经费的收、管、用。健全“上航局职工之家”微信订阅号平台运行，每周更新工会工作动态、市总工会资讯、劳权保障、最新资讯等方面信息。

（于美庆）

【中交第三航务工程局有限公司工会】 辖基层工会 9 个。职工 3387 人，其中女职工 636 人。工会会员 3366 人，其中女会员 628 人。年内，坚持全心全意依靠工人阶级的指导方针，立足“心中有大局、手中有品牌、推进有抓手、活动接地气、工作有影响”的目标，全面履行“维护、参与、建设、教育”四项职能。围绕“六坚持、六强化”工作，建设好工会“六个家”。一是深化“六比六创”主题竞赛活动，发挥好、调动好、保护好职工的积极性。二是创建劳模（先进）创新工作室，形成劳模品牌，目前有劳模创新工作室 36 家。三是深化技术创新活动，在企业科技创新上下功夫。四是进一步深化文明工地创建，持续提升三航良好形象。五是深化制度建设，坚持职代会制度，巩固已有成效，不断提高职代会制度运行质量。有力推进民主管理、集体协商二大机制建设。六是维护职工合法权益，巩固劳动关系和谐企业创建成果。通过“安康云”平台，突出在维护职工生命健康权益、杜绝职业危害方面发挥作用、在维护职工政治文化权益和创建企业文化方面发挥作用、在帮扶职工办实事谋实利解决职工实际困难方面发挥作用、在主动化解各种矛盾和营造职工安居乐业良好环境中发挥作用。七是坚持开门办会，推进工会各项工作取得新进展。公司工会抓住群团工作改革机遇，进一步夯实工会工作基础，增强工会组织执行力，充分调动工会干部、基层工会组织和广大会员的积极性，把工会建成学习型、服务型、创新型群众组织。

（黄书展）

【中国海员工会上海海事局委员会】 辖基层工会 12 个。职工 1706 人。工会会员 1706 人，其中女会员 366 人。主要工作：一是开展党史学习教育，引领职工听党话跟党走。组织广大职工学习贯彻习近平在庆祝中国共产党成立 100 周年大会上的重要讲话精神和十九届六中全会精神，学习领会习近平关于工人阶级和工会工作的重要论述，提高广大职工政治判断力、政治领悟力、政治执行力，牢固树立“四个意识”“四个自信”“两个维护”意识。组织职工观看红色影片《建党伟业》。赴宝山烈士陵园、中共一大会址开展沉浸式党史学习教育活动。二是发挥主力军作用，助推海事高质量发展。按照“一创、四建、五提升”工作思路及“十四五”发展规划要求，开展“建功十四五，当好排头兵”劳动竞赛。以上海举办第四届中国国际进口博览会为契机，以海事职工敢于打硬仗的决心，主动参与进博会服务，展示海事风采，书写海事作为。三是开展评选竞赛活动，弘扬劳模“工匠”正能量。通过劳模先进、“海事工匠”的评选，进一步弘扬劳模精神、劳动精神、“工匠”精神正能量。通过开展技能创新和立功竞赛活动,锻造上海海事专业人才队伍。年内有1人获评上海市五一劳动奖章、1个集体获评上海市工人先锋号、1人获评上海市三八红旗手、1个集体获评上海市三八红旗集体。四是创新工会工作内涵,实现开门办会民主化。开展合理化建议、金点子征集,以及对创新工作室、职工小家、工会活动室等工会活动场所、活动形式、活动内容的建议征集活动,让全局干部职工参与到工会的日常管理中来,实现工会工作全过程民主参与。2021年为全局在职职工及退休职工办理市总工会职工医疗互助保障计划,投保金额291万余元。年内有371人次获得医疗保障理赔,理赔金额84万余元。五是加强工会自身建设,增添工会新活力。召开中国海员工会上海海事局六届七次会议,部署12项重点工作和3项服务职工实事项目。制定实施海事局工会干部培养计划,推进高素质专业化工会干部队伍建设。制订下发《上海海事局工会关于进一步加强"职工之家"建设的意见》,进一步规范"职工之家"的创建,细化建家工作流程和标准。

(陆智静)

【上海市城乡建设和交通工会工作委员会】 辖基层工会81个。职工89775人,其中女职工19679人。工会会员89350人,其中女会员19268人、农民工会员11478人。主要工作:一是庆建党百年,办主题活动。承办上海市建设交通行业庆祝中国共产党成立100周年文艺汇演。举办2场"学党史 守初心 办实事 开新局"上海市建设交通行业劳模先进事迹报告会。开展党史学习教育,弘扬行业传统,讲好劳模故事活动。二是当好主人翁,建功新时代。引导职工立足岗位建功立业,牵头举办市住建委赛区的市重点实事工程立功竞赛、与中国海员工会联合开展"长江三角洲区域一体化发展重点项目建设示范性劳动技能竞赛"、开展"五个新城"建设和市级"一网通办"主题立功竞赛。推荐评选全国工人先锋号1个、市五一劳动奖状3个、市工人先锋号5个、市五一劳动奖章5名,评选农民工先进1名。广泛动员职工立足岗位,开展技术创造创新活动,推荐项目获第33届上海市优秀发明选拔赛金奖1项、银奖6项、铜奖9项、创新奖17项、上海市职工合理化建议和先进操作法创新奖8项。先后有238名职工获技师、高级技师晋升、带教师傅和发明专利奖励。推荐获评市劳模创新工作室2家、市职工创新工作室3家、4名职工命名为"上海工匠"。三是加强指导服务,推进实事工程。指导各单位贯彻《职代会条例》《集体合同条例》,深化职代会制度,提升集体协商实效,维护职工合法权益。实施《上海市企事业单位民主管理工作三年行动计划》,推动职代会、集体协商、职工董、监事融入现代企业管理制度。开展元旦春节"送温暖"活动,对春节期间坚守重大工程岗位的一线建设者、物业行业一线职工展开慰问,慰问职工4000人、送去慰问金80万元。先后向长三角区域项目、本市重大工程、窗口一线和防汛抗台单位进行高温"送清凉"慰问,慰问职工10000余人、支付慰问金150余万元。为基层单位25000名会员办理工会专享基本保障,补贴资金120万元。以"强意识、查隐患、促发展、保安康"为主题,开展"安康杯"竞赛,实施"查找身边隐患、保障职工安全"三年行动计划,确保企业安全生产、职工安全健康。

(钱 蓉)

【上海建工集团股份有限公司工会】 辖基层工会59个,涵盖单位570个。职工206445人,其中女职工14615人。工会会员206105人,其中女会员14549人、农民工会员159613人。主要工作:一是唱响"主旋律",让思想教育更"实"。以庆祝建党百年为契机,开展"追寻红色记忆,践行奋斗精神"——上海建工百城万人红色印记寻访活动;开展"讲红色故事,传百年荣光"——上海建工红色故事宣讲暨职工主持人大赛;开展"我为'十四五'献一计"合理化建议征集活动;编撰劳模风采录《建工的脊梁》。二是锤炼"主力军",让竞赛比武更"热"。以立功竞赛为载体,紧盯节点目标,严格安全措施,强化施工管理,有序推进各项重大工程建设。在中共一大纪念馆、花博会主要场馆、北外滩综合改造、公租房建设等工程建设中,全力以赴,圆满完成既定任务。集团在长三角区域高质量一体化建设百项重点工程劳动竞赛中荣获优秀组织奖,7家单位评为组织奖,7名个人评为先进个人。三是当好"主人翁",让职工队伍更"强"。2021年,集团有1人授予全国五一劳动奖章、2个集体授予上海市五一劳动奖状、6人授予上海市五一劳动奖章、1人授予天津市五一劳动奖章;6个集体授予上海市工人先锋号,2个集体授予上海市三八红旗集体,3人授予上海市三八红旗手。2个创新工作室获评"上海市劳模创新工作室";在2021年"上海工匠"评选中,集团4名职工榜上有名。四是筑牢"主阵地",让服务举措更"暖"。制订印发《上海建工集团厂务公开民主管理工作规范》,开展职代会民主评议工作,共有20家单位的232名企业领导干部接受1867名职工代表的无记名测评,平均称职率达94.27%。围绕集团"1+7+X"国内区域市场布局,推动15家"区域工会服务站"建设。为满足临港建设者工作学习生活需求,在企业行政的支持下,精心打造临港新片区建设者小镇,为临港建设者提供"一站式"服务。在帮扶活动中,年内共走访慰问职工68964人次,发放慰问金2003.49万元。36900名职工参加"一日捐",募集的善款338.03万元全部用于帮扶慰问困难职工。五是畅通"主动脉",让基层工会更"活"。深入开展以"我爱我家"为主要内容的"职工之家"创建活动,召开2019—2020年度工会系统先进表彰大会,进一步掀起"建家"活动热潮。在新一轮"职工之家"创建中,集团有1名工会干部荣获"全国优秀工会工作者"称号。年内成立了天津区域联合工会,天住集团混改后其工会组织关系隶属于天津市总工会。3家基层工会完成换届选举。"建工群英社"发布工会各类信息210篇,累计阅读量近180万人次。

(余轶群)

【上海市交通委员会工会】 辖基层工会16个。职工2502人。工会会员2497人,其中女会员948人。市交通委工会兼上海交通工会职能,辖本市公交、出租、水上客运和道路养护四个行业分会。主要工作:一是引领职工思想,展现行业风采。深入学习习近平新时代中国特色社会主义思想,强化党的领导,落实工会政治责任,推动总书记重要思想进工地、进班组、进一线,极大增强了广大职工对党的创新理论的政治认同和情感认同。成功举办交通行业庆祝中国共产党成立100周年主题活动。拍摄制作交通行业红色资源系列微纪录片。组织百位交通行业代表观摩"永远跟党走"浦江主题灯光秀。制订《市交通委系统维护劳动领域政治安全工作方案》,并成立机构、建立机制、确定重点领域和重点人群,确保劳动领域政治安全。二是开展竞赛比武,提升职工技能。深化竞赛活动,组织职工参加全国道路养护行业职业技能竞赛上海预赛、首届道路客运行业职业技能竞赛、公交行业驾驶员纯电动车节能比武大赛。经与市政公路行业协会、交通运输行业协会公交分会研究,把比赛结果与职工技能等级提升相挂钩,并建立面向行业的职工技能等级认定培训基地。在年度评选工作中,探索建立交通行业先进典型后备人才库,开展"交通服务先锋"选树活动。三是履行主责主业,竭诚服务职工。开展"我为群众办实事"实践活动,修订《行业专项基金使用管理办法》,扩大帮扶范围,明确帮扶标准,做好委系统和行业单位困难职工排摸。年内慰问职工5322人次,支出慰问金96.63万元。组织公交"安全之星"等一线职工代表140人参加工会疗休养。开展公交行业专项活动,发布推进公交行业职工队伍建设十大举措和公交行业集体合同草案。举办公交职工心脑血管疾病防治专题健康讲座。推进公交行业站点"职工书屋"建设,对符合行业标准的示范点提供资金支持。推出委系统智体角网络平台,实现委系统文体设施全覆盖,以丰富多样文体活动的内容和形式,开展线上智能体育赛事系列活动。会同团工委举办青年联谊活动,委系统、市级机关、市城管执法局、上海海事局等单位140位青年参加活动。四是加强工会建设,做好基础工作。召开委工会第二次代表大会,成立新一届工会。指导委系统新一轮工会组织调整。加强行业工会组织建设,研究海员工会组建方案,会同海事局召开海员座谈会,听取意见完善方案。推行民主管理制度,着手本市道路养护行业集体协商前期准备工作。完成7家委属单位工会经费收支情况专项审计。规范由工会经费列支的聘请授课人员劳务费所涉个人所得税代扣代缴工作。推出"工家云"线上工作平台,减少纸质文件、精简会议程序,也为各基层工会搭建交流平台。研究形成产业园区交通配套规划导则,指导各区优化交通出行服务。参与上海市妇女儿童工作委员会相关工作。

（李晓姝）

【上海海洋石油局工会】 辖基层工会9个。职工1749人。工会会员1447人,其中女会员270人。主要工作:一是坚持思想引领。(1)通过全委会、联席会、工作例会等方式,组织工会干部和职工学习党的十九大、十九届历次全会精神和习近平新时代中国特色社会主义思想。(2)开展党史学习教育,推进党史学习教育落实落地,推动学党史、悟思想、办实事、开新局目标的完成。(3)开展"劳动最光荣,奋进新征程"系列活动,牛华伟、黄小兵等集团公司和市劳动模范主动参加志愿公益服务。通过诗朗诵的方式礼赞劳模,弘扬劳模精神。职工e家同步上线"劳动最光荣,青春心向党"主题分享活动,280个作品、1000余人参加投票。通过评选,张尚虎获市五一劳动奖章、李昆获市三八红旗手、勘探七号获市工人先锋号、李佳命名为"上海工匠"。二是坚持融入中心。(1)聚焦重点领域、重大工程、重要任务,以"当好主人翁、建功新时代、岗位创一流"为主题,开展比效益、比安全、比技能、比管理、比贡献竞赛,累计开展各类竞赛29场、5753人次参加。先后开展党史知识、安全技能比武、财务会计知识3场竞赛。参加2021年度南海西部油气田钻完井安全技能大赛,获集体奖铜奖。(2)参加"安康杯"竞赛,参与安全环保知识线上答题。展开安全隐患诊断,收集安全诊断建议近千条。以"十个一"标准,落实职工卫生健康和劳动保护措施。(3)对石油工程公司创建职工创新工作室进行交流,完善制度优化管理,发挥4家大师工作室和2家青年创新工作室作用。开展导师带徒55对、申请专利14项、参与重大工程项目7项,陈忠华工作室评为集团首批示范性创新工作室。(4)开展提合理化建议和金点子活动,共收到合理化建议、安全环保建议183条,其中《CMX海洋物探设备专用锂电池精细化管理》《一种防脱落电缆固定装置的应用》获市职工合理化建议创新奖。三是坚持服务职工。(1)制订下发《关于进一步加强职工健康管理工作的通知》,在疫情防控期间,全年累计接种新冠疫苗2106人,接种加强针1102人。建立职工健康档案并优化体检项目,开展职工健康体检,深受职工好评。组织职工开展"八段锦"工间操及职工健步走、足球、篮球比赛。邀请华师大心理学副教授为职工讲授心理管理与心理疏导知识。(2)修订帮扶救助基金实施细则,开展"走基层、访万家"活动,慰问困难职工174人,并发放慰问品。落实办理工会服务卡、职工互助保障、补充医疗保险和帮扶救助基金会四重保障措施,着力为困难职工"解决小诉求,凝聚大力量"。(3)安排职工参加一级、二级疗休养,参加"观花博"休养9批次、700余人次。四是坚持自身建设。(1)实行以职代会为主要形式的民主管理,年初召开了局四届七次职代会和四届十次职代会联席会议,修订完善职代会制度。(2)组织召开七届一次工代会,完成工代会换届改选。举办工会干部培训班,提升工会干部、工会财务和经审人员工作水平。(3)加强"网上工会"、"智慧工会"建设,开辟"海洋石油早知道"、青年广播站等媒体平台,形成集消息推送、网上报名、网上竞赛、作品征集、网络投票、文体协会运行等诸多功能的网上工会服务。至年底职工e家注册职工1930人,开展"劳动最光荣、青春心向党""我想对党说"等活动10余个,参与职工万余人次。(4)下发《中国石化工会组织标准化规范化建设工作手册》,强化工会自身标准化规范化建设、维护职工权益、促进企业发展、竭诚服务职工等4个方面工作内容、工作流程和工作标准,不断提升工会基础工作水平。（耿卫军）

【上海市绿化和市容管理局工会】 辖基层工会23个。职工1648人,其中女职工821人。工会会员1645人,其中女会员821人。主要工作:一是突出思想政治引领,加强职工文化阵地建设。学习贯彻习近平新时代中国特色社会主义思想、习近平"七一"重要讲话精神和党的十九届六中全会精神。举办"中国梦劳动美我心向党"行业职工摄影征文比赛。参加市建设交通行业庆祝建党百年文艺汇演并获“优秀组织奖”和“优秀作品奖”。基层工会举办各种纪念活动，打造独特文化品牌，发挥职工文体活动主阵地作用。二是传承劳模先进精神，发挥美化城市主力军作用。围绕重点工作开展岗位立功竞赛，发挥行业职工在保障城市生态文明和市容环境建设的主力军作用。大力弘扬劳模、劳动、“工匠”精神，评选出全国五一劳动奖章2人、市五一劳动奖状1个、市五一劳动奖章1人、市三八红旗集体1个、“上海工匠”2人、绿色“生态工匠”1人、“行业工匠”10人。举办“人民城市·奋斗有我”行业劳模先进事迹报告会。三是维护职工合法权益，构建和谐稳定劳动关系。开展环卫、绿化养护行业集体协商，为保障权益、稳定队伍、提高素质提供政策保障。推行职代会民主管理企业，实行厂务公开，强化职工会员监督制度。四是帮扶服务困难职工 激励职工共建洁净家园。元旦春节期间，市、区两级工会慰问一线职工、农民工、困难职工、困难劳模共19635人，发放慰问款及各类物资价值475.2万元。开展夏季安全大检查，发放慰问品1636份。组织300名一线环卫职工参加市总全额补贴的疗休养，安排百名一线环卫职工参加“爱心花博游”。助力中心城区环卫工人公租房项目落地，已有457名环卫职工（家庭）入住公租房。全市创建环卫“爱心接力站”超7000家。在第七届“关爱环卫工人·共建洁净家园”专项行动中，选树上海市“十佳城市美容师”“十佳爱心接力站”“十佳关爱环卫工人社会共建”案例。五是加强自身基础建设，增强工会组织凝聚力。为丰富职工精神文化生活，开展“我为群众办实事”活动，设立专项经费，指导帮助具备条件的基层工会创建“职工之家”“职工书屋”，年内已创建9家，行业中多家单位“职工书屋”被全总、市总和区总评为示范点，系统单位中水管处的区县管理站被市总命名为“职工书屋”示范点。指导9家基层工会完成换届选举，有2家增补主席。举办工会主席和工会财务经审干部培训班，规范工会经费的收、管、用。（盖永华）

【华东建筑集团股份有限公司工会】 辖基层工会15个。职工9167人。工会会员9014人，其中女会员3635人。年内主要工作：一是重温初心之地，弘扬“百年创伟业”正能量。带领工会干部参观中国劳动组合书记部旧址陈列馆。开展纪念建党百年华诞第十一届职工文化艺术节、体育健身节系列活动；组织1000余名职工参加“百年创伟业、华建新征程”职工运动嘉年华活动；国庆前夕举办“百年创伟业、丹心颂祖国”职工书画、摄影、短视频作品展；10月举行了“百年创伟业、羽梦共飞扬”——2021“建设咨询杯”职工羽毛球团体赛；11月举行“百年创伟业、金秋鱼水情”——2021“现代物业杯”职工垂钓团体赛。二是服务发展大局，发挥“华建人”主力军作用。组织职工参加上海职工进博会、花博会劳动和技能系列竞赛，集团获“上海五个新城建设主题立功竞赛突击队”称号、上海院南汇新城联合设计团队荣获市工人先锋号。参加2020—2021年度“安康杯”竞赛，11家单位、近百个班组、超4000名职工参加，并参与“安康杯”优胜单位、优秀班组评选。在上海市重点工程住建赛区上海分赛区实事立功竞赛中，有13家单位、159个团队、3000余人参与60项重点工程项目建设，取得2个大金杯、1个小金杯竞赛成绩。开展“薪火相传、逐梦江海——三代劳模话党史”活动，诠释了劳模、劳动、“工匠”精神。在评选工作中，获评上海市劳模创新工作室2个、市五一劳动奖状1个、市五一劳动奖章2人、市工人先锋号1个、命名“上海工匠”2人、李南等10人获评“华建工匠”、雷杰等10人获“华建工匠”提名。三是帮扶服务职工，提升一线职工获得感幸福感。（1）以集团医务室与“华建加油站”为依托，建成职工健康服务平台。（2）会同党政走访慰问41名患病职工，送去慰问金30万元。慰问了高温作业下一线职工。11家分子公司、149位员工义务献血工作。在参加市总举办的上海职工食堂技能比武中，“番茄牛肉面”获“上海职工食堂百强碗面”、1人评为“优秀厨师”。（3）在三八节有2人分别被评为全国巾帼建功标兵和市三八红旗手、2个团队获市三八红旗集体。开展“幸福有你、关爱有我”女职工活动，在“百年创伟业、巾帼报春晖”表彰大会暨“她力量”分享会上，对集团17名三八红旗手、5个三八红旗手标兵、11个三八红旗集体进行表彰。创建华建“爱心妈咪小屋”被评为上海工会五星“爱心妈咪小屋”、1个“爱心妈咪小屋”获评市工人先锋号。四是加强自身建设，源头维护职工合法权益。（1）指导6家分子公司如期或延期进行工会换届改选，撤销3家公司工会组织。对5家基层工会开展经费审查，确保工会经费收、管、用。举办第六期集团工会干部工会专业知识培训班。（2）筹备召开集团二届一次职代会暨2020年度总结表彰大会，听取审议了《集团2020年工作报告》《集团2021—2025年发展战略规划》。实施职工工资协商要约行动，集团本部及15家分子公司全部签订《工资专项集体合同》。（3）召开集团二届一次职代会，选举了职工董事和职工监事。并履行公司法人治理机构职责。（谢志群）

【鲁中矿业有限公司工会】 辖基层工会8个。职工4563人。工会会员4270人，其中女会员603人。主要工作：一是着力经济技术创新。成立创新工作室31个、公司级创新工作室16个，孙家琪创新工作室授予“市技师创新工作室”。在收到的200余件“五小”成果和合理化建议中，“港里2#矿体残矿回采”合理化建议获2020年度市职工合理化建议创新奖、“自磨筛上流程改造”项目获2020年市职工先进操作法创新奖。创新职工培训方式，提升讲堂授课实效，全年开设技术技能、女工健康、文艺类“职工讲堂”6期。二是开展安全专题活动。继续开展以组织一次安全隐患检查、“忆一次安全事故教训”、“当一天安全员”、开一次安全主题班会、“接受一次安全生产知识培训”为主题的班组“五个一”活动。制定下发2021年度“安康杯”竞赛方案，所有车间级职工参加了竞赛。群监会开展了6次以井下火药管理、夏季劳动保护、消防安全等为主题的安全生产监督检查。三是创建星级先进班组。通过开展班组星级评选，评定四星班组18个、五星级班组8个、三星以上班组覆盖率达98%以上、表彰了10个“红旗标兵班组”。四是弘扬劳模先进正能量。李宗发获评市五一劳动奖章、选矿部1个班组获评市工人先锋号。编撰劳模先进事迹《鲁矿·故事》一书，下发基层班组学习宣传。举办劳模事迹报告会，800余名职工线上线下聆听报告会。五是丰富职工文体活动。召开协会座谈会，形成发挥协会作用的共识，成立7个职工文体协会，并完善协会章程及组织架构。各协会围绕建党百年，先后开展篮球、乒乓球、羽毛球比赛及摄影作品征集、主题诵读等活动。六是扎实开展困难职工帮扶救助工作。开展帮困基金捐款活动，募集帮困金14万余元。慰问帮扶困难职工，支出10000元用于慰问大病职工，支出12000元慰问病故职工。支出26万元为职工办理工会专项基本补充保障（B类）。七是实施职代会民主管理制度。召开了公司十五届八次职代会暨2021年工作会议，听取鲁中矿业工作报告和2020年度业务招待费、培训费使用情况。开展夏季劳动保护和防暑降温工作职工代表巡视活动。(8)深化服务职工实事项目。创办服务职工的"十送"品牌实事，购买131万元农副产品实施对口消费扶贫，惠及全体会员。（刘炜权）

【上海市水务局(上海市海洋局)工会】 辖基层工会17个。职工1271人，其中女职工482人。工会会员1255人，其中女会员479人。一是加强职工思想政治引领。开展"四史"学习教育和庆祝建党百年系列活动。"局劳模宣读团"深入基层宣讲劳模故事23场次，邀请市劳模"工匠"服务队"到3家河湖养护企业服务指导。编印《水木清华——上海水务、海洋系统劳模风采录（2016～2020）》，与局团委共同推进"师徒结对"，结对带教师徒144对。举办"庆祝建党百年——永远跟党走　奋进新征程"职工读书活动。参加"永远跟党走，启航新征程——建交行业庆祝建党百年文艺汇演"，诗朗诵《疫情时刻》获优秀作品奖。安排800多名职工参加"百万职工看花博"。举办首届上海水务海洋5人制足球赛、"上海水务海洋健身行"活动。通过评选，获全国五一劳动奖状、奖章各1个(名)、全国工人先锋号2个、其他市级荣誉5项。开展"爱心妈咪小屋"的创建、女职工"巾帼心向党　岗位建新功"及参观河道示范段活动。二是构建和谐稳定劳动关系。持续开展"安康杯"竞赛，配合行政落实常态化疫情防控措施安全管理制度。创建"安全生产1000班组"，获评上海赛区1家"优胜单位"和1个"优胜班组"。抓好"放心职工食堂"工作，水务食堂参加"上海职工食堂面条类竞赛比武"获好成绩。在开展"夏送清凉、冬送温暖"中，慰问劳模22人次、困难职工8人、退休职工26人；慰问重大工程建设者、一线职工、留沪过年单身青年、河道和排水管道养护职工1300余人次；慰问重病职工29人。为职工办理会员卡互助保障。按职工需求采购"消费扶贫"产品。三是开展技能比武立功竞赛。协办水利部和中国农林水利气象工会举办的全国引领性劳动技能竞赛获个人第六名、水务局获"特别贡献奖"。参加中国海员工会劳动技能竞赛获优秀班组奖。与市总联合召开"建功'十四五'奋进新时代"治水管海劳动技能竞赛推进会，4家单位获一等奖、6个部门获二等奖、30个集体获三等奖、5人获一等奖、50人获二等奖。部署、启动治水管海劳动竞赛15项，参赛单位200家、5000多名职工参加。在"三提升、三把握"重点工程立功竞赛中，受市竞赛办表彰金杯公司2个、金杯团队1个、优秀公司8个、优秀团队8个、"建设功臣"9名、优秀建设者15名；受局表扬的优秀公司16家、优秀团队50个、优秀个人115名。先后举办有18家单位40名选手参加的水文行业水质监测技能比武、有18个团体79名选手参赛的"防汛减灾预报技术比武"、有新疆同行参加的"啄木鸟杯"水务工程建设技能竞赛、"一网通办"专项立功竞赛。先后开展长三角水务建设管理工作交流、寻访"最美水务热线人"、河道修防职业技能培训。开展建设"五个新城"为主题立功竞赛成果征集活动，征集9篇成果案例、3篇为市优秀案例。在工业水重复利用及雨水综合利用案例评选中，43篇为优秀案例，12个案例获奖励。四、加强工会自身组织建设。指导4家基层工会完成换届选举。选送7批次工会干部参加专业培训。定期召开工会全会和经审会议。举办新《工会会计制度》培训班。按照经济责任审计要求，梳理汇总工会管理制度。按规定及时上缴、划拨工会经费，落实小微企业工会经费支持政策，全额回拨上交工会经费。完成工会固定资产的报废处置，建立有章可循、有规可依、量入为出的工会经费收、管、用制度。（王佐仕）

【上海市人力资源和社会保障局工会】 辖有直属工会15家。职工2386人。工会会员2386人，其中女会员1404人。主要工作：一是加强思想政治引领，弘扬建党百年光辉历史。举办庆祝建党百年宣传教育活动，以"庆祝建党百年，追寻红色印记"为主题，举办职工歌唱比赛。以"喜迎建党百年　健康人社快乐生活"为主题，举办职工文化才艺交流展示活动。举办"奋斗百年路　启航新征程　惠泽民生人社情"职工书画摄影作品展。组织职工参加庆祝中国共产党成立100周年职工文艺汇演、"中国梦·劳动美——奋斗百年路　起航新征程"2021年上海职工(市民)文化网络大赛。二是关爱帮扶困难职工，竭尽服务实事项目。实施五大类服务职工实事。在引领服务中，组织1450名职工"看花博"，感恩以"花开中国梦"为主题的伟大祖国繁荣盛世。体现在帮扶服务上，为2406名职工办理会员专享基本保障；对46名符合帮扶条件的职工发放帮扶金13.3万元；助力125名困难职工实现"微心愿"；下拨经费酌情倾斜工会经费困难的工会；购买发放扶贫产品118.31万元，惠及职工2401人。在健康服务方面，为15家基层工会赠送小药箱，安排资金购置防疫物品。为增强职工健康体质，举办第二届职工运动会，3992人次参加了15项比赛，职工参与率92.5%。在提供生活服务方面。先后安排266名职工参加"公益乐学"生活服务课程、101名单身职工参加"四季恋歌"交友活动、创建6家职工谈心、心理咨询室。三是加强工会基础工作，提升工会能力水平。开展座谈调研，在广泛征询意见的基础上，制订下发《关于加强局系统基层工会"职工之家"建设工作的实施意见》。编辑《工会简讯》38期，《局第二届运动会专报》15期，采用工会信息174条，对信息报送先进单位予以表彰。加强工会经费收、管、用，聘请第三方审计机构对工会年度财务收支情况进行审计，对存在的问题及时进行整改。举办工会财务工作培训班，以规范工会经费

的使用。（金　琦）

【上海市农业农村委员会系统工会工作委员会】　辖基层工会24个。职工2976人，其中女职工1389人。工会会员2500人，其中女会员1115人、农民工会员215人。年内主要工作：一是开展岗位建功活动。（1）参加市总组织的征集命名2020年度上海市职工合理化建议和先进操作法优秀成果活动，获1项创新奖。（2）为职工搭建岗位成才舞台，开展11项劳动技能竞赛。（3）会同团委开展"我为乡村振兴献一计"非定向调研课题与合理化建议活动，13个单位、228人次参加，共撰写63个课题报告。（4）推荐评选2021年市五一劳动奖和工人先锋号，市农业技术推广服务中心获评市五一劳动奖状、市农科院罗利军获评市五一劳动奖章、市农业农村委执法总队长江禁捕执法工作专班获评市工人先锋号。二是帮扶服务困难职工。（1）开展元旦春节送温暖、"工会进万家"调研走访慰问、夏季职工劳动保护和防暑降温、开学季"金秋助学"等工作。（2）继续参保"会员卡"和"职工互助"两项"保障"，为大病职工提供工会帮扶。（3）安排15个单位女职工分7批次、共242人参加健康体检。（4）指导市水产所工会创建四星级"爱心妈咪小屋"。三是丰富职工文体活动。（1）开展"百名劳模讲党史活动"、录制《中国共产党领导下的新中国渔业发展史》。（2）与党团联合举办"纪念建党百年"职工文艺汇演、"红色徒步"等项活动。（3）精心组织职工参观"花博会"、组织参加上海职工文化网络大赛活动。四是加强工会组织制度建设。（1）健全工会组织机构，指导1家单位新建工会、6家基层工会完成换届改选。（2）完善工会财务管理、帮扶送温暖工作制度。（3）开展工会财务和经审的规范化考核，新旧会计制度衔接工作。（陈颖娅）

【上海市科技工会】　辖基层工会49个，涵盖单位93个。职工31427人，其中女职工11001人。工会会员30540人，其中女会员10724人、农民工会员449人。主要工作：一是坚持工会正确政治方向。用习近平新时代中国特色社会主义思想、习近平关于工人阶级和工会工作的理论为指导，加强理论学习，明确政治方向，深化群团改革，汇聚奋斗共识。关心关爱战斗在疫情防控一线的职工，助力疫情防控工作有效开展。在建党百年演唱会上，党政工领导登台参加演唱，并为劳模代表献花。二是激励职工创新创造岗位建功。聚焦科创中心建设，着眼职工队伍人才培育，年内在科技系统涌现一批先进集体和个人，荣获全国和上海市表彰奖励。开展第三届上海市科技系统"科创先行者　建功新时代"职工劳动技能大赛，激发广大职工建功新时代的主人翁精神和创新创造活力。参加市总各类竞赛，获上海职工科技节优秀组织单位奖。三是履行维护职能帮扶服务职工。按照《上海工会构建"五个坚决"落实长效机制实施细则》规定，推行定期报告制度，排查化解职工队伍不稳定风险。开展劳动保护工作，维护职工安全健康权益。增强维权服务意识，及时了解掌握职工诉求，从制度上施行精准帮扶。参加市总"中国梦劳动美"第四届职工网络摄影大赛，获优秀组织奖。组织"魅力科技　我心向党"职工摄影作品巡回展。举办垂钓、乒乓和羽毛球大赛、春天合唱团声乐演唱。四是以党建为引领，持之以恒深化工会改革创新。召开科技工会五届五次全委会，增补常委和委员。帮助新建单位成立工会组织。对职工代表进行履职培训。开展工会干部学习党史，并赴中国劳动组合书记部旧址陈列馆和百代小楼开展现场教学。给以专项经费补助，创建"职工之家"。围绕科研院所改革发展现状，开展职工思想政治工作专题调研。抓工会财务和经审人员专题培训，收用、管好、用好工会经费。（冯　莺）

【中国教育工会上海市委员会】　辖基层工会86个。职工98361人，其中女职工51589人。工会会员94453人，其中女会员49719人、农民工会员13402人。主要工作：一是加强思想引领。举办"百年树人跟党走，砥砺前行铸师魂"上海教工庆建党百年合唱比赛，近4000人参加；首创融"政治性、先进性、群众性"为一体的上海教工学习习近平用典大赛，230余人入围决赛；首次举办全市新教师入师入会仪式，视频直播观看量达4000余人次；举办系统女教师庆建党100周年健身操展示、建党100周年表彰大会暨文艺汇演等系列主题活动31场，感悟初心使命，砥砺奋进前行。二是坚持榜样示范。大力弘扬劳模精神、劳动精神、"工匠"精神，开展"时代精神、薪火相传"劳模精神进校园系列巡回宣讲活动约200场；举办"学党史、话奋斗"劳模主题读书会；培育命名第四批上海市教育系统劳模工作室53个；建立健全劳模服务信息库。选拍20部"为党育人为国育才"身边的好教师微电影，在上海教育电视台集中展播。选送5部作品参加第五届上海职工微电影节评选，首次获得金奖，实现新的突破。组织开展全国五一劳动奖、上海市五一劳动奖和工人先锋号等各类先进的选树评优活动，引导广大教职工立足岗位、创先争优、岗位建功。三是打造"素质工程"。组织第四届上海基础教育青年教师教学竞赛暨国赛选拔赛，267人参加市赛，1万余人参加区级选拔赛，约占全市基础教育青年教师的10.77%。遴选5名教师迎战第三届全国中小学青年教师教学竞赛。结合党史学习教育组织基层工会主席、妇女干部参加专题培训6场、582人次参加。推动14所高校签约校企合作，达成合作项目10个，600多位教师参与。为企业开展各种形式的职业技能培训，全市职工8万人受益。四是推进民主建设。推动80%以上的高校教代会安排代表听取并审议学校"十四五"发展规划，市属公办高校补充公积金方案提交教代会讨论工作全部完成。实行示范创建，推动校务公开民主管理在维护教职工合法权益、构建和谐劳动关系、加强基层民主政治建设中发挥作用。五是"实施实事项目"。织密市总互助保障计划、商业补充医保、工会会员卡、新发重疾等困难教职工帮扶、冬送温暖夏"送清凉"多层次保障网，各项帮困金累计支出128.2万元、帮扶325人次。落实对口帮扶，累计向新疆、西藏等对口地区的支边教师428人发放困难帮扶及慰问金178.4万元。推进教师心理健康服务工作和法律援助工作，全年心理咨询电话接待416人次，面询177人次，网络咨询93人次，及时化解2例危机案例。举办96场心理讲座，共计15057人参加。接待法律咨询案例超200件。组织劳模先进代表等272人参加特色休养，探索疫情防控常态化下教职工暑期疗休养工作机制。六是开展群体活动。举办五年一届的教工运动会，开创性地将“长征精神”“劳模精神”与“体育精神”相结合，邀请王福常、杨宇、王如竹、滕平、沈富麟、刘炜、郑秀琴7人担任“新长征精神校园传播大使”。93支队伍参加上海市第九届教工运动会启动仪式，7000余人次教职工运动员参加了包括围棋、健步走、趣味项目、龙舟、气排球、桥牌等在内的8个项目的比赛。举办“校长杯”健步走、羽毛球、网球、乒乓球和智力运动会5项比赛。组队参加全国科教文卫体系统工会乒乓球比赛，取得女子单打冠军和团体第四名的好成绩，实现金牌零的突破。七是注重自身建设管理。加快推进上海市级教工之家建设，在上海教育会堂现有建筑基础上进行功能与空间的有序重组和拓展，力求实现教工文体活动、文化体验、休闲娱乐、才华展示、学术交流等多元功能。通过内控建设提升科学管理水平，建立一套完整的运行管理内控体系以及相应的配套管理制度、财务制度和工作流程标准。整合教育工会官网、网上工作平台、小程序“工家云”等线上阵地资源，探索活动管理、风采展示、心理援助、法律咨询等会员服务新方法新途径，推进教育工会机关治理能力现代化。 （李瑛霞）

【上海市医务工会】 辖基层工会55家，涵盖单位61个。职工85919人，其中女职工60476人。工会会员85796人，其中女会员60378人，农民工会员91人。主要工作：一是围绕庆祝建党百年，传承弘扬红色基因。推动党史学习教育走深走实，开展建党百年主题宣传教育，组织建党百年系列庆祝活动。二是发挥职工主力军作用，凝聚行业内生动力。组织推荐劳模“工匠”选树，掀起学习劳模先进热潮。推动医务职工素质提升，深入开展劳动技能竞赛，举办多种职工文体活动。三是关心关爱医务职工，提升保障服务能力。深化工会服务职工实事项目，持续加大医务职工困难帮扶。关心关注医务职工心理健康，继续推动医务职工健康促进，筑牢医务职工法治安全意识。四是加强工会规范化建设，夯实工会组织基础。深化院务公开民主管理，持续推动工会自身建设，做好工会内部常规工作，落实工会经费从严管理。五是维护特殊群体权益，体现工会人文关怀。关心关爱护工护理员，做好工会女职工工作，做好退管会各项工作。 （马建发）

【上海市新闻出版工会】 辖基层工会13个。职工2426人，其中女职工1267人。工会会员2396人，其中女会员1260人、农民工会员1469人。主要工作：一是庆典建党百年活动。举办职工文艺汇演、开展征文活动、组织工会干部参加文化讲座、发放电影观摩券等形式，讴歌建党百年来伟大成就。二是构建和谐劳动关系。指导基层单位签订或续订“三项集体合同”，基层单位集体合同签订率62%，女职工权益保护专项集体合同签订率65%，工资专项集体合同签订率60%。加强职代会制度建设和厂务公开民主管理，下发《职工代表大会工作实务操作手册》《上海工会预防化解劳动关系矛盾“六步工作法”操作指南》，指导督促各基层工会认真贯彻以职工代表大会为基本形式的民主管理，调处化解劳动关系矛盾，构建和谐劳动关系。开展“安康杯”竞赛，1个单位和1个班组分别获上海赛区优胜单位和优秀班组。举办有13家单位、704名职工参加的“奋斗百年路，启航新征程”上海职工文化网络大赛，3人获“学习达人”奖、1人获“不忘初心”奖。13家单位、2344名职工踊跃参与“爱心一日捐”，募集金额11.04万元。三是帮扶服务困难职工。下拨帮扶金3.08万元，实施资助帮扶，惠及35人次。拨发23.6万元，为13家单位、2351名会员办理工会专享基本保障险B+类，6名患重病会员分获市总工会2万元资助，同时获本级工会6000元补助。支出29万元购买高温防暑用品，慰问全体职工。下拨11.1万元，为2800名职工购买口罩、洗手液等疫情防护用品。为丰富职工业余文化生活，化费12.8万元，向各基层工会赠送跑步机、羽毛球拍、飞镖、哑铃、拉力带、呼啦圈等体育用品。支付10.1万元，安排100名先进职工代表和工会干部参加市总疗休养，资助1.3万元补贴基层工会开展疗休养。四是加强工会自身建设。指导4家工会进行换届改选。选送2名工会干部赴工会学院培训。对4家基层工会财务展开审计、3家单位工会上缴经费实行当年全额回拨。对荣获先进“职工之家”、先进“职工小家”、优秀工会工作者在年度工作总结表彰会上进行了表彰。 （方伟国）

【上海社会科学院工会】 辖基层工会23个。职工876人。工会会员874人，其中女会员467人。年内工会贯彻落实院党委和市总工作部署，围绕建党百年开展一系列纪念活动。在帮扶服务职工、营造积极向上氛围中发挥工会作用。主要工作：一是围绕建党百年，开展主题活动。举办“我眼中的变革与感动——上海社科院庆祝建党百年职工摄影大赛”，获奖作品于6月在线上展出。4月举办“瞻工运遗迹　迎建党百年——上海社科院2021职工城市定向赛”。同时成立社科院合唱团，参加了由市委宣传部举办的“‘永远跟党走　颂歌献给党’——宣传系统庆祝中国共产党成立100周年歌会”，获“百年银铃团队”奖。9月为推动第二阶段党史学习教育，举办“学党史　迎国庆”上海社科院职工文艺表演赛。二是开展评选培训，增强使命责任。通过推荐评选，院图书馆获市2021年度工人先锋号、焦世新1人获市五一劳动奖章。先后举办心脏急救、心理健康暨职场压力排解技能培训。结合党史学习教育和上海工运史特点，举办中国共产党领导中国工人运动的百年历程与经验启示专题讲堂。三是着力做好实事，帮困服务职工。继续为职工办理工会互助保险和工会会员卡保障。年内对20多名大病和困难职工发放帮困金18.1万元。开展了普惠性购物消费扶贫活动。在疫情防控期间，为全院职工发放防疫包，在保障疫情安全前提下，安排职工参加工会疗休养。四是加强队伍建设，提高管理水平。在加强内部管理方面，院工会党支部进行换届，并接受党建和意识形态方面的工作督查。年内对2018—2020工会财务情况实施审计。 （杨鹏飞）

【上海市体育局工会】 辖基层工会18个。职工1586人，其中女职工627人。会员1578人，其中女会员626人。主要工作：一是开展学习评选，激励职工勇争第一。开展"百年回眸共奋进"庆祝建党百年网上健步走活动，每月以线上解锁地图并进行答题的形式，学习建党百年来光辉历史，引导职工不忘初心永远跟党走。组织51名工会干部参加"习近平在全国劳模大会上的重要讲话精神"专题网络培训班，学习领会习近平对工会工作的重要指示精神。通过评选授予姜佳馨、陈芋汐、陈云霞、张灵、许昕5名运动员全国五一劳动奖章、授予张芷婷等36名运动员、余晓玲等29名教练员市五一劳动奖章，授予上海男子排球队等2个集体获市工人先锋号。竞技中心获2020年市五一劳动奖状、竞技中心赛艇队获2020年市工人先锋号、竞技二中心1人获2020年市五一劳动奖章。举办上海体育劳模宣讲活动，分享参赛经历，鼓励职工勇争第一。二是加强帮扶服务，提升职工获得感。年内对71人次患大病、重病困难职工进行帮困救助，资助帮困金7.1万元，元旦春节期间走访慰问34户患病职工、教练和伤残运动员家庭，发给慰问金10.2万元；夏季高温期间深入9家训练场馆慰问高温下作业一线职工，赠送防暑降温用品1700份。实施对口消费扶贫，支出金额71.12万元。三是加强职工素质工程建设，职工文化生活进一步丰富。开展职工喜闻乐见文体活动，先后举办职工龙舟赛，16家单位的13支龙舟队伍参加比赛。举办庆六一职工亲子嘉年华活动。组织职工参观花博会。举办女性健康科普知识、"职工亚健康的中医调适"讲座。继续推进"职工书屋"创建，年内指导武术院新建"职工书屋"。四是加强工会自身建设，工作能力和水平进一步提高。召开局工会第五次会员代表大会，选举产生局工会第五届委员会、经审会、女工委。指导2家工会完成换届选举，撤销工会组织3家。举办工会干部培训班，19家基层工会干部和经审委员80余人、4名新上任工会主席、1名女工主任参加岗位资格培训。开展对2020年度预算执行情况暨财务收支管理进行审计，对发现的问题及时进行整改。做好19家单位工会统计工作。

（王隽毅）

【上海市经济和信息化工作系统工会工作委员会】 辖基层工会282个，涵盖单位282个。职工97061人，其中女职工35470人。工会会员85331人，其中女会员34893人、农民工会员1571人。年内工会聚焦数字化转型赋能，在产业和信息化高质量发展中发挥工会作用。主要工作：一是开展学习教育，传承劳模"工匠"精神。加强职工形势任务教育，举办职工读书活动，开展形式多样的职工文体活动，加强职工心理关怀，建设与城市精神相适应的职工思想文化阵地。开展劳模宣讲和劳模创新成果展示活动，发挥劳模先进的示范引领作用。实施对劳模特别是困难劳模的帮扶服务。搭建选树先进典型平台，为传承劳模"工匠"精神创造条件。搭建劳模先进学习交流拓展视野的平台，提升劳模先进的综合素质和创新能力。二是着力创造创新，发挥主力军作用。以产业和信息化工作为主，助力数字化转型，开展示范性、引领性劳动竞赛。开展"智慧工匠"选树、"领军先锋"评选活动。深入开展群众性科技创新和技术革新、技术协作、发明创造、合理化建议活动。推动产业工人队伍改革建设的各项举措落地落实，在产业工人队伍改革建设中发挥工会作用。举办形式多样的岗位练兵、技能竞赛活动。加强职工创新工作室的创建，强化职工对新产业、新技术、新岗位的创造创新，不断提升职工技能水平。三是关心职工生产生活，帮扶服务困难职工。着力劳动关系领域风险隐患的分析研判，加强预测预警和信息通报。健全工会法律援助机制，为职工提供法律知识培训和咨询服务，提升工会维权水平。健全以职工代表大会为基本形式的民主管理，进一步提高职代会质量，落实赋予职代会和职工代表的各项职权，推进厂务公开向基层延伸。为职工提供普惠性、常态化的精准服务，开展送温暖、"金秋助学"、工会会员服务卡办理、注册和保障给付工作。实施"专精特新"中小企业共享计划、创建"职工之家"、新建"爱心妈咪小屋"、单身青年交友活动等实事项目。通过开展"安康杯"竞赛，强化了职工劳动保护安全生产。高温期间开展"送清凉"慰问活动。组织安排职工参加疗休养、健康体检。四是聚焦固本强基，着力打造队伍素质提升品牌。加强工会廉政和作风建设，严格落实中央八项规定，对在巡视反馈中存在的问题进行认真整改。强化工会干部队伍建设，通过教育培训，优化工会干部队伍素质结构。着力做好工会预算、收支管理，做好工会经费资产内审工作。深入开展"走企业、访职工"形式的调查研究，调研工作呈常态化。加强对工会组织库、会员库升级和扫码入会等基础性工作。

（黄　俭、顾　捷）

【光明食品(集团)有限公司工会】 辖基层工会224个，涵盖单位462个。职工41340人，其中女职工15263人。工会会员41339人，其中女会员15263人、农民工会员7410人。年内，工会引领广大职工"打造新优势、培育新动能、拓展新空间"，推进内外协同、优化产业布局、发展模式和实施路径，为推动"十四五"开好局、起好步发挥工会的重要作用。主要工作：一是传承红色精神，党史教育走深走实。以习近平新时代中国特色社会主义思想为指导，深入学习贯彻习近平在建党100周年大会上的重要讲话精神，推动党史学习教育活动走深走实、入脑入心。组织264名工会干部参加全总《学习贯彻习近平总书记在庆祝中国共产党成立100周年大会上的重要讲话精神》网上专题培训班。在纪念建党百年活动中，举办讲好党的故事、讲好红色工运故事、组织红色文化寻访活动百余场、线下寻访38个红色文化场馆，依托市总举办的"职工文化网络大赛"学习工运史。二是开展评选创优，弘扬劳模先进精神。在开展全国和上海市评优工作中，2人获全国五一劳动奖章、1个单位获全国五一巾帼标兵岗、4个单位获市五一劳动奖状、5人获市五一劳动奖章、5个班组获市工人先锋号。以劳模(先进)创新工作室为抓手，创建国家级劳模创新工作室1家、市级劳模创新工作室10家、市级职工技师创新工作室9家、集团劳模创新工作室12家、集团职工创新工作室62家。开展职工发明专利奖申报评定工作，15名技师、4名高级技师、7名师徒带教获得市总3.7万元奖励。三是开展各类竞赛，助力发挥主人军作用。在花博会期间，开展我为"后花博"献一计等活动；举办有16

家单位、130人参加的职工花艺大赛；召开花博会表彰大会，表彰"花博功臣"10名、"花博工匠"55人、花博会先进单位10家、"花博优秀团队"10个。在黄山茶林场，开展了职工疗休养行动启动仪式暨劳动技能竞赛。主办了农超集团好德物流货车驾驶员技能竞赛。承办市总"促进消费扩容提质"暨"五五购物节"竞赛成果发布会，6个案例为市总"五五购物节"优秀案例。在"凝心聚力进博会、建功立业创一流"立功竞赛中，评选出9个优秀服务商奖、7个优秀采购商奖、22个优秀参展商奖、11个优秀组织商奖、1个最佳主题日奖、1个最美花车奖。在"安康杯"竞赛中，有238个企业的33860名职工参与职工安全应急技能知识网上答题竞赛。四是建立服务保障机制，帮扶服务光明员工。开展形式多样帮扶服务，提升职工获得感、幸福感、安全感。(1)先后对10120名和2641位生活困难的职工、劳模、党员、退休职工及"三失"人员、百岁老人实施帮扶送温暖，送去慰问金118.03万元，对70名大病职工发放医疗补助；各级工会在春节期间慰问47398人次、发放价值1401.34万元款物；五一期间慰问花博园区、花博小镇建设者及运营团队3641人；高温期间慰问一线员工8088人，慰问金200余万元；落实8名特困职工享市总深度帮扶补助、3位特困职工享市级相对困难补助。先后走访慰问18位劳模先进贤内助。(2)为42168名工会会员参保上海市工会会员服务卡专享基本保障，参保金额193.98万元；督促各级工会为在职会员100%纳入上海市职工互助保障计划。(3)先后组织13384名一线职工看"花博"、近4000人参加职工疗休养，集团工会补贴145万余元。四是实施"大家访"三年行动计划，累计走访慰问111099人，占应访职工数99%，发放慰问品价值2299.75万元；做好"关系可以转，关爱不能转"困难退休员工"三失"、大病帮困工作；帮扶99位失独(孤老)、2户医疗托底、28户护理托底，帮扶金额121.5万元；为5833位大病重病、"三失"人员、90周岁以上退休职工购买"沪惠保"，参保金额67.08万元；组织50位退休职工参加市退管办健康体检、100位退休职工代表浦江游系列活动。五是强化工会自身，弘扬"光明文化"。年内召开集团第八次工会代表大会，加强工会自身建设。举办2次退管干部业务培训班和"三失"退休职工(家庭)关爱项目实务培训，提升建会、管会、促会能力水平。继续实施消费帮扶，共购买消费扶贫慰问品价值1356.39万元，惠及职工41534人。开展"卡卡·幸福直通车"进企业、园区、楼宇品牌活动，提高服务能级。开展传递"光明温暖"，筑牢"员工第一、崇尚奋斗、爱与尊重"的光明文化。 (朱菊英)

【锦江国际(集团)有限公司工会】 辖基层工会84家，会员数37508名，其中女会员数17350名，入会率达100%，工会专兼职人员1166名，实现工会组织和会员入会的全覆盖。主要工作：一是加强工会组织建设。坚持工会干部分层分类、分级负责、全员培训，各级工会完成市总新任工会主席培训班22人，开展年报统计工作、维护劳动领域安全稳定工作等专项培训。坚持依法合规建会管会，10余家基层工会有序完成工会期满换届、增选补选工作，指导20余家工会进行了法人资格证的更换。二是加强劳模工作室管理。通过开展与劳模交流座谈，深入调研劳模创新工作室日常运行情况，发挥劳模创新工作室示范引领作用，完善评选激励机制。推荐集团劳模工匠进入市劳模工匠服务队，成立由8名集团内外劳模工匠领衔的锦江国际集团劳模(工匠)创新工作室联盟，加强对内整合、加大对外联合，跨企业、跨区域、跨岗位，增进集团劳模工匠创新工作室提质增效，发挥劳模群体在集团高质量发展中的领军作用，从而全方位提升劳模的获得感、幸福感。积极参与市总"上海市劳模工作与生活现状调查""劳模创新工作室等调查"，并选派集团劳模代表参加市级劳模创新工作室领衔人研修班，推动劳模本人和创新工作室的发展。三是加强产业工人队伍建设。树立集团行业领军人物、先锋典型，1人获评全国五一劳动奖章、2家单位、2个班组以及2名个人分别获得上海市五一劳动奖状、上海市工人先锋号和上海市五一劳动奖章的荣誉。积极开展劳模工匠创新工作室创建工作，推荐1家集团劳模创新工作室获评上海市劳模创新工作室，对20家集团各级劳模(工匠、技师、职工)创新工作室进行评估检查，为集团产业工人队伍建设打好基础。加强产业工人深度培养，1人入选长三角工匠联盟，1人被命名为2021年上海工匠，组织安排锦江工匠代表参加市级封闭式研修培训班。 (顾明方)

【上海市监狱管理局工会】 辖基层工会19个。职工6844人。工会会员6843人，其中女会员1035人。机构设组宣部和办公室。主要工作：一是突出政治引领。组织会员认真学习习近平"七一"讲话精神、关于工人阶级和工会工作的重要论述，打牢思想根基，引领职工坚决听党话、坚定跟党走。二是实施关爱帮扶。修订《帮扶送温暖实施办法》；元旦春节帮扶关爱送温暖67人；按照最高保障组合购买职工互助保障项目，有25名会员获得保障给付330万元；做好干警子女安心暑托班工作，解决干警子女暑期看护难问题；加强预警报告制度，每月一期《热点反映》上报局党委，及时稳妥化解矛盾。开展安全生产知识竞赛等系列活动。三是搭建创新平台。2021年5个集体分别获全国五一劳动奖状、工人先锋号、五一巾帼标兵岗和市五一劳动奖状、工人先锋号，1人获上海市五一劳动奖章；2个工作室分别获评市"工匠创新工作室"、市技师创新工作室。四是开展主题活动。对"菁英汇"线上文化活动进行改版升级，开展了"新年寄语""晒晒年味"新春主题活动，开展线上健步行、"声临其境"红色记忆诵读活动、六一亲子"Cosplay模仿秀"活动。开展"享受阅读·品味人生"分享好书活动，新增"光影·丹青"展示板块。同时开展蓝盾杯足球赛、参加市"老兵风采"乒乓球比赛。组织开展"知心杯"征文比赛和读书积极分子采风活动，其中"丹心向党·书香筑梦"系列读书活动被评为上海市振兴中华读书活动优秀示范项目，并参加市职工舞台式演讲，1人获三等奖、2人获优秀奖、局工会获优秀组织奖。参加市级举办"我身边的党员故事"主题征文活动，7篇征文入选优秀作品奖。五是庆祝建党百年。举办"我心永向党·奋进新征程"上海监狱系统庆祝建党100周年主题歌会；举办庆祝建党100周年演讲比赛，同时推荐获奖选手参加全国监狱系统民警演讲大赛，获得三等奖；局警官合唱团参加央视五一特别节目录制和市总五一歌会，展现上海监狱人民警察的精神风采。六是为职工办实事。开展“我为群众办实事”实践活动，修订帮扶制度、开展丰富多彩文体活动、创建网上活动平台“菁英汇”小程序、提供免费电子“职工书屋”、创建“爱心妈咪小屋”、举办安心暑托班、为基层单位购置飞镖机、为基层“职工小家”配置健身器材。争取市体育局支持援助军天湖监狱的健身设施，为职工解难题、送温暖。七是助力女工退管工作。弘扬巾帼风采，开展“三八”主题系列活动，开展“爱心妈咪小屋”创建和检查验收工作，新建“妈咪小屋”5家。参加市退管办庆建党百年系列活动、退休职工文艺展演、退休人员益智类棋牌网络线上比赛、30名困难退休职工参加市千名老人免费健康体检。八是加强工会建设。对民警职工取得职业资格等级证书进行奖励，共计75人次3.75万元。开展“职工之家”调研。指导4家基层工会进行换届改选。加强工会经费使用，做好经费审计工作，严格遵守工会财经政策，收好、管好、用好工会经费。（江海群）

【上海市市级机关工会工作委员会】 辖基层工会414个，涵盖单位431个。职工68497人，其中女职工22990人。工会会员67303人，其中女会员22571人、农民工会员1351人。主要工作：组建市级机关劳模“工匠”宣讲团，共宣讲104场，参加听讲25348人。举行“永远跟党走·上海城市徒步嘉年华暨市级机关运动会开幕”，66个单位的58支代表队约3000人参加。举办“庆百年华诞 展机关风采”市级机关拔河、乒乓球、羽毛球、足球团体赛。开展“巾帼心向党，奋斗新征程”为主题传统文化与家庭教育讲座。开展寻找“海上最美家庭”活动，推荐全国最美家庭1户、市海上最美家庭9户、市级机关最美家庭10户。组织市级机关工会和妇女干部开展红色寻访活动，3000多名干部职工参观中国劳动组合书记部纪念馆、上海“工匠”馆、上海劳模展。先后开展“奋进新时代 创造新奇迹”主题活动、第四届中国国际进口博览会立功竞赛和“促进消费扩容提质——五五购物节”活动。开展疫情防控和防疫物资生产保障立功案例成果征集工作。组织开展上海市职工优秀创新成果奖征集活动。在推荐评选工作中，获评全国五一劳动奖章1人、市五一劳动奖章12人，全国工人先锋号2个、市工人先锋号12个，市五一劳动奖状6个、“上海工匠”3人、市劳模创新工作室2个、市三八红旗手16人、市三八红旗集体14个。为28名劳模办理体育锻炼卡，组织20名系统劳模先进参加健康体检。先后举办“我为群众办实事 自救互救保健康”应急救护培训220场次、10531名干部职工参加。开展“心系职工情、温暖进万家”活动中，16家单位的10119名干部职工参加“爱心一日捐”，捐款90.2612万元。先后慰问91名全国劳模、315名上海市劳模，发放劳模慰问金74万元；慰问干部职工1802人，发放款物价值342.46万元；慰问患大病干部职工1685人，发放慰问金500.6万元；开展“关爱月”专项慰问活动，为24家单位、91位儿童送去帮困慰问金18.2万元；开展高温“送清凉”专项慰问，走访慰问单位36家、慰问干部职工32601人；走访慰问4家幼儿园。为市级机关干部职工办理专享保障66383人、支付保费326.91万元。开展以“新春觅缘、守沪牵手”主题的市级机关春节留沪单身青年交友活动。开展家教家风家庭建设调研、举办3场“我为群众办实事 关爱儿童助成长”亲子讲座、向基层单位赠送2场亲子阅读公益课。在“童心向党 筑梦百年”亲子活动中，80户家庭手工制作了“一大会址”模型。组织开展“干部职工看花博”活动，21家单位组织103批次、5563人次职工观摩“花博会”。举办“健康·关爱·交流”为主题机关美食节，参加“上海职工食堂面条类”技能比武大赛。召开2021年市级机关工会妇女工作会议。督促指导31家基层工会按期换届，8家基层工会届中调整。举办市级机关工会、妇女干部培训班。开展新《工会会计制度》培训。回拨107家工会经费2638.74万元，转划2021年市财政下拨276家7305.4万元。（王　颖）

【百联集团有限公司工会】 辖基层工会115个。职工23935人，其中女职工12569人。工会会员23935人，其中女会员12569人、农民工会员1412人。年内百联工会围绕中心工作，为集团改革发展提供保障。主要工作：一是组织职工学习红色工运历史，增强职工信念，推动改革发展。二是推荐评选了获全国五一劳动奖章1人、上海市五一劳动奖状3个、上海市五一劳动奖章3人、上海市工人先锋号4个、上海市劳模创新工作室1个。三是激励广大职工积极投身创新创效活动，开展2019—2020年度百联集团创新创效项目评选，评选出10个优秀项目。四是举办“2021年百联集团职工技能大赛”，共开展了222场职工技能比赛，职工参赛27257人次。五是开展“欢乐购物节，精彩我来赛”专题劳动竞赛，评选出10个“最佳销售门店奖”、10个“最佳营销创意奖”、10人“最佳服务达人奖”。六是开展“一日捐”活动，捐款864443元；慰问外派干部21人，总计42000元；为24216名职工投保工会服务卡专项保障B计划，共计121.08万元。七是开展“2021年百联集团为职工办实事优秀项目”评选活动，以“职工得实惠，群众都满意”为目标，鼓励各级工会竭力为职工办实事，形成长效帮扶服务职工工作机制。八是分类指导联华股份、商投公司、百联财务、百联置业4家企业开展工会换届选举工作。按照网络化管理新要求，帮助26家基层工会变更、申请、注销工会法人资格。顺利接收上海证券工会加入百联工会。（姜　杰）

【上海申通地铁集团有限公司工会】 辖基层工会32个。职工31555人，其中女职工6759人。工会会员31116人，其中女会员6590人、农民工会员45人。主要工作：一是把握方向，当好职工思想政治的宣导员。（1）开展庆祝中国共产党成立100周年群众性主题宣传教育活动。组织劳动模范、工会干部、一线职工开展寻访活动44场，参与职工1100余人次。（2）选树典型，弘扬劳模“工匠”精神。评选表彰上海地铁2020年度风采人物10人、风采人物特别奖2人、风采人物提名奖2人，诠释了地铁职工的时代风采。（3）创新拓展工会宣传阵地，研究探索“工会小姐姐”抖音号运营方式，全年累计直播大型活动4场，发布作品86个，获点赞1万余次，粉丝达5000人。二是重点聚焦,当好职工技能素质提升的驱动者。(1)以赛促学提升职工技能,推荐获评上海市重点工程实事立功竞赛“金杯公司”1个、优秀公司4个、优秀团队14个、“建设功臣”12人、优秀建设者24人;在地铁核心岗位“登峰行动”竞赛中,评出年度总冠军5人、总亚军10人。(2)“比学赶超”掀热潮,推荐获评全国工人先锋号1个、市五一劳动奖状1个、市五一劳动奖章2人、市工人先锋号3个、“上海工匠”1人、“地铁工匠”4人、“地铁职工创新工作室”3个,创建市劳模创新工作室2个、技师创新工作室1个、职工创新工作室1个、“巾帼”创新工作室1个。获评33届上海市优秀发明选拔赛优秀发明类金奖2个、银奖2个、铜奖6个;优秀创新类金奖3个、银奖4个、铜奖1个、入围奖3个。获评2020年市职工合理化建议创新奖2个、市职工先进操作法优秀成果奖1个。(3)助推女性职业发展,获评市妇联“海上最美家庭”1个、市巾帼建功标兵1人、“巾帼文明岗”4个、市三八红旗手1名、三八红旗集体2个,评选集团三八红旗手36人、三八红旗集体21个。三是责任担当,当好维护职工权益的“娘家人”。(1)制订《上海申通地铁集团有限公司工会构建落实“五个坚决”要求长效机制的方案》,落实工会干部联系点制度,开展“走100个班组、访1000名职工”活动。评选“十佳民主管理班组”,提升班组民主管理水平。(2)慰问困难职工和先进代表38人,发放慰问金和慰问品7.05万余元。(3)为高架车站、露天施工场所的职工添置空调、冰箱、冰柜、电扇等防暑降温电器,购买慰问品价值24.5万余元。推进职工参加大病互助保障,全年办结179份,补助268万余元。围绕职工需求,落实“我为群众办实事”项目13项。(4)指导3家工会进行换届改选,帮助建设集团筹建工会。组织基层工会干部参加业务知识培训,3名新任工会主席参加岗位资格培训。四是精准定位,当好职工文化建设的探路者。(1)围绕建党百年、丰富文体生活,组织举办“奋斗百年路　启航新征程”第七届职工运动会,4157人次职工参加各奖牌角逐,132名个人和24个团体获冠、亚、季军。(2)通过线上直播方式,举办上海地铁年度风采人物颁奖典礼暨“云上”职工文艺汇演。创建职工书屋,为便利型职工阅读站点配书2家、劳模书架配书2家、获评“上海职工书屋示范点”1家。(3)搭建展示职工多元才艺的平台,先后成立上海地铁职工棋社。举办“花漾上海,美丽花博”地铁职工摄影大赛,参与职工2283人、84幅优秀作品制作成电子相册在媒体平台发布。(4)举办“童心向党”少儿绘画大赛,收到3个组别共246幅作品,其中44幅荣获奖项,并将代表作品制成纪念卡、获奖作品在南京东路地铁站长廊展出,作品展示在抖音平台上获10万人次点赞量。（蔡伟东）

【上海久事(集团)有限公司工会】 辖基层工会79个,涵盖单位93个。职工52797人,其中女职工6392人。工会会员52636人,其中女会员6360人、农民工会员1101人。主要工作:一是始终坚持党的领导,工会重要工作均由党委会审议通过后实施。开展建党100周年“线上红色之旅”暨党史知识答题活动,共有近4400名职工参与。二是围绕工作大局,开展上海久事第四届劳动竞赛,先后举办驾驶员和修理工技能比武、“安康杯”消防应急知识竞赛暨消防演练比赛。开展第四届进博会服务保障、优质服务专项劳动竞赛,助力进博会顺利召开。在久事劳模(工匠、技师、职工、巾帼)创新工作室评审中,共有23家工作室挂牌、10人被命名“久事工匠”。组织新当选劳模、“上海工匠”和“久事工匠”开展高师带徒活动,更好发挥劳模先进的传、帮、带作用。组建由劳模、“上海工匠”和模范集体带头人等组成的先进事迹巡讲团,前往基层企业开展10场报告会,与近800名职工近距离交流。全年有68名职工晋升为高级工、8人晋升为技师、11人晋升高级技师,有55名高师带徒签约。通过评选,有1人获评全国五一劳动奖章、4人获评市五一劳动奖章、3个集体获评市五一劳动奖状;1个集体获评全国“巾帼文明岗”、3个集体获评市“巾帼文明岗”;2人获评市三八红旗手、3个集体获评市三八红旗集体;1人获评“上海工匠”;2个集体获评市工人先锋号。三是加强企业民主管理,开展职代会代表提案征集,组织民管小组和职工代表开展排查事故隐患确保安全生产“啄木鸟行动”,对重点行业、重点区域、重点部位的事故隐患整改工作进行督导。四是下拨550万元补助款,专款用于个性化服务职工实事项目。出资500万元,为常态化疫情防控下服务类企业的一线职工购买476.72万只一次性医用口罩。出资244.3万元,为全体会员参保工会专享B类保障。对首次确诊患大病的职工进行一次性帮扶,共向160人发放306.5万元大病帮困金。开展春节、国庆定向帮困,共向400名困难职工发放80万元定向帮扶金。出资50万元,购买5000份高温慰问品,慰问高温环境下作业的一线职工。创建“爱心妈咪小屋”1家,2家分别评为四星和五星。开展劳模、“工匠”慢性病训练营活动,安排系统内的32名先进职工参加。设置5场四维心理解压课程,助力职工参加听讲,并鼓励以阳光心态保障职工身心健康。举办庆祝建党百年——久事集团“两优一先”表彰暨第三届职工艺术节文艺汇演,展示久事职工奋进新时代的精、气、神。五是加强工会自身建设,制订工会会员监督制度,增强会员责任性、使命感和主人翁意识。委托第三方审计机构对27家工会的经费使用情况开展审计。举办新《工会会计制度》、工会劳动保护业务知识培训班,提升工会干部履职能力。（陈　珺）

【上海城投(集团)有限公司工会委员会】 辖基层工会139个,涵盖单位142个。职工16665人,其中女职工4590人。工会会员16665人,其中女会员4590人、农民工会员1142人。主要工作:一是深化技能竞赛,服务城投发展。按照市立功竞赛办提出的“四把握、四提升”要求,制定集团6大类30余项“建功‘十四五’奋进新征程”职工“比学赶超”劳动技能竞赛方案,召开重大工程建设暨立功竞赛大会。通过竞赛,4个单位评为“金杯公司’、2家单位评为‘金杯团队”。开展“安康杯”竞赛,6家单位评为优胜单位。二是开展主题教育,弘扬劳模精神。持续开展“学习强国”活动,带领一线职工参加红色教育、了解百年党史、走近百年工运史。邀请2名全国劳模分别参加市总和市国资委“百名劳模讲党史”“百人宣讲团”开展宣讲活动。以“礼赞百年‘城’心向党”为主题,先后开展职工文化艺术作品征集、职工文艺汇演、建党百年表彰会、“永远跟党走，奋进新征程”健步走活动。通过评选，获评全国工人先锋号1个、全国“巾帼文明岗”1个、全国交通运输系统劳动模范1人、中国“花博会”先进个人1人，多个先进集体和先进个人获市五一劳动奖、工人先锋号、“上海工匠”、市三八红旗手。另有14项职工创新成果在第33届市优秀发明选拔赛中获奖。三是推进实事建设，竭诚服务职工。打造“十全十美”服务品牌，从吃、穿、学、用等方面服务于职工需求。如体现在“吃好”上，以巡视体验方式，评选出城投系统10家“职工满意示范食堂”、举办“城心城意·十二道风味”优秀菜品交流周、参与市总技能大赛的豫西古法焖面入选“上海职工食堂最佳十碗面”。体现在“穿”方面，开展集团品牌建设三年行动计划，助推职工工装定制设计。在健康、疗休养、帮扶服务职工方面，先后为职工搭建多方位学习平台，成立首批职工兴趣社团10个；为职工增添便利和实惠，做实各种优惠、优享购服务；先后开展‘送一桌年夜饭、写一封慰问信、办一场团拜会”活动，把关心慰问送到职工身边；组织4000余名职工参与观“花博”，并安排各类先进、特殊工种职工参加疗休养，体现“劳动光荣、休养快乐”的荣誉感幸福感。助力“娘家人”建设，新增14家职工“三化”驿站、创建“爱心妈咪小屋7家、共享型小屋4个、“全国模范职工小家”1个。在帮扶服务中，连续八年开展“金秋助学”、职工子女才艺比赛，共资助12万元。会同团委连续四年开展“四季恋歌”青年交友活动、开展女职工“群瑛”系列活动。四是加强基础工作，提高工会水平。制订并审议通过《上海城投（集团）有限公司集体合同（草案）》《上海城投集团2022年工资总额预算方案（草案）》。对标《进一步深化上海工会改革实施方案》，持续增“三性”促“三转”，建设与经济社会发展相适应的工会组织体系。配合市总做好上海工会组织库、会员库升级暨扫码入会相关工作，形成《城投集团两库升级扫码入会》方案。完成《探索构建职工梯度关爱帮扶机制》《探索数字化转型新形势下职工素质和技能提升机制》《探索构建新时代工会干部队伍建设机制》《探索构建职工分类学习机制》4个课题的理论研究和实证调查，促进一线职工劳动保护课题结题。以《进一步深化上海工会改革实施方案》为抓手，参与市总试点改革，在总结措施成效、坚持守正创新的基础上，构建工会工作新机制，竭尽提升工会能力水平。（范　磊）

【申能（集团）有限公司工会】 辖基层工会57个。职工18198人，其中女职工6271人。工会会员18174人，其中女会员6263人、农民工会员35人。主要工作：一是推进工会改革，加强自身建设。按照申能集团党委《关于全面推进工会改革实施意见的通知》要求，成立集团工会办公室，充实系统单位工会干部。集团党委定期听取工会工作汇报，工会定期召开主席会议和全委会议，加强了工会组织的规范化建设。落实集团工会第六次代表大会的各项筹备工作，指导和帮助二级新建单位同步建立工会，督促基层工会按时换届。二是开展评选创优，促进队伍建设。大力弘扬劳模精神、劳动精神、工匠精神，开展第二季“申能工匠”培养选树，命名表彰“全国技术能手”1人、“上海工匠”1人、“申能工匠”7名、“上海市技术能手”2人。开展“安康杯”竞赛，评选表彰申能集团2020—2021年度“安康杯”竞赛先进集体和个人共211个（人），外高桥三发电连续7次、浦东销售连续4次荣获全国“安康杯”竞赛优胜单位称号。三是举办庆典活动，传承红色传统。举办“劳动领航新征程、青春闪耀新时代”工会、团委先进表彰会，对近年来获得全国、市级、集团各类荣誉的先进集体和个人进行了表彰。发挥12个职工文体协会作用，组织拍摄“我心向党、红歌飞扬”——《星辰大海》MV、举办“悦动申能”健康跑等丰富多彩的文体活动。四是落实职工实事，竭诚服务职工。修订完善《申能（集团）有限公司帮困慰问专用资金管理办法》，补充重疾范围，扩大适用对象，完善审批流程，进一步健全集团工会、系统工会、基层工会分级帮扶机制。五是加强报企合作，讲好发展故事。集团工会与《劳动报社》签署战略合作协议，携手共同优势资源合作，策划打造《劳动报—申能周刊》，讲好改革发展故事，传播好经验、好做法。六是体现国企担当，履行社会责任。市总工会与申能集团联合举办“申情为民　竭诚赋能”——“我为群众办实事”实践活动，三年内为全市550户退休劳模家庭提供燃气安检、隐患整改、安全用气宣传及更新燃气用具等系列服务，营造了关心服务劳模的良好氛围。通过市职工帮困基金会先后认领青海果洛、云南文山共400个微心愿，助力当地困难职工微心愿如数实现。（李晓萍）

【上海上实（集团）有限公司工会】 辖基层工会38个，涵盖单位43个。职工5895人，其中女职工2171人。工会会员5546人，其中女会员2036人、农民工会员1067人。年内，认真贯彻落实集团党委、市总工会的决策部署，加强分类分级指导，培育不同企业的工会特色，各项工作有进展、显成效。主要工作：一是坚持党的绝对领导，争先创优注入新能量。以习近平“七一”重要讲话精神、党的十九届全会精神和习近平关于工人阶级和工会工作的重要论述为指导，结合党史、百年工运史学习教育，组织开展红色寻访活动。邀请劳模先进在劳模表彰会上展现风采、交流事迹，用身边劳模先进精神感染职工、引领职工，用讲好劳模、劳动、工匠故事弘扬社会正能量。二是围绕创新发展战略，岗位建功彰显新成效。分层分项搭建大金融、新基建、城市更新、物业服务、绿色东滩等5大主题劳动竞赛，研究不同产业类型的规律、特点，定目标、找项目，广泛发动企业职工参与竞赛，把竞赛打造成工会“拳头产品”，在服务构建新发展格局中引导职工建功立业。三是强化维权服务效能，共建共享感受新体验。贯彻共建共享发展理念，通过实施职代会、集体协商、集体合同制度为职工说话代言，依法保障好、维护好、发展好职工的合法权益。开展“我为群众办实事”服务，集团各级工会深入基层，为职工办实事、做好事、解难事，提升职工的获得感、幸福感、安全感。四是弘扬奋发向上精神，铸造企业文化新篇章。结合建党百年华诞、建集团四十周年重大节点，赓续红色基因，弘扬“崇德尚实　恒业至善”企业精神，激发和凝聚职工的积极性、创造性、归属感，凝心聚力展现代职工风采，营造奋发向上的企业文化氛围。五是加强组织制度建设，促进能力水平新提升。筹备召开了集团第五次会员代表大会,以无记名投票差额选举方式换届选举上实集团第五届工会和经审委。及时调整2家基层工会的组织架构。完成9家基层工会到期换届。新建1家基层工会。抓好工会制度建设。注重发挥工会经审监督效能。加强学习培训,提高工会干部能力水平。 (喻晓彤)

【上海世纪出版(集团)有限公司工会】 辖基层工会46个,涵盖单位52个。职工3773人,其中女职工2031人。工会会员3684人,其中女会员1979人、农民工会员305人。主要工作:一是围绕建党百年,传承红色基因,引领职工实现新跨越。深入开展党史学习教育,使党的创新理论入脑入心。精心组织建党百年系列活动,组织参与市委宣传部庆祝中国共产党成立100周年主题歌会。参与策划举办集团庆祝七一大会。组织举办集团"永远跟党走——庆祝中国共产党100周年书画摄影展"。与市工人文化宫联合举办红色主题文化讲座——"百件藏品说党史"上海中华印刷博物馆专场。参与《中国出版人之歌》CD专辑演唱和录制工作。二是营造良好氛围,弘扬劳模风采,推进职工岗位建功。完成2021年上海市五一劳动奖(章)及上海市工人先锋号、上海市三八红旗手(集体)的评选,上海辞书出版社获2021年上海市五一劳动奖、上海世图物流有限公司余涛获上海市五一劳动奖章、上海印刷集团中华印刷八色罗兰班组获上海市工人先锋号。同时开展两年一次世纪出版集团工会系统各类先进评选。2021年度"上海工匠"推荐和命名。举办庆祝"五一"劳模座谈会,通过集团官微、简报等窗口,进一步加大对劳模先进的宣传,做好劳模服务相关工作。三是推进厂务公开,实行民主管理,建言献策凝心聚力。召开集团二届四次职代会,认真办理职工提案。指导基层工会按期召开职代会或职工大会。实施职代会民主管理企业,推行厂务公开制度。四是关爱帮扶职工,服务实事工程,促进职工全面发展。严格落实疫情防控工作,确保职工防疫需求,下拨基层单位工会防疫专项补贴15.02万元。开展世纪出版园区室内空气质量综合检测,对园区300多个监测点进行室内空气质量监测。开展"夏送清凉、冬送温暖"慰问困难职工活动,下拨基层单位职工慰问金22.51万元。继续为工会会员办理专享保障,为会员提供参保金37.64万元。各直属单位工会开展爱心"一日捐",并为患大病困难职工家庭送温暖,为每位春节留沪"原年人"送上节日祝福与礼物,为集团农民工申办电话补贴、医药费补贴共84人次,总计1万元。五是开展文体活动,丰富业余生活,着力创建"世纪"文化。参与举办第四届职工文化艺术节暨"2021世纪人嘉年华"活动,完成"世纪人之家"健身活动中心建设并投入使用。搬迁园区后,组织开展丰富多样职工文体活动。六是重视制度建设,加强内部管理,提升工会能力水平。举办集团工会干部培训班,完善工作制度,强化内部管理,严格规范工会经费收、管、用,加强工会经费年度预决算,实施工会主席离任审计。 (江 文)

【中国福利会工会工作委员会】 辖基层工会13个。职工2466人。工会会员2441人,其中女会员1982人、农民工会员52人。年内,深入开展"我为群众办实事"实践活动,强化职工思想文化阵地建设,提供竞赛平台打造高素质职工队伍,持续推进工会组织建设,工会工作跃上新台阶。主要工作:一是开展"我为群众办实事"实践活动,推动党史学习教育走深走实。组织"百万职工看花博""消费帮扶""我为群众办实事"暑期亲子活动、"我为女职工办实事"盆底公益筛查义诊活动。承办"不忘初心、缔造未来"纪念建党百年文艺汇演、参与上海市庆祝"五一"国际劳动节主题歌会、"永远跟党走 颂歌献给党"宣传系统纪念建党百年歌咏会。开展"夏送清凉"、创建"爱心妈咪小屋"等工作。二是加强基层工会组织建设。新建基层工会1家、换届改选工会1家、完成工会更名2家。举办年度工会干部培训班、加强工会经费审查、继续做好工会年度统计、持续推进工会信息化工作。三是做好各类评先选优工作。通过评选,中福会托儿所保教组获全国工人先锋号,和平公司小伙伴学校业务组获上海市工人先锋号,宋庆龄幼儿园体育教研组长、男教师工作室负责人黄嘉嘉获上海市五一劳动奖章;陈信良劳模创新工作室获市总工会命名,创建的林放劳模创新工作室获中福会工会工作委员会命名。中国中福会出版社"儿童时代图画书中心"获评2021年度上海市"巾帼"创新工作室。24个班组、30名职工获得中国福利会文明班组和先进工作者表彰。四是推行"培训、练兵、比武、晋级、激励"深度融合的竞赛模式。围绕"弘扬宋庆龄精神 建功'十四五'"主题,中福会工会系统开展劳动竞赛实现全覆盖。举办保育员劳动竞赛决赛。首次参加第四届上海基础教育青年教师教学竞赛决赛,宋庆龄学校於宙老师获中学综合类三等奖,俞英老师获小学语数外类优秀奖。五是持续推进群众性科技创新及技能提升活动。首次举办"我为发展献一计"职工合理化建议与先进操作法征集表彰,共征集并申报17项,有3家工会获优秀组织奖,"3—6岁儿童言语语言发展与支持"等6个建议与先进操作法获优秀成果奖。其中,中福会养老院朱芬华的"安睡袋"获市总职工合理化建议创新奖。中福会托儿所保育员蔡怡菁、许丽娜获市总带教师傅奖励,宋庆龄幼儿园厨师李长庚获市总晋升高级技师奖励,厨师张庆国、点心师刘涛获市总晋升技师奖励。 (朱金妹)

【上海诺基亚贝尔股份有限公司工会】 辖基层工会11个。职工4504人,其中女职工1471人。工会会员4462人,其中女会员1469人、农民工会员9人。主要工作:一是推行民主管理制度。定期召开工会会员代表大会,审议通过工会年度工作报告,闭会期间通过公司工会委员会和经费审查委员会审议工会重大事项。工会会员代表实行常任制。工会主席作为职工监事定期列席公司董事会,参与公司监事会工作,以畅通与行政的沟通。二是完善权益维护保障。履行工会维权主业主责,运用完善的维权机制,依法依规协调劳动关系,履行维护员工合法权益的基本职责。三是重视职工素质工程。探索新型劳动竞赛方式助力企业运营,申报参加"建功'十四五'、奋进新征程"上海市职工劳动和技能竞赛,为上海数字新基建工作贡献力量。每季举办工会干部培训班,提升工会干部的履职能力。加强班组建设，创新工会思路，开展工会理论研究并组织论文评选。四是弘扬劳模先进精神。开展"公司五一劳动奖章"、女员工"金叶子奖"和工会先进集体、个人评选活动，推荐优秀集体和个人参加上级工会组织的各项评选活动。2021年荣获全国五一劳动奖章1人、上海市三八红旗手1人、上海市工人先锋号1个。五是加强企业文化建设。以建党百年为主题，开展第五届职工文化艺术年活动。利用工会互联网+微信公众号和小程序平台，以线上线下双联动形式，举办纪念建党百年文艺汇演、公司历史图片展、红色文化寻访、城市联合定向赛、职工书画摄影展等主题活动；利用工会内网、职工画廊、年度工会画册等媒体工具扩大工会影响力。各基层工会和工会协会俱乐部开展丰富多彩文体活动。六是关注关爱员工生活。全面贯彻"以职工为本"工作方针，实现关心关爱员工常态化。在做好日常慰问的同时，利用帮困理事会平台，关心帮助困难员工。开设心理咨询室，为员工提供心理咨询。七是增强地区间工会联建。上海诺基亚贝尔公司除上海总部外，还有其他独立的法律实体分布于北京、杭州、南京、成都、长沙等城市，为协调各独立法律实体间工会工作，建立工会联席会议制度，不定期召开联席会议，协调沟通交流各工会间的工作。 （俞　静）

局(产业)工会主席、副主席、经审主任名录

单位名称	主席(主任)	副主席(副主任)	经审主任	女工主任
上海市机电工会	朱兆开	袁胜洲　万敏莉(女)　李　敏(兼职)	袁胜洲	万敏莉(女)
上海市仪表电子工会	顾　文(女)	张　波　王海云(女)	王海云(女)	顾　文(女)
上海市化学工会	顾立立	俞少俊　李爱敏(兼职,女)	俞少俊	李爱敏(女)
上海市轻工业工会(上海轻工业工会联合会)	庄　勤(女)	应蓓卿(女)　李　黎(兼职)　曹湛卢(兼职)		应蓓卿(女)
东方国际(集团)有限公司工会(上海市纺织工会)	黄　勤(女)	邵玉虎　陈　敏(女)　吉伟忠(兼职)	邵玉虎	陈　敏(女)
上海市医药工会	佘　群	陈　旻(女)　陆全宏　刘　杰(女)　朱　阳(兼职)	张坚挺(女)	刘　杰(女)
国网上海市电力公司工会	陈春霖	金　祎　潘　锋	丁　钧	董渝瑾(女)
上海电力建设有限责任公司工会	林德斌	许　峰	陆秀国	庄　艳(女)
中国宝武钢铁集团有限公司工会	张贺雷	周　瑾(女)　陈英颖(兼职,女)　陈志宇(兼职)	周　瑾(女)	周　瑾(女)
中冶宝钢技术服务有限公司工会		姜　武	文　俭	夏　伟(女)
上海宝冶集团有限公司工会	裴志清		毛一新	
上海高桥石油化工公司工会	李海东	刘　学	刘　学	王　霞(女)
中国石化上海石油化工股份有限公司工会	马延辉	陈宏军　徐　红(兼职,女)　王江迪(挂职)	陈宏军	徐　红(女)
上海航天局工会	李　昕	郁媛媛(女)　王曙群(兼职)	郁媛媛(女)	姚红霞(女)
中船上海船舶工业有限公司工会	顾　奚	姚　莹(女)　赵海东(兼职)	姚　莹(女)	姚　莹(女)
上海市烟草工会	徐　丹(女)	陆　勇　征　嵘　王斯薇(女)	征　嵘	王斯薇(女)
上海汽车集团股份有限公司工会	钟立欣	甘　平	甘　平	吴　丹(女)
中国能源化学工会华东电力工作委员会	娄　为	丁　峰	冯新卫	施炜伟(女)

续 表

单位名称	主席(主任)	副主席(副主任)	经审主任	女工主任
上海华虹(集团)有限公司工会	赵　蓉(女)	董骏平(兼职)　李　鸿(兼职,女)	鲍　巍	李　鸿(女)
中国华源集团有限公司工会	吴鸿妹(女)			
上海化学工业区工会	李庆红(女)	庄彬英(女)　郭　盛　支宏斌　邬平平(女)	庄彬英(女)	邬平平(女)
国药控股股份有限公司工会	刘海建	沈　莉(女)	张　健(女)	方晓红(女)
中国铁路工会上海铁路局委员会	何元庆	徐　晔(女)	徐　晔(女)	徐　晔(女)
中国远洋海运集团有限公司工会	张善民	是　铮	是　铮	是　铮
上海国际港务(集团)股份有限公司工会	庄晓晴(女)	王晶奇	王晶奇	庄晓晴(女)
中国海员工会上海长江轮船公司委员会	方国涛		赵麒麟	郭琼莹(女)
上海市运输工会	张　正	王　勤(女)　李　军(兼职)	王　勤(女)	王　勤(女)
中国邮政集团工会上海市委员会	黄来芳(女)	李　芳(女)　杨效良(兼职)	徐　镔	李　芳(女)
中国移动通信集团工会上海市委员会	梁志强	文　钟	曹毓静	孙　怡(女)
中国电信集团工会上海市委员会	常朝晖	金小铭(女)　陈晓军	陈晓军	金小铭(女)
中国海员工会交通运输部东海救助局委员会	黄金裕	周　莺(女)	张　铭	胡秋芬(女)
中国海员工会交通运输部上海打捞局委员会	张　戎	王　军	陈　绮(女)	方　芳(女)
中交上海航道局有限公司工会		杨　新	成彦璟(女)	李小青(女)
中交第三航务工程局有限公司工会	傅瑞球	张　颖(女)	李小宁	张　颖(女)
中国民航工会华东地区管理局委员会	西绍波		雷　晓(女)	孙本芳(女)
中国东方航空集团公司工会	姜　疆		邵祖敏	王春华(女)
上海机场(集团)有限公司工会	张永东	吴　娜(兼职,女)	刘　薇	尹慧旻(女)
中国海员工会上海海事局委员会	顾　平	崔　虹(女)	张强伟(女)	
上海市城乡建设和交通工会工作委员会	黄　熊	张　静(女)	刘方定	张　静(女)
上海建工集团股份有限公司工会	殷红霞	廉永梅(女)　缪云明	廉永梅(女)	廉永梅(女)
上海市交通委员会工会	曹秀峰(女)	周建荣	王　青(女)	陈红艳(女)
上海市交通工会	曹秀峰(女)	周建荣　严婵琳(女)　王　勤(女)　许一鸣　李　捷　王　壹　刘　树		

续 表

单位名称	主席(主任)	副主席(副主任)	经审主任	女工主任
上海海洋石油局工会	朱肖然	张　寅	唐富强	钱碧云(女)
上海市绿化和市容管理局工会	肖龙根	冯　磊(女)　张洪斌	冯　磊(女)	冯　磊(女)
上海市绿化市容行业工会	肖龙根	冯　磊(女)　张洪斌　宋　燕(女)　倪永红　李　影(女)	冯　磊(女)	
华东建筑集团股份有限公司工会	夏　冰	高慧文(女)　王　鹏　周　怡(兼职,女)	夏　明	高慧文(女)
鲁中矿业有限公司工会	李　洲	李永梅(女)　李祥生　王光辉	魏新峰	
上海市水务局(上海市海洋局)工会	张林辉	高　伟(女)　谢翠松	高　伟(女)	高　伟(女)
中国建筑第八工程局有限公司工会	于金伟	王晓波　张　慧(兼职,女)　苏亚武(兼职)　黄德彪(兼职)	王晓波	陈　湘(女)
上海大屯能源股份有限公司工会	马振欣		王安友	孙莉娟(女)
上海市金融工会工作委员会	葛　平	王燕华(女)　周　健(兼职)　吴　勇(兼职)　杨　明(兼职)　马海燕(兼职,女)	许耀武	马海燕(女)
上海市税务工会	庞　为	许　萍(女)	陈晓峰	许　萍(女)
上海市人力资源和社会保障局工会	朱　军	周维钢(兼职)	柳　阳	陈嫣婧(女)
中国教育工会上海市委员会	滕建勇	李　蔚(女)　吉启华　陶文捷　司徒蕙琪(兼职,女)　李序颖(兼职)　于朝阳(兼职)　李　敏(兼职,女)	吉启华	李　蔚(女)
上海市科技工会	王　宇	赵福祥　汪显坤(兼职)	汪显坤	
上海市医务工会	赵丹丹	何　园(女)　马艳芳(女)　方秉华(兼职)　付　晨(兼职)	张居正	何　园(女)
上海市新闻出版工会	薛建华	王瑛萍(女)	王瑛萍(女)	陈　舸(女)
上海报业集团工会	刘　可(女)	党　勇　王玲英(兼职,女)　张裕(兼职)　邱　琳(兼职,女)　童杰(兼职)　徐莲娜(兼职,女)	吴有培	金文茜(女)
新华通讯社上海分社工会委员会	季　明	潘　清(女)	凡　军	潘　清(女)
上海市文化和旅游局工会	李盛旺	杨　兢(女)	佘海燕(女)	杨　兢(女)
上海广播电视台(上海文化广播影视集团有限公司)工会	王治平	陶丽娟(女)　严洪涛(兼职)　马喆	李　桦(女)	王　琳(女)
上海社会科学院工会	杨鹏飞	韩汉君　赵蓓文(女)　刘　峰	朱静芬(女)	赵蓓文(女)
上海市体育局工会	宋　慧(女)	伍尚锐　董志成	林中超	孙春芳(女)
上海市经济和信息化工作系统工会工作委员会		谢书清(女)　那海燕(女)　朱春林	徐　方(女)	

续 表

单位名称	主席(主任)	副主席(副主任)	经审主任	女工主任
光明食品(集团)有限公司工会	潘建军	储　今	李　林	姜　伟(女)
上海市民政局工会		刘占一　丁　烨(女)	许夏萍(女)	丁　烨(女)
上海市监狱管理局工会	肖美芳(女)	吴学军	张顺华	肖美芳(女)
锦江国际(集团)有限公司工会	昝　琳(女)	孙　侃(女)	孙　侃(女)	孙　侃(女)
上海市东湖(集团)公司工会	熊　凯	许　欣	胡姝萍(女)	胡　明(女)
上海市市级机关工会工作委员会	陈　玲(女)	熊伟芳(女)	张红雷	陈　玲(女)
百联集团有限公司工会	秦青林	祁月红(女)	肖　敏(女)	柳立玮(女)
上海市商业行业工会	刘晓敏(女)	王逢祥　姚黄平　林　强		
申能(集团)有限公司工会	张　芊	杜卫华(兼职)　刘先军(兼职)　陈　忠　殷剑君(兼职)	李争浩	雷　雯(女)
上海久事(集团)有限公司工会	孙　江	王雯洁(女)　马卫星(兼职,女)	徐　珉(女)	王雯洁(女)
上海申通地铁集团有限公司工会	蔡伟东	严婵琳(女)	徐宪明	严婵琳(女)
上海城投(集团)有限公司工会	杨茂铎	黄　吉　孟惠华　毛雪莹(女)	黄　吉	毛雪莹(女)
上海电器科学研究所(集团)有限公司工会	陈红洁		何正平(女)	龙　黛(女)
上海隧道工程股份有限公司工会	陆雅娟(女)	彭　瑶(女)　周翀凯(兼职)　李章林(兼职)	彭　瑶(女)	彭　瑶(女)
上海地产(集团)有限公司工会		王卫卫(女)	王幸儿(女)	徐　旺(女)
上海东浩兰生国际服务贸易(集团)有限公司工会	葛　平	王　鸿　归潇蕾(女)	陈振宇	归潇蕾(女)
中国联合网络通信有限公司工会上海市委员会	李　爽(女)	魏　炜	刘宏华(女)	陶晓英(女)
上海市电力股份有限公司工会	顾　皑	唐　兵	俞耀洲	朱劲松(女)
中铝上海铜业有限公司工会	张火兴	龚　斌	王　琳(女)	陈凤萍(女)
上海市通信管理局工会	王天广		凌　坚	张丽云(女)
上海市宾馆业工会联合会		王行泽　徐中尼　高耀敏(女)		
中国商用飞机有限责任公司工会	谭万庚	王深远　曹印诺(女)	尹建海	曹印诺(女)
中国民用航空华东地区空中交通管理局工会	孟　磊(女)		黄　钧	周　沅(女)
上海临港产业园区工会委员会	韩国华	陆　怡(兼职,女)	叶　娣(女)	
中国电信集团工会号百信息服务有限公司委员会	陈　华	陈　颖(女)	方学明	陈　颖(女)
上海上实(集团)有限公司工会	陈　欣(女)	季　定(女)　佘　群	舒　东	陈　欣(女)

续 表

单位名称	主席(主任)	副主席(副主任)	经审主任	女工主任
上海市公安局工会	徐　靖	洪兆枫　丁　艳(女)　倪蓓蓓(兼职,女)	魏旭瑞(女)	钟　灵(女)
上海市农业委员会系统工会工作委员会	郑　雷	彭忠斌	彭忠斌	张　瑜(女)
上海国盛(集团)有限公司工会	王旭岗	顾远凡	颜　妍(女)	李一萌(女)
华能上海分公司工会	陈永平		张晓煜(女)	张红娟(女)
上海绿地控股集团工会		张海峰		
上海世博发展(集团)有限公司工会	王幸儿(女)	居　正	孙惠宏	
上海申迪(集团)有限公司工会	金　涛	蒋　靖　周　锋　周　斌	刘　宁(女)	刘　军(女)
上海电影(集团)有限公司工会	严　峻	陈　艳(女)　易　磊	陈　艳(女)	高　羿(女)
中国金融工会上海工作委员会	赵　杰	周　健　吴　勇(兼职)　周　捷(兼职)　王翠婷(兼职,女)　张立(兼职)　赵　彪(兼职)		王翠婷(女)
五冶集团上海有限公司工会	倪治寿		王继红	毛　波(女)
上海东方网股份有限公司工会	陆　黛(女)	王　迪(女)　寇志红(女)	张丽娜(女)	三　迪(女)
上海世纪出版(集团)有限公司工会	杨春花(女)	王云斌　夏一鸣(兼职)　石玲凤(兼职,女)　黄　庆(兼职)	张佩芳(女)	石玲凤(女)
上海诺基亚贝尔股份有限公司工会	冯来周	陈　丹(女)	黄继周(女)	沈　欢(女)
中国福利会工会工作委员会	邹勇飞	张　霞(女)	王颖淑(女)	张　霞(女)
上海著名外企工会联合会	李香花(女)	陶　骏(执行主席)　归潇蕾(女)　项　青(女)　曹敬衡(兼职)　尹　清(女)　徐旭峰(秘书长)	曹敬衡	归潇蕾(女)
上海国有资本投资有限公司工会	陆　雯(女)	朱军贤	柯　勇	陆　雯(女)
上海联和投资有限公司工会	孙曦东	应晓明　于丽辉(女)	孙　雁(女)	王燕清(女)

说明：上述人员职务，以市总工会批复为准。

上海市基本医疗保险限定在特定医疗机构使用的诊疗项目管理办法

第一条　为了保证参保人员基本医疗，进一步规范基本医疗保险诊疗项目服务和医疗费用支付管理，合理利用卫生资源，根据《关于印发城镇职工基本医疗保险诊疗项目管理、医疗服务设施范围和支付标准意见的通知》(劳社部发〔1999〕22 号)制定本办法。

第二条　本办法适用于本市基本医疗保险限定在特定医疗机构使用，并由医保基金支付费用的诊疗项目相关医疗保险管理活动。

第三条　市医疗保障局负责本市基本医疗保险限定在特定医疗机构使用的诊疗项目相关医疗保险管理等工作。

第四条　本办法所称的限定在特定医疗机构使用的诊疗项目，是指部分费用高、技术要求高，按照医疗机构功能、医疗质量、技术水平和合理配置卫生资源、参保人员可及性、费用管理等要求，经市医疗保障局审核同意，才能纳入基本医疗保险结算的诊疗项目。

市医疗保障局根据医保基金支付能力和加强医保结算规范管理的要求，动态调整限定在特定医疗机构使用的诊疗项目。

本办法所称特定医疗机构是指经市医疗保障局核准，承担为参保人员提供基本医疗服务，按照规定与医保管理部门建立相应医保费用结算关系的医疗保险定点医疗机构。

第五条　限定在特定医疗机构使用的诊疗项目采用专家评议的方式，定点医疗机构应当通过“一网通办”等线上申请。遇有特殊情形，也可以专门线下渠道受理和评议。

第六条　医疗保险定点医疗机构申请限定在特定医疗机构使用的诊疗项目，应具备以下条件：

(一) 符合本市区域卫生规划、医疗机构功能与专科特长、医疗技术水平与服务质量控制等管理要求；

(二) 依靠本单位的专业技术力量和相应诊疗设施设备，能够独立开展相关医疗工作，取得一定诊疗效果；

(三) 遵守国家和本市有关法律法规和基本医疗保险规定，建立执业医师和专业技术人员诊疗责任规范和操作制度；

(四) 具有市卫生健康部门批准的相应诊疗科目，所开展的诊疗服务项目能够满足参保人员基本医疗需求；

(五) 严格执行国家和本市已核准的医疗服务收费标准和价格政策，诊疗项目服务费用合理。

第七条　医疗保险定点医疗机构向市医疗保障局提出限定在特定医疗机构使用的诊疗项目申请，应当通过“一网通办”等线上渠道提交《上海市基本医疗保险部分诊疗项目约定服务申报表》，按照要求逐项如实填报。遇有特殊情形，也可以线下提交。

第八条　市医疗保险事业管理中心收到申请后，应当进行初核，符合法定形式要求的，自收到申请的 1 个工作日内，作出受理决定，线上申请单位可以通过“一网通办”等渠道进行查询。

市医疗保险事业管理中心受理申请后应及时上报市医疗保障局。

第九条　市医疗保障局按照评议标准和工作程序，组织专家进行评议，必要时到申请医疗机构进行现场核查，形成专家评议意见。

根据专家评议意见，自受理申请之日起 20 个工作日内，作出决定。

组织专家评议所需时间不计算在办理时限内。

第十条　经同意限定在特定医疗机构使用的诊疗项目，应当确定限定在特定医疗机构使用的诊疗项目范围、期限和费用支付方式。

对不同意的，应当说明理由，并告知依法申请行政复议和提起行政诉讼的权利。

第十一条　本办法自 2021 年 3 月 1 日起施行，有效期至 2026 年 2 月 28 日。2021 年 1 月 1 日至本办法施行前，本市基本医疗保险限定在特定医疗机构使用的诊疗项目的管理参照本办法执行。

直管单位概况

直管单位

【上海工会管理职业学院】 年内，上海工会管理职业学院在市总党组和主席室的领导下，围绕中心、服务大局，统筹抓好疫情防控与干部培训工作，创新工作方式，扎实推进学院“三个一流”基地建设。围绕建党百年，结合党史学习教育，发挥特色优势，聚焦党史、工运史上重大历史事件、重要历史人物及重要红色遗迹推动微党课开发，先后开发形成《南陈北李相约建党》《沪西工人半日学校》《中国工运卓越领导人陈云》等系列微党课和行进中的党课，部分教师还先后参与市人大、市总机关党委等党史教育宣讲活动。按照市总部署，圆满完成东航集团定点帮扶云南沧源自治县培训班、2021年首期外企工会主席研修班、国有大中型企业工会主席研修班，先后开发《学史　知史　悟史——中国共产党领导中国工人运动百年历程与经验启示》《工会法律监督工作实务》等10余门课程。加强培训项目开发，开发完成《红色工运专题培训项目》《著名外企工会主席培训项目》《劳模创新工作室领衔人研修班培训项目》，成功举办改革转型以来首届教学比武活动。2021年克服疫情影响，共举办各级各类培训班100期，培训工会干部19562人次，其中市总主体班、业务班77期，培训4966人次；委托班23期，培训1334人次；为基层工会送教上门244次，培训工会干部13262人次。开展蹲点大调研，实行全员参加、全时蹲点，直抵基层、深入一线，问题导向、成果导向，调研选择了5个区的8个街（镇）、园区工会以及3个产业的基层工会作为蹲点调研单位，形成系列智库、专报成果，获全总、市总领导肯定性批示。2021年学院教师公开发表学术论文11篇，其中发表C刊1篇，被《人大复印报刊资料·工会工作》全文转载3篇。2021年全国工会学年会论文评选二等奖1篇；中国工人历史与现状研究会论文评选三等奖1篇；2020年度上海工会优秀调研报告、论文评选，学院获一等奖2篇、二等奖1篇。编发《工会智库》23期，编发《学院专报》8期。《工会理论研究》被《人大复印报刊资料》全文转载论文11篇、被《高等学校文科学术文摘》摘编4篇，创历年最高水平；在2020年度人大复印报刊资料转载指数排名中获佳绩：在“人文社科综合性期刊”全文转载排名中转载率位列第27名，在“高等院校主办人文社科学报”全文转载排名中转载率位列第16名。出版2019—2020年度《工会理论与实践前沿报告》，筹办“共同富裕与工会工作”为主题的学术研讨会，成功承办“新时代工会干校改革与发展”座谈会和第八届全国工会干部教育培训工作交流研讨会，受到中国劳关学院及兄弟干校的好评。（祁文昭）

【上海市工人文化宫】 位于西藏中路120号，市中心人民广场区域，是职工群众文化活动的重要场所和策源地之一。2021年，举办“巾帼心向党　奋进新征程”——上海工会纪念三八国际劳动妇女节111周年主题活动、上海市庆祝五一国际劳动节大型主题歌会、“初心向党　使命在肩”2021年迎国庆职工专场文艺演出、“茉香国风71·和平颂”民乐专场音乐会等5场大型主题教育文艺演出，线上线下惠及职工群众近14万人次。开展“爱乐空间”“戏苑新风”服务项目至区局（产业）工会、党群服务中心，向豫园商城集团、徐汇教育工会、闵行开发区、江川路街道党群服务中心等单位社区送演“公益惠民”活动18场，惠及100余家非公企业、20余万人次。获评上海市江南丝竹保护传承基地（2021—2023年度）。举办“百年辉煌——中国共产党在上海百年图展”“伟大的创造，光辉的历程——人民代表大会制度的探索与上海”人大红色资源主题展、“致敬！红色工运”主题图片展共3个主题展览，累计接待职工群众超4.6万人次。举办“劳动托举梦想·奋斗书写华章”劳模精神进基层党群服务中心系列活动4场，开展劳模精神系列微展，下沉全市16个区的街道社区党群服务中心及各区工人文化宫。举办“上海市民职工海派插花花艺大赛作品展”。举办“翰墨书盛世·光影绘华章”2021年上海职工书画摄影展暨红色印迹实物书画艺术汇展。承办运营《时代领跑者——上海劳动模范风采主题展》和《时代奋斗者——上海工匠馆》，承办运营期间，累计接待2469批预约团队，约30.7万余人次观展。2021年，上海劳动模范风采展馆、上海工匠馆获评上海市党史教育基地、上海市科普基地、黄浦区首批学生劳动教育实践基地和上海中医药大学“大学生劳动育人实践基地”。举办“劳模工匠志愿者大学堂”34期。承办运营上海工匠馆VR数字展馆，年度访问量超18万人次。与上海人民广播电台合作推出第二季劳模工匠电台“劳模来了”节目专栏，全年开播30期，每期评论留言数超300条，直播帖阅读量超5万，累计服务长三角地区达500万人次。制作推出《大国工匠》系列短视频共20集，由市总工会“申工社”平台播出。承办“中国梦·劳动美——奋斗百年路　启航新征程”2021年上海职工（市民）文化网络大赛，报名人数达16.5万，创历史新高，网上竞技活动总浏览量达688万人次，文化网络大赛共评出个人单项百强奖302位，优秀组织奖单位30家。在开展2021年上海市振兴中华读书活动中，举办了以“庆祝中国共产党成立100周年——永远跟党走　奋进新征程”为主题的第二十三届上海读书节，212项读书活动列入示范项目，50家单位（组织）被授予上海市振兴中华读书2021年度优秀示范项目；举办“永远跟党走　奋进新征程”上海职工（市民）舞台式演讲大赛；与上海人民广播电台、阿基米德社区合作推出融媒体读书节目《我们读书吧》；发布“百年风华”悦读书单；编撰出版“振兴中华”丛书《致敬劳动者——“永远跟党走　奋进新征程”主题演讲稿精选集》、“五一丛书”《红色领航　壮丽百年——2021上海职工文学创作优秀作品选》等赛事活动。举办“百年红色工运——听党话、跟党走，吹响工人先锋号”上海职工“五一讲堂”文化系列讲座11场，其中持续7天开展“百件藏品说党史。从行业博物馆看中国共产党百年荣光”专题讲座，线上线下听讲观众达11万人次。年内编辑出版《主人》杂志6期。“公益乐学”实事项目转为常规服务项目，推出“职场赋能、传统文化、乐学科普、红色传承、心理舒压”五大主题课程配送服务进园区、楼宇、企业，重点覆盖非公企业职工、新就业形态劳动者，线上线下融合活动共计开展1593场，受益职工群众17万人次。全市公益乐学项目年内开展活动6980场，服务职工共计36万人次。开展“送副春联回家乡”活动，通过线上派送、线下定点派发和走访慰问等形式送出春联近万副。全年开展传统文化直通车活动12场，重点服务非公企业职工、产业工人，首次尝试全过程线上直播，为职工提供文化互动体验，全年共计服务3.2万人次。开展线上版“乐游苑”活动，参与人次约11万。举办“灯谜大家猜”活动12场，惠及职工2万人次。（王家辉）

【劳动报社】 隶属上海市总工会直属事业单位，《劳动报》既是上海市总工会的机关报，也是市委宣传部确定的上海主流媒体之一。2021年，报社在市总工会的领导和市委宣传部的指导下，把牢守好舆论宣传主阵地，扎实开展党史学习教育，各项工作取得新进展。全年报社获评2019—2020市文明单位，获各类表扬、各类奖项40余个，被上海市总工会评为“2021年度责任目标考核先进单位”。报社1个部门获评上海市工人先锋号，2人分获上海市市级机关优秀共产党员和优秀共青团员称号，5人获颁从事新闻工作30年荣誉证书。《绝不许把员工的尊严“仍在”地上》荣获第三十届上海新闻奖二等奖。在2020年度“上海市五一新闻奖”评选中，《“丰收日”月亏近6000万元不裁员》荣获一等奖，3篇作品获得三等奖，新媒体视频《〈上海温度〉系列》荣获新媒体一等奖，另有1个动画系列作品荣获新媒体三等奖，1组摄影组图荣获新闻图片二等奖。《市总工会权威解读26个热点问答》等8篇报道获得市委宣传部的单篇阅评专报表扬，由“劳动报微信公众号发起调查，评选出网民关注的十大民生议题”等4个专题获得上海媒体全国两会报道阅评专报表扬，另有3个新媒体作品获《一周新媒体》观察表扬，3篇报道获综合表扬。《熬过崩溃，温暖他人9年，这位在特殊学校陪读的爷爷说“不走了”……》在“走、转、改”优秀作品评选中获一等奖，3人评选为先进个人，另有2篇作品获三等奖。2021年度《劳动报》发行近18.4万份，《上海工运》杂志发行2.1万份。持续加强报社融媒体建设，4月开通《劳动报》视频号，粉丝人数超3万，据市委网信办数据显示，《劳动报》在上海主流媒体中的影响力位列前3名。11月在微信公众号开设“醒来”的姊妹篇“明阅”，用新鲜、实用、有趣的图文影音，为沪上职工衣食住行、工作休闲提供服务。2021年通过劳动观察APP、抖音、微信公众号、视频号等平台，制作视频及图文并直播60余场。全年微信10万+达310条，由报社负责运行维护的申工社微信公众号10万+达179条，粉丝人数近165万。劳动报抖音号粉丝人数超158万，总点赞量近4000万次，总播放量超过29亿次，单个作品最高播放量突破6000万次。（胡晓云）

【上海市职工技协服务中心】 上海市总工会的直属事业单位，下设办公室、财务科、技术创新科、技术培训科、技术服务科、资产管理科、经济发展科。2021年，中心努力践行“人民城市人民建，人民城市为人民”的理念，进一步激发职工创新活力、服务职工技能提升，助力上海经济社会高质量发展，开展了卓有成效的技协服务活动。围绕以“回望百年 匠心传承 追求卓越”为主题，举办了“上海工匠”讲述百年企业红色匠心故事、科学之夜——“工匠”秀场、百家劳模和“工匠”人才创新工作室开放、百名劳模“工匠”服务千家企业和校园、科普讲师团进企业、上海“工匠讲堂”等上海职工科技节系列活动。在举办第三十三届上海市优秀发明选拔赛中，85家区局（产业）工会、行业协会申报项目2049项，共评选出优秀发明奖433项、优秀创新项目奖384项。开展推荐优秀发明项目申报国家和上海市科技进步奖工作中，获得2020年度国家科技进步二等奖1项、上海市科技进步二等奖2项、三等奖2项，举荐优秀发明项目参加第二十五届全国发明展览会。以“弘扬‘工匠’精神，展示‘工匠’风采”为主题，首次融合闵行区总工会非公企业的创新成果，举办上海‘工匠’风采展，近2万人次进馆参观。开展上海市职工合理化建议和先进操作法优秀成果征集命名活动，共有80家区局（产业）工会的427家基层工会申报707项职工“五小”成果，评出2020年度职工合理化建议和先进操作法优秀成果各20项，职工合理化建议项目创新奖和先进操作法创新奖各100项。选树命名103位“上海工匠”。先后与《质量与标准》杂志、交通广播电台《朗朗欢听》节目组合作宣传“上海工匠”；与东方卫视合作拍摄第七季《上海工匠》纪录片。通过“技能强国——产业工人技能学习平台”，10名“上海工匠”线上授课，62.6万名职工观看直播，累计点赞数超过52.5万个。与开放大学联合举办市、区局（产业）两级“工匠”研修班和“工匠”创新工作室领衔人培训班，200多名“工匠”人才参加培训。创建命名25个“工匠”创新工作室，100个职工（技师、巾帼）创新工作室。实施“百名劳模“工匠”服务千家企业和校园”实事项目。制订《上海市劳模“工匠”服务队管理办法》，遴选123名劳模“工匠”（其中劳模38人），建立22个专业小分队。先后组织300批次“上海工匠”到1000多家企业、校园提供技术服务，开展公益讲座。实施对晋升技师和高级技师的职工、带教师傅和授权发明专利一线职工的资助奖励，共资助奖励职工8633人次，奖励金额1349万元。创设100家“示范性职工学堂”。组织开展2021年上海职工职业技能“1+2+1+N”竞赛。组队参加第七届全国职工职业技能大赛。举办2021年上海职工插花花艺大赛。根据《上海市总工会第三轮对口支援三年行动计划》工作要求，进一步加强地域协作，持续推进新疆喀什、西藏日喀则、青海果洛和云南省四地高质量发展和民生改善。技术服务科评为“上海市助力脱贫攻坚先进集体”（2018—2020年），并由市人社局给以记大功。制订《党史学习教育实施方案》，深化党史学习教育，举办中心组学习会、党支部“三会一课”、主题党日和集体政治生日等活动。组织参加“寻访初心之地，铭记奋进之责”党员职工党史学习教育主题实践活动。参观“百年辉煌——中国共产党在上海百年图展”“伟大的创造、光辉的历程——人民代表制度的探索与上海”和“致敬！红色工运”图片展。承办“匠心筑梦，学史力行”市总机关系统青年理论学习小组学习分享会。开展“我为群众办实事”实践活动。

（钱传东）

【上海市职工技术协会】 上海市职工技协是中国职工技协的地方组织，是上海市总工会领导的职工自愿结合开展群众性科技创新活动的专业性非营利社会团体。根据市总工会工作部署，围绕工会主责主业，充分发挥社会团体桥梁纽带作用，激发职工创新活力、服务职工技能提升，助力上海经济社会高质量发展。年内，在以“回望百年 匠心传承 追求卓越”为主题举办的2021年上海职工科技节中，全市有1962家基层单位的61万名职工开展了5651项群众性科技创新活动。举办了职工合理化建议和先进操作法优秀成果征集命名活动，80家区局（产业）工会的427家基层单位工会申报707项职工“五小”成果，评出2020年度职工合理化建议和先进操作法优秀成果各20项，职工合理化建议项目创新奖和先进操作法创新奖各100项。在参加第二十五届全国发明展中，组织推荐的30个非公企业优秀发明成果，经评审，24个参展项目获奖。在申报国家和上海市科技进步奖工作中，被推荐的优秀发明项目获2020年度国家科技进步二等奖1项、上海市科技进步二等奖2项、三等奖2项。先后组织举办2021年上海职工职业技能“1+2+1+N”竞赛、上海职工插花花艺大赛，组队参加第七届全国职工职业技能大赛。通过“技能强国——产业工人技能学习平台”，10位“上海工匠”线上授课，62.6万名职工观看直播，累计点赞人数超52.5万人。与开放大学联合举办市、区局（产业）两级“工匠”研修班和“工匠”创新工作室领衔人培训班，200多名“工匠”人才参加培训。开展3场科普讲师团进企业活动，受惠职工700余名。召开市职工技术协会七届四次会长会议、七届四次理事会议。做好协会法人变更、理事和会长变更、理事会换届延期申请、历史遗留问题处置等工作。

（钱传东）

【上海市总工会职工服务中心】 属上海工会服务职工、服务基层、提供维权服务的实体机构。2021年1月，由原上海市总工会职工援助服务中心（上海市职工物价监督总站）更名为上海市总工会职工服务中心。主要工作：一是注重党建引领，推动创先争优。以庆祝建党100周年为契机，党总支带领党员、全体职工以多种方式，组织举办以党史学习为主线的政治学习。以为职工办实事为切入点，在服务职工各项重点工作中开展争先创优活动，经推荐评选，第一党支部获“市总机关系统‘双争’活动先进党组织”称号、第一党支部书记获“双争活动”优秀党务工作者称号；团支部获上海市“五四”青年集体。健全完善各项工作制度，认真抓制度的学习，严格抓工作制度的执行，坚持落实“一岗双责”“四责协同”等规定。二是聚焦主责主业，提升服务效能。做好各实体站点工作，完成2021年市政府为民办实事项目——“建立100家园区（楼宇）健康服务点”，共覆盖近2.5万家企业的68.3万名职工。优化1136家“户外职工爱心接力站”运营管理。做好困难职工梯度困难帮扶工作，共帮扶602户困难职工家庭，发放帮扶资金594.13万元。做好法律援助工作，开展“立案前法律援助提前介入化解矛盾纠纷”，联动上海市劳动人事争议仲裁院，调解结案38件，挽回经济损失61.68万元。推进“会聘上海”系列工会就业服务，市、区两级共集中发布招聘岗位信息271次（场），推送用工企业近4000家，提供岗位7.4万个，服务职工14.6万人（次）。为提升职工幸福感，举办“‘520’送你一朵小红花”、火车票和公交出行及“加油乐惠”等三大品牌补贴活动。同时试点举办“幸福直通车”活动。年内，新增工会会员卡办卡31.83万人，累计参加会员专享基本保障363.23万人。优化“网上入会”，简化基层工会法人证办证换证流程。点亮本市职工“微心愿”3852个，点亮4个对口支援地区职工“微心愿”2960个。三是加强服务平台建设，强化平台服务支撑。做好来电接听、工单处理事项，12351热线全年接听来电17.89万个，满意率达99.84%。定期报送《每月一报》，为市总源头参与政策研究、工作决策提供参考依据。进一步优化服务项目管理系统的信息化建设，调整困难职工梯度帮扶信息管理系统，健全上海工会会员服务卡信息管理。加强上海市职工帮困基金会工作，完成基金会平移至中心、基金会换届改选、基金会与中心服务项目和人员配备的整合。承接和参与市总工会服务职工的项目。拓展基金会社会公益属性和社会公益项目。支持基金会网页建设、开通社会募捐平台。

（解建达）

【上海市职工互助保障中心、职工互助保障会】 年内，在市总工会领导下，市职保会坚持服务大局、服务基层、服务职工，按照群团改革的要求，履职尽责、开拓创新，推进各项互助保障计划取得新成效。一是职工互助保障工作完成状况。截至12月底，各项互助保障计划运行良好，参保职工累计1028.69万人次；向427.16万人次给付22.44亿元保障金；其中，“上海职工互助保障项目2020”参保人员达223.59万人次；“退休住院保障计划”参保人员达414.14万人。二是配合年内上海医保政策调整，统一对在职、退休计划保障的期限。制订《上海职工互助保障项目2020》（2021修订版）及《上海市退休职工住院补充医疗互助保障计划》（2021修订版）过渡阶段参保衔接办法，将保障期限统一调整为每年的7月1日起至次年的6月30日止。三是强化宣传，做好培训工作。为基层工会举办5期互助保障过渡期业务知识培训，650人次参加；为区、街镇互助保障工作人员举办5期互助保障业务知识培训，750人次参加。四是优化社区参保，延长保障期。实施对2020年社区参保人员保障期相应延长1个月，从2021年6月1日延长至2021年6月30日为满期日；对2021年社区参保“退休住院计划”的人员，其缴费标准根据保障期限长短，分一年和半年两档确定计费标准进行收缴。五是组织灵活就业人员参保。多措并举，深入宣传，优化服务，对灵活就业职工开展参保给付工作。截至12月底，共有27.13万名灵活就业职工参加“灵活就业会员专享基本保障”。六是推动“党建+业务”深度融合。深化“双争”主题活动，切实把学习教育成果转化为竭诚服务职工群众的动力，用心用力为职工群众办实事解难题。2021年，市职保中心

第一党支部获"市总机关系统'双争'活动先进基层党组织"称号。七是加强数据互联互通。实现本市职工(包括退休职工)"报销一件事"业务流程优化再造,通过数据互联互通,实现"一次受理,多项办妥"。八是建立双周例会机制。为更好提高服务质量,避免发生沟通不畅引发信息不对称,市职保中心与职工服务中心建立双周例会机制,加强信息交流,确保来电咨询事事有回应,件件有着落。九是加强调查研究,提高参保覆盖面。在有针对性地宣传推广互助保障工作中,对社区服务点开展高温慰问,加强对互助保障业务情况的调研,极大提高了互助保障计划在各类企业特别是非公企业中的参保率。十是开设职工新保障计划。通过对美团、饿了么等平台,人社工伤福保处及太平洋保险公司的座谈调研,根据平台骑手的保障需求,结合政策导向及商业保险的相关经验,开发设计出"新就业形态劳动者互助保障计划"予以推广实施。

(史佳敏)

【上海市总工会幼儿园】 隶属上海市总工会。园内教育设施一流,教育资源丰富,是一所具有浓郁环保气息和教育特色的一流大型寄宿制幼儿园。园内占地面积15201平方米,建筑面积9300平方米。有教职员工140余人,教师100%为学前教育本科及以上学历。设有15个班,招收中外幼儿近500名,均为3—6岁幼儿。幼儿园以《3—6岁幼儿学习与发展指南》为依据,对素质教育模式和寄宿制幼儿园特色课程设置进行专题科研,补充了孩子对寄宿制生活的适应性、孩子情商发育和亲子关系、培养幼儿良好生活和学习习惯、自理能力、交往能力和社会性发展等方面内容,逐步完善了园本课程,办出寄宿制幼儿园特色。幼儿园以"纲要"及"幼教两法"为准绳,不断完善制度建设,形成长效机制。运用现代管理学和现代教育理论,对本园日常管理和保教工作从制度上严格规范,有效控制管理全过程。重视做好人力资源与教育资源的整合,始终以公开、公正、合理的考核及建设凝聚力工程的柔性管理来保证制度的切实执行,使管理工作制度化、规范化、科学化。幼儿园在各级、各界领导的关心扶植下,全体教职员工同心同德、开拓创新、求真务实,连续12届获"上海市文明单位",先后获"全国五一巾帼标兵岗"、市五一劳动奖状、市五一巾帼奖、市"三八红旗集体"、市托幼机构保育工作先进集体、市厂务公开民主管理工作先进单位、市先进女职工集体、市平安示范单位、市爱国卫生先进集体、市"慈善之星"、市花园单位、五星级环保绿色单位等荣誉称号。园长先后荣获上海市劳动模范、上海市"三八红旗手""全国优秀教师"、上海市"优秀园丁"、上海市"职工最信赖的(经营)管理者"等荣誉称号,并当选为市第八、第九次党代会代表。

(秦　峰)

【上海海鸥控股(集团)有限公司】 2021年,按照市总工会的决策部署,竭尽全力履行工会企业的主业主责,以提高集团企业管理水平和市场竞争力为目标,围绕集团"四重一大"目标任务,开展了一系列扎实有效的工作,各项工作成效显著。一是高质量高水平完成市政府为民办实事项目及市总工会实事项目。年初工作目标确定后,从明确主体责任着手,加强工作统筹,细化工作方案,落实任务指标。至年终,优质完成10万名一线职工疗休养接待服务工作;组织百万名职工"看花博"工作目标。二是齐心协力、克难攻坚,全面完成集团年度各项经营目标。受新冠疫情防控常态化影响,集团主营业务持续受阻。各行业根据自身特点,结合行业环境和经营状况,有针对性地制定、优化行之有效的工作方案,圆满完成集团年度各项经营目标。三是明确责任,找准重点,健全完善集团内部管理监督机制。对市委巡视组提出的整改意见,强化责任落实,即知即改,并持续巩固、拓展巡视整改成效。同时,开展企业管理年活动,夯实企业管理基础,健全管理监督机制。四是创新党史学习形式,丰富党史教育载体,扎实推进党史学习教育走深走实。进一步加强"四责协同"机制建设;开展"党的书记学讲党史"活动;举办"两新"立功竞赛。

(夏鹤麟)

【常熟沙家浜大酒店有限公司】 常熟沙家浜大酒店(原上海市总工会沙家浜休养院),位于江苏省常熟市沙家浜昆承湖畔,紧邻阳澄湖,与常熟虞山国家风景区隔湖相望。沙家浜大酒店(沙家浜休养院)是全国劳动模范休养度假基地之一,也是自主经营管理的国家三星级旅游饭店。拥有各类双人标准房90余间,各类小楼10栋,内设宴会厅、望湖厅等10余个服务大厅,可同时接纳400人用餐。年内,在上海市总工会和海鸥集团的关心支持下,努力创建服务型党组织,以"上海工会服务大局、服务职工"为抓手,认真组织实施年度疗休养工作计划,突出工会疗休养的公益性和服务性。2021年,一线职工入院疗休养共计19310人次,各项工作成效显著。年内,首先从提供优质服务着手,加强职工队伍素质和服务能力的培养教育,鼓励职工立足岗位、争先创优;从强化规章制度建设为切入点,在实施服务质量跟踪反馈工作中健全完善大酒店各项疗休养服务制度;先后开展"我为服务职工疗休养献一策""上海工会职工疗休养行动"等活动,以增强岗位能力、提升服务水平。在加强硬件建设方面,完善相关配套设备设施,通过采取调整客房、修缮内部装饰设置、升级客用品、创新餐饮菜肴、增设健身运动场地、推广公益乐学活动、挖掘免费游览路线等措施,为休养人员创设了舒适怡人的休养环境。通过大酒店一年来全体员工共同努力,经营状况得到改善,接待能力不断增强,服务水平显著提高,已建立并拥有良好的社会信誉和品牌效应,先后评为全国劳动模范休养度假基地、国家银叶级绿色酒店、上海市文明单位、上海市平安单位、上海市"职工最满意企(事)业"、五好党组织、工人先锋号等多项荣誉称号。

(邱紫娟)

【上海市工人疗养院(上海市职工康复医院)】 疗养院坚持党建与中心工作相结合,把党建工作融入经营创效和改革管理工作中,以"增营收、促服务、调结构"为抓手,坚持保障计划和市场开拓两手抓。在疫情防控常态化一年中,将总体经营收入恢复到疫情前水平,全院各项工作成效显著。年内共接待体检人员7.25万人次,其中职工保障计划3.55万人次。院党委书记陈燕评为上海市级机关优秀党务工作者、体检中心评为海鸥集团先进集体。一是开展党史学教活动，强化思想政治建设。按照上级党委的要求部署，开展党史学习教育主题活动，班子成员分别下沉各支部联系点，坚持“三会一课”制度。据统计，各支部开展主题党日活动46次，党章专题学习交流11次，党委班子成员、支部书记上党课20次，党员集中培训49次。年中院党委召开第六次党员大会，完成换届选举工作，产生新一届“两委”班子。年底，工疗党员总数98名(含在职42名、退休56名，其中预备党员3名)。二是注重干部队伍建设，提升自身能力水平。为部署、统筹、协调工作提供保障，延续了部门负责人由党委委员、党支部书记兼任的责任制度。着力于中层干部队伍建设，以科学的选用标准和考核评价，开展一年一度选聘竞聘工作。重视中层干部的储备和培养，制定职工生涯规划，抓好青年人才的培养使用，形成一线干部“多岗位轮转、多面手养成”的综合能力培养机制以及紧缺人才的吸收、引进、培养、选拔机制。2021年，有8名医技人员取得晋级专业技术职称的资格；高级职称比例由8%增加到了12%；中级职称由20%增加到了28%。医务人员发表多篇专业论文。三是加强党风廉政制度，增强拒腐防变能力。从“两个责任”着手，落实“三重一大”，进一步梳理工作流程，梳理廉政风险清单，从严把好廉政监督防控关。实行廉政谈话制度，各支部设立纪检委员，以杜绝和防范违规违纪事件发生。严格执行《党委会议事规则》，坚持科学决策、民主决策、依法决策。针对巡查中存在的问题和薄弱环节，定期排查问题，警示廉政风险，完善内控机制，堵塞管理漏洞。四是提升管理服务水平，建树工疗崭新形象。为使被服务人员感受到职工之家式的一流服务，充分发挥流动体检车的功能，不断提高医疗质量和服务水平，以精益求精的优质服务增强行业竞争力。在实施保障计划和保证疫情防控安全措施的同时，为吸引更多企业客户，开启了新就业形态劳动者体检服务专项行动，千方百计提升流动体检车效能，实现了流动体检车自营业务的零突破。体检中心全年组织常规培训考核7次，专项重点培训考核4次，医务人员专题培训考核3次，医务业务演习2次，培训考核对象覆盖流调岗位及第三方人员、院内营业场所服务人员。组织全院员工开展每周1次新冠核酸检测31轮，严格执行离沪报备及离沪承诺书制度，医护应接种人员新冠疫苗两剂接种率100%，三针接种率90%。五是创建和谐“家文化”，助推工疗新发展。按照集团党委关于开展“两新”为主题立功竞赛的要求，立足于克服解决经营、管理、服务中的瓶颈和短板，连续12年组织职工开展“双争五比”劳动竞赛。设立5项课题，定期开展“五个一”工程，提升企业文化品牌，助推工疗新发展。开展“做好一顿饭”、记住“一个生日”、送上“一次慰问”、建好一个活动场所、搞好一次文体活动，关爱凝聚职工，创建温馨和谐的工疗“家”文化。组织团员青年，开展“百年青春心向党，争当时代新青年”主题活动。举办“新年健康走”、年度广播操大赛、消防运动会、“新征程路上的唱响”歌咏大赛和红色文化作品征集活动。 (徐　璟)

【上海市总工会洞庭西山休养院】年内，西山休养院围绕工会主责主业，以党建为引领，强化“四责”协同机制，扎实推进“两新”立功竞赛，各项工作目标任务圆满完成。全年共接待2.34万人次，其中保障计划完成14856人，实现营业收入2002万元，完成全年预算收入的85%。主要工作：一是以习近平新时代中国特色社会主义思想为指引，举办了建党百年纪念活动，开展党史系列学习教育，党员参加学习活动352人次。举办“我为群众办实事”活动6次，党员参与活动311人次。帮助企业、职工排忧解难，解决了6个“急、难、愁”问题。二是以落实市政府实事项目配套服务为抓手，增强服务能力为切入点，安排餐饮部和客房部4名职工到千禧海鸥见习服务，学习新的管理方法，推动管理服务水平的进一步提高。组织党员和业务骨干，开展3次“企业管理年”活动大讨论，群策群力找问题，厘清并解决管理中的瓶颈。同时梳理和修订各项管理服务制度，进一步加强了制度建设。三是以增加疗休养入住率为目标，对部分客房、餐厅包间、娱乐棋牌室等设施进行升级改造。分别对5号楼加装了观光电梯；实施WIFI院部全覆盖，网速由50兆提高至200兆；投入222万元，为篮球场等活动场所增添全民健身器材；在保证疫情防控安全的前提下，为疗休养线路新辟苏州非遗文化研学活动项目。四是以发扬援鄂服务精神为动力，继续开展“建功新时代‘两新’立功竞赛”，全院职工以争先创优的姿态踊跃参加。旨在通过竞赛，整改存在短板，提高工作效率。五是以奋发有为姿态推进休养院文化建设，从而凝练出“精致、精细、精心”的高水准服务，探索出“无私、奉献、热忱、贴心”的企业文化要素。六是以多种方式关心关爱职工，如每年为在职和退休职工进行健康体检；发动干部职工为突遭车祸伤害的职工捐款，送去爱心筹款11200元；不定期开展职工间的工作和情感交流、春节期间开展常态化谈心家访活动。七是以“献爱心”精神履行社会责任，先后开展“一日捐”、党员协助门卫义务执勤测温、“保护母亲湖，环保志愿行”、义务拔草和义务冲洗并油漆木栈道、无偿献血等爱心志愿活动，参与志愿活动566人次。对金庭镇3户困难家庭，实施定向结对帮扶。

(蔡玉蓉)

【上海市总工会黄山休养院】　系上海市总工会直属事业单位，于1986年开业，由上海海鸥控股(集团)管理，是全国工会系统第一个集资建造的上海职工休养基地，主要负责职工参加在黄山地区的疗休养事宜。休养院地处G3京台高速东黄山出口处、著名风景胜地黄山罗汉峰东麓，占地132亩，建筑面积13000平方米，绿化占有率76%。有4栋独立接待楼宇，88间客房，院餐厅能同时容纳200人用餐，会议室、棋牌楼、KTV包厢、垂钓中心、工会超市、养生堂、大型停车场等配套设施齐全。年内，黄山休养院在市总工会、集团党委的指导下，着力推进市政府实事项目的落实，大胆探索并适时调整休养院发展模式，在保证疫情防控安全的同时，不定期地更新硬件设施，为客人提供优质接待服务，以服务树口碑，以较高的入住满意度，吸引招揽更多的客源，扩大了休养院在上海地区的影响力，把黄山休养院打造成温馨的“职工之家”。据统计，年内接待宾客8476人，实现营收1394.7万元。其中保障计划7620人，营收1020.9万元；工会会员157人，营收4.6万元；市场拓展699人，营收369.1万元。（贝　卓）

上海市总工会直管单位负责人名录

单位名称	职务	姓名
上海工会管理职业学院	党委书记	王厚富
	院长、党委副书记	李友钟
上海市工人文化宫	党委书记	谢　鹰(2021.1免)
	主任、党委副书记	高　越(女)
劳动报社	党委书记、副总编辑	崔校军(2021.03任)
	总编辑、党委副书记	王厚富
上海市职工技协服务中心	党总支书记	竺　敏
	主任	钱传东
上海市总工会职工服务中心	党总支书记	杨　敏(女)
	主任	陈　鲁
上海市职工保障互助中心	党总支书记	陈　嵘
	主任	顾学庆
上海市总工会幼儿园	党总支书记、园长	周稼超(女)
上海市退休职工服务中心	党总支书记、副主任	李　伟(2021.3任)
	主任、党总支副书记	刘培顺(2021.11免)
上海海鸥控股(集团)有限公司	党委书记、董事长	吕泰康
	总裁、党委副书记	孙　伟

说明：1. 主要负责人名录以2021年12月底为准。
2. 上述人员职务以市总工会批复为准。

上海市集体合同审查办法

为进一步规范集体协商和签订、履行集体合同的行为,保护劳动者的合法权益,构建和发展和谐稳定的劳动关系,现根据《中华人民共和国劳动合同法》《上海市集体合同条例》《集体合同规定》《工资集体协商试行办法》等相关规定,对本市集体合同的审查工作制订如下办法。

一、市人力资源和社会保障行政部门受理审查范围

(一)市属国有企业及其控股的外资企业,以及注册资金1000万美元(或者相当于1000万美元)以上的外商(港澳台)独资企业的集体合同;

(二)人力资源和社会保障部根据《集体合同规定》指定由市人力资源和社会保障行政部门审查的集体合同;

(三)本市行政区域内,市人力资源和社会保障行政部门认为需要由其审查的其他集体合同。

二、区人力资源和社会保障行政部门受理审查范围

(一)各区行政区域内除应由市人力资源和社会保障行政部门审查范围之外的企业的集体合同;

(二)各区行政区域内的行业性、区域性集体合同;

(三)各区行政区域内的个体经济组织、民办非企业单位的集体合同。

浦东新区人力资源和社会保障行政部门负责审查浦东新区行政区域内除国家特别指定由市人力资源和社会保障行政部门审查之外的各类集体合同。

三、报送审查时限

(一)企业集体合同报审时限

企业与职工一方签订或者变更集体合同,集体合同草案经职工代表大会(或全体职工)讨论通过后,由职工一方的首席协商代表将讨论通过的情况书面告知企业一方。企业自收到书面告知之日起10日内,负责将集体合同报送人力资源和社会保障行政部门审查。

(二)行业性和区域性集体合同报审时限

行业性集体合同草案经认可该草案的企业全体职工代表半数以上或者全体职工半数以上同意,方获通过。

区域性集体合同草案经本区域职工代表大会,或者认可该草案的企业全体职工代表半数以上或者全体职工半数以上同意,方获通过。

行业性、区域性集体合同由企业方面代表或者工会组织在草案通过后10日内将集体合同以及相关材料报送人力资源和社会保障行政部门审查。

四、报送材料

(一)报送企业集体合同,应当提供下列材料各一份:

1. 企业集体合同;
2. 企业集体合同送审表;
3. 职工代表大会或者全体职工讨论通过集体合同草案的决议。

企业分支机构报送集体合同还应提供上级具有法人资格的企业营业执照复印件与上级法人授权分支机构负责人与分支机构职工方进行集体协商,签订集体合同的书面委托材料。

(二)报送行业性或区域性集体合同,应当提供下列材料各一份:

1. 行业性或区域性集体合同;
2. 行业性或区域性集体合同送审表;
3. 企业认可行业性或区域性集体合同的材料;
4. 企业、工会方代表授权委托书;
5. 区域职工代表大会同意区域性集体合同草案的材料,或者认可行业性或区域性集体合同草案的企业全体职工代表半数以上或者全体职工半数以上同意该草案的材料。

五、审查时限

人力资源和社会保障行政部门于收到报送材料后出具《集体合同受理回执》。

人力资源和社会保障行政部门自收到报送材料之日起15日内未提出异议的,集体合同即行生效。

集体合同生效后,双方协商代表应当及时以适当的形式向本方全体人员公布。

人力资源和社会保障行政部门对报送的集体合同有异议的,应当自收到报送材料之日起15日内将审查意见告知报送单位或组织,并发出《集体合同审查意见书》。

人力资源和社会保障行政部门对集体合同提出异议的,集体协商当事人双方可就异议事项重新协商。重新签订集体合同的,应按照本通知的规定将集体合同文本及相关材料报送人力资源和社会保障行政部门审查。

六、保存期限

各级人力资源和社会保障行政部门应当按照国家有关规定对受理的集体合同进行保管。集体合同期满后,各级人力资源和社会保障行政部门继续保存的期限为2年。

七、附则

个体经济组织、民办非企业单位等组织报送审查集体合同的,依照企业报送审查集体合同的规定办理。

本办法自2021年8月16日起施行,有效期至2026年8月15日。

表彰

2017—2019 年度上海市推动厂务公开民主管理工作先进单位名单(共 29 个)

上海市徐汇区厂务公开工作领导小组
上海市杨浦区厂务公开工作领导小组
上海市宝山区厂务公开工作领导小组
上海市金山区厂务公开工作领导小组
上海市青浦区厂务公开工作领导小组
上海市崇明区厂务公开工作领导小组
中国(上海)自由贸易试验区管理委员会保税区管理局
上海市徐汇区人民政府康健新村街道办事处
上海市徐汇区华泾镇人民政府
上海市长宁区人民政府北新泾街道办事处
上海市普陀区长征镇人民政府
上海市普陀区桃浦镇人民政府
上海市杨浦区人民政府长白新村街道办事处
上海市黄浦区人民政府豫园街道办事处
上海市静安区人民政府芷江西路街道办事处
上海市静安区人民政府石门二路街道办事处
上海市宝山区人民政府张庙街道办事处
上海市宝山区大场镇人民政府
上海市闵行区人民政府江川路街道办事处
上海市闵行区吴泾镇人民政府
上海市闵行区虹桥镇人民政府
上海嘉定工业区管理委员会
上海市金山区漕泾镇人民政府
上海市松江区叶榭镇人民政府
上海市青浦区练塘镇人民政府
上海市青浦区人民政府香花桥街道办事处
上海市奉贤区南桥镇人民政府
上海市奉贤区庄行镇人民政府
上海市崇明区新河镇人民政府

2017—2019 年度上海市十佳厂务公开民主管理工作先进单位名单(共 10 个)

上海市松江区疾病预防控制中心
上海烟草集团有限责任公司上海卷烟厂
中交三航局第二工程有限公司
上海东湖机械厂
上海锦江汽车服务有限公司
上海外高桥第二发电有限责任公司
中国船舶重工集团公司第七〇四研究所
东芝电梯(中国)有限公司
上海罗氏制药有限公司
上海通工汽车零部件有限公司

2017—2019 年度上海市厂务公开民主管理工作先进单位名单(共 173 个)

上海浦东发展(集团)有限公司
上海市浦东新区卫生健康委员会监督所
上海新金桥环保有限公司
安靠封装测试(上海)有限公司
上海大智慧股份有限公司
上海垠海贸易有限公司
捷普科技(上海)有限公司
上海日盛环境保洁服务有限公司
上海市徐汇区中心医院
上海市徐汇区上海幼儿园
上海兰卫医学检验所股份有限公司
上海九华商业(集团)有限公司
上海市长宁区教育局
上海市同仁医院
上海新杨工业园区经济发展(集团)有限公司
上海东纺日化销售有限公司
上海市普陀区城市建设投资有限公司
上海市普陀区眼病牙病防治所
上海森信建设集团有限公司
上海虹口商业(集团)有限公司
上海市建设工程监理咨询有限公司
上海杨浦城市建设投资(集团)有限公司
上海市杨浦区控江二村小学
上海经佳文化产业投资股份有限公司
上海精智实业股份有限公司
上海新世界股份有限公司
上海市回民中学
上海静安置业(集团)有限公司
上海云兰建筑装饰工程有限公司
东芝电梯(中国)有限公司
上海北裕分析仪器股份有限公司
上海市宝山区吴淞中心医院
上海市宝山区供销合作总社
上海百事可乐饮料有限公司
上海东富龙科技股份有限公司
上海蜂花日用品有限公司
万科(上海)实业发展有限公司
上海市闵行中学
爱普香料集团股份有限公司
上海嘉定交通发展集团有限公司
英纳法汽车天窗系统(上海)有限公司
上海通工汽车零部件有限公司
上海东大聚氨酯有限公司
上海市金山区第一实验小学
上海新金山投资控股集团有限公司
上海市松江区疾病预防控制中心
上海保隆汽车科技股份有限公司
上海松开物业管理有限公司
上海市松江一中
上海金发科技发展有限公司
圆通速递有限公司
上海天弩食品有限公司
达晟(上海)电子有限公司

上海海融食品科技股份有限公司
上海亚虹模具股份有限公司
上海通用风机股份有限公司
上海崇明巴士公共交通有限公司
上海永利输送系统有限公司
上海崇明腾飞内衣有限公司
上海电气集团上海电机厂有限公司
上海第一机床厂有限公司
上海三菱电机-上菱空调机电器有限公司
上海仪电科学仪器股份有限公司
上海仪电显示材料有限公司
华鑫证券有限责任公司
上海印钞有限公司
东方国际(集团)有限公司
上海龙头(集团)股份有限公司
上海市纺织原料有限公司
上海上药新亚药业有限公司
上海信谊天平药业有限公司
上海罗氏制药有限公司
上海国际港务(集团)股份有限公司张华浜分公司
上海沪东集装箱码头有限公司
上海交运沪北物流发展有限公司
上海国际机场地面服务有限公司
上海机场(集团)有限公司虹桥国际机场公司飞行区管理部
上海市机械施工集团有限公司
上海建工房产有限公司
上海现代建筑装饰环境设计研究院有限公司
上海现代建筑设计集团工程建设咨询有限公司
上海海丰米业有限公司
上海星辉蔬菜有限公司
上海锦江汽车服务有限公司
上海外高桥第二发电有限责任公司
上海燃气市北销售有限公司
上海巴士第一公共交通有限公司
上海强生集团汽车修理有限公司
上海申强投资有限公司
上海久事体育赛事运营管理有限公司
上海地铁第三运营有限公司
上海城投环境(集团)有限公司
上海城投水务(集团)有限公司制水分公司杨树浦水厂
上海迅翔水利工程有限公司
上海地产三林滨江生态建设有限公司
上海外服(集团)有限公司
上海上实集团财务有限公司
上海东湖机械厂
上海电力设计院有限公司
中国华电集团有限公司上海分公司
电信科学技术第一研究所有限公司
国网上海市电力公司
国网上海市电力公司奉贤供电公司
上海电力建设有限责任公司
上海电力安装第一工程有限公司
中国宝武钢铁集团有限公司
宝钢工程技术集团有限公司
上海卫星装备研究所
上海无线电设备研究所
上海航天局第八〇六研究所
沪东中华造船(集团)有限公司
上海烟草集团有限责任公司上海卷烟厂
上海化学工业区公共管廊有限公司
中国移动通信集团上海有限公司
中国移动通信集团上海有限公司南区分公司
中国电信股份有限公司上海分公司浦东局
上海阿尔卡特网络支援系统有限公司
中国联合网络通信有限公司上海市分公司
上海电力股份有限公司
上海上电电力运营有限公司
中铜(上海)铜业有限公司
华能国际电力股份有限公司上海石洞口第一电厂
华能新能源上海发电有限公司
中交第三航务工程勘察设计院有限公司
上海市建筑科学研究院(集团)有限公司
中铁二十四局集团上海铁建工程有限公司
中铁上海工程局集团市政环保工程有限公司
国核自仪系统工程有限公司
中铁十五局集团电气化工程有限公司
上海市公用事业学校
中国铁路上海局集团有限公司
中国铁路上海局集团有限公司上海客运段
中国铁路上海局集团有限公司上海站
中远海运重工有限公司
上海泛亚航运有限公司
上海长江汽车服务有限公司
中国邮政集团有限公司上海市金山区分公司
中国邮政集团有限公司上海市崇明区分公司
中交上海航道局有限公司
上海交通建设总承包有限公司
中港疏浚有限公司
中交三航局第二工程有限公司
东方航空股份有限公司地面服务部
东方航空进出口有限公司
东方航空股份有限公司信息部
中石化海洋石油工程有限公司上海钻井分公司
上海市绿化和市容管理信息中心
上海市水务局行政服务中心
上海中建东孚投资发展有限公司
中国建筑第八工程局有限公司上海分公司
中国建筑第八工程局有限公司总承包公司
中建八局装饰工程有限公司
上海大屯能源股份有限公司徐庄煤矿
中国船舶重工集团公司第七〇四研究所
上海科技馆
上海建桥学院

华东政法大学
上海健康医学院
上海海事大学
上海应用技术大学
上海商学院
上海电机学院
上海市第一妇婴保健院
上海交通大学医学院附属第九人民医院
上海中医药大学附属曙光医院
东方出版中心有限公司
上海报业集团
上海译文出版社有限公司
中国福利会国际和平妇幼保健院
上海市第四社会福利院
上海社会科学院
上海国际集团有限公司
国泰君安证券股份有限公司

上海市获得全国推动厂务公开民主管理工作先进单位名单(共4个)

上海市总工会
中共上海市闵行区委员会
上海市静安区芷江西路街道办事处
上海市卫生健康委员会

上海市获得全国厂务公开民主管理示范单位名单(共4个)

中国电信股份有限公司上海分公司
上海机场(集团)有限公司虹桥国际机场公司
上海三菱电梯有限公司
中国科学院上海硅酸盐研究所

上海市获得全国厂务公开民主管理工作先进单位名单(共15个)

上海电力建设有限责任公司
中国宝武钢铁集团有限公司
中交上海航道局有限公司
上海中建东孚投资发展有限公司
东方国际(集团)有限公司
上海市机械施工集团有限公司
上海城投环境(集团)有限公司
上海卫星装备研究所
上海市第一婴保健院
捷普科技(上海)有限公司
上海罗氏制药有限公司
上海兰卫医学检验所股份有限公司
上海金发科技发展有限公司
上海建桥学院
上海沪东集装箱码头有限公司

2017—2020年"尊法守法·携手筑梦"服务农民工公益法律服务行动成绩突出集体(共4个)

闵行区总工会
宝山区总工会
上海市律师协会
上海市四方律师事务所

2017—2020年"尊法守法·携手筑梦"服务农民工公益法律服务行动成绩突出个人(共10名)

吴　炜	上海市普陀区总工会权益保障部部长、一级主任科员
李泽威	上海市青浦区总工会劳动关系部部长
柳月明	上海仓城经济技术发展有限公司工会主席、松江区永丰街道都市产业园区管理委员会工会主席
孙璟燕	上海建工二建集团有限公司第六工程公司党总支书记、工会主席
唐　洁	上海市司法局律师工作处副处长
李华平	上海七方律师事务所律师
李征连	上海瑞富律师事务所律师
陆敬波	上海江三角律师事务所律师
杨永伟	上海市诚至信律师事务所律师
张玉霞	上海申浩律师事务所律师

2021年上海工匠名单(共103人,按姓氏笔画排列)

于鸿晶(女)	上海上药信谊药厂有限公司
于　敬	达而观信息科技(上海)有限公司
卫益民	上海老港废弃物处置有限公司
马　昕	复旦大学附属华山医院
马　博	上海宁远精密机械股份有限公司
马　瑞	上海云卓文化艺术有限责任公司
王传存	上海振华港机重工有限公司
王华菁(女)	上海原能细胞医学技术有限公司
王沁平(女)	上海建筑设计研究院有限公司
王国伟	上海中广核工程科技有限公司
王忠平	沪东中华造船(集团)有限公司
王金一	上海隧道工程有限公司盾构工程分公司
王　顺	上海太阳能工程技术研究中心有限公司
王　勇	上海电气电站设备有限公司上海汽轮机厂
王　晶(女)	上海聚威新材料股份有限公司
王　勤(女)	上海徐行草编文化发展有限公司
方庆法	上海建浩工程顾问有限公司
方逸洲	上海仪电(集团)有限公司中央研究院
孔　彬	上海市建筑装饰工程集团有限公司
邓小文	上海新麦食品工业有限公司

石向东 长宁区华阳街道社区卫生服务中心
卢玉金 上海施泉葡萄专业合作社
冯长征 中国建筑第八工程局有限公司上海分公司
冯江宇 中铁二十四局集团有限公司
任永辉 上海外高桥造船有限公司
向 平(女) 司法鉴定科学研究院
刘启贞 上海市环境监测中心
刘 洋(女) 上海市质量监督检验技术研究院
闫国杰 上海浦东路桥(集团)有限公司
安 斌 上海和平饭店有限公司
许 杰 上海勘察设计研究院(集团)有限公司
孙 华 上海巴士第一公共交通有限公司
孙建辉(女) 上海市商贸旅游学校
孙 磊 上海乾庾智能科技有限公司
李华伟 复旦大学附属眼耳鼻喉科医院
李冰寒 上海华虹宏力半导体制造有限公司
李 佳 中石化海洋石油工程有限公司
李 亮 上海国际机场股份有限公司安检护卫保障部
李 彪 华能国际电力股份有限公司上海石洞口第一电厂
李惠卿 上港集团宜东分公司
李 斌 宝钢资源控股有限公司马迹山港分公司
杨 驰 上海交通大学医学院附属第九人民医院
吴大治 上海星耀医学科技发展有限公司
吴立群 上海交通大学医学院附属瑞金医院
吴光昊 上海交联药物研发有限公司
吴江斌 华东建筑设计研究院有限公司上海地下空间与工程设计研究院
吴利荣 上海市青浦区林业站
吴泓澍 中国科学院上海硅酸盐研究所
吴毓颖(女) 上海航天电子技术研究所
何忌良 上海市南电力(集团)有限公司
邹 波 上海筱爷叔品牌管理有限公司
沈 杰 中国铁路上海局集团有限公司上海机车检修段
沈睿君 上海汽车工业销售有限公司
沈 巍 上海银星皇冠酒店
张 平 上海宝冶集团有限公司工业工程公司
张 帅 中建八局总承包公司文旅分公司
张春英(女) 上海植物园
张敏谊(女) 万达信息股份有限公司
陆鸣伟 上海飞奥燃气设备有限公司
陈 军 中国核工业第五建设有限公司
陈胜超 上海飞机制造有限公司
陈晓芳(女) 中国电信股份有限公司上海移动互联网部
陈 梁 上海上电漕泾发电有限公司
范 连 上海外高桥隧道机械有限公司
范晓骏 上海飞机制造有限公司
罗文林 上海电气集团上海电机厂有限公司
罗清篮 上海谋乐网络科技有限公司
金 懿 中交三航局第二工程有限公司
周达新 复旦大学附属中山医院
周彩存 上海市肺科医院
周景纬 上海陶院艺术品投资管理有限公司
周需要 交通运输部东海航海保障中心
禹宝庆 上海市浦东新区人民医院
侯秋实 上海寰球工程有限公司
洪佳雄 上海老凤祥首饰研究所有限公司
姚启明(女) 同济大学建筑设计研究院(集团)有限公司
秦 磊 上海三吉电子工程有限公司
袁 飞(女) 上海奉锦环境建设管理有限公司
栗 新 上海市建工设计研究总院有限公司
夏 杰 上海送变电工程有限公司
顾云峰 上海交运集团股份有限公司汽车零部件制造分公司
顾民杰 上海市政工程设计研究总院(集团)有限公司
顾晓飞 上海电力高压实业有限公司
徐 宁 中国二十冶集团有限公司
徐祎春(女) 上海生物芯片有限公司
高 鸣 上海第二工业大学
高润东 上海市建筑科学研究院有限公司
高 磊 上海外高桥第二发电有限责任公司
郭 强 上海第一八佰伴有限公司
诸 成 中科院微小卫星创新研究院
黄 春 上海宝岛蟹业有限公司
龚 雄 上海航天设备制造总厂有限公司
盛忠明 上海地铁维护保障有限公司车辆分公司
梁 晨(女) 上海市公安局刑事侦查总队
裘耀明 上海瑞斯达防护制品有限公司
路兴隆 上海宝冶集团有限公司国际工程公司
鲍伟华 中国移动通信集团上海有限公司
蔡祥军 上海立得催化剂有限公司
缪伟良 宝山钢铁股份有限公司炼铁厂
薛 峰 上汽通用汽车有限公司
薛 渊 上海生物电子标识股份有限公司
薛 蔚 上海交通大学医学院附属仁济医院
魏峥颖 华虹集团上海华力微电子有限公司

(陆卫超)

2020年度国家科技进步奖获奖项目

序号	系统	完成人	项目名称	完成单位	备注
1	隧道股份	李鸿	超大直径泥水平衡盾构施工工法创新及应用	上海隧道工程有限公司	二等奖

2020 年度上海市科技进步奖获奖项目

序号	系统	完成人	项目名称	完成单位	备注
1	宝武集团	杨建华	铸机状态智能诊断系统	中国宝武集团宝山钢铁股份有限公司	二等奖
2	国网电力	于天刚	双臂液压推进硬封顶格构式大型跨越架的研制及应用	国网上海市电力公司	二等奖
3	闵行	潘阿锁	永磁同步曳引驱动电梯质量提升与优化技术	上海爱登堡电梯集团股份有限公司	三等奖
4	建工	钱美刚	非开挖隧道工程中自动测量及物探预警技术创新与应用	上海市基础工程集团有限公司	三等奖

（谢　磊）

统 计

各区局(产业)工会基层组织数据一览表(一)

单位名称	基层工会	基层工会涵盖单位	职工	女性	农民工	工会会员	女性	农民工
	个	个	人	人	人	人	人	人
总计	**48067**	**168115**	**7376288**	**2846853**	**2159802**	**6992085**	**2720100**	**2010839**
浦东新区总工会	9378	21532	929815	404298	253670	881288	387128	227623
徐汇区总工会	1829	13301	289941	127413	81720	284232	125283	80935
长宁区总工会	1690	11750	232919	104899	65817	225312	100542	65385
普陀区总工会	1709	5141	163386	68738	66709	150931	66207	60629
虹口区总工会	1493	5509	121551	43867	20495	117098	42060	19877
杨浦区总工会	2125	10490	207164	87098	97345	203851	86810	96633
黄浦区总工会	2831	11802	310441	136130	74766	267928	119549	70988
静安区总工会	2451	10507	232069	109532	25139	224409	105508	24096
宝山区总工会	2145	13695	377624	143008	115415	350003	134349	102858
闵行区总工会	5256	12654	539509	239877	252513	523030	234404	244877
嘉定区总工会	2818	7482	375359	147219	108960	355403	137903	98633
金山区总工会	1772	9951	268678	119007	122096	243141	108582	111398
松江区总工会	3050	9566	356470	147836	140223	315005	131948	114198
青浦区总工会	2133	12542	358704	142389	130176	340580	135203	124588
奉贤区总工会	1861	2935	177017	80944	58943	170539	78959	57117
崇明区总工会	1252	3075	114190	49063	34431	102202	44651	31743
机电工会	153	153	45365	9755	3069	43712	9495	1968
仪表电子工会	71	71	12086	4169	1450	11888	4084	1364
化学工会	80	80	10302	2580	227	9915	2354	193
轻工工会	4	4	2471	701	0	2471	701	0
东方国际(纺织工会)	92	99	10168	4621	851	10015	4579	844
医药工会	70	74	20749	10579	808	20019	10160	769
电力公司工会	35	35	14343	3491	0	14343	3491	0
电力股份工会	20	23	4734	717	0	4730	717	0
电力建设工会	10	10	2483	265	4	2482	265	4
宝武集团工会	128	136	39275	5668	0	39275	5668	0
中冶宝钢工会	13	13	22577	3427	16171	16210	2788	11758
上海宝冶集团工会	20	20	10912	1323	1269	10912	1323	1269
高桥石化工会	6	6	4667	1042	189	4667	1042	189

续 表

单位名称	基层工会	基层工会涵盖单位	职工	女性	农民工	工会会员	女性	农民工
	个	个	人	人	人	人	人	人
上海石化工会	21	21	8591	1665	11	8591	1665	11
中铝铜业工会	4	4	298	61	0	298	61	0
航天局工会	33	33	19957	5031	762	19675	4987	740
船舶工会	16	25	79825	11420	48626	60496	10657	30856
商用飞机工会	11	11	15942	4502	74	15045	4364	74
烟草工会	11	11	7122	1640	173	7122	1640	173
汽车工业工会	50	50	99050	19168	10609	95463	18974	9186
华东电力工会	4	4	1559	448	0	1559	448	0
华虹工会	8	9	12149	3133	1803	12067	3116	1803
华源工会	1	1	11	0	0	11	0	0
华能工会	8	8	2316	467	0	2316	467	0
化学工业区工会	36	37	6763	1472	846	6636	1444	805
国药集团	20	20	5836	3274	573	5592	3143	563
铁路工会	34	34	34649	5103	627	32257	3475	519
中国远洋海运集团工会	68	70	20952	4132	282	20648	4017	203
国际港务工会	37	37	25587	3158	11532	25586	3158	11532
长江轮船工会	12	12	838	281	62	796	279	62
运输工会	42	42	5717	1323	2238	4887	976	1500
邮政工会	27	27	18017	5821	3194	17792	5721	2687
移动通信工会	1	1	6614	3275	175	6614	3275	175
电信集团工会	59	59	22110	8715	165	22110	8715	165
中国电信号百公司工会	2	2	254	113	0	254	113	0
东海救助局工会	10	10	968	65	0	736	65	0
打捞局工会	6	6	907	63	2	907	63	2
航道局工会	10	10	5212	604	970	5089	576	970
三航局工会	9	9	3387	636	0	3366	628	0
民航华东空管局工会	14	14	2057	478	0	2057	478	0
民航华东工会	7	7	3512	1735	115	3460	1711	101
东方航空工会	39	43	47695	16024	4401	47218	15804	4344
上海机场工会	45	45	25296	6368	3758	22035	6360	3758

续 表

单位名称	基层工会	基层工会涵盖单位	职工	女性	农民工	工会会员	女性	农民工
	个	个	人	人	人	人	人	人
海事局工会	12	12	1706	366	0	1706	366	0
建设和交通工会	81	81	89775	19679	11491	89350	19268	11478
建工集团工会	59	570	206445	14615	159613	206105	14549	159613
交通委员会工会	16	16	2502	949	0	2497	948	0
海洋石油工会	9	9	1749	274	0	1447	270	0
绿化工会	23	23	1648	821	0	1645	821	0
华东建筑集团工会	15	15	9167	3701	0	9014	3635	0
鲁中矿业工会	8	8	4563	607	300	4270	603	0
水务局工会	17	17	1271	482	0	1255	479	0
中建八局工会	22	538	227634	23979	171145	227634	23979	171145
大屯能源工会	17	17	15646	3086	0	15646	3086	0
金融工会	146	147	274750	146058	402	270967	143895	375
税务工会	13	13	1486	763	0	1486	763	0
人保局工会	15	15	2386	1404	0	2386	1404	0
市农委工会	24	24	2976	1389	331	2500	1115	215
科技工会	49	93	31427	11001	495	30540	10724	449
教育工会	86	86	98361	51589	15603	94453	49719	13402
医务工会	55	61	85919	60476	91	85796	60378	91
新闻出版工会	13	13	2426	1267	1469	2396	1260	1469
上海报业集团工会	33	35	5834	2813	296	5778	2784	287
新华社工会	1	1	154	86	0	154	86	0
上海文化和旅游局工会	26	26	13048	1185	1	2004	1166	1
上海广播电视台工会	67	71	14963	6839	249	14749	6715	249
社科院工会	23	23	876	468	0	874	467	0
体育局工会	18	18	1586	627	0	1578	626	0
经济和信息化系统工会	282	282	97061	35470	2259	85331	34893	1571
光明食品集团工会	224	462	41340	15263	7410	41339	15263	7410
民政局工会	44	46	4420	2577	273	4148	2364	221
监狱管理局工会	19	19	6844	1035	0	6843	1035	0
锦江集团工会	84	484	37508	17350	2378	37508	17350	2378

续　表

单位名称	基层工会	基层工会涵盖单位	职　工	女　性	农民工	工会会员	女　性	农民工
	个	个	人	人	人	人	人	人
东湖集团工会	11	11	6682	2698	738	4169	1428	591
衡山集团工会	16	21	2996	702	264	2736	671	180
市级机关工会	414	431	68497	22990	1532	67303	22571	1351
百联集团工会	115	115	23935	12569	1412	23935	12569	1412
申通集团工会	32	32	31555	6759	45	31116	6590	45
久事公司工会	79	93	52797	6392	1102	52636	6360	1101
上海城投(集团)有限公司工会	139	142	16665	4590	1142	16665	4590	1142
申能集团工会	57	57	18198	6271	35	18174	6263	35
电器科研所工会	7	7	1818	528	10	1744	495	10
上海隧道工程股份有限公司工会	112	123	29730	6465	12920	27916	6250	11205
地产集团工会	75	82	5538	1898	203	4852	1698	181
东浩兰生(集团)有限公司工会	30	35	2562	1421	22	2517	1409	22
上海联通工会	1	1	3042	1203	0	3042	1203	0
通信管理局工会	2	2	113	46	0	113	46	0
上实集团工会	38	43	5895	2171	1080	5546	2036	1067
上海临港产业园区工会委员会	76	87	9448	2433	1190	9443	2433	1190
市公安局工会	27	27	12224	2867	0	12224	2867	0
国盛工会	22	29	1025	352	2	1023	351	2
绿地集团工会	19	19	7470	3079	122	7463	3077	122
申迪集团	10	12	11282	5967	101	11032	5860	96
世博发展集团	4	4	240	115	0	240	115	0
上海电影(集团)工会	28	55	2107	990	74	1948	900	34
中国金融工会上海工作委员会	30	56	24796	11926	120	24704	11875	120
五冶集团上海有限公司工会	9	9	2535	407	0	2520	407	0
上海东方网股份有限公司工会	3	3	764	462	48	764	462	48
上海世纪出版(集团)有限公司工会	46	52	3773	2031	313	3684	1979	305
中国福利会工会工作委员会	13	13	2466	2000	58	2441	1982	52
上海诺基亚贝尔股份有限公司工会	11	11	4504	1471	9	4462	1469	9

各区局(产业)工会基层组织数据一览表(二)

单位名称	专职工会工作人员	女性	兼职工会工作人员	女性	本级工会建立女职工组织		本级工会女职工工作人员		建立经费审查委员会
					建立女职工委员会	仅设立女职工委员	专职	兼职	
	人	人	人	人	个	个	人	人	个
总计	**10158**	**5964**	**206192**	**108864**	**17075**	**26115**	**2230**	**75905**	**24077**
浦东新区总工会	1013	719	25651	15314	2326	6786	306	11658	3065
徐汇区总工会	257	90	6542	3674	873	825	15	2523	763
长宁区总工会	1950	1889	3792	2356	681	813	726	1036	345
普陀区总工会	198	117	4475	2531	426	1195	66	2162	604
虹口区总工会	52	40	4531	2562	290	776	9	1403	370
杨浦区总工会	97	48	7456	4527	1185	835	23	4216	1579
黄浦区总工会	114	64	9089	4801	1254	1286	34	3995	1364
静安区总工会	100	55	10241	6117	560	1505	19	4548	757
宝山区总工会	95	74	17589	9947	823	1295	45	9298	752
闵行区总工会	1849	553	16487	8974	2336	2149	81	6742	3237
嘉定区总工会	120	58	12398	5229	943	1657	34	3854	1832
金山区总工会	186	92	6679	3497	875	685	64	2793	1449
松江区总工会	129	49	11073	5005	789	1685	13	3599	1394
青浦区总工会	88	38	5996	2810	715	1220	12	2336	1235
奉贤区总工会	170	82	6479	3318	709	853	35	2559	1138
崇明区总工会	105	50	3415	1763	228	659	18	1306	755
机电工会	123	48	1530	630	80	66	28	363	143
仪表电子工会	11	4	390	220	26	45	3	146	71
化学工会	36	16	451	227	27	44	5	141	66
轻工工会	13	7	71	33	2	1	3	25	3
东方国际(纺织工会)	34	20	647	368	35	55	12	179	57
医药工会	42	23	691	455	49	20	7	267	61
电力公司工会	116	53	300	132	25	9	29	102	35
电力股份工会	28	9	153	63	16	2	5	64	20
电力建设工会	12	5	73	28	6	4	3	24	10
宝武集团工会	112	45	1058	447	75	53	24	237	126
中冶宝钢工会	0	0	114	34	8	3	0	39	2

续　表

单位名称	专职工会工作人员	女性	兼职工会工作人员	女性	本级工会建立女职工组织		本级工会女职工工作人员		建立经费审查委员会
					建立女职工委员会	仅设立女职工委员	专职	兼职	
	人	人	人	人	个	个	人	人	个
上海宝冶集团工会	11	5	199	75	15	5	0	45	20
高桥石化工会	8	4	71	30	3	3	0	15	6
上海石化工会	31	16	163	69	20	0	11	59	21
中铝铜业工会	1	0	4	1	0	1	0	1	0
航天局工会	58	35	433	275	25	7	20	151	32
船舶工会	37	20	468	127	13	3	5	84	15
商用飞机工会	47	28	530	261	7	4	5	43	10
烟草工会	41	25	150	92	10	1	6	84	11
汽车工业工会	173	95	2975	1075	47	1	23	233	49
华东电力工会	12	5	42	20	4	0	2	14	4
华虹工会	4	4	164	81	6	2	0	40	8
华源工会	0	0	1	0	0	0	0	0	0
华能工会	7	4	78	33	7	1	1	38	7
化学工业区工会	0	0	229	111	9	27	0	86	36
国药集团	3	2	296	204	6	13	0	37	19
铁路工会	52	13	463	152	27	2	2	80	32
中国远洋海运集团工会	53	29	801	383	39	21	13	203	61
国际港务工会	70	35	567	203	29	7	9	95	32
长江轮船工会	4	2	47	25	6	4	0	17	12
运输工会	18	7	163	75	5	24	3	47	5
邮政工会	26	22	440	255	24	3	5	100	27
移动通信工会	18	15	186	21	1	0	0	148	1
电信集团工会	40	29	1321	688	42	16	10	262	58
中国电信号百公司工会	1	0	50	30	1	1	0	4	2
东海救助局工会	0	0	58	17	0	5	0	11	9
打捞局工会	0	0	122	13	1	5	0	7	3
航道局工会	32	12	162	39	7	3	9	19	10
三航局工会	24	15	97	33	9	0	5	19	9

续 表

单位名称	专职工会工作人员	女性	兼职工会工作人员	女性	本级工会建立女职工组织		本级工会女职工工作人员		建立经费审查委员会
					建立女职工委员会	仅设立女职工委员	专职	兼职	
	人	人	人	人	个	个	人	人	个
民航华东空管局工会	8	6	97	49	11	3	0	35	3
民航华东工会	6	4	130	53	6	1	1	30	7
东方航空工会	113	58	414	245	19	15	14	110	32
上海机场工会	30	17	524	280	40	5	10	172	43
海事局工会	0	0	65	28	3	9	0	20	12
建设和交通工会	225	102	3270	1241	61	20	24	328	75
建工集团工会	116	51	1656	630	27	31	15	208	58
交通委员会工会	5	3	238	138	4	11	0	25	10
海洋石油工会	4	2	58	26	5	4	0	17	9
绿化工会	6	4	206	128	3	20	4	34	14
华东建筑集团工会	3	2	271	162	10	5	1	57	13
鲁中矿业工会	7	4	71	31	8	0	2	26	7
水务局工会	1	1	139	72	2	15	1	37	17
中建八局工会	78	40	2383	544	20	2	24	134	21
大屯能源工会	85	35	351	64	17	0	24	119	17
金融工会	252	161	6632	3775	90	50	37	830	128
税务工会	9	4	69	39	3	10	1	25	13
人保局工会	2	1	90	53	7	8	1	32	10
市农委工会	12	5	166	77	7	16	2	51	22
科技工会	25	18	913	472	22	21	9	249	47
教育工会	240	150	3073	1835	63	23	56	791	75
医务工会	123	87	1066	729	51	4	32	412	48
新闻出版工会	1	1	71	46	9	4	0	31	12
上海报业集团工会	8	5	215	128	12	19	1	55	16
新华社工会	0	0	6	2	1	0	0	2	1
上海文化和旅游局工会	7	6	123	67	5	19	3	31	14
上海广播电视台工会	16	10	615	370	20	37	3	154	53
社科院工会	0	0	91	47	19	4	0	36	0

续 表

单位名称	专职工会工作人员	女性	兼职工会工作人员	女性	本级工会建立女职工组织		本级工会女职工工作人员		建立经费审查委员会
					建立女职工委员会	仅设立女职工委员	专职	兼职	
	人	人	人	人	个	个	人	人	个
体育局工会	1	1	98	55	4	12	1	34	7
经济和信息化系统工会	105	63	2500	1337	151	127	28	758	206
光明食品集团工会	66	39	974	529	84	139	20	449	210
民政局工会	11	9	234	150	18	22	4	102	27
监狱管理局工会	44	14	475	112	18	1	6	55	19
锦江集团工会	29	10	1136	590	22	54	7	168	62
东湖集团工会	4	2	93	35	7	1	0	29	9
衡山集团工会	5	1	108	64	3	12	1	37	14
市级机关工会	129	79	2854	1414	142	211	41	740	314
百联集团工会	95	44	674	402	56	48	18	190	75
申通集团工会	29	12	205	121	19	13	5	93	31
久事公司工会	96	45	696	316	37	34	19	222	56
上海城投(集团)有限公司工会	80	53	980	514	39	78	22	232	119
申能集团工会	48	28	547	319	23	25	7	117	48
电器科研所工会	0	0	49	26	5	2	0	26	7
上海隧道工程股份有限公司工会	80	43	583	311	43	65	17	219	69
地产集团工会	12	8	280	152	19	41	0	109	47
东浩兰生(集团)有限公司工会	6	5	158	106	11	11	3	46	22
上海联通工会	4	3	145	81	1	0	0	5	1
通信管理局工会	0	0	22	12	2	0	0	8	2
上实集团工会	0	0	367	155	3	23	0	50	15
上海临港产业园区工会委员会	13	6	275	130	7	58	4	97	67
市公安局工会	0	0	191	72	14	12	0	71	0
国盛工会	1	0	88	51	4	12	0	33	13
绿地集团工会	2	1	117	67	2	17	1	33	17
申迪集团	13	9	149	86	5	4	1	31	8
世博发展集团	0	0	27	18	2	2	0	9	4
上海电影(集团)工会	7	5	115	79	5	16	3	63	3

续 表

单位名称	专职工会工作人员	女性	兼职工会工作人员	女性	本级工会建立女职工组织		本级工会女职工工作人员		建立经费审查委员会
					建立女职工委员会	仅设立女职工委员	专职	兼职	
	人	人	人	人	个	个	人	人	个
中国金融工会上海工作委员会	27	17	565	342	18	6	3	76	26
五冶集团上海有限公司工会	27	9	99	17	8	1	5	20	9
上海东方网股份有限公司工会	1	1	29	19	3	0	0	9	3
上海世纪出版(集团)有限公司工会	4	2	262	158	18	19	0	115	38
中国福利会工会工作委员会	3	1	86	61	8	5	0	29	10
上海诺基亚贝尔股份有限公司工会	13	7	357	182	4	3	1	22	10

工会基层组织建设状况(一)

所在行业	基层工会	基层工会涵盖单位	职工	女性	农民工	工会会员	女性	农民工
	个	个	人	人	人	人	人	人
总计	**48067**	**168115**	**7376288**	**2846853**	**2159802**	**6992085**	**2720100**	**2010839**
按国民经济行业分组								
农、林、牧、渔业	731	1283	53795	19809	17424	51814	19318	16722
采矿业	54	757	28494	6410	3150	27528	6243	2653
制造业	10992	21744	1761374	631553	690578	1648235	599045	623764
电力、热气、燃气及水生产和供应业	447	454	74327	19024	5445	72442	18918	5303
建筑业	1898	3586	751291	102833	447718	728562	99989	434141
批发和零售业	4277	16967	429708	197854	97666	403206	189792	95735
交通运输、仓储及邮政业	2006	2432	442082	100824	67978	428256	96861	64572
住宿和餐饮业	1957	5457	212869	105643	78949	203142	99933	75372
信息传输、软件和信息技术服务业	2471	6559	354247	134449	108358	321521	126275	90133
金融业	918	1687	380065	195604	8800	374498	191915	8526
房地产业	1337	2784	134273	50092	20344	126505	46889	18540
租赁和商务服务业	3543	25859	513258	206795	148636	497542	199572	143197
科学研究和技术服务业	966	1542	150391	56216	13769	144053	54302	13349
水利、环境和公共设施管理业	836	924	86098	27355	23261	82807	26468	21803

续 表

所在行业	基层工会	基层工会涵盖单位	职工	女性	农民工	工会会员	女性	农民工
	个	个	人	人	人	人	人	人
居民服务、修理和其他服务业	4951	44199	716459	293648	261314	652222	267398	244926
教育	3290	3381	329296	231757	23673	321807	226763	21112
卫生和社会工作	1160	1810	284731	194005	16367	279406	191111	15568
文化、体育和娱乐业	1220	1796	94916	40762	8039	81629	39658	7664
公共管理、社会保障和社会组织	5013	24894	578614	232220	117833	546910	219650	107759
按经济类型分组								
国有企业	1572	6158	427026	125608	66053	402117	118511	54835
集体企业	1581	14791	271870	100952	83526	264037	96569	80765
股份合作企业	345	736	50706	22297	10250	48898	21360	9479
联营企业	28	28	3475	1290	1081	3405	1279	1051
国有独资公司	1244	2133	534743	103198	235696	510783	101270	217088
其他有限责任公司	3296	6852	539066	178942	95109	490030	162277	91205
股份有限公司中的国有控股公司	952	1044	617317	213568	49952	605319	210567	43843
其他股份有限公司	595	1062	185980	80294	32681	179153	77752	29998
私营企业	22517	83228	2013805	794924	831828	1927018	763491	799996
其他内资企业	450	2077	210099	29214	168438	208869	28484	168180
港澳台商投资企业	1258	2906	389906	154694	192690	322941	136726	153837
外商投资企业	3301	5147	765254	328518	191652	723853	312274	184115
财政拨款的事业单位	4888	5527	516509	330680	25082	508923	325960	22199
其他事业单位	836	1210	166704	103035	10170	165340	102403	10131
机关	1407	1667	228068	72594	1270	212507	71120	1261
个体经济组织	290	4692	31294	14108	13755	30718	13900	13580
社会团体	359	3628	61685	30836	26472	50986	25882	20727
民办非企业单位	808	990	75619	46313	13928	71674	43364	12654
基金会	9	18	217	120	37	203	113	37
其他组织	2331	24221	286945	115668	110132	265311	106798	95858

工会基层组织建设状况(二)

所在行业	专职工会工作人员	女性	兼职工会工作人员	女性
	人	人	人	人
总计	**10158**	**5964**	**206192**	**108864**
按国民经济行业分组				
农、林、牧、渔业	61	33	2407	1195
采矿业	81	33	839	463
制造业	1591	725	43917	20423
电力、热气、燃气及水生产和供应业	314	160	2400	1083
建筑业	897	408	12936	5033
批发和零售业	722	471	13358	7215
交通运输、仓储及邮政业	692	348	9328	4452
住宿和餐饮业	342	234	6956	3538
信息传输、软件和信息技术服务业	654	349	9550	4920
金融业	381	252	9689	5520
房地产业	244	173	4359	2228
租赁和商务服务业	565	354	18308	10583
科学研究和技术服务业	286	172	4776	2472
水利、环境和公共设施管理业	217	138	3393	1810
居民服务、修理和其他服务业	1055	750	16135	8373
教育	765	503	18299	13104
卫生和社会工作	375	273	6178	4080
文化、体育和娱乐业	217	141	4410	2556
公共管理、社会保障和社会组织	699	447	18954	9816
按经济类型分组				
国有企业	895	498	9159	4646
集体企业	367	167	9092	5502
股份合作企业	55	36	1052	498
联营企业	10	7	83	43
国有独资公司	660	343	11761	5279
其他有限责任公司	722	358	16514	7621

续 表

所在行业	专职工会工作人员	女性	兼职工会工作人员	女性
	人	人	人	人
股份有限公司中的国有控股公司	1224	622	15668	7669
其他股份有限公司	106	76	3550	1977
私营企业	3172	1811	66807	33930
其他内资企业	70	47	1957	870
港澳台商投资企业	271	222	4447	2403
外商投资企业	544	384	14905	7455
财政拨款的事业单位	1044	700	26054	17425
其他事业单位	267	195	4642	2715
机关	371	201	7416	3699
个体经济组织	26	21	812	434
社会团体	48	39	1330	774
民办非企业单位	76	65	2950	2011
基金会	0	0	30	12
其他组织	230	172	7963	3901

工会基层组织建设状况(三)

所在行业	本级工会建立女职工组织		本级工会女职工工作人员	
	建立女职工委员会	仅设立女职工委员	专职	兼职
	个	个	人	人
总计	**17075**	**26115**	**2230**	**75905**
按国民经济行业分组				
农、林、牧、渔业	199	457	16	971
采矿业	33	19	13	464
制造业	3674	6238	288	15398
电力、热气、燃气及水生产和供应业	186	214	68	754
建筑业	675	1027	163	2812
批发和零售业	1168	2576	163	5288

续 表

所在行业	本级工会建立女职工组织		本级工会女职工工作人员	
	建立女职工委员会	仅设立女职工委员	专职	兼职
	个	个	人	人
交通运输、仓储及邮政业	643	1142	121	3023
住宿和餐饮业	739	1020	85	3022
信息传输、软件和信息技术服务业	848	1395	112	3533
金融业	371	502	72	1837
房地产业	388	792	70	1710
租赁和商务服务业	1345	1835	145	8788
科学研究和技术服务业	341	537	88	1594
水利、环境和公共设施管理业	242	474	82	1148
居民服务、修理和其他服务业	1852	2500	293	7432
教育	1791	1421	121	7114
卫生和社会工作	596	475	104	2356
文化、体育和娱乐业	321	741	51	1720
公共管理、社会保障和社会组织	1663	2750	175	6941
按经济类型分组				
国有企业	627	749	223	2857
集体企业	592	857	50	3623
股份合作企业	100	162	10	361
联营企业	11	17	3	39
国有独资公司	431	685	131	2600
其他有限责任公司	920	1866	140	4935
股份有限公司中的国有控股公司	553	354	201	3106
其他股份有限公司	200	322	31	862
私营企业	7358	12937	712	31376
其他内资企业	177	251	14	618
港澳台商投资企业	508	661	85	1856
外商投资企业	1265	1814	155	4895
财政拨款的事业单位	2199	2346	205	9748
其他事业单位	382	385	68	1530

续 表

所在行业	本级工会建立女职工组织		本级工会女职工工作人员	
	建立女职工委员会	仅设立女职工委员	专职	兼职
	个	个	人	人
机关	472	707	87	2229
个体经济组织	103	114	7	324
社会团体	141	193	17	645
民办非企业单位	313	434	28	1280
基金会	2	3	0	6
其他组织	721	1258	63	3015

工会权益保障工作（一）

所在行业	开展创建劳动关系和谐企业活动	工会所在单位签订劳动合同			
		基层工会	涵盖单位	签订劳动合同的职工人数	签订劳动合同的农民工
	个	个	个	人	人
总计	**13494**	**40842**	**118355**	**5746323**	**1267324**
按国民经济行业分组					
农、林、牧、渔业	231	620	929	42662	10585
采矿业	32	52	366	23751	232
制造业	4728	10818	19837	1667869	565257
电力、热气、燃气及水生产和供应业	220	435	442	71637	4884
建筑业	828	1858	2222	356198	65310
批发和零售业	1216	4205	16041	395108	73763
交通运输、仓储及邮政业	759	1926	2342	397116	60733
住宿和餐饮业	536	1919	5032	196895	69833
信息传输、软件和信息技术服务业	657	2358	5630	285817	58943
金融业	250	907	1676	375584	8292
房地产业	547	1295	2721	124468	18342
租赁和商务服务业	1158	3391	21387	432438	95792
科学研究和技术服务业	266	894	1342	130526	9050
水利、环境和公共设施管理业	239	708	786	75482	20273

续　表

所在行业	开展创建劳动关系和谐企业活动	工会所在单位签订劳动合同			
		基层工会	涵盖单位	签订劳动合同的职工人数	签订劳动合同的农民工
	个	个	个	人	人
居民服务、修理和其他服务业	1126	3617	25313	489954	145030
教育	82	2048	2135	217669	18870
卫生和社会工作	131	949	979	242499	9499
文化、体育和娱乐业	268	1106	1652	73663	6808
公共管理、社会保障和社会组织	220	1736	7523	146987	25828
按经济类型分组					
国有企业	1119	1544	4932	369335	43198
集体企业	716	1555	10827	211120	40099
股份合作企业	161	342	733	48505	7716
联营企业	14	28	28	3431	842
国有独资公司	828	1229	1596	350944	61490
其他有限责任公司	1354	3226	6702	495305	62370
股份有限公司中的国有控股公司	660	948	1040	582625	32138
其他股份有限公司	299	588	1050	180862	30761
私营企业	6357	22000	73982	1856607	666597
其他内资企业	71	433	1547	47998	7493
港澳台商投资企业	460	1239	2886	328328	125034
外商投资企业	1401	3244	5088	719511	156167
财政拨款的事业单位	0	3514	4098	384197	18688
其他事业单位	0	751	1105	149856	6679
机关	0	0	0	0	0
个体经济组织	54	201	2741	17699	8052
社会团体	0	0	0	0	0
民办非企业单位	0	0	0	0	0
基金会	0	0	0	0	0
其他组织	0	0	0	0	0

工会权益保障工作(二)

所在行业	单独签订了综合集体合同		其中有劳动安全卫生专章或附件		其中有女职工权益保护专章或附件	
	合同数(覆盖企业数)	覆盖职工数	合同数(覆盖企业数)	覆盖职工数	合同数(覆盖企业数)	覆盖女职工数
	个	人	个	人	个	人
总计	**18838**	**2892937**	**6333**	**1154950**	**5708**	**324132**
按国民经济行业分组						
农、林、牧、渔业	321	24168	123	11021	67	1953
采矿业	18	4393	11	3883	9	686
制造业	7113	1199622	2578	460125	2406	134674
电力、热气、燃气及水生产和供应业	226	38337	84	18371	66	3308
建筑业	949	265617	355	131057	280	18740
批发和零售业	1972	169871	672	75926	590	25064
交通运输、仓储及邮政业	1111	283973	327	128833	335	21086
住宿和餐饮业	790	94852	246	34302	203	16669
信息传输、软件和信息技术服务业	1002	188971	265	43520	315	17302
金融业	433	107595	162	58339	119	15842
房地产业	579	51216	233	20767	180	7810
租赁和商务服务业	1556	128150	449	41196	384	16812
科学研究和技术服务业	332	45910	115	20436	109	5103
水利、环境和公共设施管理业	293	49963	127	26296	85	5625
居民服务、修理和其他服务业	1265	158508	346	56918	332	21022
教育	118	7349	26	1554	21	824
卫生和社会工作	238	27624	75	11430	72	6025
文化、体育和娱乐业	343	19852	103	5991	91	2443
公共管理、社会保障和社会组织	179	26966	36	4985	44	3144
按经济类型分组						
国有企业	832	224094	448	133259	297	22036
集体企业	853	80095	217	18380	222	9186
股份合作企业	198	23177	73	10280	66	2121
联营企业	22	2625	2	94	7	301
国有独资公司	744	281395	410	115787	283	22363
其他有限责任公司	1771	296424	607	121299	492	24569

续　表

所在行业	单独签订了综合集体合同		其中有劳动安全卫生专章或附件		其中有女职工权益保护专章或附件	
	合同数（覆盖企业数）	覆盖职工数	合同数（覆盖企业数）	覆盖职工数	合同数（覆盖企业数）	覆盖女职工数
	个	人	个	人	个	人
股份有限公司中的国有控股公司	481	334227	270	199084	167	23185
其他股份有限公司	357	73286	125	26375	104	6860
私营企业	10679	836228	3197	282432	3158	109957
其他内资企业	225	24531	114	10545	113	6212
港澳台商投资企业	686	255251	211	58927	197	25601
外商投资企业	1966	459957	647	177560	598	71563
财政拨款的事业单位	0	0	0	0	0	0
其他事业单位	0	0	0	0	0	0
机关	0	0	0	0	0	0
个体经济组织	24	1647	12	928	4	178
社会团体	0	0	0	0	0	0
民办非企业单位	0	0	0	0	0	0
基金会	0	0	0	0	0	0
其他组织	0	0	0	0	0	0

工会权益保障工作（三）

所在行业	单独签订工资专项集体合同		单独签订劳动安全卫生专项集体合同		单独签订女职工权益保护专项集体合同	
	合同数（覆盖企业数）	覆盖职工数	合同数（覆盖企业数）	覆盖职工数	合同数（覆盖企业数）	覆盖女职工数
	个	人	个	人	个	人
总计	**18035**	**2520360**	**3003**	**648180**	**11706**	**646088**
按国民经济行业分组						
农、林、牧、渔业	324	23864	49	2584	250	6694
采矿业	10	649	0	0	11	219
制造业	6628	1036108	871	228979	3986	250612
电力、热气、燃气及水生产和供应业	194	32920	50	8092	147	6038
建筑业	976	251836	207	100112	651	32673
批发和零售业	1952	146158	442	24093	1277	54816

续　表

所在行业	单独签订工资专项集体合同		单独签订劳动安全卫生专项集体合同		单独签订女职工权益保护专项集体合同	
	合同数(覆盖企业数)	覆盖职工数	合同数(覆盖企业数)	覆盖职工数	合同数(覆盖企业数)	覆盖女职工数
	个	人	个	人	个	人
交通运输、仓储及邮政业	975	249950	172	87767	650	31715
住宿和餐饮业	809	81426	104	7355	544	24524
信息传输、软件和信息技术服务业	852	156442	209	98178	587	51606
金融业	394	73286	35	7411	297	65325
房地产业	700	53246	112	11563	414	11299
租赁和商务服务业	1497	124989	239	17060	1005	28346
科学研究和技术服务业	281	32639	47	6592	197	11184
水利、环境和公共设施管理业	282	42943	63	8498	218	10328
居民服务、修理和其他服务业	1283	136296	240	27109	877	39649
教育	126	7925	31	1549	97	4111
卫生和社会工作	231	24473	40	4028	160	7936
文化、体育和娱乐业	345	20491	57	4225	221	5406
公共管理、社会保障和社会组织	176	24719	35	2985	117	3607
按经济类型分组						
国有企业	723	185307	135	43557	524	34588
集体企业	826	77401	147	10255	552	17084
股份合作企业	175	19611	26	3772	112	6592
联营企业	18	2383	7	461	11	312
国有独资公司	648	205082	111	114556	447	36590
其他有限责任公司	1504	244198	298	73558	1077	64750
股份有限公司中的国有控股公司	382	227870	73	66118	313	89263
其他股份有限公司	343	72758	78	21336	211	19075
私营企业	10829	830358	1741	143519	6875	204797
其他内资企业	172	21185	17	1003	87	4650
港澳台商投资企业	638	240926	101	87628	401	68112
外商投资企业	1755	391682	267	82396	1079	99475
财政拨款的事业单位	0	0	0	0	0	0
其他事业单位	0	0	0	0	0	0

续 表

所在行业	单独签订工资专项集体合同		单独签订劳动安全卫生专项集体合同		单独签订女职工权益保护专项集体合同	
	合同数(覆盖企业数)	覆盖职工数	合同数(覆盖企业数)	覆盖职工数	合同数(覆盖企业数)	覆盖女职工数
	个	人	个	人	个	人
机关	0	0	0	0	0	0
个体经济组织	22	1599	2	21	17	800
社会团体	0	0	0	0	0	0
民办非企业单位	0	0	0	0	0	0
基金会	0	0	0	0	0	0
其他组织	0	0	0	0	0	0

工会权益保障工作(四)

层次	本级工会签订区域性集体合同			本级工会签订行业性集体合同		
	合同	覆盖企业	覆盖职工	合同	覆盖企业	覆盖职工
	个	个	人	个	个	人
总计	**2722**	**74202**	**947796**	**317**	**7602**	**453668**
省级地方工会	0	0	0	0	0	0
省级地方工会	0	0	0	0	0	0
地市级地方工会	0	0	0	0	0	0
县级地方工会	2722	74202	947796	180	6218	162233
省级产业工会或履行产业工会职能的厅、局、公司工会	0	0	0	137	1384	291435
地市级产业工会或履行产业工会职能的局、公司工会	0	0	0	0	0	0
县级产业工会或履行产业工会职能的局、公司工会	0	0	0	0	0	0
企业集团工会	0	0	0	0	0	0
乡镇、街道总工会	0	0	0	0	0	0
其他乡镇、街道级工会	0	0	0	0	0	0
村工会联合会	0	0	0	0	0	0
社区工会联合会	0	0	0	0	0	0
工业园区工会	0	0	0	0	0	0

工会民主管理工作(一)

所在行业	建立职代会制度情况		本年度召开过职代会(包括职工大会)		职代会职工代表(建立职工大会制单位不填)		工会所在单位实行厂务公开情况
	建立职代会制度	建立职工大会制度	基层工会	涵盖单位		女性	
	个	个	个	个	人	人	个
总计	**11730**	**25687**	**29027**	**85670**	**515972**	**199199**	**38226**
按国民经济行业分组							
农、林、牧、渔业	147	457	482	698	5773	1695	603
采矿业	26	22	37	333	1753	306	51
制造业	3318	5918	6599	12846	159410	53321	9697
电力、热气、燃气及水生产和供应业	216	190	330	337	10446	2797	413
建筑业	572	1116	1212	1298	24537	5964	1716
批发和零售业	892	2706	2854	10455	32558	13940	3652
交通运输、仓储及邮政业	622	1111	1291	1552	30600	8081	1754
住宿和餐饮业	458	1204	1312	3157	15567	6890	1687
信息传输、软件和信息技术服务业	557	1591	1591	3539	23792	8228	2195
金融业	255	568	721	1477	15462	7560	828
房地产业	259	929	989	2115	10389	3662	1209
租赁和商务服务业	731	2253	2431	13715	33450	11763	3016
科学研究和技术服务业	263	556	582	834	12191	4242	835
水利、环境和公共设施管理业	224	474	548	624	8362	2491	711
居民服务、修理和其他服务业	1099	2276	2666	22843	41656	14871	3469
教育	1055	1840	2640	2716	45785	30172	2874
卫生和社会工作	525	411	817	837	27286	16479	945
文化、体育和娱乐业	206	756	765	1088	6793	2921	945
公共管理、社会保障和社会组织	305	1309	1160	5206	10162	3936	1621
按经济类型分组							
国有企业	743	706	1256	4390	35268	10872	1469
集体企业	424	980	1066	5928	22126	6526	1467
股份合作企业	88	199	234	547	4124	1237	312
联营企业	8	15	20	20	268	126	24
国有独资公司	519	658	1049	1402	26282	7872	1131
其他有限责任公司	974	1604	2004	2758	40136	12829	2773

续 表

所在行业	建立职代会制度情况		本年度召开过职代会（包括职工大会）		职代会职工代表（建立职工大会制单位不填）		工会所在单位实行厂务公开情况
	建立职代会制度	建立职工大会制度	基层工会	涵盖单位		女性	
	个	个	个	个	人	人	个
股份有限公司中的国有控股公司	638	272	830	916	37316	12722	914
其他股份有限公司	226	288	403	842	13529	4794	534
私营企业	4464	15128	14318	53787	167933	58624	19957
其他内资企业	160	228	302	1412	5719	2600	390
港澳台商投资企业	421	601	774	2395	21158	7693	1064
外商投资企业	1210	1541	2180	3836	59415	22727	2887
财政拨款的事业单位	1506	2942	3957	4486	65325	41314	4360
其他事业单位	261	426	514	769	14843	8263	694
机关	0	0	0	0	0	0	0
个体经济组织	88	99	120	2182	2530	950	190
社会团体	0	0	0	0	0	0	0
民办非企业单位	0	0	0	0	0	0	0
基金会	0	0	0	0	0	0	0
其他组织	0	0	0	0	0	0	0

工会民主管理工作（二）

所在行业	工会所在单位建立董事会涵盖单位	董事				工会主席或副主席进入了董事会
			女性	职工董事		
					女性	
	个	人	人	人	人	个
总计	**4417**	**15970**	**2800**	**1521**	**501**	**837**
按国民经济行业分组						
农、林、牧、渔业	51	137	27	17	6	6
采矿业	3	12	1	1	1	0
制造业	1118	4632	707	441	124	189
电力、热气、燃气及水生产和供应业	67	359	47	23	4	20
建筑业	253	1139	153	144	35	96
批发和零售业	388	1430	302	138	54	83

续　表

所在行业	工会所在单位建立董事会涵盖单位	董事	女性	职工董事	女性	工会主席或副主席进入了董事会
	个	人	人	人	人	个
交通运输、仓储及邮政业	233	1064	126	76	18	58
住宿和餐饮业	479	391	83	28	12	26
信息传输、软件和信息技术服务业	206	988	161	74	16	33
金融业	203	1306	241	61	19	29
房地产业	329	1226	230	134	47	65
租赁和商务服务业	601	1244	247	142	50	81
科学研究和技术服务业	99	434	77	33	12	18
水利、环境和公共设施管理业	61	260	48	32	12	20
居民服务、修理和其他服务业	161	674	116	84	19	66
教育	50	249	132	52	45	27
卫生和社会工作	29	122	27	14	9	6
文化、体育和娱乐业	74	271	68	22	14	11
公共管理、社会保障和社会组织	12	32	7	5	4	3
按经济类型分组						
国有企业	0	0	0	0	0	0
集体企业	259	455	87	70	21	39
股份合作企业	70	324	68	63	18	20
联营企业	7	30	4	0	0	1
国有独资公司	483	1844	332	200	72	125
其他有限责任公司	914	3507	644	317	108	185
股份有限公司中的国有控股公司	399	2366	364	155	41	94
其他股份有限公司	580	1007	198	115	41	47
私营企业	942	2904	526	387	133	242
其他内资企业	64	370	120	45	24	21
港澳台商投资企业	144	652	111	32	6	21
外商投资企业	555	2511	346	137	37	42

续 表

所在行业	工会所在单位建立董事会涵盖单位	董事	女性	职工董事	女性	工会主席或副主席进入了董事会
	个	人	人	人	人	个
财政拨款的事业单位	0	0	0	0	0	0
其他事业单位	0	0	0	0	0	0
机关	0	0	0	0	0	0
个体经济组织	0	0	0	0	0	0
社会团体	0	0	0	0	0	0
民办非企业单位	0	0	0	0	0	0
基金会	0	0	0	0	0	0
其他组织	0	0	0	0	0	0

工会民主管理工作（三）

所在行业	工会所在单位建立监事会涵盖单位	监事	女性	职工监事	女性	工会主席或副主席进入了监事会
	个	人	人	人	人	个
总计	**2994**	**5706**	**1911**	**1687**	**748**	**682**
按国民经济行业分组						
农、林、牧、渔业	45	67	21	15	7	11
采矿业	2	7	0	1	0	1
制造业	780	1361	407	376	156	196
电力、热气、燃气及水生产和供应业	60	157	52	43	18	16
建筑业	201	432	137	134	62	73
批发和零售业	302	515	204	131	69	58
交通运输、仓储及邮政业	184	389	104	123	37	31
住宿和餐饮业	48	96	39	20	12	15
信息传输、软件和信息技术服务业	163	350	128	104	53	38
金融业	172	536	178	188	85	36
房地产业	281	547	216	173	79	66
租赁和商务服务业	396	499	155	154	55	59

续 表

所 在 行 业	工会所在单位建立监事会涵盖单位	监事	女性	职工监事	女性	工会主席或副主席进入了监事会
	个	人	人	人	人	个
科学研究和技术服务业	82	187	50	49	25	19
水利、环境和公共设施管理业	46	118	34	31	15	9
居民服务、修理和其他服务业	110	179	54	56	18	18
教育	37	78	47	33	27	11
卫生和社会工作	22	50	23	15	10	7
文化、体育和娱乐业	53	117	52	32	13	13
公共管理、社会保障和社会组织	10	21	10	9	7	5
按经济类型分组						
国有企业	0	0	0	0	0	0
集体企业	219	209	72	64	30	29
股份合作企业	57	117	36	34	10	14
联营企业	4	10	5	1	0	0
国有独资公司	467	948	348	303	129	93
其他有限责任公司	744	1369	452	365	148	162
股份有限公司中的国有控股公司	364	1072	348	341	148	116
其他股份有限公司	163	444	167	169	88	61
私营企业	562	875	271	267	124	139
其他内资企业	53	143	67	54	35	9
港澳台商投资企业	74	126	44	30	10	18
外商投资企业	287	393	101	59	26	41
财政拨款的事业单位	0	0	0	0	0	0
其他事业单位	0	0	0	0	0	0
机关	0	0	0	0	0	0
个体经济组织	0	0	0	0	0	0
社会团体	0	0	0	0	0	0
民办非企业单位	0	0	0	0	0	0
基金会	0	0	0	0	0	0
其他组织	0	0	0	0	0	0

工会劳动保护工作（一）

所在行业	工会建立劳动保护监督检查委员会	工会小组劳动保护检查员	本年度本级工会劳动保护监督组织受理举报案件	提请劳动安全卫生监督部门处理案件
	个	人	件	件
总计	**10433**	**37468**	**711**	**85**
按国民经济行业分组				
农、林、牧、渔业	175	307	6	1
采矿业	25	269	0	0
制造业	3466	13330	419	57
电力、热气、燃气及水生产和供应业	176	2368	36	0
建筑业	573	4384	48	3
批发和零售业	792	1924	30	2
交通运输、仓储及邮政业	483	3520	32	3
住宿和餐饮业	349	721	5	1
信息传输、软件和信息技术服务业	356	825	14	2
金融业	111	398	12	0
房地产业	208	423	8	0
租赁和商务服务业	709	936	15	2
科学研究和技术服务业	218	902	3	2
水利、环境和公共设施管理业	198	550	5	2
居民服务、修理和其他服务业	860	1148	28	6
教育	866	2444	5	0
卫生和社会工作	392	2405	10	2
文化、体育和娱乐业	169	203	0	0
公共管理、社会保障和社会组织	307	411	35	2
按经济类型分组				
国有企业	598	5207	38	0
集体企业	513	1060	61	5
股份合作企业	111	192	20	0
联营企业	11	15	0	0
国有独资公司	420	4350	6	4
其他有限责任公司	777	3609	53	6

续 表

所在行业	工会建立劳动保护监督检查委员会	工会小组劳动保护检查员	本年度本级工会劳动保护监督组织受理举报案件	提请劳动安全卫生监督部门处理案件
	个	人	件	件
股份有限公司中的国有控股公司	426	8051	20	0
其他股份有限公司	169	342	43	2
私营企业	4616	5785	327	41
其他内资企业	168	389	20	0
港澳台商投资企业	309	682	50	9
外商投资企业	808	2422	62	14
财政拨款的事业单位	1267	4149	11	4
其他事业单位	204	1203	0	0
机关	0	0	0	0
个体经济组织	36	12	0	0
社会团体	0	0	0	0
民办非企业单位	0	0	0	0
基金会	0	0	0	0
其他组织	0	0	0	0

工会劳动保护工作（二）

所在行业	本年度工会参加安全生产检查	本年度工会组织职工查找事故隐患和职业危害数量	事故隐患和职业危害整改数	本年度工会参加处理工伤事故	女职工劳动保护		
					执行女职工禁忌从事劳动的有关规定	执行女职工在经期、孕期、产期、哺乳期享有特殊待遇的有关规定	建立女职工哺乳室
	次	件	件	件	个	个	个
总计	**103246**	**213493**	**202698**	**2920**	**41181**	**41475**	**6469**
按国民经济行业分组							
农、林、牧、渔业	2045	899	841	22	643	647	66
采矿业	265	2406	2406	12	51	53	8
制造业	29172	154888	148781	1032	10556	10582	1195
电力、热气、燃气及水生产和供应业	3129	3954	3748	25	426	434	68
建筑业	8089	25727	25477	129	1782	1790	196
批发和零售业	6977	2520	1737	92	4127	4122	350

续 表

所在行业	本年度工会参加安全生产检查	本年度工会组织职工查找事故隐患和职业危害数量	事故隐患和职业危害整改数	本年度工会参加处理工伤事故	女职工劳动保护		
					执行女职工禁忌从事劳动的有关规定	执行女职工在经期、孕期、产期、哺乳期享有特殊待遇的有关规定	建立女职工哺乳室
	次	件	件	件	个	个	个
交通运输、仓储及邮政业	7049	7505	6812	353	1912	1919	222
住宿和餐饮业	2594	1012	613	80	1884	1892	100
信息传输、软件和信息技术服务业	2294	1987	1859	31	2342	2346	260
金融业	832	78	47	41	889	898	269
房地产业	5195	2456	1905	44	1276	1285	176
租赁和商务服务业	6253	2403	2104	178	3354	3356	290
科学研究和技术服务业	2606	1743	1688	53	916	919	185
水利、环境和公共设施管理业	3699	2718	2554	71	728	743	119
居民服务、修理和其他服务业	6258	699	366	87	3664	3671	339
教育	7138	674	307	311	2798	2896	1769
卫生和社会工作	4084	818	588	235	968	981	463
文化、体育和娱乐业	3878	724	612	44	1055	1094	191
公共管理、社会保障和社会组织	1689	282	253	80	1810	1847	203
按经济类型分组							
国有企业	16322	24418	22930	381	1467	1514	352
集体企业	3550	819	680	79	1524	1529	144
股份合作企业	896	606	602	49	332	332	41
联营企业	109	18	15	1	28	28	3
国有独资公司	11566	23008	22334	204	1193	1216	356
其他有限责任公司	10229	13589	12823	337	3160	3188	399
股份有限公司中的国有控股公司	10492	117154	116173	271	922	940	346
其他股份有限公司	1388	839	785	51	572	574	117
私营企业	21135	5563	3363	506	21706	21668	1231
其他内资企业	1636	101	75	8	444	445	122
港澳台商投资企业	1904	3706	1796	114	1229	1230	143
外商投资企业	8873	20359	18422	280	3209	3222	589
财政拨款的事业单位	12656	2743	2270	479	4475	4647	2319
其他事业单位	2264	566	426	159	760	782	271
机关	0	0	0	0	0	0	0
个体经济组织	226	4	4	1	160	160	36

续 表

所在行业	本年度工会参加安全生产检查	本年度工会组织职工查找事故隐患和职业危害数量	事故隐患和职业危害整改数	本年度工会参加处理工伤事故	女职工劳动保护		
					执行女职工禁忌从事劳动的有关规定	执行女职工在经期、孕期、产期、哺乳期享有特殊待遇的有关规定	建立女职工哺乳室
	次	件	件	件	个	个	个
社会团体	0	0	0	0	0	0	0
民办非企业单位	0	0	0	0	0	0	0
基金会	0	0	0	0	0	0	0
其他组织	0	0	0	0	0	0	0

工会法律工作（一）

所在行业	建立工会劳动法律监督组织	工会劳动法律监督员	劳动保障法律监督员	本年度工会劳动法律监督组织受理违法、违规案件
	个	人	人	件
总计	**7001**	**12180**	**8431**	**513**
按国民经济行业分组				
农、林、牧、渔业	121	150	129	4
采矿业	14	153	129	0
制造业	2087	3221	2451	231
电力、热气、燃气及水生产和供应业	94	291	162	4
建筑业	399	774	633	31
批发和零售业	556	894	538	22
交通运输、仓储及邮政业	309	696	529	88
住宿和餐饮业	236	345	213	1
信息传输、软件和信息技术服务业	258	342	175	12
金融业	91	170	135	0
房地产业	139	226	147	4
租赁和商务服务业	394	614	410	3
科学研究和技术服务业	155	213	167	1
水利、环境和公共设施管理业	121	199	138	2

续 表

所在行业	建立工会劳动法律监督组织	工会劳动法律监督员	劳动保障法律监督员	本年度工会劳动法律监督组织受理违法、违规案件
	个	人	人	件
居民服务、修理和其他服务业	676	1167	706	61
教育	690	1410	680	8
卫生和社会工作	281	834	754	6
文化、体育和娱乐业	129	184	100	2
公共管理、社会保障和社会组织	251	297	235	33
按经济类型分组				
国有企业	353	779	646	4
集体企业	342	502	295	56
股份合作企业	60	118	72	9
联营企业	7	13	9	0
国有独资公司	240	653	499	1
其他有限责任公司	515	1089	859	100
股份有限公司中的国有控股公司	281	895	757	19
其他股份有限公司	115	177	131	4
私营企业	3216	4075	2392	242
其他内资企业	165	388	351	6
港澳台商投资企业	154	221	149	26
外商投资企业	432	804	633	39
财政拨款的事业单位	971	2149	1343	4
其他事业单位	131	298	282	3
机关	0	0	0	0
个体经济组织	19	19	13	0
社会团体	0	0	0	0
民办非企业单位	0	0	0	0
基金会	0	0	0	0
其他组织	0	0	0	0

工会法律工作（二）

所在行业	工会所在单位建立了劳动争议调解委员会	劳动争议调解委员会中工会成员（职工代表）	本年度劳动争议调解委员会受理劳动争议	本年度劳动争议调解委员会调解成功劳动争议
	个	人	件	件
总计	**11777**	**32773**	**1291**	**758**
按国民经济行业分组				
农、林、牧、渔业	173	362	12	7
采矿业	16	49	0	0
制造业	3050	8493	489	140
电力、热气、燃气及水生产和供应业	152	626	0	0
建筑业	632	1639	48	22
批发和零售业	1025	2690	13	8
交通运输、仓储及邮政业	447	1643	91	52
住宿和餐饮业	594	1533	17	10
信息传输、软件和信息技术服务业	587	1472	17	14
金融业	164	451	7	5
房地产业	313	738	23	20
租赁和商务服务业	897	2176	27	18
科学研究和技术服务业	261	840	1	1
水利、环境和公共设施管理业	173	516	2	2
居民服务、修理和其他服务业	1345	3319	53	24
教育	1030	3282	18	9
卫生和社会工作	399	1637	14	3
文化、体育和娱乐业	203	508	5	2
公共管理、社会保障和社会组织	316	799	454	421
按经济类型分组				
国有企业	482	1577	20	15
集体企业	508	1231	477	418
股份合作企业	117	262	9	0
联营企业	10	28	0	0
国有独资公司	310	1328	23	15
其他有限责任公司	720	1977	55	49

续 表

所在行业	工会所在单位建立了劳动争议调解委员会	劳动争议调解委员会中工会成员(职工代表)	本年度劳动争议调解委员会受理劳动争议	本年度劳动争议调解委员会调解成功劳动争议
	个	人	件	件
股份有限公司中的国有控股公司	360	1432	38	28
其他股份有限公司	159	402	25	16
私营企业	6069	14768	433	109
其他内资企业	170	455	9	3
港澳台商投资企业	361	1053	82	35
外商投资企业	945	2886	100	58
财政拨款的事业单位	1294	4482	19	11
其他事业单位	188	729	1	1
机关	0	0	0	0
个体经济组织	84	163	0	0
社会团体	0	0	0	0
民办非企业单位	0	0	0	0
基金会	0	0	0	0
其他组织	0	0	0	0

工会经济技术工作(一)

所在行业	本年度工会开展劳动和技能竞赛	本年度参加劳动和技能竞赛职工	本年度职工提出合理化建议	本年度已实施合理化建议
	个	人次	件	件
总计	**8991**	**1935874**	**1358288**	**1179074**
按国民经济行业分组				
农、林、牧、渔业	163	11857	786	337
采矿业	27	16401	3318	2046
制造业	1908	480270	1304782	1151517
电力、热气、燃气及水生产和供应业	201	37327	3064	1718
建筑业	477	402442	3566	2573
批发和零售业	740	74063	6058	3013

续 表

所在行业	本年度工会开展劳动和技能竞赛	本年度参加劳动和技能竞赛职工	本年度职工提出合理化建议	本年度已实施合理化建议
	个	人次	件	件
交通运输、仓储及邮政业	478	214666	10809	4242
住宿和餐饮业	370	42760	1513	684
信息传输、软件和信息技术服务业	292	51913	3638	1773
金融业	173	253147	6856	3224
房地产业	424	18551	1186	593
租赁和商务服务业	432	28737	2195	806
科学研究和技术服务业	180	24942	2668	1536
水利、环境和公共设施管理业	274	31435	788	573
居民服务、修理和其他服务业	521	36891	804	525
教育	1387	78279	2725	1899
卫生和社会工作	475	98367	2314	1490
文化、体育和娱乐业	190	18672	757	333
公共管理、社会保障和社会组织	279	15154	461	192
按经济类型分组				
国有企业	852	236938	34365	16354
集体企业	272	18686	1125	633
股份合作企业	64	7536	712	180
联营企业	6	144	24	6
国有独资公司	625	412361	165154	144828
其他有限责任公司	720	169021	540098	501829
股份有限公司中的国有控股公司	595	500215	199606	169520
其他股份有限公司	128	60680	1586	1045
私营企业	2633	128505	5726	3315
其他内资企业	22	2238	125	98
港澳台商投资企业	178	19172	14495	10219
外商投资企业	555	164484	388063	326351
财政拨款的事业单位	2048	158150	5323	3471
其他事业单位	261	53572	1877	1216
机关	0	0	0	0
个体经济组织	32	4172	9	9

续 表

所在行业	本年度工会开展劳动和技能竞赛	本年度参加劳动和技能竞赛职工	本年度职工提出合理化建议	本年度已实施合理化建议
	个	人次	件	件
社会团体	0	0	0	0
民办非企业单位	0	0	0	0
基金会	0	0	0	0
其他组织	0	0	0	0

工会经济技术工作（二）

所在行业	本年度技术革新项目	本年度职工发明创造项目	本年度取得国家专利项目	本年度推广先进操作法项目	本年度开展岗位练兵活动
	项	项	项	项	个
总计	**17941**	**14202**	**26555**	**6986**	**5094**
按国民经济行业分组					
农、林、牧、渔业	43	10	28	20	62
采矿业	431	125	35	35	20
制造业	9231	5694	9940	3162	770
电力、热气、燃气及水生产和供应业	625	560	570	104	142
建筑业	3623	2388	4739	2008	264
批发和零售业	309	172	270	135	388
交通运输、仓储及邮政业	463	129	124	223	288
住宿和餐饮业	109	110	1	51	214
信息传输、软件和信息技术服务业	670	447	824	73	171
金融业	277	23	9	65	73
房地产业	18	10	18	32	252
租赁和商务服务业	211	159	169	76	201
科学研究和技术服务业	854	1549	3903	189	108
水利、环境和公共设施管理业	83	60	168	90	173
居民服务、修理和其他服务业	15	8	14	66	197
教育	343	1985	3813	203	1123
卫生和社会工作	625	765	1919	398	400
文化、体育和娱乐业	4	2	8	16	105

续　表

所在行业	本年度技术革新项目	本年度职工发明创造项目	本年度取得国家专利项目	本年度推广先进操作法项目	本年度开展岗位练兵活动
	项	项	项	项	个
公共管理、社会保障和社会组织	7	6	3	40	143
按经济类型分组					
国有企业	1136	1137	2319	428	557
集体企业	77	98	142	32	98
股份合作企业	48	14	25	21	30
联营企业	6	6	4	2	0
国有独资公司	3326	2622	4045	1207	381
其他有限责任公司	1985	997	1816	952	390
股份有限公司中的国有控股公司	6672	3228	6505	1597	394
其他股份有限公司	228	153	286	100	75
私营企业	735	588	965	630	1036
其他内资企业	14	5	42	5	10
港澳台商投资企业	473	309	365	44	67
外商投资企业	1699	1066	1602	1247	228
财政拨款的事业单位	972	3122	6746	506	1626
其他事业单位	570	857	1693	213	201
机关	0	0	0	0	0
个体经济组织	0	0	0	2	1
社会团体	0	0	0	0	0
民办非企业单位	0	0	0	0	0
基金会	0	0	0	0	0
其他组织	0	0	0	0	0

职工文化体育工作

所在行业	建立职工书屋
	个
总计	**8095**
按国民经济行业分组	
农、林、牧、渔业	108
采矿业	17

续 表

所在行业	建立职工书屋
	个
制造业	1120
电力、热气、燃气及水生产和供应业	140
建筑业	349
批发和零售业	575
交通运输、仓储及邮政业	507
住宿和餐饮业	191
信息传输、软件和信息技术服务业	290
金融业	228
房地产业	345
租赁和商务服务业	415
科学研究和技术服务业	223
水利、环境和公共设施管理业	257
居民服务、修理和其他服务业	568
教育	1165
卫生和社会工作	432
文化、体育和娱乐业	228
公共管理、社会保障和社会组织	937
按经济类型分组	
国有企业	603
集体企业	174
股份合作企业	38
联营企业	5
国有独资公司	524
其他有限责任公司	615
股份有限公司中的国有控股公司	369
其他股份有限公司	126
私营企业	1789
其他内资企业	52
港澳台商投资企业	148
外商投资企业	577

续　表

所在行业	建立职工书屋
	个
财政拨款的事业单位	1923
其他事业单位	277
机关	435
个体经济组织	40
社会团体	35
民办非企业单位	116
基金会	3
其他组织	246

工会财务和经费审查工作

所在行业	工会经费情况			建立工会经费审查组织	
	按工资总额2%拨缴工会经费	有拨缴，但不足额	没有拨缴工会经费	建立经费审查委员会	建立经费审查委员会办公室
	个	个	个	个	个
总计	**21275**	**15155**	**11637**	**24077**	**3825**
按国民经济行业分组					
农、林、牧、渔业	355	262	114	376	74
采矿业	38	8	8	42	6
制造业	3578	4779	2635	6297	1068
电力、热气、燃气及水生产和供应业	285	103	59	313	69
建筑业	846	693	359	1033	166
批发和零售业	1453	1203	1621	1630	267
交通运输、仓储及邮政业	935	510	561	926	138
住宿和餐饮业	491	822	644	799	95
信息传输、软件和信息技术服务业	745	972	754	1016	80
金融业	567	229	122	567	60
房地产业	814	362	161	786	105
租赁和商务服务业	1286	1162	1095	1538	210
科学研究和技术服务业	457	332	177	460	70
水利、环境和公共设施管理业	582	157	97	494	67

续 表

所在行业	工会经费情况			建立工会经费审查组织	
	按工资总额2%拨缴工会经费	有拨缴，但不足额	没有拨缴工会经费	建立经费审查委员会	建立经费审查委员会办公室
	个	个	个	个	个
居民服务、修理和其他服务业	1592	1909	1450	2050	324
教育	2944	169	177	1843	245
卫生和社会工作	739	219	202	733	173
文化、体育和娱乐业	667	265	288	556	74
公共管理、社会保障和社会组织	2901	999	1113	2618	534
按经济类型分组					
国有企业	1428	73	71	1088	306
集体企业	959	501	121	873	146
股份合作企业	171	122	52	148	39
联营企业	20	6	2	20	6
国有独资公司	1198	22	24	870	149
其他有限责任公司	1708	694	894	1720	246
股份有限公司中的国有控股公司	896	42	14	773	104
其他股份有限公司	276	217	102	318	67
私营企业	4464	10407	7646	9656	1209
其他内资企业	152	228	70	316	9
港澳台商投资企业	479	444	335	585	141
外商投资企业	1637	988	676	1771	347
财政拨款的事业单位	4558	182	148	2870	436
其他事业单位	605	162	69	564	117
机关	1140	91	176	901	178
个体经济组织	40	98	152	148	34
社会团体	139	73	147	186	11
民办非企业单位	415	188	205	404	81
基金会	5	0	4	2	0
其他组织	985	617	729	864	199

2022

上海工会年鉴

索 引

B

C

D

F

G

H

J

K

L

M

N

P

Q

S

T

W

X

Y

Z

图书在版编目（CIP）数据

上海工会年鉴 . 2022 /《上海工会年鉴》编纂委员会编 .—上海：上海社会科学院出版社 , 2023

ISBN 978-7-5520-4036-4

Ⅰ . ①上… Ⅱ . ①上… Ⅲ . ①地方工会—工会工作—上海—2022—年鉴 Ⅳ . ① D412.851-54

中国版本图书馆 CIP 数据核字 (2022) 第 252029 号

上海工会年鉴 (2022)

编　　者：《上海工会年鉴》编纂委员会
责任编辑：蓝　天
装帧设计：姚　毅
出版发行：上海社会科学院出版社
上海顺昌路 622 号　电话 021-63315947　邮编 200025
http://www.sassp.cn　E-mail:sassp@sassp.cn
印　　刷：上海展强印刷有限公司
开　　本：890 毫米 ×1240 毫米　1/16
印　　张：23.25
插　　页：20
字　　数：900 千
版　　次：2023 年 12 月第 1 版　2023 年 12 月第 1 次印刷

ISBN 978-7-5520-4036-4/ D·672　　定价：260.00 元